21世纪全国高职高专土建系列技能型规划教材

土木工程力学

主　编　吴明军
副主编　秦定龙　赵朝前
参　编　肖盛莲　邓晓峰

内容简介

本书主要根据土建施工与技术管理类专业岗位对土木工程力学知识与能力的要求，并参照全国高职高专土建类专业教学指导委员会土建施工类专业指导委员会颁布的《建筑施工技术专业人才培养方案》对土木工程力学的教学要求和学时要求编写而成。本书内容包括绪论、力学基本概念及物体受力分析、简单平面力系的计算、平面一般力系的计算、轴向拉伸与压缩计算、剪切与扭转计算、平面体系的几何组成分析、静定梁的内力计算、静定平面结构的内力计算、单跨静定梁的强度与刚度计算、平面应力状态分析及常用强度理论、组合变形杆的强度计算、压杆稳定计算、静定结构的位移计算、力法和力矩分配法。书末附有型钢表、习题参考答案。

本书可作为高职高专院校土建施工与技术管理类专业教材，也可作为土建施工技术人员学习参考用书。

图书在版编目(CIP)数据

土木工程力学/吴明军主编. —北京：北京大学出版社，2010.4
(21世纪全国高职高专土建系列技能型规划教材)
ISBN 978-7-301-16864-6

Ⅰ.土… Ⅱ.吴… Ⅲ.土木工程力学—高等学校：技术学校—教材 Ⅳ.TU311

中国版本图书馆CIP数据核字（2010）第036783号

书　　名：土木工程力学
著作责任者：吴明军　主编
策 划 编 辑：吴　迪
责 任 编 辑：卢　东
标 准 书 号：ISBN 978-7-301-16864-6/TU·0119
出 版 者：北京大学出版社
地　　址：北京市海淀区成府路205号　100871
网　　址：http://www.pup.cn　http://www.pup6.com
电　　话：邮购部62752015　发行部62750672　编辑部62750667
出版部62754962
电 子 邮 箱：pup_6@163.com
印 刷 者：三河市北燕印装有限公司
发 行 者：北京大学出版社
经 销 者：新华书店
787毫米×1092毫米　16开本　24印张　556千字
2010年4月第1版　2011年11月第2次印刷
定　　价：38.00元

21世纪全国高职高专土建系列技能型规划教材
专家编审指导委员会

21世纪全国高职高专土建系列技能型规划教材
专家编审指导委员会专业分委会

前　言

土木工程力学是高职高专土建类专业的一门重要必修专业基础课程，主要培养学生对一般结构的构成、平衡、内力的分析及计算能力，以及对结构构件的强度、刚度和压杆的稳定性进行分析及计算的能力。只有具备这些知识和能力的人才能成为一个真正意义上的工程技术人员，才能建造或设计出既安全可靠又经济实用的结构。但经验告诉人们，土木工程力学也是土建类专业课程体系中的一门难学、难教的课程，需要花大力气学习、研究才能攻克。

本书编者拥有多年力学教学改革、研究和教材编写经验，对土木工程力学课程内容体系进行了整合，因此使得本书内容重点、难点处理得当，更便于学习和教学。

本书有以下特点：使用国家最新的技术标准、规范术语和技术符号，便于学生更快适应标准和规范的使用，体现高职高专教育的职业性特色，针对土建企业施工与技术管理类专业岗位，更注重适用与实用，注重职业能力和力学素养的培养。

本书按照目前常用的 120 学时课程标准编写，共 15 章，包括绪论、力学基本概念及物体受力分析、简单平面力系的计算、平面一般力系的计算、轴向拉伸与压缩计算、剪切与扭转计算、平面体系的几何组成分析、静定梁的内力计算、静定平面结构的内力计算、单跨静定梁的强度与刚度计算、平面应力状态分析及常用强度理论、组合变形杆的强度计算、压杆稳定计算、静定结构的位移计算、力法和力矩分配法。书末附有型钢表、习题参考答案。

本书参考教学时数分配见下表，不同层次和要求的学校可根据本校实际选择教学内容，也可适当增减学时。

	绪论	1 学时
第 1 章	力学基本概念及物体受力分析	6 学时
第 2 章	简单平面力系的计算	6 学时
第 3 章	平面一般力系的计算	8 学时
第 4 章	轴向拉伸与压缩计算	8 学时
	拉伸和压缩实验	2 学时
第 5 章	剪切与扭转计算	6 学时
第 6 章	平面体系的几何组成分析	8 学时
第 7 章	静定梁的内力计算	10 学时
第 8 章	静定平面结构的内力计算	8 学时
第 9 章	单跨静定梁的强度与刚度计算	10 学时
	弯曲实验	2 学时
第 10 章	平面应力状态分析及常用强度理论	6 学时
第 11 章	组合变形杆的强度计算	8 学时
第 12 章	压杆稳定计算	6 学时
第 13 章	静定结构的位移计算	9 学时
第 14 章	力法	10 学时
第 15 章	力矩分配法	6 学时
	合计	120 学时

本书由四川建筑职业技术学院吴明军教授担任主编，四川电力职业技术学院秦定龙副教授、四川建筑职业技术学院赵朝前副教授担任副主编。其中，第 4、6、8、11、12、14 和 15 章由吴明军编写，第 1、7、9 和 10 章由秦定龙编写，第 2、3、5 和 13 章由赵朝前编写，绪论由秦定龙和吴明军共同编写。四川建筑职业技术学院肖盛莲参与了第 14 章的起草工作。广西建设职业技术学院邓晓峰参与了第 15 章的编写。

本书的编写得到四川建筑职业技术学院、四川电力职业技术学院和广西建设职业技术学院的大力支持。本书参考和借鉴了很多编著者的作品，在此一并表示衷心感谢！

由于编者学识水平、教学经验有限，书中难免有不妥之处，恳请读者不吝指正。

编　者

2009 年 12 月

目　录

绪　　论

【教学目标】

本章学习土木工程力学的研究对象、土木工程力学的基本任务、学习土木工程力学的意义和方法。要求学生掌握土木工程结构和构件的概念，结构或构件的强度、刚度和稳定性概念；了解学习土木工程力学的意义和方法。

【教学要求】

知识要点	能力要求	相关知识
土木工程力学的研究对象	能正确认识土木工程力学的研究对象	结构和构件的概念
土木工程力学的基本任务	能明确土木工程力学的基本任务	结构或构件的强度、刚度和稳定性概念
学习土木工程力学的意义和方法	能了解土木工程力学的学习意义和学习方法	认识事物的规律、带着问题学、学以致用、实验研究和实验操作

0.1　土木工程力学的研究对象

人类为了生存和生活，改善居住条件和发展生产力，要建造各种各样的建筑物和构筑物，制造各种各样的机械。这些建筑物、构筑物和机械，除符合使用功能需要外，还要满足安全与经济的要求。因此，在对建筑物、构筑物和机械进行设计时，应进行力学分析与相应计算以保证安全，一般恰好满足力学条件的，也是经济的。因此，建筑工程及其他土木工程技术人员学好土木工程力学是十分重要的。

图 0.1 所示是一幢正在施工的房屋建筑中的部分柱、梁、板。这些柱、梁、板构成了建筑的主要承力、传力体系，起支撑骨架作用。工程上，把建筑物、构筑物或机械中承力、传力、起骨架作用的体系称为结构，把组成结构体系的部件称为结构的构件。

图 0.2 所示是一座拱桥。拱桥是一种构筑物。由图可以看出，拱桥主体结构由三大部

图 0.1

图 0.2

分组成，最下边是拱圈，中间部分是支柱，最上面部分是桥梁和桥面板。即拱圈、支柱、桥梁和桥面板组成了拱桥结构。

图 0.3 所示是某水电站的拦河闸，也是一种构筑物。拦河闸由闸底板（在水下，本图不可见）、闸墩、闸门、交通桥和工作桥等组成，这些构件和构件系统就组成了拦河闸结构。

图 0.3

图 0.4 所示是某建设工地上的移动式起重机，由钢轨、支架、承重柱、起重臂、吊索和动力机械设备等构件组成。所有这些构件就组成了起重机的结构系统。

图 0.4

图 0.5（a）所示是建设工地上用于把货物装到运输设备中的汽车式装载机，图 0.5（b）所示是建设工地上用于土方开挖的挖掘机。它们都由许多构件组成，这些构件构成了机器的结构体系。

(a)

(b)

图 0.5

土木工程力学课程的主要研究对象就是建筑物、构筑物或施工机械结构系统中的杆件结构和其构件。

0.2　土木工程力学的基本任务

结构要承受和传递荷载，就会产生变形，并且存在着发生破坏的可能性。结构或构件本身具有一定的维持平衡、抵抗变形和抵抗破坏的能力，从而保证了结构或构件的安全和正常使用。工程中，把结构或构件抵抗破坏的能力称为结构的**强度**，抵抗变形的能力称为结构的**刚度**。对于细而长的中心受压构件（简称压杆），当压力超过一定限度时，它们突然地改变原来的直线平衡状态由直变弯，丧失承载能力，甚至因弯曲过大发生破坏。工程上把细而长的中心受压杆保持原有直线平衡状态的能力称为**稳定性**。结构体系能否维持平衡并承受荷载是与其构件之间的连接方式和所构成体系的**几何组成**性质有着紧密关系的。

结构或构件维持平衡的能力、强度以及压杆的稳定性统称为结构的**承载能力**（简称承载力）。结构或构件的刚度则是保证结构**正常使用能力**的。

在结构设计时，如果把构件的截面设计得过小，虽然可以少花钱，但可能导致构件的强度或稳定性不够，使结构丧失承载力。或者，即使承载力足够不会破坏，也可能因截面太小导致刚度过小，使构件产生过大的变形而丧失正常使用能力。反之，如果把构件的截面设计得过大，又可能会使承载力和刚度远远超过了所承受荷载的需要，造成人力、物力和财力上的浪费，工程上称为不经济。因此必须研究构件承载力和刚度的分析计算方法。同时，还要正确地认识和运用荷载与构件承载力之间的关系，使两者互相适应，设计出既安全又经济的适用结构。

因此，土木工程力学的任务就是研究杆件结构或构件的承载力和刚度的分析计算方法，建立结构的平衡条件、强度条件和刚度条件并运用于工程实践；研究杆件体系的几何组成分析方法，建立结构的构成规律并运用于工程实践，为设计和建造体系合理、具有足够承载力和正常使用能力的结构打好理论基础。

0.3 学习土木工程力学的意义及方法

0.3.1 学习土木工程力学的意义

土建类专业工程技术人员的主要任务是将建筑物或构筑物的设计图建成实物，因此应该懂得所建造的建筑物或构筑物中各种构件的作用、知道它们会受到哪些力的作用、这些力的传递途径、各构件在这些力的作用下可能会发生怎样的变形或破坏等。这样，才能在施工时更好地理解设计人员的意图与要求，保证工程质量，避免发生质量事故。

另一方面，土木工程力学知识也是施工方案设计、工地临时设施设计与建造的必备基本知识。在施工现场中，有许多临时设施和机具，如施工临时用房、塔吊等。修建这些临时设施，安装施工机具，施工技术人员也要进行一些简单结构计算。这时，如果不懂得土木工程力学知识，不但不能经济、合理地完成工作，有时还会酿成安全事故。

在建筑施工中，因不懂力学原理造成的工程事故时有发生。例如，由于不懂得力矩平衡的道理，造成了在建阳台倾覆事故；由于不理解梁的内力分布规律，将钢筋错误配置而引起梁折断事故；在搭设施工脚手架时因不能正确运用结构体系的组成规律，少设或没设必要的支撑，使所搭脚手架发生倒塌事故等。

所以，土木工程力学知识是土建类专业设计技术人员和施工技术人员必不可少的基础知识。同时，土木工程力学知识也是学习相关专业技术课（如钢筋混凝土结构、砌体结构、地基与基础和建筑施工技术等）的必备基础。只有学习好、掌握好土木工程力学知识，并培养起逻辑而简明地思考工程结构问题的初步能力，才能进一步深入学习和掌握土建专业的其他专业技术知识。

0.3.2 学习土木工程力学的方法

力学经过数百年的发展，已经形成了一套完整的理论系统，并对很多现代学科的发展、对现代科学技术的很多方面，都产生过巨大而深远的影响。在学习土木工程力学时应该注意如下几点。

（1）必须有“理论—实践—理论”的认知规律。即只有牢固的掌握了必要的力学理论知识，才能更好地解决工程建设中的结构问题。而通过实际工程结构问题的解决，又可以证实力学理论的正确性与适用性，或者发现其不足从而反过来进一步修正力学理论或创新力学理论。新的理论台阶又能更好地指导进一步的工程实践。

（2）要重视基本原理的学习和应用。土木工程力学的原理和公式，是经过反复研究并证明是完全正确的基本理论，必须全面地继承和学习。在学习中应随时注意这些理论知识可以解决工程中的什么问题，主要用在哪些专业课中。只有带着问题学，学以致用，活学活用，有的放矢，才能真正学到真本领。

（3）要重视实验原理的领会、应用和操作能力培养。在学习土木工程力学的过程中，要做一些力学试验，必须认真去学习和动手操作。土木工程力学的许多概念都是在实验的基础上发展起来的。比如要正确理解和建立构件“强度”概念，只有通过材料的强度试验，才能真正体会到强度的含义，建立起正确的强度概念，从而为以后在工程实际中注意构件的强度问题，确保建筑物的安全打下基础。此外，还要随时注意观测发生在我们周围的力学现象，试着用学到的力学理论去解释，设计简单的力学实验或试验去证实，也能不断提高自己的力学素养。

（4）必须完成足够数量的练习题。要学好土木工程力学，必须完成足够数量的练习题，包括思考题和习题。做练习题是低成本的、最好的实践。只有通过足够数量练习题的训练，才能够理解和领悟力学的奥妙，为以后各种专业课程的学习奠定一个扎实的基础。

伟大的爱因斯坦说过："一切方法的背后如果没有一种生气勃勃的精神，它们到头来都不过是笨拙的工具"。只要有了明确的学习目标，就会产生强大的学习动力，并不断地去奋斗和追求，探索到适合自己的学习方法，到达希望的彼岸。

第1章　力学基本概念及物体受力分析

【教学目标】

本章学习力学基本概念及物体受力分析，主要有力、力偶、静力学公理、刚体、荷载、约束与约束反力、工程中常见的几种约束的特点及其约束反力特征、物体的受力分析方法、受力图的画法等基本内容。

要求学生掌握力学基本概念，如静力学公理、力的平移定理、力偶、刚体等；了解荷载分类；掌握工程中常见的约束种类和相应的约束反力；掌握受力分析的方法，能正确画出物体和物体系统的受力图。

【教学要求】

知识要点	能力要求	相关知识
力学的基本概念	(1)具有应用静力学基本公理和力的平移定理分析力学简单问题的能力 (2)能够正确判定力和力偶的不同性质和作用效果	(1)力的概念、力的三要素、力的单位、力的图示法和力的基本单位换算 (2)静力学的四个公理和两个推论 (3)力偶的概念、力偶的基本性质和力偶矩的计算
荷载的分类和简化	(1)能合理对工程中的荷载进行正确分类 (2)能对工程中的荷载进行正确简化 (3)能正确计算各种荷载大小	(1)荷载计算规范 (2)工程中荷载的种类 (3)荷载简化的方法和步骤
约束类型及其约束反力	(1)熟悉建筑工程中常见的各种约束 (2)能合理确定工程中约束反力的特性和个数 (3)能够为工程中的建筑结构选用适当的约束类型	(1)约束的基本概念 (2)工程中常见约束的种类 (3)约束反力的确定步骤和方法 (4)实际工程约束向计算简图转化的简化方法
物体的受力图	(1)能正确绘制单个物体的受力图 (2)能正确绘制物体系统的受力图 (2)能准确分析物体间力的传递关系	(1)绘制物体受力图的理论依据、基本方法及步骤 (2)绘制单个物体受力图的方法步骤 (3)绘制物体系统受力图的方法步骤

1.1　力学的基本概念

1.1.1　力与刚体的概念

1. 力的概念

1）什么是力

力是物体间相互的机械作用，这种作用使物体的运动状态或形状发生改变。

力是人们在长期生活实践和生产劳动中逐渐形成的一个力学基本概念。人们观察到物体与物体之间的相互作用，会使物体产生运动状态的改变与变形。如推、拉、挑物体时，由于肌肉紧张，能够感到对物体施加了力，而使物体运动状态发生变化，自高空落下的物体由于受到地球引力的作用而改变着运动的速度，桥梁受到车辆的作用而产生变形。这种作用称为机械作用，以区别于其他的相互作用（如热的、电磁的、化学的或生物的作用）。机车牵引车厢的拉力、直接接触物体之间的压力、摩擦力等都是物体相互机械作用。因为力是物体之间的相互作用，所以力不能脱离物体而单独存在。

力对物体作用的效果称为力的效应。物体受力后将产生两种效应，一种是运动状态的改变；另一种是变形，即形状或体积的改变。前者称为力的运动效应或外效应，后者称为力对物体的变形效应或内效应。

力的运动效应又可分为移动效应和转动效应。例如，球拍作用于乒乓球上的力，足球运动员的脚作用于足球上的力，这两个力如果不分别通过乒乓球和足球的球心，则乒乓球和足球在向前运动的同时还绕乒乓球和足球的球心转动。前者为移动效应，后者为转动效应。

力的运动效应或外效应是本书前三章主要研究的内容，属于静力学的范畴；力的变形效应或内效应在本书中从第四章起开始研究，属于材料力学和结构力学的范畴。

2）力的三要素

实践表明，不同大小，不同方向，施加于物体上不同位置的力对物体将产生不同的效应。因此，力对物体的效应取决于下面三个要素：

（1）力的大小；

（2）力的方向；

（3）力的作用点。

这三个要素通常称为力的三要素。其中任何一个要素发生改变时，力的作用效应也随之改变。

力的方向通常包括力的方位和力的指向两方面的含义。例如，重力的方向是竖直向下，推力方向是水平向右，拉力方向是与水平方向成 30°角斜向右上方。其中的“竖直”“水平”“与水平方向成 30°角”表示的是力的方位，“向下”“向右”“斜向右上”表示的是力的指向。

力的作用点就是力在物体上的作用位置。实际上，力的作用位置并不是一个点，而是一个范围，有一定的面积，不过当作用范围相对于物体很小时，可以近似看成为一个点。

3）力的单位

为了度量力的大小，必须确定其度量单位。在国际单位制（SI）中，力的单位为牛［顿］（N）或千牛［顿］（kN）。两者间的换算公式为：1kN＝1000N。

4）力的图示法

由于力是一个有大小和方向的量，所以力是矢量。力的图示就是要通过图形把力的三要素表示清楚。通常用一个带箭头的线段表示力，如图 1.1 所示，线段的长度 AB 按一定的比例表示力的大小；线段的方位（与水平线成 α 角）和箭头的指向表示力的方位和指向，即力的方向；线段的起点或终点表示力的作用点。

通过力的作用点沿力的方位的直线，图 1.1 所示的 KL，称为力的作用线。一般规

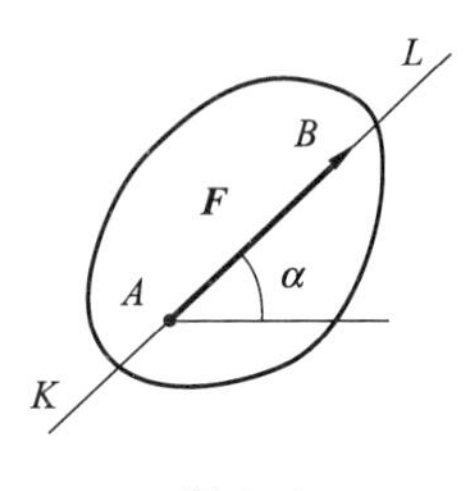

图 1.1

定，用黑体字母表示矢量，如力 **F**；而力的大小是标量，用普通字母表示，如 F。

2. 刚体的概念

在外力作用下，大小和形状始终保持不变的物体，称为刚体。

刚体是一个理想化的力学模型。在自然界中，任何物体在力的作用下，都将发生变形。但是在正常情况下，工程实际中许多物体（如水坝的坝体、建筑物中的梁、柱或机器零件）的变形都非常微小，对于讨论物体的平衡问题或运动规律影响很少，可以忽略不计，因而可将物体看成是不变形的刚体。但当讨论物体受到力的作用会不会破坏时，变形就是一个主要的因素，这时就不能把物体视为刚体，而应该把物体看作变形体。例如，在研究钢屋架结构的平衡问题时，可以把钢屋架整体视为刚体，但在研究钢屋架中的某一根钢杆的变形和强度时必须把它视为可以变形的物体。

以刚体为对象得出的力系的平衡条件和方程，也可以推广应用于变形很小的变形体。

1.1.2 静力学基本公理

为了研究力系的合成及其平衡条件，需要掌握力的基本性质。所谓“静力”，是指力施加过程是缓慢的、无加速度的，是相对于冲击等“动力”而言。静力学公理就是力的基本性质的概括和总结。它们以大量的客观事实为基础，其正确性被实践所反复证实。

公理 1　二力平衡公理

作用在同一刚体上的两个力，使刚体保持平衡的必要和充分条件是：这两个力大小相等，方向相反，并作用在同一条直线上。此条件称为二力平衡公理。二力平衡公理的要素为“等值、反向、共线、同一物体”，如图 1.2（a）、（b）所示。

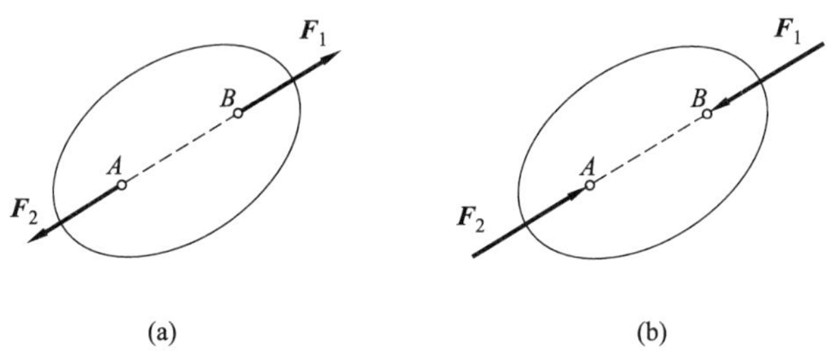

图 1.2

上述的二力平衡条件对于刚体是必要和充分的，但对于变形体就不是充分的。例如，柔绳的两端若受到一对大小相等、方向相反的拉力就可以平衡；但若受到的是一对压力就不能平衡。

一般把只受两个力作用而处于平衡状态的构件称为**二力构件**；当二力构件轴线为直线时，则称为**二力杆**或**链杆**。

公理 2　加减平衡力系公理

如果物体在一个力系的作用下处于平衡状态，则称该力系为**平衡力系**。最简单的平衡力系就是满足二力平衡条件的两个力所构成的力系。

由于平衡力系不会改变刚体原来的运动状态，因此有**加减平衡力系公理**：在作用于刚体上的任意力系中，加上或减去平衡力系，并不改变力系对刚体的作用效应，如图 1.3 (a)、(b)、(c) 所示。这个公理常常用来简化某已知力系。

根据上述公理可以导出下列推论。

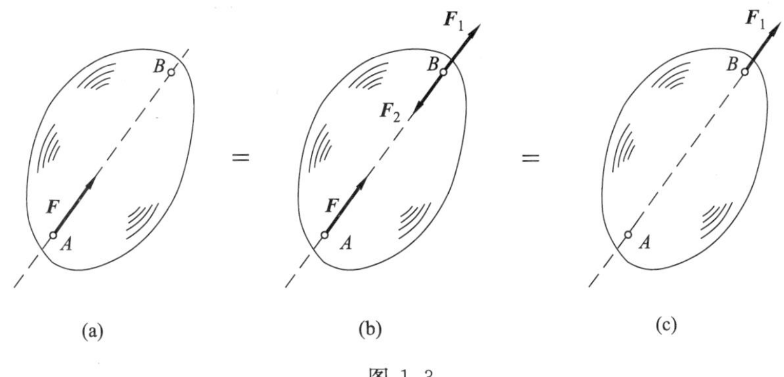

图 1.3

推论：作用于刚体上的力可以沿其作用线移动到刚体上任意位置，而不会改变该力对刚体的作用效应，这个推论称为**力的可传性原理**，如图 1.3 (a)、(b) 所示。

实践也可以验证力的可传性原理。例如，用绳子拉车，或者沿同一直线、以同样大小的力用手推车，对车产生的运动效应是相同的。

根据力的可传性原理可知，力对刚体的效应与力的作用点在作用线上的位置无关。因此，对于刚体而言，力的三要素可以改为：**力的大小、方向和作用线**。这样，作用于刚体上的力不是定位矢量，而是滑移矢量。

应当指出，力沿作用线移动不改变的是力对作用物体的外效应，且只能在所作用物体上沿作用线移动，不能沿作用线移动到相连的其他物体上。力滑移后会改变对作用物体的内效应。因此，该推论只能适用于刚体而不能适用于变形体。例如，绳索的两端若受到大小相等、方向相反、共线的一对拉力作用可以保持平衡 [图 1.4 (a)]；但若力分别沿作用线传递到另一端则形成一对压力，绳索是不能平衡的。又如变形直杆 AB 在平衡力系 $\boldsymbol{F}_1$，$\boldsymbol{F}_2$ 作用下产生拉伸变形且平衡 [图 1.4 (b)]；若按照力的可传性原理将力 $\boldsymbol{F}_1$，$\boldsymbol{F}_2$ 分别传递到杆的另一端，则杆件虽能保持平衡，但却产生压缩变形 [图 1.4 (c)]。

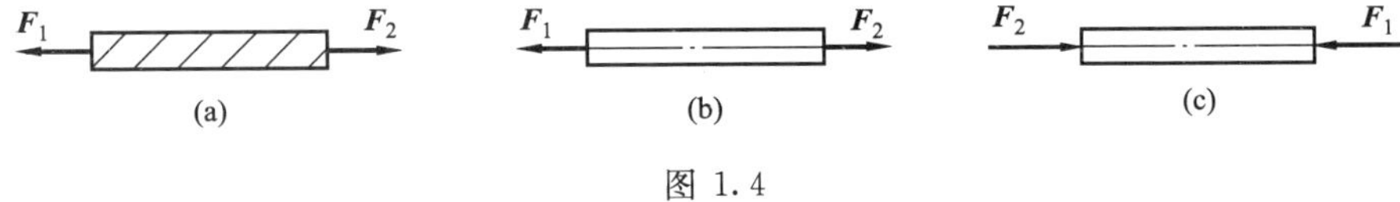

图 1.4

公理 3　力的平行四边形公理（法则）

作用于物体上的一个力系，如果可用另一力系来替换，而不改变对物体的外效应，则这两个力系可称为**等效力系**。如果一个力对物体的作用效应与一个力系对同一物体的作用效应相同，则称该力为该力系的**合力**，而力系中的各个力称为该合力的分力。求一个力系合力的过程，称为力系的合成。

工程实践和科学实验都证实：作用于物体上同一点的两个力可以合成为一个合力，合力也作用在该点，合力的大小和方向由以该两力为邻边所构成的平行四边形的对角线来确定。这就是力系合成的**平行四边形公理**（有时又称为力的平行四边形法则），如图 1.5 (a) 所示。

如图 1.5 (b) 所示，根据力的平行四边形公理，有时为了方便，可直接在矢量 $\boldsymbol{F}_1$ 的

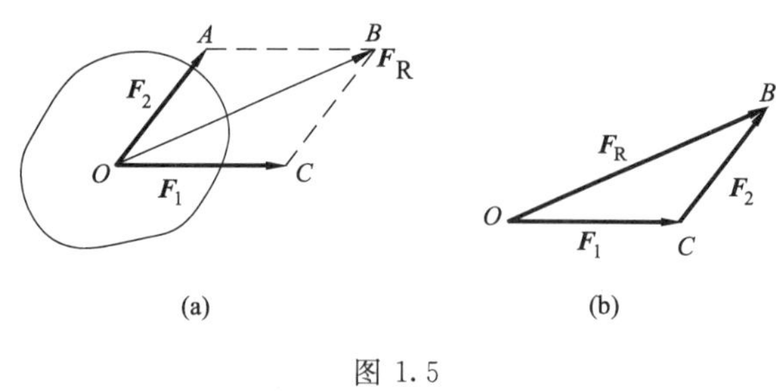

图 1.5

末端作矢量 $\boldsymbol{F}_2$，构成一个未封口的三角形 OCB，则封口边 OB 即为合力矢量 $\boldsymbol{F}_R$。这种求合力的方法称为**力的三角形法则**。

两个共点力可以利用平行四边形公理合成为一个力；反之，一个力也可以利用平行四边形公理分解为两个分力。但是，将一个已知力分解为两个分力，如果没有其他限制条件，可得无数组解。因为以一个力为对角线的平行四边形可以有无数个，如图 1.6（a）所示，力 $\boldsymbol{F}$ 既可以分解为 $\boldsymbol{F}_1$ 和 $\boldsymbol{F}_2$，也可以分解为 $\boldsymbol{F}_3$ 和 $\boldsymbol{F}_4$，等等。要得出唯一的解答，必须给以附加条件。经常遇到的是将一个力分解为方向已知的两个分力。

设有一作用于 A 点的力 $\boldsymbol{F}$，如图 1.6（b）所示。欲将此力沿直线 AK 和 AL 两个方向分解，则应用力的平行四边形公理，过力 $\boldsymbol{F}$ 的终点 B 作两直线分别平行于 AK 和 AL，得两交点 D 和 C，所得矢量 AC 和 AD 就是所求的两个分力 $\boldsymbol{F}_1$ 和 $\boldsymbol{F}_2$，它们的作用点就是原力 $\boldsymbol{F}$ 的作用点。

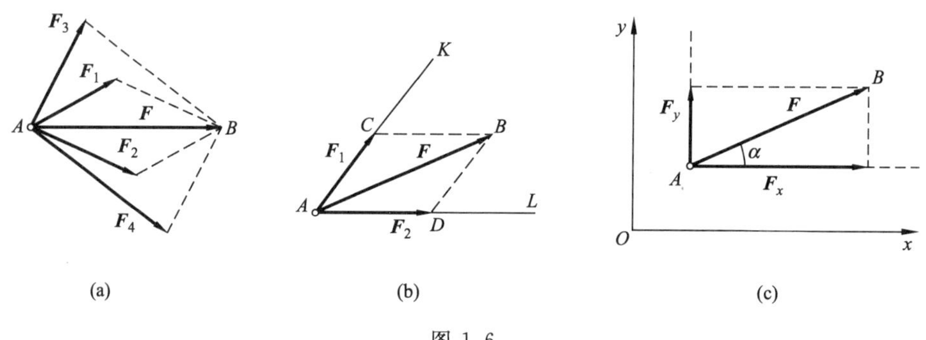

图 1.6

在工程实际问题中，常将一个力 $\boldsymbol{F}$ 沿直角坐标轴方向分解，即过力矢首尾两端分别作两坐标轴的平行线作力平行四边形，可以得出两个相互垂直的分力 $\boldsymbol{F}_x$ 和 $\boldsymbol{F}_y$，如图 1.6（c）所示。$\boldsymbol{F}_x$ 和 $\boldsymbol{F}_y$ 的大小可以由三角公式求得

$$\left.\begin{aligned} F_x &= F\cos\alpha \\ F_y &= F\sin\alpha \end{aligned}\right\} \tag{1-1}$$

式中，α 为力 $\boldsymbol{F}$ 与 x 轴间的夹角。

有时，也会遇到已知力的一个分力的大小和方向，求另一个分力的大小和方向的情况，读者自己去试解。

推论：依据力的平行四边形公理，可以推出，刚体在三个力作用下处于平衡状态，则此三力必共面，且作用线必汇交于一点。这个推论称为**三力平衡汇交定理**。

这个推论在已知其中二力相交条件下容易证明：设刚体在 $\boldsymbol{F}_1$、$\boldsymbol{F}_2$、$\boldsymbol{F}_3$ 三个力作用下处于平衡状态，如图 1.7 所示，且 $\boldsymbol{F}_1$、$\boldsymbol{F}_2$ 的作用线相交于 O 点。根

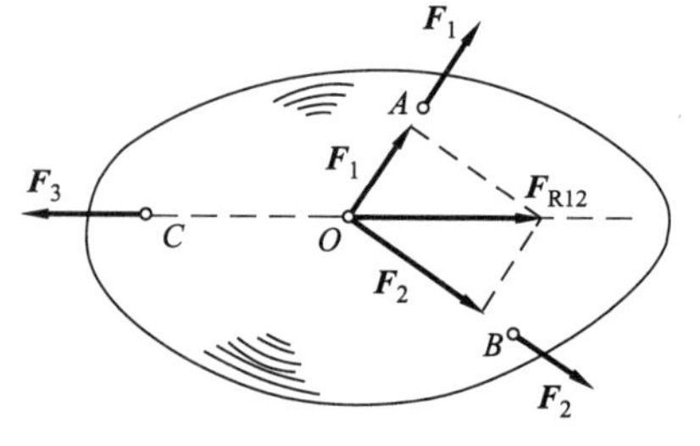

图 1.7

据力的可传性原理，可以将力 $\boldsymbol{F}_1$、$\boldsymbol{F}_2$ 移到汇交点 O，可得合力 $\boldsymbol{F}_{R12}$。此时三力平衡情况变为二力平衡情况，$\boldsymbol{F}_3$ 与 $\boldsymbol{F}_{R12}$ 应平衡，根据二力平衡条件，$\boldsymbol{F}_3$ 必然通过 $\boldsymbol{F}_1$ 与 $\boldsymbol{F}_2$ 作用线的交点 O 点，且与 $\boldsymbol{F}_1$、$\boldsymbol{F}_2$ 共面，即三力必汇交且共面。

没有二力相交条件，结论仍然成立。但证明难度较大。

受三个共面力作用而处于平衡状态的物体，如果知道其中两个力的方位，则可利用三力平衡汇交定理来确定第三力的方位。同时必须指出，三力平衡汇交定理给出的是不平行的三个共面力平衡的必要条件，而不是充分条件，即该定理的逆定理不一定成立，即作用于刚体上三个共面力汇交于一点，此时刚体不一定处于平衡状态。

公理 4　作用力与反作用力公理

两个物体间的作用力总是相互的，即有作用力必有反作用力，且总是大小相等、方向相反，沿着同一直线，且分别作用在这两个物体上。这就是**作用力与反作用力公理**。该公理的要素可以简要理解为“等值、反向、共线、不同物体”。这样可以和二力平衡公理区分，避免混淆。因为作用力与反作用力是分别作用在两个相互作用的不同物体上，故它们永远不会互成平衡。

这个公理指出了两个物体之间相互作用力的关系：力总是成对出现的，同时存在，同时消失。该公理是把解决单个物体平衡问题过渡到多个物体平衡问题的桥梁，具有很重要的现实意义。

【例 1.1】 小球重 $\boldsymbol{G}$，用绳索悬挂于天花板上，如图 1.8 (a) 所示，绳重不计。试分析各物体之间的作用力和反作用力。

解　小球与地球之间有一对作用力和反作用力 $\boldsymbol{G}$、$\boldsymbol{G}'$，它们分别作用于小球中心和地球中心 [图 1.8 (b)、(c)]，且 $G=G'$，其方向相反，并沿同一直线。

小球与绳索之间有一对作用力 $\boldsymbol{F}_{TB}$ 和反作用力 $\boldsymbol{F}'_{TB}$，它们分别作用于绳索的 B 端和小球的 B 点 [图 1.8 (b)、(d)]，且 $F_{TB}=F'_{TB}$，其方向相反，并沿绳的中心线。

同样，绳索与天花板之间有一对作用力 $\boldsymbol{F}_{TA}$ 和反作用力 $\boldsymbol{F}'_{TA}$，它们分别作用于天花板的 A 点和绳索的 A 端 [图 1.8 (d)、(e)]，且 $F_{TA}=F'_{TA}$，其方向相反，并沿同一直线。

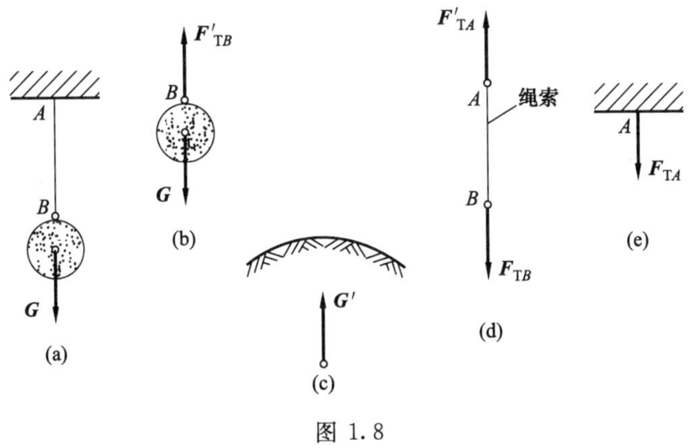

图 1.8

1.1.3　力偶的概念与性质

1. 力偶的概念

在生产和生活中，常可见到物体受两个大小相等、方向相反、作用线平行的两个力作用，此时物体不产生移动而只发生转动。例如，汽车司机用双手转动方向盘［图 1.9 (a)］，钳工用双手攻螺纹［图 1.9 (b)］，以及用手拧水龙头或旋转钥匙开锁等。这样一对等值、反向、平行的力作用于物体上时，无移动效应，只有转动效应。

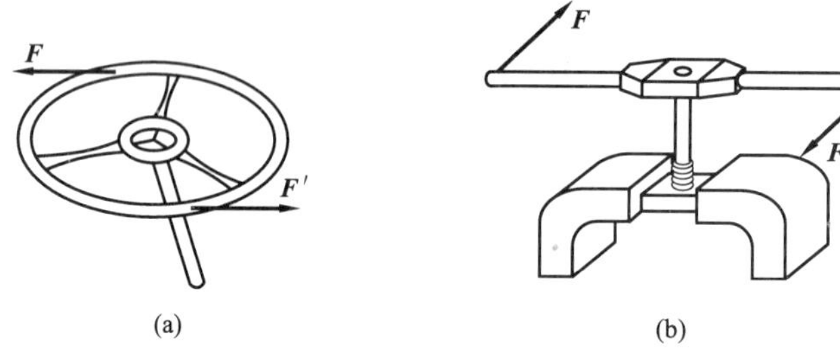

图 1.9

通常把这一对等值、反向、平行的力组成的特殊力系，称为**力偶**，用符号（$\boldsymbol{F}$、$\boldsymbol{F}'$）表示。两力之间的垂直距离 d 称为力偶臂，两个力所在的平面称为力偶作用面。物体上有两个或两个以上作用面相同的力偶作用时，这些力偶组成**平面力偶系**。

显然，力偶对物体只有转动效应，没有移动效应，即其作用效果为纯转动。力偶虽为一个力系，但不能再进行合成或简化。力偶也称为广义力。因此，构成力系的两个基本元素是力和力偶，力对物体既有移动效应，又有转动效应，而力偶对物体只有转动效应，没有移动效应。

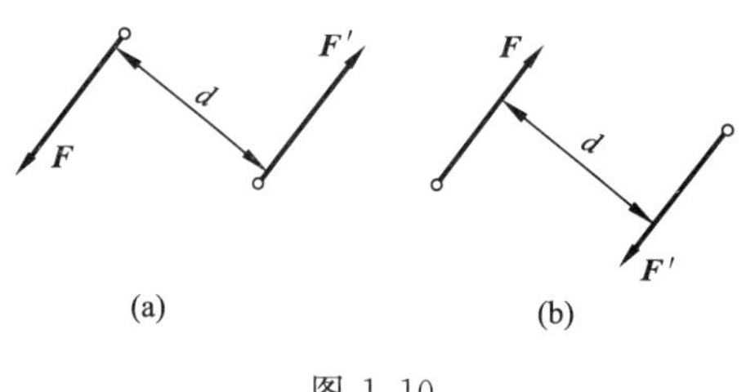

图 1.10

2. 力偶矩

在中学物理中，已经学习了用力矩来度量力使物体绕轴转动的概念。同样，图 1.10 中所示的两个力偶，也会使物体发生转动，其转动效应如何来度量呢？由实践可知，当力偶的力 $\boldsymbol{F}$ 越大、力偶臂 d 越大，则力偶使物体转动的效应就越强；反之，转动效应就越弱。

在力学中，用力偶中力的大小 F 与力偶臂 d 的乘积并冠以规定的正负号来度量力偶对物体的转动效应，称为**力偶矩**，用 M 来表示。即

$$M = \pm Fd \tag{1-2}$$

力学中规定，若力偶使物体逆时针方向转动，力偶矩取正号；若力偶使物体顺时针方向转动，力偶矩取负号。所以力偶矩是代数量。

力偶矩的单位与力矩相同，常用牛［顿］·米（N·m）或千牛［顿］·米（kN·m）。

3. 力偶的基本性质

(1) 力偶没有合力，即力偶不能用一个力来代替

图 1.11 所示为一块矩形板，它的质量中心是 C 点。当一个力 $\boldsymbol{F}$ 作用且作用线通过 C 点时，平板沿力的方向产生移动效应［图 1.11 (a)］；当力 $\boldsymbol{F}$ 的作用线不通过 C 点时，平板将同时产生移动和转动两种效应［图 1.11 (b)］；但当平板上作用力偶（$\boldsymbol{F}$，$\boldsymbol{F}'$）时，则只产生转动效应［图 1.11 (c)］。

力偶和力对物体作用的效应不同，说明力偶不能用一个力来代替，即不能合成为一个力。力偶也不能和力平衡。

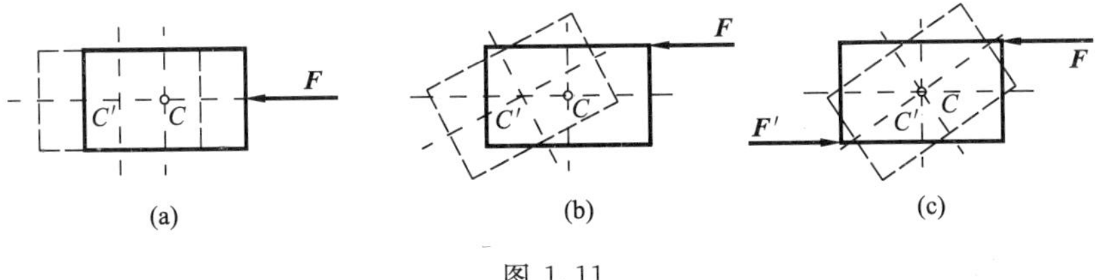

图 1.11

(2) 力偶对其作用面内任一点之矩恒等于力偶矩本身，而与矩心的位置无关。

力偶由两个力构成，它对物体的作用是使物体产生转动效应，因此，力偶对物体的转动效应可以用力偶的两个力对其作用面内某点的矩的代数和来度量。

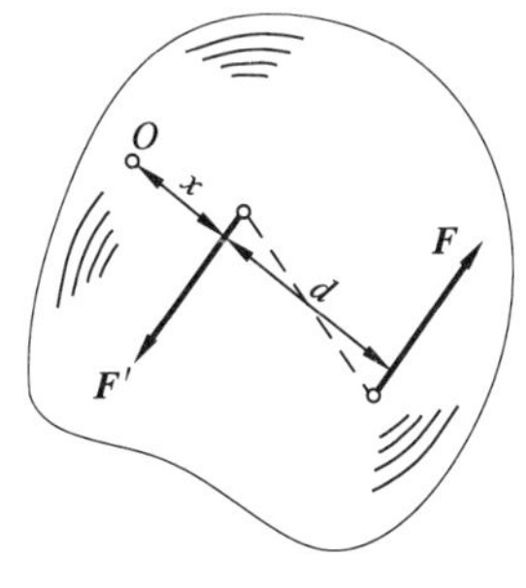

图 1.12

如图 1.12 所示，已知力偶的力偶矩为 $M=Fd$，在其作用面内任取点 O 为矩心，设 O 点到力 $\boldsymbol{F}'$ 的距离为 x，则力偶对 O 点的力矩（参看 3.1 节内容）为

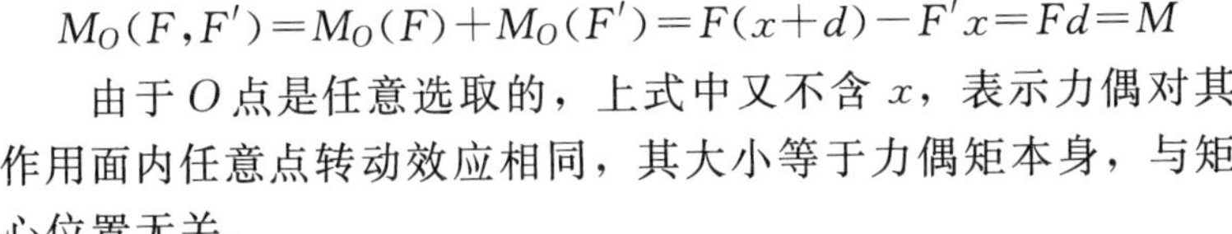

$$M_O(F,F')=M_O(F)+M_O(F')=F(x+d)-F'x=Fd=M$$

由于 O 点是任意选取的，上式中又不含 x，表示力偶对其作用面内任意点转动效应相同，其大小等于力偶矩本身，与矩心位置无关。

(3) 作用于同一平面的两力偶，只要其力偶矩大小相等，力偶的转向相同，则这两力偶等效，可以进行等效替换。或者说只要力偶矩保持不变，力偶可在其作用面内任意移动和转动；或者力偶矩保持不变，同时改变力和力偶臂的大小，力偶对物体的转动效应不变。

力偶的这一性质，可以从实践中得到验证。例如，司机加在方向盘上的力（图 1.13），不管两手用力 $\boldsymbol{F}_1$、$\boldsymbol{F}_1'$ 还是 $\boldsymbol{F}_2$、$\boldsymbol{F}_2'$，只要力的大小不变，此时力偶臂不变，因而力偶矩相等，转动效应一样。又如攻螺纹，双手施加在扳手上的力不论是采用图 1.14 (a) 还是图 1.14 (b)所示的方法，虽然所加的力大小和力偶臂均不一样，但它们的力偶矩相等，因此对扳手的转动效应是一样的。

以上分析可知，力偶对于物体转动效应完全取决于力偶矩的大小、力偶的转向、力偶的作用面，即力偶的三要素。因此，力偶在其作用面内除可以用两个力来表示外，还通常用一个带箭头的弧线来表示，如图 1.15 所示。其中箭头表示力偶的转向，M 表示力偶矩的大小。

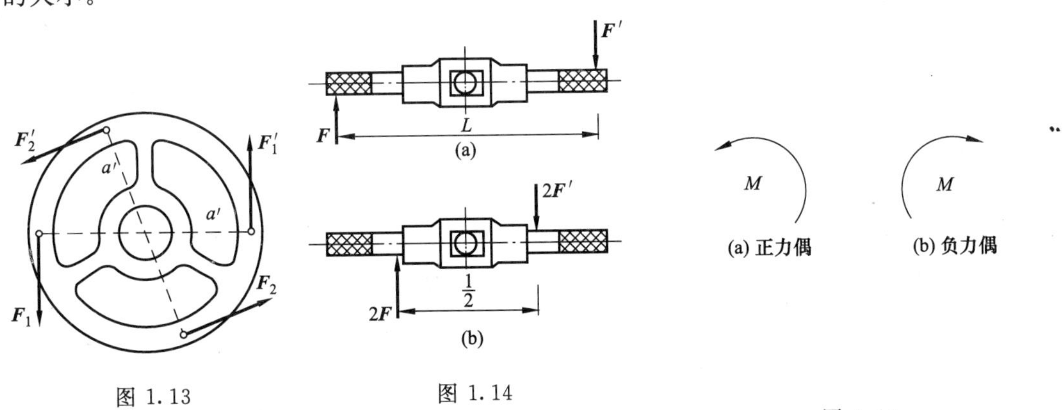

图 1.13　图 1.14　图 1.15

1.2　荷载的分类

1.2.1　荷载的概念

荷载通常指作用在结构上的主动力。如图 1.16 所示的水利工程中的挡水坝，它所受到的荷载就有：坝的自重（包括闸门和启闭机的重量），上、下游水压力，上游淤沙压力，风浪压力，坝底浮托力和渗透压力（统称扬压力）等，在地震时，还有地震惯性力。又如图 1.17 所示的公路桥，其主梁所受到的荷载就有：桥面板和主梁的自重，桥上汽车或拖拉机的重量，人群重量，风压力和雪压力等。

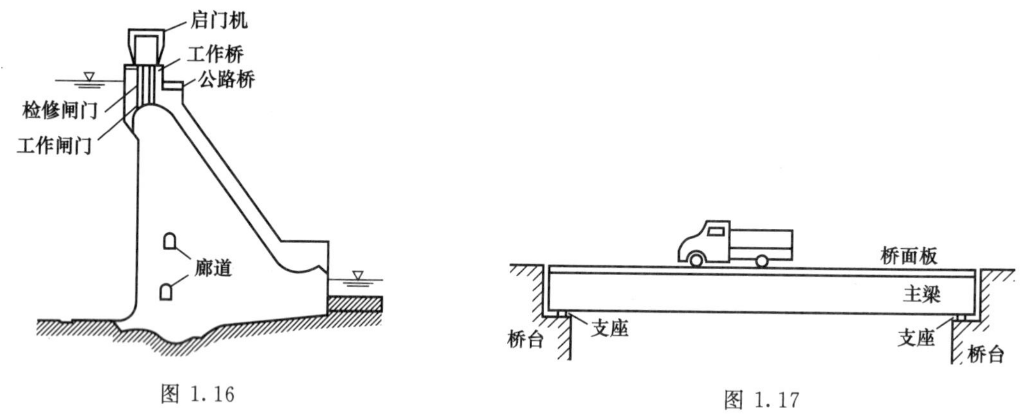

图 1.16　　图 1.17

作用在坝身或者桥梁上的自重、水压力、土压力、风压力以及人群、货物的重量、吊车轮压，桥上汽车或拖拉机的重量等，它们在结构荷载规范中统一称为直接作用；另外还有间接作用，如地基沉陷、温度变化、构件制造误差、材料收缩、地震作用等，它们同样可以使结构产生内力和变形。

合理地确定荷载，是结构设计中非常重要的工作。如果估计过大，会使所设计的结构尺寸偏大，造成浪费；如果将荷载估计过小，则所设计的结构不够安全。因此，在结构设计中，要慎重考虑各种荷载，根据国家标准《建筑结构荷载规范》（GB 50009—2001）来确定荷载值。

1.2.2　荷载的分类

在土木工程中，荷载一般按其不同的特点分类如下。

1. 按荷载作用时间的久暂分类

（1）永久（或恒）载。是指在结构使用期间，其值不随时间变化，或其变化值与平均值相比可以忽略不计的荷载，如屋面板、屋架、梁、楼板、墙体、柱、基础等各部分构件的自重，及安装在结构上的永久设备的重量等，这种荷载的大小、方向和作用的位置都是不变的。

（2）可变（或活）荷载。是指在结构使用期间，其值随时间变化，且变化值与平均值相比不可忽略不计的荷载，如楼面活荷载、屋面活荷载、屋面积灰荷载、吊车荷载、雪荷载、风荷载以及施工或检修时的荷载等。

(3) 偶然荷载。是指在结构使用期间不一定出现，而一旦出现，其值很大且持续时间很短的荷载，如爆炸力、撞击力等。

2. 按荷载作用的范围分类

(1) 集中荷载。若荷载的分布面积远小于结构的尺寸时，为了计算简便起见，可以假定荷载集中作用在一点上，这种荷载称为集中荷载。如车轮的轮压、屋架或梁的端部传给柱子的压力，人站在建筑物上等，都可以作为集中荷载处理。集中荷载的量纲是［力］，在国际单位制中常用的单位是牛顿（中文名称为牛，国际名称为 N）或千牛顿（中文名称为千牛，国际符号为 kN）。

(2) 分布荷载。凡分布在一定面积或长度上的荷载，称为分布荷载。如风、雪、结构自重等。

分布在一定面积上的荷载称为分布面荷载，如图 1.18 (a) 所示，其量纲是$\frac{[力]}{[长度]^2}$，在国际单位制中的常用单位是牛［顿］每平方米（N/m^2）或千牛［顿］每平方米（kN/m^2）。

在进行构件或构件系统的设计时，往往还要将面荷载载化成为分布在构件轴线（构件横截面形心的连线）上的线荷载，如图 1.18 (b) 所示。例如，梁的自重可化为沿梁长分布的线荷载。线荷载的量纲是$\frac{[力]}{[长度]}$，在国际单位制中的常用单位是牛［顿］每米（N/m）或千牛［顿］每米（kN/m）。

分布荷载又分为均布荷载如图 1.18 (a)、(b) 所示，及非均布荷载如图 1.18 (c) 所示两种。

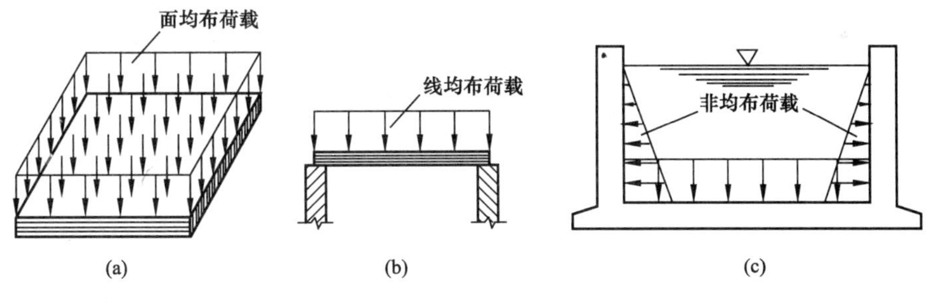

图 1.18

3. 按荷载作用的性质分类

(1) 静力荷载。缓慢匀速地施加不致引起结构振动，因而可忽略惯性力影响的荷载，称为静力荷载。恒载和上述大多数活载都属于静力荷载。

(2) 动力荷载。凡能引起结构显著振动或冲击，因而必须考虑惯性力影响的荷载，称为动力荷载。如动力设备转动时产生的偏心力，汽锤冲击力，地震作用，海浪对海洋工程结构的冲击力，高耸建筑物上的风力等都是动力荷载。

4. 按荷载位置的变化情况分类

(1) 固定荷载。凡荷载的作用位置固定不变的荷载称为固定荷载。如雨、雪、结构自重等。

（2）移动荷载。凡可以在结构上自由移动的荷载称为移动荷载。如吊车、汽车、火车等的轮压。

上面介绍了荷载及其分类，其实际荷载是很复杂的，读者还要深入学习《建筑结构荷载规范》和研究实际荷载及其分类，只有这样，才能对荷载和分类有全面的了解。

1.3 约束与约束反力

1.3.1 约束与约束反力的概念

在大自然中，一些物体可以任意运动，位移不受任何限制，如在空中飞行的飞机、炮弹等，这样的物体称为自由体。另一些物体，它们相互之间通过接触构成联系，这些联系使得物体运动受到限制，这样的物体称为非自由体。对非自由体的运动构成限制的周围其他物体，一般称为对研究讨论物体的约束。例如，用钢索悬吊的重物受到钢索的限制而不能下落，如图 1.19（a）所示，钢索称为约束，小球称为被约束体；图 1.19（b）所示亦然，列车受钢轨限制而只能沿钢轨运动，列车是被约束体，钢轨则是列车的约束等。

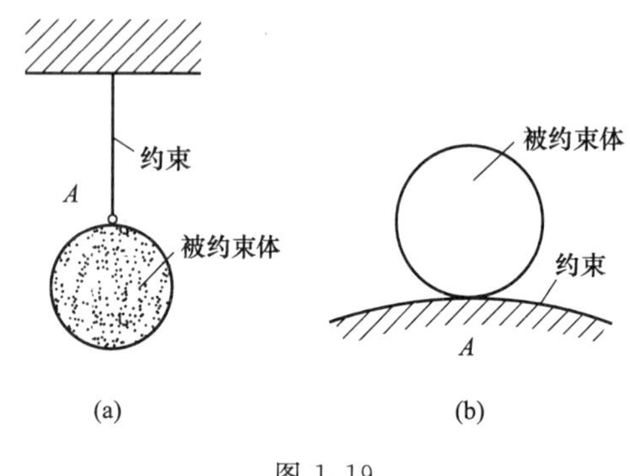

图 1.19

一般而言，约束就是一些对与之直接接触的其他物体运动起限制作用的物体，通过直接接触产生，具有相互性，相互接触物体称为约束与被约束体，期间的相互作用符合作用与反作用公理。如放置在桌面上的书，讨论书的受力，则桌面对书构成约束；讨论桌面受力，则书对桌面构成约束。

既然约束阻碍着物体的运动，所以约束必然对被约束体有力的作用，这种力称为约束反作用力，简称约束反力或反力。约束反力是阻碍物体运动的力，所以属于被动力，其方向与约束所能阻止的物体的运动或运动趋势方向相反。促使物体运动的力（如重力、拉力、牵引力等），通常称为主动力或荷载。

注意有约束不一定有约束反力，当被约束物体沿约束所限制的运动或运动趋势方向没有运动或运动趋势时，约束是不会产生约束反力的。有约束反力一定有约束存在，但有时不需要指出具体的约束物体来。

1.3.2 工程中常见约束类型及其约束反力

工程结构都要受到主动力和约束反力的作用，若对结构进行力学计算，就要分析这两方面的力。通常主动力是已知的，约束反力是未知的。因此，约束反力的确定是进行受力分析和力学计算的首要工作，约束反力的确定与约束类型有关，下面就介绍工程中常见的几种约束及约束反力。

1. 柔体拉接约束

由柔软的绳索、胶带，链条等物体对其他相连物体构成的约束形式称为柔体拉接约束。柔体本身不能承受压力，只能承受拉力，所以柔体约束只能限制物体沿柔体伸长方向的运动。因此，其约束反力作用于连接点，方向沿着柔体的中心线背离物体，恒为拉力，用符号“$\boldsymbol{F}_{\mathrm{T}}$”表示，如图 1.20 所示。

2. 光滑接触约束

两个相互接触的物体，在忽略摩擦的情况下，所构成的相互约束，称为光滑接触约束。这种约束只能限制物体沿接触面公法线方向趋向光滑面的运动，有时又称法向约束。所以，光滑接触约束反力通过接触点，其方向总是沿着光滑面的公法线且指向被约束物体，恒为压力，用符号“$\boldsymbol{F}_{\mathrm{N}}$”表示，如图 1.21、图 1.22 所示。

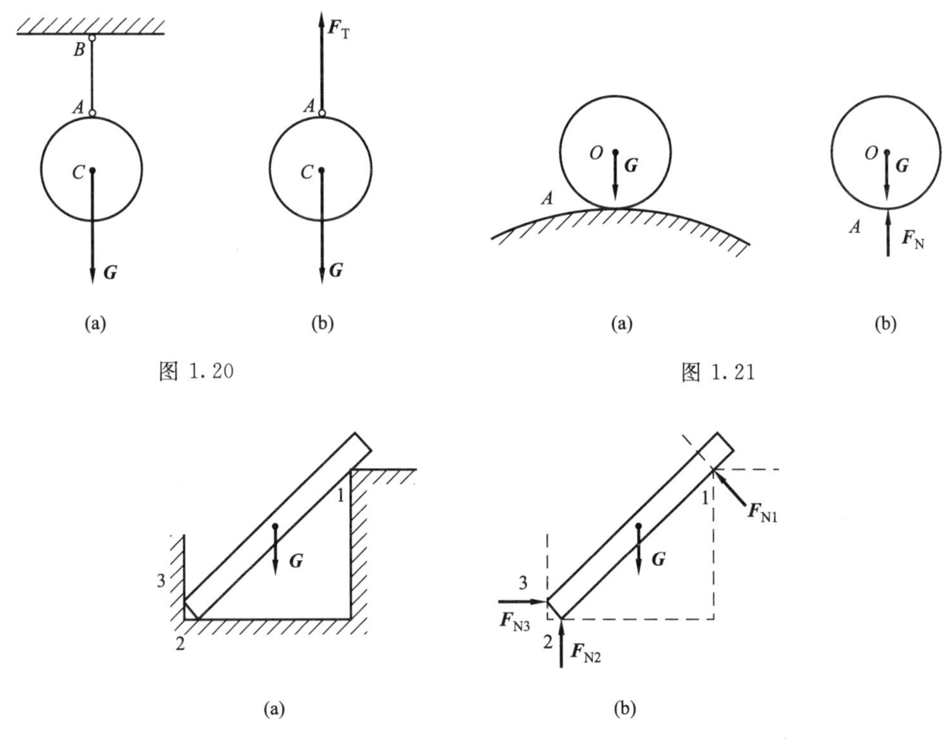

图 1.22

3. 光滑圆柱铰链约束

两个或两个以上的物体通过光滑圆柱形销钉连接在一起的约束称为铰链约束，简称铰链或铰、有时也称为中间铰以便和固定铰区分，如图 1.23（a)、(b）所示。铰链约束简图如图 1.23（c）所示。

由于假设销钉与物体的圆孔表面都是光滑接触，两者之间总有间隙，当受外力作用时，产生局部接触，本质上讲铰链约束是光滑接触约束，只是外力大小、方向不同时，接触点不同。因此这种约束只能限制物体在垂直于销钉轴线的平面内相对移动，而不能限制物体绕圆柱形销钉轴线的转动和平行于圆柱形销钉轴线的移动。所以约束反力在垂直销钉轴线平面内，并通过铰链中心，而方向待定。如图 1.23（d）所示，用一个未知方位和未知指向（假设）的力 F_C 来表示，但通常是用一对互相垂直的分力 F_{CX} 和 F_{CY} 来表示。如图 1.23（e）、（f）所示，其中两个分力的指向是假定的。

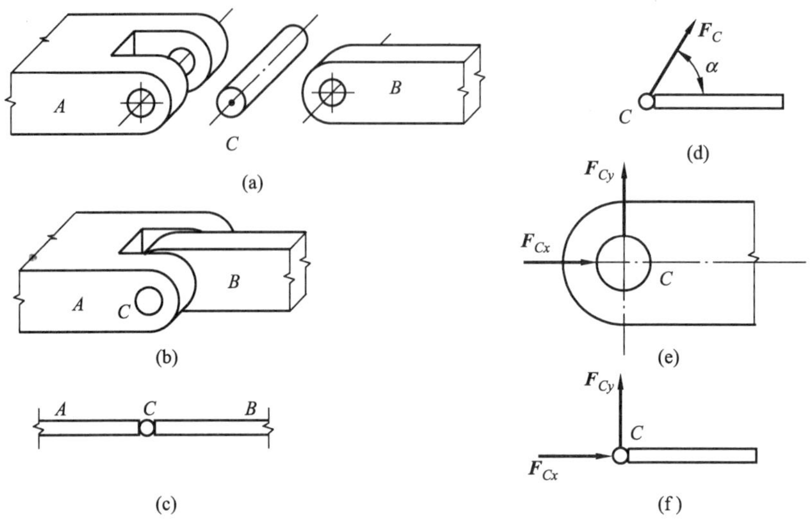

图 1.23

4. 二力杆（链杆）约束

轴线为直线的二力构件又称二力杆，或链杆结构中的二力杆对与之连接的其他物体构成的约束形式称为二力杆（链杆）约束。如图 1.24（a）中的 CD 杆对 AB 杆构成的约束就是二力杆约束。因杆 CD 不计自重，两端均用铰链与周围物体相连接。二力杆（链杆）约束只能限制被约束物体沿二力杆的两轴线方向的运动，而不能限制其他方向的运动，如图 1.24（b）所示。因此，二力杆（链杆）约束的约束反力一定是沿杆轴线方向的拉力或压力。即反力方位确定，指向待定（假设），如图 1.24（c）所示。

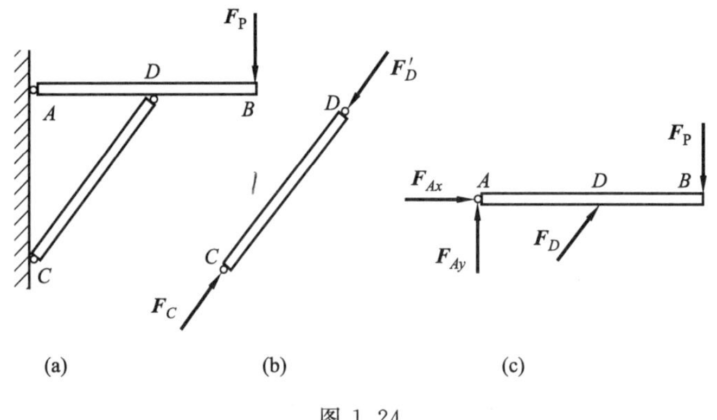

图 1.24

5. 支座约束

工程上，将结构或构件连接在支承物上的装置称为支座。支承物一般是基础或其他固定不动物体。

1）固定铰支座

如果将支座固定于基础上，再将结构或构件用圆柱形销钉与该支座连接，就形成了固定铰支座，如图 1.25（a）所示。也可理解为用铰链连接的两个构件中，如果其中的一个作为底座被固定在基础上，也形成固定铰支座。图 1.25（b）、（c）、（d）、（e）为固定铰支座几种不同形式的计算简图。

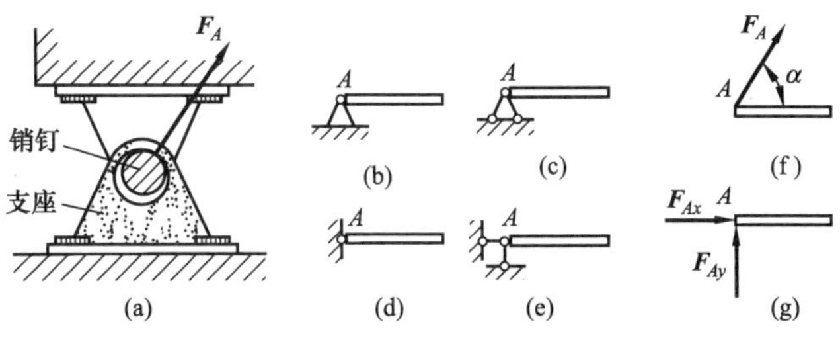

图 1.25

由于固定铰支座的构造决定其只能限制构件的移动，而不能限制构件绕铰心的转动。这和光滑圆柱铰链相同，所以固定铰支座的约束反力也用一个未知方位和未知指向（假设）的力来表示，但通常也是用一对互相垂直的分力来表示，如图 1.25（f）、（g）所示，其中两个分力的指向都是假定的。

2）可动铰支座

被支承物体与支座用铰链相连，而支座由几个辊轴（滚轴）支承于基础平面上，就形成可动铰支座，如图 1.26（a）所示。可移动支座的连接允许支座沿支承平面方向移动，但不能离开或压入支承面。即可动铰支座只限制构件沿支承面法线方向离开或指向支承面的运动。约束反力通过销钉中心，沿支承面法线方向，指向待定。

图 1.26（b）、（c）、（d）为可动铰支座几种不同形式的计算简图。图 1.26（e）所示为约束反力，指向为假设。

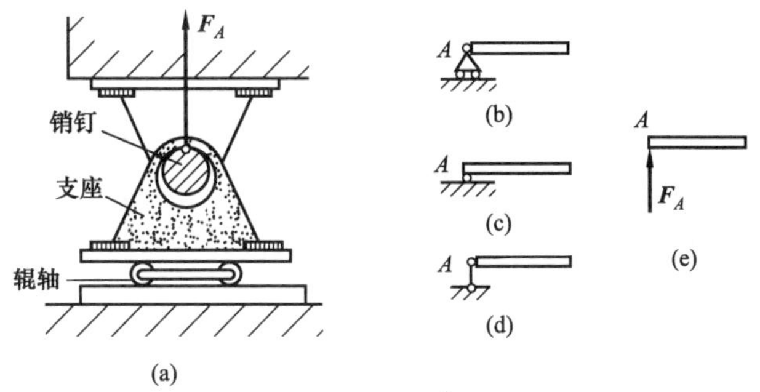

图 1.26

3）固定端支座

如果杆件一端与固定不动的支承物紧密相连，使杆件既不能移动也不能转动，例如，地面对电线杆的约束，建筑物对阳台的约束，车床上的刀架对车刀的约束。此时构件所受到的约束称为固定端约束。其构造简图如 1.27（a）所示，计算简图如 1.27（b）所示。

由于固定端支座既限制构件的移动，又限制构件的转动，所以，它除了产生在水平和竖直方向上起限制构件移动效果的约束反力外，还有一个起限制转动的约束反力偶，如图 1.27（c）所示。约束反力的指向和约束反力偶的转向均为假设。

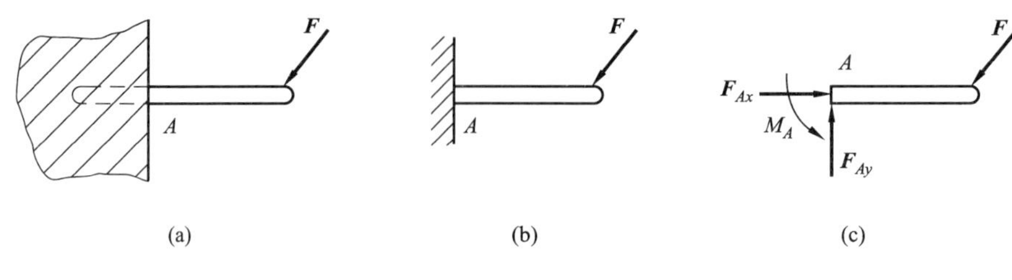

图 1.27

4）定向支座（滑动支座）

在土木工程中这种支座不常用，其相当于固定端支座把限制支承面方向的约束功能释放，只保留了限制支承面法线方向移动以及绕支座转动的功能。类似机械工程中气缸对活塞的作用。在部分结构计算简化的过程中会涉及这类支座。其简化的力学模型和约束反力如图 1.28（a）、（b）所示。

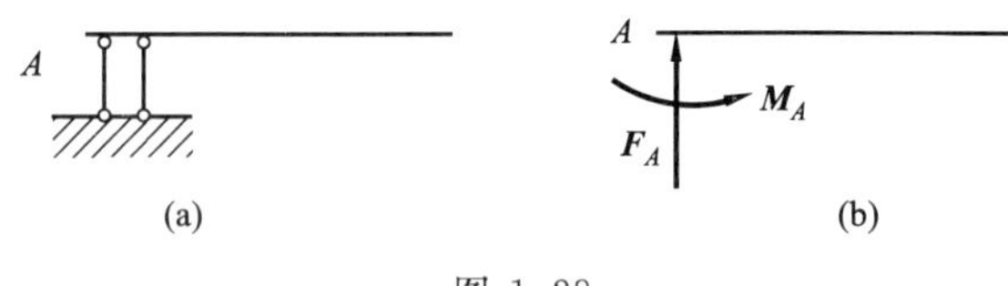

图 1.28

工程中常见约束类型及其约束反力对进行受力分析和力学计算非常重要，读者必须深入学习和牢固掌握。

6. 根据支座约束情况决定结构类型

1）悬臂结构

如果构件只用一个固定端支座与基础相连接，这样的构件称为悬臂结构，图 1.29（a）所示的悬臂结构又称悬臂梁。

2）单跨结构

如果构件只用两个支座与基础相连接，这样的构件称为单跨结构，图 1.29（b）、（c）所示的单跨结构又称单跨静定梁。

图 1.29（b）所示的梁为一端固定铰支座，另一端为活动铰支座，又称简支梁。

图 1.29（c）所示的梁为一端或两端伸出支座以外的简支梁，又称外伸梁。

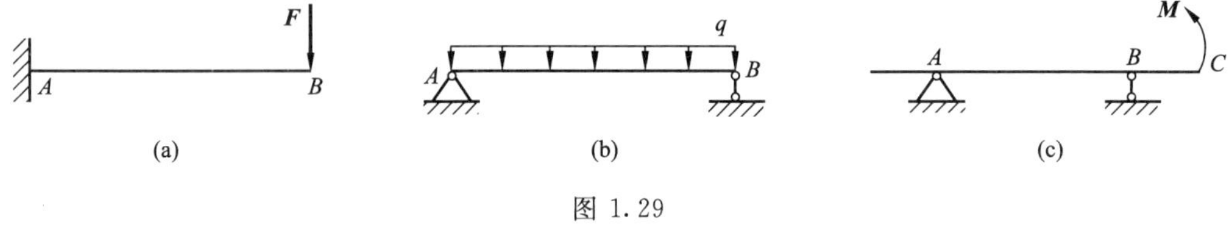

图 1.29

3）多跨结构

如果构件有超过两个以上的支座与基础相连接，这样的构件称为多跨结构。图 1.30 所示的多跨结构称为三跨连续梁。

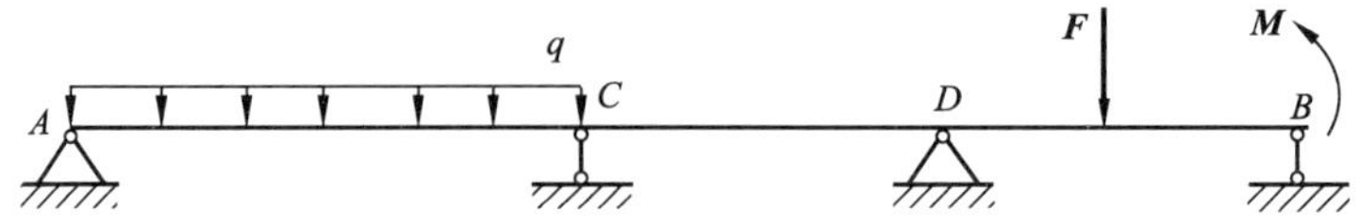

图 1.30

4）三铰结构

如果有两个构件的一端用固定铰与基础相连接，两个构件的另一端用中间铰相连，这样的结构称为三铰结构。图 1.31（a）所示称为三铰刚架结构；图 1.31（b）所示称为三铰拱结构。

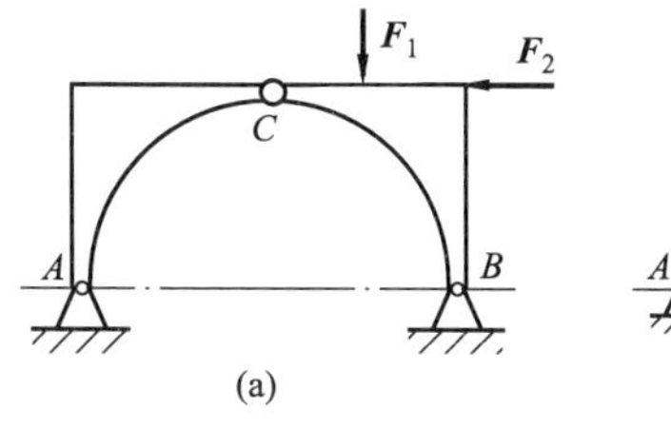

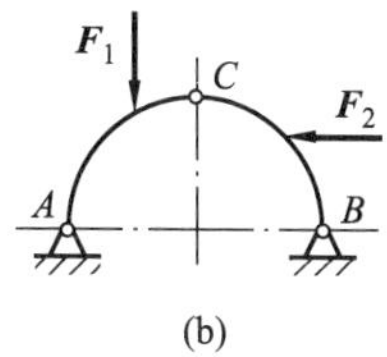

图 1.31

1.4　物体的受力图

1.4.1　受力图的概念

在对某结构或结构中的物体进行力学计算时，首先要对结构或结构中的物体进行受力分析，即分析清楚物体受到了什么力的作用？哪些力是已知的？哪些力是未知的？

在工程实际中，要讨论的物体几乎都是和周围物体以各种形式相互联系在一起。例如，楼板搁在梁上，梁支承在墙上，墙支承在基础上，基础又建在地基上。因此要进行受力分析时，必须首先明确是对这些相互联系的多个物体中的哪个物体进行受力分析，这个要讨论的物体就是研究对象。为了清晰地表示研究对象的受力情况，需要将研究对象从周围的物体中隔离出来，单独画出它的简图，这种分离出来的研究对象称为隔离体或脱离体。在分离体上画出周围物体对它的全部作用力，包括主动力（荷载）和约束反力，这样的图形称为物体的受力图，受力图是实际结构的一个理想化的力学模型。画受力图是解决力学问题的关键，是进行力学计算的依据，一定要认真对待，切实掌握。因此可以说画受力图是求解任何力学未知力的基础，不画出受力图就无法进行力学分析和结构计算，受力图的正确与否直接影响到后面的力学计算结果，必须对受力图给予高度的重视。画受力图时一定要抓主要矛盾，尽可能反映原结构主要受力特点，忽略次要因素，使受力图尽可能的简化，以便于后边的力学计算。

1.4.2　画物体受力图的基本步骤

（1）明确研究对象。首先，对给定的物体系统，要明确画那一个物体的受力图，弄清楚研究对象。

（2）绘出研究对象的隔离体图。将确定的研究对象从与其联系的周围物体中隔离出来，单独画出，需要注意的是这个隔离、画出的过程不能改变物体尺寸、方位、形状。

（3）画主动力（荷载）。画出作用于研究对象（隔离体）上的全部主动力，其一般是已知力。在画主动力时要保证不作任何形式的改变，包括力的作用位置，方位、指向、作用形式和大小等。

（4）画约束反力。根据约束类型画出作用于研究对象上的全部约束反力。这是画受力图的重点和难点，必须注意，约束反力的方向一定要和解除的约束类型相对应，能确定方位、指向的按确定画出，不能确定的进行假设，不能根据主动力的方向去主观臆断或简单推断。

（5）检查校核。检查画出的受力图，看分离体有无画错，有无错画、漏画、多画力的情况，力的图示有无错误，并进行必要的更正。

1.4.3 单个物体的受力图

画单个物体的受力图，首先需要通过分析题意，明确研究对象，弄清研究对象在哪些位置受到哪些主动力，和周围物体之间在什么位置形成怎样的约束类型。然后解除研究对象上的全部约束，画出研究对象的简图，再在简图上画出已知的主动力，以及根据约束类型在解除约束位置处画上相应的约束反力，最后形成单个物体的受力图。

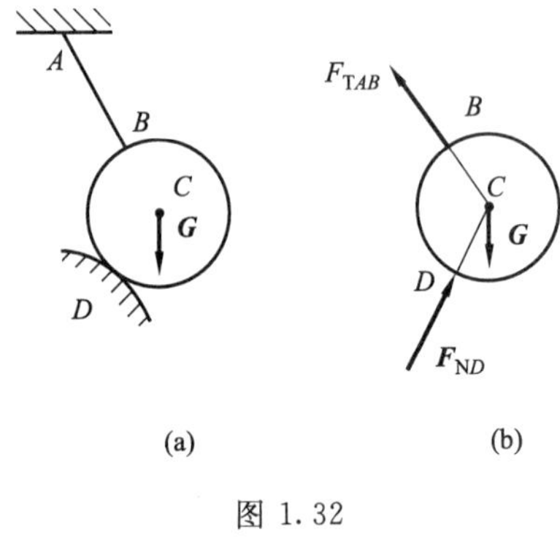

图 1.32

【例 1.2】 如图 1.32 (a) 所示，重为 $\boldsymbol{G}$ 的球，用绳 AB 系住并靠在光滑的曲面上。试画出球的受力图。

解 (1) 选球为研究对象，解除 B，D 处约束，画出隔离体。

(2) 画出球上原有的主动力（荷载），即重力 $\boldsymbol{G}$。

(3) 画约束反力。球所受的约束有两个，B 点处受柔体约束，约束反力 $\boldsymbol{F}_{TAB}$ 为拉力；D 点处受光滑接触面约束，约束反力 $\boldsymbol{F}_{ND}$ 沿过 D 点的公法线指向球心。球的受力图如图 1.32 (b) 所示。

【例 1.3】 试画出图 1.33 (a) 所示水平梁 AB 的受力图。

解 (1) 选梁 AB 为研究对象，解除 A、B 处约束，画出隔离体，如图 1.33 (b) 所示。

(2) 画出梁上原受的主动力，即 $\boldsymbol{F}_1$ 和 $\boldsymbol{F}_2$。

(3) 画约束反力。A 端为固定铰支座，它的约束反力是一个大小和方向均未知的力 $\boldsymbol{F}_A$，或用一对水平和竖直的未知力 $\boldsymbol{F}_{Ax}$ 和 $\boldsymbol{F}_{Ay}$ 表示；B 端为可动铰支座，约束反力 $\boldsymbol{F}_{RB}$ 垂直于支承面，指向假设。梁 AB 的受力图如图 1.33 (b)、(c) 所示。

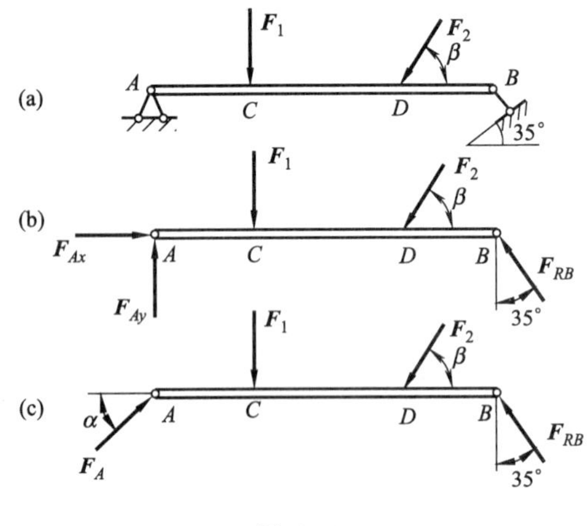

图 1.33

【例 1.4】 一三角形支架如图 1.34 (a) 所示，A、B、C 三处均为铰接，在 D 处受一荷载 F 作用，试画出水平杆 AD 的受力图。

解 (1) 选水平杆 AD 为研究对象，解除 A，C 处约束，画出隔离体 AD，如图 1.34 (b) 所示。

(2) 画出梁上原受的主动力，即 $\boldsymbol{F}$。

(3) 画约束反力。A 端为固定铰支座，它的约束反力可以用一对水平和竖直的未知力 $\boldsymbol{F}_{Ax}$ 和 $\boldsymbol{F}_{Ay}$ 表示，也可以用一个大小和方向均未知的力 $\boldsymbol{F}_A$ 表示；由于 C 铰为二力杆（构件）BC 一端的铰，故此时 BC 杆对 AD 杆 C 处构成的是链杆约束，其约束反力 $\boldsymbol{F}_C$ 方位沿链杆轴线，指向假设。AD 杆的受力图如图 1.34 (b) 所示。

如果 A 端约束反力用一个大小和方向均未知的力 $\boldsymbol{F}_A$ 表示，则 $\boldsymbol{F}_A$、$\boldsymbol{F}$、$\boldsymbol{F}_C$ 构成三力平衡的情况，按照三力平衡汇交定理，AD 杆的受力图也可以如图 1.34（c）所示。

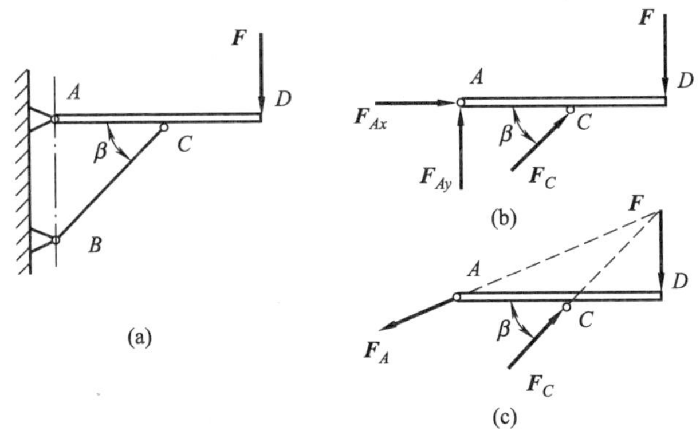

图 1.34

1.4.4　物体系统的受力图

当研究对象不是单个物体，而是若干个物体组成的物体系统（简称物体系）时，画受力图的基本步骤和方法与画单个物体的受力图相同，只是研究对象可能是整个物体系统或系统的某一部分或某一物体。

一般情况下，不管是整个物体系统或系统的某一部分或某一物体的受力图，在它们的受力图中都只反映其周围物体对它们的作用力（主动力和约束反力），这些力称为外力。系统内各物体之间的相互作用力称为内力。在对物体系进行受力分析时，只画外力，不画内力。但要注意区分外力和内力，根据所选研究对象的变化，某些内力和外力也会相互转化。

画整体的受力图时，只需把整体看做是单个物体一样对待，其内部各部分之间的相互作用力此时是内力，而且因为内部约束在分离体中没有解除，故不能画出内部约束的约束反力，只需画出整体所受主动力和整体以外其他物体对整体构成约束的约束反力；画系统中某一部分或某一物体的受力图时，取相应研究对象时，必然会解除整体内部中的一个或几个相互联系（约束），受力图中会出现相应的约束反力，对于整体而言的内力此时会因为研究对象的不同转变为外力，而且画受力图要注意在解除内部约束处出现的相互作用力要满足作用与反作用公理，要从图示（方位、指向）中正确反映。

【例 1.5】 管道支架 ABC 如图 1.35（a）所示，A、B、C 处都是铰链连接。管道重为 $\boldsymbol{G}$，管道压力作用在水平杆 AB 上的 D 点。试画出管道 O、水平杆 AB、斜杆 BC 以及整体的受力图。

解（1）选管道 O 为研究对象。受主动力重力 $\boldsymbol{G}$ 作用在圆管中心，D 处为光滑接触面约束，反力 $\boldsymbol{F}_{ND}$ 为压力，通过圆管中心。受力图如图 1.35（b）所示。

（2）选斜杆 AC 为研究对象，AC 杆为二力杆，满足二力平衡条件，其受力图如图 1.35（c）所示，指向假设。

（3）选水平杆 AB 为研究对象。D 处为光滑接触面约束，约束反力 $\boldsymbol{F}'_{ND}$。其与管道 O 受力图中 D 处反力 $\boldsymbol{F}_{ND}$ 是作用力与反作用力的关系；A 处为链杆约束，约束反力 $\boldsymbol{F}'_A$，$\boldsymbol{F}'_A$

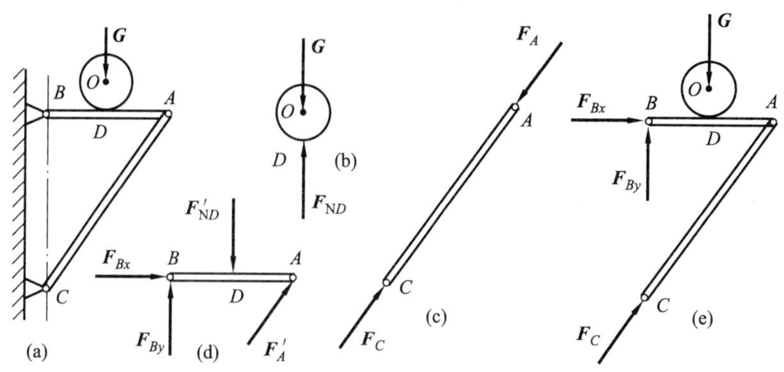

图 1.35

与 AC 杆 A 点受力 $\boldsymbol{F}_A$ 是作用力与反作用力的关系；B 处为固定铰支座，它的约束反力用两个相互垂直的分力 $\boldsymbol{F}_{Bx}$ 和 $\boldsymbol{F}_{By}$ 表示，指向假设。其受力图如图 1.35（d）所示。

（4）选整体为研究对象，其受力图如图 1.35（e）所示。其中 B、C 处的约束反力必须和图 1.35（c）、（d）中对应处的约束反力一致。因 A、D 处约束没有解除，故 A、D 处不能画出约束反力。

通过上述例题分析，归纳画受力图需要注意以下几点。

① 明确研究对象，解除约束，单独画出所研究的对象。

② 约束反力要与约束类型对应，不能凭想象画受力图。

③ 出现多个受力图时，其中的作用力、反作用力要满足作用与反作用公理。

④ 同一处的受力，在各个不同的受力图中要保持一致，不能采用两种不同的假设或不同的画法。

⑤ 约束反力能确定的要素尽量不要假设，特别注意二力杆，三力平衡汇交定理的应用，尽可能使受力图简单化。

⑥ 区分清楚“铰”类约束反力在什么时候其方向（方位、指向）可定，什么时候不能确定，要进行假设。注意二力构件两端的铰的反力特征。

⑦ 受力图中的力可以分为主动力（荷载）和约束反力，画受力图时不要漏画力，也不要多画力。注意分析物体系统受力图中，内部约束的反力什么情况出现，什么情况下不能画。

正确作出受力图是求解物体平衡问题的关键，应高度重视，多加练习。

本章提要

1. 在任何外力作用下，大小和形状均保持不变的物体称为刚体。

2. 力是物体之间相互的机械作用，这种作用使物体的运动状态发生改变（外效应），或使物体产生变形（内效应）。力对物体的外效应取决于力的三要素：大小、方向、作用点（作用线）。

3. 静力学公理揭示了力的基本性质，反映了两个力的合成与平衡，以及两个物体间的相互作用等的最基本的力学规律，是静力学的理论基础。

4. 力偶是由等值、反向、平行的两个力组成的力系，是另一个力学基本量。力偶没有合力，也不能和一个力平衡。

5. 荷载通常指作用在结构上的主动力。作用在坝身或者桥梁上的自重、水压力、土压力等，它们在结构荷载规范中统一称为直接作用；另外还有间接作用，如地基沉陷、温度变化、材料收缩等，它们同样可以使超静定结构产生内力和变形。这些作用统称为荷载。

6. 荷载按其不同的特点有不同的分类。

按照《建筑结构荷载规范》对荷载分类可分为永久荷载、可变荷载和偶然荷载。只有正确确定结构上的荷载，才能很好地进行结构设计。

7. 阻碍物体运动的限制物称为约束。约束对物体的作用可以用约束反力来代替。约束反力的方向要根据约束类型来确定，它总是与约束所能阻碍的物体的运动或运动趋势方向相反。其作用点就是约束与被约束物体间的接触点。

8. 受力图表示物体的受力情况。正确画出受力图是解决力学问题的关键。由于主动力一般是已知的，所以，画受力图主要在于正确分析约束类型和约束反力，弄清它的作用位置和方位、指向，不能确定可以假设。

思　考　题

1-1　设有两个力 $\boldsymbol{F}_1$ 和 $\boldsymbol{F}_2$，下列三种情况所表示的意义有何不同？

(1) $\boldsymbol{F}_1=\boldsymbol{F}_2$；

(2) $F_1=F_2$；

(3) 力 F_1 等于力 F_2。

1-2　在图 1.36 所示刚体上的 A 点作用一已知力 $\boldsymbol{F}$，问能否在 B 点加一个力使刚体平衡？为什么？

1-3　如图 1.37 所示，AC 和 CB 是绳索，在 C 点加向下的力 $\boldsymbol{F}$，问当 α 角越大还是越小时绳索越危险？为什么？

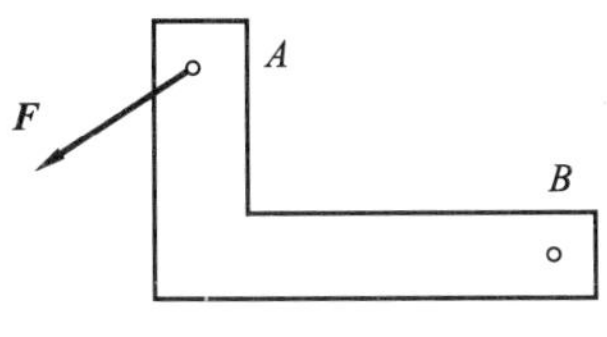

图 1.36

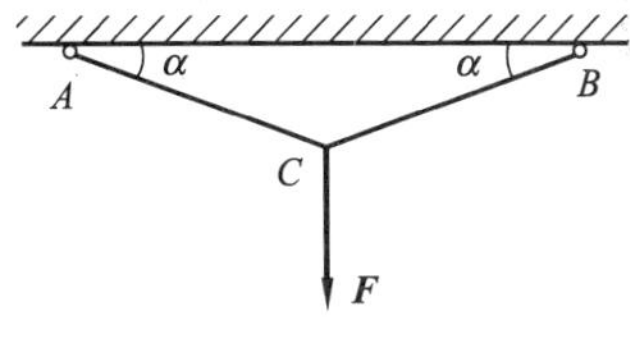

图 1.37

1-4　如图 1.38 所示，当求铰链 C 的约束力时，可否将作用于 AC 上 D 点的力 $\boldsymbol{F}$ 沿其作用线移动，变成作用于 BC 上的 E 点的力 $\boldsymbol{F}'$，为什么？

1-5　如图 1.39 表示物体上的 A、B 两点各作用力 $\boldsymbol{F}_1$ 和 $\boldsymbol{F}_2$。试问 $\boldsymbol{F}_1$ 和 $\boldsymbol{F}_2$ 的合力三要素根据什么公理决定？要使该物体平衡必须加上什么样的力？

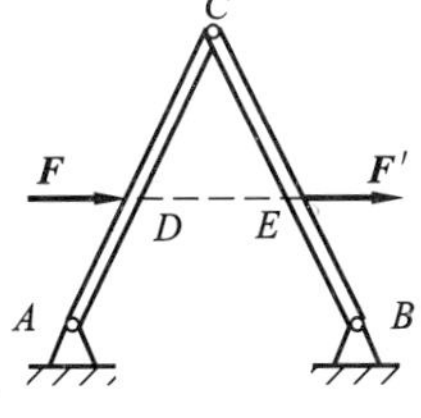

图 1.38

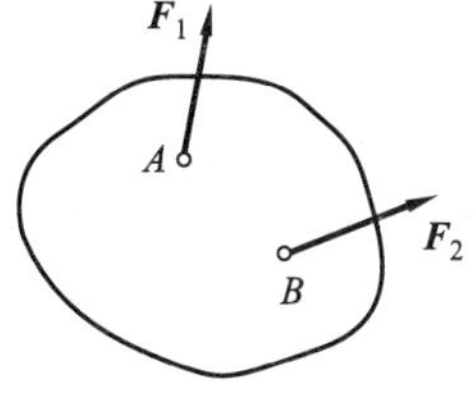

图 1.39

1-6　如图 1.40 所示，A、B 两物体叠放在桌面上。A 物体重 $\boldsymbol{G}_A$，B 物体重 $\boldsymbol{G}_B$。试分析 A，B 物体各受到哪些力作用？这些力的反作用力各是什么？它们各作用在哪个物体上？

1-7　试画出图 1.41 所示力 $\boldsymbol{F}$ 在两个坐标轴上的分力。并说明力在坐标轴上的分力根据什么公理确定？

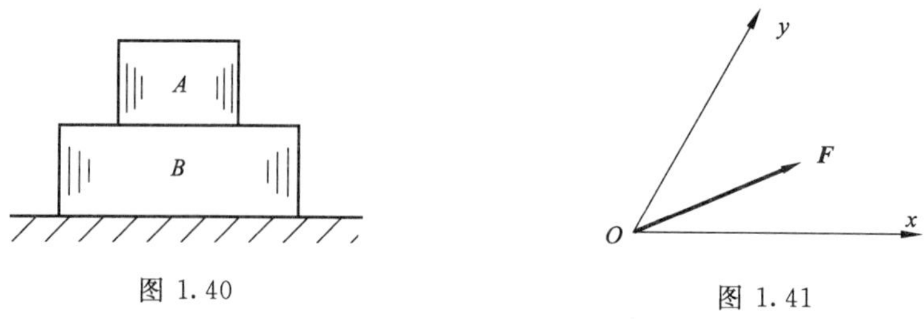

图 1.40　　图 1.41

1-8　二力平衡公理和作用与反作用公理有什么异同？

1-9　试比较力和力偶的异同点。

1-10　如图 1.42 所示，力偶（$\boldsymbol{F}_1$，$\boldsymbol{F}_1'$）作用在平面 Oxy 内，力偶（$\boldsymbol{F}_2$，$\boldsymbol{F}_2'$）作用在平面 Oyz 内，它们的力偶矩大小相等，问这两个力偶能否等效？

1-11　如图 1.43 所示，一力 $\boldsymbol{F}$ 作用于 A 点，试求作用在 B 点与力 $\boldsymbol{F}$ 等效的力和力偶。

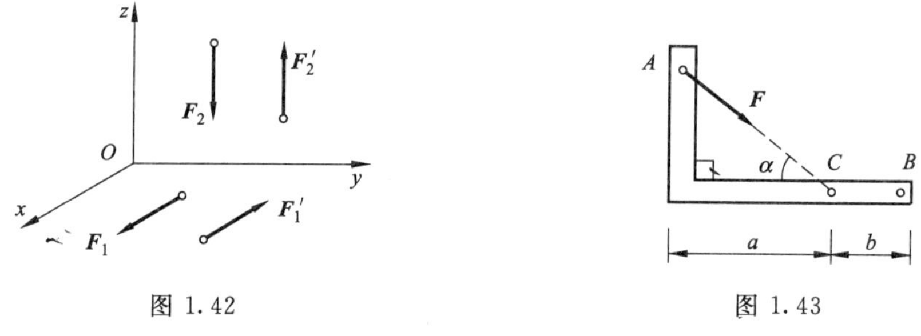

图 1.42　　图 1.43

1-12　图 1.44 中各物体的受力图是否正确？如有错，请改正。杆重不计，接触处是光滑的。

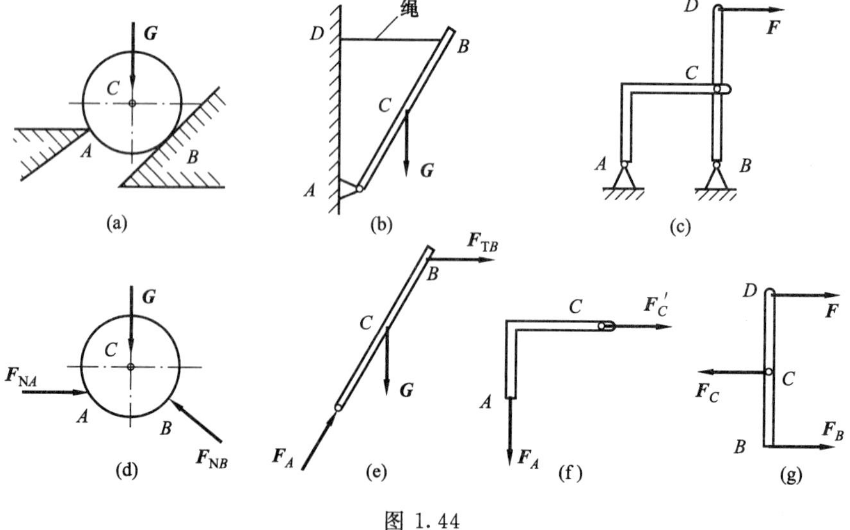

图 1.44

习　题

1-1　如图 1.45 所示，刚架上作用着力 $\boldsymbol{F}$，试画出刚架的受力图。

1-2　图 1.46 的支架，D、B、E 处均为铰接，其上作用着力 $\boldsymbol{G}$，试分别画出杆 BC、DE、BA 和支架整体的受力图。

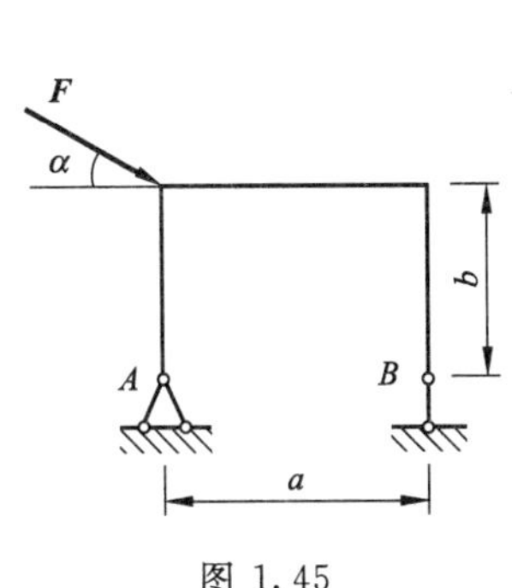

图 1.45

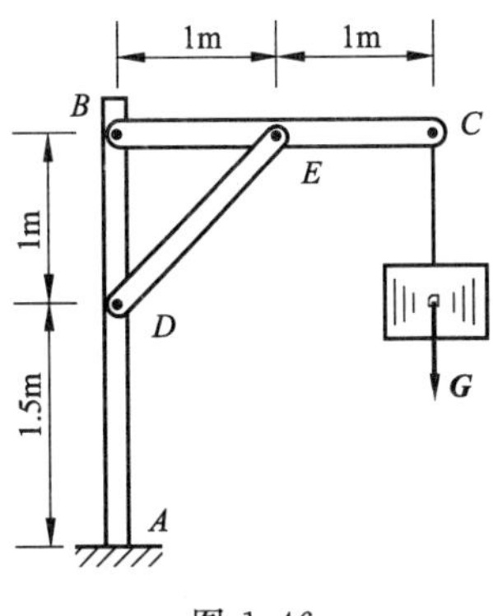

图 1.46

1-3　求图 1.47 所示三力偶各自的力偶矩为多少。已知 $F_1=F'_1=80\text{kN}$，$F_2=F'_2=130\text{N}$，$F_3=F'_3=100\text{N}$，$d_1=80\text{cm}$，$d_2=40\text{cm}$，$d_3=50\text{cm}$。

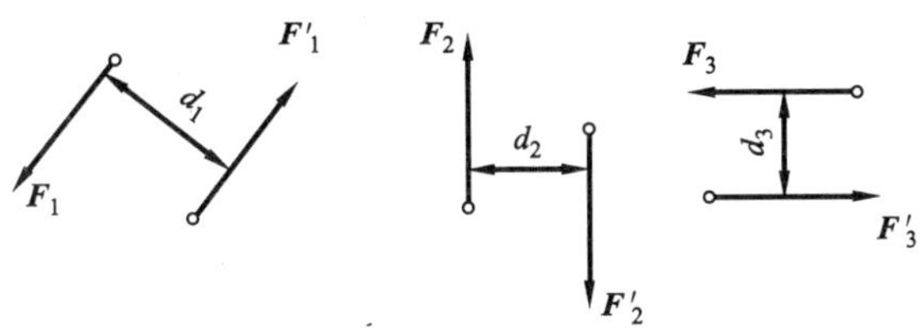

图 1.47

1-4　各梁所受荷载作用如图 1.48 所示，试画出各梁的受力图。

1-5　试分别绘出图 1.49 所示各指定物体的受力图。假定所有接触面都是光滑的，除

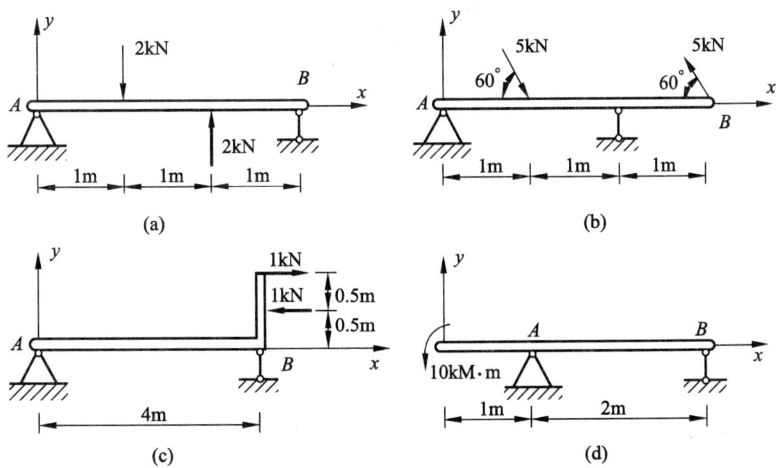

图 1.48

注明以外，物体的自重都不计。

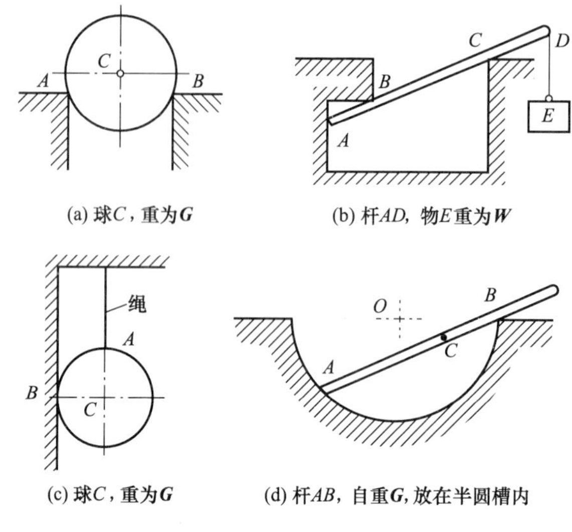

(a) 球C，重为$\boldsymbol{G}$　　(b) 杆AD，物E重为$\boldsymbol{W}$

(c) 球C，重为$\boldsymbol{G}$　　(d) 杆AB，自重$\boldsymbol{G}$，放在半圆槽内

图 1.49

1-6　画出图 1.50 所示的各梁受力图。

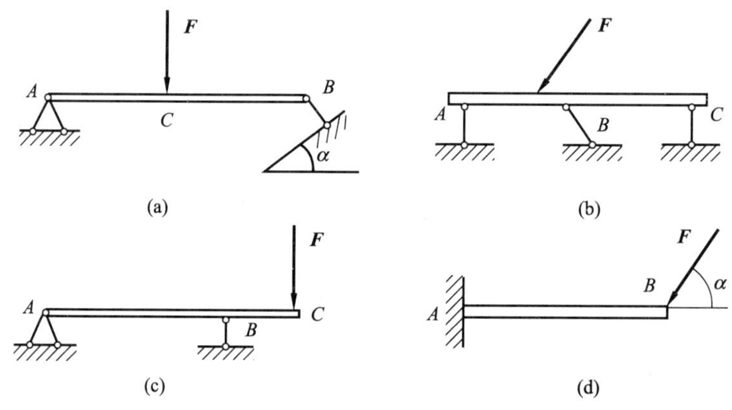

(a)　　(b)

(c)　　(d)

图 1.50

1-7　图 1.51 所示为排水闸门重为 $\boldsymbol{G}$，作用于 C 点，A 处为铰链连接，闸门受到总的水压力为 $\boldsymbol{F}_{\mathrm{P}}$，$\boldsymbol{F}_{\mathrm{T}}$ 为启动力，B 处接触假定为光滑。试画出：

（1）$\boldsymbol{F}_{\mathrm{T}}$ 力不够大，未能启动闸门时，闸门的受力图；

（2）$\boldsymbol{F}_{\mathrm{T}}$ 力刚好将闸门启动时，闸门的受力图。

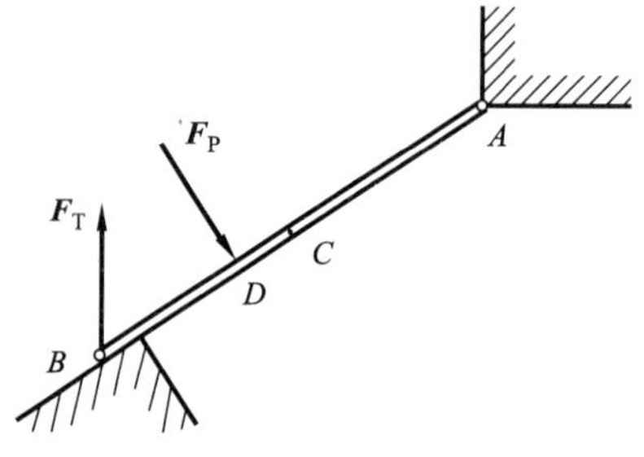

图 1.51

1-8　画出图 1.52 所示的指定物体受力图。

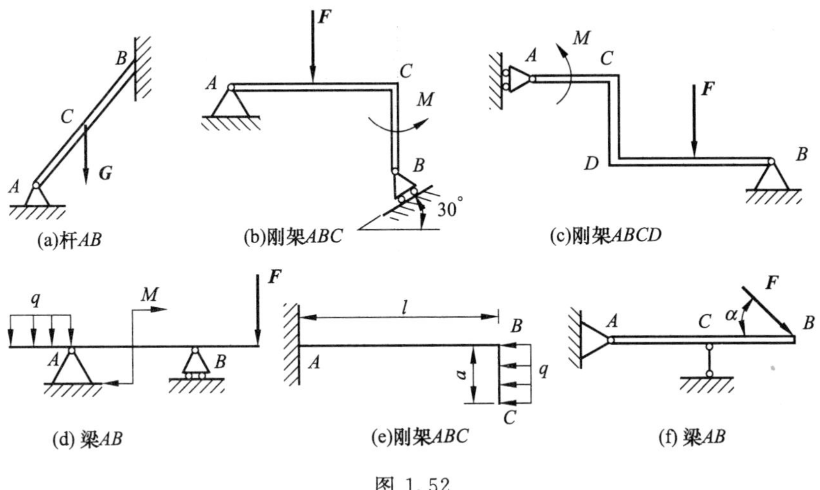

图 1.52

第2章　简单平面力系的计算

【教学目标】

平面汇交力系和平面力偶系属于简单平面力系，是平面力系中的两种基本力系。本章所涉及的基本概念和分析方法具有一般性，是学习复杂平面力系的基础。

要求能熟练计算力在直角坐标轴上的投影；能利用合力投影定理对平面汇交力系进行合成；理解平面汇交力系和平面力偶系的平衡条件；能运用平面汇交力系和平面力偶系的平衡方程求解物体的平衡问题。

【教学要求】

知识要点	能力要求	相关知识
力在坐标轴上的投影	(1)理解力在坐标轴上投影的定义 (2)熟练计算力在坐标轴上的投影 (3)能够根据力在两正交坐标轴上的投影求力	点的投影
合力投影定理	(1)理解合力投影定理 (2)能运用合力投影定理合成平面汇交力系	力的平行四边形公理
平面汇交力系的平衡	(1)理解平面汇交力系的平衡条件 (2)理解平面汇交力系平衡方程的含义 (3)熟练运用平衡方程求解未知量	平面汇交力系的合成
平面力偶系的合成与平衡	(1)理解平面力偶系的合成结果 (2)理解平面力偶系的平衡条件 (3)理解平面力偶系平衡方程的含义，能熟练运用其求解未知量	力偶矩、力偶的等效性

作用在同一物体上的一组力称为力系。如果力系中各力的作用线都在同一个平面内，则称为**平面力系**。平面力系中各力作用线如果汇交一点，则该平面力系称为平面汇交力系［图2.1(a)］，各力作用线如果全平行，则称为平面平行力系［图2.1(b)］。由若干个力偶组成的平面力系称为平面力偶系［图2.1(c)］。如果平面力系中各力的作用线既不汇

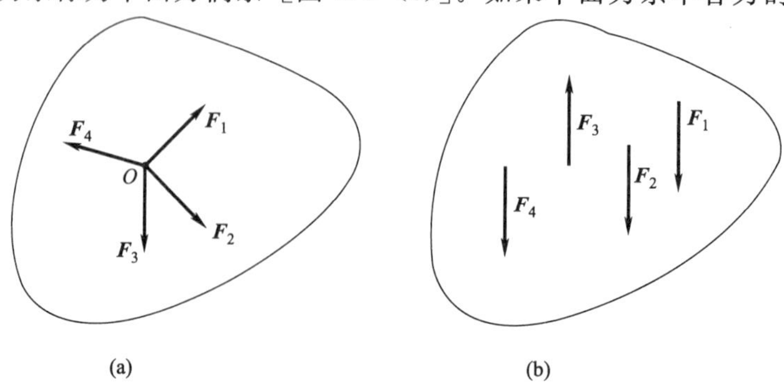

(a)　　(b)

图2.1

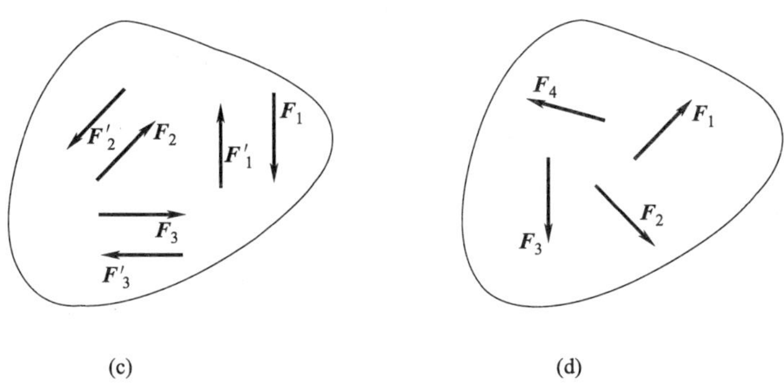

(c)　(d)

图 2.1（续）

交一点又不全平行，则称为平面一般力系［图 2.1（d）］。平面汇交力系、平面力偶系和平面平行力系都属于平面一般力系的特殊情况，称为简单平面力系，平面一般力系则为复杂平面力系。本章将研究简单平面力系的合成与平衡。

2.1 平面汇交力系的合成与平衡条件

2.1.1 力在坐标轴上的投影

在力 $\boldsymbol{F}$ 所在的平面内建立一坐标轴 x，从力 $\boldsymbol{F}$ 的两端 A 和 B 分别作 x 轴的垂线，得到垂足 a 和 b，a、b 分别为 A、B 两点在 x 轴上的投影，线段 ab 的长度则称为 $\boldsymbol{F}$ 在 x 轴上的投影，用 $\boldsymbol{F}x$ 表示。力在坐标轴上的投影是一个代数量，若力 $\boldsymbol{F}$ 与 x 轴的正向夹角为 α，则有

$$F_x = F\cos\alpha \tag{2-1}$$

力在轴上投影等于此力的大小乘以此力与投影轴所夹锐角的余弦，并规定从起始投影点 a 到终投影点 b 的指向与坐标轴的正向一致时，力 $\boldsymbol{F}$ 在该坐标轴上的投影为正［图 2.2（a）］，反之为负［图 2.2（b）］。例如图 2.2（b）中，力 $\boldsymbol{F}$ 在 x 轴上的投影为

$$F_x = -F\cos\beta$$

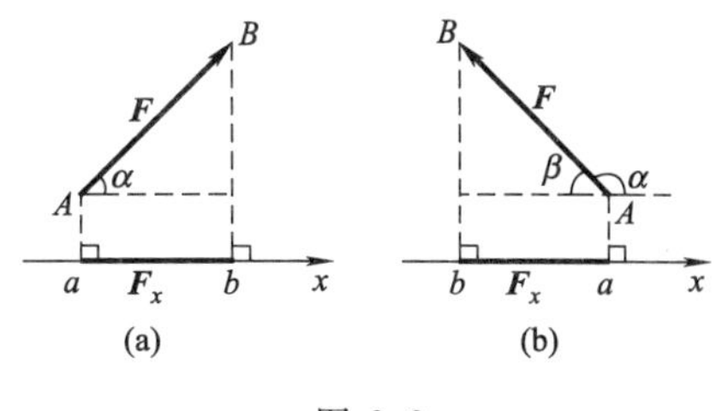

图 2.2

2.1.2 力在平面直角坐标轴上的投影

如图 2.3 所示，在力 $\boldsymbol{F}$ 所在的平面内建立直角坐标系 xOy，已知力 $\boldsymbol{F}$ 与 x、y 轴正向的夹角分别为 α、β。则力 $\boldsymbol{F}$ 在 x 和 y 坐标轴上的投影为

$$\begin{aligned} F_x &= F\cos\alpha \\ F_y &= F\cos\beta \end{aligned} \tag{2-2}$$

若已知力 $\boldsymbol{F}$ 在直角坐标轴上的投影 $\boldsymbol{F}_x$、$\boldsymbol{F}_y$，则该力的大小和方向为

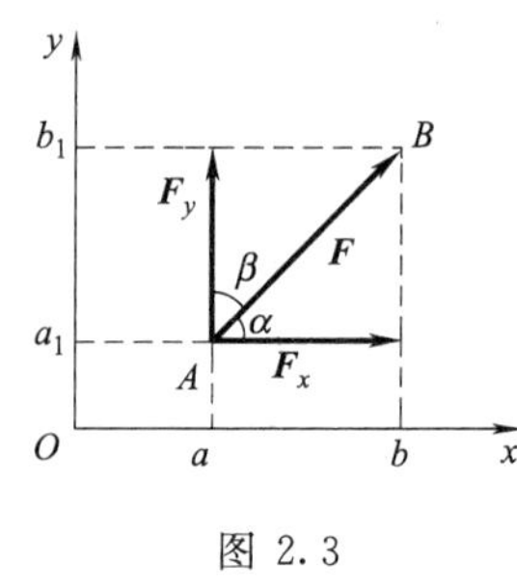

图 2.3

$$F=\sqrt{F_x^2+F_y^2}$$
$$\tan\alpha=\left|\frac{F_y}{F_x}\right| \tag{2-3}$$

式中 α 是力 $\boldsymbol{F}$ 与 x 轴所夹的锐角，力 $\boldsymbol{F}$ 的具体指向由两投影的正负号来确定。

2.1.3　平面汇交力系的合成

根据力的平行四边形公理或力的三角形法则可以将两个共点力合成为一个合力。若刚体上的一点作用着由 n 个力 $\boldsymbol{F}_1$、$\boldsymbol{F}_2$、…、$\boldsymbol{F}_n$ 构成的平面汇交力系，如图 2.4（a）所示。连续应用力的三角形法则，可以将力系合成为作用于力系汇交点处的合力 $\boldsymbol{F}_{\mathrm{R}}$，如图 2.4（b）所示。亦即平面汇交力系可合成为通过汇交点的合力。

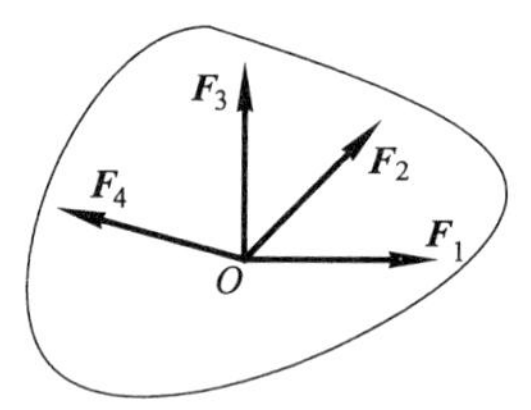

(a)

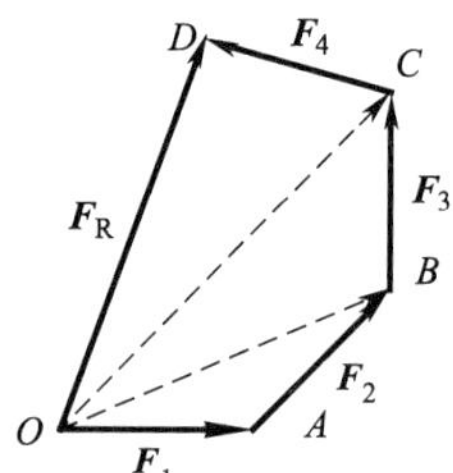

(b)

图 2.4

2.1.4　合力投影定理

如图 2.5（a）所示，力 $\boldsymbol{F}_1$、$\boldsymbol{F}_2$、$\boldsymbol{F}_3$ 作用于刚体的同一点 O 构成一平面汇交力系。应用力的三角形法则将其合成为合力 $\boldsymbol{F}_{\mathrm{R}}$，如图 2.5（b）所示。建立直角坐标系，由各力的两端点向 x 轴作垂线，则得力 $\boldsymbol{F}_1$、$\boldsymbol{F}_2$、$\boldsymbol{F}_3$ 在 x 轴上的投影分别为

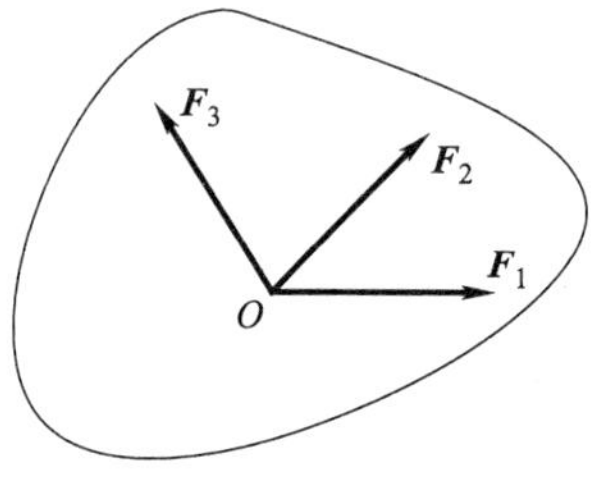

(a)

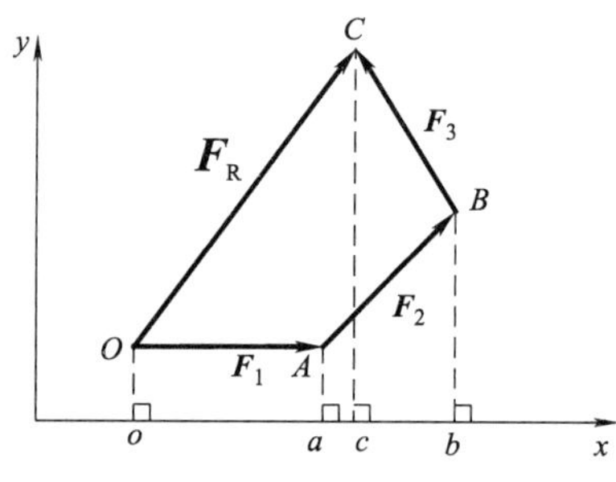

(b)

图 2.5

$F_{1x}=oa$，$F_{2x}=ab$，$F_{3x}=bc=-cb$，$F_{\mathrm{R}x}=oc$

显然　　$oc=oa+ab-cb=oa+ab+bc$

因此　　$F_{\mathrm{R}x}=F_{1x}+F_{2x}+F_{3x}$

同理　　$F_{\mathrm{R}y}=F_{1y}+F_{2y}+F_{3y}$

可以将上述结论推广到由 n 个力的情况，即

$$F_{\mathrm{R}x}=F_{1x}+F_{2x}+\cdots+F_{nx}=\sum F_x$$
$$F_{\mathrm{R}y}=F_{1y}+F_{2y}+\cdots+F_{ny}=\sum F_y \tag{2-4}$$

这就是**合力投影定理**：合力在某一轴上的投影，等于各分力在同一轴上投影的代数和。

若已知各分力在直角坐标轴 x 和 y 轴上的投影分别为 $\boldsymbol{F}_{1x}$ 和 $\boldsymbol{F}_{1y}$、…、$\boldsymbol{F}_{nx}$ 和 $\boldsymbol{F}_{ny}$，可由式（2-3)求得合力的大小和方向

$$\begin{aligned} F_{\mathrm{R}} &= \sqrt{F_{\mathrm{R}x}^2+F_{\mathrm{R}y}^2}=\sqrt{(\sum F_x)^2+(\sum F_y)^2} \\ \tan\alpha &= \left|\frac{F_{\mathrm{R}y}}{F_{\mathrm{R}x}}\right| = \left|\frac{\sum F_y}{\sum F_x}\right| \end{aligned} \tag{2-5}$$

α 为合力 $\boldsymbol{F}_{\mathrm{R}}$ 与力轴所夹锐角。$\boldsymbol{F}_{\mathrm{R}}$ 的具体指向由 $\sum F_x$、$\sum F_y$ 的正负确定。

【例 2.1】 一吊环受到三条钢丝绳的拉力，如图 2.6（a）所示。已知 $F_1=2000\mathrm{N}$，水平向左；$F_2=2500\mathrm{N}$，与水平成 30°角；$F_3=1500\mathrm{N}$，铅直向下，试求合力的大小和方向。

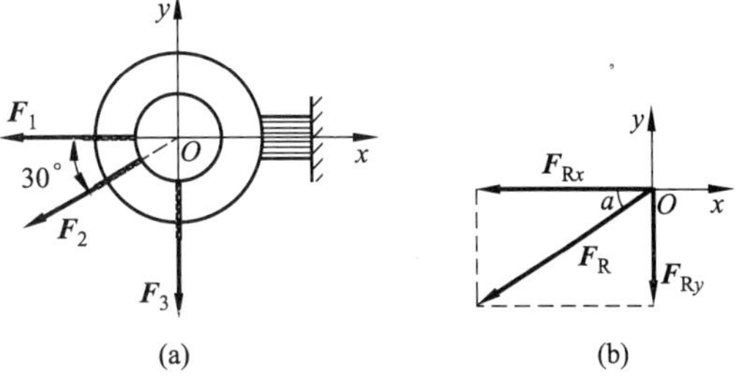

图 2.6

解 以三力的汇交点 O 为坐标原点，取坐标如图 2.6（b）所示，先分别计算各力的投影。

$$F_{1x}=-F_1=-2000\mathrm{N}$$
$$F_{2x}=-F_2\cos30°=(-2500\times0.866)\mathrm{N}=-2165\mathrm{N}$$
$$F_{3x}=0$$
$$F_{1y}=0$$
$$F_{2y}=-F_2\sin30°=-2500\times0.5=-1250\mathrm{N}$$
$$F_{3y}=-F_3=-1500\mathrm{N}$$

由式（2-4）得

$$F_{\mathrm{R}x}=\sum F_x=(-2000-2165+0)\mathrm{N}=-4165\mathrm{N}$$
$$F_{\mathrm{R}y}=\sum F_y=(0-1250-1500)\mathrm{N}=-2750\mathrm{N}$$

由式（2-5）得　$F_{\mathrm{R}}=\sqrt{F_{\mathrm{R}x}^2+F_{\mathrm{R}y}^2}=\sqrt{(-4165)^2+(-2750)^2}\mathrm{N}=4991\mathrm{N}$

由于 $F_{\mathrm{R}x}$ 和 $F_{\mathrm{R}y}$ 都是负值，所以合力 F_{R} 应在第三象限［图 2.6（b)］。

$$\tan\alpha=|F_{\mathrm{R}y}/F_{\mathrm{R}x}|=2750/4165=0.660$$
$$\alpha=33.4°=33°\ 24'$$

【例 2.2】 如图 2.7（a）所示，重 50N 的球用与斜面平行的绳 AB 系住，静止在与水平面成 30°角的斜面上。已知绳子的拉力 $F_{\mathrm{T}}=25\mathrm{N}$，斜面对球的支持力 $F_{\mathrm{N}}=25\sqrt{3}\mathrm{N}$，试求该球所受的合外力的大小。

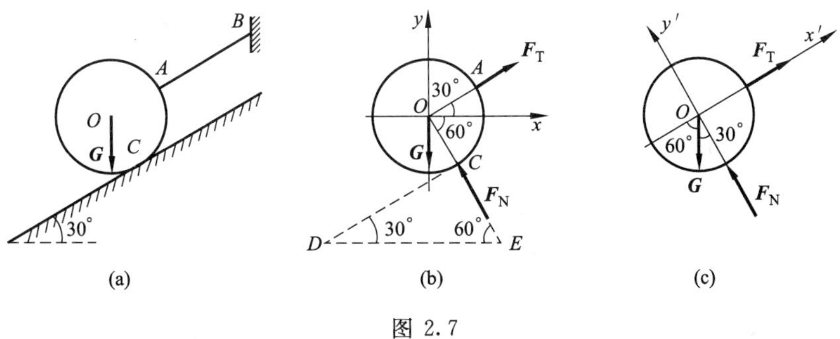

图 2.7

解 解法一：画受力图并建坐标 Oxy，如图 2.7（b）所示。

$$F_{Rx}=\sum F_x=F_{Nx}+G_x+F_{Tx}=-F_N\cos 60°+0+F_T\cos 30°$$
$$=-25\sqrt{3}\times\frac{1}{2}+0+25\times\frac{\sqrt{3}}{2}=0$$
$$F_{Ry}=\sum F_y=F_{Ny}+G_y+F_{Ty}=F_N\sin 60°-G+F_T\sin 30°$$
$$=25\sqrt{3}\times\frac{\sqrt{3}}{2}-50+25\times\frac{1}{2}=0$$

显然，$F_R=\sqrt{F_{Rx}^2+F_{Ry}^2}=0$

解法二：画受力图并建立坐标 $Ox'y'$，如图 2.7（c）所示。

$$F_{Rx'}=\sum F_{x'}=F_{Nx'}+F_{Tx'}+G_{x'}=0+F_T-G\cos 60°$$
$$=0+25-50\times\frac{1}{2}=0$$
$$F_{Ry'}=\sum F_{y'}=F'_{Ny}+F'_{Txy}+G'_{xy}=F_N+0-G\sin 60°$$
$$=25\sqrt{3}+0-50\times\frac{\sqrt{3}}{2}=0$$
$$F_R=\sqrt{F_{Rx'}^2+F_{Ry'}^2}=0$$

由本例计算可知，建立不同的坐标轴，力系合成的结果是一样的，但繁简程度却不相同。解题时，坐标轴应尽可能建立与力垂直或平行的方向，以简化运算。

2.1.5 平面汇交力系的平衡条件

平面汇交力系对刚体的作用效应与力系的合力对刚体的作用效应是等效的。因此，当力系的合力等于零时，表示刚体在力系作用下保持原来的静止状态或匀速直线运动状态，刚体处于静力平衡状态，这时作用在刚体上的力系是一个平衡力系。而刚体在力系作用下处于平衡，力系的合力必须等于零。由此可得平面汇交力系平衡的充分和必要条件是合力等于零，即 $F_R=0$

由 $F_R=\sqrt{F_{Rx}^2+F_{Ry}^2}$ 可知，只有 $F_{Rx}=0$ 和 $F_{Ry}=0$ 同时满足时，才有 $F_R=\sqrt{F_{Rx}^2+F_{Ry}^2}=0$，于是有

$$\begin{aligned}F_{Rx}&=\sum F_x=0\\F_{Ry}&=\sum F_y=0\end{aligned}\quad 即 \quad \begin{aligned}\sum F_x&=0\\\sum F_y&=0\end{aligned} \tag{2-6}$$

式（2-6）称为平面汇交力系的平衡方程。它表明平面汇交力系平衡的充分和必要条件是：力系中各力在两正交直角坐标轴上投影的代数和分别等于零。根据这两个独立的平衡方程式，可以求解两个未知量。

【例 2.3】 重量 $\boldsymbol{G}=100\text{N}$ 的球，用两根绳悬挂固定，如图 2.8（a）所示。试求各绳的拉力。

解 以 C 球为研究对象，受力图如图 2-8（b）所示。

由于未知力 F_{TA} 和 F_{TB} 作用线正好垂直，故建立以球心 C 为原点的直角坐标系 xOy，如图 2.8（b）所示。列出平衡方程如下

$$\sum F_x=0 \qquad F_{TB}-\boldsymbol{G}\sin 30°=0$$
$$F_{TB}=100\sin 30°=50\text{N}$$

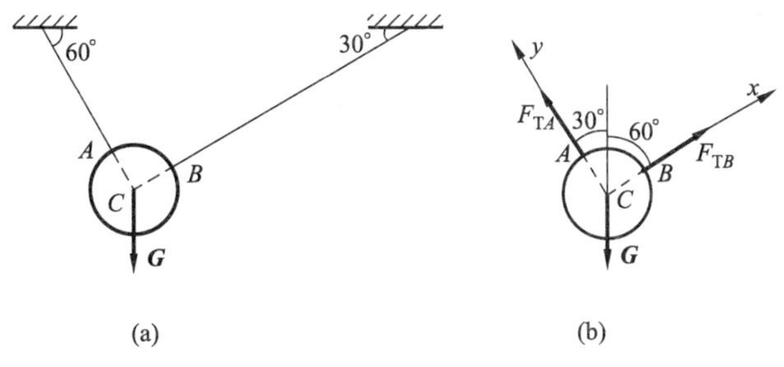

图 2.8

$$\sum F_y=0 \qquad F_{TA}-G\cos30^\circ=0$$

$$F_{TA}=100\cos30^\circ=86.6\text{N}$$

【例 2.4】 压榨机简图如图 2.9（a）所示，在铰链 A 处作用一水平力 $\boldsymbol{F}$，使 C 块压紧物体。若杆 AB 和 AC 的重量忽略不计，各处接触均为光滑，求物体 D 所受的压力。

解　根据作用力与反作用力的关系，求压块 C 对物体 D 的压力，可通过求物体对压块的约束反力 $\boldsymbol{F}_{\text{N}}$ 而得到，而欲求压块 C 所受的反力 $\boldsymbol{F}_{\text{N}}$，则需先确定 AC 杆所受的力。为此，应先考虑铰链 A 的平衡，找到杆 AC 所受的力与力 $\boldsymbol{F}$ 的关系。

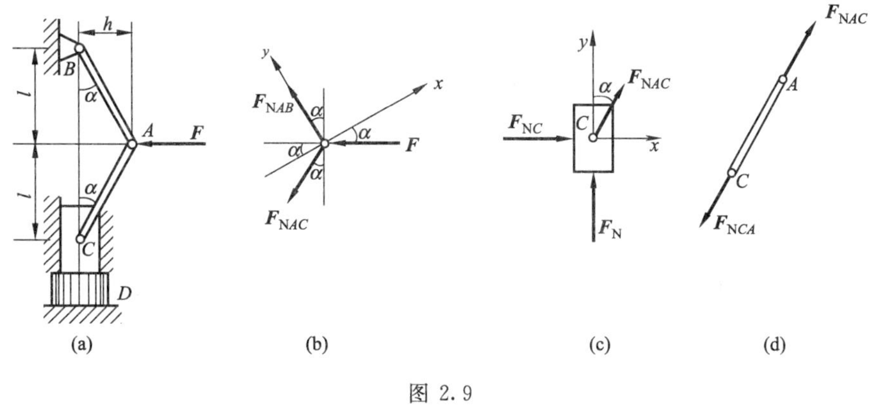

图 2.9

根据上述分析，可先取铰链 A 为研究对象，设二力杆 AB 和 AC 均受拉力，因此铰链 A 的受力图如图 2.9（b）所示。为了使某个未知力只在一个轴上有投影，在另一轴上的投影为零，坐标轴应尽量取在与未知力作用线相垂直的方向。这样在一个平衡方程式中，可只出现一个未知数，按图 2.9（b）所示的坐标系列出平衡方程。

由 $\sum F_x=0$，有　$-F\cos\alpha-F_{NAC}\cos(90^\circ-2\alpha)=0$

解得
$$F_{NAC}=-F\frac{\cos\alpha}{\sin2\alpha}=-\frac{F}{2\sin\alpha}$$

再选取压块 C 为研究对象，其受力图如图 2.9（c）所示，取坐标系如图 2.9（c）所示，列平衡方程。

由 $\sum F_y=0$，有　$F_{NAC}\cos\alpha+F_N=0$

解得

$$F_N=-F_{NAC}\cos\alpha=-\left(\frac{-F}{2\sin\alpha}\right)\cos\alpha=\frac{F\cot\alpha}{2}=\frac{Fl}{2h}$$

通过上面例题，可以看出分析方法在求解静力学平衡问题中的重要性。现将求静力学平衡问题的一般方法和步骤总结如下。

(1) 选择研究对象。选择时应注意以下两点。

① 所选择的研究对象应作用有已知力（或已经求出的力）和未知力，这样才能应用平衡条件由已知力求出未知力。

② 先以受力简单并能由已知力求得未知力的物体作为研究对象，然后再以受力较为复杂的物体作为研究对象。

(2) 取脱离体，画受力图。研究对象确定之后，将研究对象从周围物体中脱离出来。根据所受的外荷载画出脱离体所受的主动力；根据约束性质，画出脱离体上所受的约束反力，当约束反力的指向预先不能判断时，可以假设一方向，具体方向由计算结的正负确定。最后得到研究对象的受力图。

(3) 根据平衡条件建立平衡方程，并由此解出全部未知力。建立平衡方程时，应先选取合适的坐标。若计算结果为正值，说明约束反力的实际方向与受力图中所设方向一致；若计算结果为负值，则实际方向与所设方向相反。

2.2　平面力偶系的合成与平衡条件

作用在同一平面的一群力偶，称为**平面力偶系**。先研究两个平面力偶的合成。

设在同一平面内有两个力偶，其力偶矩为 $M_1=F_1d_1$，$M_2=F_2d_2$，如图 2.10 (a) 所示，求其合成结果。

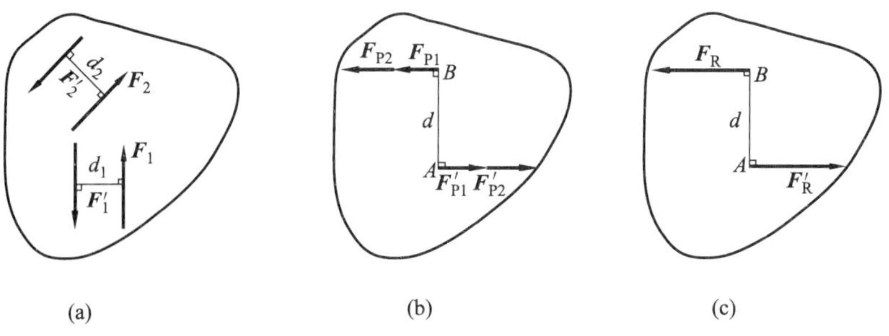

图 2.10

在力偶的作用面内任取一线段 $AB=d$，如图 2.10 (b) 所示，在不改变力偶矩的条件下将各力偶的臂都化为 d。于是，得到与原力偶等效的两个力偶（$\boldsymbol{F}_{P1}$，$\boldsymbol{F}_{P1}'$）和（$\boldsymbol{F}_{P2}$，$\boldsymbol{F}_{P2}'$）。$\boldsymbol{F}_{P1}$ 和 $\boldsymbol{F}_{P2}$ 的大小由下式算出

$$F_{P1}d=M_1=F_1d_1 \quad F_{P2}d=M_2=F_2d_2$$

然后，转移这两个力偶，使它们的力臂都与 AB 重合。将作用于 B 点的力合成，可得合力 $\boldsymbol{F}_R$，其大小为 $F_R=F_{P1}+F_{P2}$；同样，将作用 A 点的力合成，得合力 $\boldsymbol{F}_R'$，其大小为 $F_R'=F_{P1}'+F_{P2}'$。可见，$\boldsymbol{F}_R$ 与 $\boldsymbol{F}_R'$ 大小相等、方向相反、作用线平行。因此，$\boldsymbol{F}_R$ 与 $\boldsymbol{F}_R'$ 组成一个力偶（$\boldsymbol{F}_R$，$\boldsymbol{F}_R'$），如图 2.10 (c) 所示，这就是两个已知力偶的合成结果，即合成为一个合力偶，其力偶矩为

$$M=F_Rd=(F_{P1}+F_{P2})d=F_1d_1+F_2d_2=M_1+M_2$$

将两个平面力偶合成的结果推广到由 n 个力偶组成的平面力偶系中，其力偶矩为

$$M=M_1+M_2+\cdots+M_n=\sum M \tag{2-7}$$

由此可知，**平面力偶系的合成结果为一合力偶，合力偶矩等于力偶系中各力偶矩的代数和**。

力偶系的合成结果既然是一个合力偶，要使力偶系平衡，则合力偶矩必须等于零，即

$$\sum M=0 \tag{2-8}$$

由此知，平面力偶系平衡的必要和充分条件是：力偶系中各力偶矩的代数和等于零。

式（2-8）是平面力偶系的平衡方程，利用它可求出一个未知量。

【例 2.5】 梁 AB 受一力偶作用，其力偶矩 $M=100\text{kN}\cdot\text{m}$，尺寸如图 2.11 示，求支座 A、B 的反力。

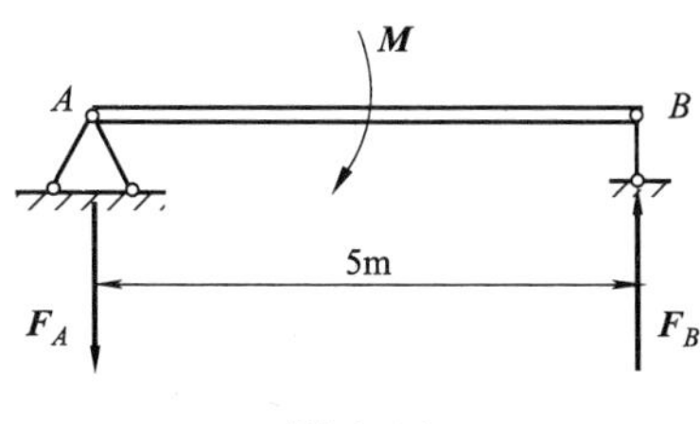

图 2.11

解　取梁 AB 为研究对象。作用于梁上有矩为 $\boldsymbol{M}$ 的力偶，支座 A、B 的约束反力 $\boldsymbol{F}_A$ 和 $\boldsymbol{F}_B$。

由支座约束性质可知，$\boldsymbol{F}_B$ 的方位可定，而 $\boldsymbol{F}_A$ 的方位不定。若不计梁的重量，根据力偶只能与力偶平衡的性质，可知 $\boldsymbol{F}_A$ 必与 $\boldsymbol{F}_B$ 组成一个力偶（$\boldsymbol{F}_A$，$\boldsymbol{F}_B$），即 $\boldsymbol{F}_A$ 与 $\boldsymbol{F}_B$ 大小相等、方向相反、作用线互相平行。

根据平面力偶系的平衡方程

$$\sum M=0，有\quad 5F_A-M=0$$

解得

$$F_A=\frac{M}{5}=\frac{100}{5}=20\text{kN}$$

因此

$$F_B=F_A=20\text{kN}$$

计算结果 F_A、F_B 皆为正值，表示它们假设的指向就是其实际指向。

【例 2.6】 图 2.12（a）所示 AB 梁受力偶作用，已知力偶矩 $M=20\text{kN}\cdot\text{m}$，$F=F'=80\text{kN}$。求 A、B 支座的反力。

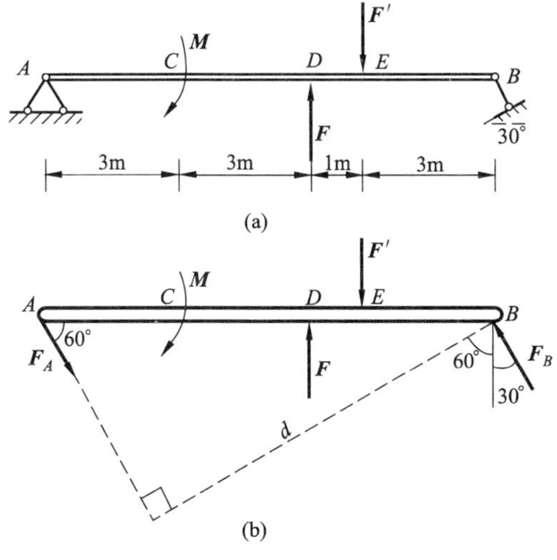

图 2.12

解　以梁 AB 为研究对象，先作出活动铰支座 B 的反力 $\boldsymbol{F}_B$，任意假设其指向。$\boldsymbol{M}$ 为力偶，力 $\boldsymbol{F}$ 与力 $\boldsymbol{F}'$ 组成一力偶。根据力偶的性质，固定铰支座 A 的约束反力用合力 $\boldsymbol{F}_A$ 表示，它一定也与 $\boldsymbol{F}_B$ 组成一力偶。作出 AB 的受力图如图 2.12（b）所示。列出平面力偶系的平衡方程

由 $\sum M=0$，有　$F_Ad-M-F\times1=0$

解得

$$F_A=\frac{M+F\times1}{d}=\frac{20+80\times1}{10\cos30^\circ}=11.55\text{kN}$$

所以

$$F_B=F_A=11.55\text{kN}$$

支座反力 F_A 及 F_B 均为正值，说明其实际方向与假设的方向相同。

平面平行力系也属于简单的平面力系，其平衡条件及平衡方程从平面任意力系的平衡条件推导出来更容易理解，因此，平面平行力系的平衡在第 3 章中介绍。

本章提要

1. 力在平面直角坐标轴上的投影，力 $\boldsymbol{F}$ 与平面直角坐标轴 x 和 y 正向的夹角分别为 α、β，力 $\boldsymbol{F}$ 与在坐标轴 x 和 y 上的投影为

$$F_x = \pm F\cos\alpha$$

$$F_y = \pm F\cos\beta$$

2. 合力投影定理：合力在某一轴上的投影，等于各分力在同一轴上投影的代数和

$$F_{\mathrm{Ry}} = F_{1x} + F_{2x} + \cdots + F_{nx} = \sum F_x$$

$$F_{Ry} = F_{1y} + F_{2y} + \cdots + F_{ny} = \sum F_y$$

3. 平面汇交力系的合成，平面汇交力系可合成为通过汇交点的合力，合力的大小为

$$F_{\mathrm{R}} = \sqrt{F_{\mathrm{R}x}^2 + F_{\mathrm{R}y}^2} = \sqrt{(\sum F_x)^2 + (\sum F_y)^2}$$

方向

$$\tan\alpha = \left| \sum F_y / \sum F_x \right|$$

4. 平面汇交力系的平衡条件是合力的大小等于零，解析条件是力系中各力在直角坐标系各轴上投影的代数和分别等于零。平衡方程

$$\sum F_x = 0$$

$$\sum F_y = 0$$

5. 平面力偶系的平衡

平面力偶系的平衡条件是力偶系中各力偶矩的代数和等于零。平衡方程为

$$\sum M = 0$$

思　考　题

2-1　力 $\boldsymbol{F}$ 沿 Ox、Oy 轴的分力和力 F 在两轴上的投影有何区别？试以图 2.13 所示两种情况为例进行分析说明。

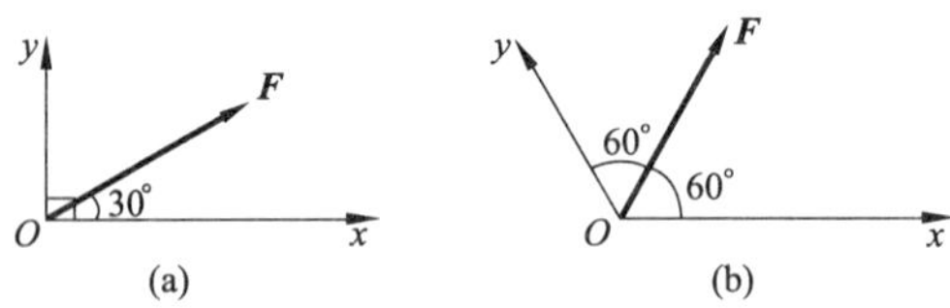

图 2.13

2-2　图 2.14 所示两个力系中的三力都汇交于一点，而且各力都不等于零，图 2.14 (a) 中力 $\boldsymbol{F}_1$ 和 $\boldsymbol{F}_2$ 共线，试问这两个力系能否平衡？

2-3　用平衡方程求解平面汇交力系的平衡问题时，两投影轴 x、y 轴是否一定要相互垂直？当两轴不垂直时，建立的平衡方程 $\sum F_x = 0$，$\sum F_y = 0$，能否满足力系的平衡条件？

2-4　如图 2.15 所示，力偶矩 M 和力 $\boldsymbol{F}$ 作用在可绕中心轴 O 转动的圆轮上，若力偶矩 $M = Fr$ 圆轮平衡。试问这与力偶不能与一个力平衡的性质是否矛盾？为什么？

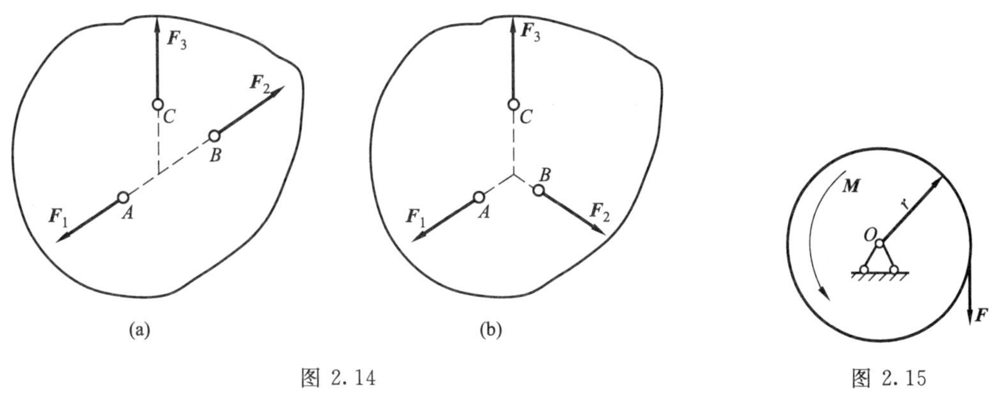

图 2.14　　图 2.15

习　　题

2-1　图 2.16 所示一平面汇交力系，已知：$F_1=10\text{kN}$，$F_2=F_3=15\text{kN}$，$F_4=20\text{kN}$，试求该平面汇交力系的合力。

图 2.16　　图 2.17

2-2　如图 2.17 所示，固定在墙壁上的圆环，受到共面且汇交于圆环中心 O 点的三个拉力 F_1、F_2、F_3 的作用，已知 $F_1=40\text{kN}$，$F_2=20\text{kN}$，$F_3=30\text{kN}$，试求此三力的合力。

2-3　图 2.18 所示支架由 AB 和 AC 杆组成，A、B、C 三处均为铰接。A 点悬挂重物，受重力 $\boldsymbol{G}$ 作用。若杆的自重不计，试求三种情况下 AB 和 AC 杆所受的力。

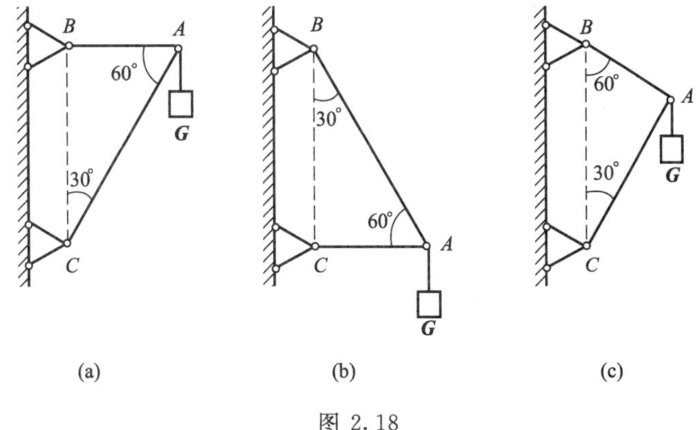

图 2.18

2-4　如图 2.19 所示，水平力 F 作用于刚架的 B 点，若刚架重量不计，试求支座 A、D 的反力。

2-5　电动机重力 $\boldsymbol{G}=5000\text{N}$，放在水平梁 AC 的中央，如图 2.20 所示。梁的 A 端以铰链连接墙，另一端以撑杆 BC 支持，撑杆与水平梁交角为 30°，若梁和撑杆的重量不计，

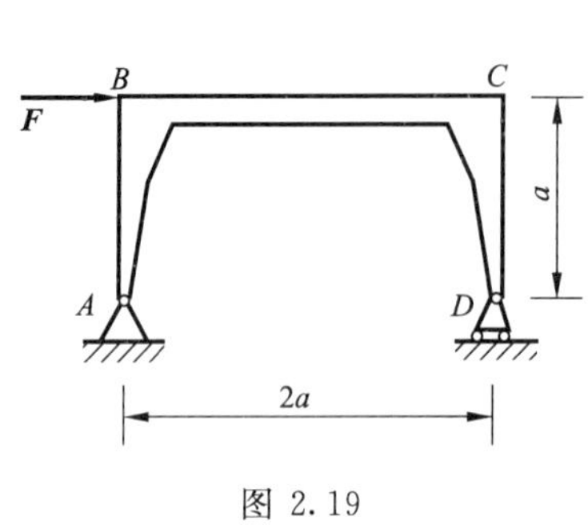

图 2.19

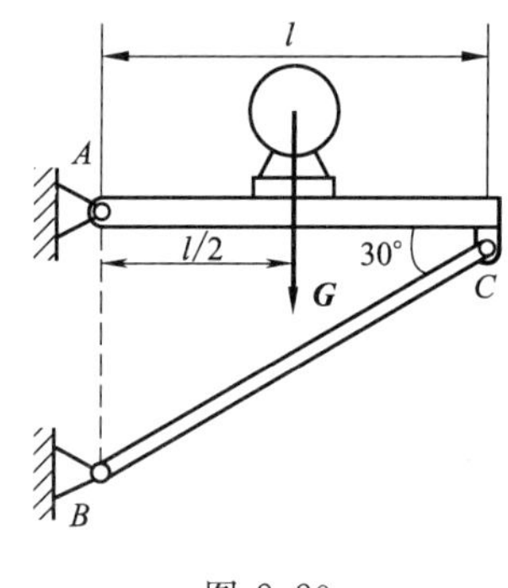

图 2.20

试求撑杆 BC 的内力。

2-6　如图 2.21 所示，AB 杆中点作用一力 $F=20\text{kN}$，如 AB 杆的自重不计，试求图 2.21（a）、（b）两种情况下的支座反力。

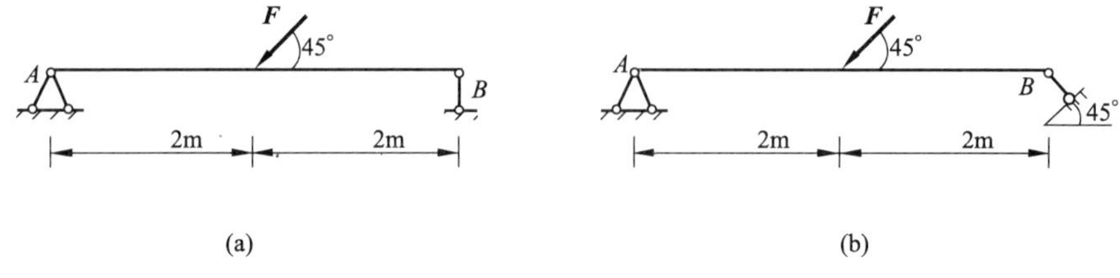

图 2.21

2-7　图 2.22 所示为一拔桩装置。在木桩的 A 点处系一绳，将绳的另一端固定在 C 点，在绳的 B 点处另系一绳 BE，将它的另一端固定在 E 点，然后在绳的 D 点用力向下拉，并使绳的 BD 段水平，AB 段铅直；DE 段与水平线，CB 段与铅直线间成等角 $\alpha=0.1\text{rad}$。若向下的拉力 $F=1\text{kN}$，试求绳 AB 作用于桩上的力。

2-8　如图 2.23 所示，已知 $F=F'=2\text{kN}$，$a=1\text{m}$，$M=20\text{kN}\cdot\text{m}$，$l=5\text{m}$，AB 杆自重不计，试求 A、B 两支座反力。

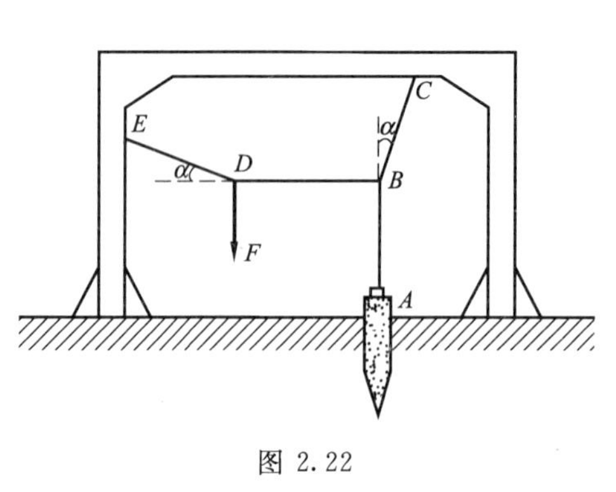

图 2.22

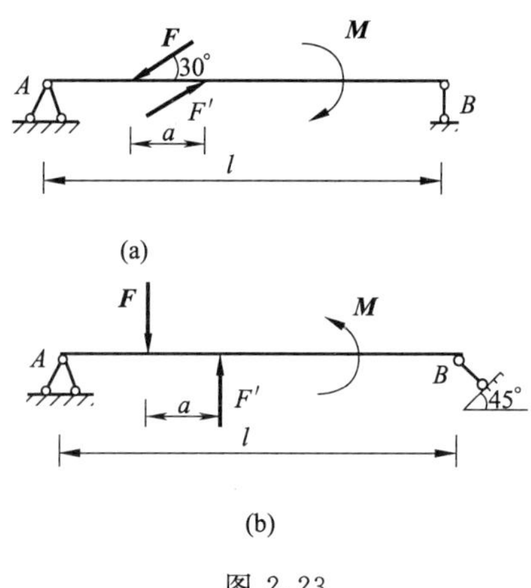

图 2.23

第3章　平面一般力系的计算

【教学目标】

平面一般力系的平衡条件在工程上有广泛的应用，是本课程关键章节之一。要求学生清晰地理解力矩、合力矩定理和力的平移定理，能熟练计算力矩；掌握平面一般力系向一点简化的方法，学会应用解析法求主矢和主矩；较深入理解平面一般力系的平衡条件及平衡方程的三种形式，能熟练地求解平面一般力系作用下单个物体和简单物体系统的平衡问题。

【教学要求】

知识要点	能力要求	相关知识
力对点之矩，合力矩定理，力的平移定理	(1)清晰理解力矩和合力矩定理 (2)熟练计算力矩 (3)清晰理解力的平移定理	力、力臂、力的外效应
平面一般力系的简化	(1)掌握平面一般力系的简化方法 (2)理解主矢和主矩，能用解析法计算主矢和主矩	平面汇交力系的合成，平面力偶系的合成
平面一般力系的平衡	(1)理解平面一般力系的平衡条件 (2)理解平面一般力系平衡方程的三种形式 (3)理解平面平行力系的平衡方程 (4)能熟练运用平衡方程求解单个物体和简单物体系统的平衡问题	平面汇交力系的平衡，平面力偶系的平衡

3.1　力矩与力的平移定理

3.1.1　力对点之矩

力对物体的运动效应包括力对物体的移动效应和转动效应。力对物体的移动效应取决于力的大小和方向，而对物体的转动效应则取决于力矩这个物理量。

力矩是人们在生产劳动中使用杠杆、滑车、绞盘等机械搬运或提升重物时所形成的一个概念。例如，用扳手拧紧螺母，如图3.1所示，在扳手的A点施加力$\boldsymbol{F}$，使扳手和螺母一起绕螺钉中心O转动。实践经验表明，扳手的转动效果不仅与力$\boldsymbol{F}$的大小成正比，而且还与点O到力作用线的垂直距离d成正比。通常将点O称为矩心，点O到力作用线的垂直距离d称为力臂，将力的大小和力臂的乘积称为力对矩心O的矩，简称力矩，以符

号 $\boldsymbol{M}_O(\boldsymbol{F})$ 表示，即：

$$M_O(F)=\pm Fd \tag{3-1}$$

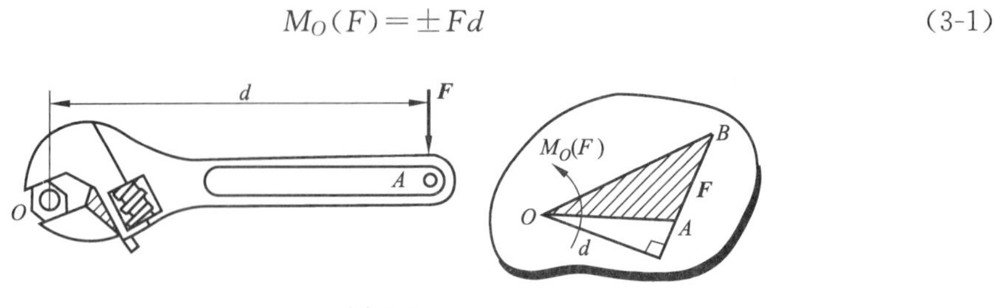

图 3.1

式中的正负号的规定：力使物体绕矩心作逆时针方向转动时力矩为正，作顺时针方向转动时力矩为负。

力矩的单位是牛［顿］·米（N·m）或千牛［顿］·米（kN·m）。

3.1.2　合力矩定理

在实际问题中，有时计算力矩时力臂不易求出。但若将力分解为几个分力，该力与这几个分力构成的力系等效，那么，该力使物体转动的转动效应应与各分力使物体转动的转动效应的总和等效。这样可由各分力的力矩求出该力的力矩。

设一平面力系 $\boldsymbol{F}_1$，$\boldsymbol{F}_2$，…，$\boldsymbol{F}_n$ 的合力为 $\boldsymbol{F}_{\rm R}$，则合力对物体产生的效应与力系中各分力对同一物体所产生的效应完全相同。因此，平面力系的合力对平面上任一点的矩等于各分力对同一点的矩的代数和，这就是**合力矩定理**。

$$M_O(F_{\rm R})=M_O(F_1)+M_O(F_2)+\cdots+M_O(F_n)=\sum M_O(F) \tag{3-2}$$

在平面力系中，求力对某点的力矩，一般采用以下两种方法。

(1) 用力和力臂的乘积求力矩。这种方法的关键是确定力臂 d。需要注意的是，力臂 d 是矩心到力作用线的垂直距离，即力臂一定要垂直力的作用线。

(2) 用合力矩定理求力矩。工程实际中，有时求力臂 d 的几何关系很复杂，不易确定时，可将作用力正交分解为两个分力，然后应用合力矩定理求原力对矩心的力矩。

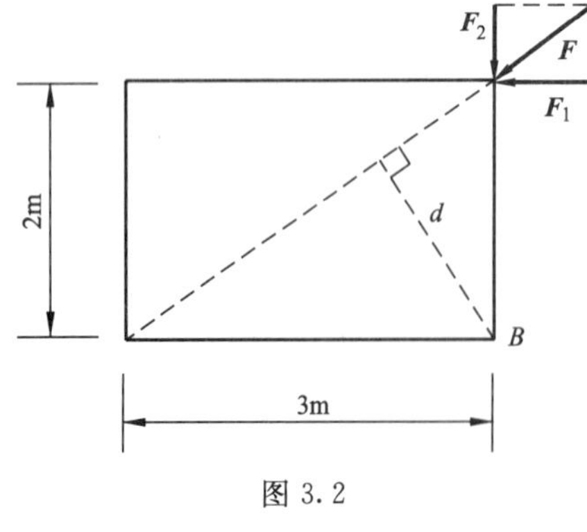

图 3.2

【例 3.1】 如图 3.2 所示，力 $\boldsymbol{F}$ 沿平板的对角线作用，已知 $F=10\text{kN}$。试求该力对 B 点的力矩。

解　(1) 利用力矩定义。由图 3.2 可知，力臂 $d=3\times\dfrac{2}{\sqrt{3^2+2^2}}\text{m}=1.66\text{m}$

由式 (3-1) 可得

$$M_B(F)=Fd=10\times1.66\text{kN}\cdot\text{m}=16.6\text{kN}\cdot\text{m}$$

(2) 利用合力矩定理。将力 $\boldsymbol{F}$ 分解为两个分力 $\boldsymbol{F}_1$ 和 $\boldsymbol{F}_2$，由式 (3-2) 可得

$$M_B(F)=M_B(F_1)+M_B(F_2)=F_1\times2+F_2\times0=10\times\frac{3}{\sqrt{3^2+2^2}}\times2\text{kN}\cdot\text{m}=16.6\text{kN}\cdot\text{m}$$

3.1.3　力的平移定理

力是滑移矢量，作用于刚体上的力可沿其作用线在刚体上滑移，而不改变其对刚体的作用效应。在工程计算中，有时需要将力平移到作用线之外的任意位置，但必须同时附加一个力偶，其力偶矩等于有原力对平移点之矩，此即为力的**平移定理**。

图 3.3 所示具体描述了力向作用线外任一点平行移动的过程。根据加减平衡力系公理，欲将作用于刚体上 A 点的力 $\boldsymbol{F}$ 平行移动到刚体内任一点 O，可在 O 点加上一对平衡力 $\boldsymbol{F}'$、$\boldsymbol{F}''$，并使 $F'=F''=F$。根据加减平衡力系公理，$\boldsymbol{F}$、$\boldsymbol{F}'$和 $\boldsymbol{F}''$与图 3.3（a）的 $\boldsymbol{F}$ 对刚体作用等效。显然 $\boldsymbol{F}''$与 $\boldsymbol{F}$ 组成了一个力偶，称为附加力偶，其力偶矩为

$$M(F,F'')=\pm Fd=M_O(F)$$

此式表示，其附加力偶矩等于原力 $\boldsymbol{F}$ 对平移点 O 的力矩。

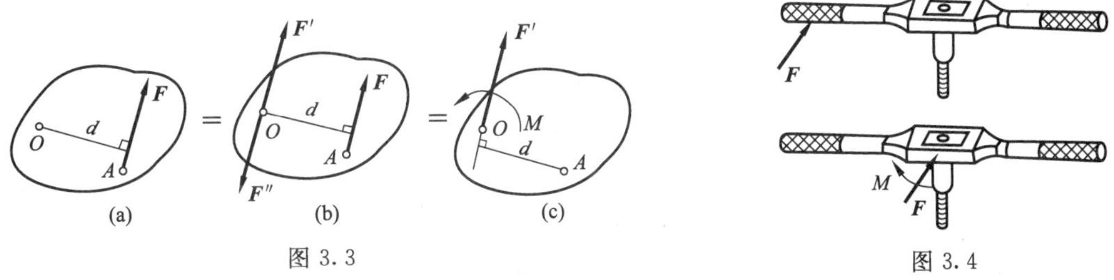

图 3.3

图 3.4

图 3.4 所示为钳工用绞杠丝锥攻螺纹时，如果用单手操作，在绞杠手柄上作用力 F。将力 F 平移到绞杠中心时，必须附加一力偶 M 才能使绞杠转动。平移后的 F'会使丝锥杆变形甚至折断。如果用双手操作，两手的作用力若保持等值、反向和平行，则平移到绞杠中心的两平移力相互抵消，绞杠只产生转动，这样攻出的螺纹质量才好。所以，用绞杠丝锥攻螺纹时，只能用双手操作且均匀用力，而不能单手操作，也就是这个道理。

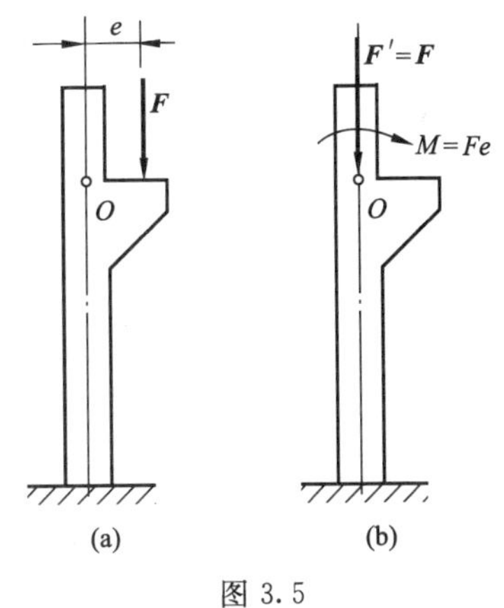

图 3.5

力的平移定理是一般力系向一点简化的理论依据，也是分析力对物体作用效应的一个重要方法。例如，图 3.5（a）所示为厂房柱子受到吊车梁传来的荷载 F 的作用，若为分析 F 的作用效应，可将力 F 移到柱的轴线上的 O 点上，根据力的平移定理得一个力 F'，同时还必须附加一个力偶［图 3.5（b）］，力 F'使柱子轴向受压，力偶 M 使柱弯曲。

3.2　平面一般力系的简化与平衡条件

3.2.1　平面一般力系的简化

利用力的平移定理可以将平面一般力系分解为一个平面汇交力系和一个平面力偶系。

然后，再将这两个力系分别进行合成。其简化过程如下。

设刚体上作用一平面任意力系 $\boldsymbol{F}_1$，$\boldsymbol{F}_2$，…，$\boldsymbol{F}_n$，在力系的作用面内任取一点 O，O 点称为简化中心，如图 3.6（a）所示。

根据力的平移定理，将力系中各力平移到 O 点，同时加入相应的附加力偶，其矩分别为 $M_1=M_O(F_1)$，$M_2=M_O(F_2)$，…，$M_n=M_O(F_n)$。于是，得到作用于 O 点的平面汇交力系 $\boldsymbol{F}_1'$，$\boldsymbol{F}_2'$，…，$\boldsymbol{F}_n'$以及相应的附加平面力偶系 $\boldsymbol{M}_1$，$\boldsymbol{M}_2$，…，$\boldsymbol{M}_n$，如图 3.6（b）所示。这样就把原来的平面一般力系分解为一个平面汇交力系和一个平面力偶系。即原力系与此二力系等效。

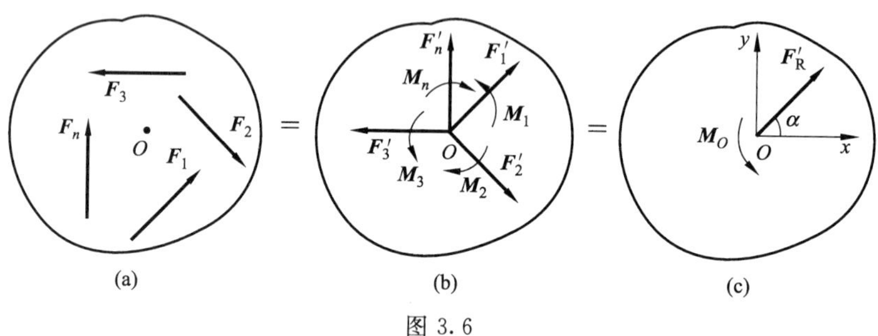

图 3.6

由第 2 章可知，平面汇交力系 $\boldsymbol{F}_1'$，$\boldsymbol{F}_2'$，…，$\boldsymbol{F}_n'$可进一步合成为一个作用于 O 点的合矢量 $\boldsymbol{F}_{\mathrm{R}}'$。$\boldsymbol{F}_{\mathrm{R}}'$等于该力系中各力的矢量和。因为 $F_1'=F_1$，$F_2'=F_2$，…，$F_n'=F_n$，所以$\boldsymbol{F}_{\mathrm{R}}'$也等于原力系中各力的矢量和，$\boldsymbol{F}_{\mathrm{R}}'$称为原力系的主矢。

通过 O 点取 Oxy 坐标系，如图 3.6（c）所示，用解析法可求出主矢 $\boldsymbol{F}_{\mathrm{R}}'$的大小和方向。根据合力投影定理，得

$$F_{\mathrm{R}x}'=F_{x1}'+F_{x2}'+\cdots+F_{xn}'=\sum F_x'$$
$$F_{\mathrm{R}y}'=F_{y1}'+F_{y2}'+\cdots+F_{yn}'=\sum F_y'$$

由几何关系知

$$F_{xi}'=F_{xi} \qquad F_{yi}'=F_{yi}$$

故

$$F_{\mathrm{R}x}'=\sum F_x'=\sum F_x \qquad F_{\mathrm{R}y}'=\sum F_y'=\sum F_y$$

于是，主矢 $\boldsymbol{F}_{\mathrm{R}}'$的大小和方向由下式确定

$$\begin{aligned} F_{\mathrm{R}}'&=\sqrt{F_{\mathrm{R}x}'^2+F_{\mathrm{R}y}'^2}=\sqrt{(\sum F_x)^2+(\sum F_y)^2} \\ \tan\alpha&=\left|\frac{F_{\mathrm{R}y}'}{F_{\mathrm{R}x}'}\right|=\left|\frac{\sum F_y}{\sum F_x}\right| \end{aligned} \tag{3-3}$$

式中，α 为 $\boldsymbol{F}_{\mathrm{R}}'$与 x 轴所夹的锐角。$\boldsymbol{F}_{\mathrm{R}}'$的指向由$\sum F_x$和$\sum F_y$的正负号判定。

附加平面力偶系可进一步合成一个力偶，其力偶矩大小 $\boldsymbol{M}_O$等于各附加力偶矩的代数和。因为 $M_1=M_O(F_1)$，$M_2=M_O(F_2)$，…，$M_n=M_O(F_n)$，所以 $\boldsymbol{M}_O$也等于原力系中各力对 O 点之矩的代数和，即

$$M_O=M_1+M_2+\cdots M_n=M_O(F_1)+M_O(F_2)+\cdots+M_O(F_n)=\sum M_O(F) \tag{3-4}$$

$\boldsymbol{M}_O$称为原力系对简化中心 O 的主矩。

由此可见，平面任意力系向作用面内任一点 O 简化，可以得到一个力和一个力偶。该力作用于简化中心，其大小及方向等于原力系的主矢；该力偶之矩等于原力系对简化中心的主矩。

由于主矢 $\boldsymbol{F}'_R$ 只是原力系的矢量和，它完全取决于原力系中各力的大小和方向，因此，主矢 $\boldsymbol{F}'_R$ 同简化中心的位置无关；而主矩 $\boldsymbol{M}_O$ 等于原力系中各力对简化中心之矩的代数和，选择不同位置的简化中心各力对它的力矩也将改变，因此，主矩与简化中心的位置有关，主矩 $\boldsymbol{M}_O$ 必须标明简化中心。

【例 3.2】 图 3.7（a）所示悬臂梁，A 端为固定端支座，试分析其约束反力。

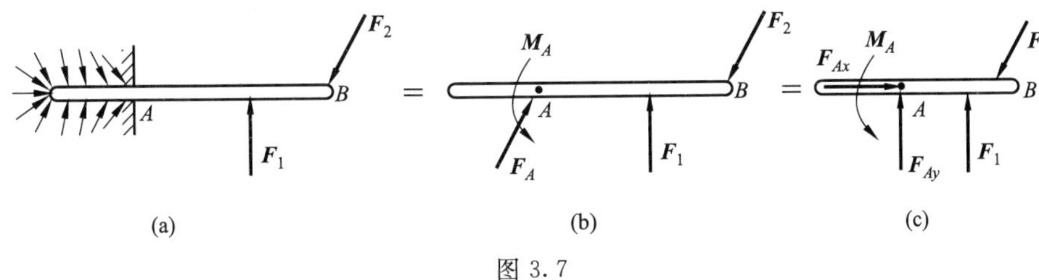

图 3.7

解 设梁上受主动力系作用，梁的固定端受到墙体的分布约束力系作用。假设主动力系和约束力系都作用在梁的对称平面内，组成平面力系，如图 3.7（a）所示，应用平面力系简化理论，约束力系可向固定端 A 点简化为一力 $\boldsymbol{F}_A$ 和一力偶 $\boldsymbol{M}_A$，即是原力系向 A 点简化的主矢和主矩，分别称为**约束反力**和**约束反力偶**，如图 3.7（b）所示。因为约束反力的方向未知，可以将约束反力沿水平方向和铅垂方向分解成两个分力 $\boldsymbol{F}_{Ax}$ 和 $\boldsymbol{F}_{Ay}$，如图 3.7（c）所示。

3.2.2 平面任意力系的平衡条件

平面任意力系向其作用面内任意一点简化后，得到一个力和一个力偶。由此可知平面任意力系与一个力和一个力偶等效。由力偶的性质可知一个力不能与一个力偶平衡，显然平面任意力系简化所得的力与力偶不能彼此平衡。因此，如果平面任意力系要平衡，就只有使其简化所得的力的大小与力偶的力偶矩都分别为零，亦即主矢 $F'_R=0$ 和主矩 $M_O=0$ 是平面任意力系平衡的必要条件。

若主矢 $F'_R=0$，主矩 $M_O=0$，则简化后的平面汇交力系和力偶系分别为平衡力系，那么平面任意力系必为平衡力系，因此主矢 $F'_R=0$ 和主矩 $M_O=0$ 是平面任意力系平衡的充分条件。

所以，平面任意力系平衡的必要和充分条件是：**力系的主矢与主矩同时等于零**，即

$$
\begin{aligned}
F'_R &= \sqrt{(\sum F_x)^2+(\sum F_y)^2}=0 \\
M_O &= \sum M_O(F)=0
\end{aligned}
\tag{3-5}
$$

显然平面任意力系的平衡条件式（3-5）可用解析式来表示：

$$
\begin{aligned}
&\sum F_x=0 \\
&\sum F_y=0 \\
&\sum M_O(F)=0
\end{aligned}
\tag{3-6}
$$

式（3-6）就是平面任意力系平衡的解析条件：力系中各力在任何方向的坐标轴上投影的代数和等于零；各力对平面内任意点之矩的代数和等于零。式（3-6）又称平面任意力系平衡方程的基本形式或称一矩式，前两个方程说明力系对物体无任何方向的平动作用，方程称为投影方程；第三个方程说明力系对物体无转动作用，称为力矩方程。

因为式（3-6）是力系平衡的必要和充分条件，故平面任意力系有三个独立的平衡方

程，用这组方程最多可求解三个未知量。

应该指出，坐标轴和简化中心（或矩心）是可以任意选取的。在应用平衡方程解题时，为使计算简化，通常将矩心选在众多未知力的交点上；坐标轴则尽可能选取与该力系中多数未知力的作用线平行或垂直，尽可能避免解联立方程。

【例 3.3】 图 3.8 (a) 所示悬臂梁。已知 $F=10\text{kN}$，$q=2\text{kN/m}$，$M=4\text{kN}\cdot\text{m}$，试计算固定端支座 A 的约束反力。

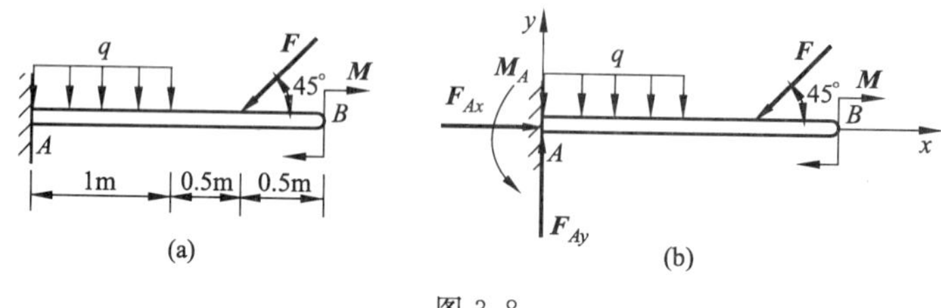

图 3.8

解 以 AB 梁为研究对象，画出受力图如图 3.8 (b) 所示。以 A 为原点建立图 3.8 (b) 所示的直角坐标系。列平衡方程为

$$\sum F_x=0 \qquad F_{Ax}-F\cos45°=0$$

$$F_{Ax}=F\cos45°=10\cos45°\text{kN}=7.07\text{kN}$$

$$\sum F_y=0 \qquad F_{Ay}-q\times1-F\sin45°=0$$

$$F_{Ay}=q\times1+F\sin45°=2\times1+10\sin45°\text{kN}=9.07\text{kN}$$

$$\sum M_A(F)=0 \quad M_A-q\times1\times\frac{1}{2}-F\sin45°\times1.5-M=0$$

$$M_A=q\times1\times\frac{1}{2}+F\sin45°\times1.5+M=2\times1\times\frac{1}{2}+10\sin45°\times1.5+4$$

$$=15.61\text{kN}\cdot\text{m}$$

除了基本形式的平衡方程外，平面任意力系的平衡方程还可以写成另外两种形式。

(1) 平衡方程的二矩式

$$\begin{aligned}&\sum F_x=0(\text{或}\sum F_y=0)\\&\sum M_A(F)=0\\&\sum M_B(F)=0\end{aligned} \tag{3-7}$$

其中，两力矩方程的矩心 A、B 两点的连线不能与 x 轴（或 y 轴）垂直。

(2) 平衡方程的三矩式

$$\begin{aligned}&\sum M_A(F)=0\\&\sum M_B(F)=0\\&\sum M_C(F)=0\end{aligned} \tag{3-8}$$

其中，三个力矩方程的矩心 A、B、C 三点不能共线。

应该注意，不论选用哪种形式的平衡方程，对于同一平面力系平说，最多只能列出三个独立的平衡方程，因而只能求出三个未知量。在具体求解时，可按不同的情况分别采用不同形式的平衡方程，力求使一个方程中只包含一个未知量，尽量避免求解联立方程，以使计算得以简化。

【例 3.4】 如图 3.9 所示，已知 $q=4\text{kN/m}$，$F=10\text{kN}$，试求 A、B 两支座处的约束反力。

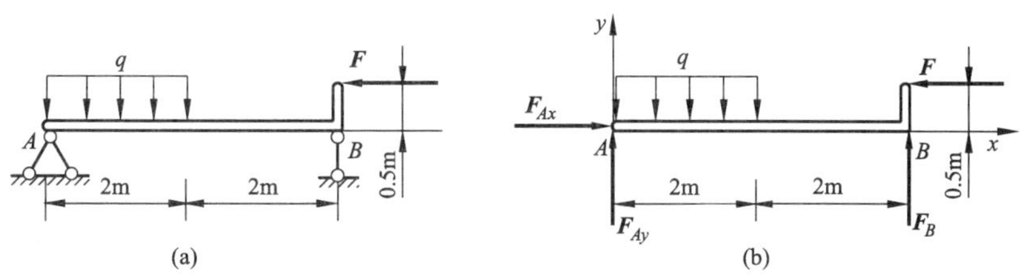

图 3.9

解　以 AB 梁为研究对象，画出受力图如图 3.9（b）所示。以 A 为原点建立图 3.9（b）所示的直角坐标系，列平衡方程为

$$\sum F_x=0 \qquad F_{Ax}-F=0$$

$$F_{Ax}=F=10\text{kN}$$

$$\sum M_B(F)=0 \qquad F_{Ay}\times 4-q\times 2\times 3-F\times 0.5=0$$

$$F_{Ay}=\frac{1}{4}(4\times 2\times 3+10\times 0.5)\text{kN}=7.25\text{kN}$$

$$\sum M_A(A)=0 \qquad F_B\times 4-q\times 2\times 1+F\times 0.5=0$$

$$F_B=\frac{1}{4}(4\times 2\times 1-10\times 0.5)\text{kN}=0.75\text{kN}$$

【例 3.5】　边长为 a 的等边三角形平板 ABC，在铅垂平面内用三根沿边长方向的等长且不计自重的直杆铰接，如图 3.10（a）所示。BC 边水平，板上作用一矩为 $\boldsymbol{M}$ 的力偶，板的重力为 $\boldsymbol{G}$。试求三杆对平板的约束反力。

解　取平板 ABC 为研究对象。由于杆自重不计，所以各杆均是二力杆，画出平板的受力图如图 3.10（b）所示。显然作用于平板上的力系是平面任意力系，且未知力 $\boldsymbol{F}_A$、$\boldsymbol{F}_B$、$\boldsymbol{F}_C$的分布比较特殊，若采用投影方程求解，必然要解联立方程。若都用力矩方程求解则简便。

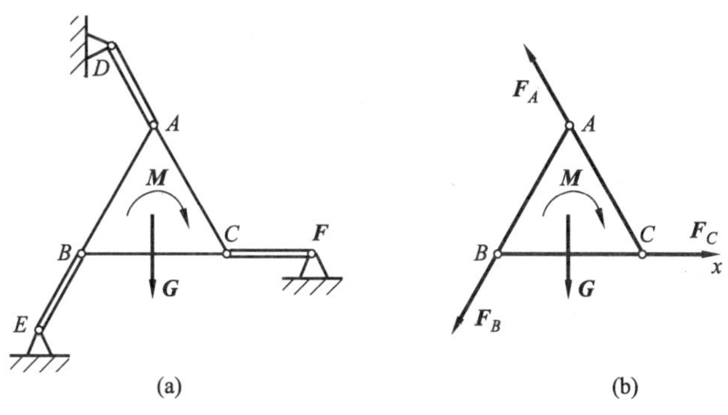

图 3.10

$$\sum M_A(F)=0 \qquad F_C a\cos 30^\circ-M=0$$

$$F_C=\frac{M}{a\cos 30^\circ}=\frac{2\sqrt{3}M}{3a}$$

$$\sum M_B(F)=0 \qquad F_A a\cos 30^\circ-G\,\frac{a}{2}-M=0$$

$$F_A=\frac{M+Ga/2}{a\cos 30^\circ}=\frac{\sqrt{3}(2M+Ga)}{3a}$$

$$\sum M_C(F)=0 \qquad F_B a\cos30°+G\frac{a}{2}-M=0$$

$$F_B=\frac{M-Ga/2}{a\cos30°}=\frac{\sqrt{3}(2M-Ga)}{3a}$$

以上选取的 A、B、C 三点不共线，故三个平衡方程是独立的，所以可解出三个未知量。应该注意，这时投影方程仍需满足，但不再独立，只能用来做校核。

3.2.3 平面平行力系的平衡条件

平面汇交力系和平面力偶系是平面任意力系的特殊情况。在工程上还常遇到平面平行力系问题，它也是平面一般力系的特殊情况。所谓平面平行力系，就是各力作用线在同一平面内且互相平行的力系。

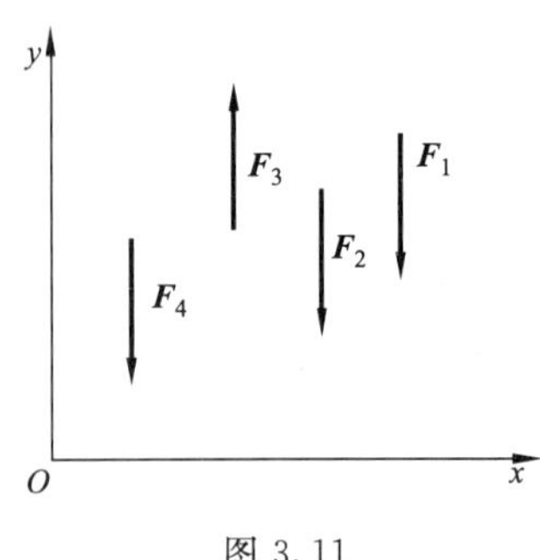

图 3.11

设刚体上作用一平面平行力系 F_1，F_2，…，F_n，如图 3.11 所示。若取坐标系中 Ox 轴与各力垂直，则不论该力系是否平衡，各力在 x 轴上的投影恒等于零，即 $\sum F_x\equiv0$。因此，平面平行力系的平衡方程为

$$\begin{aligned}\sum F_y=0\\ \sum M_O(F)=0\end{aligned} \tag{3-9}$$

则平面平行力系平衡的必要与充分条件是：力系中各力在与其平行的坐标轴上投影的代数和等于零，及力对任一点之矩代数和等于零。

力矩式平衡方程为

$$\begin{aligned}\sum M_A(F)=0\\ \sum M_B(F)=0\end{aligned} \tag{3-10}$$

适用条件：A、B 两点连线不能与各力的作用线平行。

平面平行力系只有两个独立的平衡方程，因此只能求出两个未知量。

【例 3.6】 塔式起重机的结构简图如图 3.12 所示。设机架自重 $W=400\text{kN}$，重心在 C 点，与右轨 B 相距 $a=1.5\text{m}$。最大起重量 $F_P=100\text{kN}$，与右轨 B 最远距离 $l=10\text{m}$。平衡物重力为 G，与左轨 A 相距 $x=5\text{m}$，二轨相距 $b=2\text{m}$。试求起重机在满载与空载时都不致翻倒的平衡物重 G 的范围。

解 以起重机整机为研究对象。起重机在起吊重物时，作用其上的力有机架重力 $\boldsymbol{W}$，平衡物重力 G，起重量 F_P 以及轨道轮 A、B 的约束力 F_{NA}、F_{NB}，这些力组成平面平行力系，受力图如图 3.12 所示。

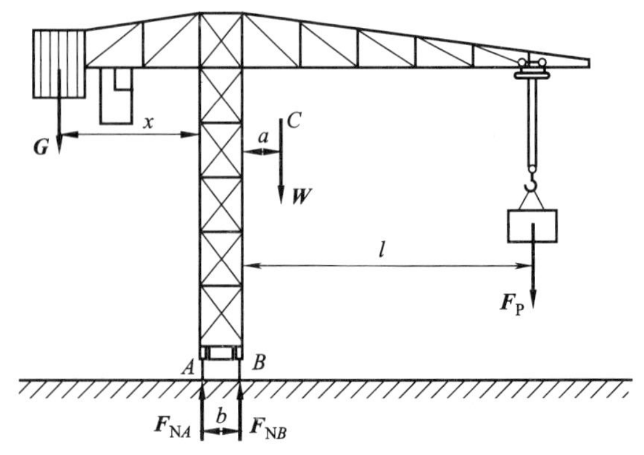

图 3.12

欲求使起重机满载与空载都不致翻倒的平衡物重 G 的范围，可分为满载右翻与空载左翻的两个临界情况来讨论 G 的最小与最大值，从而确定 G 值的范围。

满载（$F_P=100\text{kN}$）时，起重机可能绕 B 轨右翻，在平衡的临界情况（即将翻而未翻时），左轮 A 将悬空，$F_{NA}=0$，

这时由平衡方程求出的是平衡物重力 **G** 的最小值 $G_{\min}$。列平衡方程

由 $\sum M_B(F)=0$，有

$$G_{\min}(x+b)-Wa-F_P l=0$$

解得

$$G_{\min}=\frac{Wa+F_P l}{x+b}=\frac{400\times1.5+100\times10}{5+2}\text{kN}=228.6\text{kN}$$

空载（$F_P=0$）时，起重机可能绕 A 轨左翻，在平衡的临界情况，右轮 B 将悬空，$F_{NB}=0$，这时由平衡方程求出的是平衡物重力 **G** 的最大值 $G_{\max}$。列平衡方程

由 $\sum M_A(F)=0$，有

$$G_{\max}x-W(a+b)=0$$

解得

$$G_{\max}=\frac{W(a+b)}{x}=\frac{400(1.5+2)}{5}\text{kN}=280\text{kN}$$

因此，当最大起重量为 $F_P=100$kN 时，起重机在满载与空载时都不致翻倒的平衡物重 **G** 的范围为 228.6kN$\leqslant G\leqslant$280kN。

3.3　物体系统的平衡问题

前面讨论的仅限于单个物体的平衡问题。在工程实际中常遇到由几个物体通过约束所组成的物体系统平衡问题。在这类平衡问题中，不仅要研究外界物体对这个系统的作用，同时还要分析系统内部各物体之间的相互作用。外界物体作用于系统的力，称为外力；系统内部各物体之间相互作用的力，称为内力。内力与外力的概念是相对的，在研究整个系统平衡时，由于内力总是成对地出现，这些内力是不必考虑的；当研究系统中某一物体或部分物体的平衡时，系统中其他物体对它们的作用力就成为外力，必须予以考虑。

当整个系统平衡时，组成该系统的每个物体也都平衡。因此在求解物体系统的平衡问题时，既可选整个系统为研究对象，也可选单个物体或部分物体为研究对象。对每一个研究对象，在一般情况下（平面一般力系），可以列出三个独立的平衡方程，对于由 n 个物体组成的物体系统，就可以列出 $3n$ 个独立平衡方程，因而可以求解 $3n$ 个未知量。如果系统中有的物体受平面汇交力系，平面平行力系或平面力偶系的作用时，整个系统的平衡方程数目相应的减少，能求解的未知量个数也相应的减少。下面举例说明物体系统平衡问题的求解方法。

【例 3.7】 图 3.13（a）所示多静定跨梁，由 AB 梁和 BC 梁用中间铰 B 连接而成。C 端为固定端，A 端由活动铰支座。已知 $M=16$kN·m，$q=12$kN/m。试求 A、B、C 三处的约束反力。

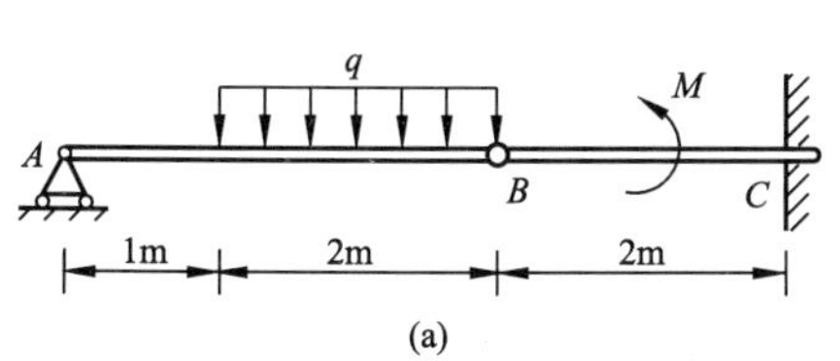

(a)

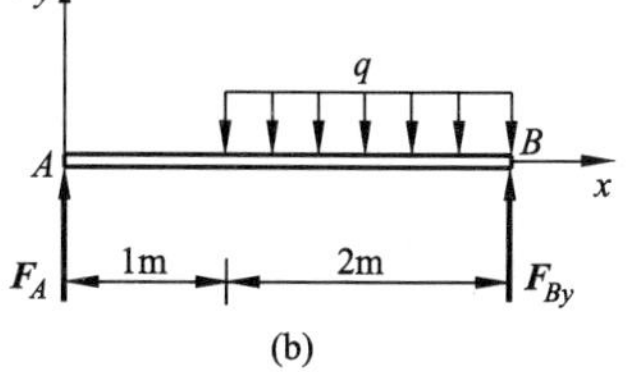

(b)

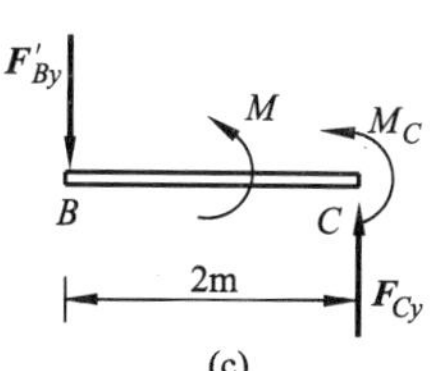

(c)

图 3.13

解　(1) 先取 AB 梁为研究对象，受力如图 3.13 (b) 示，因梁 AB 上只作用垂直方向的主动力 q，故判断 B 铰的约束反力只有铅直分量 $\boldsymbol{F}_{By}$，AB 梁在平面平行力系作用下平衡，列平衡方程

$$\sum M_B(F)=0 \qquad F_A\times 3-2q\times 1=0$$

$$F_A=\frac{2q\times 1}{3}=\frac{2\times 12\times 1}{3}\text{kN}=8\text{kN}$$

$$\sum M_A(F)=0 \qquad F_{By}\times 3-2q\times 2=0$$

$$F_{By}=\frac{2q\times 2}{3}=\frac{2\times 12\times 2}{3}\text{kN}=16\text{kN}$$

(2) 再取 BC 梁为研究对象，受力如图 3.13 (c) 示，注意 $\boldsymbol{F}_{By}$ 和 $\boldsymbol{F}'_{By}$ 是作用力与反作用力关系，同样可以判断固定端 C 处只有反力 $\boldsymbol{F}_{Cy}$ 和反力偶 $\boldsymbol{M}_C$。列平衡方程

$$\sum F_y=0 \qquad F_{Cy}-F'_{By}=0$$

$$F_{Cy}=F'_{By}=F_{By}=16\text{kN}$$

$$\sum M_C(F)=0 \qquad M_C+M+F'_{By}\times 2=0$$

$$M_C=-M-F'_{By}\times 2=(-16-16\times 2)\text{kN}=-48\text{kN}\cdot\text{m}(\,\curvearrowleft\,)$$

【例 3.8】　图 3.14 (a) 所示为三铰刚架，试求 A、B 两处的支座反力。

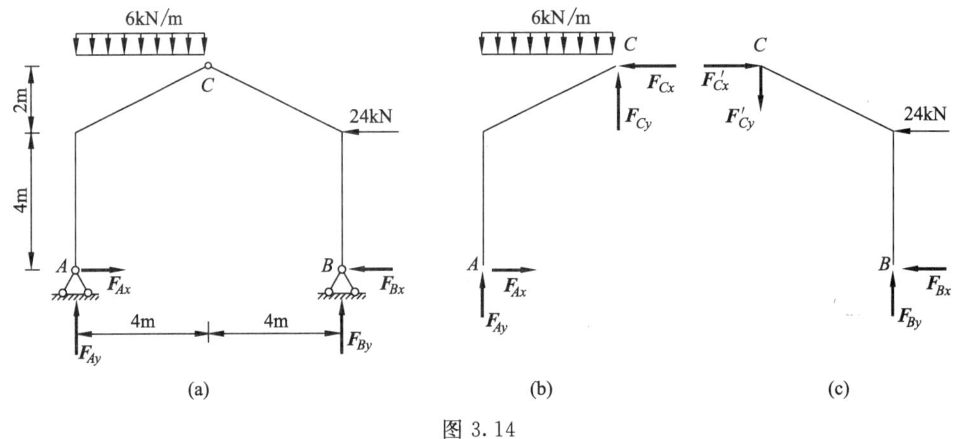

图 3.14

解　三铰刚架是由左右两个刚体所组成的物体系统，可以列出六个独立的平衡方程，分析整个三铰刚架和左右两个刚体的受力，画出受力图如图 3.14 (a)、(b)、(c) 所示，系统的未知量共为六个。

(1) 以整个刚架为研究对象，如图 3.14 (a) 所示，列平衡方程为

$$\sum M_A(F)=0 \qquad F_{By}\times 8+24\times 4-6\times 4\times 2=0$$

$$F_{By}=\frac{1}{8}(-24\times 4+6\times 4\times 2)\text{kN}=-6\text{kN}\ (\downarrow)$$

$$\sum M_B(F)=0 \qquad F_{Ay}\times 8-24\times 4-6\times 4\times 6=0$$

$$F_{Ay}=\frac{1}{8}(24\times 4+6\times 4\times 6)\text{kN}=30\text{kN}$$

$$\sum F_x=0 \qquad F_{Ax}-F_{Bx}-24=0$$

$$F_{Ax}=F_{Bx}+24 \qquad \text{(a)}$$

(2) 取右边刚体 BC 为为对象，如图 3.14 (c) 所示，列平衡方程为

$$\sum M_C(F)=0 \qquad F_{Bx}\times 6-F_{By}\times 4+24\times 2=0$$

$$F_{Bx}=\frac{1}{6}(F_{By}\times 4-24\times 2)=\frac{1}{6}(-6\times 4-24\times 2)\text{kN}=-12\text{kN}(\rightarrow)$$

将 F_{Bx} 值代入（a）式，可得　　$F_{Ax}=F_{Bx}+24=-12+24=12\text{kN}$（→）

可以用左边刚体的平衡来检验计算结果。左边刚体 AC 的受力情况如图 3.14（b）所示，由于

$$\sum M_C(F)=F_{Ax}\times 6-F_{Ay}\times 4+6\times 4\times 2=12\times 6-30\times 4+6\times 4\times 2=0$$

说明计算结果正确。

本章提要

1. 力对点之矩等于力的大小和力臂的乘积，简称力矩，$M_O(F)=\pm F\cdot d$。

2. 合力矩定理：平面力系的合力对平面上任一点的矩等于各分力对同一点的矩的代数和。

$$M_O(F_R)=M_O(F_1)+M_O(F_2)+\cdots+M_O(F_n)=\sum M_O(F)$$

3. 力的平移定理：作用在刚体上的力可以平移到作用线之外的任意位置，但必须同时附加一个力偶，其力偶矩等于有原力对平移点之矩。

4. 平面一般力系的简化，平面任意力系向作用面内任一点简化，可以得到一个主矢 $\boldsymbol{F}'_R$，一个主矩 $\boldsymbol{M}_O$。

5. 平面任意力系的平衡条件：主矢 $F'_R=0$ 和主矩 $M_O=0$。

6. 平面任意力系的平衡方程

（1）基本形式：$\sum F_x=0$，$\sum F_y=0$，$\sum M_O(F)=0$。

（2）二矩式：$\sum F_x=0$，$\sum M_A(F)=0$，$\sum M_B(F)=0$（A、B 两点的连线不能与 x 轴垂直）。

（3）三矩式：$\sum M_A(F)=0$，$\sum M_B(F)=0$，$\sum M_C(F)=0$（A、B、C 三点不能共线）。

7. 平面平行力系的平衡方程

（1）基本形式：$\sum F_y=0$，$\sum M_O(F)=0$。

（2）二矩式：$\sum M_A(F)=0$，$\sum M_B(F)=0$（A、B 两点连线不能与力的作用线平行）。

8. 物体系统平衡和特点：当整个系统平衡时，组成该系统的每个物体也都平衡。

思　考　题

3-1　平面一般力系向简化中心简化时，可能有几种结果？

3-2　不平行的平面力系，已知该力系在 y 轴上投影的代数和等于零，且对平面内某已一点之矩的代数和等于零，问此力系的简化结果是什么？

3-3　一平面力系向 A、B 两点简化的结果相同，且主矢和主矩都不为零，问有否可能？

3-4　在刚体上 A、B、C 三点分别作用有 $\boldsymbol{F}_1$、$\boldsymbol{F}_2$、$\boldsymbol{F}_3$ 三个力，各力的方向如图 3.15 所示，而且三个力的大小相等，$\triangle ABC$ 为等边三角形。试问该力系是否处于平衡？为什么？

3-5　如图 3.16 所示，在一刚体作用有四个大小相等的力，各力的方向如图所示。试

问将力系分别向点 A 和点 B 简化的结果是什么？二者是否等效？

3-6　平面一般力系的平衡方程有几种形式？应用时有什么限制条件？

3-7　试从平面一般力系的平衡方程推出平面汇交力系和平面力偶系的平衡方程。

3-8　图 3.17 所示的 y 轴不与各力平行，试问该平行力系若平衡，是否可写出 $\sum F_x=0$，$\sum F_y=0$ 和 $\sum M_O=0$ 三个独立的平衡方程？为什么？

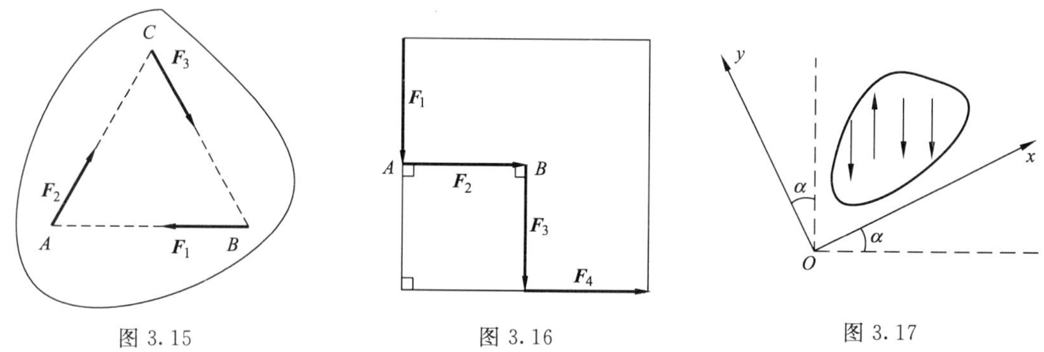

图 3.15　　图 3.16　　图 3.17

3-9　图 3.18 所示的物体系统处于平衡状态，如要计算各支座的约束反力，应怎样选取研究对象？

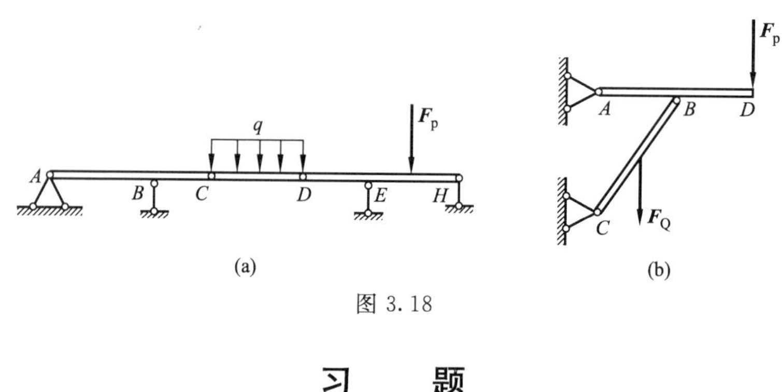

图 3.18

习　　题

3-1　试计算图 3.19 所示中力 $\boldsymbol{F}$ 对 O 点的矩。

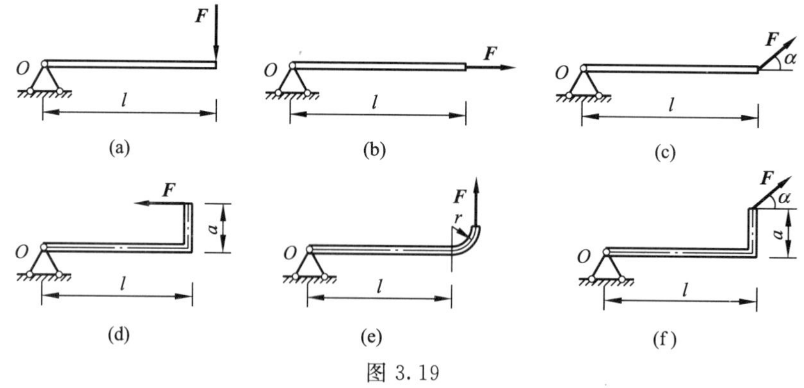

图 3.19

3-2　重力坝受力情形如图 3.20 所示，设坝的自重分别是：$G_1=4800\text{kN}$，$G_2=10800\text{kN}$，上游水压力 $F=5060\text{kN}$。试将力系向坝底 O 点简化，并求其最后的简化结果。

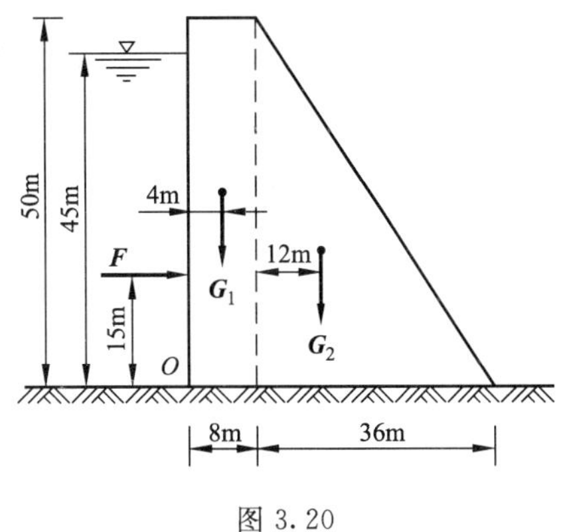

图 3.20

3-3　求如图 3.21 所示各梁的支座反力。

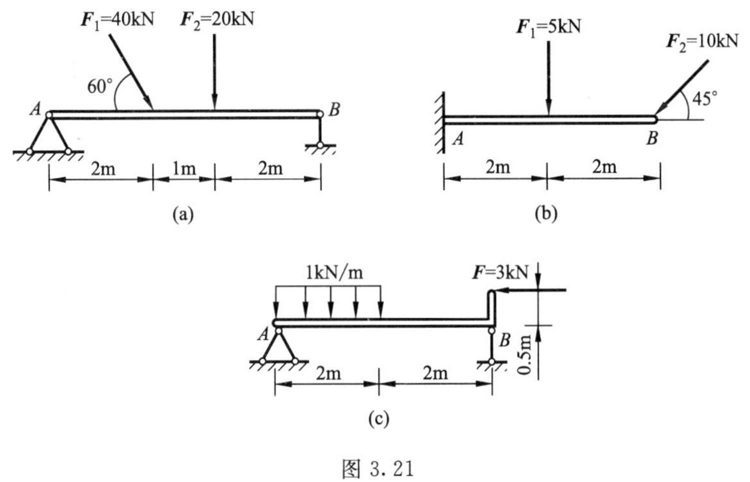

图 3.21

3-4　求如图 3.22 所示刚架的支座反力。

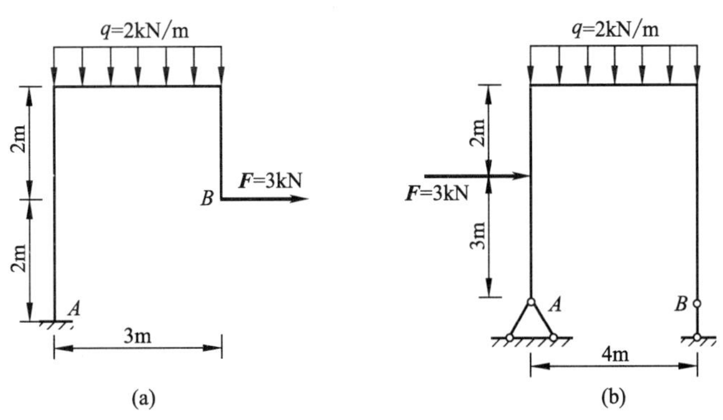

图 3.22

3-5　求如图 3.23 所示桁架 A、B 支座的反力。

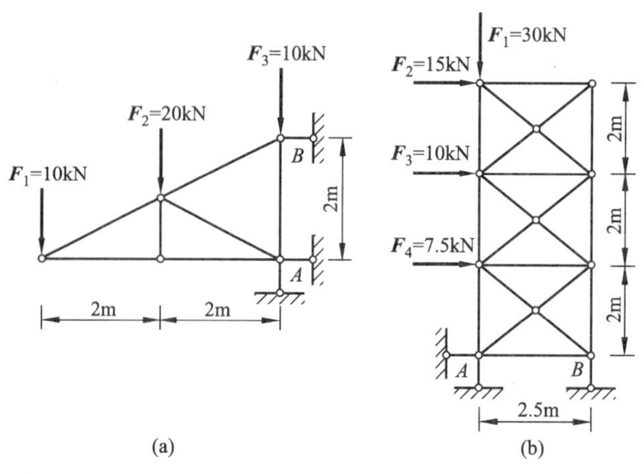

图 3.23

3-6　试求图 3.24 所示各梁的支座反力。

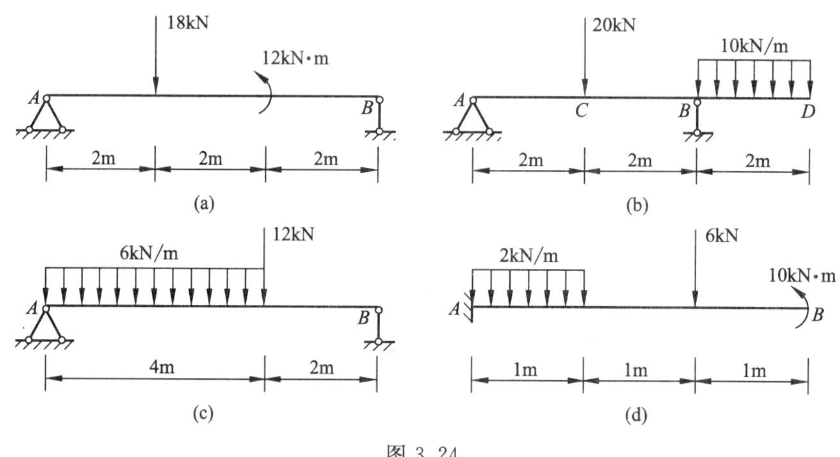

图 3.24

3-7　塔式起重机，重 G=500kN（不包括平衡锤重量 Q），如图 3.25 所示。跑车 E 的最大起重量 F_P=250kN，离 B 轨的最远距离 l=10m，为了防止起重机左右翻倒，需在 D 点加一平衡锤，要使跑车在空载和满载时，起重机在任何位置不致翻倒，求平衡锤的最小重量和平衡锤到左轨 A 的最大距离。跑车自重不计，且 e=1.5m，b=3m。

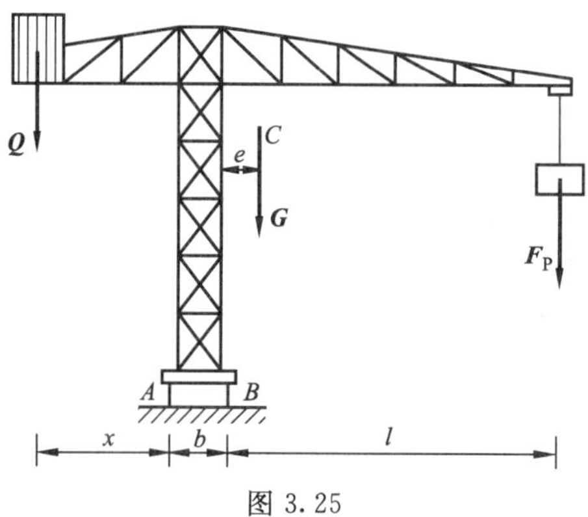

图 3.25

3-8　求如图3.26所示多跨静定梁的支座反力。

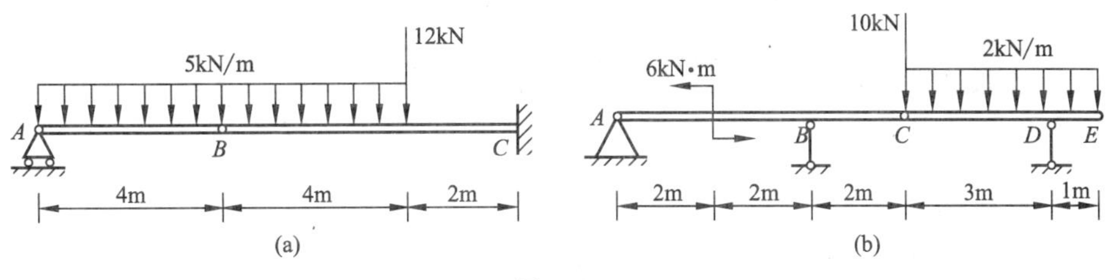

图3.26

3-9　图3.27所示的多跨静定梁 AB 段和 BC 段用铰链 B 连接，并支承于连杆1、2、3、4上，已知 $AD=EC=6\text{m}$，$AB=BC=8\text{m}$，$\alpha=60°$，$a=4\text{m}$，$F=150\text{kN}$，试求各链杆所受的力。

3-10　如图3.28所示，多跨梁上起重机的起重量 $F_P=10\text{kN}$，起重机重 $G=50\text{kN}$，其重心位于铅垂线 EC 上，梁自重不计，试求 A、B、D 三处的支座反力。

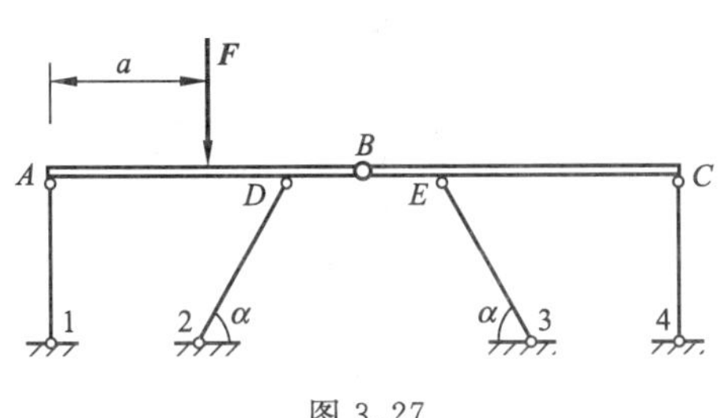

图3.27

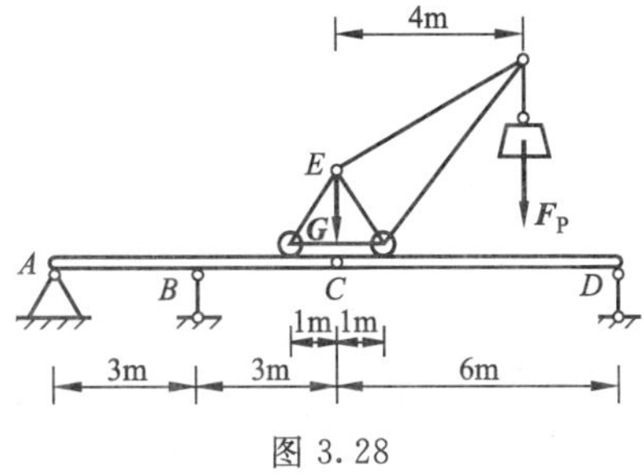

图3.28

第4章 轴向拉伸与压缩计算

【教学目标】

要求了解变形固体及其变形的相关概念；了解杆件及其基本变形概念；掌握轴向拉压杆的轴力计算与轴力图绘制方法；掌握应力概念及轴向拉压杆横截面上的应力计算方法、胡克定律及轴向拉压杆的变形计算方法；了解常见材料的拉伸和压缩力学性能；掌握轴向拉压杆的强度条件及其应用；了解应力集中的概念。

【教学要求】

知识要点	能力要求	相关知识
变形固体及其变形的相关概念	能正确理解变形固体、弹性变形、塑性变形的相关概念	变形固体、弹性变形、塑性变形
杆件及其基本变形概念	能正确理解和识别杆件和杆件的轴向拉压、剪切、扭转、弯曲等四种基本变形	结构构件分类、杆件的轴向拉压、剪切、扭转、弯曲变形
轴向拉压杆的轴力计算与轴力图绘制	能正确理解内力概念，会运用截面法，能正确计算常见轴向拉压杆的轴力，能正确绘制常见轴向拉压杆的轴力图	内力和截面法概念、轴向拉压杆横截面上的内力形式和计算方法，轴力图及其绘制步骤
轴向拉压杆横截面上的应力计算	能正确理解应力概念，熟悉轴向拉压杆横截面上的应力分布及其计算方法	应力概念、轴向拉压杆横截面上的应力分布规律及其计算公式
胡克定律及轴向拉压杆的变形计算	能正确理解轴向拉压杆的变形概念、胡克定律的两种形式，能运用胡克定律计算轴向拉压杆的伸缩量	轴向拉压杆的变形概念、胡克定律的两种形式、弹性模量 E、比例极限 σ_p
材料的拉伸和压缩力学性能	能正确认识和理解低碳钢、铸铁等典型塑性、脆性材料的力学性能	低碳钢、铸铁等常见材料的拉压变形过程、力学性能，变形硬化和时效硬化，拉伸试样的伸长率和截面收缩率，卸载定律
轴向拉压杆强度条件及运用	能正确理解和运用轴向拉压等直杆的强度条件进行强度计算	轴向拉压等直杆的强度条件、三种用途

4.1 变形固体及杆件概念

4.1.1 变形固体概念

前面已经讲述，在外力作用下不变形的固体称为刚体。但自然或人工的固体材料在外力的作用下都会发生变形（即受力体形状、尺寸发生改变），因此又称**变形固体**。事实上，刚体并不真实存在，而只是在人们分析问题时的一种假定。同样，建筑材料中的固体作为变形固体是绝对的，作为刚体是相对的。

变形固体在外力作用下发生的变形，可分为两种：一种是撤除外力后会完全消失的变形，称为**弹性变形**，变形固体产生弹性变形的性质称为**弹性**；另一种是撤除外力后不会消失而残留下来的变形，称为**塑性变形**，变形固体产生塑性变形的性质称为**塑性**。通常，建筑构件所用的固体材料在外力不超过一定范围时是完全弹性的，当外力超过该范围后就会表现出部分弹性和部分塑性，如果继续增大外力，构件将会丧失承受外力的能力（称为失效，如过大变形或断裂）。因此，构件从开始受力到破坏可大致分为三个变形阶段：（完全）弹性阶段、弹塑性阶段、失效阶段。例如，取一钢丝弹簧在两端施加拉力，当拉力较小时放松，弹簧能完全恢复原状，变形会完全消失，是完全弹性的。若拉力超过一定限度，放松后弹簧无法恢复原状，弹性变形消失了，塑性变形残留下来，整个变形是弹塑性的。若拉力过大，弹簧就会丧失承拉能力。建筑工程中多数结构构件要求在正常使用情况下均只发生弹性变形，所以在土木工程力学中所讨论的变形局限于弹性变形范围内。

建筑结构构件的弹性变形值与构件原始尺寸相比通常是很小的，以至于仅凭眼睛而不借助仪器察觉不了。因此在非讨论变形的问题（如平衡问题）中这种变形可以忽略不计。这在土木工程力学中称为"小变形"假设。

为了简化问题，土木工程力学中还对建筑结构构件材质作出假设，即在满足工程需要的情况下，只考虑主要性质，略去次要性质。

（1）连续、均匀假设：构件材料是连续、均匀的物质，或者说在构件体积内毫无空隙、均匀密实地充满了材料物质。

（2）各向同性假设：构件材料沿任一方向都具有相同的力学性能，或者说在任一方向受力都表现出相同的性质。

4.1.2 杆件及其基本变形

建筑及其他土木工程中结构的构件按外形和传力方式可分为四类：杆、板壳、块体和薄壁杆，如图 4.1 所示。杆的外形特征是纵向尺度远大于横向尺度，有一条明显的杆轴线（各横截面形心的连线），其传力方式是沿轴线这一个方向传力。杆又分为直杆（杆轴线是直线）和曲杆（杆轴线是曲线）、等截面杆（各横截面全等）和变截面杆（各横截面不全等）。其中，工程中用得最多的是等截面直杆（简称为等直杆，如楼面梁。本章除特殊声明者外所讨论杆件均为此种杆件），也有变截面直杆（如阳台变截面挑梁、厂房鱼腹梁）。板壳的外形特征是长、宽方向尺度相近而远大于厚度方向尺度，其传力方式是同时沿板的长、宽两个方向传力。块体的外形特征是长、宽、高三个方向尺度相近，其传力方式是同时沿块体长、宽、高方向传力。薄壁杆的几何特征是长、宽、厚三个尺寸都相差很悬殊。土木工程力学中主要讨论由杆件组成的结构，因此，其基本构件是杆件。

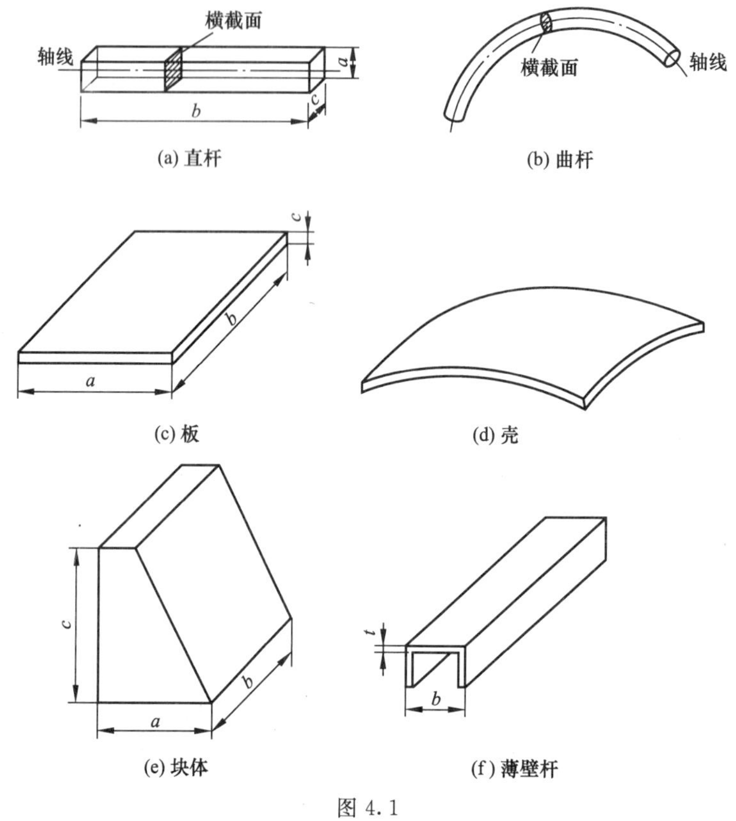

图 4.1

工程中的杆在外力作用下变形是多种多样的，但其基本形式按受力与变形特征不外乎以下四种。杆件的实际变形则是由基本变形形式组成的。值得指出的是，以下在描述杆件变形时，假定杆件是由一束平行于杆轴的纵向弹性纤维和一系列垂直于杆轴的横向弹性截面组成。这是土木工程力学中基本的杆件模型。

(1) 轴向拉伸或压缩：如图 4.2 (a)、(b) 所示，杆件在一对等值、反向、沿杆轴线的平衡力 F、F'作用下，杆件的变形是以纵向纤维伸长［图 4.2 (a)］或缩短［图 4.2 (b)］为主，同时伴以微小的横截面收缩或增大。这种变形形式分别称为**轴向拉伸或轴向压缩**。一般杆件在沿轴线的外力作用下，变形都是轴向拉伸或压缩变形，统称为轴向拉压。

(2) 剪切：如图 4.2 (c) 所示，杆件在一对横向的等值、反向、相距很近的平行力 F、F'作用下，杆件的变形是以横截面沿外力方向产生相对错动为主。这种变形形式称为**剪切**。它多与其他变形形式相伴存在。一般杆件在横向外力的作用下，变形都有剪切。

(3) 扭转：如图 4.2 (d) 所示，杆件在一对作用面都沿横向、等值、转向相反的平衡力偶 M、M'作用下，杆件的变形是以横截面绕杆轴产生相对转动为主，同时伴以纵向纤维绕杆轴成螺旋状。这种变形形式称为**扭转**。一般杆件在横向外力偶的作用下，变形都是扭转。

(4) 弯曲：如图 4.2 (e) 所示，杆件在一对作用面都在杆件同一纵向对称平面（由杆轴线和横截面一条对称轴线相交所决定的平面）内、等值、转向相反的平衡力偶 M、

M'作用下，杆件的变形是以纵向纤维弯曲为主，同时伴以横截面绕垂直于杆轴的某轴产生相对转动，且横截面受压侧膨胀、受拉侧收缩。这种变形形式称为**弯曲**。一般杆件在横向外力或纵向外力偶的作用下，变形都是以弯曲为主。

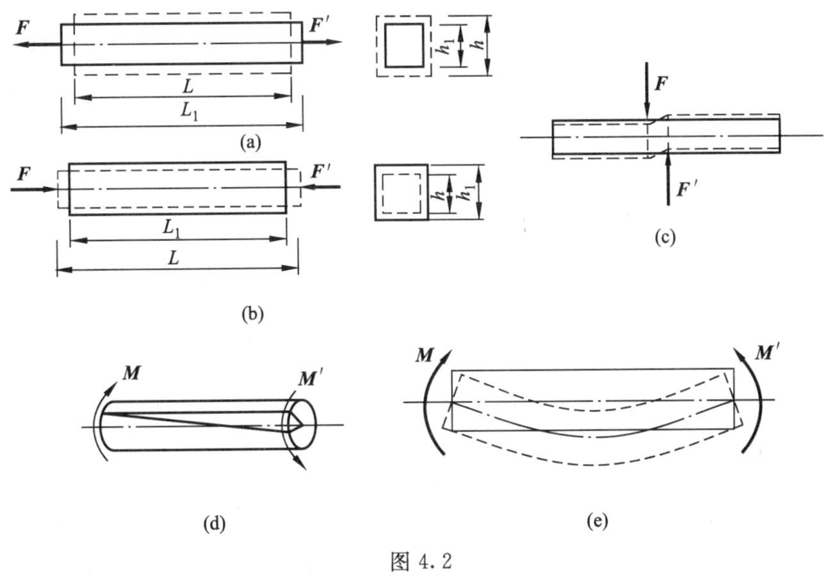

图 4.2

当杆的实际受力和变形以某一基本变形形式为主、其他变形形式为辅时，可以认为属于一种基本变形，按该基本变形问题分析。若几种变形相当，都不能忽略，则属于组合变形问题。从本章开始，到第 11 章为止，将由简到繁逐一讨论四种基本变形和其重要组合变形的内力、内力分布规律、应力和强度计算、变形和刚度计算等问题。

4.2 轴向拉压杆的内力及轴力图

4.2.1 轴向拉压杆实例

工程结构中，拉杆和压杆是常见的。如图 4.3（a）所示的三角支架中，杆 AB 是拉杆，杆 BC 是压杆。又如图 4.3（b）所示的屋架，上弦杆是压杆，下弦杆是拉杆。

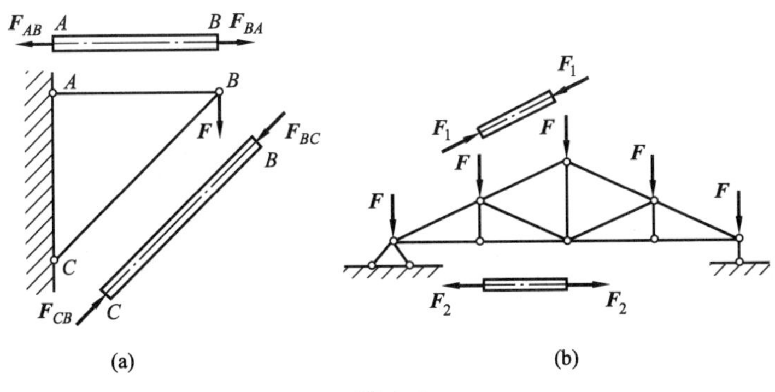

图 4.3

4.2.2　轴向拉压杆的内力

变形固体受到外力作用而变形，其实质是材料内部质点的位置在外力作用下发生了相对改变。因此，质点之间会产生抵抗这种位置改变的力，称为**内力**。日常生活中，拉伸弹簧、橡皮筋时所感受到的弹力就是内力。分析表明，内力是变形固体材料为维持外力作用下各部分材料的平衡而产生的一部分与另一部分之间的相互作用力，是连续分布于材料内部质点之间的。内力是受力构件变形大小的决定因素。同时，内力一旦超过材料质点间相互作用力能抵抗的极限，材料就会丧失承受外力的能力，导致构件失效，俗称破坏。因此，要分析构件的强度、刚度、稳定性等问题，首先必须分析计算构件的内力。

工程上将构件内部某截面上的连续分布内力的合力称为该截面的**内力**。土木工程力学中，通常分析计算杆件横截面上的内力，有时也分析计算与杆轴斜交的斜截面上的内力。

现以图 4.4（a）所示的轴向受拉杆为例，说明如何分析杆横截面上的内力。为了分析杆横截面 $m—m$ 上的内力，假想沿 $m—m$ 截面把杆切开成为左右两段。如果取左段分析，则因该段左端受有一沿轴线的外力 $\boldsymbol{F}$，为了平衡，在切口截面上必有一沿杆轴线的内力，设为 $\boldsymbol{F}_{\mathrm{N}}$，则由平衡条件 $\sum F_{x}=0$ 可求得内力 $F_{\mathrm{N}}=F$，其方向离开截面，如图 4.4（b）所示。如果取右段分析，则同样可得出该截面上有一沿杆轴线的内力，其大小等于 F，方向离开截面，如图 4.4（c）所示。这种假想沿计算截面把杆切开，取一段分析，由杆段平衡条件得出截面未知内力的方法，称为**截面法**。截面法是分析计算内力的基本方法。

沿杆轴的内力称为轴力，工程中用符号 $\boldsymbol{F}_{\mathrm{N}}$ 表示。可以证明，轴向拉压杆横截面和斜截面上的内力都只有轴力。轴力方向离开截面时，使截面受拉，轴力为拉力，工程上规定其取正值；轴力方向指向截面时，使截面受压，轴力为压力，工程上规定其取负值。轴力的常用单位为牛［顿］（N）或千牛［顿］（kN）。

不难证明，杆段只在两端受沿杆轴的集中力作用时，各横截面或斜截面上的轴力相等。因此，对这种杆段的内力，也常用“某杆段的轴力”来表述（如下例）。

【例 4.1】　某杆如图 4.5（a）所示，在轴向外力 $\boldsymbol{F}_1$、$\boldsymbol{F}_2$、$\boldsymbol{F}_3$ 作用下平衡。$F_1=5\mathrm{kN}$、$F_2=6\mathrm{kN}$、$F_3=1\mathrm{kN}$，求 AB、BC 段的轴力。

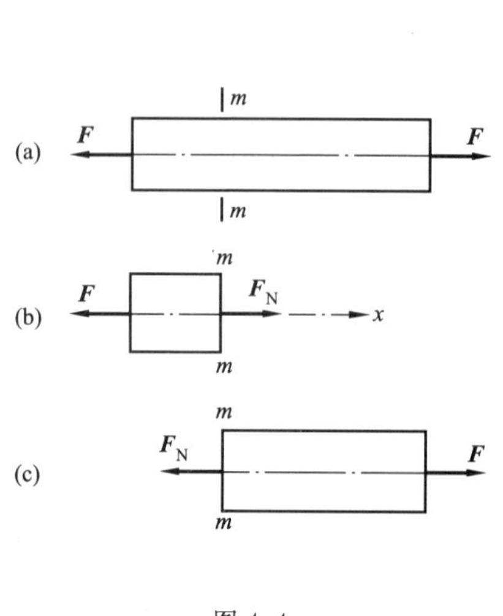

图 4.4

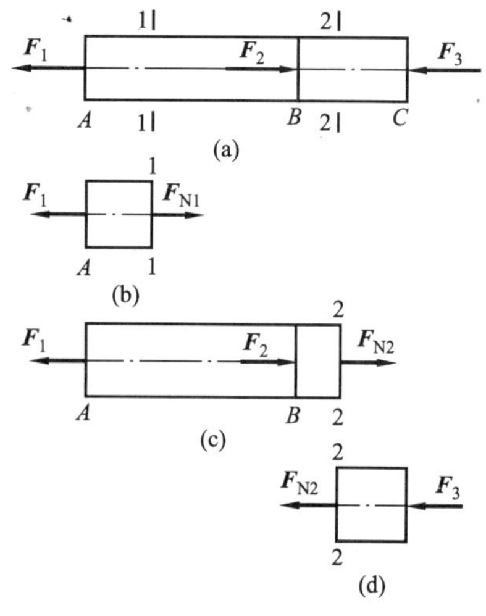

图 4.5

解　杆件轴线上承受两个以上的轴向外力作用时，应分段使用截面法分别计算。

1）求 AB 段的轴力

用 1—1 截面将杆 AB 段截断，取左段为研究对象（也可取右段分析，但左段更简单，故优先），如图 4.5（b）所示，以 F_{N1} 表示截面轴力，并假定为拉应力，写出平衡方程为

$$\sum F_x=0，F_{N1}-F_1=0$$

所以

$$F_{N1}=F_1=5\text{kN}$$

结果为正号，说明实际方向与假定方向相同，即 AB 段的轴力为拉力。

2）求 BC 段的轴力

用 2—2 截面将杆 BC 段截断，取左段为研究对象［图 4.5（c）］，以 F_{N2} 表示截面轴力，写出平衡方程

$$\sum F_x=0，F_{N2}+F_2-F_1=0$$

得

$$F_{N2}=F_1-F_2=(5-6)\text{kN}=-1\text{kN}$$

负号说明假定方向与实际方向相反，即 BC 段的轴力为压力。

若取右段为研究对象［图 4.5（d）］，写出平衡方程为

$$\sum F_x=0，-F_{N2}-F_3=0$$

得

$$F_{N2}=-F_3=-1\text{kN}$$

结果与取左段为研究对象。本例由于右段的外力少，更简单，宜优先取右段分析。

注意：在计算杆件内力时，不能随意使用力的可传性或力偶的可移性。因为这些原理只在把物体看作刚体、研究力或力偶对物体的运动效应时才适用。在研究物体的变形时，物体是弹性变形体，一般就不能用这些原理了。如图 4.6（a）所示杆件，在 A、B 两点分别受平衡拉力 $\boldsymbol{F}$、$\boldsymbol{F}'$作用，杆为拉杆，杆件将伸长，其轴力为拉力。但若将力 $\boldsymbol{F}$ 和 $\boldsymbol{F}'$沿其作用线分别移到 B、A 点，如图 4.6（b）所示，则杆件将变成受压而缩短，轴力也变为压力。由此可见，外力使物体产生的变形，不但与外力大小有关，而且与外力的作用位置及作用方式有关。

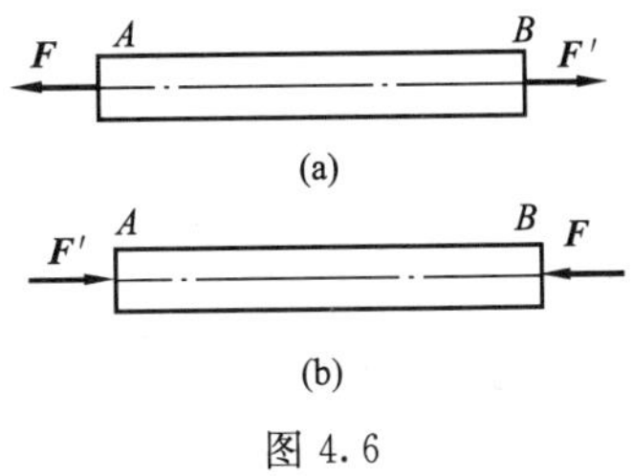

图 4.6

4.2.3　轴力图

表示杆各横截面轴力沿杆轴变化规律的图形称为**轴力图**。以平行于杆轴线的横坐标 x 表示杆件横截面的位置（x 轴又称截面位置坐标轴），对应于杆左端的点为原点，并以纵坐标表示轴力 F_N，建立常规直角坐标系。在此坐标系中按比例绘出各段轴力，即得轴力图，它也表示出了杆各横截面轴力沿杆轴线的分布状况。

【例 4.2】　杆件受力如图 4.7（a）所示，$F_1=20\text{kN}$、$F_2=30\text{kN}$、$F_3=10\text{kN}$，试画出该杆的轴力图。

解　（1）计算各段的轴力

AB 段：用 1—1 截面在 AB 段内将杆截断，取左段为研究对象（取左段不涉及支座，可不求支座反力，故优先），如图 4.7（c）所示，以 $\boldsymbol{F}_{N1}$ 表示截面轴力，并假定为拉应力。写出平衡方程为

$$\sum F_x=0，F_{N1}+F_1=0$$

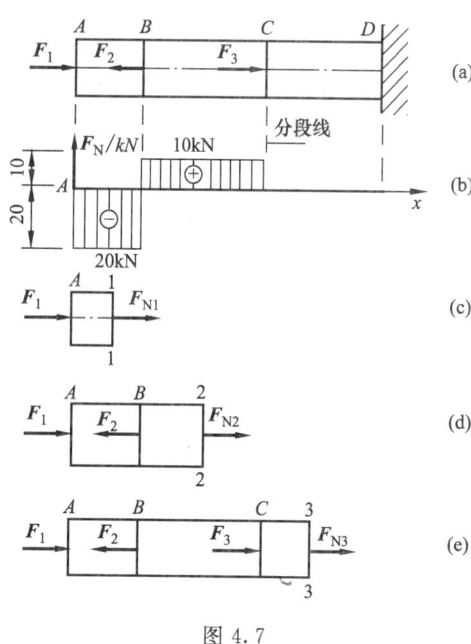

图 4.7

得 $F_{N1}=-F_1=-20\text{kN}$

负号表示 AB 段的轴力 $\boldsymbol{F}_{N1}$ 为压力。

BC 段：类似上述步骤［图 4.7（d）］，写出平衡方程为

$$\sum F_x=0,\ F_{N2}-F_2+F_1=0$$

得 $F_{N2}=-F_1+F_2=-20+30=10\text{kN}$

正号表示 BC 段的轴力 $\boldsymbol{F}_{N2}$ 为拉力。

CD 段：同理［图 4.7（e）］可得

$$F_{N3}=-F_1+F_2-F_3=-20+30-10=0$$

即 CD 段不受力。

（2）作轴力图

建立直角坐标系 xAF_N。在此坐标系中按比例绘出各段轴力［图 4.7（b）］，即为所求轴力图。轴力图只是杆内力图的一种，本教材以后还将讲述杆的其他内力图。

4.3 轴向拉压杆横截面上的应力与应力集中

4.3.1 轴向拉压杆横截面上的应力

从 4.2 节中已经知道，轴向拉压杆为了维持平衡，横截面上必存在相互作用的内力——轴力。事实上，轴力是轴向拉压杆横截面上连续分布内力的合力。下面以一个简单演示实验来说明（图 4.8），轴向拉压等直杆的轴力在横截面上是均匀分布的，其方向都平行于杆轴线。

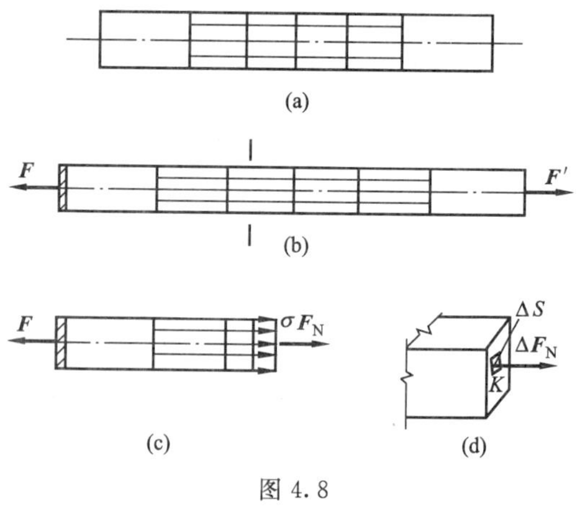

图 4.8

用橡胶棒制作一根等截面直杆，并在其表面均匀地画上一些与杆轴平行的纵线和与之垂直的横线［图 4.8（a）］。当在杆上施加轴向拉力后［图 4.8（b）］，可以看到所有纵线都伸长了，且伸长量相等；所有横线仍保持与杆轴线垂直，但间距增大了。

讨论杆件的强度和变形时，可以认为等直杆是由许许多多平行于杆轴的纵向纤维所组成的，各纤维之间无粘结作用力，即每根纤维均可自由伸缩。这是一种常用的等直杆力学模型。

可以用这个模型解释观察到的等直杆轴向拉伸变形现象：等直杆在轴向拉力作用下，

所有纵向纤维都伸长了相同的量；所有横截面仍保持为平面（即所谓平**截面假设**）且与杆轴垂直，只不过相对离开了一定的距离并伴随微小的横向收缩。由此可以认为：轴向受拉杆件每一根纵向纤维都受到同等程度拉压，或者说，横截面上每一点都受到且只受到平行于杆轴方向（即与杆横截面正交方向，称为横截面正向）的拉力作用，各点拉力大小相等[图 4.8 (c)]。这些均匀分布的正向拉力的合力就是轴力。同理，轴向受压杆横截面上的轴力则是横截面上均匀分布的正向压力的合力。

分布内力的大小，用单位截面积上的内力值来度量，称为**应力**，它反映内力分布的密集程度（分布集度）。由于内力是矢量，因而应力也是矢量，其方向就是分布内力的方向。如图 4.8 (d) 所示，设轴向受拉杆横截面上某点 K 周围的一个微小面积 ΔS 上分布内力是 ΔF_N，ΔS 上内力的平均分布集度（即平均应力）用 $\bar{\sigma}$ 表示，则

$$\bar{\sigma}=\frac{\Delta F_N}{\Delta S} \tag{4-1}$$

因 ΔF_N 与横截面正交，所以应力 $\bar{\sigma}$ 也与横截面正交，这种应力称为正向应力，简称**正应力**。$\bar{\sigma}$ 是 ΔS 上的平均正应力。显然，平均正应力 $\bar{\sigma}$ 也是面积 ΔS 的函数。当 $\Delta S\to 0$ 时，其所取极限值，即为 K 点的正应力，用 σ_K 表示，则

$$\sigma_K=\lim_{\Delta S\to 0}\frac{\Delta F_N}{\Delta S} \tag{4-2}$$

应力的常用单位有牛［顿］/米^2（N/m^2，$1N/m^2$ 称为 1 帕［斯卡］，简称 1 帕，符号 Pa)、千牛［顿］/米^2（kN/m^2，$1kN/m^2=10^3N/m^2$ 即 10^3Pa，称为 1 千帕，符号 kPa）和牛顿/毫米^2（N/mm^2，$1N/mm^2=10^6N/m^2$ 即 10^6Pa，称为 1 兆帕，符号 MPa）。此外还有更大的单位吉帕（符号 GPa，$1GPa=10^9Pa$）。几种单位间的换算关系为

$$1千帕(kPa)=10^3帕(Pa)$$

$$1兆帕(MPa)=10^3千帕(kPa)=10^6帕(Pa)$$

$$1吉帕(GPa)=10^3兆帕(MPa)=10^6千帕(kPa)=10^9帕(Pa)$$

由于轴向拉压杆轴力在横截面上表现为均匀分布的正向拉力或压力，故横截面上各点只有正应力且大小相等，即任一点的正应力 σ 都等于平均应力 $\bar{\sigma}$。设轴向拉压杆横截面上轴力为 F_N，横截面面积为 S，则横截面上任一点的正应力为

$$\sigma=\frac{F_N}{S} \tag{4-3}$$

轴力 F_N 为拉力时，正应力为拉应力，σ 取正号；F_N 为压力时，正应力为压应力，σ 取负号。式 (4-3) 就是轴力对应的横截面应力计算公式。其适用条件是杆件横截面不变或变化缓慢，外力沿杆轴线。

【例 4.3】 计算图 4.9 (a) 所示轴向受力杆横截面上的应力，已知 AD 段横截面为圆形，直径 $d=30$mm。DE 段横截面为方形，边长 $a=30$mm。

解　作出杆的轴力图如图 4.9 (b) 所示。由图知，AB、BC 段均受拉，CE 段受压。值得注意的是：CE 段轴力虽然是常数，但 CD 段与 DE 段横截面形状和面积都不一样，故应将 CE 段分成 CD 与 DE 两段分别计算。

AB 段：轴力为常数 $F_{N1}=100$kN，横截面面积亦为常数：

$$S_1=\frac{\pi}{4}d^2=\left(\frac{\pi}{4}\times 30^2\right)mm^2=706.86mm^2$$

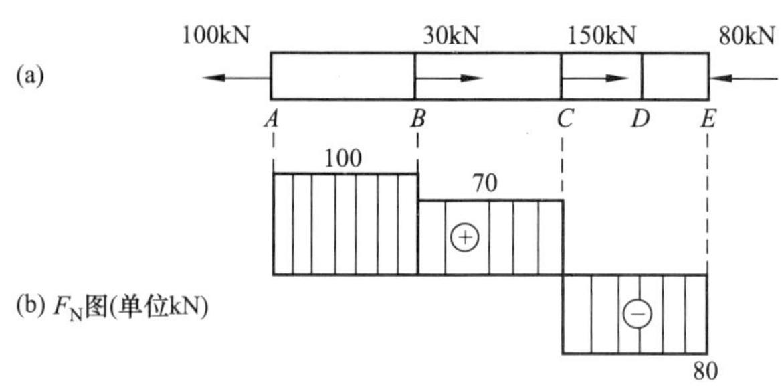

图 4.9

故由式（4-3）知，各横截面上正应力相同，记为 σ_{AB}：

$$\sigma_{AB}=\frac{F_{N1}}{S_1}=\frac{100\times10^3\,\text{N}}{706.86\text{mm}^2}=141.47\text{N/mm}^2=141.47\text{MPa(拉)}$$

BC 段：同理，轴力为 $F_{N2}=70\text{kN}$，横截面积为 $S_1=706.86\text{mm}^2$，故

$$\sigma_{BC}=\frac{F_{N2}}{S_1}=\frac{70\times10^3\,\text{N}}{706.86\text{mm}^2}=99.03\text{N/mm}^2=99.03\text{MPa(拉)}$$

CD 段：轴力为 $F_{N3}=-80\text{kN}$，横截面积为 $S_1=706.86\text{mm}^2$，故

$$\sigma_{CD}=\frac{F_{N3}}{S_1}=\frac{-80\times10^3\,\text{N}}{706.86\text{mm}^2}=-113.18\text{N/mm}^2=-113.18\text{MPa(压)}$$

DE 段：轴力为 $F_{N3}=-80\text{kN}$，横截面积为 $S_2=a^2=900\text{mm}^2$，故

$$\sigma_{DE}=\frac{F_{N4}}{S_2}=\frac{-80\times10^3\,\text{N}}{900\text{mm}^2}=-88.89\text{N/mm}^2=-88.89\text{MPa(压)}$$

从以上计算结果可以看出，全杆最大拉应力位于 AB 段各横截面，记为

$$\sigma_{\max}^{+}=141.47\text{MPa}$$

全杆最大压应力位于 CD 段各横截面，记为

$$\sigma_{\max}^{-}=113.18\text{MPa(注意:省去了数值前的负号)}$$

全杆绝对最大正应力显然是 AB 段各横截面的拉应力，记为

$$\sigma_{\max}=|\sigma_{AB}|=141.47\text{MPa}$$

全杆绝对最小正应力显然是 DE 段各横截面的压应力，记为

$$\sigma_{\min}=|\sigma_{DE}|=88.89\text{MPa}$$

有些情况也可能某个压应力绝对最大，某个拉应力绝对最小。

4.3.2 应力集中

受轴向拉力或压力作用的等直杆，其横截面上都只产生均匀分布的正应力。但是，若杆横截面有局部削弱（如开槽，钻孔等），则被削弱横截面上的正应力也不再均匀分布，如图 4.10 所示。

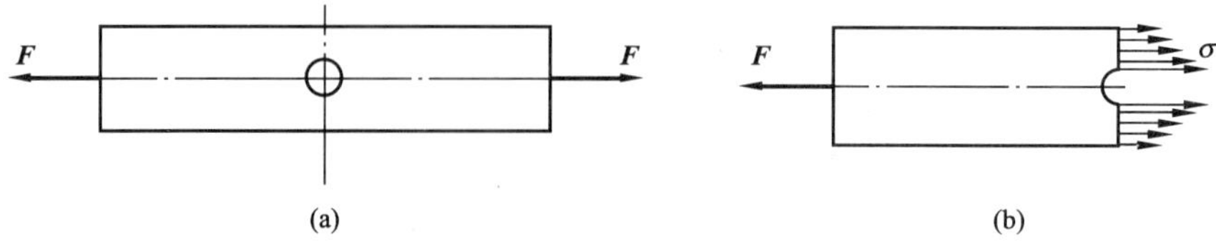

图 4.10

实测表明，在被削弱横截面上，靠近“削弱”位置的正应力出现了局部急剧增大的现象。这种因杆件横截面尺寸突然变化而引起杆件局部应力急剧增大的现象，称为**应力集中**。

杆件应力集中部位的纵向纤维受拉或压变形程度要比没有应力集中处更大，更易破坏，因而更危险。日常生活中，零售布料的工作人员先用剪刀在布上剪一小口再撕布，就很易把布撕开，就是利用了应力集中的现象。

标准轴向拉伸钢试件两端的夹持段比中部的工作段要粗，因此常将这一粗一细两段的连接部位加工成平缓过渡形状，以避免出现应力集中。

杆件应力集中部位附近一定范围内的横截面上正应力呈非均匀分布。这些部位横截面上正应力的计算不能用式（4-3），而需要更高级的力学理论来分析计算。因此，在计算时都应避开这些部位。土木工程力学不需精确分析计算这些部位。在离应力集中部位稍远的地方，横截面上正应力又趋于均匀分布，因而仍可用式（4-3）计算。

4.4　轴向拉压杆的变形

4.4.1　轴向拉压杆的变形

如图 4.2（a）、（b）所示，轴向拉压杆的变形主要是纵向伸长或缩短，同时也伴随着横截面尺寸的缩小或增大。设杆件原长为 L，变形后的长度为 L_1，则杆件的纵向变形为

$$\Delta L=L_1-L$$

ΔL 为正时，表示拉伸量；为负时，表示压缩量。ΔL 的常用单位为毫米（mm）。

ΔL 表示了杆件纵向的总变形量，但不能反映杆件的纵向变形程度。通常，对于长为 L 的杆段，若纵向变形为 ΔL，则用平均单位长度的纵向变形 $\bar{\varepsilon}$ 来描述杆件的纵向变形程度。即

$$\bar{\varepsilon}=\frac{\Delta L}{L} \tag{4-4}$$

$\bar{\varepsilon}$ 称为杆段的平均线应变，这里，“线”表示变形是长度变化，以区别于角度变化。一般，平均线应变 $\bar{\varepsilon}$ 是杆件长度 L 的函数。当 $L\to 0$ 时（杆段成为一点）$\bar{\varepsilon}$ 所取极限值，称为该点的线应变，用 ε 表示。即有

$$\varepsilon=\lim_{L\to 0}\frac{\Delta L}{L} \tag{4-5}$$

对于轴力为常数的等直杆段，各横截面处纵向变形程度相同，则平均线应变与各点的线应变相同。因此，对这种杆段不再区别平均线应变与各点的线应变。本书主要讨论这种情况，以后不再说明。

显然，杆件纵向线应变 ε 的正负与纵向变形 ΔL 的正负是一致的，因此 ε 为正时表示拉应变，为负时表示压应变。线应变 ε 是无量纲数，因此无单位，常用小数、百分数或千分数来表示。

同理，若杆件横截面原尺寸为 h，变形后尺寸为 h_1，则杆件横向变形为

$$\Delta h=h_1-h$$

Δh 为正时，表示杆件受压；为负时，表示杆件受拉。

杆件横向线应变为

$$\varepsilon'=\frac{\Delta h}{h}$$

显然，杆件受拉时 ε' 为负，受压时 ε' 为正，即横向线应变与纵向线应变恒异号。

4.4.2　胡克定律

实验表明，当等直杆段内轴力为常数时，只要杆件材料均匀分布且处于完全弹性状态，正应力不超过上限值 σ_{P}，则其伸缩变形量 ΔL 与轴力 $\boldsymbol{F}_{\mathrm{N}}$ 成正比，与杆段长度 L 成正比，与杆件横截面积 A 成反比，即

$$\Delta L\propto\frac{F_{\mathrm{N}}L}{S}$$

引入比例系数 E，则上述关系可写为

$$\Delta L=\frac{F_{\mathrm{N}}L}{ES} \tag{4-6}$$

这个规律最早由英国人胡克（R. Hooke）发现，故称为**胡克定律**。

保证胡克定律这种线性比例关系成立的应力上限 σ_{p} 通常称为材料的比例极限，其值主要由材料性质决定，通过标准试验（见 4.5 节）测定，是材料的一种力学性能。于是，胡克定律的适用条件可写为 $\sigma\leqslant\sigma_{\mathrm{p}}$。

比例系数 E 也是杆件材料的一种力学性能，称为材料的**弹性模量**。由式（4-6）知，弹性模量 E 有量纲，其单位与应力相同，常用单位有兆帕（MPa）、吉帕（GPa）。通过试验测得常用材料的 σ_{p} 和 E 值见表 4-1。

由式（4-6）知，轴力 $\boldsymbol{F}_{\mathrm{N}}$ 及原长 L 相同的杆件，ES 值越大，伸缩值 ΔL 越小；反之，ES 越小，伸缩值 ΔL 越大。ES 值反映了杆件抵抗轴向拉压变形的能力，称为杆件的**截面抗拉压刚度**。

从式（4-6）可以看出，当 F_{N} 为正（即拉力）时，ΔL 亦为正，表明是拉伸变形；反之，当 F_{N} 为负（即压力）时，ΔL 亦为负，表明是压缩变形。在应用式（4-6）时，也常取 F_{N} 的绝对值计算，而在结果后面标明是拉伸还是压缩。

【例 4.4】　试计算［例 4.3］中杆件的伸缩量，已知材料的弹性模量 $E=200\mathrm{GPa}$，$AB=BC=2\mathrm{m}$，$CD=DE=1\mathrm{m}$。

解　AD 段虽然是直径为 30mm 的圆形等直杆，但轴力却不是常数。故从轴力看，应分成 AB、BC 和 CE 三段，分别计算变形值。但 CE 段轴力虽然是常数，却不是等截面直杆。其中 CD 段是圆形截面杆，DE 段是方形截面杆，也应会别计算其变形值。所以，全杆应分四段计算。

AB 段：轴力为 $F_{\mathrm{N1}}=100\mathrm{kN}=10^5\mathrm{N}$，长度为 $L_{\mathrm{AB}}=2\mathrm{m}=2\times10^3\mathrm{mm}$。在［例 4.3］中已计算得 $S_1=706.86\mathrm{mm}^2$，弹性模量 $E=200\mathrm{GPa}=2\times10^5\mathrm{N/mm}^2$，故

$$\Delta L_{\mathrm{AB}}=\frac{F_{\mathrm{N1}}L_{\mathrm{AB}}}{ES_1}=\left(\frac{10^5\times2\times10^3}{2\times10^5\times706.86}\right)\mathrm{mm}=1.4\mathrm{mm}$$

BC 段：轴力为 $F_{\mathrm{N2}}=70\mathrm{kN}=70\times10^3\mathrm{N}$，长度为 $L_{\mathrm{BC}}=2\mathrm{m}=2\times10^3\mathrm{mm}$，横截面积仍为 $S_1=706.86\mathrm{mm}^2$，弹性模量仍为 $E=200\mathrm{GPa}=2\times10^5\mathrm{N/mm}^2$，故

$$\Delta L_{BC}=\frac{F_{N2}L_{BC}}{ES_1}=\left(\frac{70\times10^3\times2\times10^3}{2\times10^5\times706.86}\right)mm=1.0mm$$

CD 段：轴力为 $F_{N3}=-80kN=-80\times10^3N$，长度为 $L_{CD}=1m=10^3mm$，横截面积仍为 $S_1=706.86mm^2$，弹性模量仍为 $E=200GPa=2\times10^5N/mm^2$，故

$$\Delta L_{CD}=\frac{F_{N3}L_{CD}}{ES_1}=\left(\frac{-80\times10^3\times10^3}{2\times10^5\times706.86}\right)mm=-0.6mm$$

DE 段：轴力为 $F_{N4}=-80kN=-80\times10^3N$，长度 $L_{DE}=1m=10^3mm$，横截面积为 $S_2=900mm^2$，弹性模量仍为 $E=200GPa=2\times10^5N/mm^2$，故

$$\Delta L_{DE}=\frac{F_{N4}L_{DE}}{ES_2}=\left(\frac{-80\times10^3\times10^3}{2\times10^5\times900}\right)mm=-0.4mm$$

全杆的纵向变形为

$$\begin{aligned}\Delta L&=\Delta L_{AB}+\Delta L_{BC}+\Delta L_{CD}+\Delta L_{DE}\\&=(1.4+1.0-0.6-0.4)mm\\&=1.4mm\ (\text{伸长})\end{aligned}$$

结果为正，表明全杆总长增加了 1.4mm。

在式（4-6）中，因为 $F_N/S=\sigma$，$\Delta L/L=\varepsilon$，于是可得

$$\sigma=E\varepsilon \tag{4-7}$$

这是胡克定律的应力-应变形式。它表明：只要正应力不超过材料的比例极限 σ_p，则杆件内任一点处的正应力与材料沿正应力方向的线应变成正比，其比例系数就是材料的弹性模量。胡克定律的这种形式是针对构件内一点而言，不针对杆段，故具有更普遍的适用价值，被广泛应用于各种受力条件下构件内一点处的应力-应变分析中。

利用式（4-7），【例 4.4】的解法可变更如下：先计算出各段应变

$$\varepsilon_{AB}=\frac{\sigma_{AB}}{E}=\frac{141.47}{2\times10^5}=7.07\times10^{-4}$$

$$\varepsilon_{BC}=\frac{\sigma_{BC}}{E}=\frac{99.03}{2\times10^5}=4.95\times10^{-4}$$

$$\varepsilon_{CD}=\frac{\sigma_{CD}}{E}=\frac{-113.18}{2\times10^5}=-5.66\times10^{-4}$$

$$\varepsilon_{DE}=\frac{\sigma_{DE}}{E}=\frac{-88.89}{2\times10^5}=-4.44\times10^{-4}$$

再计算全杆变形

$$\begin{aligned}\Delta L&=\Delta L_{AB}+\Delta L_{BC}+\Delta L_{CD}+\Delta L_{DE}\\&=\varepsilon_{AB}L_{AB}+\varepsilon_{BC}L_{BC}+\varepsilon_{CD}L_{CD}+\varepsilon_{DE}L_{DE}\\&=(7.07\times10^{-4}\times2\times10^3+4.95\times10^{-4}\times2\times10^3-5.66\times10^{-4}\times1\times10^3-4.44\times10^{-4}\times1\times10^3)mm^2\\&=1.4mm\end{aligned}$$

计算结果完全相同。

【例 4.5】 如图 4.11 所示，一柱高为 h，横截面积为定值 S，柱子材料的重力密度为 γ，求柱子在重力作用下的纵向变形。

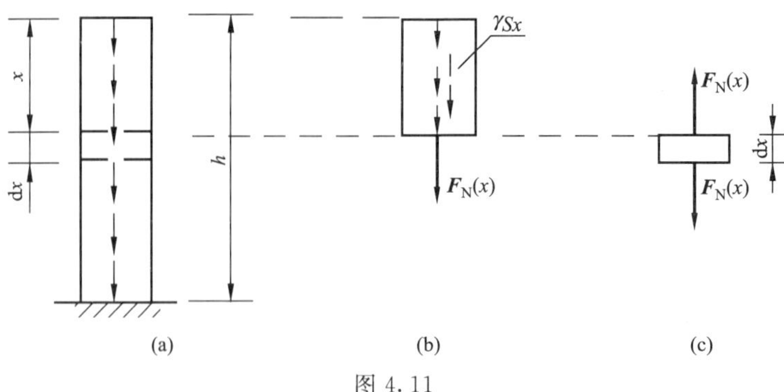

图 4.11

解　柱子横截面为定值，故其单位长度的重力相等，都为 γS，即重力沿柱子轴线均匀分布。在距柱顶为 x 的横截面上，轴力为

$$F_N(x)=-\gamma Sx$$

说明柱子横截面上轴力是 x 的一次函数，即沿杆轴线是非均匀分布的，越往下轴力越大，呈线性增加。故不能用式（4-6）来计算全柱的变形值。

在距柱顶 x 的横截面处取一长为 dx 微段分析。由于其长度很微小，可认为在此微段上轴力不变，恒为 $F_N(x)$。故可用式（4-6）计算该微段的纵向变形 $\Delta(dx)$。由于变形微小，数学上要用微分 $d(dx)$ 代替 $\Delta(dx)$，即

$$d(dx)=\frac{F_N(x)\cdot dx}{ES}=\frac{-\gamma Sx dx}{ES}=-\frac{\gamma}{E}x dx$$

全柱的纵向变形 Δh 为 $d(dx)$ 在全柱上的定积分

$$\Delta h=\int_h d(dx)=-\frac{\gamma}{E}\int_0^h x dx=-\frac{\gamma h^2}{2E}$$

其中，负号表示变形值为缩短量。

4.4.3 泊松比

试验还表明，只要轴向拉压杆横截面正应力不超过杆件材料的比例极限 σ_p，则横向线应变 ε' 与纵向线应变 ε 之比的绝对值为一不变的常数，用 μ 表示，即

$$\mu=\left|\frac{\varepsilon'}{\varepsilon}\right| \tag{4-8}$$

μ 称为泊松比。泊松比也反映材料的一种力学性能，是无量纲数。试验测定出常用材料的泊松比见表 4-1。

4.5 土木工程常用材料在拉伸和压缩时的力学性能

材料的力学性能，又称材料的力学性质，是指材料受外力作用时所表现出的变形、破坏等方面的物理特性，通常用一系列数据表示。例如，材料的弹性模量 E、比例极限 σ_p 及泊松比 μ 等都是材料的力学性能。

材料的力学性能是把材料做成一定形状的试样（有时又称试件、试块等）通过试验来测定出的。为了使不同试验人员测试出来的同种材料的同一力学性能数据具有可比性，国

家或相关部门制定了相应的试验标准，对试样、试验条件和试验方法做出了规定。

工程中所用材料品种繁多。本节主要以 Q235 碳素结构钢和铸铁等常见材料为代表，来讨论材料在拉伸和压缩时的典型力学性能。

4.5.1　Q235 结构钢拉伸时的力学性能

按照结构钢拉伸试验标准（参见国家标准《金属材料室温拉伸试验方法》GB/T 228—2002），试样的横截面可制成圆形截面［图 4.12（a）］或矩形截面［图 4.12（b）］两种。试样中间有一较长的等直段，称为工作段。两端部有一个短段，横截面较粗，表面还进行了糙化，是用于试验机夹持的，称为夹持段。工作段与夹持段之间平缓连接，以避免应力集中，称为过渡段。

试样原始标距（工作段长度）L_0 与原始横截面积 S_0 符合关系 $L_0=k\sqrt{S_0}$ 者称为比例试样。国际上使用的比例系数 k 的值为 5.65。原始标距应不小于 15mm。当试样横截面积太小，以致采用比例系数 k 为 5.65 的值不能符合这一最小标距要求时，可以采用较高的值（优先采用 11.3 的值）或采用非比例试样。非比例试样其原始标距（L_0）与其原始横截面积（S_0）无关。对圆截面试样，原始标距为 L_0，原始直径为 d_0，则标准比例试样 $L_0=5d_0$，而长试样则取 $L_0=10d_0$。

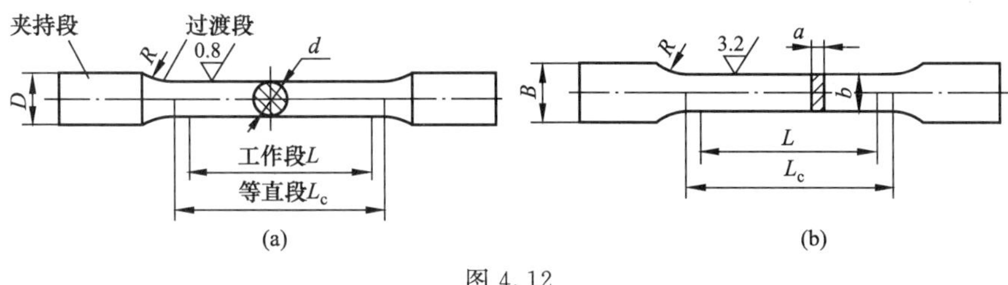

图 4.12

把制备好的标准试样装夹在万能材料试验机上，开动机器缓慢而均匀地加载，使试样产生轴向拉伸变形，直到拉断为止。

试验机上的自动记录设备会在以试样伸长量 ΔL 为横坐标、以所施加的轴向拉力 F 为纵坐标的直角坐标纸中自动记录下试样从受力开始到拉断为止全过程的 F-ΔL 关系曲线，如图 4.13（a）所示，称为试样的拉伸图。

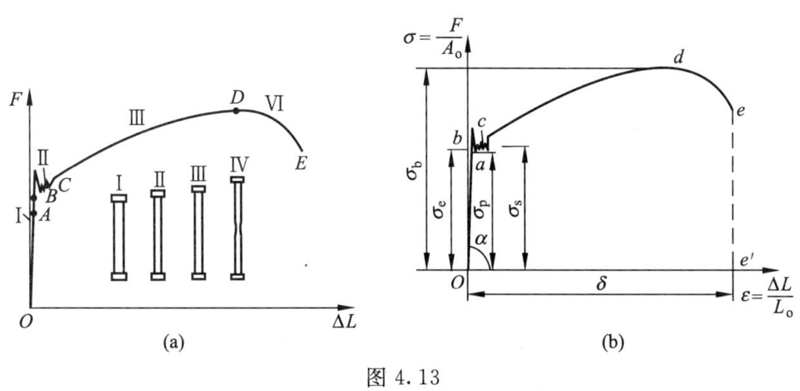

图 4.13

F-ΔL 曲线所记录的数据与试样的尺寸大小有关。

为了反映材料本身的力学性能，应消除尺寸因素。为此，将横坐标上各点的 ΔL 值除

以试样原长 L_0，得到试样在相应时刻的纵向线应变 ε 值。同时，把相应的拉力 F 值除以试样原始横截面积 A_0，得到相应时刻试样横截面上的"名义"正应力值 σ。如此可绘出拉伸过程材料的 σ-ε 曲线，如图 4.13（b）所示，称为试样材料的拉伸应力-应变图。装配了计算机的试验机可直接自动绘出 σ-ε 曲线。

从 Q235 钢试样的拉伸图和应力-应变图可以看出，Q235 钢从受力到拉断的变形过程可以划分为四个阶段。

（1）弹性阶段（O—a—b）。在拉伸的最初阶段（O—a），拉力 F 与伸长量 ΔL 成正比，应力 σ 与应变 ε 成正比，其关系线 Oa 为一斜直线。即

$$F \propto \Delta L \qquad \sigma \propto \varepsilon$$

遵从胡克定律。显然，σ 与 ε 的比例系数（就是 Oa 线的斜率），即为材料的弹性模量 E

$$E = \tan\alpha$$

点 a 所对应的应力，是应力与应变成正比例关系的最高应力，就是前面所说的材料比例极限 σ_p。当应力超过比例极限 σ_p 后，应力与应变不再是直线关系。但在图示 b 点以下，变形仍保持完全弹性，即解除拉力或说释放应力后，变形将完全消失。b 点所对应的应力，是材料保持完全弹性的最高应力，称为材料的弹性极限，用 σ_e 表示。由于 $\sigma_p \approx \sigma_e$，所以工程上并不严格区分它们。

（2）屈服阶段（b—c）。当应力超过 b 点后，试样应变增加明显加快。应力增加到某一数值后会突然下降，然后在一很小范围内波动，也可认为基本不变，而应变却迅速增加，出现了水平方向的微小锯齿形曲线。这种应力基本上保持不变而应变显著增加的现象，称为材料屈服，故这一阶段称为屈服阶段（又称流幅）。屈服阶段的最高应力和最低应力（不包括首次下降时的最低应力，因为它受初始效应的影响）分别称为材料的屈服高限和屈服低限。屈服高限的数值与试件形状、加载速度等因素有关，一般是不稳定的。屈服低限则比较稳定，能够反映材料的基本特性。因此，通常将屈服低限称为材料的屈服极限，用 σ_s 表示。

经表面抛光处理的试样，在屈服阶段其表面上会出现一组较为明显的与试样轴线大致成 45°角的斜纹，如图 4.14（a）所示。这是由于试样在轴向拉伸时，在与杆轴成 45°角的斜截面方向产生了较大切应力（参见第 5 章、第 10 章），从而使钢材内部原子晶格沿该斜截面产生剪切位移，使试样形成一组剪切滑移面。因此，这些斜纹又称滑移线。

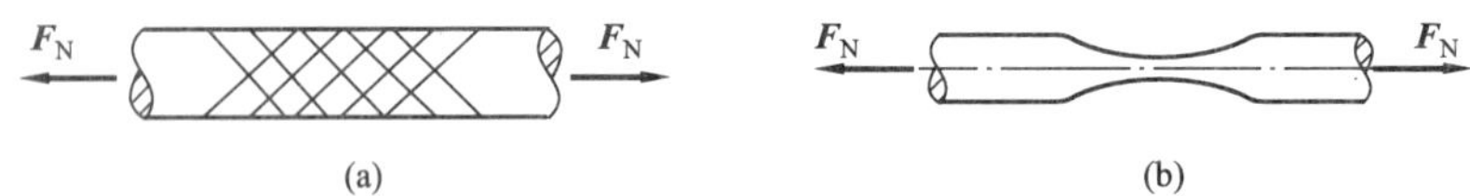

图 4.14

（3）强化阶段（c—d）。试样经过屈服阶段后，钢材内部原子晶格因剪切变形而重新排列，又具有了较强的抵抗剪切变形能力。这时，要使它继续伸长，必须施加拉力，直到曲线的顶点。这一阶段称为强化阶段。该阶段最高点的应力，是材料从受力开始到拉断为止全过程中所承受的最大应力，反映了材料抵抗破坏的能力，称为材料的强度极限，用 σ_b 表示。

在强化阶段，试样的变形主要是塑性变形且比前两阶段的变形大得多，还可以明显看到试样的横截面尺寸在缩小。

（4）局部变形阶段（d—e）。试样应力达到强度极限后，工作段的某一局部范围内横

截面会出现显著的收缩，形成“细颈”。这一现象称为颈缩现象［图 4.14（b)］。此过程中，拉力 F 或应力 σ 之值逐渐下降，变形 ΔL 或应变 ε 却不断增大。最后，试样在细颈部位被拉断，这说明 Q235 钢抗拉强度比抗剪强度高（因试样没沿斜截面剪坏)。这一阶段称为局部变形阶段，又称颈缩阶段。

钢构件在材料屈服后就不能再承受荷载。因此，工程中认为钢材屈服即导致钢构件“破坏”，抗拉设计强度值应由屈服极限 σ_s 确定而不能用强度极限 σ_b 来确定。由于这种屈服“破坏”发生时先期有大变形预兆，后期有一个延续过程，不是突然产生的，因此称为延性破坏或塑性破坏。

4.5.2　材料的塑性指标、卸载定律及钢材的冷加工特性

1. 材料塑性指标

材料拉伸试样被拉断后，可以让其断口密合对接起来测量出此时工作段的长度 L_u。L_u 肯定比原长度 L_0 要大。这是因为试样拉断后，弹性变形虽然消失了，但塑性变形却残留了下来。材料拉伸试样拉断后工作段的残余变形占原长的百分比，称为试样的断后伸长率，用 A 表示。即

$$A=\frac{L_u-L_0}{L_0}\times 100 \tag{4-9}$$

由于 L_u 的大小既与原始标距 L_0 大小有关，也与其横向尺寸大小有关，故伸长率 δ 也与试样原始标距 L_0 及其横向尺寸有关。若原始标距不为 $5.65\sqrt{S_0}$ 符号 A 应附以下脚注说明所使用的比例系数。例如，$A_{11.3}$ 表示原始标距 L_0 为 $11.3\sqrt{S_0}$ 的断后伸长率。对于非比例试样，符号 A 应附以下脚注说明所使用的原始标距，以毫米为单位，例如，$\delta_{80\,\text{mm}}$ 表示原始标距 L_0 为 80mm 的断后伸长率。

材料拉伸试样拉断后，断口的横截面积 S_u 肯定比原横截面积 S_0 小，因为横截面收缩了。材料拉伸试样拉断后断口最小横截面积的收缩值与原始横截面积之比的百分比率，称为试样的断面收缩率，用 Z 表示，即

$$Z=\frac{S_0-S_u}{S_0}\times 100 \tag{4-10}$$

Q235 结构钢伸长率为 $A=25\%\sim35\%$，而 $A_{11.3}=20\%\sim30\%$，其断面收缩率 $Z_{11.3}=60\%\sim70\%$。

伸长率 A 与断面收缩率 Z 都是材料塑性大小的表征，称为材料的塑性指标。工程上，常按材料的长试样断后伸长率 $A_{11.3}$ 把材料划分为两类：塑性材料（$A_{11.3}\geqslant5\%$的材料）和脆性材料（$A_{11.3}<5\%$的材料)。Q235 钢、低合金钢和铝等都是塑性材料，铸铁、砖石和混凝土等都是脆性材料。

2. 卸载定律

在 Q235 钢的拉伸试验中，如图 4.15 所示，如果在某一点（k_1 或 k_2）停止拉伸，并缓慢释放应力或说缓慢撤除拉力，则变形或应变将随之慢慢减小并在应力释放过程中应力与应变保持线性关系，且应力释放斜线（k_1k_1' 和 k_2O'）平行于 Oa，即斜率为弹性模量 E。在卸载过程中应力-应变呈正比且比例系数等于材料弹性模量的规律称为**卸载定律**。

完全卸载后，应力已释放完，应变中弹性部分（图 4.15 中 $O'k_2'$）消失了，塑性部分

(图 4.15 中 OO') 则残留下来。

3. Q235 钢的冷加工特性

在 Q235 钢拉伸试验时，如果拉伸到强化阶段的某一时刻 (图 4.15 中 k_2) 停止加载然后卸载至零 (如图中 $k_2 \to O'$实线所示)，然后立即再加荷载，则应力-应变线将沿卸载线上升回到卸载点 (如图中 $O' \to k_2$ 虚线所示)。若持续继续加载，则以后部分的应力-应变曲线与不卸载的一次性试验曲线完全吻合 (如图中 $k_2 \to d \to e$ 虚线所示)，直至拉断。第一次拉伸的卸载点 (k_2) 成为第二次拉伸的屈服点，同时也是新的比例极限点，二者已经重合。第二次拉伸的残余变形 ($O'e'$) 比一次性拉断试验的残余变形 (Oe') 小，说明第二次拉伸时，钢的比例极限、屈服极限都提高了，而塑性却降低了。这种现象称为变形硬化。屈服极限提高是该阶段被称为“强化”的理由。变形硬化经退火处理可消除之。

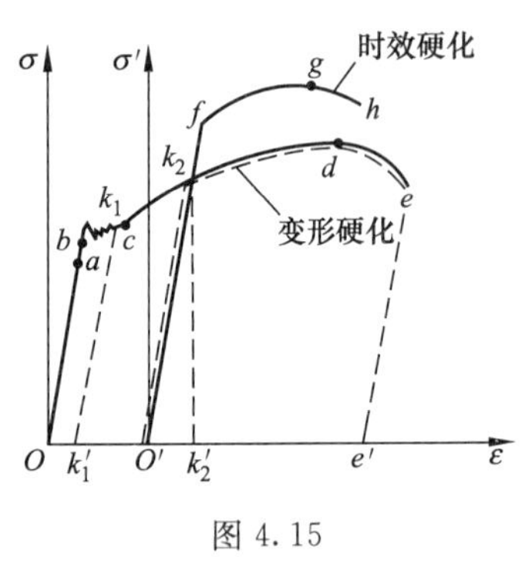

图 4.15

如果拉到强化阶的某一时刻卸载至零后不立即再拉，而是放置一段时间后再拉，则其比例极限、屈服极限还会进一步提高 (如图中 $O' \to k_2 \to f \to g \to h$ 实线所示)，塑性则进一步降低。这种现象称为时效硬化。时效硬化与卸载后放置进间长短有关，也可通过人工加热来加速时“效缩”短时间 (称为人工时效)。

利用时效硬化现象对钢筋、钢缆等进行冷拉加工，可以提高屈服极限从而增大承载力，但也使材料塑性降低而不利于抗震。机械工程中则经常利用变形硬化与时效硬化现象对一些钢零件表面进行处理 (比如喷丸处理)，使其形成冷硬层，以提高零件表面层的强度。当然利用硬化现象对钢材进行冷加工时，也会降低钢材塑性使之变脆，容易断裂，再加工困难等。这在工程中应予高度重视，以避免出现事故。

4.5.3 Q235 钢压缩时的力学性能

按照钢材压缩试验标准参见国家标准《金属材料室温压缩试验方法》GB/T 07314—2005，钢材压缩试验的标准试样应制成短圆柱形、方形或矩形。圆形试样直径 d 一般取 10mm，长度一般取 (2.5～3.5)d 即 25～35mm。Q235 钢压缩时的 σ-ε 曲线如图 4.16 中实线所示 (图中虚线为同种钢材拉伸时的 σ-ε 曲线)。

从图形特点看出，其变形过程可以分成三个阶段：弹性阶段 (O—a—b，其中 a 点应力为比例极限 σ'_p，b 点应力为弹性极限 σ'_e)、屈服阶段 (b—c，其首次下降之后的最低应力为屈服极限 σ'_s) 和强化阶段 (c—d)。从试验可知，进入强化阶段后，试样被压得越来越扁，横截面面积越来越大，抗压能力也不断提高。而计算应力时仍采用原来横截面面积，因而曲线呈向上无限延伸趋势。这说明 Q235 钢压缩时不存在强度极限。Q235

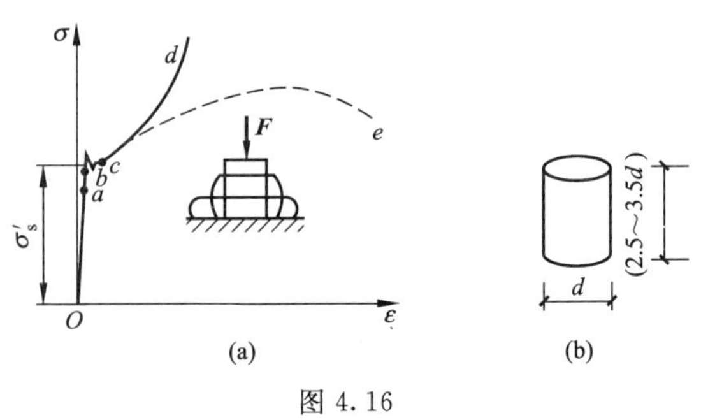

图 4.16

钢压缩时不存在颈缩现象，因此比拉伸时少了一个颈缩阶段。

Q235 钢压缩时的 σ-ε 曲线与拉伸时的 σ-ε 曲线在弹性阶段和屈服阶段相重合，说明 Q235 钢压缩时的弹性模量 E、比例极限 σ_p'（或弹性极限 σ_e'）及屈服极限 σ_s'等都与拉伸时相同。

$$\sigma_p'=\sigma_p,\qquad \sigma_e'=\sigma_e\qquad \sigma_s'=\sigma_s$$

因此，对 Q235 钢，无需做压缩试验，也能从拉伸试验结果了解到它在压缩时的力学性能。

同理，Q235 钢的设计抗压强度也由受压屈服极限 σ_s'确定。显然，在取相同可靠度时，Q235 钢的设计抗压强度等于设计抗拉强度。

4.5.4　铸铁在拉伸、压缩时的力学性能

铸铁拉伸、压缩试验的标准试样分别与 Q235 钢拉伸、压缩试验的标准试样相同。灰铸铁拉伸、压缩时的 σ-ε 曲线分别如图 4.17（a）、（b）所示。

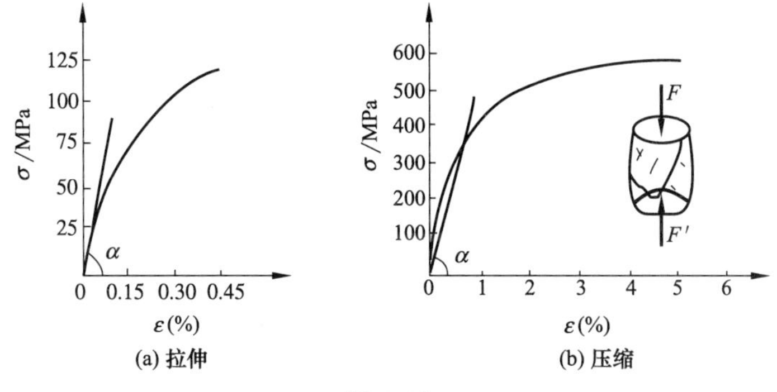

图 4.17

从图 4.17 中可以看出，灰口铸铁拉伸、压缩时的 σ-ε 曲线都没有明显的直线部分，也不能划分出变形阶段。不过，在应力较小的情况下，可近似地用切线或某一割线来代替曲线，从而应用胡克定律。当弹性模量取切线的斜率 $E=\tan\alpha$ 时，称为切线弹性模量。当弹性模量取割线的斜率 $E=\tan\alpha$ 时，称为割线弹性模量。

从图 4.17（a）知，铸铁受拉试样直到拉断时应力都很小，伸长率也很小（$\delta\approx0.45\%$）。因此，铸铁是脆性材料的代表。试验还表明，铸铁受拉直到拉断为止，其变形都基本上属弹性变形，残余变形很小。

从图 4.17（b）知，铸铁受压破坏时的应力和变形都比受拉破坏时的大得多，受压强度极限（640～1300MPa）比受拉强度极限（98～390MPa）高 4～5 倍，压缩极限变形（伸长率约 5%）比拉伸极限变形高 10 倍以上。因此，铸铁适宜作受压构件。试验还表明，铸铁受压破坏时沿与试样轴线成 45°～55°角的斜截面发生错断剪切破坏，这说明铸铁抗剪能力比抗压能力低。

灰铸铁这类脆性材料的拉伸、压缩破坏都是突然性的，事先没有预兆，这种破坏称为脆性破坏。其破坏的标志就是断裂，因此其设计抗拉、抗压强度值由强度极限值来确定。工程上应尽量避免结构发生脆性破坏，以减少生命与财产损失。

4.5.5　其他材料在拉伸、压缩时的力学性能

1. 几种其他常用塑性金属材料在拉伸时的力学性能

几种常用塑性金属材料在拉伸时的力学性能，其试验所得 σ-ε 曲线如图 4.18（a）、

(b) 所示。从图中可以看出，低合金钢在拉伸时的力学性能与钢的成分关系密切。例如，Q345 钢在拉伸时四个变形阶段很明显，且屈服极限、强度极限都比 Q235 钢高得多，只是屈服阶段稍短、伸长率略低。而锰钢则只有弹性阶段和强化阶段，没有屈服阶段与局部变形阶段。铝合金和退火球墨铸铁没有屈服阶段，其他三个阶段却很明显。

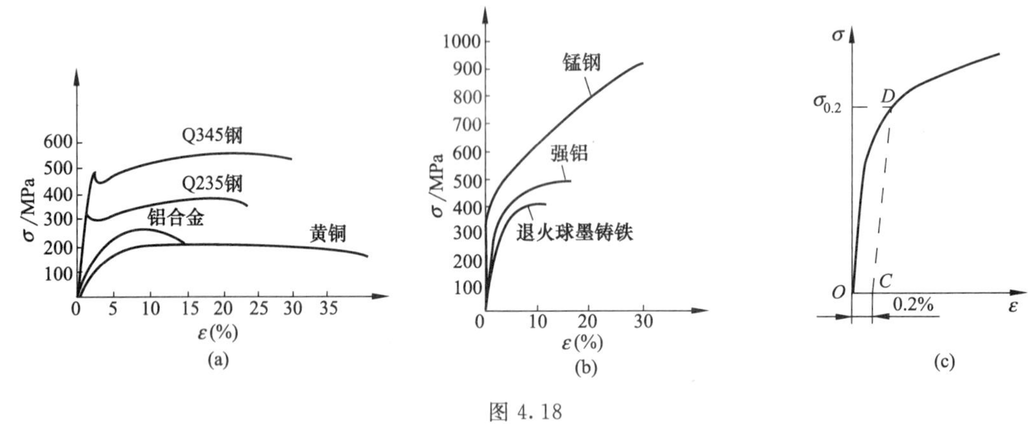

图 4.18

对于没有屈服阶段的塑性材料，通常取拉伸试验卸载后残余应变为 0.2%时的拉应力作为名义屈服极限，用 $\sigma_{0.2}$表示，即取 $\sigma_s=\sigma_{0.2}$，如图 4.18 (c) 所示。机械工程中还使用一种称规定为非比例伸长应力的强度指标，它是指试样工作段的非比例伸长达到原始工作段长度的某一规定的百分比时的应力。这里所谓非比例伸长是指外力与伸长不呈比例关系的伸长。

2. 混凝土在拉伸、压缩时的力学性能

混凝土是由水泥、石子和砂加水搅拌均匀后经水化作用凝结硬化而成的人工混合建筑材料。由于石子粒径比试样尺寸小得多，故可近似地看作匀质、各向同性的材料。

混凝土受压试验的标准试样有立方体试块 (150mm×150mm×150mm) 和棱柱体试块 (150mm×150mm×300mm) 两种，其相应 σ-ε 曲线分别如图 4.19 (a)、(b) 所示，测得的极限压应力分别称为立方体抗压强度和轴心抗压强度。混凝土的强度等级就是按立方体抗压强度来确定的。

混凝土受拉试验的标准试样为 100mm×100mm×500mm 的棱柱体，其 σ-ε 曲线如图 4.19 (c)所示，测得的极限拉应力称为轴心抗拉强度。

从混凝土在拉伸、压缩时的 σ-ε 曲线可以看出，在应力较小时 ($\sigma=30\%\sigma_b\sim50\%\sigma_b$)，可以认为 σ 与 ε 的关系接近斜直线。但应力较大时，σ-ε 曲线的弯曲就明显了。混凝土受压弹性模量取棱柱体受压时 σ-ε 曲线 [图 4.19 (b)] 的原点切线斜率，$E_c=\tan\alpha_0$，受拉弹性模量取 $E_t=E_c/2$。严格说来，混凝土从一开始受力就有塑性变形，并没有真正的"完全弹性"阶段。也就是说，真实混凝土不能作为弹性材料来对待。

比较图 4.19 (b) 与 (c) 可以看出，混凝土的抗压强度比抗拉强度高得多。通常，混凝土抗压强度为抗拉强度的 5～20 倍。

3. 砌体在受压时的力学性能

砌体是块材（砖、石或砌块）用砂浆粘结起来形成的一种人工建筑材料。标准砖

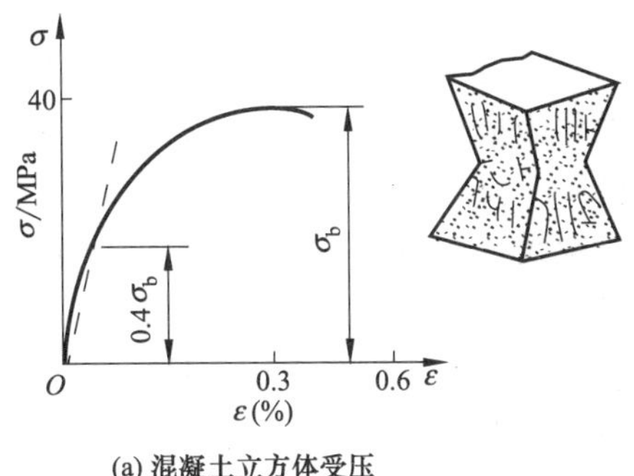

(a) 混凝土立方体受压

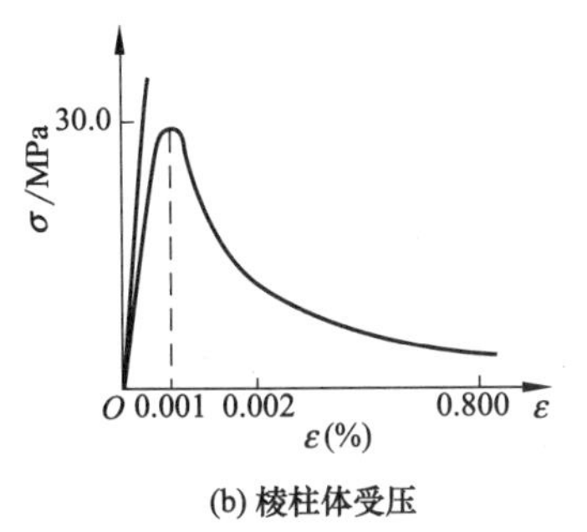

(b) 棱柱体受压

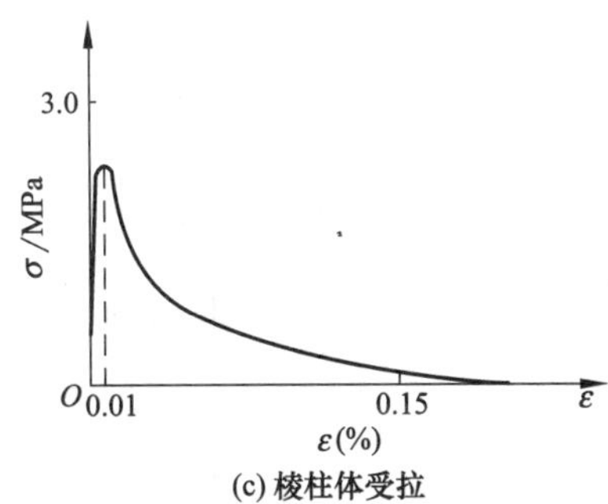

(c) 棱柱体受拉

图 4.19

(240mm×115mm×53mm) 砌体的标准受压试样为 240mm×370mm×720mm 的长方体[图 4.20 (a)]，其 σ-ε 曲线如图 4.20 (b) 所示。从图中看出，在应力较小时 σ-ε 关系接近直线，随着应力的增大，应变增加变快，曲线弯曲明显增加并逐渐平坦。试样破坏时的应力就是强度极限，极限应变约为 0.4%，是脆性材料。试验还表明，砌体的抗压强度比抗拉强度、抗剪强度都高，最宜于作受压构件。

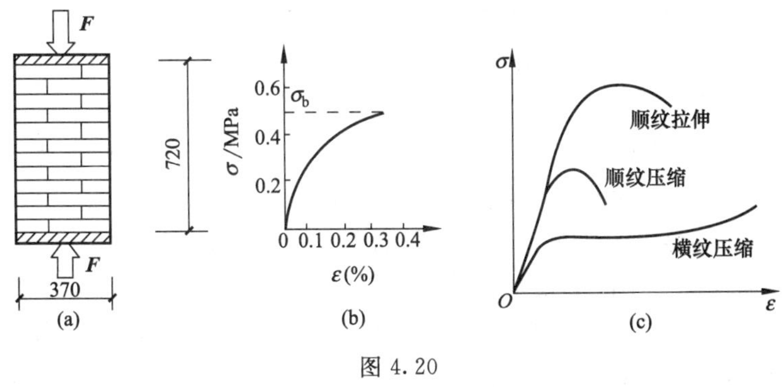

图 4.20

4. 木材在拉伸、压缩时的力学性能

木材是一种天然建筑材料。直观上，它由纵向纤维粘聚而成，有明显的纤维纹路。木材的力学性能与所施加的应力同木纹之间的夹角有很大关系。这说明木材是一种力学性能具有方向性的材料，这样的材料称为各向异性材料。

图 4.20 (c) 是松木拉伸、压缩时的 σ-ε 曲线。从图中可以看出，松木顺纹抗拉强度

比顺纹抗压强度高得多，横纹抗压强度则较低。横纹压缩时，其初始阶段 σ-ε 关系基本上呈线性关系，当应力超过比例极限后，曲线迅速变得平坦，试样产生很大的塑性变形。因此，工程上通常以其比例极限作为横纹抗压强度指标。试验还表明，木材横纹抗拉强度非常低，工程中应避免木构件横纹受拉。

值得指出的是，尽管木材顺纹抗拉强度很高，但因受木节等缺陷影响，其强度值波动较大。顺纹抗压强度虽低一些，但受木节等缺陷影响较小。因此，木材宜作顺纹受压构件。正因为此，工程上多用木材作柱、斜撑等承压构件。

常用材料的力学性能指标约值见表 4-1。

表 4-1　常用材料的力学性能指标约值

材料种类	型号或级别	弹性模量 E/GPa	泊松比 μ	屈服极限/MPa		强度极限 σ_b/MPa	断后伸长率/(%)		备　注
				σ_s	$\sigma_{0.2}$		A	$A_{11.3}$	
碳素结构钢	Q235	210	0.24～0.28	235	—	375～460	26	—	材料的 d 或 $t \leqslant 16$mm
优质中碳钢	45	205	—	350	—	600	16	—	
低合金钢	Q345	200	0.25～0.3	345	—	510～660	22	—	试样直径 d 或厚度 $t \leqslant 16$mm
铝合金	2A12	71	0.33	—	370	450	—	15	
灰口铸铁		60～162	0.23～0.27	—	—	98～390	—	<0.5	
混凝土	C20	25.5	0.16～0.18	—	—	13.5	—	—	
木材	红松	9～12	—	—	—	96	—	—	顺纹

4.5.6　材料的抗拉压强度

所谓材料强度，就是材料抵抗破坏的能力，通常用材料能承受的最大应力来表示，又称材料的许用应力或容许应力。如前所述，塑性材料的“破坏”是指屈服，脆性材料的“破坏”是指断裂。值得强调的是，塑性材料的屈服尽管不是真正意义上的破坏，但会导致构件过大变形而使结构不能继续承受荷载，所以也被称为是“破坏”。

用安全系数法确定材料的抗拉（压）强度值，就是将材料的拉（压）破坏应力 σ_u（即塑性材料的屈服极限 σ_s或脆性材料的强度极限 σ_b）除以一个大于 1 的系数 k，用 $[\sigma]$ 表示，即

$$[\sigma]=\sigma_u/k$$

由于 k 大于 1，所以除以 k 就意味着把材料能承受的最大应力值确定得比材料破坏时的应力低。这就是给材料预留一定的强度储备量，以确保使用时的安全度。所以 k 称为材料强度的安全系数。各种结构的安全系数由国家规范或相关部门的规程确定。

常用材料的许用应力约值见表 4-2。

表 4-2　常用材料的许用应力约值

材料名称	型　号	许用应力	
		轴向拉伸/MPa	轴向压缩/MPa
碳素结构钢(低碳钢)	Q235	170	170
低合金钢(16Mn)	Q345	230	230
灰口铸铁		34～54	160～200
混凝土	C20	1.10	9.6
	C30	1.43	14.3
红松(顺纹)		8.0	10

4.6　轴向拉压杆的强度条件及应用

4.6.1　轴向拉压杆的强度条件

杆件的强度条件就是保证杆件具有足够安全可靠度的条件。要保证轴向拉（压）杆具有足够的安全可靠度，全杆的最大工作应力 σ_{max}（即由荷载引起的杆件横截面最大正应力）不应超过杆件材料的抗拉（压）强度值 $[\sigma]$，即

$$\sigma_{max} \leqslant [\sigma] \tag{4-11}$$

这就是轴向拉压杆的强度条件表达式。

对于轴向拉压等直杆，如果全杆最大轴力为 $F_{N,max}$，则全杆的最大工作应力为 $\sigma_{max}=F_{N,max}/S$，故其强度条件可写为

$$\sigma_{max}=F_{N,max}/S \leqslant [\sigma] \tag{4-12}$$

计算时，轴力和应力都用绝对值，拉或压由直观确定。

4.6.2　轴向拉压杆强度条件的应用

轴向拉压杆的强度条件同以后将学习的其他强度条件一样，都有三类用途。

(1) 强度校核，即验算杆件是否满足强度条件。此时已知杆件的材料（从而知材料强度值 $[\sigma]$）、横截面形状与尺寸（从而知横截面面积 S）和荷载（从而知轴力 F_N），验算式 (4-11) 或式 (4-12) 是否成立。

(2) 杆件截面设计，即确定杆件横截面尺寸。此时已知杆件的材料（从而知材料强度值 $[\sigma]$）、荷载（从而知轴力 F_N）并选定了杆件横截面形状，确定横截面尺寸。

对等直杆，由式 (4-12) 可得

$$S \geqslant F_{N,max}/[\sigma]$$

上式右端 $F_{N,max}/[\sigma]$ 其实就是所需的横截面最小面积 S_{min}，即

$$S_{min}=F_{N,max}/[\sigma] \tag{4-13}$$

已知了杆件横截面形状，即根据计算出的 S_{min} 值可反算出横截面最小尺寸，方形截面杆的最小边长 $a_{min}=\sqrt{S_{min}}$，圆形截面杆的最小直径 $d_{min}=\sqrt{4S_{min}/\pi}$。最后结合实际工程要求

即可确定杆件横截面设计尺寸。

(3) 许可荷载计算，即确定结构能承受的荷载值。此时已知杆件的材料（从而知材料强度值 $[\sigma]$）、横截面形状与尺寸（从而知横截面面积 S），可求出杆件能承受的轴力上限值，称为杆件的容许轴力，用 $[F_N]$ 表示。

对等直杆，由式 (4-12) 可得

$$F_{N,max} \leqslant [\sigma]S$$

值 $[\sigma]S$ 就是其能承受的轴力上限值，用 $[F_N]$ 表示，即

$$F_{N,max} \leqslant [F_N] = [\sigma]S \tag{4-14}$$

然后根据杆件轴力与结构荷载的关系，即可求出结构的许可荷载 $[F]$ 之值。

强度条件的上述三类应用，统称为杆件的强度计算。

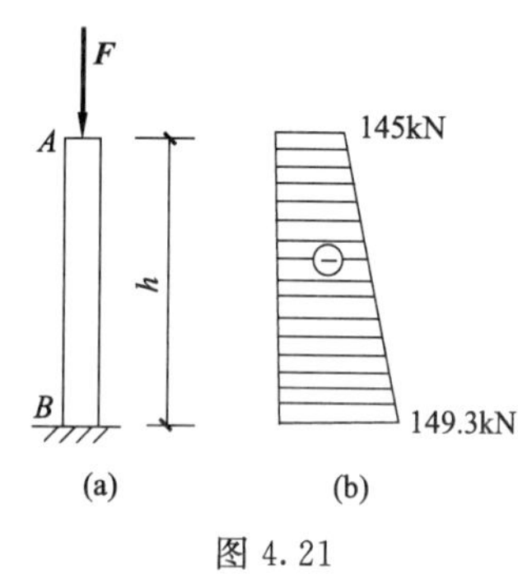

图 4.21

【例 4.6】 某正方形截面砖柱，横截面边长为 490mm，柱高 $h=1$m，柱顶承受轴向压力 $F=145$kN [图 4.21 (a)]。已知砖砌体重力密度 $\gamma=18\text{kN/m}^3$，其抗压强度 $[\sigma_c]=1.5$MPa。试验算该柱的强度。

解 由于考虑自重作用，砖柱轴力不是均匀分布，而是上小下大。$F_{NA}=-145$kN，$F_{NB}=-(F+\gamma Ah)=-(145+18\times0.49^2\times1)\text{kN}=-149.3$kN。作出柱的轴力图如图 4.21 (b) 所示。显然，柱的绝对最大压力位于柱底：$F_{N,max}=149.3$kN。柱为等直杆，故绝对最大压应力也在柱底，为

$$\sigma_{max}=F_{N,max}/S=149.3\times10^3\text{N}/(490\times490)\text{mm}^2=0.622\text{MPa}<[\sigma_c]$$

该柱强度满足要求。

【例 4.7】 图 4.22 (a) 为简易走道的结构示意图。若拉杆 BC：(1) 用圆木，木材红松的许用拉应力为 $[\sigma]=8$MPa，试确定圆木的直径；(2) 用角钢，钢材的许用应力为 $[\sigma]=215$MPa，试选择角钢型号。

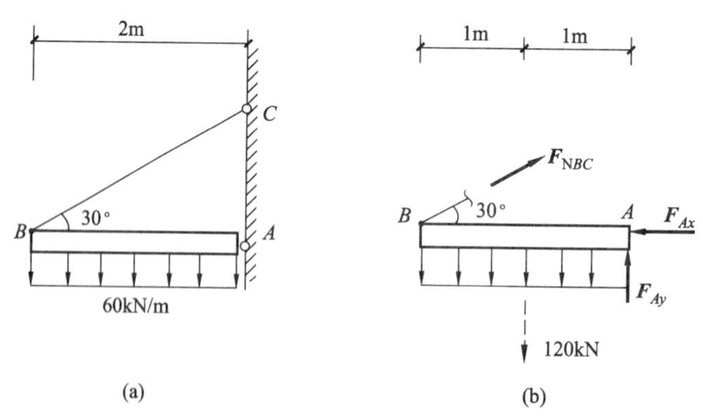

图 4.22

解 (1) 求 BC 杆的轴力。从图中可知，BC 杆是二力杆。因此，可拆开铰 A，切断杆 BC，取 AB 分析，受力图如图 4.22 (b) 所示。

由 AB 平衡得 $\sum M_A=0$

$$-F_{NBC}\sin30°\times2+(60\times2)\times1=0$$

解得 $F_{NBC}=120kN$。

（2）若拉杆 BC 用圆木杆，求所需直径。

因 $F_{NBC}=12kN$，$[\sigma]=11MPa$，故由式（4-13）得

$$S_{min}=F_{NBC}/[\sigma]=(120\times10^3/8)mm^2=15000mm^2$$

于是，最小直径为

$$d_{min}=\sqrt{4S_{min}/\pi}=\sqrt{4\times15000/\pi}\ mm=138.2mm$$

考虑到加工实际和建筑模数要求，取设计直径 $d=140mm$。

（3）若拉杆 BC 用角钢，选择角钢型号。

同理，将 $F_{NBC}=120kN$，$[\sigma]=215MPa$ 代入式（4-13）得

$$S_{min}=F_{NBC}/[\sigma]=(120\times10^3/215)mm^2=558.1mm^2$$

查附录 A 知，可选∟ 50×6，因 $S_{选}=568.8mm^2>S_{min}=558.1mm^2$ 且两者相差（568.8－558.1)/558.1＝1.9％＜5％，说明经济合理不浪费。

设计时，所选面积也可比计算出来的最小面积 S_{min} 略小，只要相差不超过 5％，工程上也认为满足强度要求。

【例 4.8】 试计算图 4.23（a）所示结构能承受的许可荷载［F］。已知 AB 杆为 $\phi6$ 的圆钢，其材料强度［σ_1］＝215MPa。AC 杆为木杆，横截面面积为 288.7mm²，其材料强度［σ_2］＝12MPa。

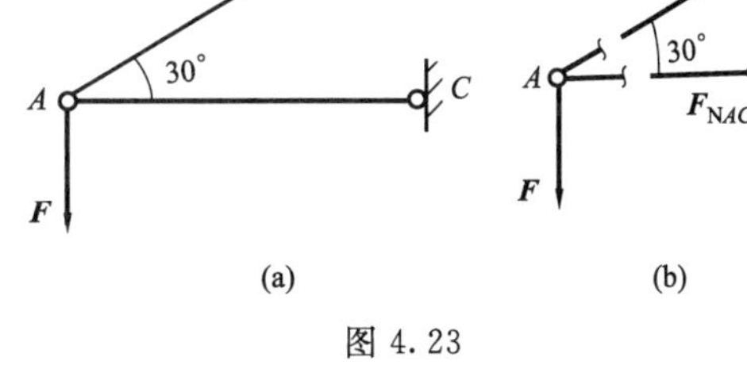

图 4.23

解　（1）求各杆的容许轴力。

AB 杆：横截面积 $S_1=\pi d^2/4=28.3mm^2$，故由式（4-14）知，容许轴力

$[F_{NAB}]=[\sigma_1]S_1=(215\times28.3)N=6084.5N$

AC 杆：横截面积 $S_2=288.7mm^2$，容许轴力

$$[F_{NAC}]=[\sigma_2]S_2=12\times288.7N=3464.4N$$

（2）求轴力与荷载的关系式。

AB、AC 杆都是链杆，故可切断 AB、AC 杆，取铰 A 分析，画出受力图如图 4.23（b）所示。注意，未知轴力都设为拉力，荷载作为已知量。由平衡得

$$\Sigma F_x=0 \qquad F_{NAB}\cos30+F_{NAC}=0$$

$$\Sigma F_y=0 \qquad F_{NAB}\sin30-F=0$$

解得：$F_{NAB}=2F$，$F_{NAC}=-\sqrt{3}F$（负号表示受压，在强度计算时取绝对值计算即可）

（3）求结构的许可荷载。

由式（4-14）$F_{N,max}\leqslant[F_N]$ 得

$$F_{NAB}=2F\leqslant[F_{NAB}]=6084.5 \qquad (a)$$

$$F_{NAC}=\sqrt{3}F\leqslant[F_{NAC}]=3464.4 \qquad (b)$$

解方程（a）得 $F\leqslant3042.25N$。解方程（b）得 $F\leqslant2000.17N$。结构的许可荷载应为二者中较小者，故取

$$[F]=2000\text{N}=2\text{kN}$$

本 章 提 要

本章主要学习了变形固体及其变形概念、杆件及其四种基本变形概念，讨论了轴向拉压杆，包括轴向拉压杆的轴力计算、轴力图绘制、横截面上的应力、胡克定律及其杆的变形计算、材料的拉伸与压缩力学性能、轴向拉压杆的强度条件及其三种应用。同时，还介绍了应力集中的概念。

1. 胡克定律两种形式：轴力-变形形式是 $\Delta L=\dfrac{F_N L}{ES}$，应力-应变形式是 $\sigma=E\varepsilon$。

2. 塑性材料的典型代表Q235钢的拉伸变形有四个阶段：弹性阶段、屈服阶段、强化阶段和局部变形阶段（颈缩阶段），其力学性能有比例极限 σ_p、弹性极限 σ_e、屈服极限 σ_s 和强度极限 σ_b；Q235钢的压缩变形只有三个阶段：弹性阶段、屈服阶段、强化阶段，其力学性能有比例极限 σ_p、弹性极限 σ_e、屈服极限 σ_s。Q235钢拉、压力学性能值相同。

3. 脆性材料的典型代表铸铁在拉伸、压缩时的 σ-ε 曲线都没有明显的直线部分，也不存在变形阶段。但在应力较小的情况下，可近似地用切线或某一割线来代替应力-应变曲线，当“弹性模量”取切线斜率时，称为切线弹性模量；取割线斜率时，称为割线弹性模量。

4. 试样断后伸长率 $A=\dfrac{L_u-L_o}{L_o}\times100$，试样的断面收缩率 $Z=\dfrac{S_o-S_u}{S_o}\times100$。

5. 卸载定律：在卸载过程中应力-应变呈正比且比例系数等于材料弹性模量。

6. 轴向拉压等直杆强度条件为 $\sigma_{max}=F_{N,max}/S\leqslant[\sigma]$，有三种用途：强度校核、截面设计和许可荷载计算，统称为拉压杆的强度计算。

思 考 题

4-1 什么是应力？什么是平均应力？什么是点的应力？应力是荷载吗？建筑物的基础对地基的压力也用单位面积上力的大小表示，它是应力吗？

4-2 试以杆的“纵向纤维和横截面”模型说明等直杆受轴向拉、压力时有什么变形特征。

4-3 轴向拉压杆横截面上的应力是怎样分布的（从大小和方向两方面谈）？为什么会这样分布？

4-4 轴向拉压杆横截面上的应力计算公式是怎样的？各字母表示什么？

4-5 什么是应力集中现象？工程上如何避免应力集中？读者能举例说明生活或工程中可利用应力集中现象吗？

4-6 轴向拉压杆有哪些变形？如何度量这些变形？

4-7 什么是线应变？它用来表示什么？

4-8 已知Q235钢的比例极限 $\sigma_p=200\text{MPa}$，弹性模量 $E=200\text{GPa}$。若试验时测得试样应变 $\varepsilon=0.0015$，是否说明此时试样横截面上正应力可以如此计算 $\sigma=E\varepsilon=200\times10^3\times0.0015=300\text{MPa}$？为什么？

4-9　因为 A 种材料的弹性模量 E 比 B 种材料的大，所以 A 种材料弹性更大、变形更容易、更软。这种说法对吗？

4-10　大致画出 Q235 钢拉伸与压缩时的应力-应变图，并划分出变形阶段、标出有关特征应力（即各种“极限”）值。

4-11　伸长率是应变吗？

4-12　什么是变形硬化？什么是时效硬化？它们在工程上有什么实用价值？

4-13　铸铁拉伸或压缩时都不会出现“应力-应变成正比”这一状态，为什么还要给它定义弹性模量？其弹性模量是如何定义的？

4-14　有的塑性材料拉伸或压缩时没有屈服阶段，是否说明它不屈服？为什么给它定义一个名义屈服极限 $\sigma_{0.2}$？

4-15　某三种材料受拉试验的曲线如图 4.24 所示。试问哪一种材料强度最高，哪一种材料塑性最好，哪一种材料变形最容易？

4-16　结构只要满足了强度条件就一定安全吗？不满足时一定会破坏吗？

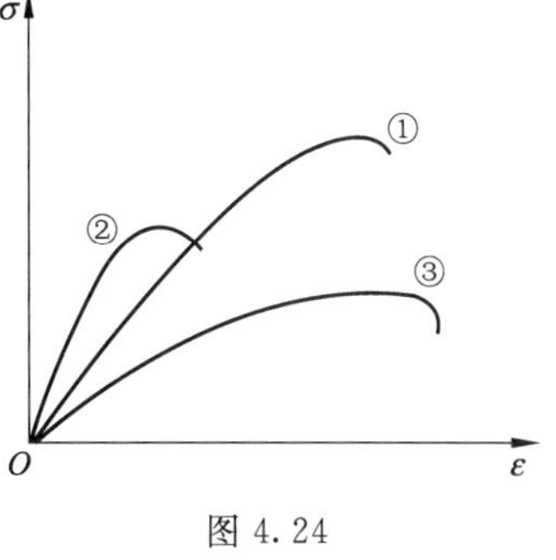

图 4.24

习　　题

4-1　计算图 4.25 所示的轴向受力杆件各杆段横截面上的正应力，并确定杆件的绝对最大、最小应力值和位置。

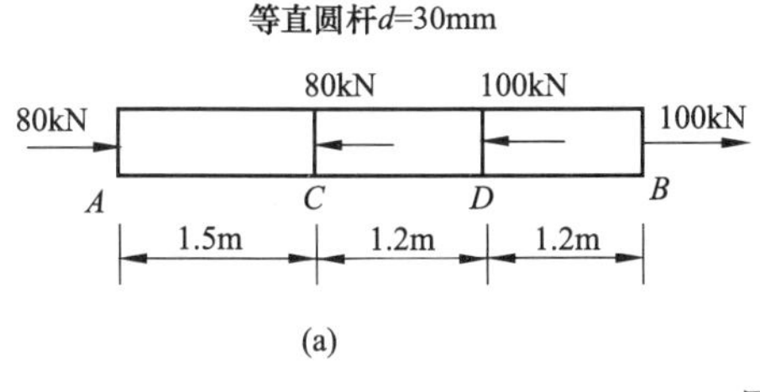

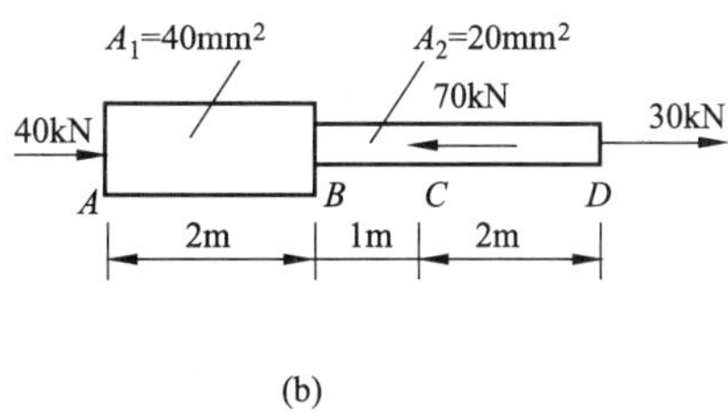

图 4.25

4-2　圆截面拉杆如图 4.26 所示，中部开有槽。已知 $F=15\text{kN}$，圆杆直径 $d=20\text{mm}$，求横截面 1—1 和 2—2 上的应力（槽的横截面面积也可近似按长 d，宽 $d/5$ 的矩形计算）。

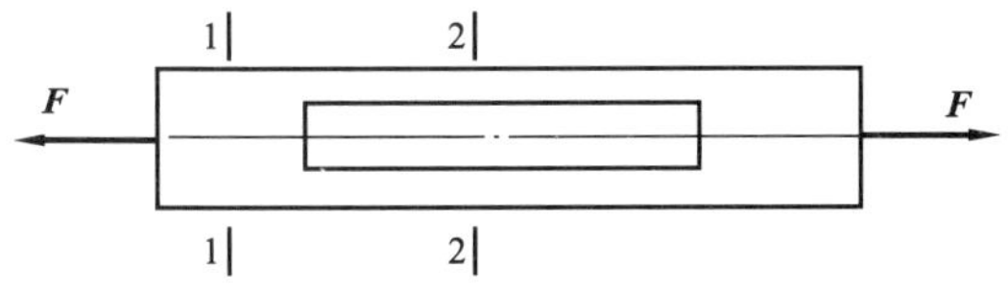

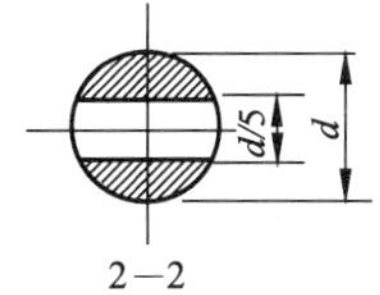

图 4.26

4-3　拉伸试验时，Q235 钢试样直径 $d=10\text{mm}$，在标距 $L_o=100\text{mm}$ 内的伸长 $\Delta L=0.06\text{mm}$。已知 Q235 钢的比例极限 $\sigma_p=200\text{MPa}$，弹性模量 $E=200\text{GPa}$，问此时试样的应力是多少？所受的拉力是多大？

4-4　某拉伸试样如图 4.27 所示，工作段横截面矩形 $b=29.8\text{mm}$，$h=4.1\text{mm}$。拉伸试

验时，拉力 F 每增加 3kN，测得轴向应变 $\Delta\varepsilon$ 增加 1.2×10^{-4}，横向应变 $\Delta\varepsilon'$ 增加 -3.8×10^{-5}。求材料的弹性模量 E 及泊松比 μ。

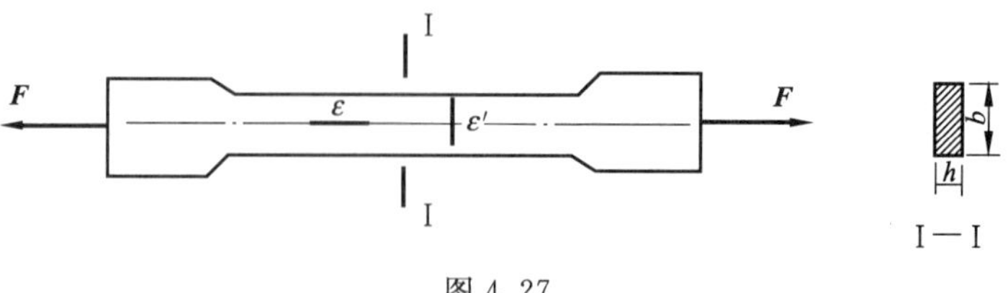

图 4.27

4-5　桁架受力如图 4.28 所示，各杆都是由两根等边角钢∟ 80×7 组成的 T 形截面杆。试计算 AE 和 CD 二杆横截面的正应力。

4-6　图 4.29 所示支架，杆 AB 为直径 $d=16\text{mm}$ 的光圆钢筋，许用应力 $[\sigma]_{AB}=140\text{MPa}$；杆 BC 为边长 $a=100\text{mm}$ 的方形截面木杆，许用应力 $[\sigma]_{BC}=4.5\text{MPa}$。已知结点 B 处挂一重物 $W=36\text{kN}$，试校核两杆的强度。

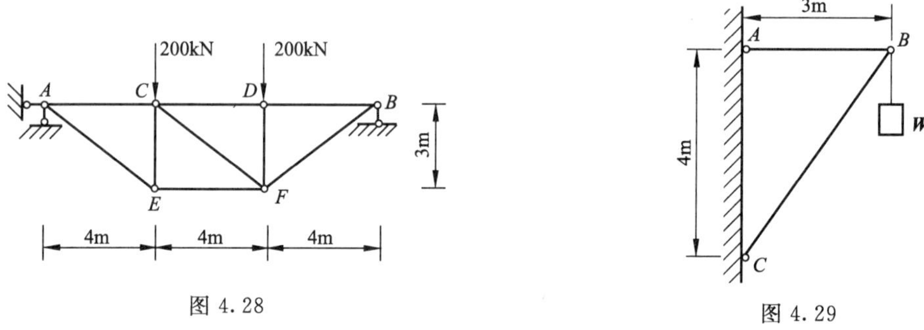

图 4.28　　　　图 4.29

4-7　图 4.30 所示的结构中 AC、BD 两杆材料相同，许用应力 $[\sigma]=160\text{MPa}$，弹性模量 $E=200\text{GPa}$，荷载 $F=80\text{kN}$，试求两杆所需的横截面面积，并计算各自伸长量。

4-8　图 4.31 所示为简易悬臂吊车，跑车可在 AB 梁上移动，最远可移到距 A 铰 0.2m 处。钢拉杆 AC 的截面为圆形，直径 $d=20\text{mm}$，许用应力 $[\sigma]=170\text{MPa}$。求起重荷载的大小。

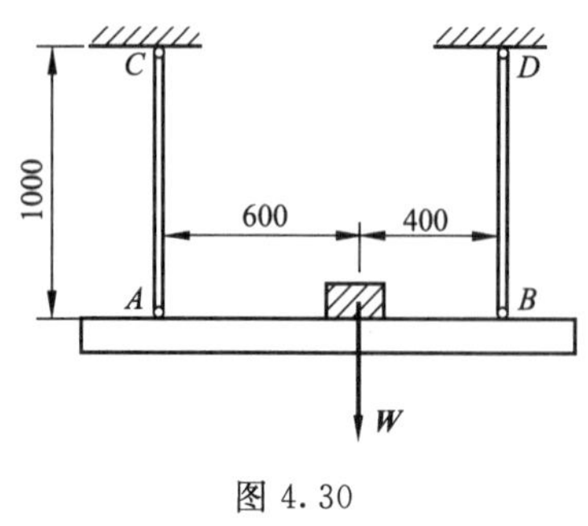

图 4.30

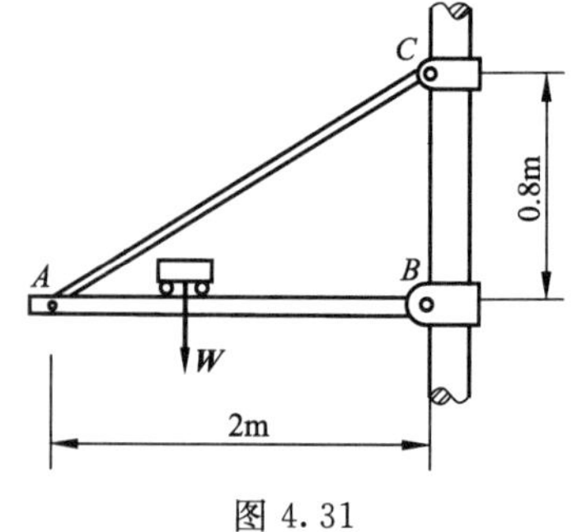

图 4.31

第 5 章　剪切与扭转计算

【教学目标】

要求学生理解剪切变形的受力特点、挤压变形的概念；掌握运用剪切与挤压的实用计算方法校核连接件的强度；掌握圆截面杆扭转时扭矩的计算、横截面上应力的计算及强度计算，了解圆截面杆扭转时的变形计算及刚度条件的应用。

【教学要求】

知识要点	能力要求	相关知识
剪切和挤压的概念	(1)理解剪切变形的受力特点 (2)理解挤压变形的概念	剪切变形、挤压变形
剪切和挤压的实用计算	掌握用剪切与挤压的实用计算方法校核连接件的强度	剪切与挤压的实用计算方法
圆轴扭转时的内力和扭矩图	(1)理解扭转变形的受力特点和变形特点 (2)掌握扭矩的计算和扭矩图的绘制	截面法求内力
圆轴扭转时横截面上的应力	(1)明确圆轴扭转时横截面上应力的分布规律、扭转角和单位扭转角的概念 (2)掌握圆轴扭转时横截面上的应力计算公式 (3)掌握实心圆截面和空心圆截面极惯性矩和抗扭截面系数的计算公式	胡克定律、截面的几何性质
圆轴扭转时的强度计算和刚度计算	(1)理解圆轴扭转强度条件和刚度条件 (2)掌握圆轴扭转强度计算和刚度计算	圆轴扭转的应力计算和扭转角的计算

5.1　剪切与挤压的概念

杆件相互连接时，必须要有起连接作用的零件，简称为连接件，图 5.1 (a) 所示铆钉连接中的铆钉和图 5.1 (b) 所示螺栓连接中的螺栓，它们都是起连接作用的。

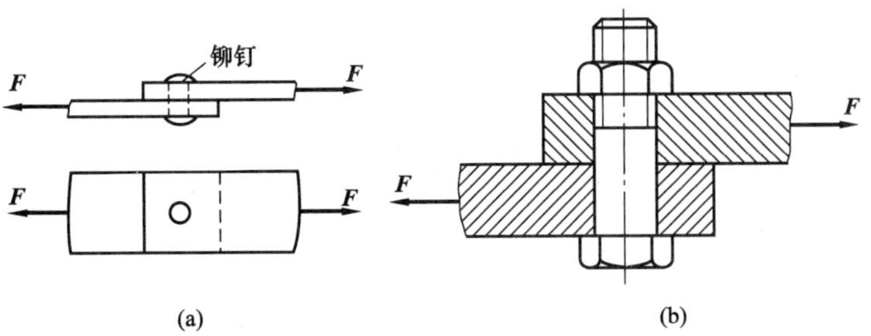

图 5.1

连接件在受力后的主要变形形式是剪切（见 4.1 节），其受力特点和变形特点可以用图 5.2（a）剪断钢筋的示意图来说明：作用在钢筋两侧面上的外力 **F** 大小相等、方向相反、作用线互相平行且相距很近，介于两作用力之间的各截面沿着与力 **F** 作用线平行的方向发生相对错动，如图 5.2（b）中虚线所示，发生相对错动的截面称为剪切面。

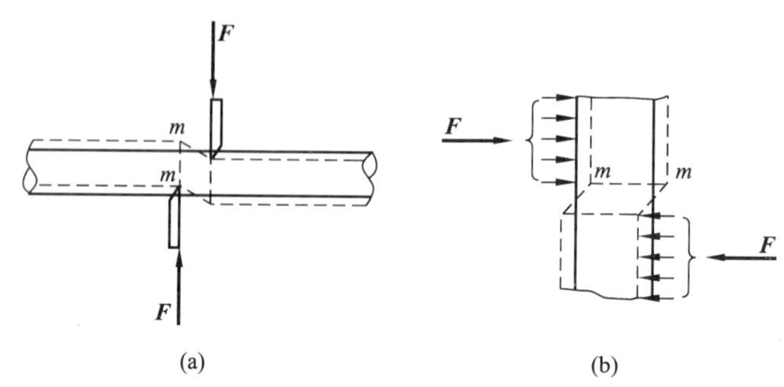

图 5.2

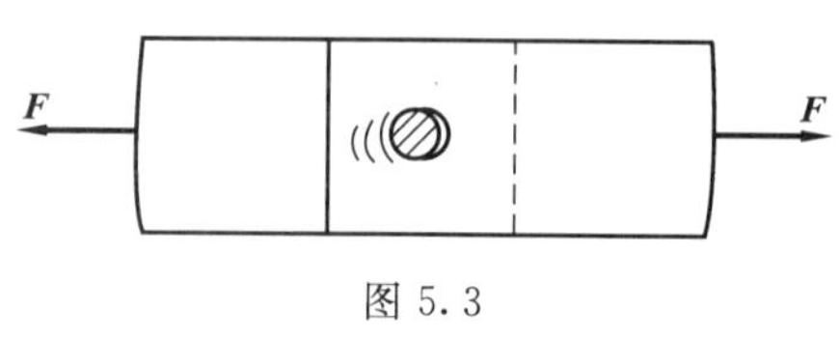

图 5.3

构件在受剪切的同时，在两构件的接触上，由于相互压紧会产生局部受压，称为挤压。图 5.3所示的铆钉连接中，作用在钢板上的拉力 **F**，通过钢板与铆钉的接触面传递给铆钉，接触面上就产生了挤压。两构件的接触面称为挤压面，作用于接触面上的压力称为挤压力，挤压面上的压应力称为挤压应力，当挤压力过大时，孔壁边缘将受压起“皱”，铆钉局部被压“扁”，使圆孔变成椭圆，连接松动，这就是挤压破坏。因此连接部件除要进行剪切强度计算外，还需要进行挤压强度计算。

5.2 剪切和挤压的实用强度计算

5.2.1 剪切的实用强度计算

以螺栓连接以例，介绍剪切强度的计算方法。要对构件进行剪切强度计算，应先计算剪切面上的内力。假想将螺栓沿其剪切面 m—m 截开为上下两部分，任取其中一部分作为研究对象，如图 5.4（c）所示。根据平衡条件，在剪切面上必然有与外力 **F** 大小相等、方向相反的内力存在，这种内力称为剪力，用 F_Q表示，即 $F_Q=F$。

剪力是剪切面上分布内力的合力，剪切面上分布内力的集度用 τ 表示，称为切应力。切应力在剪切面上的分布情况十分复杂，工程上通常采用建立在试验基础上的实用计算方法来计算切应力，即假定剪切面上的切应力均匀分布，因此

$$\tau=\frac{F_Q}{A} \tag{5-1}$$

式中：A——剪切面面积；

F_Q——剪切面上的剪力。

为了保证构件在工作时不发生剪切破坏，必须要求构件的工作切应力不得超过材料的

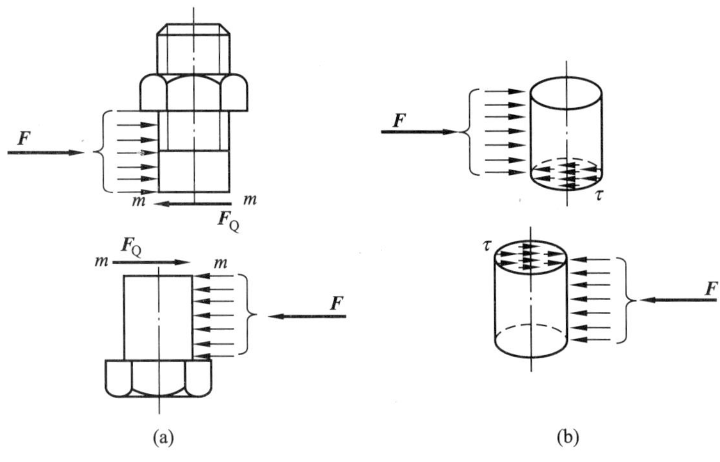

图 5.4

许用切应力 [τ]，由此可得剪切强度条件为

$$\tau=\frac{F_Q}{A}\leqslant[\tau] \tag{5-2}$$

许用切应力 [τ] 由剪切试验测定。各种材料的许用切应力可在有关手册中查得。

5.2.2　挤压的实用强度计算

在挤压面上有挤压力，由挤压力引起的应力称为挤压应力，用 σ_c 表示。挤压应力在挤压面上的分布也十分复杂，如图 5.5（a）所示，工程上同样采用实用计算法，即假定在挤压面上的挤压应力均匀分布，因此

$$\sigma_c=\frac{F_c}{A_c} \tag{5-3}$$

式中：F_c——挤压面上的挤压力；

A_c——挤压面的计算面积。

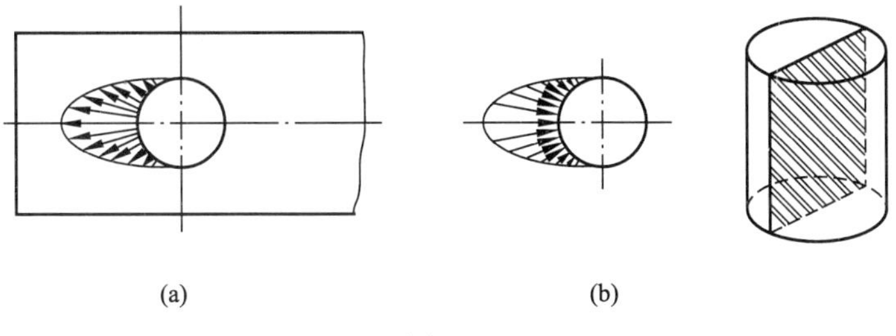

图 5.5

当接触面为平面时，接触面的面积就是挤压计算面积；当接触面为半圆柱面时，则取圆柱体的直径平面作为计算挤压面面积，如图 5.5（b）所示。这样计算所得的挤压应力和实际最大挤压应力值非常接近。由此可建立挤压强度条件为

$$\sigma_c=\frac{F_c}{A_c}\leqslant[\sigma_c] \tag{5-4}$$

$[\sigma_c]$ 为材料的许用挤压应力，由试验测得。工程中常用材料的许用挤压应力可从有关手册或规范中查得。由于挤压时只在局部范围内引起塑性变形，周围没有发生塑性变形

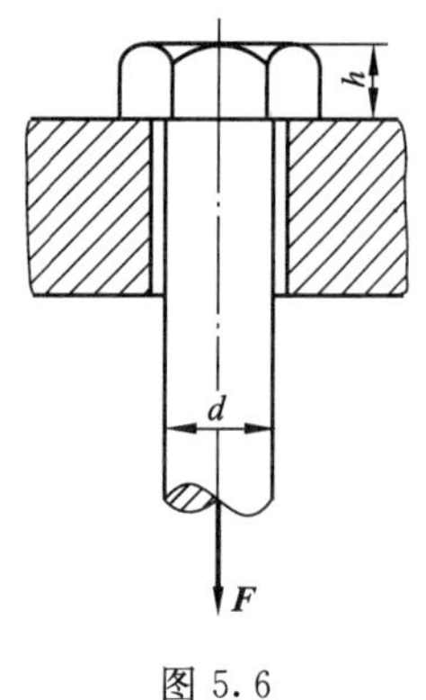

图 5.6

的材料将会阻止变形的扩展，从而提高了抵抗挤压的能力，因此，许用挤压应力 $[\sigma_c]$ 比许用压应力 $[\sigma]$ 高，为 1.7～2.0 倍。

【例 5.1】 图 5.6 所示螺栓在拉力 F 作用下，已知材料的许用切应力 $[\tau]$ 和拉伸的许用应力 $[\sigma]$ 之间关系约为 $[\tau]=0.6[\sigma]$。试求螺栓直径 d 和螺栓头部高度 h 的合理比值。

解 当螺栓的工作拉应力达到许用拉应力时，螺栓头部的工作切应力恰好达到许用切应力，这种螺栓的螺栓直径 d 和螺栓头部高度 h 的比值即为合理比值。

由拉伸强度条件得

$$\sigma=\frac{F}{A_1}=\frac{F}{\pi d^2/4}=\frac{4F}{\pi d^2}=[\sigma]$$

由剪切强度条件得

$$\tau=\frac{F_Q}{A}=\frac{F}{\pi dh}=[\tau]=0.6[\sigma]$$

故

$$\frac{\tau}{\sigma}=\frac{F/\pi dh}{4F/\pi d^2}=\frac{d}{4h}=0.6$$

因此，螺栓直径 d 和螺栓头部高度 h 的合理比值为

$$\frac{d}{h}=2.4$$

【例 5.2】 图 5.7 所示为一铆钉接头，板厚 $t=10\text{mm}$，板宽 $b=100\text{mm}$，铆钉直径 $d=16\text{mm}$，许用切应力 $[\tau]=100\text{MPa}$，许用挤压应力 $[\sigma_c]=320\text{MPa}$，板的许用拉应力 $[\sigma]=170\text{MPa}$。试计算板的许可荷载。

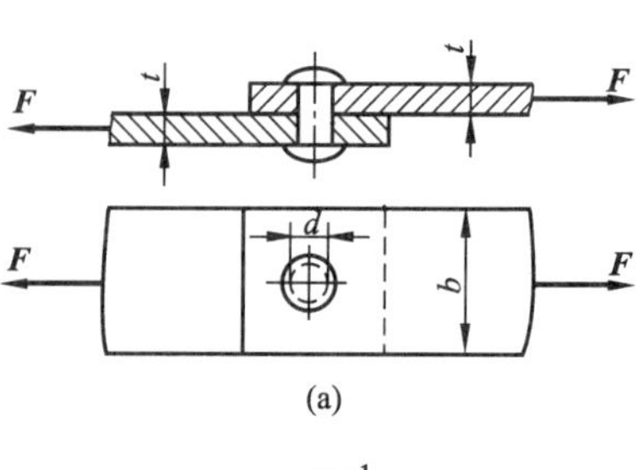

(a)

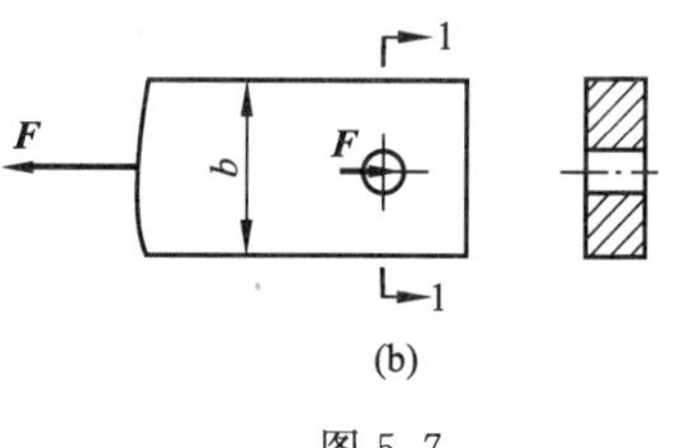

(b)

图 5.7

解 （1）考虑铆钉的剪切强度。剪切面上的剪力为

$$F_Q=F$$

由式（5-2）得

$$\tau=\frac{F_Q}{A}=\frac{F}{\pi d^2/4}\leqslant[\tau]$$

因此，满足剪切强度条件的许可荷载为

$$[F_1]=\frac{\pi d^2[\tau]}{4}=\frac{3.14\times16^2\times100}{4}\text{N}=20.1\text{kN}$$

（2）考虑挤压强度。铆钉与孔壁的挤压力为

$$F_c=F$$

由式（5-4）得

$$\sigma_c=\frac{F_c}{A_c}=\frac{F}{dt}\leqslant[\sigma_c]$$

因此，满足挤压强度的许可荷载为

$$[F_2]=dt[\sigma_c]=16\times10\times320\text{N}=51.2\text{kN}$$

(3) 考虑板的抗拉强度。截面 1—1 上的轴力为

$$F_N = F$$

由拉伸强度条件得

$$\sigma = \frac{F_N}{A_{1-1}} = \frac{F}{(b-d)t} \leqslant [\sigma]$$

因此，满足抗拉强度条件的许可荷载为

$$[F_3] = (b-d)t[\sigma] = (100-16) \times 10 \times 170\text{N} = 142.8\text{kN}$$

综合考虑上述三方面，该铆钉接头的许可荷载为

$$[F] = [F_1] = 20.1\text{kN}$$

5.3 扭转圆轴的内力与扭矩图

5.3.1 扭转变形实例

在工程中，会发现很多承受扭转变形的杆件。在垂直于杆件轴线的两个平面内，作用一对大小相等、转向向相反的力偶时，杆件就会产生扭转变形。

扭转杆件的受力特点是：在杆件两端受到两个作用面垂直于杆轴线的力偶的作用，两力偶大小相等、转向相反。其变形特点是：杆件任意两个横截面都绕杆轴线作相对转动，两横截面之间的相对角位移称为扭转角，用 φ 表示。图 5.8 所示是受扭杆的计算简图，其中 φ 表示截面 B 相对于截面 A 的扭转角。

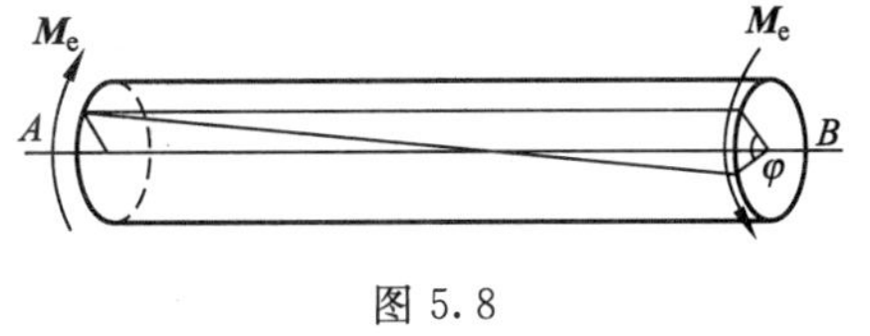

图 5.8

机械的传动轴，汽车方向盘中的操纵杆就产生扭转变形。房屋中的雨篷梁在受力后除发生弯曲变形外，也会发生扭转变形。工程中常把这些以扭转为主要变形的构件称为轴。

5.3.2 外力偶矩的计算

在工程计算中，作用在轴上的外力偶矩通常不是直接给出的，而是给出轴所传递的功率 P(kW) 和转速 n(r/min)，因此圆轴所受的外力偶矩就需要根据转速和功率由相应的公式计算得出，即

$$M_e = 9549\frac{P}{n} \tag{5-5}$$

式中：M_e——轴上某处的外力偶矩，N·m；

P——轴上某处输入或输出的功率，kW；

n——轴的转速，r/min。

5.3.3 扭矩和扭矩图

确定了作用于轴上的外力偶矩后，就可以用截面法求轴上任意截面的内力。如图 5.9(a) 所示一圆截面轴，在两端垂直于轴线的平面内作用有大小相等转向相反的外力偶，轴

处于平衡状态。现分析轴上 $m—m$ 截面上的内力。

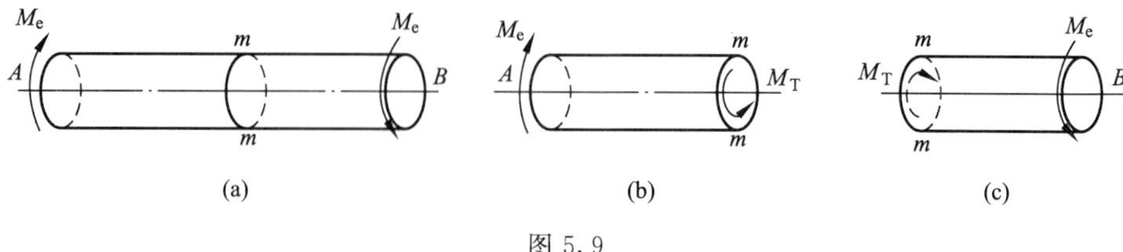

图 5.9

采用截面法，假想用截面将轴从 $m—m$ 处截开，取左段为研究对象，如图 5.9（b）所示。由于轴左边有外力偶 M_e的作用，为保持轴的平衡状态，在 $m—m$ 截面上必定存在一个内力偶矩，它是截面上分布内力的合力偶矩，称为轴的扭矩，用 M_T表示。根据平衡条件

$$\sum M=0 \quad M_T-M_e=0$$

$$M_T=M_e$$

若取右段为研究对象，如图 5.9（c）所示，也可得出 $M_T=M_e$的结果，只是扭矩 M_T的转向与由左段得出的转向相反。为了使同一截面取左、右两段轴求得的扭矩不仅大小相等，而且正负号相同，对扭矩的正负号作如下规定：采用右手螺旋法则，使右手四指的握向与扭矩的转向相同，当拇指的指向与截面外法线方向一致时，扭矩为正号；反之为负号。如图 5.10 所示。在用截面法计算扭矩时，截面上的扭矩一律假设正的转向。

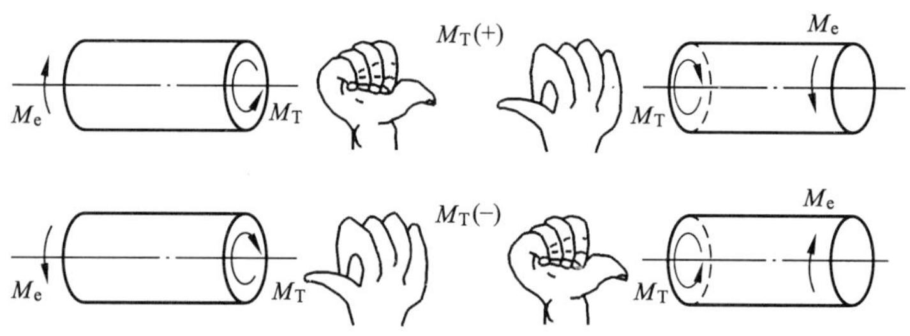

图 5.10

当轴上同时有两个以上的外力偶作用时，不同轴段截面上的扭矩是不相同的，为了直观显示整个轴上各截面扭矩的变化规律，可用横坐标表示横截面的位置，纵坐标表示相应截面的扭矩，正扭矩画在横坐标轴的上方，负扭矩画在横坐标轴的下方，即可得到扭矩随横截面位置变化的图线，称为扭矩图。

【例 5.3】 图 5.11（a）所示为一传动轴，其转速为 $n=200\text{r/min}$，主动轮 B 的输入功率 $P_B=100\text{kW}$，三个从动轮 A、C、D 的输出功率分别为 $P_A=40\text{kW}$，$P_C=P_D=30\text{kW}$。试绘出该轴的扭矩图。

解 （1）计算外力偶矩。

$$M_{eA}=9549\frac{P_A}{n}=\left(9549\times\frac{40}{200}\right)\text{N}\cdot\text{m}=1910\text{N}\cdot\text{m}$$

$$M_{eB}=9549\frac{P_B}{n}=\left(9549\times\frac{100}{200}\right)\text{N}\cdot\text{m}=4774\text{N}\cdot\text{m}$$

$$M_{eC}=9549\frac{P_C}{n}=\left(9549\times\frac{30}{200}\right)\text{N}\cdot\text{m}=1432\text{N}\cdot\text{m}$$

$$M_{eD}=9549\frac{P_D}{n}=\left(9549\times\frac{30}{200}\right)\text{N}\cdot\text{m}=1432\text{N}\cdot\text{m}$$

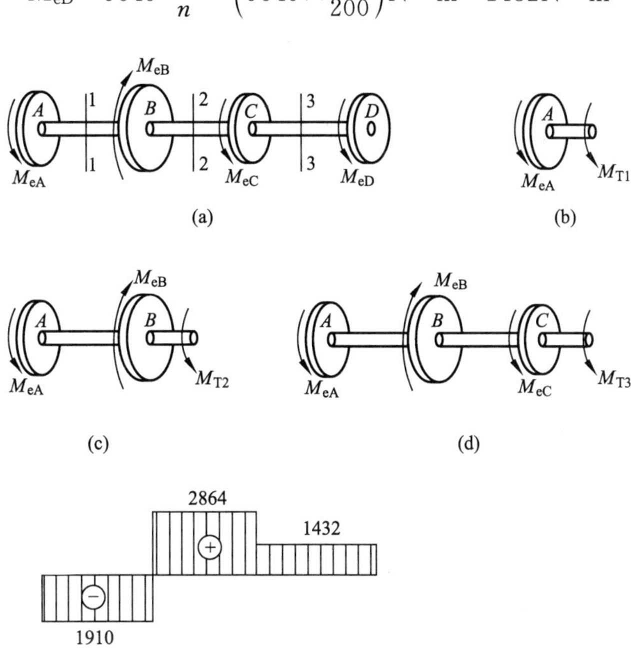

图 5.11

(2) 用截面法分段计算轴的扭矩。取 1—1 截面以左部分为研究对象如图 5.11 (b) 所示，由平衡方程

$$\sum M=0\quad M_{T1}+M_{eA}=0$$

$$M_{T1}=-M_{eA}=-1910\text{N}\cdot\text{m}$$

取 2—2 截面以左部分为研究对象如图 5.11 (c) 所示，由平衡方程

$$\sum M=0\quad M_{T2}+M_{eA}-M_{eB}=0$$

$$M_{T2}=-M_{eA}+M_{eB}=(-1910+4774)\text{N}\cdot\text{m}=2864\text{N}\cdot\text{m}$$

取 3—3 截面以左部分为研究对象如图 5.11 (d) 所示，由平衡方程

$$\sum M=0\quad M_{T3}+M_{eA}-M_{eB}+M_{eC}=0$$

$$M_{T3}=-M_{eA}+M_{eB}-M_{eC}=(-1910+4774-1432)\text{N}\cdot\text{m}=1432\text{N}\cdot\text{m}$$

若取各截面以右部分为研究对象，计算的结果与上面相同，读者可自行验证。

(3) 画扭矩图。根据各段扭矩可画出相应的扭矩图，如图 5.11 (e) 所示。由扭矩图可知，最大扭矩发生在传动轴的 BC 段的各个截面上，最大扭矩为 2864N·m。

5.4　扭转圆轴横截面上的应力

要分析圆轴扭转时横截面上的应力，需要首先明确横截面上存在什么应力？应力在横截面上如何分布？然后才能推导出应力的计算公式。为此，需要从变形关系、物理关系和静力学关系三方面进行讨论。

取一容易变形的实心圆轴，在其表面任意画上相邻的纵向线和圆周线，如图 5.12 所示。然后在圆轴的两端施加一对大小相等、转向相反、作用面与轴线垂直的外力偶 M，使圆轴产生扭转变形。当变形不大时，可以观察到，圆周线的形状、大小以及相邻圆周线间的距离均无变化，仅绕轴线发生了相对转动；而各纵向线仍近似为直线，且都倾斜了一个微小的角度 γ，使原来的矩形变成了平行四边形。

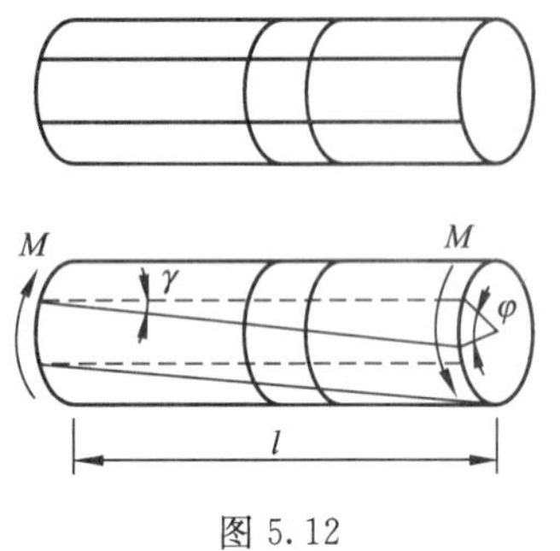

图 5.12

依据观察到的圆轴表面变形现象，可由表及里推测圆轴内部的变形情况，从而对圆轴作出如下假设：**圆轴扭转变形前的横截面，变形后仍为平面，且其大小、形状及相邻两截面之间的距离均保持不变，横截面上的半径仍保持为直线**，这个假设称为**平面假设**。按照这个假设，可得出以下结论：由于相邻横截面的间距不变，横截面上各点没有轴向变形，因此横截面上没有正应力；相邻横截面绕轴线发生了相对错动，产生了剪切变形，因此在横截面上必然有与剪切变形相对应的切应力；又因横截面的半径长度不变，因此切应力的方向必然与半径垂直。

为了分析切应力在横截面上的分布规律，用相邻两横截面从圆轴上截出 dx 微段来研究，如图 5.13 所示。两横截面相对转过的微小角度等于截面上半径 O_2a 转过的角度 dφ。圆轴表面的圆周线和纵向线形成的方格产生了相对错动，横截面上距圆心 ρ 的任一点 e 随着 O_2a 移到了 e'点，由此可见此微段的切应变为

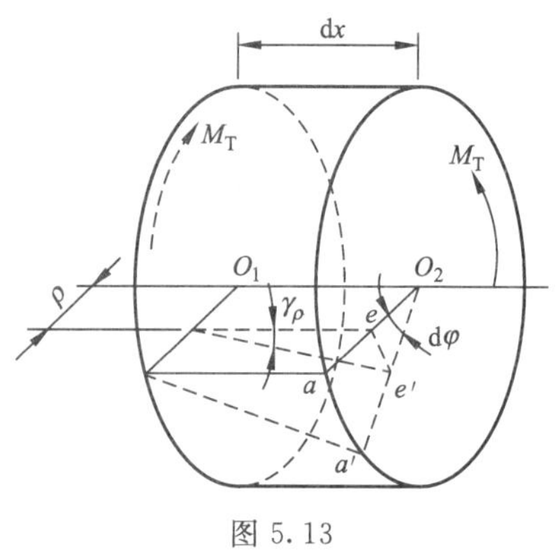

图 5.13

$$\gamma_\rho=\rho\frac{\mathrm{d}\varphi}{\mathrm{d}x} \tag{5-6}$$

式中$\frac{\mathrm{d}\varphi}{\mathrm{d}x}$表示转角的变化率，即单位长度的扭转角，对同一截面为常量。式（5-6）表明，横截面上任意一点的切应变 γ_ρ与该点圆心的距离 ρ 成正比。即切应变沿半径呈线性变化。

根据剪切胡克定律，当切应力不超过某一极限时，切应力与切应变成比正比。故横截面上任意一点的切应力为

$$\tau_\rho=G\gamma_\rho=G\rho\frac{\mathrm{d}\varphi}{\mathrm{d}x} \tag{5-7}$$

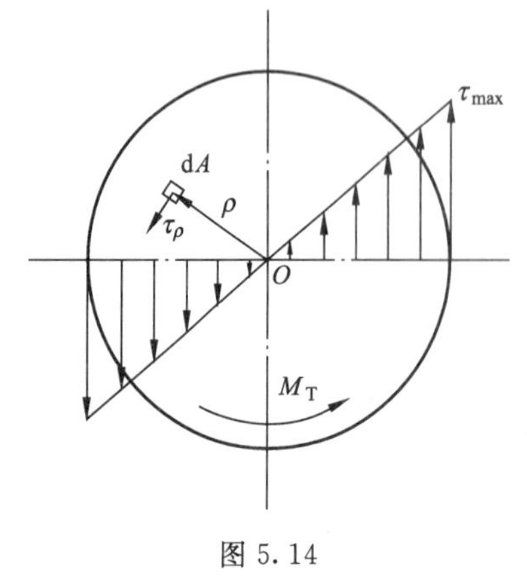

图 5.14

由式（5-7）及平面假设分析结果说明，横截面上任意一点的切应力 τ_ρ 与该点到截面圆心的距离 ρ 成正比，切应力的方向垂直于该点处的半径，这就是切应力的分布规律，如图 5.14 所示。当 $\rho=\rho_{\max}=r$ 时，$\tau_\rho=\tau_{\max}$，即横截面边缘各点的切应力最大。

在横截面上距圆心 ρ 处取一微面积 dA，作用在其上的切向微内力 τ_ρdA 对圆心的微内力矩为 $\rho\tau_\rho$dA，在整个截面上这些微内力矩之和等于该截面上的扭矩 M_{T}，即

$$M_{\mathrm{T}}=\int_A \rho\tau_{\rho}\mathrm{d}A \tag{5-8}$$

将式（5-7）代入式（5-8）得

$$M_{\mathrm{T}}=\int_A \rho\left(G\rho\frac{\mathrm{d}\varphi}{\mathrm{d}x}\right)\mathrm{d}A=G\frac{\mathrm{d}\varphi}{\mathrm{d}x}\int_A \rho^2\mathrm{d}A \tag{5-9}$$

式中积分 $\int_A \rho^2\mathrm{d}A$ 是与圆截面的几何性质有关的量，称为圆截面的极惯性矩，用 I_{P} 表示，即

$$I_{\mathrm{P}}=\int_A \rho^2\mathrm{d}A \tag{5-10}$$

极惯性矩的单位为 m^4、mm^4 等。将式（5-10）代入式（5-9）得

$$\frac{\mathrm{d}\varphi}{\mathrm{d}x}=\frac{M_{\mathrm{T}}}{GI_{\mathrm{p}}} \tag{5-11}$$

将式（5-11）代入式（5-7）即得圆轴扭转时横截面上任意一点的切应力计算公式

$$\tau_{\rho}=\frac{M_{\mathrm{T}}\rho}{I_{\mathrm{p}}} \tag{5-12}$$

当 $\rho=r$ 时，即在横截面边缘处，切应力最大，即

$$\tau_{\max}=\frac{M_{\mathrm{T}}r}{I_{\mathrm{p}}} \tag{5-13}$$

令

$$W_{\mathrm{p}}=\frac{I_{\mathrm{p}}}{r} \tag{5-14}$$

则

$$\tau_{\max}=\frac{M_{\mathrm{T}}}{W_{\mathrm{p}}} \tag{5-15}$$

W_{P} 称为扭转截面系数，它和极惯性矩一样都是只与截面的几何形状和尺寸有关的量。先根据定义用积分法求出截面的极惯性矩，再由式（5-14）得出截面的扭转截面系数。

对于直径为 d 的实心圆截面，在距圆心为 ρ 处取厚度为 $\mathrm{d}\rho$ 的圆环作为微面积 $\mathrm{d}A$，如图 5.15（a）所示，则 $\mathrm{d}A=2\pi\rho\mathrm{d}\rho$。由式（5-6）可得圆截面对圆心的极惯性矩为

$$I_{\mathrm{p}}=\int_A\rho^2\mathrm{d}A=\int_0^{\frac{d}{2}}\rho^2(2\pi\rho^2)=\frac{\pi d^4}{32} \tag{5-16}$$

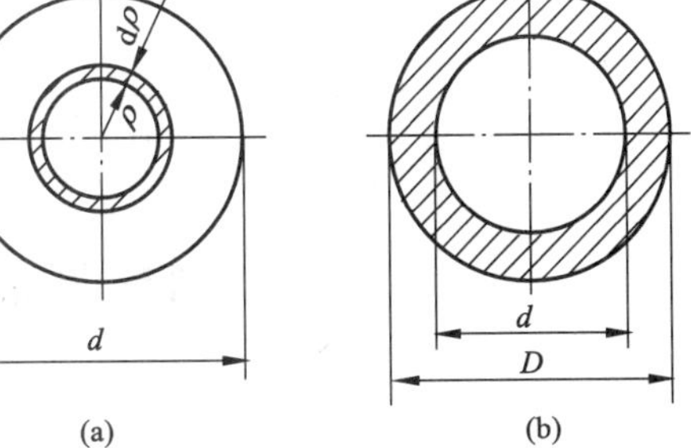

图 5.15

由式（5-14）可得扭转截面系数为

$$W_{\mathrm{p}}=\frac{I_{\mathrm{P}}}{r}=\frac{\pi d^4/32}{d/2}=\frac{\pi d^3}{16} \tag{5-17}$$

同理，对于如图 5.15（b）所示的外径为 D，内径为 d，内外径比为 $d/D=\alpha$ 的空心圆截面（即圆环），其极惯性矩和扭转截面系数分别为

$$I_{\mathrm{p}}=\int_A\rho^2\mathrm{d}A=\int_{d/2}^{D/2}\rho^2(2\pi\rho^2)=\frac{\pi}{32}(D^4-d^4)=\frac{\pi D^4}{32}(1-\alpha^4) \tag{5-18}$$

$$W_{\mathrm{p}}=\frac{I_{\mathrm{P}}}{R}=\frac{\frac{\pi D^4}{32}(1-\alpha^4)}{D/2}=\frac{\pi D^3}{16}(1-\alpha^4) \tag{5-19}$$

【例 5.4】 如图 5.16 所示，轴 AB 的转速 $n=360\mathrm{r/min}$，传递的功率 $P=15\mathrm{kW}$。轴

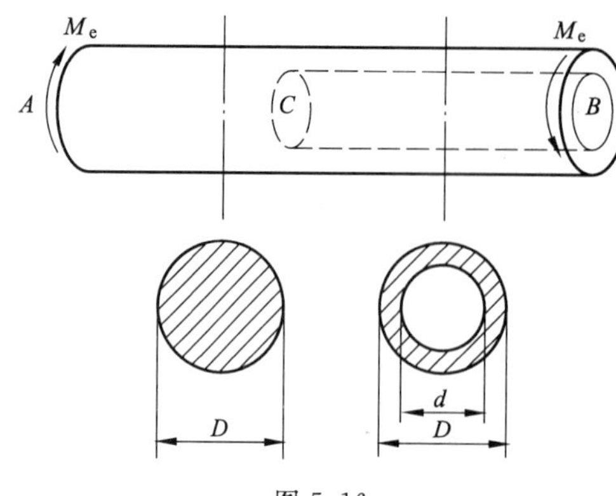

图 5.16

的 AC 段为实心圆截面，CB 段为空心圆截面。已知 $D=30\text{mm}$，$d=20\text{mm}$。试计算 AC 段横截面边缘处的切应力以及 CB 段横截面内外边缘处的切应力。

解 (1) 计算扭矩，由式 (5-5)，轴所受的外力偶矩为

$$M_e=9549\frac{P_k}{n}=\left(9549\times\frac{15}{360}\right)\text{N}\cdot\text{m}$$

$$=398\text{N}\cdot\text{m}$$

由截面法，各横截面上的扭矩为

$$M_T=M_e=398\text{N}\cdot\text{m}$$

(2) 计算极惯性矩，由式 (5-16) 及式 (5-18)，AC 段和 CB 段横截面的极惯性矩分别为

$$I_{P1}=\frac{\pi D^4}{32}=\frac{3.14\times30^4}{32}\text{mm}^4=7.95\times10^4\text{mm}^4$$

$$I_{P2}=\frac{\pi D^4}{32}-\frac{\pi d^4}{32}=\frac{3.14\times30^4}{32}\text{mm}^4-\frac{3.14\times20^4}{32}\text{mm}^4=6.38\times10^4\text{mm}^4$$

(3) 计算应力，由式 (5-12)，AC 段轴在横截面边缘处的切应力为

$$\tau_{AC}^{外}=\frac{M_T D/2}{I_{p1}}=\frac{398\times10^3\times15}{7.95\times10^4}\text{MPa}=75\text{MPa}$$

CB 段轴横截面内、外边缘处的切应力分别为

$$\tau_{CB}^{外}=\frac{M_T D/2}{I_{p2}}=\frac{398\times10^3\times15}{6.38\times10^4}\text{MPa}=93.6\text{MPa}$$

$$\tau_{CB}^{内}=\frac{M_T\cdot d/2}{I_{p2}}=\frac{398\times10^6\times10}{6.38\times10^4}\text{MPa}=62.4\text{MPa}$$

5.5　扭转圆轴的强度条件及其应用

为保证圆轴扭转时能安全正常地工作，要求轴内的最大切应力不超过材料的许用切应力，因此圆轴扭转时的强度条件为

$$\tau_{max}=\frac{M_T}{W_p}\leqslant[\tau] \tag{5-20}$$

式中，M_T、W_p分别为危险截面的扭矩和扭转截面系数。许用切应力由扭转试验测定，在静荷载作用下，它与许用拉应力 $[\sigma]$ 有如下近似关系：

对于塑性材料，$[\tau]=(0.5\sim0.6)[\sigma]$；

对于脆性材料，$[\tau]=(0.8\sim1.0)[\sigma]$。

利用圆轴扭转时的强度条件可以解决三类问题，即强度校核、设计截面尺寸和确定许可传递的力偶矩或功率。

【例 5.5】 一传动轴的受力情况如图 5.17 (a) 所示。已知轴的直径 $d=60\text{mm}$，材料的许用切应力 $[\tau]=60\text{MPa}$，试校核该轴的强度。

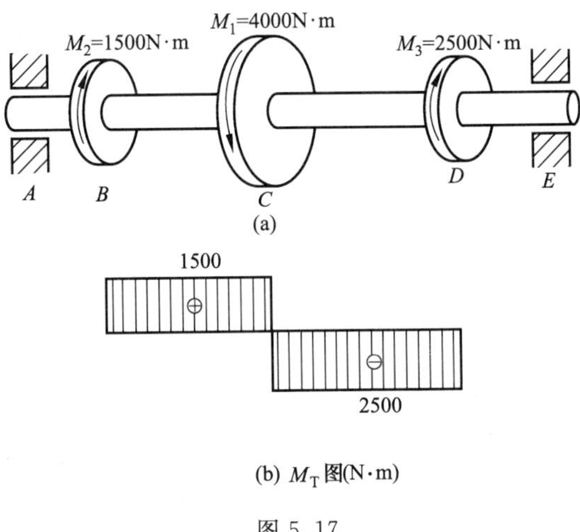

(b) M_T 图(N·m)

图 5.17

解　(1) 画扭矩图［图 5.17 (b)］，由扭矩图可知，CD 段各截面的扭矩最大，为

$$M_{T,\max}=2500\text{N}\cdot\text{m}$$

(2) 校核强度。该圆轴的最大切应力发生在 CD 段各横截面的边缘处，由式 (5-15) 计算，得

$$\tau_{\max}=\frac{M_T}{W_p}=\frac{M_T}{\pi d^3/16}=\frac{2500\times10^3\times16}{3.14\times60^3}\text{MPa}=59\text{MPa}<[\tau]=60\text{MPa}$$

故该圆轴满足强度条件。

【例 5.6】　某钢制圆轴的直径 $d=30$mm，转速 $n=300$r/min，若许用扭转切应力 $[\tau]=50$MPa，试确定该轴能传递的功率。

解　由式 (5-20) 得，该轴能承受的最大外力偶矩

$$\begin{aligned}M_{e,\max}&=M_{T,\max}=\tau_{\max}W_p\\&\leqslant[\tau]W_P=[\tau]\cdot\frac{\pi d^3}{16}\\&=\left(50\times10^6\times\frac{3.14\times30^3\times10^{-9}}{16}\right)\text{N}\cdot\text{m}=265\text{N}\cdot\text{m}\end{aligned}$$

由式 (5-5) 得，该轴能传递的功率为

$$P_K=\frac{M_{e,\max}n}{9549}=\frac{265\times300}{9549}\text{kW}=8.33\text{kW}$$

【例 5.7】　如图 5.18 所示，一实心圆轴与空心圆轴通过牙嵌式离合器连接，以传递功率。已知圆轴的转速 $n=120$r/min，传递的功率 $P=12$kW，材料的许用切应力 $[\tau]=30$MPa，空心圆轴的内、外径之比 $\alpha=0.6$，试确定实心圆轴的直径和空心圆轴的外径及两圆轴的横截面面积之比。

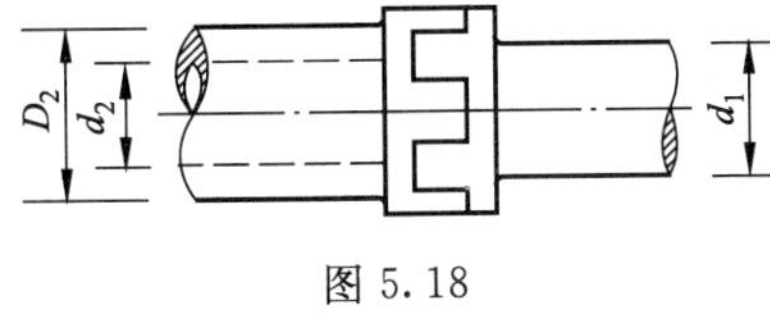

图 5.18

解　由于两圆轴的转速和所传递的功率均相等，因此两圆轴承受相同的外力偶作用，横截面上的扭矩也相等，都为

$$M_T=M_e=9549\frac{P}{n}=\left(9549\times\frac{12}{120}\right)\text{N}\cdot\text{m}=954.9\text{N}\cdot\text{m}$$

设实心圆轴的直径为 d_1，空心圆轴的内、外径分别为 d_2 和 D_2。

对于实心圆轴

$$\tau_{max}=\frac{M_T}{W_{p1}}=\frac{M_T}{\pi d^3/16}\leqslant[\tau]=30\text{MPa}$$

因此，实心圆轴的直径为

$$d_1\geqslant\sqrt[3]{\frac{16M_T}{\pi[\tau]}}=\sqrt[3]{\frac{16\times954.9\times10^3}{3.14\times30}}\text{mm}=55\text{mm}$$

对于空心圆轴

$$\tau_{max}=\frac{M_T}{W_{p1}}=\frac{M_T}{\pi D_2^3(1-\alpha^4)/16}\leqslant[\tau]=30\text{MPa}$$

因此，空心圆轴的外径和内径分别为

$$D_2\geqslant\sqrt[3]{\frac{16M_T}{\pi(1-\alpha^4)[\tau]}}=\sqrt[3]{\frac{16\times954.9\times10^3}{3.14\times(1-0.6^4)\times30}}\text{mm}=57\text{mm}$$

$$d_2=0.6D_2=(0.6\times56)\text{mm}=34\text{mm}$$

两圆轴的横截面面积之比为

$$\frac{A_{空}}{A_{实}}=\frac{A_2}{A_1}=\frac{\frac{\pi}{4}(D_2^2-d_2^2)}{\frac{\pi}{4}d_1^2}=\frac{57^2-34^2}{55^2}=0.69$$

由此可见，若圆轴的长度相同，采用空心圆轴比采用实心圆轴所用的材料要节省得多。在条件许可的情况下，将轴制成空心圆截面可以提高材料的利用率。但必须注意，太薄的圆筒在承受扭转时，筒壁可能发生皱折而丧失承载能力。

5.6　圆轴扭转变形与刚度条件

5.6.1　圆轴扭转变形

轴的扭转变形用两横截面绕轴线的相对扭转角 φ 表示。由式（5-11）可知，相距 dx 的两个横截面间的相对扭转角为

$$\mathrm{d}\varphi=\frac{M_T}{GI_p}\mathrm{d}x$$

沿轴线 x 积分，即可求得相距为 l 的两个横截面间的相对扭转角为

$$\varphi=\int_l\frac{M_T}{GI_p}$$

对于长为 l，扭矩 M_T 为常数的等截面圆轴，其两端横截面间的相对扭转角为

$$\varphi=\frac{M_T l}{GI_p}\tag{5-21}$$

扭转角 φ 的单位为 rad。式（5-21）表明，扭转角 φ 与扭矩 M_T、轴长 l 成正比，与 GI_p 成反比。GI_p 反映了截面抵抗扭转变形的能力，称为截面的抗扭刚度。

5.6.2　圆轴扭转的刚度条件

在圆轴工作中要限制其产生过大的扭转变形。扭转变形过大，将会引起较大的振动，

影响圆轴的正常工作。为了保证圆轴的刚度，通常规定圆轴的最大单位长度扭转角 θ_{max} 不超过单位长度许用扭转角 $[\theta]$，此即为圆轴的刚度条件。

$$\theta_{max}=\frac{M_T}{GI_p}\times\frac{180^\circ}{\pi}\leqslant[\theta] \tag{5-22}$$

式中，θ_{max} 和 $[\theta]$ 的单位为[(°)/m]。

单位长度许用扭转角 $[\theta]$ 的数值，可根据轴的工作条件和机器的精度要求从有关设计规范中查取。对于一般传动轴 $[\theta]=0.5^\circ\sim1.0^\circ/\text{m}$，精密机械的轴 $[\theta]=0.25^\circ\sim0.50^\circ/\text{m}$，精度较低的轴 $[\theta]=1.0^\circ\sim2.5^\circ/\text{m}$。

【例 5.8】 某电动机传动轴，传递的功率为 $P=40\text{kW}$，转速 $n=1400\text{r/min}$。该轴由钢材制成，材料的剪切弹性模量 $G=80\text{GPa}$，扭转许用剪应力 $[\tau]=40\text{MPa}$，许用单位长度扭转角 $[\theta]=1.5^\circ/\text{m}$。试确定该轴的直径。

解 (1) 外偶矩为

$$M_e=9549\frac{P}{n}=\left(9549\times\frac{40}{1400}\right)\text{N}\cdot\text{m}=273\text{N}\cdot\text{m}$$

(2) 截面上的扭矩为

$$M_T=M_e=273\text{N}\cdot\text{m}$$

(3) 由强度条件确定轴的直径为

$$\tau_{max}=\frac{M_T}{W_p}=\frac{M_T}{\pi d^3/16}\leqslant[\tau]=40\text{MPa}$$

$$d\geqslant\sqrt[3]{\frac{16M_T}{\pi[\tau]}}=\sqrt[3]{\frac{16\times273\times10^3}{3.14\times40}}\text{mm}=32.6\text{mm}$$

(4) 由刚度条件确定轴的直径为

$$\theta_{max}=\frac{M_T}{GI_p}\times\frac{180^\circ}{\pi}=\frac{M_T}{G\pi d^4/32}\times\frac{180}{\pi}\leqslant[\theta]$$

$$d\geqslant\sqrt[4]{\frac{M_T\times180\times32}{G\pi^2[\theta]}}$$

$$=\sqrt[4]{\frac{273\times180\times32}{80\times10^9\times3.14^2\times1.5}}\text{m}$$

$$=0.0339\text{m}=33.9\text{mm}$$

为了使该轴同时满足强度条件和刚度条件，该轴的直径不应小于 33.9mm，考虑到制造方便，取 $d=34\text{mm}$。

本 章 提 要

1. 剪切的实用计算：假定剪应力在剪切面上平均分布，$\tau=\frac{F_Q}{A}$，剪切实用强度条件为

$$\tau=\frac{F_Q}{A}\leqslant[\tau]$$

挤压的实用计算：假定挤压应力在有效挤压面上平均分布，即 $\sigma_c=\frac{F_c}{A_c}$，挤压实用强度条件为

$$\sigma_c=\frac{F_c}{A_c}\leqslant[\sigma_c]$$

2. 圆轴扭转时的受力特点：外力偶作用面与杆轴线垂直。变形特点：杆件任意两个横截面绕杆轴线作相对转动。

3. 圆轴扭转时的内力扭矩：作用面与轴线垂直的内力偶矩，用 M_T表示。扭矩的正负号用右手螺旋法则确定。

4. 圆轴扭转时，横截面上产生切应力，其大小沿半径呈线性变化，圆心处切应力为零，边缘各点切应力最大，切应力的方向与半径垂直。横截面上任一点的切应力为

$$\tau_\rho=\frac{M_T\rho}{I_p}$$

边缘各点切应力最大为

$$\tau_{max}=\frac{M_T}{W_p}$$

I_P 为圆截面的极惯性矩，实心圆截面 $I_p=\frac{\pi d^4}{32}$，内外径比为 $d/D=\alpha$ 的圆环形截面 $I_p=\frac{\pi D^4}{32}(1-\alpha^4)$；$W_p$ 称为圆轴的扭转截面系数，实心圆截面 $W_p=\frac{\pi d^3}{16}$，圆环形截面 $W_p=\frac{\pi D^3}{16}(1-\alpha^4)$。

5. 圆轴扭转时的强度条件

$$\tau_{max}=\frac{M_T}{W_p}\leqslant[\tau]$$

6. 圆轴扭转时的变形

轴的扭转变形用两横截面绕轴线的相对扭转角 φ 表示，相距为 l 两横截面间的相对扭转角为

$$\varphi=\frac{M_T l}{GI_p}$$

GI_p称为截面的抗扭刚度。

7. 圆轴扭转的刚度条件：$\theta_{max}=\frac{M_T}{GI_p}\times\frac{180°}{\pi}\leqslant[\theta]$

思　考　题

5-1　剪切变形的受力特点和变形特点与拉伸时有何不同？

5-2　什么称为挤压？挤压与压缩有何不同？同一材料的压缩许用应力与挤压许用应力是否相同？

5-3　图 5.19 为圆轴扭转时横截面上切应力的分布图，试问哪些图的切应力分布是正确的？哪些图的切应力分布是错误的？

5-4　一圆环形截面的外径为 D，内径为 d，其横截面对形心轴的极惯性矩为 $I_P=\frac{\pi D^4}{32}-\frac{\pi d^4}{32}$，该截面的扭转截面系数能否按公式 $W_P=\frac{\pi D^3}{16}-\frac{\pi d^3}{16}$计算？为什么？

5-5　如果轴的直径增大一倍，其他情况不变，那么最大切应力将变化多少？

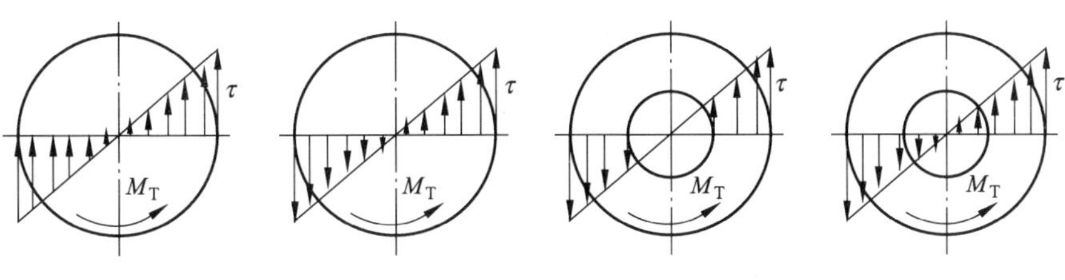

图 5.19

习　　题

5-1　图 5.20 所示为一铆钉接头，板厚 t=10mm，铆钉直径 d=20mm，拉力 F=25kN，许用切应力 $[\tau]$=100MPa，许用挤压应力 $[\sigma_c]$=250MPa。试对铆钉进行强度校核。

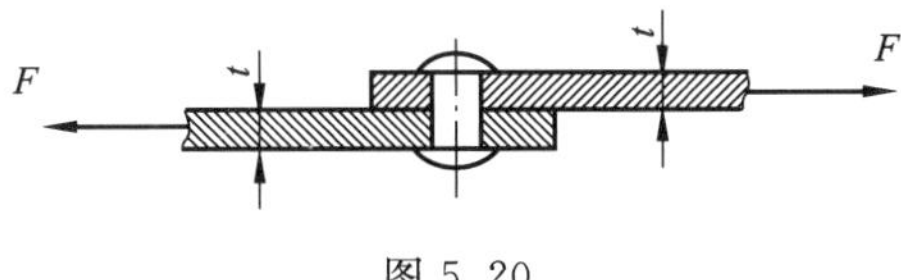

图 5.20

5-2　如图 5.21 所示，基底边长 a=1m 的正方形混凝土上有一边长 b=200mm 的正方形混凝土柱。作用在柱上的轴向压力 F=150kN，设地基对混凝土板的反力均匀分布，混凝土的许用切应力 $[\tau]$=2.0MPa，若要使柱不穿过混凝土板，试确定混凝土板的最小厚度 δ。

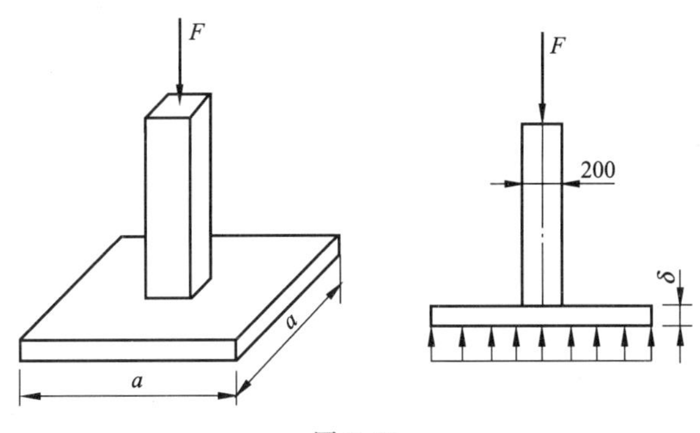

图 5.21

5-3　如图 5.22 所示，厚度 t=6mm 的两块钢板用三个铆钉连接，已知 F=80kN，连接件的许用切应力 $[\tau]$=100MPa，许用挤压应力 $[\sigma_c]$=300MPa，试确定铆钉的直径 d。

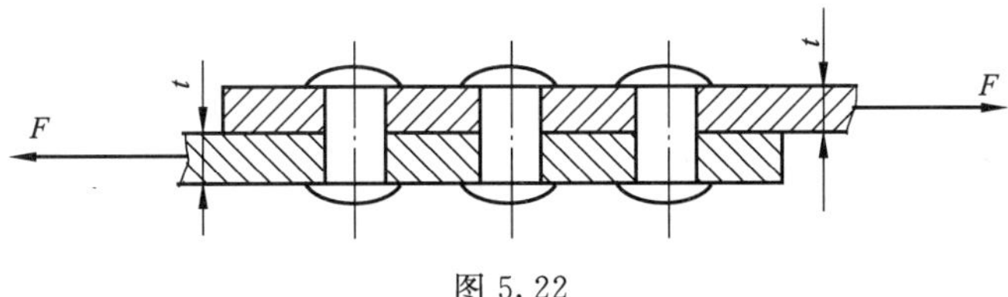

图 5.22

5-4　图 5.23 所示为一空心圆轴的横截面，其外径 D=60mm，内径 d=40mm，扭矩 M_x=1000N·m。试计算横截面上距圆心 ρ=25mm 的 a 点处的切应力 τ_a，以及横截面上的最大切应力和最小切应力，并在图上标出。

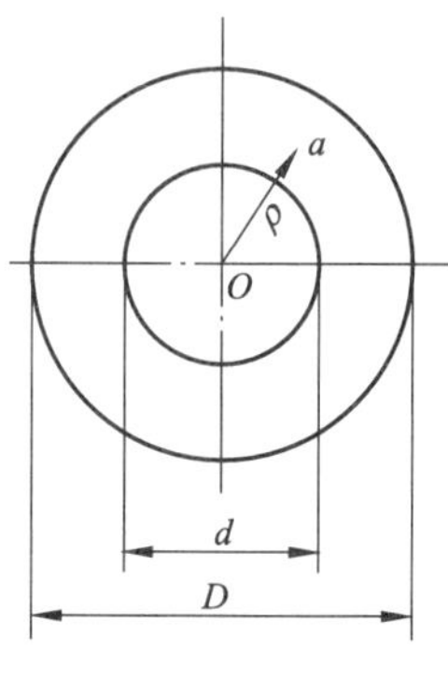

图 5.23

5-5　图 5.24 所示为一阶梯形圆轴，已知 $d_1=80\text{mm}$，$d_2=50\text{mm}$。外力偶矩 $M_{eB}=2500\text{N}\cdot\text{m}$，$M_{eC}=1500\text{N}\cdot\text{m}$。试求杆内的最大切应力并指出其作用点的位置。

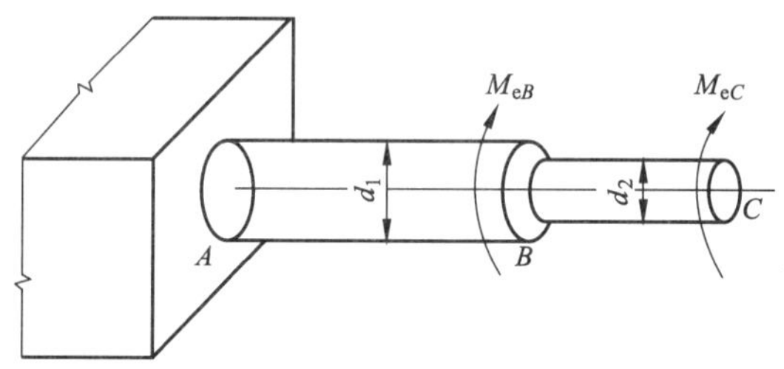

图 5.24

5-6　某圆轴的直径为 60mm，传递的功率为 75kW，转速为 300r/min，许用切应力 $[\tau]=70\text{MPa}$，试校核该轴的强度。

5-7　图 5.25 所示为一实心圆轴，外力偶矩 $M_{eA}=6.5\text{kN}\cdot\text{m}$，$M_{eB}=2.5\text{kN}\cdot\text{m}$，$M_{eC}=4\text{kN}\cdot\text{m}$，许用切应力 $[\tau]=50\text{MPa}$，试确定该轴的直径。

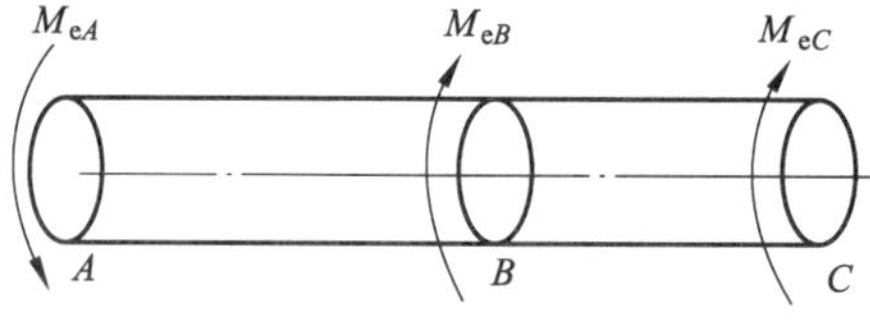

图 5.25

5-8　已知一圆轴的直径 $d=60\text{mm}$，转速 $n=120\text{r/min}$，许用切应力 $[\tau]=60\text{MPa}$。试问该轴所传递的功率是多少？

第 6 章　平面体系的几何组成分析

【教学目标】

要求学生了解几何不变体系、几何可变体系的概念；理解约束个数概念，会计算体系自由度数目；了解多余约束概念，掌握无多余约束几何不变体系的三个组成规则，了解几何恒变和瞬变概念；能进行杆件体系几何组成分析。了解杆件结构的常见类别。

【教学要求】

知识要点	能力要求	相关知识
几何体系概念	能正确理解几何不变体系、几何可变体系、几何组成分析、结构可用体系概念	几何不变体系、几何可变体系、几何组成分析、结构体系
约束与自由度概念	能理解约束个数概念，会计算体系自由度数目；了解多余约束概念	约束个数概念、体系自由度概念、体系自由度计算公式
几何不变体系的组成规则	能正确理解和运用无多余约束几何不变体系的三个组成规则	多余约束概念、无多余约束几何不变体系的三个组成规则、几何恒变和瞬变概念
杆件体系几何组成分析	能对常见杆件体系进行几何组成分析	分析杆件体系几何组成的方法和步骤
杆件结构的常见类别	能正确认识杆件结构的常见类别	杆件结构的常见分类原则和类别特征

6.1　几何组成分析的基本概念

6.1.1　体系及其几何组成分析的概念

本章所讨论的体系是指由若干杆件、有时也包括“基础”等通过某些方式连接而成的整体系统，如图 6.1 (a)、(b)、(c)、(d) 所示。对“基础”的含义下面将专门讨论。连接方式则有**链杆**连接、**铰链**连接和**刚性**连接三种方式。如果体系的各组成部分都位于同一平面内，则称为**平面体系**。图 6.1 所示的四个体系均为平面体系。本章只讨论平面体系。

一个体系在受到任意方向的外力作用或外部干扰时，若不考虑杆件本身的弯曲或伸缩等变形，整个体系的几何形状及各部分的位置不发生改变，则这种体系称为**几何不变体系**，如图 6.1 (a)、(b) 所示；反之，则称为**几何可变体系**，如图 6.1 (c)、(d) 所示。几何不变体系能承受一定的外力或外部干扰，因此可以作为工程结构体系。几何可变体系不能承受外力或外部干扰，因此不能作为工程结构体系。

几何不变的平面体系又称**刚片**。图 6.1 (a)、(b) 所示的两个体系都是刚片。上文所谓“基础”就是指体系必须依附而又不必详细表达的几何不变部分。因此，在平面体系中，又称“基础刚片”。它既可能是结构真实的基础，也可能是体系的某一几何不变部分。

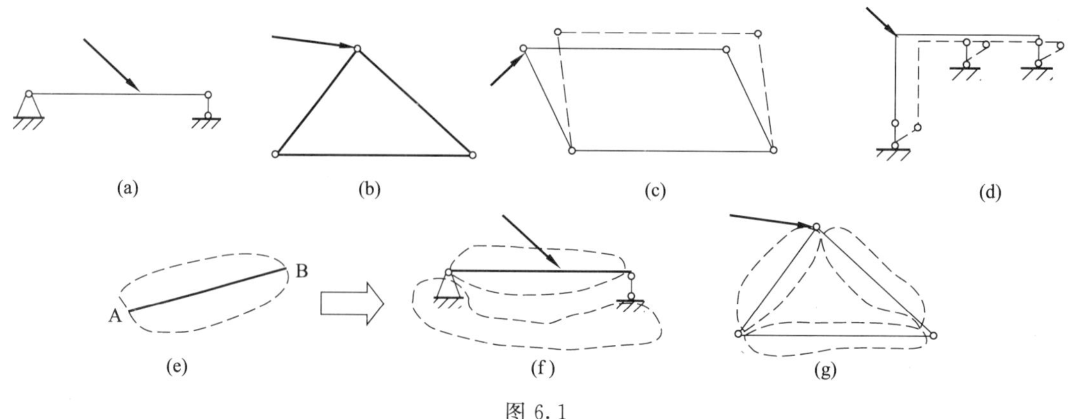

图 6.1

杆件本身是几何不变的，也可以假想“扩展”成刚片，如图 6.1（e）所示的 AB 杆可假想“扩展”成虚线包围的刚片。这样一来，杆件与刚片就可以互换。比如，图 6.1（a）所示的简支梁体系可以看成由基础刚片和横梁刚片通过一个铰和一根链杆连接而成［图 6.1（f）］。而图 6.1（b）所示的三角形体系可以看成三个链杆刚片通过三个铰两两相连而成［图 6.1（g）］。

体系是几何不变的或几何可变的这一特性称为体系的**几何组成性质**。要知道一个体系能否作为工程结构体系，显然必须先确定该体系的几何组成性质。确定一个体系的几何组成性质的分析过程称为**体系的几何组成分析**。体系的几何组成分析基于对几何不变体系的组成规则的研究。而几何不变体系的组成规则又与体系的运动自由度有关。因此，下面先讨论有关体系运动自由度。

6.1.2 平面体系的自由度与约束个数

1. 平面体系的自由度概念

体系或其部分的自由度是指体系或其部分在空间中运动方式的可能数目。在图 6.2 中图（a）是铰的移动；图（b）是杆的平动；图（c）是杆的任意移动；图（d）是刚片的移动。一个铰（几何上即为一点）在平面内的移动分解成水平运动和竖直运动两种方式，故其自由度为 2。一根杆（几何上即为一线段）在平面内的平动也可分解为水平运动和竖直运动两种方式，故其自由度为 2。一根杆在平面内的任意运动可分解为杆的平动和绕某点的转动两种方式，故其自由度为 3。一个刚片在其平面内的任意运动可看作是随其上某一参考线段［图 6.2（c）中的 AB］在其平面的运动，因此，自由度也为 3。

从另一角度看，体系或其部分的自由度是指体系或其部分在空间中运动时所要改变的独立坐标数目。一个铰在平面内运动可以改变 x、y 两个独立坐标，故自由度为 2。一根杆或一个刚片在平面内运动可以改变 x、y、φ 三个独立坐标，故自由度为 3。实际上，体系或其部分的自由度也是固定该体系或该部分的位置所需要的最少独立坐标参数的个数。

由于运动是相对于参考系的，因此体系或其部分的自由度数也是相对于观察者所选定的参考系而言。图 6.3（a）所示的杆件体系或图 6.3（b）所示的刚片体系，要相对于图中坐标系固定其位置，都至少需要四个坐标参数，因而自由度都是 4。但要图 6.3（a）所

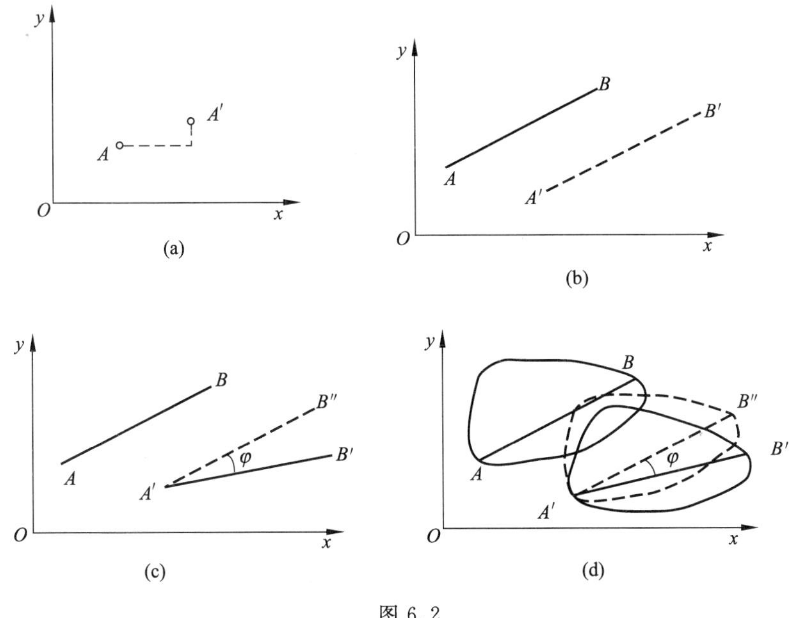

图 6.2

示的 AB 杆相对于 AC 杆固定位置，则只需要一个坐标参数——两杆的夹角 φ。故 AB 杆相对于 AC 杆的自由度（称为体系内部自由度）为 1。同理，图 6.3（b）所示的刚片Ⅰ相对于刚片Ⅱ的内部自由度也为 1。此时，可认为参考坐标系固定在参考物［图 6.3（a）］中 AC 杆、图 6.3（b）中刚片Ⅱ上了。

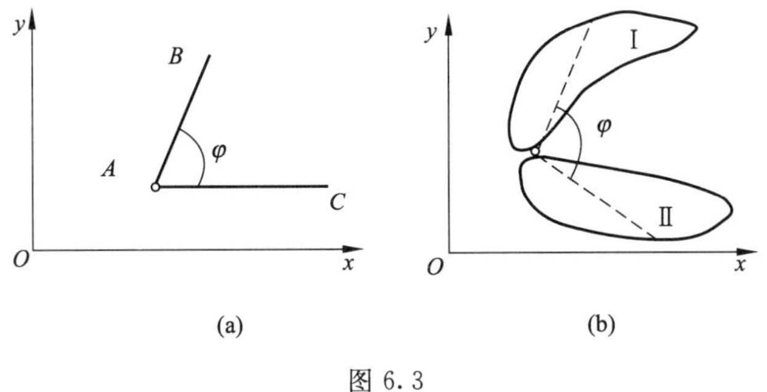

图 6.3

2. 约束个数概念

如 1.3 了所述，约束是限制物体或物系运动的装置或机构。但不同类型的约束对物体运动限制的程度是不一样的。在此，规定能减少体系一个自由度的约束为一个约束。这样就可以把限制物体运动的约束定量化。

（1）一根链杆只能减少系统的一个自由度，故为一个约束。如图 6.4（a）所示，铰 A 在平面上运动本来有两个自由度，用一根链杆与参考坐标系连接后，就只有绕链杆另一端铰转动的一种运动方式了，即只有一个自由度。说明一根链杆减少了铰的一个自由度。从图 6.4（b）也可以看出链杆使平面内的杆件减少了一个自由度。

（2）一个单铰能减少系统的二个自由度，故为二个约束。单铰是指仅连接两个刚片的铰链。平面内的刚片本来有三个自由度，用一个铰与参考坐标系连接后，就只有绕铰心转

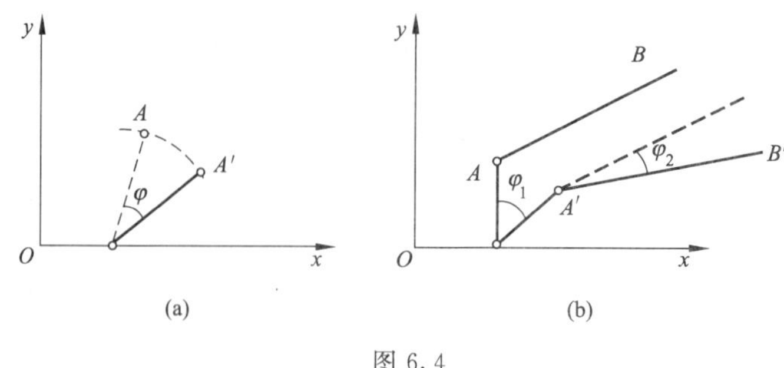

图 6.4

动的一种运动方式了，即只有一个自由度，如图 6.5（a）所示。说明一个单铰为两个约束，相当于两根其铰链杆。因此，常用两个铰链杆代替一个铰，如图 6.5（b）所示，由于此两链杆公用一个铰，称两链杆形成“实铰”。

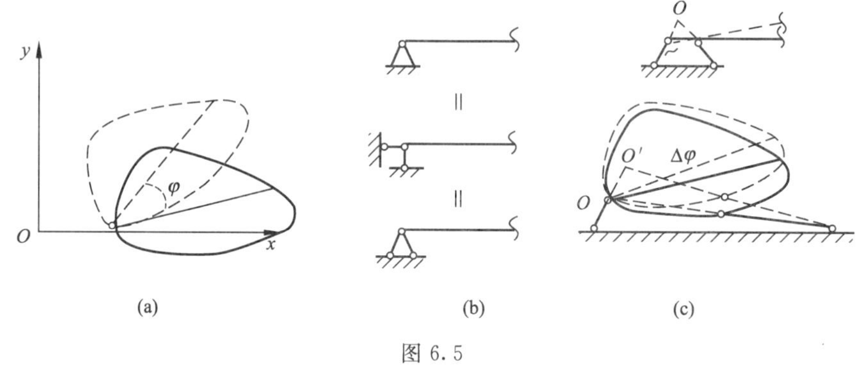

图 6.5

若两链杆不公用一个铰，且不平行［图 6.5（c）］，则称两链杆形成其延长线交点处的“虚铰”，交点为“虚铰”的铰心，被连接的两刚片可绕此铰心相对转动。而一旦转动，则两链杆位置发生变化，其交点位置随之变化。因此，这种情况下，被连接的两刚片的相对转动中心是变化的。

若两链杆不公用一个铰，且平行，则称两链杆形成其延长线方向无穷远处的“虚铰”［图 6.6（a）、(b)］。在此情况下，被连接的两刚片的相对转动中心在无穷远处，被连接的两刚片的相对转动实际上变为相对平动。若两链杆等长［图 6.6（a）］，被连接的两刚片可永远作相对平动。若两链杆不等长［图 6.6（b）］，被连接的两刚片只能在开始瞬间作相对平动随后只能绕虚铰心作相对转动。

连接三个及以上刚片的铰称为**复铰**。联结 n 个刚片的复铰相当于 $n-1$ 个单铰即约束个数为 $2(n-1)$。

（3）一个刚性连接能减少系统的三个自由度，故为三个约束。如图 6.6（c）所示，平面内的杆本来有三个自由度，用一个刚性连接与参考坐标系连接后，就不能运动了，即自由度为 0。说明一个刚性连接为三个约束，相当于三根链杆，可以用三根链杆代替，如图 6.6（d）所示。不过，后面将说明，这三链杆既不能全平行，又不能汇交于一点。

3. 体系自由度的计算

复杂体系的自由度并不是一下子就能看出来的，需要通过计算才能知道。为此，可以

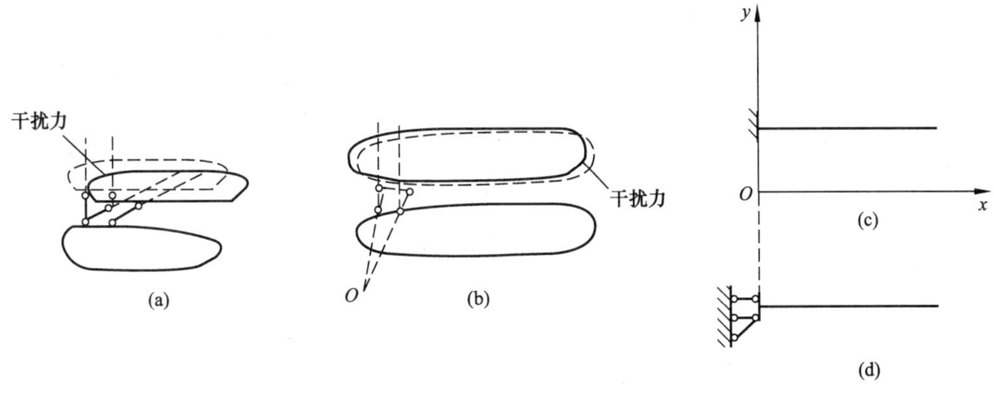

图 6.6

把体系中各已知的几何不变部分（包括杆件、基础等）看成刚片，把整个体系看成由若干刚片通过若干铰连接起来的整体。设体系中所认定的刚片数为 n，连接所认定刚片的单铰数为 h，体系相对于参考系的自由度 D 可用下面的公式计算

$$D=n\times 3-h\times 2 \tag{6-1}$$

在使用式（6-1）时，有三点值得指出：①计算出的自由度不一定是体系的真实自由度，故称为计算自由度；②计算时，复铰必须换算成单铰；③刚性连接不作为约束计算，直接把刚性连接在一起的若干杆或小刚片看成一个大刚片。

计算自由度是理论上一个体系或其部分相对于所取参考坐标系的可能运动方式数目。如果把参考坐标系建立在体系中的某刚片上，则该刚片不应计算在刚片数内，算出的自由度为体系除该刚片之外的其余部分相对于该刚片的计算自由度，称为**内部计算自由度**。对于与基础刚片有连接的体系，习惯上把参考坐标系建立在基础刚片上，因此，基础刚片不应计算在刚片数内，算出的自由度是体系除基础刚片之外的部分相对于基础刚片的计算自由度，实质上仍是一种内部自由度。

图 6.1（a）所示的简支梁体系中，把梁看作一个刚片，链杆看作一个刚片，因此 $n=2$。固定铰支座一个铰，链杆两端各一个铰，因此，$h=3$。故体系的计算自由度按式（6-1）为 $D=2\times 3-3\times 2=0$。它是基础之外部分相对于基础刚片的计算自由度。说明从理论上看，基础之外部分相对于基础刚片的可能运动方式数为 0，即理论上没有运动可能性。

图 6.1（b）所示为三角形体系，$n=3$，$h=3$，因此相对于基础（这里即指大地）上的平面坐标系的计算自由度为 $D=3\times 3-3\times 2=3$，说明三角形体系相对于基础有三种运动可能，不难看出这“三种运动可能”就是相对于基础刚片作平动：沿水平和竖直两方向的移动加绕某参照点的转动。若以体系中水平杆为参照物，则 $n=2$，$h=3$，故其内部计算自由度为 $D=2\times 3-3\times 2=0$，说明从理论上看，水平杆以外部分相对于该水平杆没有运动可能性。

图 6.3 所示的两种体系相对于坐标系的计算自由度都为 $D=2\times 3-1\times 2=4$。但图（a）中 AB 杆相对于 AC 杆的计算自由度为 $D=1\times 3-1\times 2=1$，图（b）中刚片Ⅰ相对于刚片Ⅱ的计算自由度为 $D=1\times 3-1\times 2=1$。

又如，图6.4（a）所示的体系中只有一个刚片（即链杆）和一个连接铰（连接刚片与坐标系），铰 A 不起连接作用，不能算在铰数内，因此体系相对于坐标系的计算自由度为 $D=1\times3-1\times2=1$。而图6.4（b）所示的体系中有两个刚片和两个连接铰（其中一个铰连接刚片与坐标系），因此体系相对于坐标系的计算自由度为 $D=2\times3-2\times2=2$。

前面已说明，图6.6（c）所示体系与图6.6（d）所示体系等效。其实，它们自由度也相等。图6.6（d）所示三链杆体系相对于基础刚片的计算自由度为 $D=4\times3-6\times2=0$。图6.6（c）所示体系为两刚片刚性连接，直接构成一个更大的刚片，一个刚片内部之间的没有相对自由度，计算自由度必然为0。

【例6.1】 试计算图6.7所示体系相对于基础的自由度。

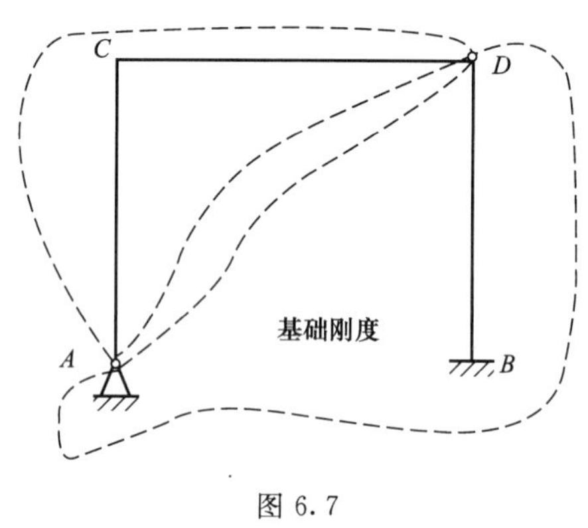

图6.7

解 杆 AC 与杆 CD 直接刚性连接，可看成一个刚片。杆 BD 直接与基础刚片连接，一起看成一个扩大的基础，不算在刚片数内。则该体系由一个刚片和两个铰构成，内部计算自由度为

$$D=1\times3-2\times2=-1$$

通过对刚片 ACD 运动特性分析不难知道，该体系为几何不变体系。

4. 体系自由度与几何组成性质的关系

图6.1（a）、（b）和图6.7所示体系都是几何不变体系，其共同特点是内部计算自由度 $D\leqslant0$。图6.1（d）是几何可变体系，内部计算自由度也为0（读者可验算一下）。而图6.3、图6.4几个体系都是内部计算自由度 $D>0$，相对于参考系都是几何可变体系。一般的，内部计算自由度 $D>0$ 的体系必为几何可变体系，内部计算自由度 $D\leqslant0$ 的体系则既可能是几何不变体系，也可能是几何可变的。

因此，内部计算自由度 $D\leqslant0$ 是体系几何不变的必要条件，但不是充分条件。要准确判断一个内部计算自由度 $D\leqslant0$ 的体系的几何组成性质，还必须作进一步分析。分析的依据就是下一节将介绍的几何不变体系的基本组成规则。

6.1.3 体系几何组成分析的目的、意义和方法

通过对体系作几何组成分析，可以判断体系的几何组成性质，从而确定体系能否作为工程结构。掌握了几何不变体系的组成规则，可以避免设计与建造工程结构时形成几何可变体系，以保障工程安全。另外，几何组成分析还可帮助人们确定工程结构体系是静定的还是超静定的，为选择结构分析计算方法提供依据。

几何组成分析的方法将在6.3节专门讨论。

6.2 几何不变体系的基本组成规则

本节讨论三个常用的最基本的无多余约束平面几何不变体系组成规则。这里，多余约束是指维持体系几何不变所不必要的约束，无多余约束就是约束数恰好满足要求。

6.2.1　两刚片规则

如果有两个刚片［图 6.8（a）］，要构成几何不变体系，最简明的方法是：先用一铰将其连接［图 6.8（b）］。此时，两刚片只有相对转动这一个自由度。然后，只要再用一根链杆将两刚片连接，则体系就成为几何不变体系，没有多余约束［图 6.8（c）］。从自由度看：图 6.8（a）中刚片Ⅰ相对于刚片Ⅱ的自由度为 3；图 6.8（b）中刚片Ⅰ相对于刚片Ⅱ的自由度为 1；图 6.8（c）所示的刚片Ⅰ相对于刚片Ⅱ的自由度为 0。

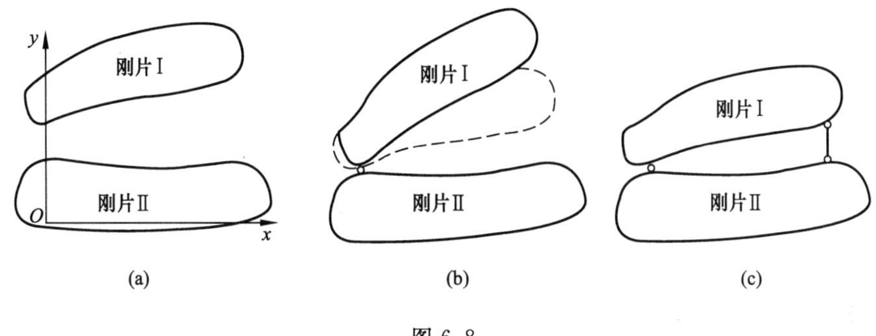

图 6.8

但此时要注意，链杆和铰不能共线。否则，如图 6.9（a）所示，中间铰 O_3 会沿绕 O_1、O_2 转动的圆弧公切线做微小的上下移动，是几何可变体系。但中间铰一旦移动微小距离，就不可能再移动，即体系只能在最初瞬间几何可变，故又称**几何瞬变体系**。几何瞬变体系同样不能作为工程结构体系。

由于一个铰可换成两根链杆，因此两刚片也可用三链杆连接［图 6.9（b）］，成为无多余约束的几何不变体系。不过，这时三链杆不应汇交于一点［图 6.9（c）］，也不应全平行［图 6.10（a）、（b）］，否则，相当于杆时链杆与铰共线的特例，体系成为几何可变；图 6.9（c）所示为三链杆汇交，图 6.10（a）所示为三链杆平行且等长，体系都永远可变，称为**几何恒变体系**；图 6.10（b）所示为三链杆平行但不等长，体系只在开始瞬间可变，如图 6.9（a）为几何瞬变体系。

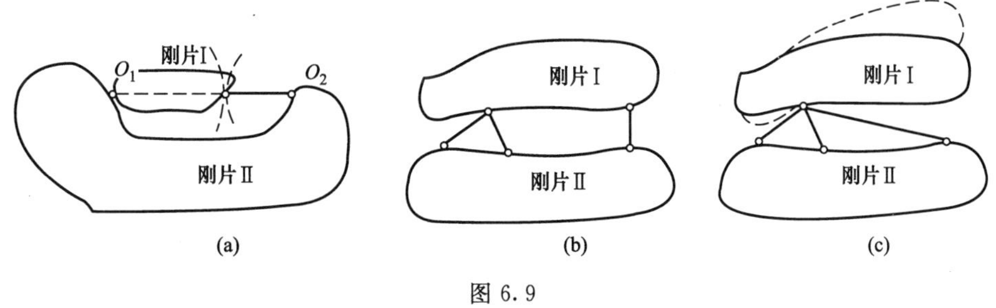

图 6.9

于是两刚片规则有如下两种形式。

两刚片规则一：两刚片用一铰和一链杆相连，只要铰与链杆不共线，则构成无多余约束的几何不变体系。

两刚片规则二：两刚片用三链杆相连，只要三链杆不全平行或汇交于一点，则构成无多余约束的几何不变体系。

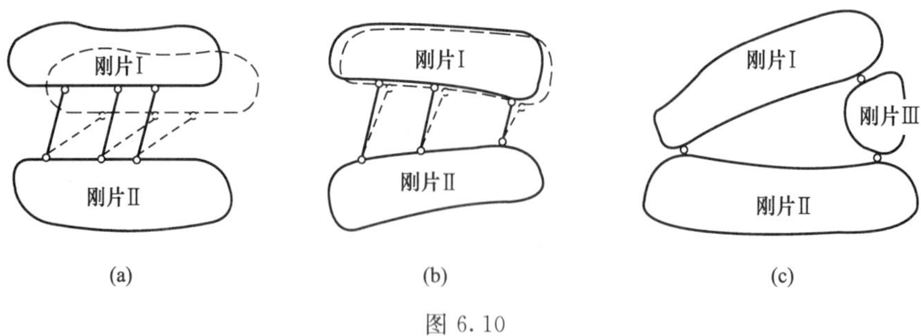

图 6.10

6.2.2 三刚片规则

在两刚片规则一中，把链杆换成刚片，则形成三刚片用三铰两两相连的情况[图 6.10 (c)]。这时“铰与链杆不共线”的条件变成“三铰不共线”，否则成为几何瞬变体系 [图 6.9 (a)]。于是有如下三刚片规则：三刚片用三铰两两相连，只要三铰不共线，则构成无多余约束的几何不变体系。

这里，每一个铰都可以换成两链杆形成的虚铰。当三个铰都是虚铰时，成为三刚片六链杆的情况。此时要求三虚铰既不能共线，也不能重合（若三铰都为无穷远虚铰，则要求不能在同一方向）。否则，都会成为瞬变体系。

6.2.3 二元体规则

所谓二元体，是指用铰相连但不共线的二链杆。图 6.11 (a) 所示即为一个二元体，其中铰 B 可称为二元体的顶铰。二元体用三个铰的符号加连线表示，顶铰的符号应放在中间，因此图 6.11 (a) 所示的二元体可记为 A-B-C。在“两刚片规则一”中，把一个刚片变换成其两个铰之间的一根链杆，则形成在另一刚片上增加一个二元体的情况 [图 6.11 (b)]。这时“铰与链杆不共线”的条件应变成“二元体三铰不共线”，否则成为几何瞬变体系 [图 6.9 (a)]。因此，有如下二元体规则：在刚片上增加二元体，只要二元体的三铰不共线，则构成无多余约束的几何不变体系。

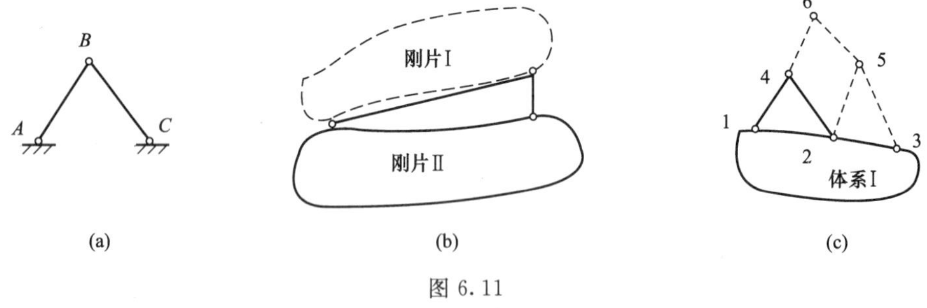

图 6.11

二元体规则还可推广为：在一个体系中增加或去除二元体，不会改变原体系的几何组成性质。如图 6.11 (c) 所示，在体系Ⅰ上增加二元体 1-4-2、2-5-3、4-6-5 所得整个体系与原体系Ⅰ的几何组成性质相同；反之，从整个体系中依次去除二元体 4-6-5、2-5-3、1-4-2后所余体系Ⅰ与原整体的几何组成性质亦相同。因此，对体系进行几何分析时，为简化起见，常将体系中能去除的二元件尽可能去除干净。

6.3　几何组成分析方法

对体系作几何组成分析时，首先计算出体系的内部计算自由度 D。若 $D>0$ 则必为几何可变体系，又可分为几何恒变体系和几何瞬变体系；若 $D\leqslant 0$ 则有可能为几何不变或几何可变体系，尚需按几何不变体系的组成规则进一步分析才能作出准确判断。故体系几何组成分析步骤如图 6.12 所示。

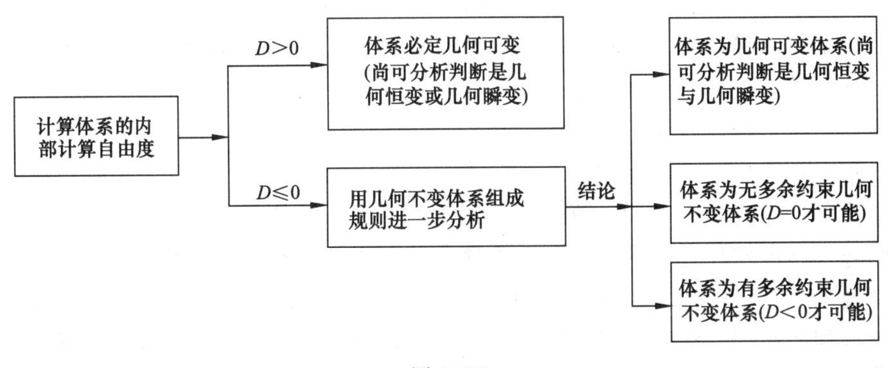

图 6.12

为了能在几何组成分析时用符号表达，使叙述简明，特作如下表示方法规定。

(1) 刚片：在其名称符号外加方括号表示。如基础刚片Ⅰ可记为［基础］或［Ⅰ］。几何不变体系也是刚片，也可用这种表示方法。例如，某体系中 $ABCD$ 部分若为无多余约束几何不变体系，则直接记为 $[ABCD]$；若为多余 x 个约束的几何不变体系，则将 x 记为下标 $[ABCD]_x$。

(2) 铰：在其名称符号外加圆括号表示。例如，铰 A 可记为 (A)

(3) 链杆：在其两端符号中间加连线表示。例如，链杆 AB 可记为 A-B。

(4) 几何可变体系：在其名称符号外加花括号表示。例如，某体系中 EFG 部分为几何可变体系，则可记为 $\{EFG\}$。

(5) 刚片间的连接与增加二元体用“＋”表示。去除体系中的二元体用“－”表示。新体系形成用“＝”表示。

【例 6.2】 试分析图 6.13 (a) 所示体系的几何组成性质。

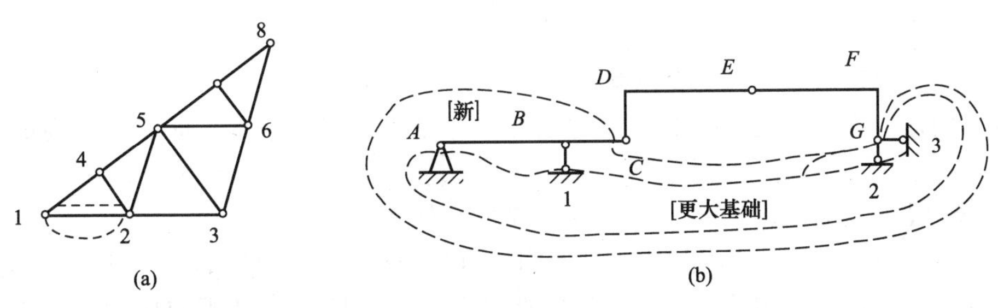

图 6.13

解　(1) 首先计算体系的“内部计算自由度”：由于这是一个与基础没有连接的体系，因此计算自由度时一定要注意“内部”特性，参考坐标系一定要建立在体系中的某刚片上，即计算刚片数时不能把参照刚片计算在内。本题可选链杆12为参照刚片，则刚片数$n=12$，单铰数$h=1\times2+2\times3+3\times2+4=18$，故内部计算自由度为

$$D=12\times3-18\times2=0$$

内部计算自由度为0，不能直接判断体系几何组成性质，尚需进一步分析。

(2) 分析：先把链杆12看作刚片，即[12]，并圈出来(注意：圈划刚片时，连接铰不要划在刚片内)。由二元体规则，可写出如下表达式：

[12]+1-4-2+4-5-2+5-3-2+5-6-3+5-7-6+7-8-6=[整个体系]

由于每一步都恰好符合二元体规则，说明整个体系是无多余约束的几何不变体系，故直接用方括号括起来。

本题也可用去除二元体的方法：

整个体系−7-8-6−5-7-6−5-6-3−5-3-2−4-5-2−1-4-2=1-2(二元体规则)

最后剩下的链杆显然几何不变，故整个原体系为几何不变体系。

一般的，内部计算自由度为0时，若体系几何不变，则无多余约束。

本题的体系有一个重要特征：全部由三角形图形构成，每一个三角形都由三根链杆铰接而成。这种体系称为铰接三角形体系。于是可得出一个结论：**铰接三角形体系是无多余约束的几何不变体系。**

【例6.3】　试分析图6.13(b)所示体系的几何组成性质。

解　(1) 首先计算体系的“内部计算自由度”：由于这是一个与基础有连接的体系，参考系建立在基础上，基础刚片不能计算在刚片数内，于是$n=6$。单铰数$h=9$，故内部计算自由度为

$$D=6\times3-9\times2=0$$

内部计算自由度为0，不能直接判断体系几何组成性质，尚需进一步分析。

(2) 分析：先划出基础刚片如图6.13(b)所示。同时，添加符号1、2、3。于是

[基础]+2-G-3=[更大基础]　　(二元体规则)

$$[\text{更大}\underbrace{\text{基础}]+[ABC}_{(A)、B\text{-}1}]\xrightarrow[\text{不共线}]{(A)、B\text{-}1}[\text{新}]\qquad(\text{两刚片规则})$$

$$\underbrace{\overbrace{[\text{新}]+[CD}^{(C)}\overbrace{E]+[EFG}^{(E)}]}_{(G)}\xrightarrow[(C)\text{不共线}]{(G)、(E)}[\text{整体}]\qquad(\text{三刚片规则})$$

该体系为无多余约束的几何不变体系。

从本题知：今后可把基础上增加的二元体直接划入基础刚片，形成如本题的[更大基础]。

【例6.4】　试分析图6.14(a)所示体系的几何组成性质。

解　(1) 首先计算体系的“内部计算自由度”：体系中ADC和BEC两部分均为铰接三角形体系，直接划成刚片。同时，把链杆AG、DF、EF、BH看成刚片。由于体系与基础相连，参考系建立在基础上，于是基础刚片不能计算在刚片数内，刚片数$n=6$。单

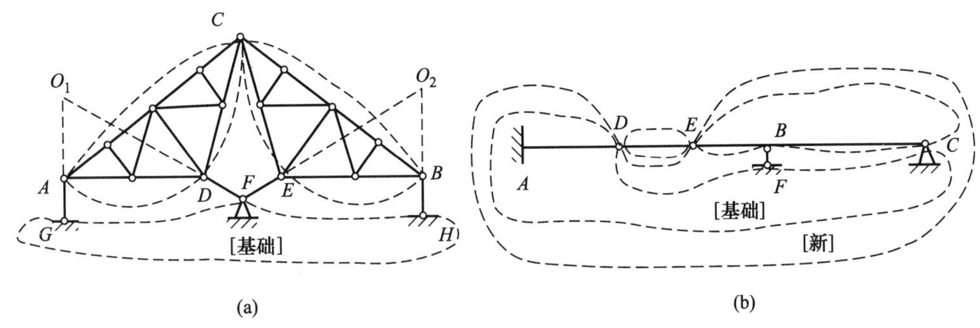

图 6.14

铰数 $h=9$（注意 F 铰是连接 3 个刚片的复铰!），内部计算自由度为

$$D=6\times3-9\times2=0$$

内部计算自由度为 0，不能直接判断体系几何组成性质，尚需进一步分析。

（2）分析：用表达式写出分析过程

虚(O_1)

A-G+D-F　(C)

[基础]+[ACD][BEC] $\xlongequal{\text{虚}(O_1)\text{、虚}(O_2)\text{、}(C)\text{不共线}}$ [整体]　（三刚片规则）

E-F+B-H

虚（O_2）

该体系为无多余约束的几何不变体系。

【例 6.5】　试分析图 6.14（b）所示体系的几何组成性质。

解　（1）首先计算体系的“内部计算自由度”：体系中，杆 AD 和基础、铰 C 支座和基础都是刚性连接，可直接划成一个基础刚片，如图 6.14（b）所示。同时，把杆 DE、EBC 和链杆 BF 看成刚片。由于体系与基础相连，参考系建立在基础上，基础刚片不能计算在刚片数内，于是刚片数 $n=3$。单铰数 $h=5$，故内部计算自由度为

$$D=3\times3-5\times2=-1$$

基础内部计算自由度小于零，说明体系有可能为几何不变体系，且有可能有多余约束，尚需进一步分析。

（2）分析：由观察图 6.14（b）知体系中刚片 EBC 和基础刚片之间符合两刚片规则。

[基础]+[EBC] $\xlongequal{(C)\text{和 } B\text{-}F\text{ 不共线}}$ [新]　　　（两刚片规则）

(C)、B-F

于是，体系又形成两刚片格局，只需不共线的一铰一链杆就能连成无多余约束的几何不变体系，但此处用了两个铰相连：

$$[\text{新}]+[DE]=\!=\!=[\text{整个体系}]_1$$

(D)、(E)

整个体系为几何不变体系，且多余一个约束。

一般地，内部计算自由度小于零时，若体系几何不变，则有多余约束，多余约束的个数等于内部计算自由度绝对值。

本题还可用另一种分析方法：由于杆 DE 只有两个铰与外部相连，也可看成链杆，体系就可看成由［EBC］和［基础］两刚片构成，故可用两刚片规则：

$$[\text{基础}]+[EBC]\xrightarrow[\text{但多余一个链杆 }D\text{-}E]{(C)\text{和 }B\text{-}F\text{ 不共线}}[\text{整个体系}]_1$$

(C)、B-F、D-E

注意：因为 (C) 和 D-E 共线，故不能首先考虑用它们组合来连接两刚片。只有在没有其他连接方式时，才考虑这种组合。

【例 6.6】 试分析图 6.15 (a) 所示体系的几何组成性质。

解 (1) 首先计算体系的"内部计算自由度"：体系中，杆［12345］和基础用五根链杆连接，计算自由度时五根链杆可看作五个刚片。参考系建立在基础上，基础刚片不能计算在刚片数内，于是刚片数 $n=6$。单铰数 $h=10$，故内部计算自由度为

$$D=6\times3-10\times2=-2$$

内部计算自由度小于零，不能直接判断体系几何组成性质，尚需进一步分析。

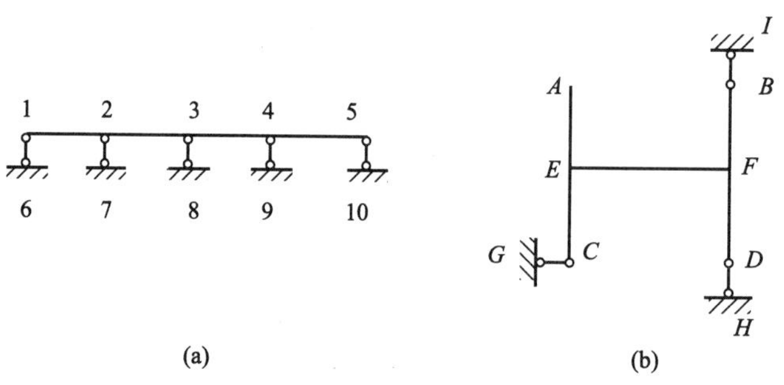

图 6.15

(2) 分析：体系中除五根链杆外，只有［12345］和［基础］两个刚片，适用两刚片规则。

$$[\text{基础}]+[12345]\xrightarrow[\text{等长且全平行}]{1\text{-}6、2\text{-}7、3\text{-}8、4\text{-}9、5\text{-}10}\{\text{整个体系}\}$$

1-6、2-7、3-8、4-9、5-10

整个体系为几何可变体系，且为几何恒变体系。由图 6.15 (a) 可知，该体系的真实自由度 $D=1>0$，必为几何可变体系。这道题再次说明，内部计算自由度小于零的体系仍有可能为几何可变体系。

【例 6-7】 试分析图 6.15 (b) 所示体系的几何组成性质。

解 (1) 首先计算体系的"内部计算自由度"：体系中，杆 AC、BD、EF 通过刚结点 E、F 刚性连接在一起，成为一个刚片，记为［$ABCD$］。计算自由度时三根链杆可看作三个刚片。参考系建立在基础上，基础刚片不能计算在刚片数内，于是刚片数 $n=4$。单铰数 $h=6$，故内部计算自由度为

$$D=4\times3-6\times2=0$$

内部计算自由度等于零，不能直接判断体系几何组成性质，尚需进一步分析。

(2) 分析：体系中除三根链杆外，只有［$ABCD$］和［基础］两个刚片，适用两刚片规则。

$$\underbrace{[\text{基础}]+[ABCD]}_{C\text{-}G、D\text{-}H、B\text{-}I}\xrightarrow[\text{汇交于}D\text{点}]{C\text{-}G、D\text{-}H、B\text{-}I}\{\text{整个体系}\}$$

整个体系为几何可变体系，且为几何瞬变体系。这道题又一次说明，内部计算自由度等于零的体系仍有可能为几何可变体系。

6.4　结构的静定与超静定概念、杆件结构分类

6.4.1　结构的静定与超静定概念

从 3.3 节知，由 n 个物体组成的物系，一般可列出 $3n$ 个独立平衡方程，若未知量个数等于 $3n$，则全部未知量可由 $3n$ 个（静力）平衡方程确定，这种问题称为静定问题。反之，未知量个数超过 $3n$ 的问题，则称为超静定问题。

如果结构是静定的，则称为静定结构。如果结构是超静定的，则称为超静定结构。其实，静定结构的全部约束反力和任一杆件的任意横截面内力均可由静力平衡方程求出。

6.4.2　结构的静定性与几何组成性质的关系

如前所述，结构体系必须是几何不变体系，其内部计算自由度 $D\leqslant0$。从内部计算自由度式 (6-1)$D=n\times3-h\times2$ 可知：第一项的 $3n$ 是指整个体系 n 个物体的相对自由度总数，它正好是体系能列出的独立平衡方程数；第二项的 $2h$ 是整个体系约束个数，就是体系未知量的个数。因此，当结构体系的内部计算自由度 $D=0$ 时，体系无多余约束时，未知量的个数就等于能列出的独立平衡方程数，故为静定结构。如果结构体系的内部计算自由度 $D<0$，体系有多余约束时，未知量的个数就超过了能列出的独立平衡方程数，故为超静定结构。即从几何组成性质看，静定结构必为无多余约束的几何不变体系，超静定结构必为有多余约束的几何不变体系。于是，今后可以从结构的几何组成性质判断其求解性质是静定的还是超静定的。

6.4.3　杆件结构分类

杆件结构除如上所述可按求解性质分为静定结构和超静定结构外，还可按结构体系中各杆在空间中的分布状况分为空间杆件结构和平面杆件结构。空间杆件结构是指杆件结构体系中的各杆轴线分布于一定立体空间范围内。平面杆件结构则是指杆件结构体系中的各杆轴线分布于同一个平面内。本书只讨论平面杆件结构。

平面杆件结构根据其受力和变形特点，可分为如下五类。

(1) 梁。梁是指杆件轴线水平、以弯曲变形为主的杆件结构。梁又分为单跨梁

[图 6.16 (a)]、多跨静定梁 [图 6.16 (b)、(c)]。如果杆件结构中杆件轴线倾斜、但也以弯曲变形为主，通常称为斜梁 [图 6.16 (d)]。相对于后者，前者又称平梁。

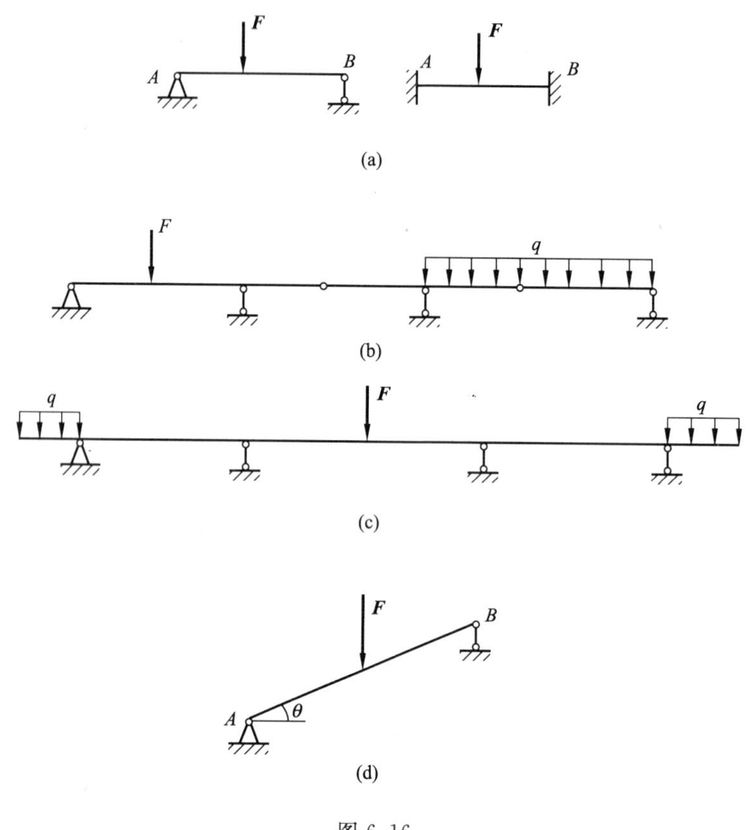

图 6.16

(2) 刚架。刚架是由梁、柱以刚结点相连而成的结构 [图 6.17 所示为无侧移单层刚架，图 (a) 是单结点刚架；图 (b) 是多结点刚架]。刚架结构中梁、柱以弯曲变形为主。刚架结构通常又称框架结构。

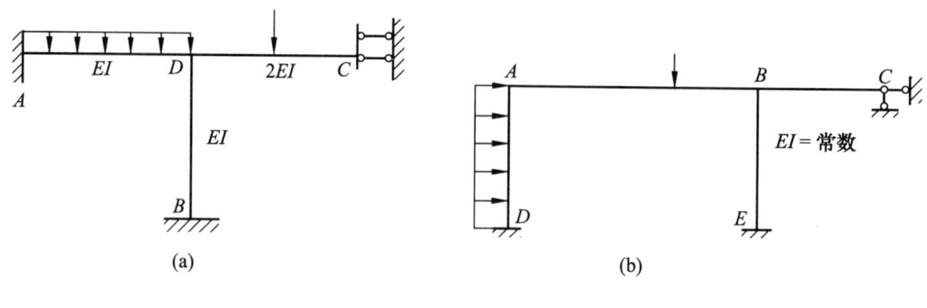

图 6.17

(3) 拱。拱是曲线形杆与基础相连成几何不变体系，且在竖直荷载下会产生水平反力（又称水平推力）的结构，如图 6.18 所示，图 (a) 是三铰拱；图 (b) 是两铰拱；图 (c) 是无铰拱。

(4) 桁架。桁架是若干直杆全部由铰结点相连而成、全部荷载只作用在结点上的结构

(图 6.19)。桁架各杆都是二力杆(链杆),内力都只有轴力。

(5) 组合结构。组合结构是杆件结构的结点既有铰结点,又有刚结点,有时还有组合结点的结构(图 6.20)。其荷载既可以是在结点上,又可以是在杆件上组合结构中既有弯曲变形杆,又有二力杆。

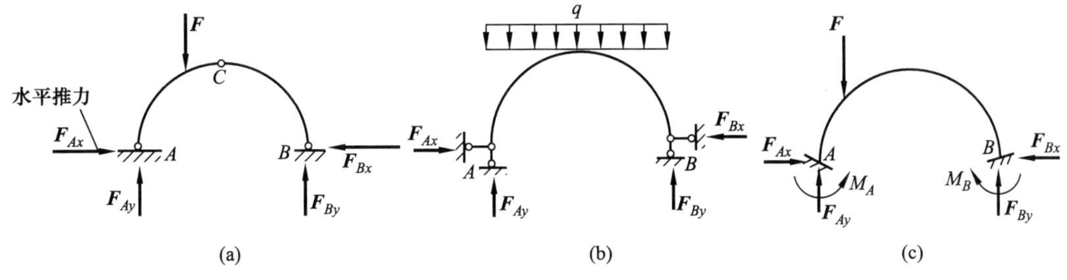

图 6.18

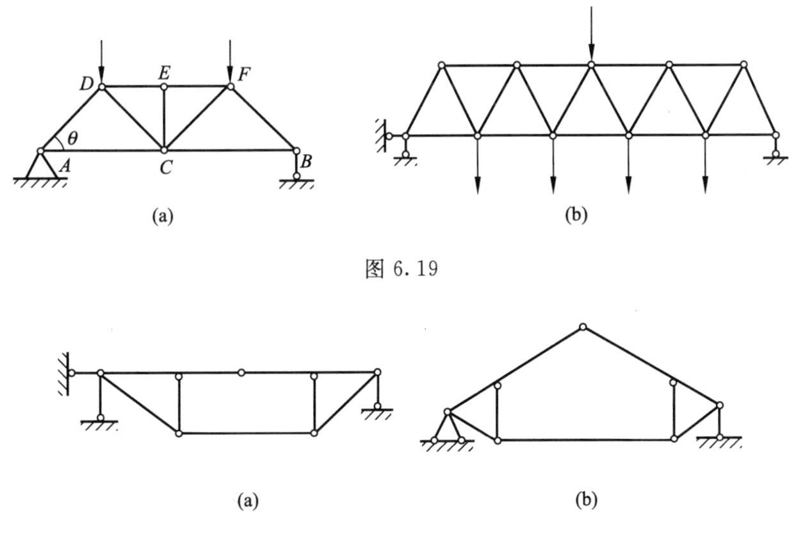

图 6.19

图 6.20

本章提要

1. 几何不变体系:在受到任意方向的外力作用或外部干扰时,如果不考虑杆件的弯曲或伸缩变形,几何形状或各部分的位置都不发生改变的体系。在平面问题中,几何不变体系又称**刚片**。几何不变体系分为无多余约束和有多余约束两类。

2. 几何可变体系:在受到任意方向的外力作用或外部干扰时,即使不考虑杆件的弯曲或伸缩变形,几何形状或各部分的位置也会发生改变的体系。几何可变体系分为几何瞬变体系(即只是在最初瞬间几何可变,而一旦移动微小距离,就立即成为几何不变体系的体系)和几何恒变体系(即体系几何可变的性质不会因体系形状或相对位置的改变而改变,永远几何可变的体系)两类。

3. 体系几何组成分析方法。

（1）依次去除体系中的二元体，去除得越多越好。

（2）若内部计算自由度大于零，则可判断原体系为几何可变体系。分析所得简化体系各刚片的关系，进一步判断是几何瞬变体系还是几何恒变体系。

（3）若内部计算自由度小于或等于零，分析所得简化体系各刚片的关系，进一步判断是几何可变体系（尚可进一步确定几何瞬变体系或几何恒变体系）还是几何不变体系（尚可进一步确定有无多余约束）。

4. 杆件结构分类。

（1）按求解性质分为静定结构和超静定结构。静定结构为无多余约束的几何不变体系，超静定结构为有多余约束的几何不变体系。

（2）按结构体系中各杆在空间中的分布状况分为空间杆件结构和平面杆件结构。

（3）平面杆件结构按受力和变形特点，可分为五类：梁、刚架、拱、桁架和组合结构。

思考题

6-1　本章所讨论的“体系”是什么？为什么说成“几何体系”？

6-2　什么是几何不变体系？

6-3　什么是几何可变体系？

6-4　体系的几何组成性质是指什么？什么样的体系才能用作工程结构体系？

6-5　什么是几何组成分析？

6-6　体系自由度的含义是什么

6-7　约束是如何量化的？在平面内链杆、单铰、固定端的约束量各是多少？

6-8　什么是复铰？如何计算复铰的约束量？

6-9　什么是实铰？什么是虚铰？

6-10　平面体系的自由度如何计算？什么是内部计算自由度？计算自由度与实际自由度有何区别？

6-11　体系内部计算自由度与其几何组成性质的关系是什么？

6-12　什么是体系的多余约束？有多余约束的体系一定几何不变吗？

6-13　两刚片规则有几种形式？试述每种形式规则的含义？

6-14　试述三刚片规则的含义。三刚片规则能仿两刚片规则变换一下形式吗？

6-15　什么是二元体？试述二元体规则的含义。

6-16　什么是几何瞬变体系？为什么工程结构不能使用几何瞬变体系？

6-17　试述体系几何组成分析方法。

习　题

6-1　试分析确定图 6.21 所示体系的几何组成性质。

6-2　试分析确定图 6.22 所示体系的几何组成性质。

6-3　试分析确定图 6.23 所示体系的几何组成性质。

6-4　试分析确定图 6.24 所示体系的几何组成性质。

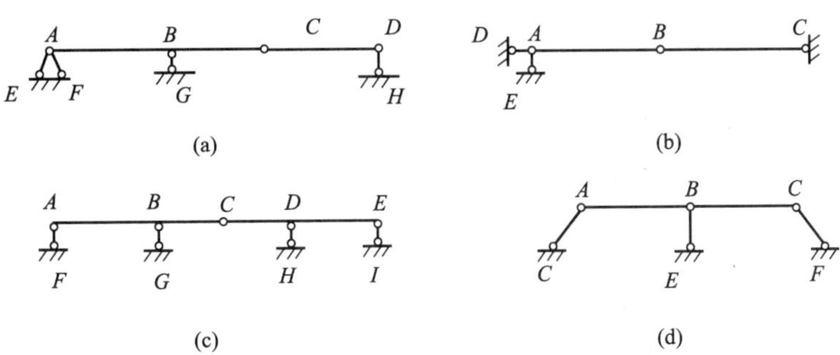

图 6.21

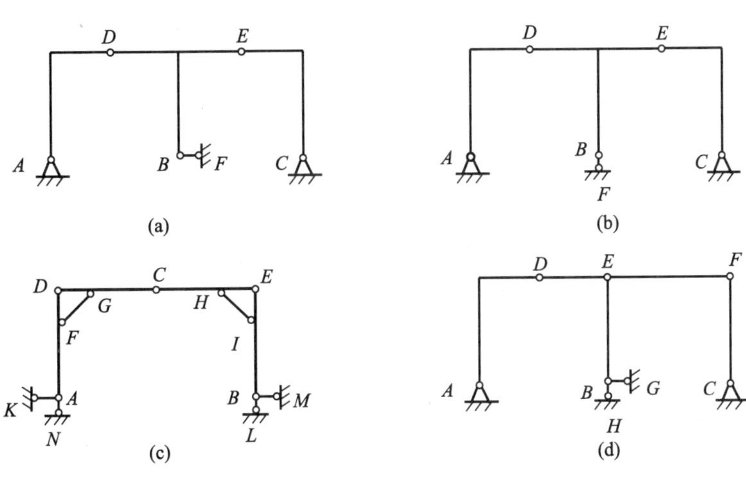

图 6.22

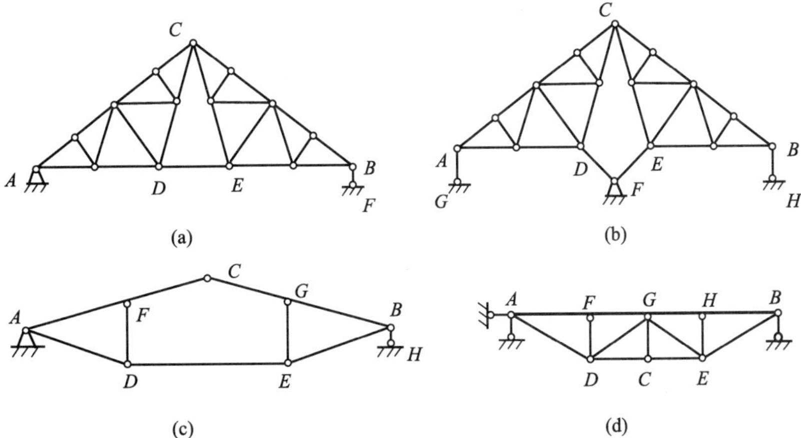

图 6.23

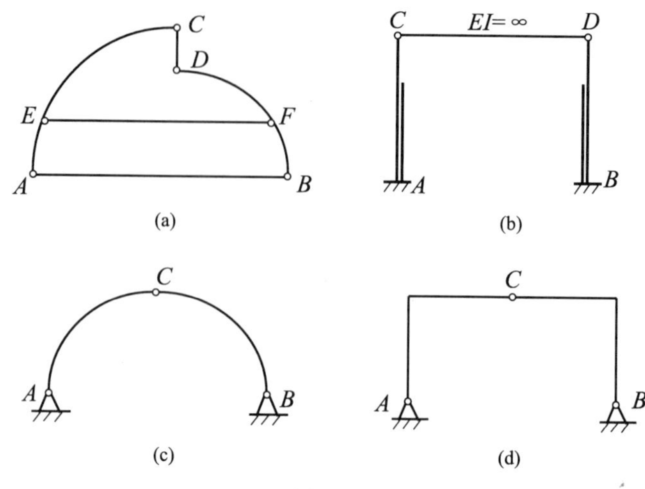

图 6.24

第7章　静定梁的内力计算

【教学目标】

要求学生掌握静定梁的种类，熟悉静定梁横截面上的内力形式，能够用截面法计算静定梁的内力，熟悉荷载、弯矩和剪力之间的微分关系的用途，掌握绘制静定梁弯矩图和剪力图的方法和步骤。掌握叠加原理。熟悉绘制多跨静定梁内力的方法与步骤。

【教学要求】

知识要点	能力要求	相关知识
静定梁的种类和计算简图	(1)能够正确选取静定梁的计算简图 (2)熟悉静定梁种类及作用 (3)掌握静定梁的力学特性	(1)静定梁计算简图简化的要点和步骤 (2)工程中常用的三种单跨静定梁的计算简图 (3)单跨静定梁的力学特性
用截面法计算静定梁的内力	(1)能合理选择静定梁的横截面为计算截面 (2)能正确计算静定梁横截面上的弯矩 (3)能正确计算静定梁横截面上的剪力 (4)能对内力计算结果进行校核	(1)选取横截面的方法类型 (2)用静力平衡方程计算弯矩的方法 (3)用静力平衡方程计算剪力的方法
单跨静定梁内力图的绘制	(1)熟悉弯矩方程的建立方法和弯矩图的作法 (2)熟悉剪力方程的建立方法和剪力图的作法 (3)能合理应用荷载、弯矩和剪力之间的微分关系判定内力图的特性 (4)能正确应用叠加原理绘制静定梁的内力图	(1)弯矩方程的建立和在绘制弯矩图中的应用 (2)剪力方程的建立和在绘制剪力图中的应用 (3)荷载、弯矩和剪力之间的微分关系及其在作内力图中的应用 (4)叠加原理和作内力图时的应用
多跨静定梁内力图的绘制	(1)能正确判定多跨静定梁的类型和特性 (2)能正确绘制多跨静定梁的分层简图 (3)能正确绘制多跨静定梁的内力图 (4)能正确组建多跨静定梁	(1)多跨静定梁的类型 (2)多跨静定梁的受力特点和分层作用简图 (3)多跨静定梁内力计算步骤和绘制内力图的方法步骤

7.1　单跨静定梁的内力计算

7.1.1　工程中的弯曲现象

建筑工程中经常遇到一类杆件，其在处加作用下的变形是杆轴线由直线弯成曲线，杆件的这种变形称为弯曲变形。以弯曲变形为主要变形、轴线水平或倾斜的杆件，工程中通常称为梁，前者叫平梁（简称梁，后者叫斜梁）。

梁是在工程中应用得非常广泛的一种构件。例如阳台挑梁（图 7.1）、桥式吊车梁（图 7.2）、火车轮轴（图 7.3），以及水利工程中的闸门立柱（图 7.4）等。

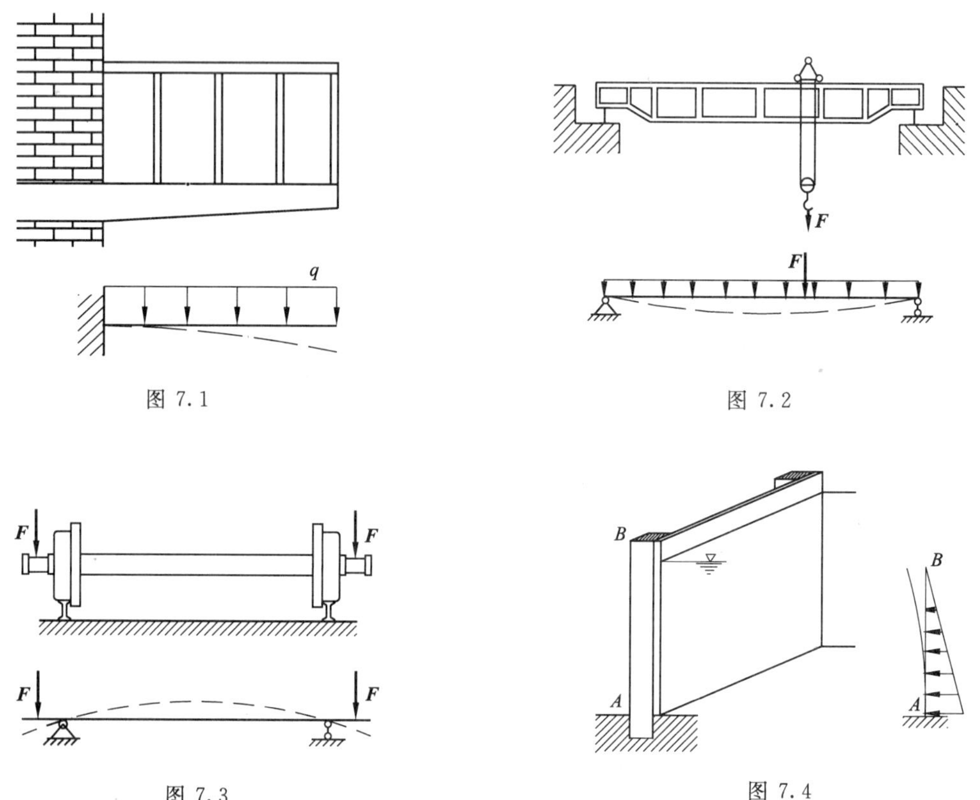

图 7.1　　图 7.2

图 7.3　　图 7.4

凡是只需用静力平衡方程就能够求出全部反力和内力的梁称为静定梁。在静定梁中，如果只有一跨，则称为单跨静定梁，本章研究单跨静定梁的内力。

7.1.2　梁的平面弯曲的概念

工程中最常见的梁，其横截面通常都采用对称形状，如矩形、圆形、工字形及 T 形等，其横截面都具有至少一个对称轴（图 7.5 中的 y 轴）。梁横截面对称轴与梁轴线所组成的平面称为梁的纵向对称平面（图 7.6）。如果作用在梁上的外力或外力偶都在梁的纵向对称平面内，则梁的轴线将在这个纵向对称面内弯曲成一条平面曲线，这样的弯曲变形称为平面弯曲。

本教材仅研究直梁的平面弯曲，以后不再说明。

7.1.3　截面法求梁的内力——剪力与弯矩

为了以后梁的强度和刚度计算的需要，应首先确定梁在外荷载作用下任一截面的内力。计算梁内力的方法仍然是截面法。

现以图 7.7（a）所示的简支梁为例，求其任一横截面 m—m 上的内力。根据梁的静

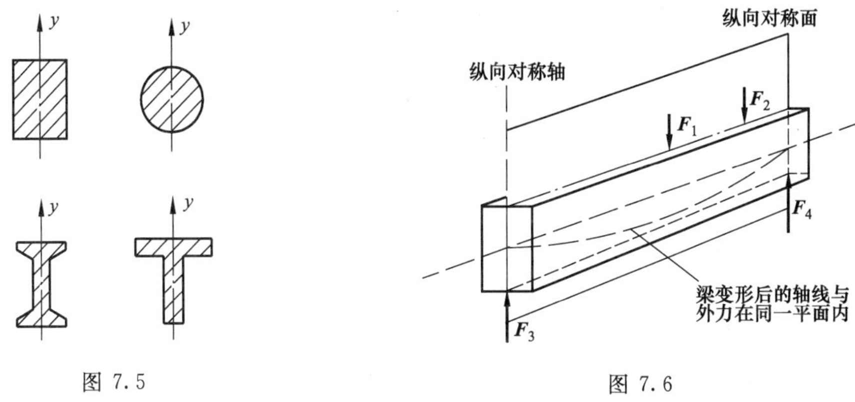

图 7.5　　　　图 7.6

由于截面两侧都有支座，因此需先求出梁在荷载作用下的支座反力 $\boldsymbol{F}_{Ay}$ 和 $\boldsymbol{F}_B$ [图 7.7 (b)]，再用截面法分析计算截面的内力。

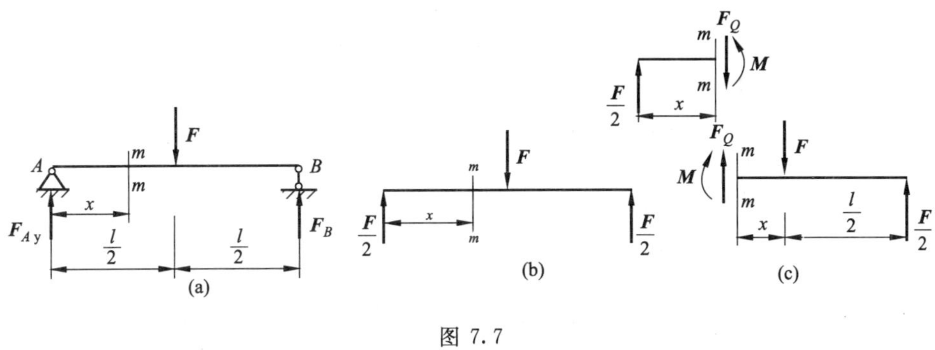

图 7.7

首先，对 AB 梁整体建立平衡方程，求解梁的支座反力。

由 $\sum M_A=0$，有

$$F_B\times l-F\times\frac{l}{2}=0 \quad 得 \quad F_B=\frac{F}{2}$$

由 $\sum F_y=0$，有

$$F_{Ay}+F_{By}-F=0 \quad 得\ F_{Ay}=\frac{F}{2}$$

其次，将梁在 m—m 截面处假想地截开，成为左、右两段。任选一段，例如取左段作为研究对象 [图 7.7 (c)]，截面以左部分梁应处于平衡态，要保持该部分梁的平衡状态，截面上必定有一个作用线与 $\boldsymbol{F}_{Ay}$ 平行而指向与 $\boldsymbol{F}_{Ay}$ 相反的内力，设此内力为 $\boldsymbol{F}_Q$。对该左段梁建立平衡方程

由 $\sum \boldsymbol{F}_y=0$，有

$$\frac{F}{2}-F_Q=0 \quad 得\ F_Q=\frac{F}{2}$$

又由图 7.7 (c) 所示的左段梁可知，$\boldsymbol{F}_{Ay}$ 与 $\boldsymbol{F}_Q$ 实际上构成了一对顺时针转的力偶，该力偶的力偶矩的大小为 $\frac{F}{2}x$，为了与其保持平衡，在 m—m 截面上还必然有一个内力偶，设此内力偶为 $\boldsymbol{M}$。

以横截面 $m—m$ 的形心 O 为矩心，对该段梁建立力矩方程，由

由 $\sum M_O=0$，有

$$M-\frac{F}{2}x=0 \quad 得\ M=\frac{F}{2}x$$

由于水平方向的外力为零，因此，梁横截面上无水平方向内力。

如取右段为研究对象，同样可以求得横截面 $m—m$ 上的内力 $\boldsymbol{F}_Q$ 和 $\boldsymbol{M}$，两者大小相等、方向相反［图 7.7（c）］。

内力 $\boldsymbol{F}_Q$ 会使横截面产生相对错动，好像剪刀对被剪物体的力，故称为剪力。内力偶 $\boldsymbol{M}$ 会使梁轴线产生弯曲，故其矩值称为弯矩。平梁在竖向外力成纵向外力偶的作用下，一般只有剪力和弯矩两种内力。

由上面的叙述还可以得知，求横截面上内力的方法如下。

欲求内力，先求外力；假象切开，弃去一半；代之以力，平衡求解。

7.1.4 剪力、弯矩的正负规定

为了使无论取左段梁还是取右段梁得到的同一横截面上的 $\boldsymbol{F}_Q$ 和 $\boldsymbol{M}$ 不仅大小相等，而且正负号一致，为此，需根据变形来规定 $\boldsymbol{F}_Q$ 和 $\boldsymbol{M}$ 的正负号。

剪力正负号规定：梁横截面上的剪力对所取梁段内任一点的矩为顺时针方向转动时为正，逆时针方向转动时为负（图 7.8）。

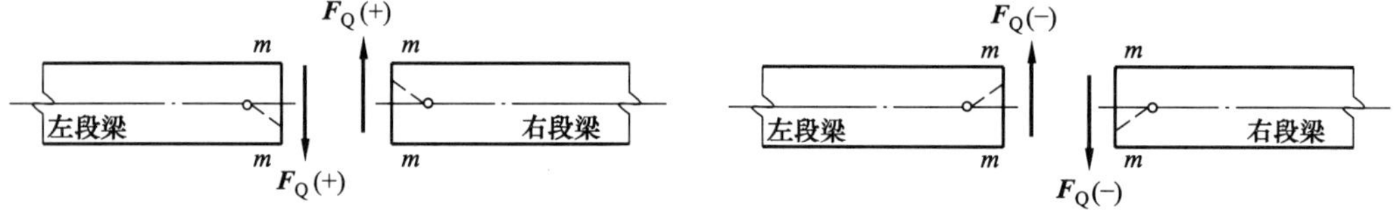

图 7.8

弯矩正负号规定：梁横截面上的弯矩 $\boldsymbol{M}$ 使梁段产生上边缘纤维受压、下边缘纤维受拉时为正，反之为负（图 7.9）。

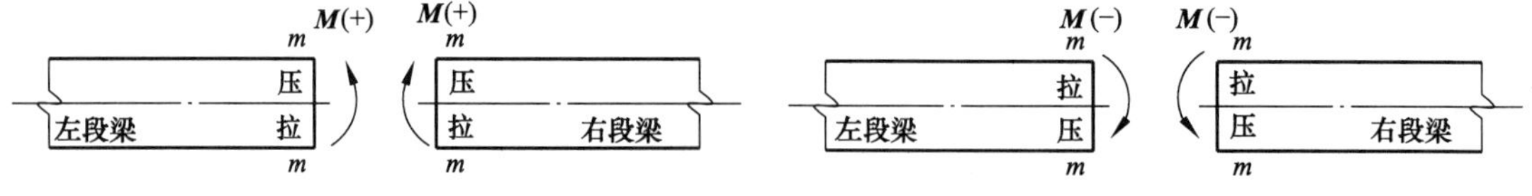

图 7.9

根据上述正负号规定，在图 7.7（c）所示情况中，横截面 $m—m$ 上的剪力和弯矩均为正。

在用截面法求弯曲内力时，剪力、弯矩的方向一般按正方向假设，以免引起计算混乱。

下面举例说明如何用截面法计算梁在指定截面上的剪力和弯矩。

【例 7.1】 外伸梁受荷载如图 7.10（a）所示。试求横截面 1—1、2—2、3—3 上的剪力和弯矩。其中截面 1—1 无限接近集中力 6kN 作用截面右侧，截面 2－2、3－3 分别无

限接近支座 B 左右两侧，以后类似情况不再说明。

解　(1) 首先要求出梁的所有外力，由于外荷载已知，本题只需计算支座反力。

选整体梁为研究对象［图 7.10 (a)］，其中均布荷载在分布长度内可以合成为集中力，即 $F=q\times1=2\times2$ kN，合力的作用位置在分布长度的一半处。

由 $\sum M_A=0$，有

$$-4-6\times2+F_B\times4-F\times5=0\quad 得\ F_B=9\text{kN}$$

由 $\sum F_y=0$，有

$$F_{Ay}+F_B-6-F=0\quad 得\ F_{Ay}=1\text{kN}$$

校核：由 $\sum M_B=-F_{Ay}\times4-4+6\times2-F\times1=(-1\times4-4+6\times2-2\times2\times1)\text{kN}\cdot\text{m}=0$

说明上述支座反力计算正确。

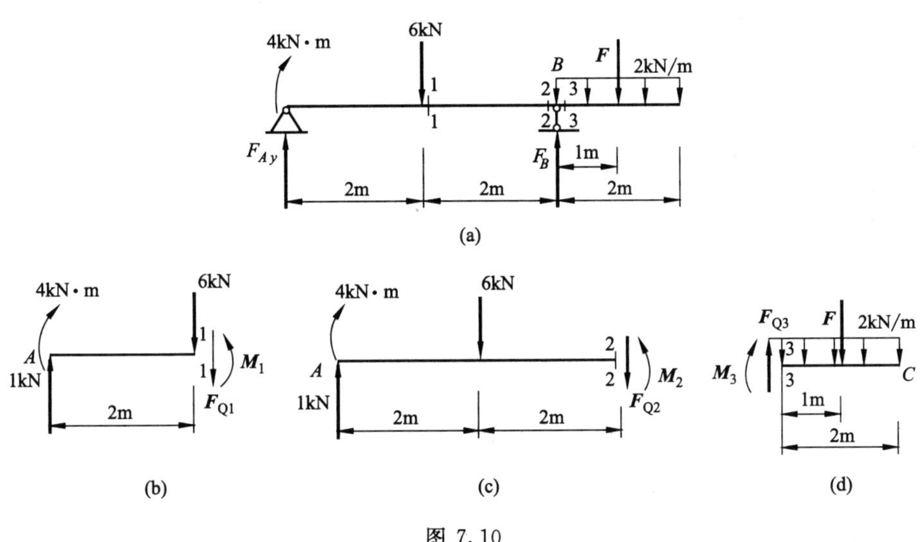

图 7.10

(2) 求横截面 1—1 上的剪力和弯矩。

假想沿截面 1—1 把梁截开成两段，因左段梁受力较简单，故取它分析，并设截面上的剪力 F_{Q1} 和弯矩 M_1 均为正［图 7.10 (b)］。列出平衡方程

由 $\sum F_y=0$，有 $1-6-F_{Q1}=0$　$F_{Q1}=(1-6)\text{kN}$　得 $F_{Q1}=-5\text{kN}$

由 $\sum M_O=0$，下标 O 为截面形心，有 $-1\times2-4+6\times0+M_1=0$　$M_1=(1\times2+4-0)$ kN·m 得 $M_1=6\text{kN}\cdot\text{m}$

计算结果 $\boldsymbol{F}_{Q1}$ **为负，表明** $\boldsymbol{F}_{Q1}$ 的实际方向与假设方向相反，即 $\boldsymbol{F}_{Q1}$ 为负剪力。弯矩 M_1 为正，表明截面的下侧纤维受拉。

(3) 求横截面 2—2 上的剪力和弯矩。假想沿截面 2—2 把梁截开成两段，仍取左段梁分析，设截面上的剪力 $\boldsymbol{F}_{Q2}$ 和弯矩 M_2 均为正［图 7.10 (c)］。列出平衡方程

由 $\sum F_y=0$，有 $1-6-F_{Q2}=0$，$F_{Q2}=(1-6)$ kN　得 $F_{Q2}=-5\text{kN}$

由 $\sum M_O=0$，有 $-1\times4-4+6\times2+M_2=0$　$M_2=(4+4-6\times2)$ kN·m 得 $M_2=-4\text{kN}\cdot\text{m}$

计算结果 F_{Q2} 与 M_2 均为负，表明两者的实际方向与假设方向相反，即 $\boldsymbol{F}_{Q2}$ 为负剪力，M_2 为负弯矩，截面自上侧纤维受拉。

(4) 求横截面 3—3 上的剪力和弯矩。假想沿截面 3—3 把梁截开，取右段梁不涉及支座，故取它分析较简单。设截面上的剪力 F_{Q3} 和弯矩 M_3 均为正 [图 7.10 (d)]。列出平衡方程

由 $\sum F_y=0$，有 $F_{Q3}-F=0$　$F_{Q3}=(2\times2)\text{kN}$　得 $F_{Q3}=4\text{kN}$

由 $\sum M_O=0$，有 $-M_3-F\times1=0$　$M_3=(-2\times2\times1)\text{kN}\cdot\text{m}$　得 $M_3=-4\text{kN}\cdot\text{m}$

计算结果 F_{Q3} 为正，表明 $\boldsymbol{F}_{Q3}$ 的实际方向与假设方向相同，即 $\boldsymbol{F}_{Q3}$ 为正剪力。M_3 为负，表明 $\boldsymbol{M}_3$ 的实际方向与假设方向相反，$\boldsymbol{M}_3$ 为负弯矩，截面的上侧纤维受拉。

由截面 3—3 的内力计算进程知：对于悬臂梁，如果分析对象学是取截面与梁外端之间的梁段，则可不计算支座反力，从而简化计算进程。以后不再说明。

从上面例题的计算过程，可以总结出由外力直接计算梁任一截面上**内力的规律**：

(1) 梁任一横截面上的剪力 $\boldsymbol{F}_Q$ 的大小，等于该截面左边（或右边）梁段上所有横向外力的代数和。外力正负可以用口诀记忆为："左上右下处力取正，反之取负"，口诀中的"左"和"右"，指左段梁或者右段梁，"上"和"下"指荷载的方向。其中外力绕截面形心同样呈顺时针转动时，产生正剪力，反之产生负剪力，即

$$F_Q=\sum F \tag{7-1}$$

(2) 梁任一横截面上的弯矩 $\boldsymbol{M}$ 的大小，等于该截面左边（或右边）梁段上所有外力对该截面形心力矩的代数和。其代数和的方法可以用口诀记忆为："左顺右逆弯矩为正，反之为负"。口诀中的"左"和"右"，指左段梁或者右段梁，"顺"和"逆"指力矩的转向，其中外力对梁截面形心 O 之矩同样使梁段上部受压、下部受拉时，产生正弯矩，反之产生负弯矩，即

$$M=\sum M_o \tag{7-2}$$

利用上述内力规律公式式 (7-1)、式 (7-2)，可以直接根据横截面左边或右边梁上的外力来求该截面上的剪力和弯矩，而不必列出平衡方程。故称之为内力计算的简捷法。

7.2　单跨静定梁的内力图

7.2.1　剪力方程与弯矩方程

由【例 7.1】可以看出，在梁上所取的截面不同，其剪力和弯矩一般也是不同的，即剪力和弯矩沿梁轴是变化的。

如果以梁轴线作为坐标 x 表示横截面的位置，则梁各横截面的剪力和弯矩可以写成坐标 x 的函数，即

$$F_Q=F_Q(x)$$
$$M=M(x)$$

通常将它们分别称为梁的剪力方程和弯矩方程。

在建立梁的剪力方程和弯矩方程时，可以取梁的左端或右端为坐标原点，也可根据梁上荷载的分布情况分段建立，此时坐标原点可取梁段的左端或右端，集中力（包括支座反力）、集中力偶的作用点和分布荷载的起止点均为分段点。

7.2.2 根据剪力方程和弯矩方程绘制剪力图和弯矩图

梁各截面剪力和弯矩沿梁轴线的变化情况可用图形表示出来。以梁轴线为坐标 x 表示横截面的位置，以垂直于梁轴线的坐标表示相应横截面上的剪力或弯矩（剪力坐标以向上为正，弯矩坐标以向下为正），按剪力方程和弯矩方程绘出剪力和弯矩沿梁轴线的分布图形，这样的图形分别称为剪力图和弯矩图。这种绘制梁内力圆的方法称为方程法。

在这样的坐标系中，绘出的剪力图正的剪力在 x 轴的上方，负的剪力在 x 轴下方，图中应标明正负号；给出的弯矩图正的弯矩在梁的受拉边，负的弯矩在梁的受压边。

由剪力图和弯矩图可以确定梁的最大内力的数值及其所在的横截面位置，即梁的危险截面的位置，为梁的强度和刚度计算提供重要依据。

1. 梁上只有集中力作用时的剪力图和弯矩图

【例 7.2】 图 7.11（a）表示一悬臂梁，在自由端 B 处受集中力 F 作用。试绘制梁的剪力图和弯矩图。

解 （1）建立剪力方程和弯矩方程。以梁右端点 B 为坐标原点，并在 x 截面处截取右段梁为研究对象，这样可以省略 A 端点处的支座反力的计算。右段梁的受力如图 7.11（b）所示。可列方程计算出［也可直接由内力规律公式式（7.1）、式（7.2）得］剪力方程和弯矩方程分别为

$$F_Q(x)=F \quad (0<x<l) \tag{a}$$

$$M(x)=-Fx \quad (0\leqslant x\leqslant l) \tag{b}$$

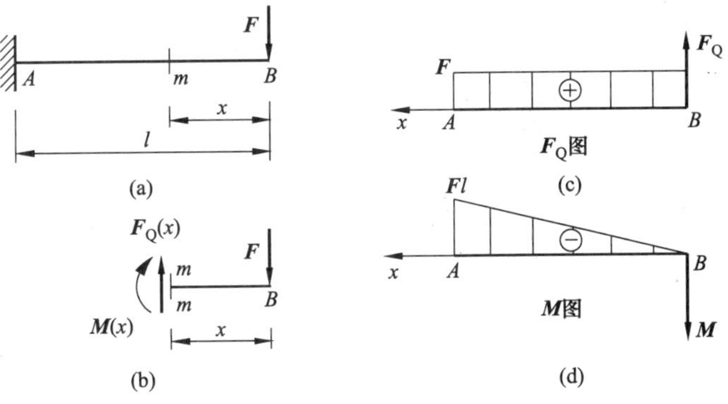

图 7.11

（2）画剪力图（F_Q 图）。式（a）表明，梁 AB 各个截面上的剪力均等于 F。所以，剪力图是一条平行于 x 轴的水平线，因为是正剪力，剪力图画在 x 轴的上方，如图 7.11（c）所示。

（3）画弯矩图（M 图）。式（b）表明，梁 AB 的弯矩是 x 的一次函数，即弯矩图是一条斜直线。因此，只要算出两个点的弯矩值就可以画出弯矩图。

取 $x=0$ 时，$M=0$；

$x=l$ 时，$M=-F_l$

在坐标系中标出点（0，0），$(l, -F_l)$ 位置，连接两点就得到 AB 梁的弯矩图，如图 7.11（d）所示。本图的弯矩图画在梁的上侧表明全梁上梁受拉。

【例 7.3】 简支梁 AB 在 C 截面处受集中力 $\boldsymbol{F}$ 作用，如图 7.12（a）所示。试绘制该梁的剪力图和弯矩图。

解 （1）计算支座反力，如图 7.12（a）所示。

由 $\sum M_A=0$，有

$$F_B\times l-F\times a=0 \quad 得\ F_B=\frac{a}{l}F$$

$\sum F_y=0$，有

$$F_{Ay}+F_B-F=0 \quad 得\ F_{Ay}=\frac{b}{l}F$$

$\sum F_x=0$ 得 $F_{Ax}=0$，图中可省去。

（2）建立剪力方程和弯矩方程。外力 $\boldsymbol{F}$ 将梁分成 AC 和 CB 两段，梁在该两段内的外力不同，与外力平衡的内力也将不同，因此梁的剪力或弯矩不能用同一方程式来表示，应分段列出。

AC 段：在 AC 段内，距 A 端 x_1 处截取左段梁为研究对象，绘出左段梁的受力图如图 7.12（b）所示。选取坐标原点为 A，剪力方程和弯矩方程如下

$$F_Q(x_1)=F_{Ay}=\frac{b}{l}F \quad (0<x_1<a) \tag{a}$$

$$M(x_1)=F_{Ay}x_1=\frac{b}{l}Fx_1 \quad (0\leqslant x_1\leqslant a) \tag{b}$$

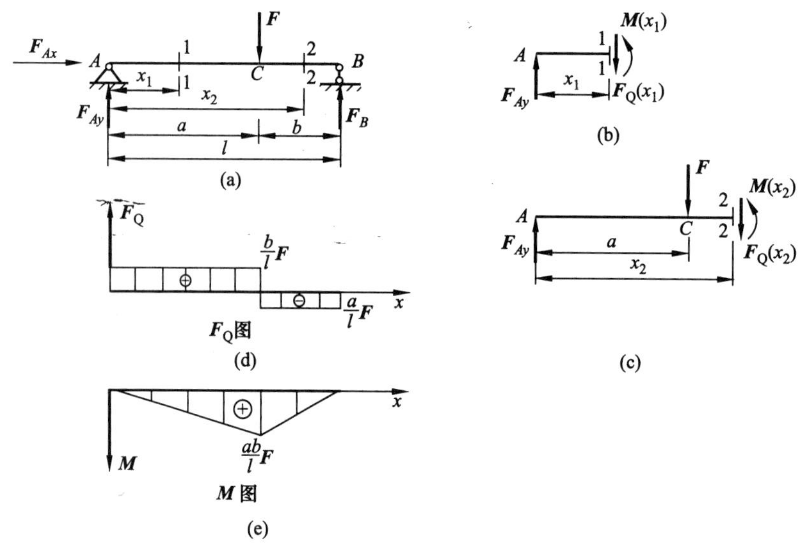

图 7.12

CB 段：在 CB 段内，距 A 端 x_2 处截取左段梁为研究对象，绘出左段梁的受力图如图 7.12（c）所示。选坐标原点为 A，剪力方程和弯矩方程如下

$$F_Q(x_2)=F_{Ay}-F=\frac{b}{l}F-F=-\frac{a}{l}F \quad (a<x_2<l) \tag{c}$$

$$M(x_2)=F_{Ay}x_2-F(x_2-a)=\frac{a}{l}F(l-x_2)\quad(a\leqslant x_2\leqslant l) \tag{d}$$

（3）分段绘制剪力图和弯矩图。由剪力方程（a）、（c）可知，两段梁的剪力图均为水平线。在向下的集中力 F 作用的 C 处，剪力图的数值由 $\left(+\frac{b}{l}F\right)$ 突变为 $\left(-\frac{a}{l}F\right)$，突变值等于集中力 F 的数值［图 7.12（d）］。由弯矩方程（b）、（d）知，两段梁的弯矩图均为斜直线，但两直线的斜率不同［图 7.12（e）］。各主要控制点的剪力、弯矩值为

当 $x_1=0$ 时，　$F_{QA右}=+\frac{b}{l}F$　$M_A=0$

$x_1=a$ 时，　$F_{QC左}=+\frac{b}{l}F$　$M_C=\frac{ab}{l}F$

当　$x_2=a$ 时，　$F_{QC右}=-\frac{a}{l}F$　$M_C=\frac{ab}{l}F$

$x_2=l$ 时，F_{QB}左$=-\frac{a}{l}F$　$M_B=0$

根据以上计算，由此可以画出梁的剪力图和弯矩图，如图 7.12（d）和图 7.12（e）所示。

对于简支梁上作用有集中力的一种特殊情况为，集中力位于梁的中点，如图 7.13（a）所示，即

$a=b=\frac{l}{2}$ 时的剪力图、弯矩图如图 7.13（b）、（c）所示。

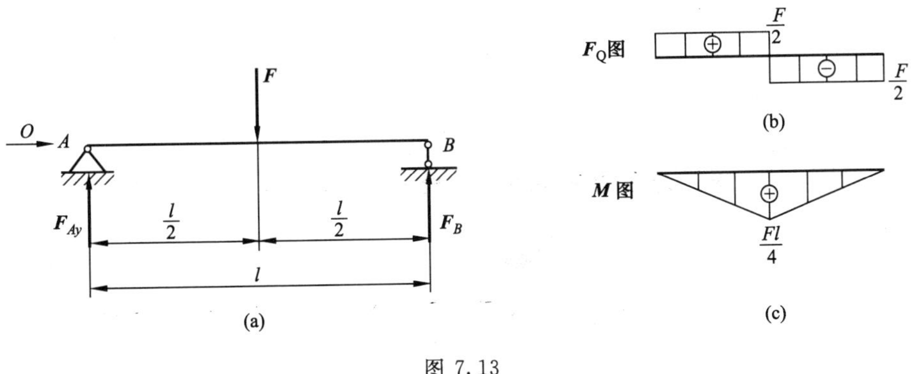

图 7.13

为了简便，在剪力图和弯矩图中可不必画出坐标系，而在剪力图旁注明“$\boldsymbol{F}_Q$ 图”，在弯矩图旁注明“$\boldsymbol{M}$ 图”即可。有时剪力图、弯矩图中的阴影线也可省略。剪力图必须注明正负，弯矩图总是在受拉侧，可不标正负。

2. 梁上只有集中力偶作用时的剪力图和弯矩图

【例 7.4】 图 7.14（a）表示一悬臂梁，在自由端 B 处受集中力偶 $\boldsymbol{M}'$ 作用。试绘制梁的剪力图和弯矩图。

解 选取 x 截面右侧梁段作为分析对象，受力图如图 7.14、（b）所示，算出 F_Q 和 M 为

$$F_Q(x)=0 \quad (0<x<l) \tag{a}$$

$$M(x)=M' \quad (0<x<l) \tag{b}$$

上式（a）中，剪力值为零，其图形为与 x 轴重合的一条直线段［图 7.14（c）］。式（b）表明，梁 AB 各个截面上的弯矩恒等于 M'，所以，弯矩图是一条平行于 x 轴的水平

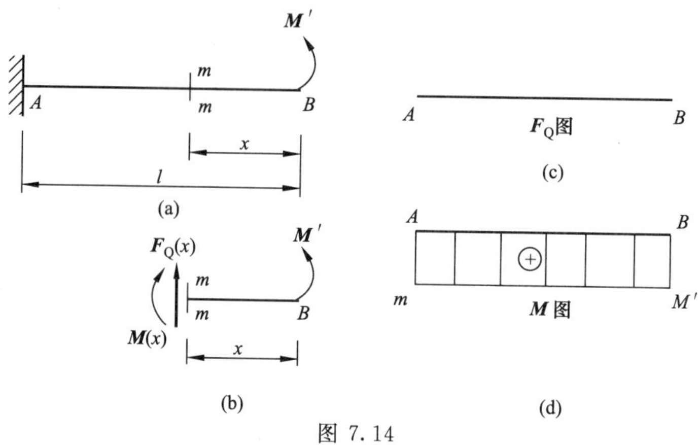

图 7.14

线，如图 7.14（d）所示。

【例 7.5】 简支梁 AB 在 C 截面处受集中力偶 M' 作用，如图 7.15（a）所示。试绘制该梁的剪力图和弯矩图。

解　(1) 计算支座反力。由于梁上荷载为外力侧 M'，则支座 A、B 处的反力 F_A 与 F_B 必须成一对力偶，与外力偶 M' 相平衡，故

由 $\sum M=0$，有

$$F_A l = M' \qquad F_A = F_B = \frac{M'}{l}$$

(2) 列剪力方程和弯矩方程。AC 和 CB 两段梁在 x_1、x_2 截面处分别截取左段为分析对象，受力如图 7.15（b）、(d) 所示。剪力方程和弯力方程分别为

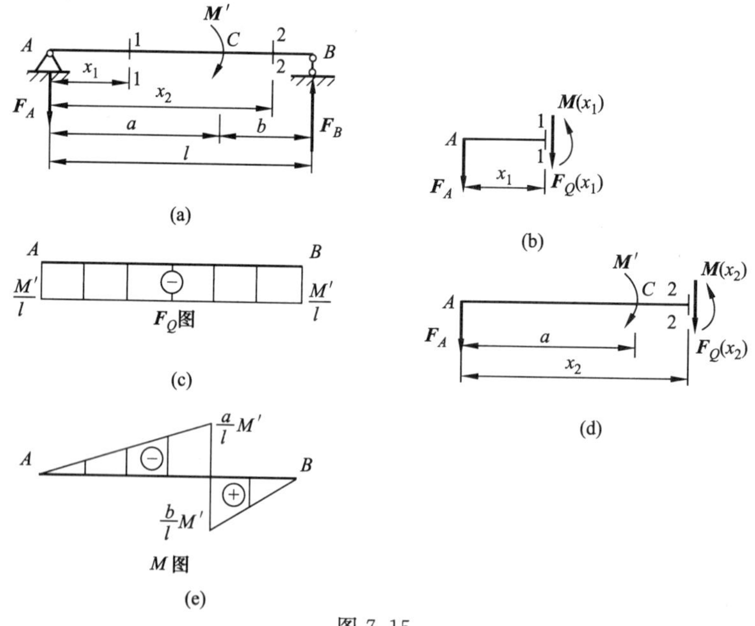

图 7.15

AC 段：

$$F_Q(x_1) = -F_{Ay} = -\frac{M'}{l} \quad (0<x_1\leqslant a) \tag{a}$$

$$M(x_1) = -F_{Ay}x_1 = -\frac{M'}{l}x_1 \quad (0 \leqslant x_1 < a) \tag{b}$$

CB 段：

$$F_Q(x_2) = -F_{Ay} = -\frac{M'}{l} \quad (a \leqslant x_2 < l) \tag{c}$$

$$M(x_2) = -F_{Ay}x_2 + M' = \frac{M'}{l}(l - x_2)(a < x_2 \leqslant l) \tag{d}$$

(3) 绘制剪力图和弯矩图。由剪力方程可知，剪力图是一条与 x 轴平行的直线 [图 7.15 (c)]。由弯矩方程可知，弯矩图是两条互相平行的斜直线，C 处截面上的弯矩发生突变，突变值等于集中力偶矩的大小，如图 7.15 (e) 所示。其中，不管集中力偶作用在梁的任何横截面上，梁的剪力都与图 7.15 (c) 一样。

【例 7.6】 简支梁 AB 在梁端 A 处受集中力偶 $\boldsymbol{M}'$ 作用，如图 7.16 (a) 所示。试绘制该梁的剪力图和弯矩图。

解 (1) 计算支座反力。支座 A、B 处的反力 F_A 与 F_B 组成一对力偶，与外力偶 $\boldsymbol{M}'$ 相平衡，故

$\sum M = 0$

$$F_A \times l = M' \quad F_A = F_B = \frac{M'}{l}$$

(2) 列剪力方程和弯矩方程。选取 x 截面左侧段梁作为隔离体，受力图如图 7.16 (b) 所示。

$$F_Q(x) = F_A = \frac{M'}{l} \quad (0 < x < l) \tag{a}$$

$$M(x) = F_A x = \frac{M'}{l}x \quad (0 \leqslant x < l) \tag{b}$$

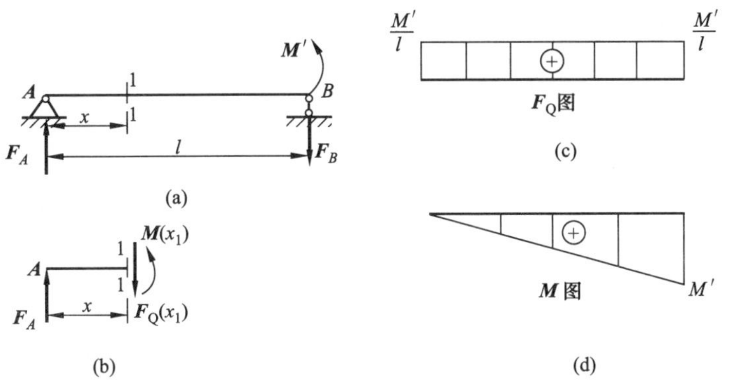

图 7.16

(3) 绘制剪力图和弯矩图。由剪力方程可知，剪力图是一条与 x 轴平行的直线 [图 7.16 (c)]。由弯矩方程可知，梁 AB 的弯矩图是一条斜直线。因此，只要算出两个点的弯矩值就可以画出弯矩图 [图 7.16 (d)]：

当 $x=0$ 时，M$=0$；

$x=l$ 时，M$=M'$

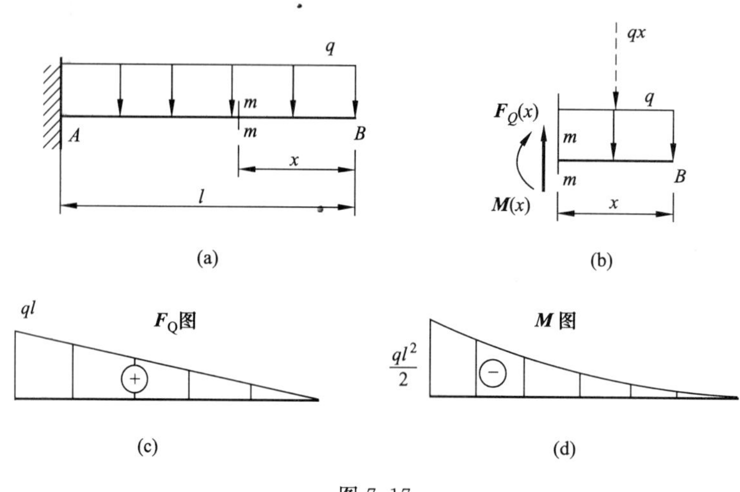

图 7.17

3. 在均布载荷作用下梁的剪力图和弯矩图

【例 7.7】 一悬臂梁 AB 受均布荷载作用如图 7.17（a）所示，试绘制该梁的剪力图和弯矩图。

解 （1）建立剪力方程和弯矩方程

由受力图图 7.17（b）可得

$$F_Q(x)=qx \quad (0\leqslant x<l) \tag{a}$$

$$M(x)=-\frac{q}{2}x^2 \quad (0\leqslant x\leqslant l) \tag{b}$$

（2）绘制剪力图和弯矩图。由剪力方程可知，剪力图是一条斜直线。当 $x=0$ 时，$F_{QB}=0$；当 $x=l$ 时，$F_{QA}=ql$。连接两点就得到 AB 梁的剪力图，如图 7.17（c）所示。

由弯矩方程可知，弯矩图是一条二次抛物线，至少要计算出三个点的弯矩值才能大致绘出：

$$当\ x=0\ 时，M_A=0 \quad x=l\ 时，M_B=-\frac{q}{2}l^2$$

$$x=\frac{l}{2}时，M_C=-\frac{ql^2}{8}$$

由此可以画出梁的剪力图和弯矩图，如图 7.17（c）、（d）所示。

【例 7.8】 图 7.18（a）所示简支梁 AB 受均布荷载作用，均布荷载竖直向下，其分布集度为 q，试绘制该梁的剪力图和弯矩图。

解 （1）计算支座反力。根据对称关系可得

$$F_{Ay}=F_B=\frac{ql}{2} \qquad F_{AX}=O$$

（2）建立剪力方程和弯矩方程。在距 A 端为 x 的任意截面处切开梁，取左段为研究对象，其受力图如图 7.18 所示，取 A 点为坐标原点，则剪力方程和弯矩方程

$$F_Q(x)=F_{Ay}-qx=\frac{ql}{2}-qx \quad (0<x<l) \tag{a}$$

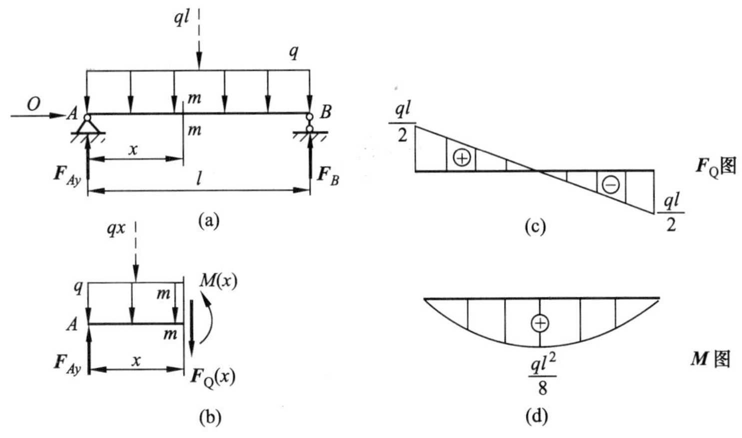

图 7.18

$$M(x)=F_{Ay}x-\frac{qx^2}{2}=\frac{ql}{2}x-\frac{qx^2}{2}\quad(0\leqslant x\leqslant l)\tag{b}$$

（3）绘制剪力图和弯矩图。由剪力方程可以看出，该梁的剪力图是一条斜直线，只要算出两个点的剪力值就可以绘出：

$$当\ x=0\ 时，F_{QA}=\frac{ql}{2}$$

$$x=l\ 时，F_{QB}=-\frac{ql}{2}$$

由弯矩方程可知，弯矩图是一条抛物线，至少要计算出三个点的弯矩值才能大致绘出：

$$当\ x=0\ 时，M_A=0\quad x=l\ 时，M_B=0$$

$$x=\frac{l}{2}\ 时，M_C=\frac{ql^2}{8}$$

根据求出的各值，绘出梁的剪力图和弯矩图分别如图 7.18（c）、（d）所示。

7.3 弯矩、剪力和均布荷载集度间的微分关系及其应用

7.3.1 剪力、弯矩与均布荷载集度间的微分关系

在 7.2 节【例 7.8】中，梁的剪力方程和弯矩方程分别为

$$F_Q(x)=\frac{ql}{2}-qx$$

$$M(x)=\frac{ql}{2}x-\frac{qx^2}{2}$$

若将剪力方程和弯矩方程分别对 x 求导数，可得均布荷载集度和剪力方程（设 q 向上

为正，**M** 向下为正）

$$\frac{\mathrm{d}F_Q(x)}{\mathrm{d}x}=q(x) \tag{7-3}$$

$$\frac{\mathrm{d}M(x)}{\mathrm{d}x}=F_Q(x) \tag{7-4}$$

由上两式还可得到

$$\frac{\mathrm{d}^2M(x)}{\mathrm{d}x^2}=q(x) \tag{7-5}$$

以上三式就是剪力、弯矩与分布荷载集度之间得微分关系。

7.3.2　用剪力、弯矩与均布荷载集度三者间的微分关系说明内力图的特征和规律

根据式（7-3）至式（7-5），可得出剪力图和弯矩图的如下特征和规律。

（1）在无荷载作用区段，即 $q(x)=0$。由 $\frac{\mathrm{d}F_Q(x)}{\mathrm{d}x}=q(x)=0$ 可知，$F_Q(x)$ 是常数，故剪力图必为平行于 x 轴的直线。又因 $\frac{\mathrm{d}M(x)}{\mathrm{d}x}=F_Q(x)=$ 常数可知，弯矩 $M(x)$ 为 x 的一次函数，故弯矩图必为斜直线，其倾斜方向由剪力正负值决定：

当 $F_Q(x)>0$ 时，弯矩图为增函数图象，所以斜向右下方；

当 $F_Q(x)<0$ 时，弯矩图为减函数图象，所以斜向右上方；

当 $F_Q(x)=0$ 时，弯矩图为水平直线。

（2）在均布荷载作用的区段，即 $q(x)=$ 常数 $\neq 0$，由 $\frac{\mathrm{d}^2M(x)}{\mathrm{d}x^2}=\frac{\mathrm{d}F_Q(x)}{\mathrm{d}x}=q(x)=$ 常数可知，该梁段 $F_Q(x)$ 为 x 的一次函数，而弯矩 $M(x)$ 为 x 的二次函数，故剪力图是斜直线，而弯矩图是抛物线。

当 $q(x)>0$（荷载向上）时，剪力图为向上倾斜的直线，弯矩图为向上凸的抛物线；

当 $q(x)<0$（荷载向下）时，剪力图为向下倾斜的直线，弯矩图为向下凸的抛物线。

表 7-1　荷载作用与 F_Q、M 图特征表

梁上荷载情况	无荷载段 $q(x)=0$			均布荷载		集中力	集中力偶
				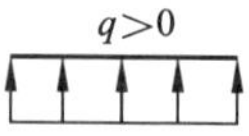 $q>0$	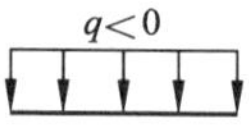 $q<0$	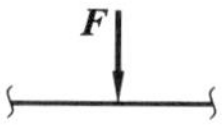 F	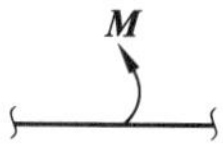 M
F_Q 图特征	水平线			倾斜线		产生突变	无影响
						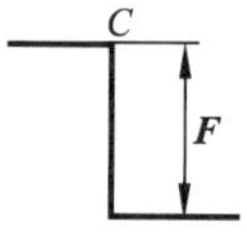 C F	
M 图特征	$F_Q>0$	$F_Q<0$	$F_Q=0$	二次抛物线，$F_Q=0$ 处有极值		在 C 处有转折角	产生突变
						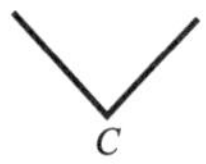 C	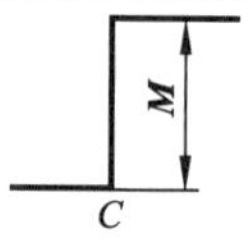 M C

(3) 弯矩的极值：由式 (7-4) 可知，若某截面上的剪力 $F_Q(x)=0$，则该截面上的弯矩 $M(x)$ 必为极值。

(4) 在集中力作用处剪力图出现突变；在集中力偶作用处弯矩图出现突变。

为了方便使用，现将以上规律和剪力图、弯矩图的特征用列表形式加以表述，供参考，见表 7-1。

利用表 7-1 中的特征与 7.2 节所讲控制截面法相结合，可以快速，准确地绘制出剪力图和弯矩图，下面举例说明。

【例 7.10】 试作出图 7.19 (a) 所示梁的剪力图与弯矩图。

解 1. 首先求出梁的支座反力

由 $\sum M_B=0$

$$F_{Ay}\times8-F_1\times7-M+q_1\times4\times4-F_2\times2-q_2\times2\times1=0$$

得 $$F_{Ay}=75\text{kN}$$

由 $\sum M_A=0$

$$-F_{By}\times8-F_1\times1-M-q_1\times4\times4+F_2\times6+q_2\times2\times7=0$$

得 $$F_{By}=25\text{kN}$$

用 $\sum Y=0$ 校核

$$F_{Ay}-F_1+4q_1-F_2-2q_2+F_{By}=(75-120+120-60-40+25)\text{kN}=0\text{kN}$$ （说明反力计算正确）

2. 用控制截面法计算梁上各控制点的剪力值和弯矩值

在本题中，把梁分成四段，依次计算各控制截面的剪力值和弯矩值。

(1) 各控制截面剪力值的计算如下。

AC 段：$F_{Q\,AC}=$常数$=F_{Ay}=75\text{kN}$

CD 段：$F_{Q\,CD}=$常数$=F_{Ay}-F_1=(75-120)\text{kN}=-45\text{kN}$

DF 段：$F_{QD}=-45\text{kN}$

$F_{QF左}=F_{Ay}-F_1+4q_1=(75-120+4\times30)\text{kN}=75\text{kN}$

FB 段：$F_{Q\,F右}=F_{Ay}-F_1+4q_1-F_2=(75-120+4\times30-60)\text{kN}=15\text{kN}$

$F_{Q\,B左}=F_{Ay}-F_1+4q_1-F_2-2q_2=(75-120+4\times30-60-2\times20)\text{kN}=-25\text{kN}$

(2) 各控制截面弯矩值的计算如下。

AC 段：$M_A=0$

$M_C=F_{Ay}\times1=(75\times1)\text{kN}\cdot\text{m}=75\text{kN}\cdot\text{m}$

CD 段：$M_C=F_{Ay}\times1=(75\times1)\text{kN}\cdot\text{m}=75\text{kN}\cdot\text{m}$

$M_{D左}=F_{Ay}\times2-F_1\times1=75\times2-120\times1)\text{kN}\cdot\text{m}=30\text{kN}\cdot\text{m}$

DF 段：$M_{D右}=F_{Ay}\times2-F_1\times1-M=(75\times2-120\times1-80)\text{kN}\cdot\text{m}=-50\text{kN}\cdot\text{m}$

$M_F=F_{Ay}\times6-F_1\times5-M+q_1\times4\times2=(75\times6-120\times5-80+30\times4\times2)\text{kN}\cdot\text{m}=10\text{kN}\cdot\text{m}$

FB 段：$M_F=F_{By}\times2-q_1\times2\times1=(25\times2-20\times2\times1)\text{kN}\cdot\text{m}=10\text{kN}\cdot\text{m}$

$M_B=0$

3. 根据以上计算作出梁的剪力图和弯矩图

(1) 作出梁的剪力图，如图 7.19 (b) 所示。由剪力图可以看出，在均布荷载 q_1 和

q_2 作用的梁段，有剪力等于零的 E 点和 G 点，此两点的弯矩有极值，必须找出这两点的位置。设 E 点距 A 支座的距离为 x_E；设 G 点距 B 支座的距离为 x_G。依次列出 DF 段和 FB 段的剪力方程并分别令其等于零，即可求得 x_E 和 x_G。

由
$$F_{Q\,DF}=F_{Ay}-F_1+q_1(x_E-2)=0$$
$$75-120+30\times(x_E-2)=0 \quad 得 \quad x_E=3.5\text{m}$$

由
$$F_{Q\,BF}=-F_{By}+q_2x_G=0$$
$$-25+20\times x_G=0 \quad 得 \quad x_G=1.25\text{m}$$

(2) 作出梁的弯矩图，如图 7.19 (c) 所示。必须计算 DF 段和 FB 段梁弯矩的极值，计算结果如下。

$$\begin{aligned}M_{E,\max}&=F_{Ay}x_E-F_1\times(x_E-1)-M+q_1\times\frac{(x_E-2)^2}{2}\\&=\left[75\times3.5-120\times(3.5-1)-80+30\times\frac{(3.5-2)^2}{2}\right]\text{kN}\cdot\text{m}\\&=83.75\text{kN}\cdot\text{m}\end{aligned}$$

$$M_{G,\min}=F_{By}x_G-q_2\times\frac{x_G{}^2}{2}=\left(25\times1.25-20\times\frac{1.25^2}{2}\right)\text{kN}\cdot\text{m}=15.625\text{kN}\cdot\text{m}$$

把 $M_{E,\max}$ 和 $M_{G,\min}$ 在弯矩图中注明，如图 7.19 (c) 所示。

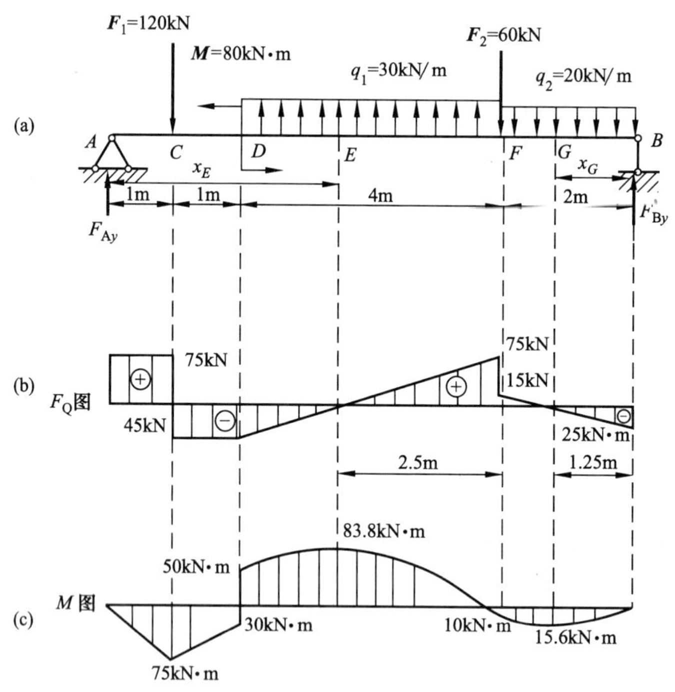

图 7.19

7.4　梁内力图绘制的叠加法

在小变形的情况下，结构在几个荷载共同作用下所产生的内力，等于每个荷载单独作用时所产生的内力之和，这种关系称为**叠加原理**。叠加原理反映了荷载对构件影响的各自的独立性。下面用例题说明如何用叠加原理来作梁的内力图。

【例 7.11】 试用叠加法作图 7.20（a）所示简支梁的剪力图和弯矩图。

解　（1）荷载分组。首先将图 7.20（a）所示简支梁上作用的荷载看成两个分别由 $\boldsymbol{F}$ 和 q 单独作用下的简支梁，如图 7.20（b）、（c）所示。

（2）内力计算。分别作出简支梁单独在集中力 $\boldsymbol{F}$ 和单独均布荷载 q 作用下的剪力图和弯矩图，如 7.20（e）、（f）、（h）、（i）所示。图 7.20（e）、（h）所示是该简支梁在集中力 $\boldsymbol{F}$ 单独作用时的剪力图、弯矩图；图 7.20（f）、（i）所示是该梁在均布荷载 q 单独作用时的剪力图和弯矩图。

（3）叠加内力图。根据叠加原理，在集中力 $\boldsymbol{F}$ 和均布荷载 q 共同作用下，其每个截面上的剪力、弯矩是集中力 F 和均布荷载 q 分别用时，该载面上的剪力、弯矩［图 7.20（e）、（f）、（h）、（i）中的竖标］相叠加。因此，简支梁在 q、$\boldsymbol{F}$ 共同作用下的剪力、弯矩图，如图 7.20（d）、（g）所示，应该等于该简支梁单独在集中力 $\boldsymbol{F}$ 和均布荷载 q 作用下的代数和，应该注意，两个弯矩、剪力图的叠加并非是两图形的简单拼合，而是指两图中对应的纵坐标相叠加。这样，同侧的纵坐标应相加，异侧的纵坐标应相减。

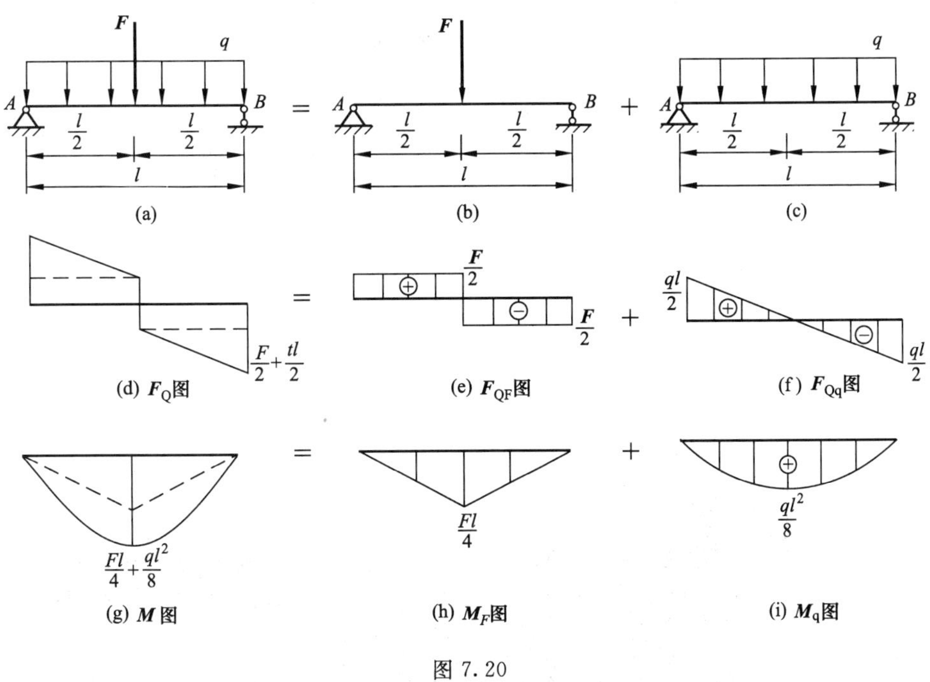

图 7.20

【例 7.12】 试用叠加法作图 7.21（a）所示简支梁的弯矩图。

解　首先，进行荷载分组，图 7.21（a）所示的荷载情况应分别等于图 7.21（b）、（c）所示荷载情况的叠加。当梁的两端分别有集中力偶 $\boldsymbol{M}_1$、$\boldsymbol{M}_2$ 作用时，弯矩图如图 7.21（e）所示，在均布荷载 q 作用下的弯矩图如图 7.21（f）所示。其中对纵坐标具有不同正、负号的部分，叠加后图形重叠部分表示两个纵坐标值互相抵消，不重叠的部分即为所求的弯矩图。梁的最后弯矩图如图 7.21（d）所示。

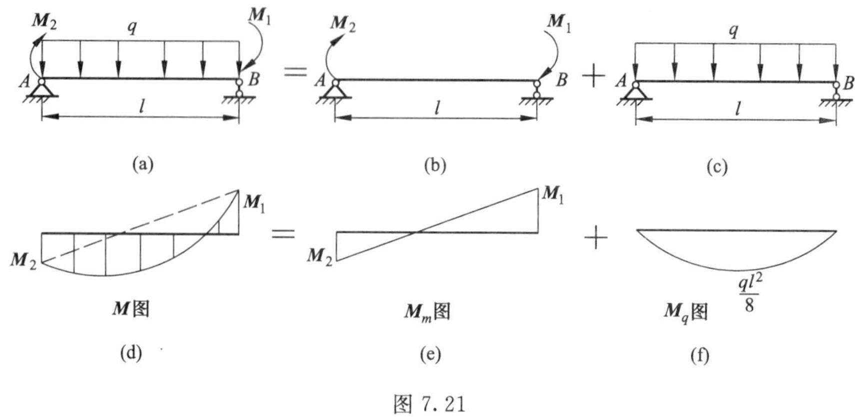

图 7.21

有时用叠加法作梁的内力图是比较简单的。

7.5　多跨静定梁的内力计算

7.5.1　多跨静定梁的概念和种类

多跨静定梁是工程实际中比较常见的结构，它是把多根梁段之间用铰相连接，并且跨越几个跨度的静定梁，称为多跨静定梁。如图 7.22（a）、（b）、（c）所示，多跨静定梁的基本组成形式有三种：

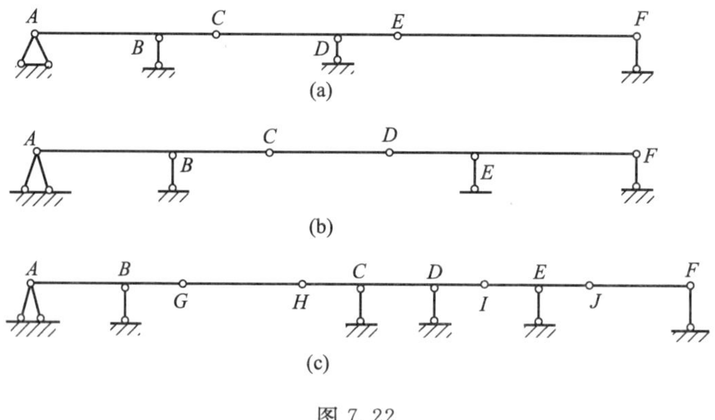

图 7.22

（1）第一跨没有铰，然后每跨一个铰的形式。

图 7.22（a）所示多跨静定梁，是在伸臂梁 AC 上依次加上 CE、EF 两根梁。这种组成方式是第一跨没有铰，以后每增加一跨就增加一个铰的方式组成，可以组成无数跨。通过几何组成分析可知，它们都是几何不变的，并且无多余约束的体系，所以均为静定结构。

（2）第一、三、五等跨没有铰，然后每隔一跨增加两个铰的组成方式。图 7.22（b）所示是在 AC 和 FD 两根伸臂梁上再加上一小悬跨梁 CD。按照这种方式，每隔一跨增加两个铰，可以组成无数跨。通过几何组成分析可知，这种组成方式也是几何不变的，并且没有多余约束，所以是静定的，是多跨静定梁。

(3) 合成式多跨静定梁。这种组成方式是由第一种组成方式和第二种组成方式的合成，如图 7.22 (c) 所示，理论上可以组成无数跨，这种组成方式也是几何不变的，没有多余约束，所以是多跨静定梁。

7.5.2　多跨静定梁的特点

1. 几何组成方面的特点

根据多跨静定梁的几何组成规律，可以将它的各部分区分为基本部分和附属部分。在图 7.22 (a) 所示的梁中，*AC* 是通过三根既不全平行也不全相交于一点的链杆与地基相连接，它的几何不变性不受 *CE* 和 *EF* 影响，故称 *AC* 梁为该多跨静定梁中的基本部分，这种本身能够维持稳定的部分称为基本部分。而 *CE* 梁是通过铰 *C* 和支座链杆 *D* 连接在 *AC* 梁和基础上；*EF* 梁又是通过铰 *E* 和 *F* 支座链杆连接在 *CE* 梁和基础上，而 *CE* 梁要依靠 *AC* 梁才能保证其几何不变性，故称 *CE* 梁为 *AC* 梁的附属部分。同理，*EF* 梁相对于 *AC* 和 *CE* 的组成的部分来说，也是附属部分，而 *AC* 和 *CE* 组成的部分，相对于 *EF* 梁来说，则是基本部分。同理图 7.22 (b) 中所示的梁 *AC* 和 *DF* 是基本部分，而 *CD* 则是附属部分，而图 7.22 (c) 中所示的梁 *AG* 和 *HI* 是基本部分，*GH* 梁段、*IJ* 梁段和 *JF* 梁段则是附属部分。但基本部分和附属部分有时具有相对性。

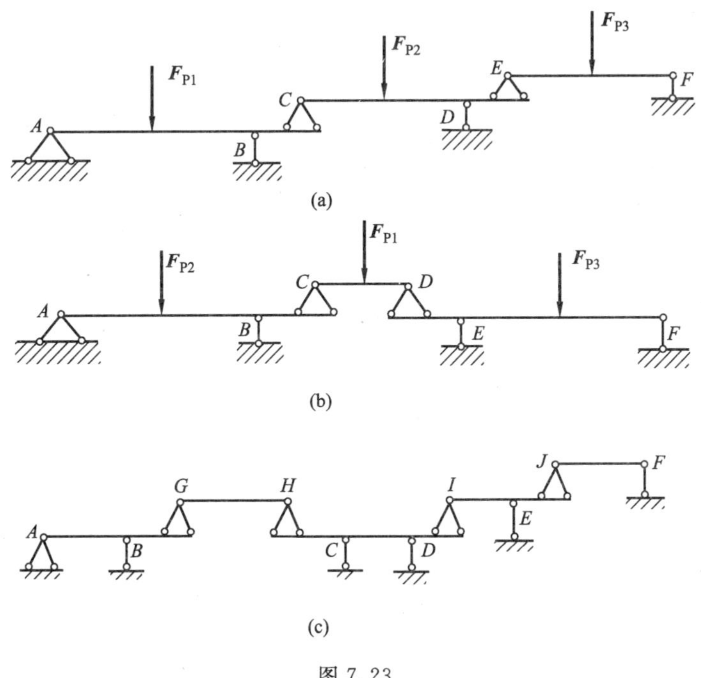

图 7.23

2. 受力特点和计算顺序

上述组成顺序可用图 7.23 (a)、(b)、(c) 来表示。这种图形称为梁的层次图。通过层次图可以看出力的传递过程。在图 7.23 (a) 中作用在最上面的附属部分 *EF* 上的荷载 F_{P3} 不但会使 *EF* 梁受力，而且还通过 *E* 支座将力传给 *CE* 梁，再通过 *C* 支座传给 *AC* 梁。

同样，荷载 $\boldsymbol{F}_{P2}$ 能使 CE 梁和 AC 梁受力，但它不会传给 EF 梁。因此，$\boldsymbol{F}_{P2}$ 的作用对 EF 梁的内力无影响。同理，作用在基本部分 AC 梁上的荷载如 $\boldsymbol{F}_{P1}$，只在 AC 梁上引起内力和反力，而对附属部分 CE 和 EF 都不会产生影响。总之，作用在附属部分上的荷载将使支承它的基本部分产生反力和内力，而作用在基本部分上的荷载则对附属部分没有影响。据此，计算多跨静定梁时，应先从附属部分开始，按组成顺序的逆过程进行。其他两种梁的受力情况请读者自行分析。

上述先附属部分后基本部分的计算原则，也适用于由基本部分和附属部分组成的其他类型的结构。

7.5.3　多跨静定梁的内力计算举例

下面举例说明多跨静定梁的计算方法。

【例 7.13】 试作图 7.24（a）所示多跨静定梁的弯矩图和剪力图。

解　（1）分清基本部分和附属部分，绘出多跨静定梁的层次图。由于该多跨静定梁仅受竖向荷载作用，故 AB 和 CE 均为基本部分，其层次图如图 7.24（b）所示。

（2）画出基本部分和附属部分的隔离体受力图。各根梁的隔离体如图 7-24（c）所示。

（3）求出各隔离体梁段的约束反力。从附属部分 BC 开始，依次求出各根梁上的竖向约束力和支座反力。铰 C 处的水平约束力 $\boldsymbol{F}_{cx}$，由 CE 梁的平衡条件可知其值为零，并由

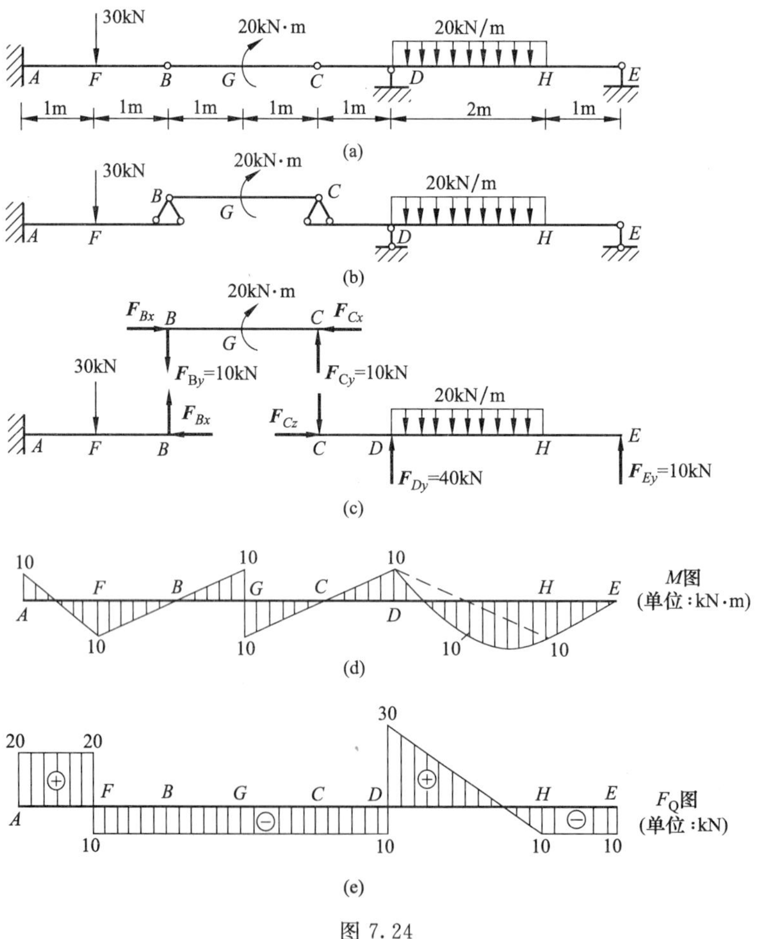

图 7.24

此得知 F_{Bx} 也等于零。

(4) 作出多跨静定梁的内力图。求出各约束力和支座反力后，便可按照单跨梁分别绘出各根梁的内力图。将各根梁的内力图置于同一基线上，则得出该多跨静定梁的内力图如图 7.24 (d)、(e) 所示。

在 FG、GD 两个区段内剪力 F_Q 是同一常数，由微分关系 $\frac{\mathrm{d}M(x)}{\mathrm{d}x}=F_Q(x)$ 可知这两区段内的弯矩图形有相同的斜率。因此，弯矩图中 FG 与 GD 两段的斜直线相互平行。同样的理由，因为在 H 点左、右相邻截面上的剪力 $\boldsymbol{F}_Q$ 相等，所以弯矩图中 HE 区段内的直线与 DH 区段内的曲线在 H 点相切。

本章提要

1. 平面弯曲梁的横截面上一般有两种内力——剪力和弯矩。剪力 $\boldsymbol{F}_Q$ 与梁的轴线垂直，与梁的横截面相切，它对梁有剪切作用；弯矩 $\boldsymbol{M}$ 与横截面垂直，它使梁发生弯曲变形。

2. 截面法是确定梁横截面上剪力和弯矩的基本方法。截面法的要点是：**欲求内力，先求外力；假想切开，弃去一半；代之以力，平衡求解**。也可由内力规律得出直接计算方法如下：

(1) 梁任一横截面上的剪力 $\boldsymbol{F}_Q$ 的大小，等于该截面左边（或右边）梁段上所有横向外力的代数和。其中外力绕截面形心呈顺时针转动时，反之取负。即

$$F_Q=\sum F$$

(2) 梁任一横截面上的弯矩 $\boldsymbol{M}$ 的大小，等于该截面左边（或右边）梁段上所有外力对该截面形心力矩的代数和。其中外力对梁截面形心 O 的力矩以使梁段上部受压、下部受拉为正，反之为负。即

$$M=\sum M_O$$

3. 剪力方程和弯矩方程是表示剪力和弯矩沿梁的长度变化规律的数学方程。

4. 剪力图和弯矩图表示梁的剪力和弯矩沿梁轴变化的全貌。剪力图和弯矩图的绘制方法有：①根据剪力方程和弯矩方程绘图；②应用剪力图和弯矩图的特征和规律绘图；③用叠加法绘图。

5. 多跨静定梁是工程实际中比较常见的结构，它是把多根梁段之间用铰相连接，并且跨越几个跨度的静定梁，称为多跨静定梁。绘制多跨静定梁的内力图可参照单跨梁的方法进行。

思考题

7-1　什么是弯曲变形？什么是平面弯曲？什么是纯弯曲？

7-2　梁的内力有哪些？如何确定剪力和弯矩的正、负号？

7-3　什么是截面法？截面法的要点是什么？

7-4　某梁段的受力图如图 7.25 所示，截面上的剪力和弯矩的方向是假定的，请回答下列提问：

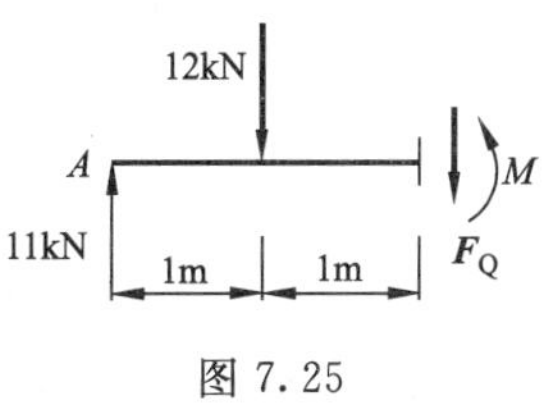

图 7.25

(1) 现在假设的剪力、弯矩是正还是负？

(2) 由该梁段的平衡方程算得 $F_Q=-1\text{kN}$，$M=+10\text{kN}\cdot\text{m}$

(3) 梁段在该截面上 F_Q、M 的实际方向和转向应该怎样？

7-5 绘制梁的内力图的方法有哪些？

7-6 简述在梁的无荷载区，以及在朝上方向的均布荷载作用下，梁的剪力图和弯矩图有何特征？

7-7 在集中力、集中力偶作用处剪力图和弯矩图有何特征？

7-8 如何确定弯矩的极值？弯矩图上的极值是否就是梁内的最大弯矩？

7-9 剪力、弯矩、均布荷载之间的微分关系是什么？它们的几何意义是什么？

7-10 叠加法的原理是什么？

7-11 什么是多跨静定梁？

7-12 多跨静定梁有几种类型？

7-13 如何绘出多跨静定梁的层次图？

7-14 多跨静定梁有哪些主要特点？

7-15 如何绘制多跨静定梁的内力图？

习　题

7-1 求图 7.26 所示各梁指定截面上的剪力和弯矩。

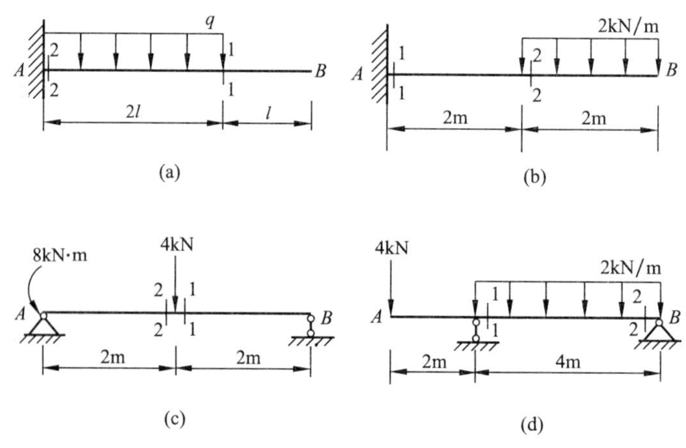

图 7.26

7-2 试作图 7.27 所示悬臂梁的剪力图和弯矩图

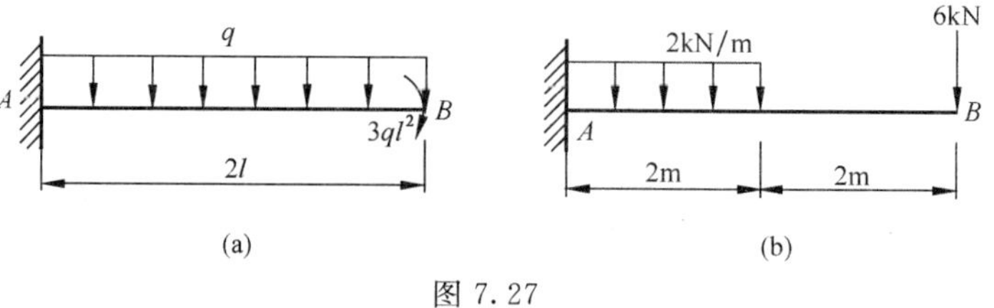

图 7.27

7-3 试作图 7.28 所示简支梁的剪力图和弯矩图。

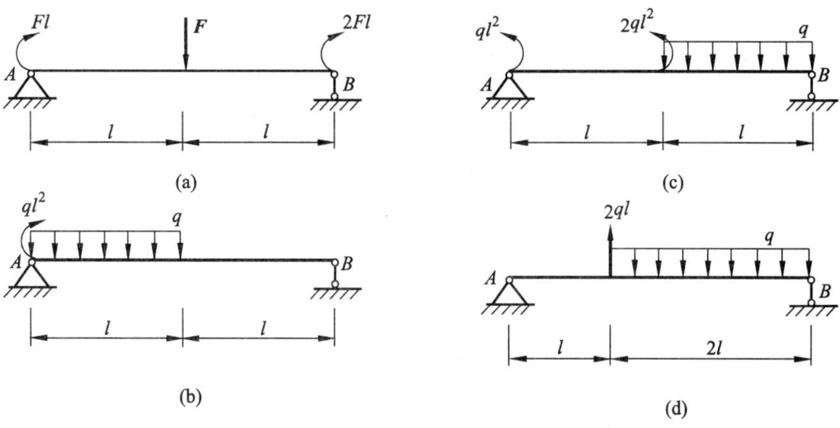

图 7.28

7-4　试作图 7.29 所示外伸梁的剪力图和弯矩图。

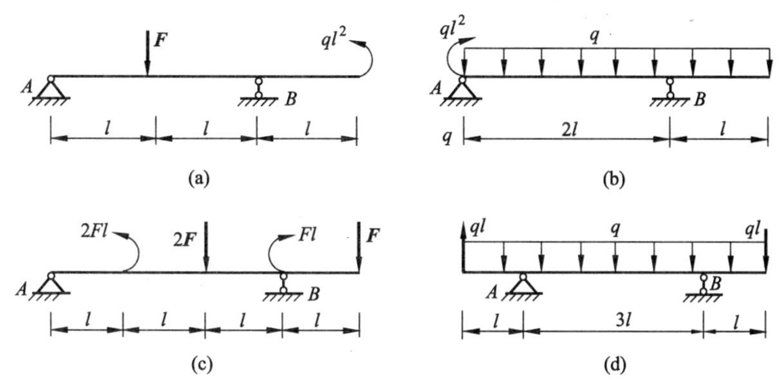

图 7.29

7-5　试用叠加法绘制图 7.30 所示各梁的剪力图和弯矩图。

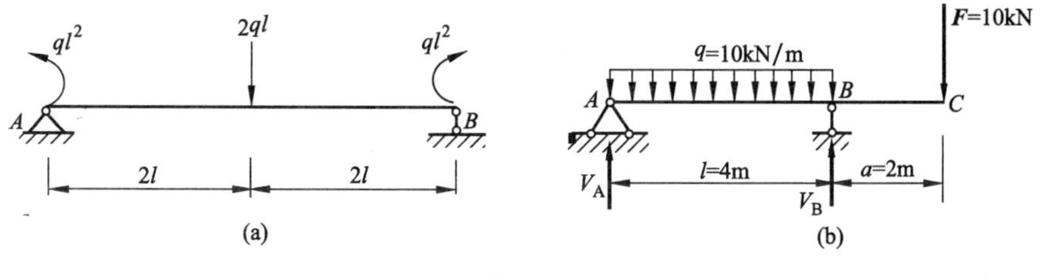

图 7.30

7-6　试绘制图 7.31 所示多跨静定梁的剪力图和弯矩图。

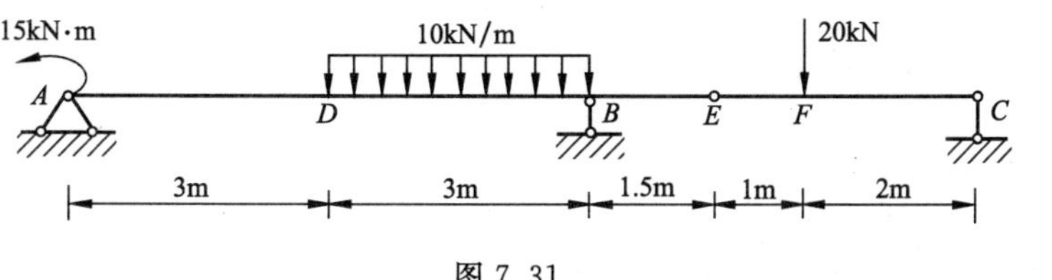

图 7.31

7-7　试绘制图 7.32 所示多跨静定梁的剪力图和弯矩图。

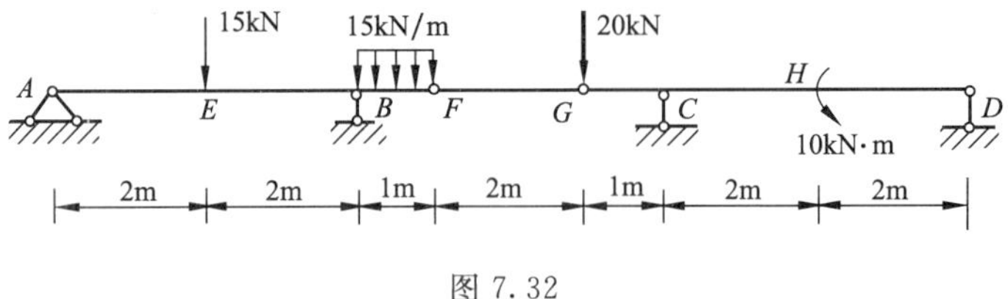

图 7.32

7-8　试绘制图 7.33 所示多跨静定梁的剪力图和弯矩图。

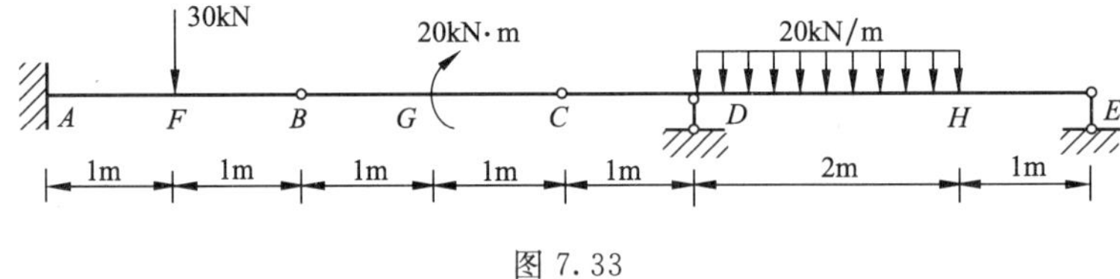

图 7.33

第 8 章　静定平面结构的内力计算

【教学目标】

要求学生掌握静定平面刚架、三铰拱、静定平面桁架内力计算及内力图绘制，了解组合结构的内力计算方法和静定结构的五个基本特性。

【教学要求】

知识要点	能　力　要　求	相　关　知　识
静定平面刚架的内力计算	能正确计算静定平面刚架的内力，并绘制内力图	静定平面刚架的内力种类、内力图绘制方法和常用技巧
三铰拱的内力计算	能正确计算三铰拱的内力，了解其内力图绘制方法	三铰拱的内力特征、内力图绘制方法、合理拱轴线概念
静定平面桁架的内力计算	能正确计算静定平面桁架的内力	静定平面桁架的内力特征、零杆和等力杆概念，桁架的内力计算方法
组合结构的内力计算	能正确进行组合结构的内力计算	组合结构的内力特征、计算方法和技巧
静定结构的基本特性	能正确认识和理解静定结构的五个基本特性	静定结构的五个基本特性

8.1　静定平面刚架的内力计算

如 6.4 节中所述，静定平面刚架是若干轴线共面的直杆、“基础”（即支承上部结构的几何不变体，也可不含“基础”）主要以刚结点连接而成的无多余约束的几何不变体系。其基本特点是：全部支座反力、杆件内力都能由静力平衡方程求出；杆件的变形以弯曲为主；刚性连接的杆件之间的夹角在结构变形过程中保持不变。

8.1.1　静定平面刚架的常见类型

静定平面刚架有悬臂刚架、简支刚架、三铰刚架和多跨静定刚架四大类。

静定平面悬臂刚架是先由若干杆件以刚结点为主连接成无多余约束的几何不变体系，再用一个固定端支座连在“基础”上而成的静定平面结构。图 8.1 所示的火车站月台雨篷支架（a）、球场看台雨篷支架（b）和市场摊位雨篷支架（c）都是静定平面悬臂刚架。

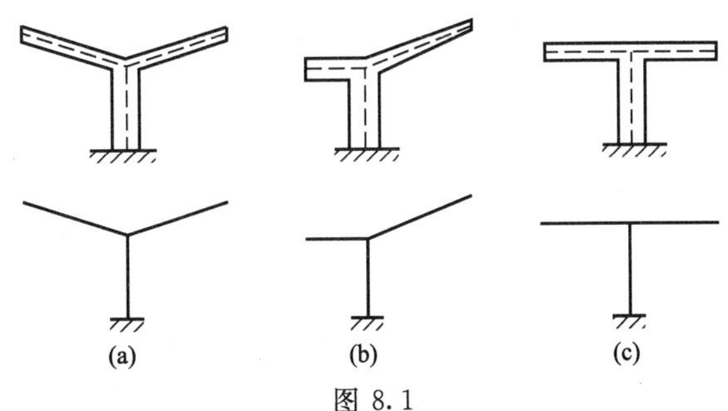

图 8.1

静定平面简支刚架是先由若干杆件以刚结点为主连接成无多余约束的几何不变体系，再与“基础”由一固定铰支座和一可动铰支座按两刚片规则连成的静定平面结构，如图 8.2 所示。

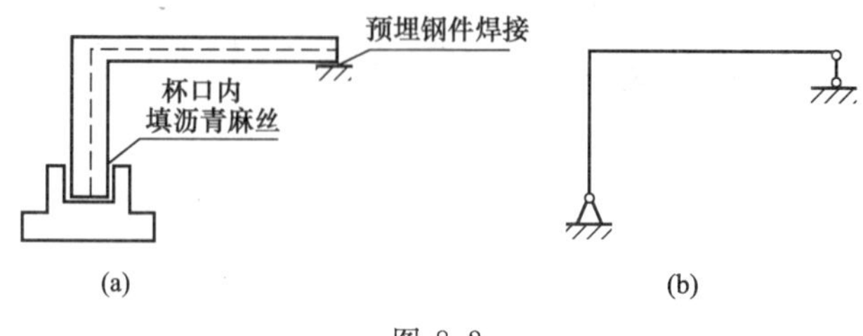

图 8.2

三铰刚架是先由若干杆件以刚结点为主连接成两个无多余约束的几何不变体系，这两个部分再与“基础”按三刚片规则以三个不共线的铰两两相连而成的静定平面结构，如图 8.3所示。

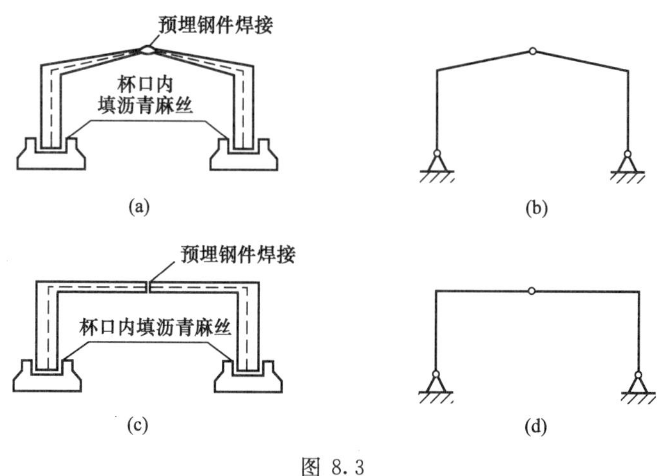

图 8.3

多跨静定刚架是先由杆件主要以刚结点连接成若干个无多余约束的几何不变部分，再与其他杆件或基础连成的多跨静定结构，桥梁中的 T 形刚构桥计算简图即为多跨静定刚架。

8.1.2　静定平面刚架的内力计算

平面刚架杆件横截面上的内力一般有三种：弯矩 M、剪力 F_Q、和轴力 F_N。由于讨论的是静定结构，因此其全部支座反力和内力都可由静力平衡方程来求解。同前面一样，内力计算的成果是刚架结构的内力图，即弯矩图、剪力图和轴力图。计算刚架时，剪力、轴力的正负按以前规定确定。弯矩的正负可自行确定，但一般以刚架内侧受拉为正。

静定平面刚架的内力计算的步骤如下。

(1) 求结构的支座反力。计算悬臂刚架时，如果始终取用悬臂端来计算内力，就可不求支座反力。

(2) 划分杆段。将全部刚架杆件划分为若干无荷载段、均布荷载段和单个集中力作用段。

(3) 计算弯矩并作图。用截面法计算出各杆段端截面弯矩值，并画在刚架简图相应截面的受拉侧。无荷载段用直线连接两端弯矩即可。均布荷载段先以虚线连接两端弯矩，再叠加等效简支梁受均布荷载的弯矩抛物线（其跨中截面值为 $ql^2/8$）。单个集中力段先以虚线连接两端弯矩，再叠加等效简支梁受集中力的弯矩三角形（集中力作用截面值为 Fab/l）。逐一作出各杆段弯矩图即得全刚架弯矩图。

(4) 计算剪力并作图。取杆段分析，根据杆段荷载和杆段端弯矩求出杆段端截面剪力值，并画在刚架简图相应截面的某侧。无荷载段过一端剪力作出杆轴平行线，标明正负即可。均布荷载段以直线连接两端剪力，标明正负即可。逐一作出各杆段剪力图即得全刚架剪力图。通常横杆正剪力画在上侧，竖杆正剪力可画在任一侧，但都必须注明正负。

(5) 计算轴力并作图。取结点（有时也会取杆段）分析，根据已知剪力和荷载值，求出杆段端截面轴力值（因为只涉及横向荷载，只需求一端即可）并画在刚架简图相应截面的某侧。过一端轴力作出杆轴平行线，标明正负即可。逐一作出各杆段轴力图即得到全刚架轴力图。通常横杆正轴力画在上侧，竖杆正轴力可画在任一侧，但都应标明正负。

(6) 校核计算结果。取刚架的尚未分析部分（或杆件、结点）分析，验算其外力、内力是否满足平衡条件。若满足，说明计算结果正确。

杆段端部横截面内力（简称杆端内力）常用杆段两端的两个字母一起作下标：截面所在端（称为近端）字母放在前面，另一端（称为远端）字母放在后面。例如，AB 杆段 A 端横截面上的弯矩记为 M_{AB}，剪力记为 F_{QAB}，轴力记为 F_{NAB}。

【例 8.1】 试绘出图 8.4 (a) 所示悬臂刚架的内力图。

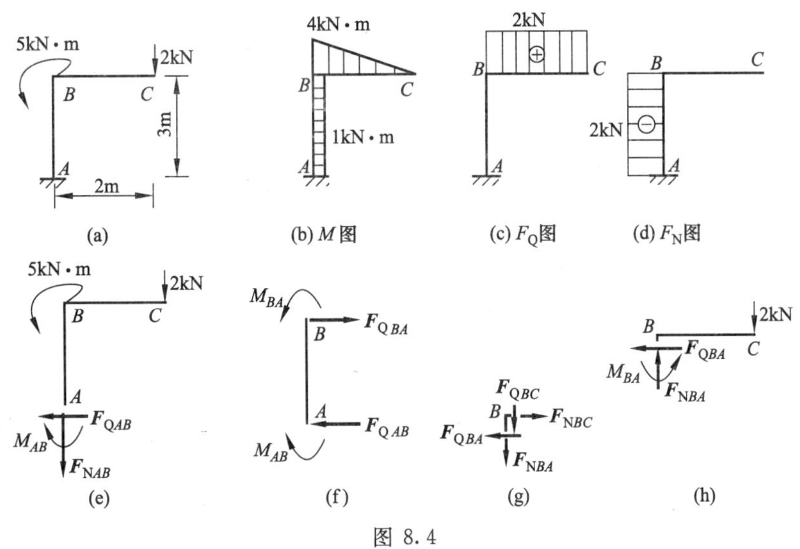

图 8.4

解 由于是悬臂刚架，计算内力时只取悬臂端，可不计算支座反力。刚架分成 AB、BC 两个无荷载段。

(1) 计算杆端截面弯矩，作弯矩图。两杆段均为无荷载段，弯矩图为斜直线，应求出每杆两端弯矩。去掉支座，取上部分析，如图 8.4 (e) 所示。设弯矩以内侧受拉为正，各内力均应画为正，下同。则对 AB 杆：

$$M_{AB}=(5-2\times2)\text{kN}\cdot\text{m}=1\text{kN}\cdot\text{m}(\text{内侧受拉})$$

画在截面内侧，如图 (b) 所示。同理，$M_{BA}=(5-2\times2)\text{kN}\cdot\text{m}=1\text{kN}\cdot\text{m}$（内侧受拉），画在截面内侧，如图 (b) 所示。直线连接图上 M_{AB} 和 M_{BA}，为一矩形，即为 AB 杆的弯矩图，如图 (b) 所示。

对 BC 杆：

$$M_{BC}=(-2\times 2)\text{kN}\cdot\text{m}=-4\text{kN}\cdot\text{m}(\text{外侧受拉})$$

画在截面上侧。$M_{CB}=0\text{kN}\cdot\text{m}$。直线连接 M_{BC} 和 M_{CB}，为三角形，即为 BC 杆的弯矩图。

(2) 计算杆端截面剪力，作剪力图。两杆段均为无荷载段，剪力图为杆轴平行线，每杆只求一端剪力即可。取 AB 杆分析，如图 8.4 (f)（计算剪力时，图中可不画轴力，下同）。则由杆 AB 平衡知，F_{QAB} 与 F_{QAB} 形成力偶。由 $\sum M=0$ 得：

$$F_{QAB}=\frac{M_{AB}+M_{BA}}{l}=0$$

不用画图。[也可取图 8.4 (e) 所示整个上部，计算结果相同。] 同理，取 BC 杆分析得 $F_{QBC}=2\text{kN}\cdot\text{m}$，画在上侧并作杆轴平行线，即为 BC 杆剪力图，如图 (c) 所示。

(3) 计算杆端截面轴力，作轴力图。轴力每杆只求一端即可。取结点 B 分析，如图 8.4 (g) 所示（计算轴力时，图中可不画出力偶和弯矩下同），则

$\sum F_x=0$　　$F_{NBC}-F_{QBA}=0$，$F_{NBC}=0$，说明 BC 杆无轴力。

$\sum F_y=0$　　$-F_{NBA}-F_{QBC}=0$，$F_{NBA}=-2\text{kN}$（受压），平行线画在 BA 杆内侧。

(4) 结果校核。取尚未用过的图 8.4 (h) 所示带 B 结点的 BA 杆分析，画出受力图（注意：此时内力已知，应按实际正负画，以后不再说明）。则对 B 点取矩：$\sum M_B=5-2\times 2-M_{BA}=(5-2\times 2-1)\text{kN}\cdot\text{m}=0\text{kN}\cdot\text{m}$。力在竖向投影 $\sum F_y=F_{NBA}-2=2-2\text{kN}=0\text{kN}$ 可证结果无误。

【例 8.2】 计算图 8.5 (a) 所示简支刚架的内力并作出内力图。

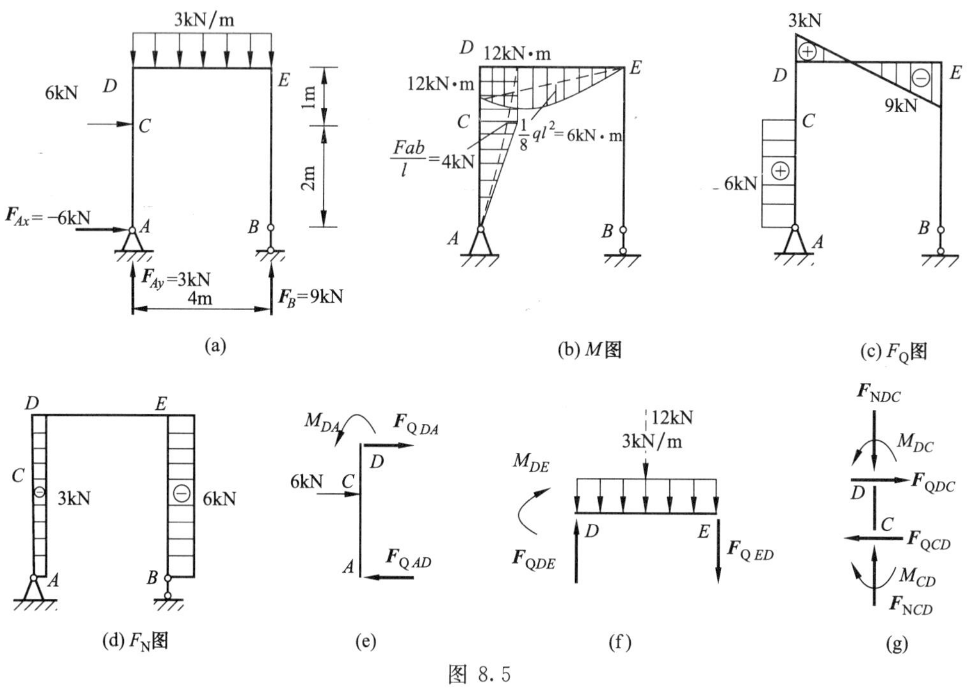

图 8.5

解　由于是简支刚架，应先求出支座反力。

(1) 求支座反力。取刚架的整体分析，受力图如图 8.5 (a) 所示。

由 $\sum F_x=0$，有 $F_{Ax}+6=0$，解得 $F_{Ax}=-6\text{kN}$（负号表示真实方向与图示相反，应向左）

由 $\sum M_A=0$，有 $F_B\times 4-3\times 4\times 2-b\times 2=0$，解得 $F_B=9\text{kN}$

由$\sum F_y=0$，有 $F_{Ay}+F_B-3\times4=0$，解得 $F_{Ay}=3\text{kN}$

(2) 计算弯矩，作弯矩图。全刚架划分为单个集中力作用段 AD、均布荷载段 DE 和无荷载段 EB。设弯矩使刚架内侧受拉为正，由截面法计算各杆端弯矩如下。

取 A 截面以下外力计算，则 $M_{AD}=0$。取水平 D 截面以下外力计算 $M_{DA}=-F_{Ax}\times3-6\times1=[-(-6)\times3-6\times1]\text{kN}\cdot\text{m}=12\text{kN}\cdot\text{m}$（内侧受拉）。据 D 结点平衡知：$M_{DE}=M_{DA}=12\text{kN}\cdot\text{m}$（内侧受拉）。取水平 E 截面以下外力计算 $M_{EB}=0$，同理 $M_{BE}=0$。由 E 结点平衡知：$M_{ED}=M_{EB}=0$。

将这些弯矩值画在刚架简图上相应截面的受拉侧，如图 8.5 (b) 所示。AD 段：先以虚线连成三角形，再在 C 截面处向内叠加 $Fab/l=(6\times2\times1/3)\text{kN}\cdot\text{m}=4\text{kN}\cdot\text{m}$，然后将此点与 $M_{AD}=0$、$M_{DA}=12\text{kN}\cdot\text{m}$ 分别以直线连接即得该段弯矩图。DE 段：同样先以虚线连成三角形，再在跨中截面向下叠加 $ql^2/8=(3\times4^2/8)\text{kN}\cdot\text{m}=6\text{kN}\cdot\text{m}$，此点与 $M_{DE}=12\text{kN}\cdot\text{m}$、$M_{ED}=0$ 以抛物线连接即得该段弯矩图。EB 段无弯矩图。全刚架弯矩图如图 8.5 (b) 所示。

(3) 计算剪力，作剪力图。取 AD 段分析，受力图如图 8.5 (e)。由$\sum M_D=0$，有 $M_{DA}+6\times1-F_{QAD}\times3=0$，得 $F_{QAD}=6\text{kN}$（也可取 A 结点分析得此结果更简便）。在 A 截面画出 F_{QAD} 并作杆轴平行线至 C 截面，向右突变 6kN，已与 CD 杆轴线重合，即该段剪力图为杆轴线 $F_{QCD}=F_{QDC}=0$。

DE 段为均布荷载段，剪力图为斜直线。取 DE 分析，受力图如图 8.5 (f) 所示。由$\sum M_E=0$，有$-F_{QED}\times4-12\times2-M_{DE}=0$，得 $F_{QED}=-9\text{kN}$。由$\sum F_y=0$，有 $F_{QDE}-12-F_{QED}=0$，得 $F_{QDE}=3\text{kN}$。将此二剪力标出并直线连接即得该段剪力图。

EB 段无剪力，即不受剪。全刚架剪力图如图 8.5 (c) 所示。

(4) 计算轴力，作轴力图。取 D 结点分析，受力图如图 8.5 (g) 所示，由$\sum F_x=0$，有 $F_{NDE}-F_{QDC}=0$，得 $F_{NDE}=0$。由$\sum F_y=0$，有$-F_{NDA}-F_{QDE}=0$，得 $F_{NDA}=-F_{QDE}=-3\text{kN}$。标出 F_{NDA}，作 AD 杆轴平行线，即为该杆轴力图。DE 杆无轴力图。

同理，取 E 结点分析可得，$F_{NEB}=-9\text{kN}$，标出并作 EB 段平行线，即为该段轴力图。全刚架轴力图如图 8.5 (d) 所示。

(5) 校核结果。取尚未用过杆 CD 段分析，画出受力图如图 8.5 (h) 所示。此时其上荷载、内力都已知。建立图示坐标系 xcy，则有

$$\sum F_x=F_{NCD}-F_{NDC}=(-0+0)\text{kN}=0\text{kN}$$

$$\sum F_y=F_{QCD}-F_{QDC}=(0-0)\text{kN}=0\text{kN}$$

$$\begin{aligned}\sum M_C&=-F_{QCD}\times1+M_{DC}-M_{CD}\\&=[0+12-12]\text{kN}\cdot\text{m}=0\text{kN}\cdot\text{m}\end{aligned}$$

由此知计算结果无误。

【例 8.3】 试计算并作出图 8.6 (a) 所示三铰刚架的弯矩图。

解　计算三铰刚架必须先求出支座反力。

(1) 求支座反力。三铰刚架的支座反力分成两步计算。

Ⅰ. 取刚架整体分析，如图 8.6 (a) 所示，则

$$\sum M_B=0\qquad -F_{Ay}\times8+(20\times4)\times6=0 \quad ①$$

$$\sum F_y=0\qquad F_{Ay}+F_{By}-20\times4=0 \quad ②$$

$$\sum F_x=0\qquad F_{Ax}-F_{Bx}=0 \quad ③$$

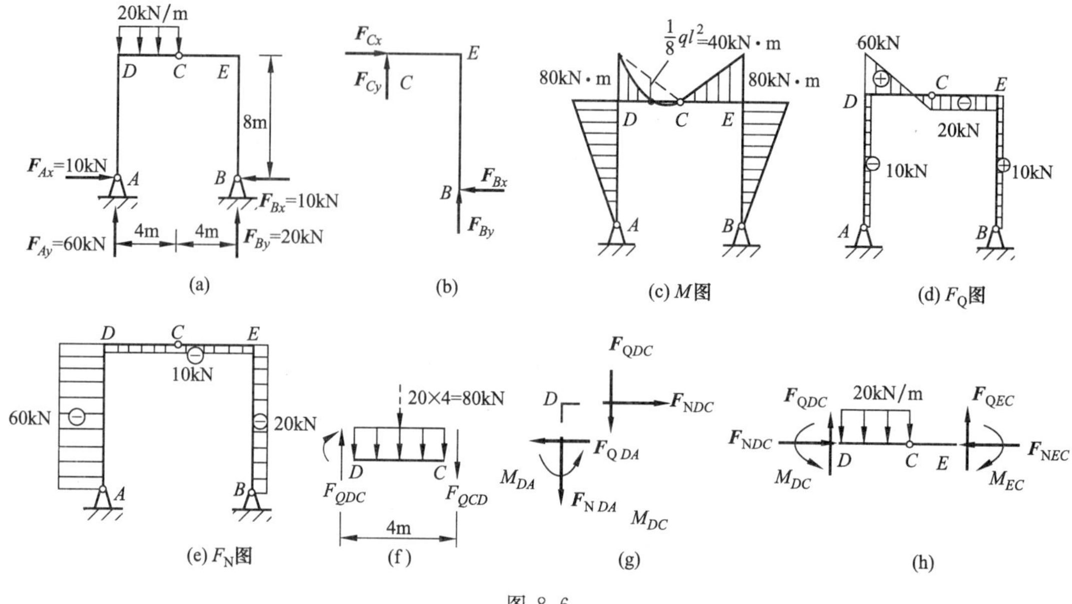

图 8.6

解得　　　$F_{Ay}=60\text{kN}(\uparrow)$　$F_{By}=20\text{kN}(\uparrow)$

Ⅱ. 取 CB 部分分析，如图 8.6（b）所示，则

$$\sum M_C=0 \qquad -F_{Bx}\times 8+F_{By}\times 4=0 \qquad ④$$

解得　　　$F_{Bx}=10\text{kN}(\leftarrow)$

将 F_{Bx} 之值代入式③得　$F_{Ax}=10\text{kN}(\rightarrow)$

（2）计算弯矩，作弯矩图。将刚架划分为 AD、DC、CE 和 EB 四段，只有 DC 是均布荷载段，其他三段无荷载。

AD 段：$M_{AD}=0$。再取水平 E 截面以下外力计算 $M_{DA}=-F_{Ax}\times 8=(-10\times 8)\text{kN}\cdot\text{m}=-80\text{kN}\cdot\text{m}$（外侧受拉）。画出 M_{DA} 并与 A 点连线即为该段弯矩图。

EB 段：$M_{BE}=0$。再取水平 E 截面以下外力计算 $M_{EB}=-F_{Bx}\times 8=(-10\times 8)\text{kN}\cdot\text{m}=-80\text{kN}\cdot\text{m}$（外侧受拉）。画出 M_{EB} 并与 B 点连线即为该段弯矩图。

CE 段：因 C 点为铰，故 $M_C=M_{CD}=M_{CE}=0$。结点 E 上力偶矩应平衡，故 $M_{EB}=M_{EC}=-80\text{kN}\cdot\text{m}$（外侧受拉）。画出 M_{EC} 并与 C 点连线即为该段弯矩图。

DC 段：结点 D 上力偶矩应平衡，故 $M_{DC}=M_{DA}=-80\text{kN}\cdot\text{m}$（外侧受拉）。画出 M_{DC} 并与 C 点虚线连接，再在中点向下叠加 $ql^2/8=(20\times 4^2/8)\text{kN}\cdot\text{m}=40\text{kN}\cdot\text{m}$ 得 $M_{中}=(40-4)$ kN·M=0kN·M，此点与 M_{DC}、C 点以抛物线连接即得该段弯矩图。全刚架弯矩图如图 8.6（c）所示。

（3）计算剪力，作剪力图。AD，BE，CE 段无荷载，其剪力图均为杆轴平行线，DC 是均布荷载段，剪力图为斜直线。取 A 指截面以下外力可简便得到：$F_{QAD}=-F_{Ax}=-10\text{kN}$。同理，$F_{QBE}=F_{Bx}=10\text{kN}$。由此，可作出 AD，BE 段剪力图［图 8.6（d）］。取 DC 段分析，受力图如图 8.6（f）所示，则由 $\Sigma M_D=0$，有 $-M_{DC}-F_{QCD}\times 4-(20\times 4^2)/2=0$，得 $F_{QCD}=-20\text{kN}$。由 $\sum F_y=0$，有 $F_{QDC}-20\times 4-F_{QCD}=0$，得 $F_{QDC}=60\text{kN}$。画出 F_{QDC}、F_{QCD} 并连成直线即为 DC 段的剪力图。过 F_{QCD} 作杆轴平行线至 E 截面即为 CE 段的剪力图。全刚架剪力图如图 8.6（d）所示。

(4) 计算轴力，作轴力图。只有 DC 是均布荷载段且为横向荷载，AD、BE、CE 三杆段上均无荷载（各杆均无斜向分布力），故各杆轴力图均为杆轴平行线。

取 D 结点分析，受力图如图 8.6（g）所示。由 $\sum F_x=0$，有 $F_{NDE}-F_{QDA}=0$，得 $F_{NDE}=F_{QDA}=-10\text{kN}$。由 $\sum F_y=0$，有 $-F_{NDA}-F_{QDC}=0$，得 $F_{NDA}=-F_{QDC}=-60\text{kN}$。标出 F_{NDA}、F_{NDE}，作杆轴平行线，即得此二杆轴力图［图 8.6（d）］。同理，取 E 结点分析，得 $F_{NEB}=-10\text{kN}$，画出 F_{NEB} 并作 BE 杆轴的平行线，即得 BE 杆的轴力图。全刚架轴力图如图 8.6（e）所示。

(5) 校核结果。计算过程未涉及 DE 部分的平衡，可用其校核计算结果。其受力图如图 8.6（h）所示，各内、外力均已知。$\sum F_y=F_{QDC}+F_{QEC}-20\times4=0$，可见计算结果正确。也可计算 $\sum M_D=M_{DC}-M_{EC}+F_{QEC}\times8-20\times4\times2=(80-80+20\times8-160)\text{kN}\cdot\text{m}=0\ \text{kN}\cdot\text{m}$，可见计算结果正确。

8.2 三铰拱的内力计算

8.2.1 拱的概念

拱是土木工程的结构类型之一。图 8.7 所示为工程中的三种典型拱计算简图。拱结构必须具备两大特点：①含有拱形杆——此为拱的构造特点；②在竖向荷载作用下会产生水平反力——此为拱的受力特点。

工程上常将拱在竖向荷载作用下产生的水平反力又称**水平推力**（图 8.7 所示的 F_{Ax}、F_{By}）。图 8.7（d）所示结构虽含有拱形杆，但由于它在竖向荷载作用下不会产生水平推力，故不是拱结构，而只能归类为曲梁。

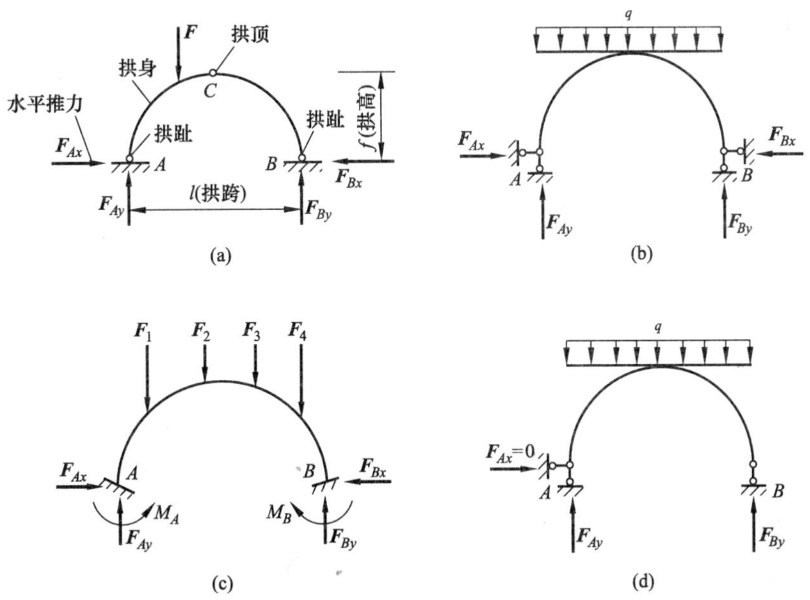

图 8.7

如图 8.7（a）所示，拱结构的最高点称为**拱顶**，拱形杆称为**拱身**，支座连接处称为**拱趾**（或**拱脚**）。两支座的水平距离 l 称为**拱跨**。拱顶到两拱趾连线的垂直距离 f 称为**拱高**（或**矢高**）。拱高与跨度之比 f/l 称为拱的**高跨比**（或**矢跨比**）。拱的高跨比对拱的主要受力性能影响甚大。图 8.7（a）所示的拱称为三铰拱，是无多余约束的几何不变体系，为静定结构。图 8.7（b）所示的拱称为两铰拱，是多余一个约束的几何不变体系，故为一次超静定结构。图 8.7（c）所示的拱称为无铰拱，是多余三个约束的几何不变体系，故为三次超静定结构。本节只讨论三铰拱。

8.2.2　三铰拱的计算

以图 8.8（a）所示三铰拱为例来讨论三铰拱的计算。此处所讨论的拱特点是**两支座铰位于同一水平线，第三铰位于拱顶**，拱轴对称。

1. 三铰拱支座反力的计算

三铰拱的支座反力计算方法与三铰刚架同。先取整体分析，受力图如图 8.8（a）所示。由平衡条件解得（求解过程繁琐，此略）

$$\left.\begin{aligned} F_{Ay}&=\frac{F\times(1.5\times6)+q\times6\times(1.5\times2)}{l}=\frac{100\times9+20\times6\times3}{12}\text{kN}=105\text{kN} \quad ①\\ F_{By}&=\frac{F\times(1.5\times6)+q\times6\times(1.5\times6)}{l}=\frac{100\times3+20\times6\times9}{12}\text{kN}=115\text{kN} \quad ②\\ F_{Ax}&=F_{Bx} \quad ③\end{aligned}\right\}$$

故可令

$$F_{Ax}=F_{Bx}=F_{\mathrm{H}} \quad ④$$

然后再取半拱分析，如图 8.8（f）所示。对点 C 取矩，可得

$$F_{\mathrm{H}}=F_{Ax}=\frac{F_{Ay}\cdot\frac{l}{2}-F\times(1.5\times2)}{f}=\left(\frac{105\times6-100\times3}{4}\right)\text{kN}=82.5\text{kN} \quad ⑤$$

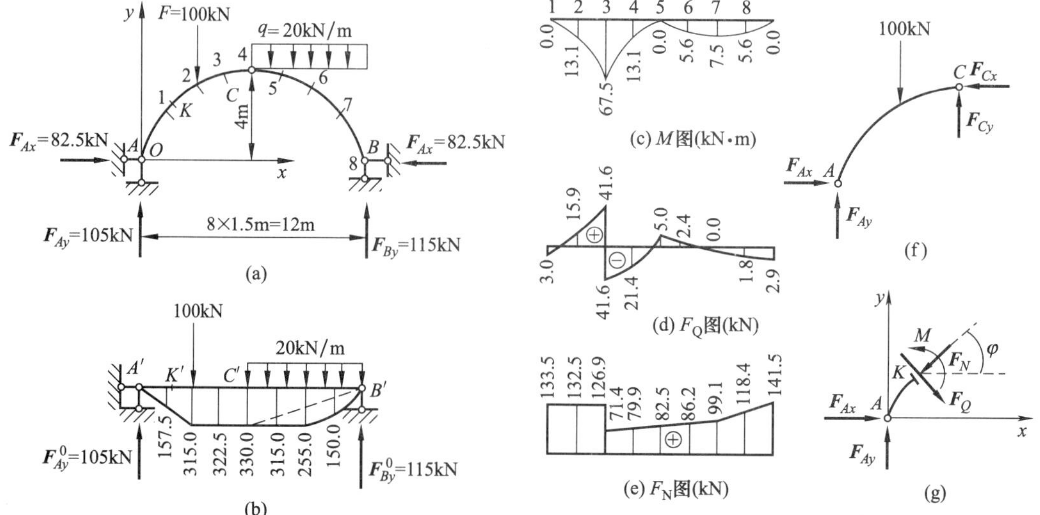

图 8.8

为了得到三铰拱支座反力计算的简便方法，取一与三铰拱跨度相同、荷载相同的简支梁（称为该三铰拱的代梁）来分析，如图 8.8（b）所示。由平衡条件得

$$\left.\begin{aligned} F_{Ay}^0 &= \frac{F\times(1.5\times6)+q\times6\times(1.5\times2)}{l}=\frac{100\times9+20\times6\times3}{12}\text{kN}=105\text{kN} \\ F_{By}^0 &= \frac{F\times(1.5\times2)+q\times6\times(1.5\times6)}{l}=\frac{100\times3+20\times6\times9}{12}\text{kN}=115\text{kN} \\ M_C^0 &= F_{Ay}^0\times(1.5\times4)-F\times(1.5\times2)=(105\times6-100\times3)\text{kN}\cdot\text{m}=330\text{kN}\cdot\text{m} \end{aligned}\right\} \quad ⑥⑦⑧$$

将代梁支座反力 F_{Ay}^0、F_{By}^0 与三铰拱支座反力比较，可得

$$F_{Ay}=F_{Ay}^0 \qquad F_{By}=F_{By}^0 \tag{8-1}$$

上述结果代入式⑤得

$$F_H=\frac{F_{Ay}^0\cdot\frac{l}{2}-F\times(1.5\times2)}{f}=\frac{330}{4}=82.5\text{kN} \quad ⑨$$

比较式⑧、⑨可得

$$F_H=\frac{M_C^0}{f} \tag{8-2}$$

可以证明，式（8-1）、式（8-2）对具有所讨论类型的任何三铰拱都适用。今后，计算三铰拱的水平推力和竖向支座反力时，就可先计算拱特点代梁的支座反力 F_{Ay}^0、F_{By}^0 和拱顶铰对应的代梁横截面弯矩 M_C^0，然后代入式（8-1）、式（8-2）即得。

三铰拱的荷载、跨度及拱顶位置一定时，M_C^0就是定值。由式（8-2）知：这种情况下，拱高 f 愈大（即拱愈陡），推力愈小。反之，拱高 f 愈小（即拱愈平），推力愈大。$f\to0$时，推力 $F_P\to\infty$，任何支座或拉杆也无法承受如此巨大的推力作用。加之此时三个铰几乎共线，体系将成为瞬变体系，不能作结构使用，故工程上禁止出现这种情况。

2. 三铰拱内力计算

由于拱的轴线是曲线，故拱的横截面方位是不断变化的，而不像水平梁的横截面那样总是坚直的。因此，拱即使只受竖向荷载作用，横截面上也可能同时产生三种内力：弯矩、剪力和轴力。这一点与平梁横截面只有弯矩和剪力有较大差异，倒有点类似斜梁。

分析图 8.8（a）所示三铰拱中任一横截面 K，其位置坐标为（x，y），该处拱轴的切线与 x 轴正向夹角为 φ。设该横截面上弯矩为 M（以使拱内侧受拉为正），剪力为 F_Q（以使脱离体有顺时针转动趋势的为正），轴力为 F_N（以使截面**受压为正**，这一点与其他结构轴力规定不同）。取 K 以左部分（AK 段）分析，受力图如图 8.8（g）所示。

（1）弯矩的计算。由 AK 部分平衡条件 $\sum M_K=0$ 得：$M+F_{Ax}y-F_{Ay}x=0$，解得：$M=F_{Ay}x-F_{Ax}y$。因 $F_{Ay}x=F_{Ay}^0x$，为代梁上与 K 对应的 K' 截面上的弯矩 M^0，而由式④知 $F_{Ax}=F_H$，故

$$M=M^0-F_Hy \tag{8-3}$$

可以证明，式（8-3）也适用于所讨论类型三铰拱的任何情况。说明**三铰拱任一横截面的弯矩等于代梁对应横截面的弯矩值减去推力对截面形心的力矩**。由此可见，由于推力的存在，三铰拱横截面上的弯矩比同跨同荷载简支梁对应横截面上的弯矩小。不难推知，如果将 y 调到适当值，可以使拱横截面弯矩为零，从而使拱不受弯（详见本节“三铰拱的合理拱轴线”部分）。

(2) 剪力的计算。由 AK 部分平衡条件可解得 $F_Q = F_{Ay}\cos\varphi - F_{Ax}\sin\varphi$，同样因 $F_{Ay}=F_Q^0$，$F_{Ax}=F_H$，故

$$F_Q = F_Q^0\cos\varphi - F_H\sin\varphi \tag{8-4}$$

同样可以证明，式 (8-4) 对所讨论类型三铰拱任何情况都适用。说明**三铰拱任一横截面上的剪力等于代梁对应横截面上的剪力乘以拱横截面方位角的余弦减去推力与该方位角正弦之积**。注意，对于右半拱的横截面，φ 为钝角。此时若取拱轴线切线与 x 轴所夹锐角来计算，则应取负值。

(3) 轴力计算。由 AK 部分平衡条件可解得 $F_N = F_{Ay}\sin\varphi + F_{Ax}\cos\varphi$，同样因 $F_{Ay}=F_Q^0$，$F_{Ax}=F_H$，于是

$$F_N = F_Q^0\sin\varphi + F_H\cos\varphi \tag{8-5}$$

也可以证明，式 (8-5) 对所讨论类型三铰拱任何情况都适用。说明三铰拱任一横截面上的轴向压力等于代梁上对应横截面上的剪力乘以拱横截面方位角的正弦加上推力与方位角余弦之积。

3. 三铰拱内力图绘制

绘制三铰拱内力图的步骤如下。

(1) 将拱跨等分为若干段，段长以 1～2m 为宜，集中力或集中力偶作用点、均布荷载起止点一般也应作为分段点。

(2) 按式 (8-1)～式 (8-5) 列表计算出各分段点处拱横截面内力值。

(3) 绘制拱内力图。拱内力图有两种绘制方式：一是以拱轴线为基线绘制。此时内力值必须在横截面延长线上点绘制。因此内力分布线不像梁或刚架是平行，而是呈扇形的。二是以代梁为基线绘制，即把算出的内力值点绘在代梁对应横截面位置，绘制出内力图。当然它并不是代梁的内力图。

本例中拱分为八等分，每段 1.5m。拱轴线图为抛物线 $y=4fx(l-x)/l^2$。各等分点拱横截面上的内力计算结果见表 8-1。为简便起见，本例以代梁轴线为基线上绘制出拱的弯矩图、剪力图和轴力图，分别如图 8.8 (c)、(d)、(e) 所示。图 8.8 (b) 是代梁自身的弯矩图，与拱的弯矩图 8.8 (c) 比较，两者的差别是很大的。读者可以试以拱轴为基线绘制出拱的内力图，与图 8.8 (c)、(d)、(e) 所示比较。

为了说明拱内力的计算方法和表中数据的得出过程，在此以典型的 1、2 横截面内力计算为例介绍。

横截面 1：为普通横截面，其横坐标 $x_1=1.5\text{m}$。由拱轴线方程计算出纵坐标为

$$y_1=[4fx_1(l-x_1)/l^2]=[4\times4\times1.5\times(12-1.5)/12^2]\text{m}=1.75\text{m}$$

其切线斜率为 $\tan\varphi_1=\left.\dfrac{\mathrm{d}y}{\mathrm{d}x}\right|_{x=1.5}=\left.\dfrac{4f(l-2x)}{l^2}\right|_{x=1.5}=4\times4\times(12-2\times1.5)/12^2=1$，

所以 $\varphi_1=45°$，$\sin\varphi_1=\cos\varphi_1=0.707$。因 $M_1^0=(105\times1.5)\text{kN}\cdot\text{m}=157.5\text{kN}\cdot\text{m}$，$F_{Q1}^0=105\text{kN}$，根据式 8-3、式 8-4、式 8-5 求得该截面弯矩、剪力和轴力分别为

$$M_1=M_1^0-F_H y_1=(157.5-82.5\times1.75)\text{kN}\cdot\text{m}=13.1\text{kN}\cdot\text{m}$$

$$F_{Q1}=F_{Q1}^0\cos\varphi_1-F_H\sin\varphi_1=(105\times0.707-82.5\times0.707)\text{kN}=15.9\text{kN}$$

$$F_{N1}=F_{Q1}^0\sin\varphi_1+F_H\cos\varphi_1=(105\times0.707+82.5\times0.707)\text{kN}=132.5\text{kN}$$

横截面 2：为集中力作用截面，横坐标 $x_2=3.0\text{m}$。由拱轴线方程计算出纵坐标为

$$y_2=4fx_2(l-x_2)/l^2=[4\times4\times3.0\times(12-3.0)/12^2]\text{m}=3\text{m}$$

同上可计算出其切线斜率为 $\tan\varphi_2=0.667$，所以 $\varphi_2=33.7°$，$\sin\varphi_2=0.555$ $\cos\varphi_2=0.832$。由于有集中力作用，横截面左右两侧的剪力与轴力不会相等，而有突变，故应分别计算。对代梁：$M_2^0=(105\times3.0)\text{kN}\cdot\text{m}=315\text{kN}\cdot\text{m}$，$F^0_{Q2左}=105\text{kN}$，$F^0_{Q2右}=(105-100)\text{kN}=5\text{kN}$。根据式 (8-3)、式 (8-4) 和式 (8-5) 求得该截面弯矩、剪力和轴力分别为

$$M_2=M_2^0-F_H y_2=(315-82.5\times3)\text{kN}\cdot\text{m}=67.5\text{kN}\cdot\text{m}$$

$$F_{Q2左}=F^0_{Q2左}\cos\varphi_2-F_H\sin\varphi_2=(105\times0.832-82.5\times0.555)\text{kN}=41.6\text{kN}$$

$$F_{Q2右}=F^0_{Q2右}\cos\varphi_2-F_H\sin\varphi_2=(5\times0.832-82.5\times0.555)\text{kN}=-41.6\text{kN}$$

$$F_{N2左}=F^0_{Q2左}\sin\varphi_2+F_H\cos\varphi_2=(105\times0.555+82.5\times0.832)\text{kN}=126.9\text{kN}$$

$$F_{N2右}=F^0_{Q2右}\sin\varphi_2+F_H\cos\varphi_2=(5\times0.555+82.5\times0.832)\text{kN}=71.4\text{kN}$$

表 8-1 三铰拱内力计算表

拱轴分点	纵坐标 y /m	$\tan\varphi$	φ	$\sin\varphi$	$\cos\varphi$	F_Q^0
0	0	1.333	53°7′	0.800	0.599	105.0
1	1.75	1.000	45°	0.707	0.707	105.0
2 左/右	3	0.667	33°42′	0.555	0.832	105.0/5.0
3	3.75	0.333	18°25′	0.316	0.948	5.0
4	4	0.000	0°	0.000	1.000	5.0
5	3.75	−0.333	−18°25′	−0.316	0.948	−25.0
6	3	−0.667	−33°42′	−0.555	0.832	−55.0
7	1.75	−1.000	−45°	−0.707	0.707	−85.0
8	0	−1.333	−53°7′	−0.800	0.599	−115.0

拱轴分点	弯矩计算/(kN·m)			剪力计算/kN			轴力计算/kN		
	M^0	$-F_H y$	M	$F_Q^0\cos\varphi$	$-F_H\sin\varphi$	F_Q	$F_Q^0\sin\varphi$	$F_H\cos\varphi$	F_N
0	0.00	0.00	0.00	63.0	−66.0	−3.0	84.0	49.5	133.5
1	157.5	−144.4	13.1	74.2	−58.3	15.9	74.2	58.3	132.5
2 左/右	315.0	−247.5	67.5	87.4/4.2	−45.8	41.6/−41.6	58.3/2.8	68.6	126.9/71.4
3	322.5	−309.4	13.1	4.7	−26.1	−21.4	1.6	78.3	79.9
4	330.0	−330.0	0.00	5.0	0.00	5.0	0.00	82.5	82.5
5	315.0	−309.4	5.6	−23.7	26.1	2.4	7.9	78.3	86.2
6	255.0	−247.5	7.5	−45.8	45.8	0.00	30.5	68.6	99.1
7	150.0	−144.4	5.6	−60.1	58.3	−1.8	60.1	58.3	118.4
8	0.00	0.00	0.00	−68.9	66.0	−2.9	92.0	49.5	141.5

8.2.3 三铰拱的合理拱轴线

由前部分可知，三铰拱横截面上一般存在着三种内力：弯矩、剪力和轴力。弯矩的存在，使拱横截面上的正应力分布不均匀，材料不能同等程度地发挥作用。但设计拱时可以让拱横截面形心纵坐标 y 取某一适当值，从而使其弯矩取零，剪力亦随之取零（读者可自己去验证此结论），于是横截面上只有轴力。如果全拱各横截面上弯矩均为零，则全拱各横截面上内力都只有轴力（为压力）。故横截面上只有均匀分布的压应力，各处材料能

同等程度地起作用，且拱不会横向开裂，这时的拱轴线称为**合理拱轴线**。具有合理拱轴线的拱，可采用抗压能力强而抗拉能力弱的砖、石和混凝土砌块等脆性材料砌筑而成，从而扬长避短，充分发挥这些材料的作用。

为了确定合理拱轴线方程，可令式（8-3）中 $M=0$，则 $y=M^0/F_{\mathrm{H}}$，其中 M^0 为代梁任一横截面的弯矩，它是截面位置坐标 x 的函数。而推力 F_{H} 由荷载与拱高决定，对同一拱而言为定值。因而此式表明了合理拱轴线纵坐标 y 随截面位置坐标 x 而变化的规律 $y=y(x)$，可写成如下形式

$$y(x)=\frac{M^0(x)}{F_{\mathrm{H}}} \tag{8-6}$$

式（8-6）称为合理拱轴线方程。

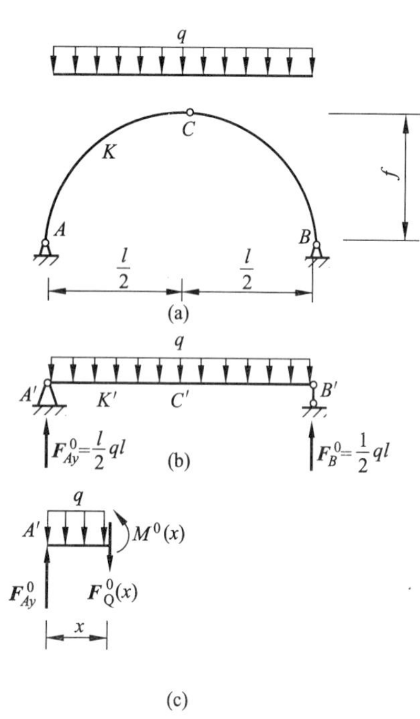

图 8.9

【例 8.4】 试确定图 8.9 所示对称三铰拱在均布荷载 q 作用下的合理拱轴线。

解 由式（8-6）知，要确定 $y(x)$ 必先求出推力 F_{H} 和代梁弯矩方程 $M^0(x)$。而由式（8-2）知，要求 F_{H} 就应先求出代梁上与三铰拱顶铰 C 对应截面的弯矩 M_C^0。因此，先画出该三铰拱的代梁，如图 8.9（b）所示，跨中截面弯矩为 $M_C^0=ql^2/8$ 代入式（8-2）得

$$F_{\mathrm{H}}=\frac{ql^2}{8f} \tag{a}$$

而代梁弯矩方程为

$$\begin{aligned}M^0(x)&=F^0_{Ay}\cdot x-\frac{1}{2}qx^2\\&=\frac{1}{2}qlx-\frac{1}{2}qx^2\\&=\frac{1}{2}qx(l-x)\end{aligned} \tag{b}$$

将式（a）、式（b）代入式（8-6）得

$$y(x)=\frac{\frac{1}{2}qx(l-x)}{\frac{ql^2}{8f}}=\frac{4f}{l^2}x(l-x) \tag{c}$$

上式就是对称三铰拱在均布荷载作用下的合理拱轴线方程，它是一条二次抛物线。

【例 8.5】 试确定图 8.10 所示三铰拱在沿拱轴曲率半径方向的均布荷载 q 作用下的合理拱轴。

解 要成为合理拱轴，拱各横截面上应只有轴力而无剪力与弯矩。在拱中取出一微段 $\mathrm{d}s$ 分析，其受力图如图 8.10（b）所示。设其两端截面轴力分别为 F_{N} 和 $F_{\mathrm{N}}+\mathrm{d}F_{\mathrm{N}}$，则由微段平衡，可得 $\sum M_O=0$（微段上所有各力对曲率中心 O 的力矩代数和为零）。设微段曲率半径为 ρ，则因微段上荷载合力 $q\mathrm{d}s$ 通过曲率中心，故有

$$(F_{\mathrm{N}}+\mathrm{d}F_{\mathrm{N}})\rho-F_{\mathrm{N}}\rho=0$$

由此解得 $\mathrm{d}F_{\mathrm{N}}=0$，故

$$F_{\mathrm{N}}=\text{常量} \tag{a}$$

即全拱各截面轴力相等。

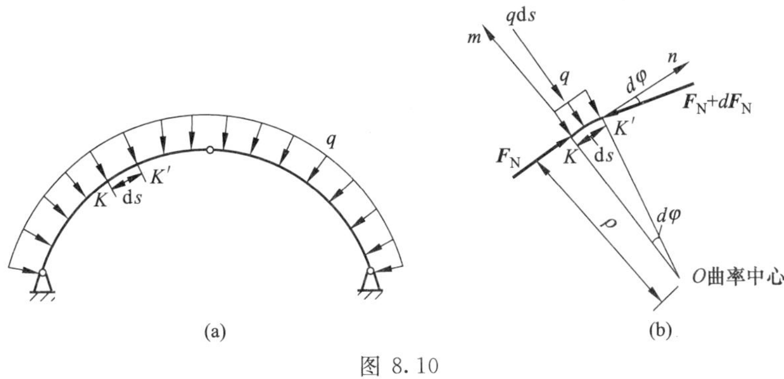

图 8.10

以微段左端为原点建立直角坐标系 mKn。则由微段平衡知，微段上所有外力在 m 轴上投影代数和为零，即$\sum F_m=0$。因 $dF_N=0$，故有

$$F_N\sin d\varphi-q ds\cdot\cos\frac{d\varphi}{2}=0$$

因 $d\varphi$ 是微量，故 $\sin d\varphi\approx d\varphi$，$\cos\frac{d\varphi}{2}=1$。而 $ds=\rho d\varphi$，所以得

$$\rho=F_N/q \tag{b}$$

由式（a）得知 F_N 为常数，而由题设条件知全拱荷载 q 为常数，故由式（b）知：全拱曲率半径 ρ 也为常数，即

$$\rho=\text{常数} \tag{c}$$

这就是在题设条件下的合理拱轴方程。它是一个以极坐标表示的圆方程，说明在题设条件下的合理拱轴为一圆弧。

同理，也可导出图 8.11 所示荷载下三铰拱的合理拱轴是悬链线。设任一截面上的荷载为 $q=q_C+\gamma y$，其中 γ 为常数（比如桥拱券上的填土重度）。若拱支座上的水平推力为 F_H，则该三铰拱合理拱轴的悬链线方程为

$$y=\frac{q_C}{\gamma}\left(ch\sqrt{\frac{\gamma}{F_H}}x-1\right)$$

是一个悬链线方程

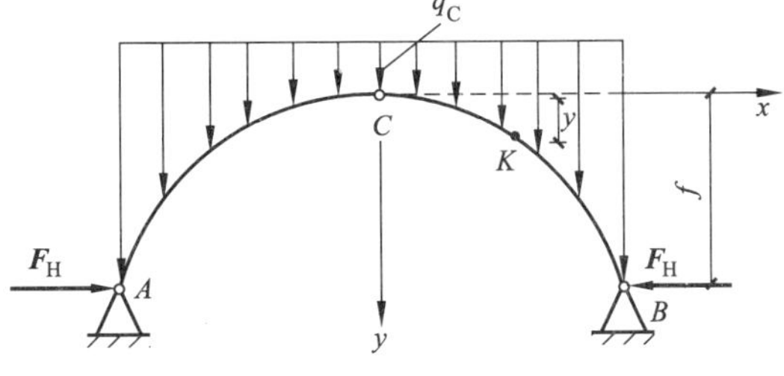

图 8.11

由以上可知，三铰拱的合理拱轴形式与荷载形式紧密相关。不可能找到一种任何荷载下都“合理”的拱轴。如果荷载不连续，“合理拱轴线”还只能分段确定。而对承受移动荷载的桥梁拱，则不存在所谓“合理拱轴”。实际工程中，只能确定相对“合理”的拱轴，使拱横截面弯矩尽可能小些。

8.3　静定平面桁架的内力计算

8.3.1　桁架的特征及分类

桁架是土木工程中广泛使用的一种结构形式，尤其被用作大跨度结构。图 8.12（a）、

(b)、(c) 都为桁架实例，其中图 8.12 (a) 为钢屋架，图 8.12 (b) 为钢筋混凝土屋架，图 8.12 (c) 为钢桁架桥梁。

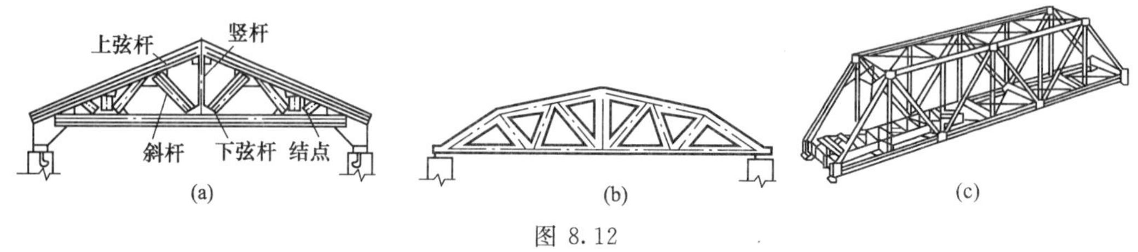

图 8.12

桁架的特点是：杆件都是直杆，荷载都作用于结点上，结点“刚性”相对较低（可能是结点部位强度不足导致），阻止不了外荷载作用引起的结点上各杆件之间夹角的变化。在这种情况下，结构试验和理论分析都表明，各杆的内力主要是轴力，弯矩和剪力则相对很小，可以忽略。因此桁架的计算简图可以这样来假定：桁架全部杆件都是等截面二力杆，所有结点都是理想铰结点（光滑无摩擦），结点上各杆轴线汇交于铰心，其所受外力全部作用在铰结点上。

静定平面桁架则是所有杆件的轴线都位于同一平面内的无多余约束的桁架结构。图 8.12 (a)、(b)、(c) 所示的实际桁架在计算时都简化成静定平面桁架，其计算简图分别如图 8.13 (a)、(b)、(c) 所示。一个平面桁架常称为一榀。图 8.12 (c) 所示实际桁架就是由两榀桁架［图 8.13 (c) 简图所示］通过上部的横向联系、纵向联系和底部的横梁、纵梁、轨枕等连接而成。

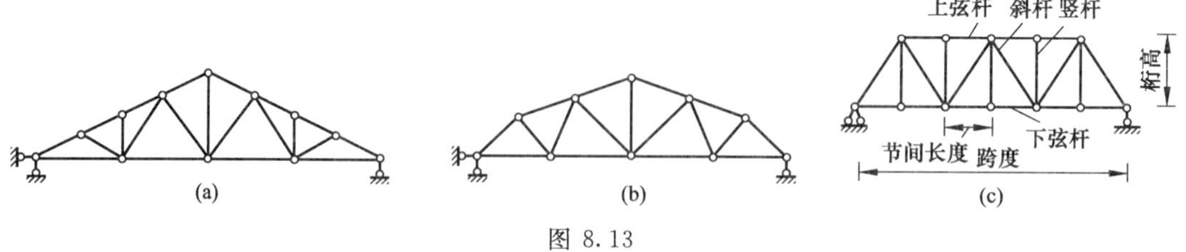

图 8.13

桁架中的杆件可按所处位置分为**弦杆**（即上下外围杆，上边的称为上**弦杆**，下边的称为下**弦杆**）和腹杆（即上下弦杆内的杆，倾斜的称为**斜杆**，竖直的称为**竖杆**）。弦杆上两相邻结点间的区间称为**节间**，其长度称为**节间长度**［图 8.13 (c)］。

图 8.14 所示为常见静定平面桁架形式，按外轮廓形状可分为平行弦桁架［上下弦平行，图 8.14 (a)］、［三角形桁架（上弦呈人字坡，下弦水平），图 8.14 (b)］、折线形桁架［上弦呈折线，下弦水平，图 8.14 (c)］和抛物线桁架［上弦节点位于一抛物线上，下弦水平，图 8.14 (g)］。

8.3.2 静定平面桁架的内力计算

桁架内力就是指桁架各杆的内力。由于桁架各杆都是二力杆，内力只有轴力，故桁架内力也就是指各杆的轴力。

桁架内力计算的方法有结点法、截面法。以前工程计算中也曾使用图解法，但由于作图繁琐，而且精度有限，在计算工具大大改善的今天已很少运用。如果读者想了解图解

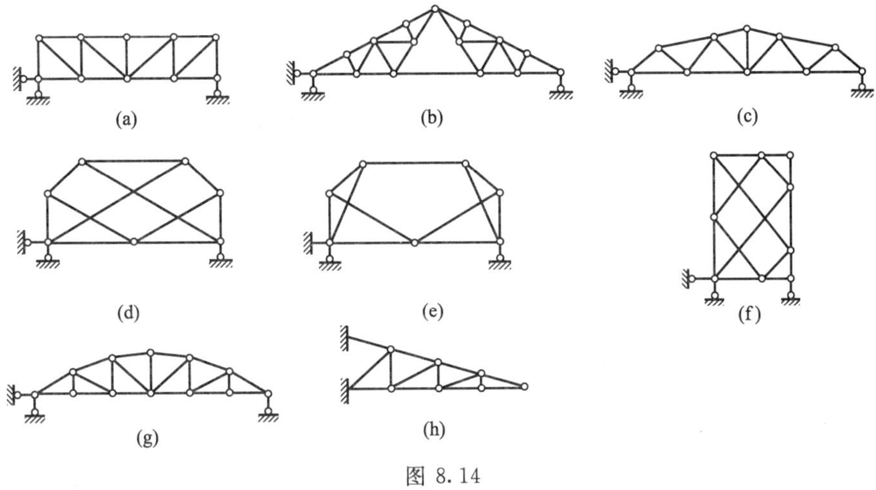

图 8.14

法，可参考以前的教材。

1. 结点法

这种方法是取桁架的铰结点为分析对象，画出其受力图，并据此建立平衡方程来求解桁架杆件的轴力。由于桁架的外力（荷载和支座反力）都作用于结点上，而各杆件轴线又都汇交于铰心，故铰结点所受的各力（不论是荷载、支座反力，还是杆件轴力）构成一平面汇交力系。因此，以铰结点为分析对象时，最多只能求出两个未知轴力。故用结点法计算桁架内力时，所选取的分析结点上未知力不能超过两个。另外，画受力图时，未知轴力必须设为拉力，以避免所得轴力正负号与轴力拉压性质相矛盾的情况。

【例 8.6】 试计算图 8.15 所示静定平面桁架各杆的轴力。

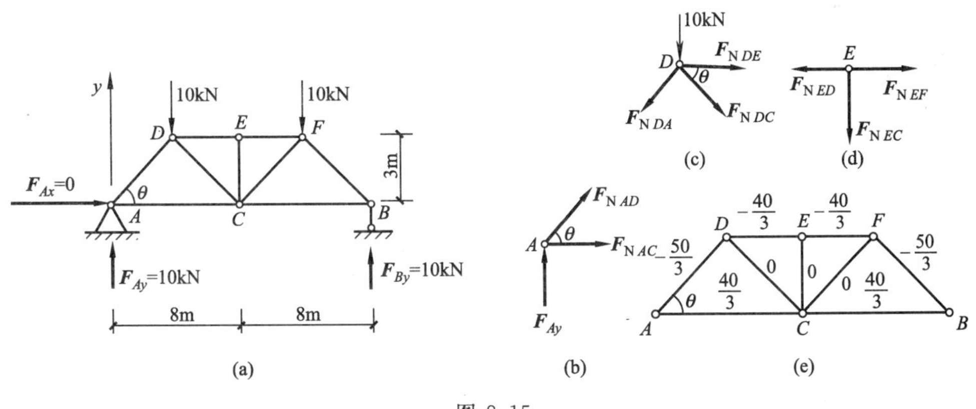

图 8.15

解　这是一个简支桁架。在求解前，任一结点上未知力都不止两个。如 A 结点上两个支座反力及杆 AC 与杆 AD 的轴力都未知，有四个未知力。B 结点上有一个支座反力及杆 BC 与 BF 的两个轴力共三个未知力。D、E、F 结点各有三个未知轴力杆。C 结点五个杆轴力都未知。因此，通过分析，本题应先取整体为分析对象，求出三个支座反力。然后再取结点分析，求杆件轴力。

(1) 求支座反力。取整个桁架为分析对象，画出受力图如图 8.15 (a) 所示。列出平

衡方程

$$\sum F_x=0 \qquad F_{Ax}=0$$

$$\sum M_A=0 \qquad F_{By}\times16-10\times4-10\times12=0$$

$$\sum F_y=0 \qquad F_{Ay}+F_{By}-20=0$$

解得 $F_{Ax}=0$，$F_{Ay}=10\text{kN}$（↑），$F_{By}=10\text{kN}$（↑）。这个结果由结构及荷载的对称性也可直接得出。

（2）求桁架内力。由于该桁架结构及其荷载都正对称，故只需计算一半桁架杆件。另一半桁架的杆件轴力由对称性即可得到。也就是说，这里只需计算 AC、AD、CD、DE 和 CE 五杆的轴力。

① 先取结点 A 分析，受力图如图 8.15（b）所示，则

$$\sum F_x=0 \qquad F_{\mathrm{N}AC}+F_{\mathrm{N}AD}\cos\theta=0$$

$$\sum F_y=0 \qquad F_{\mathrm{N}AD}\sin\theta+F_{Ay}=0$$

因 $\sin\theta=\dfrac{3}{5}$，$\cos\theta=\dfrac{4}{5}$　故解得

$$F_{\mathrm{N}AC}=-\frac{40}{3}\text{kN(拉)} \qquad F_{\mathrm{N}AD}=-\frac{50}{3}\text{kN(压)}$$

② 再取结点 D 分析，受力图如图 8.15（c）所示，同理可解得

$$F_{\mathrm{N}DE}=-\frac{40}{3}\text{kN}\quad\text{(拉)} \qquad F_{\mathrm{N}DC}=0$$

③ 最后取结点 E 分析，受力图如图 8.15（d）所示，解得

$$F_{\mathrm{N}EF}=-\frac{40}{3}\text{kN} \qquad F_{\mathrm{N}EC}=0$$

由对称性可得

$$F_{\mathrm{N}BF}=F_{\mathrm{N}AD}=-\frac{50}{3}\text{kN(压)}$$

$$F_{\mathrm{N}BC}=F_{\mathrm{N}AC}=\frac{40}{3}\text{kN(拉)}$$

$$F_{\mathrm{N}FC}=F_{\mathrm{N}DC}=0$$

根据工程习惯，计算出的桁架各杆件轴力通常标注在桁架简图上的相应杆件旁，如图 8.15（e）所示。

2. 零杆与等力杆

（1）零杆。桁架中轴力为零的杆称为**零杆**。【例 8.6】中 DC、EC、FC 三杆均为零杆。从理论上讲，零杆不承受力作用，是多余的。而实际上，静定桁架的零杆是绝对不能省略的，超静定桁架的零杆有的也不能省略。一方面，实际桁架中“零杆”轴力并非为零，因为实际桁架有许多“先天缺陷”，与计算简图所表达的理想模型之间有一定差距；另一方面，零杆可能是使桁架结构体系在构造上保持几何不变的必要约束，是不可或缺的。当然，在超静定桁架中，若零杆恰好是多余约束，则可以去掉。

在桁架内力计算时，如果预先不计算即能判断出零杆，则可以简化计算过程。下面介绍几种特殊结点上的零杆判定规律。

① V 结点不受外力时，两杆均为零杆。所谓 V 结点，即二元体结点，因其像某个方位的“V”字而得名。如图 8.16（a）所示，取 V 结点分析，由 $\sum F_y=0$ 得 $F_{\mathrm{N1}}\sin\theta=0$。

因 $\sin\theta \neq 0$，故 $F_{N1}=0$。由 $\sum F_x=0$ 得 $F_{N2}+F_{N1}\cos\theta=0$，将 $F_{N1}=0$ 代入得 $F_{N2}=0$。

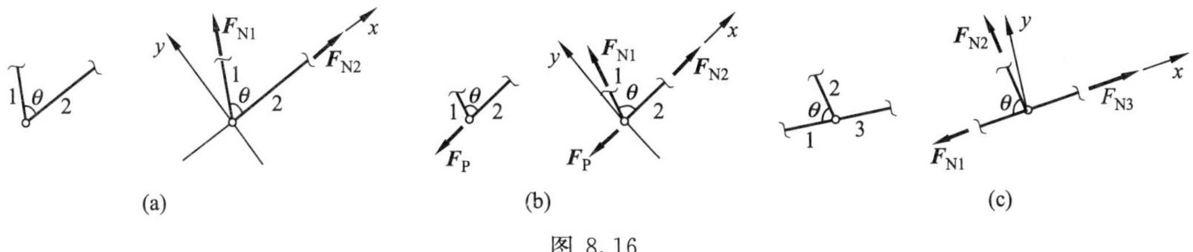

图 8.16

② V 结点上受一外力作用，且外力沿其中一杆，则另一杆必为零杆。外力所沿的杆有轴力，且轴力绝对值等于外力的大小，轴力是拉或压由外力使结点的运动趋势是离开或压紧该杆而定。

如图 8.16（b）所示，“V”结点受沿杆 2 的外力 F_P 作用。取结点分析，由 $\sum F_y=0$ 得 $F_{N1}\sin\theta=0$。同样，因 $\sin\theta \neq 0$，故 $F_{N1}=0$。由 $\sum F_x=0$ 得 $F_{N2}+F_{N1}\cos\theta-F_P=0$，将 $F_{N1}=0$ 代入，得 $F_{N2}=F_P$（为拉，因 F_P 使结点有离开杆 2 的趋势）。

③ Y 结点不受外力时，则支杆必为零杆。所谓 Y 结点，是指三杆汇交于一结点，且其中两杆共线，形成某一方位的“Y”字。如图 8.16（c）所示。取 Y 结点分析，由 $\sum F_y=0$ 得 $F_{N2}\sin\theta=0$。同理，因 $\sin\theta \neq 0$，故 $F_{N2}=0$。

（2）等力杆。桁架中，轴力绝对值相等的杆称为等力杆。例 8.6 中 AC 杆与 BC 杆、AD 杆与 BF 杆、DE 杆与 EF 杆、DC 杆与 CF 杆均分别为等力杆。在桁架内力计算时，若能先判定出等力杆，同样能简化计算过程。如在【例 8.6】中，根据对称性判断出等力杆后，使计算工作量节省了 50%。

下面介绍几种特殊结点上等力杆的判定规律。

① X 结点不受外力，则每对共线杆都为等力杆，且每对等力杆的轴力拉、压性质相同。所谓 X 结点，是指四杆交于一结点，且两两共线，形成某一方位的“X”字。

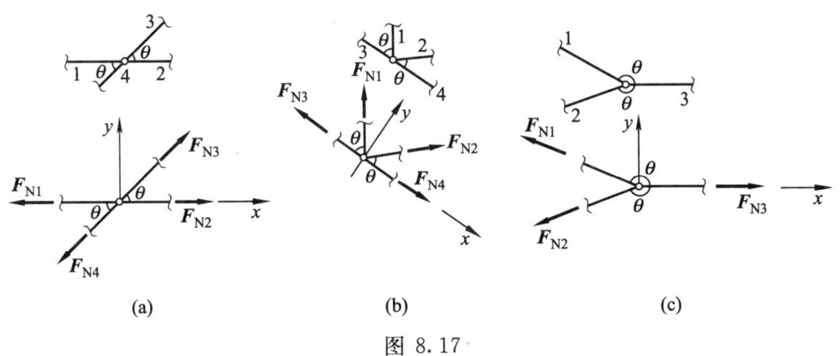

图 8.17

如图 8.17（a）所示，取 X 结点分析，由 $\sum F_y=0$ 得 $F_{N3}\sin\theta-F_{N4}\sin\theta=0$，故 $F_{N3}=F_{N4}$，说明 3、4 杆为等力杆，且轴力符号相同。又由 $\sum F_x=0$ 得 $F_{N2}+F_{N3}\cos\theta-F_{N1}-F_{N4}\cos\theta=0$，故 $F_{N1}=F_{N2}$，说明 1、2 杆为等力杆，且轴力符号相同。

② K 结点不受外力，则同侧两杆为等力杆，且轴力符号相反。所谓 K 结点是指四杆汇交于一结点，其中两杆共线，另两杆位于同侧且与两共线杆夹角相等，形成某一方位的“K”字。如图 8.17（b）所示，取 K 结点分析，由 $\sum F_y=0$ 得 $F_{N1}\cos\theta+F_{N2}\cos\theta=0$，故 $F_{N1}=-F_{N2}$，说明 1、2 杆为等力杆且轴力符号相反。

③ Y 结点不受外力，则两对称杆为等力杆，且轴力符号相同。所谓 Y 结点是指三杆汇交于一结点，其中两杆与第三杆夹角相同，形成某一方位的“Y”字。如图 8.17 (c) 所示，取 Y 结点分析，由$\sum F_y=0$ 得 $F_{N1}\sin(180-\theta)-F_{N2}\sin(180-\theta)=0$，故 $F_{N1}=F_{N2}$，说明 1、2 杆为等力杆且轴力符号相同。

3. 截面法

这种方法是用一截面（可为平面，也可为曲面）截取桁架的一部分为分析对象，画出其受力图，并据此建立平衡方程来求解桁架杆件的轴力。截面法的分析对象是桁架的一部分，它可以是一个铰或一根杆，也可以是联系在一起的多个铰或多根杆。所谓“截取”，就是要截断所选定部分与周围其余部分联系的杆件并取出分析对象。

如果截面法只截取了单个铰为分析对象，则其受力图与结点法相似。其差别有两点：①结点法的分析对象是理想铰，其简图为小圆圈。而截面法截取出的铰上却留有余下的短杆段，其简图为长刺以下圆圈；②结点法受力图画出的是杆件对铰的约束（反）力，因其与相应杆件的轴力大小相等、拉压性质相同，故有时不加区分地把计算出的杆件约束力“当作”杆件轴力。而截面法受力图画出的是被截断杆件的轴力，计算结果就是杆件轴力，显得更直接。

不过，截面法截取的分析对象通常不宜是单个铰，而应是含有铰和杆件的更大的部分，这样才能发挥其优势。这种情况下，所取分析对象受的力系通常是平面一般力系，故最多可求解出三个未知力。因此，一般情况下截面法所取的分析对象上未知轴力不宜超过三个。截面法通过选择适当方位的投影轴与矩心，可使一个平衡方程只含一个未知量，能简化计算过程。

如果截面法分析对象上未知轴力超过了三个，则除特殊力系（如含有 n 个未知力的平面力系中 $n-1$ 个未知力汇交于一点或相互平行）外，一般要另取其他分析对象同时分析，建立含三个以上方程的联立方程组来求解。在计算桁架时应尽量避免这种情况出现。

【例 8.7】 已知桁架荷载及尺寸如图 8.18 (a) 所示。试计算杆件 1、2 、3 的轴力。

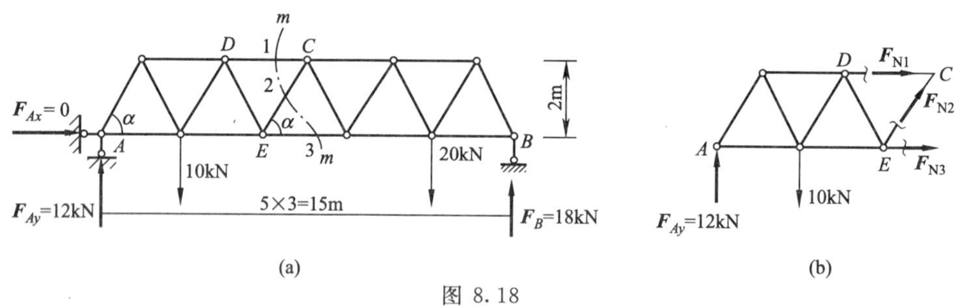

图 8.18

解 这是一个简支桁架，应先求出支座反力。否则，无论取哪个结点，未知力都超过两个，解不了。

(1) 求支座反力。取桁架整体分析，画出受力图如图 8.18 (a) 所示。由平衡得

$$\sum F_x=0 \qquad F_{Ax}=0$$

$$\sum M_A=0 \qquad F_B\times 15-10\times 3-20\times 12=0$$

解得 $F_B=18\text{kN}$ (↑)

$$\sum F_y=0 \qquad F_{Ay}+F_B-10-20=0$$

解得 $F_{Ay}=12\text{kN}$ (↑)

验算：$\sum M_B=-F_{Ay}\times 15+10\times 12+20\times 3=0$　说明反力计算无误。

(2) 求杆件轴力。用 $m-m$ 截面将 1、2、3 杆截断，取桁架左部分为分析对象，画出受力图如图 8.18 (b) 所示。建立平衡方程

$$\sum M_E=0 \qquad -12\times 6+10\times 3-F_{N1}\times 2=0$$

解得　$F_{N1}=-21\text{kN}$（压力）

$$\sum M_F=0 \qquad -12\times 7.5+10\times 4.5+F_{N3}\times 2=0$$

解得　$F_{N3}=22.5\text{kN}$（拉力）

$$\sum F_y=0 \qquad 12-10+F_{N2}\sin\alpha=0$$

因 $\sin\alpha=4/5$，解得　$F_{N2}=-2.5\text{kN}$（压力）

【例 8.8】 求图 8.19 (a) 所示桁架中杆 ED 的轴力。已知 $ABCD$ 为正方形，$EF//AC$，$FG//AB$，C、E、G、B 四点共线，荷载 F 竖直向下。

解　通过认真分析，以图示闭合截面截取三角形 EFG 为分析对象，画出受力图如图 8.19 (b) 所示。延长 F_{NAF} 的作用线交 EG 杆于 O。由几何关系知，O 为等腰直角三角形 EFG 斜边的中点。设 $\angle EDC=\theta$，由平衡条件

$$\sum M_O=0 \qquad -F\times\frac{a}{6}-F_{NED}\cos\theta\times\frac{a}{6}-F_{NED}\sin\theta\times\frac{a}{6}=0$$

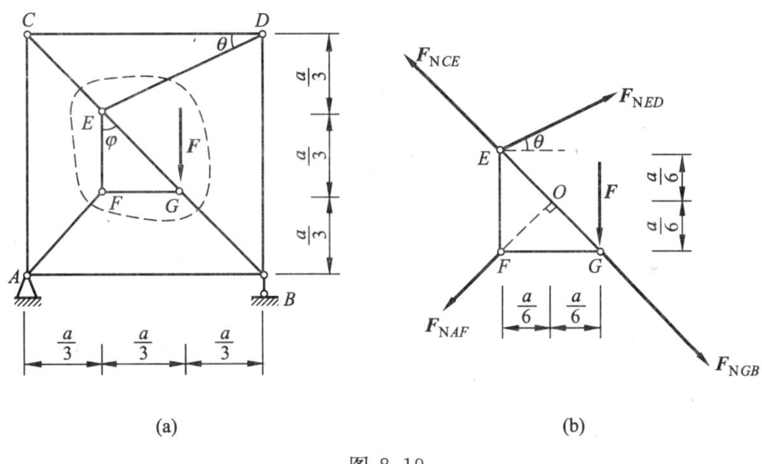

图 8.19

代入 $\sin\theta=\dfrac{1}{\sqrt{5}}$，$\cos\theta=\dfrac{2}{\sqrt{5}}$，解得 $F_{NED}=-\dfrac{\sqrt{5}}{3}F$（压力）

本例所截取的分析对象上，虽然有四个未知力，但是仍然求出了所需的杆件轴力。这是因为除欲求的未知轴力 F_{NED} 外，其余三个未知轴力汇交于 O，在以 O 点为矩心的力矩平衡方程中只含未知轴力 F_{NED}。一般的，若力系中有 n 个未知力，其中 $n-1$ 个汇交于一点，则以该汇交点为矩心列出力矩平衡方程必能求解出第 n 个不汇交于该点的未知力。

【例 8.9】 求上例桁架中杆 EG 的轴力。

解　以水平截面截取桁架的上半部分为分析对象，画出受力图如图 8.20 所示。设 $\angle FEG=\varphi$，由平衡条件 $\sum F_x=0$ 得　$F_{NEG}\sin\varphi=0$。因 $\sin\varphi\neq 0$，可得 $F_{NEG}=0$。

本例所截取的分析对象上面，虽然也有四个未知轴力。但是仍然求出了所需的杆件轴力。这是因为除欲求的未知轴力 F_{NEG} 外，其余三个未知轴力相互平行。一般的，若力系

中有 n 个未知力，其中 $n-1$ 个相互平行，则列出力系在平行方向的投影平衡方程必能求解出第 n 个不平行的未知力。

4. 结点法与截面法的联合应用

结点法和截面法各有优点。两种方法联合应用，会相得益彰，使桁架杆的轴力计算变得更加方便、快捷，灵活、高效。

【例 8.10】 试求图 8.21 所示桁架中杆件 1、2、3 和 4 的轴力。

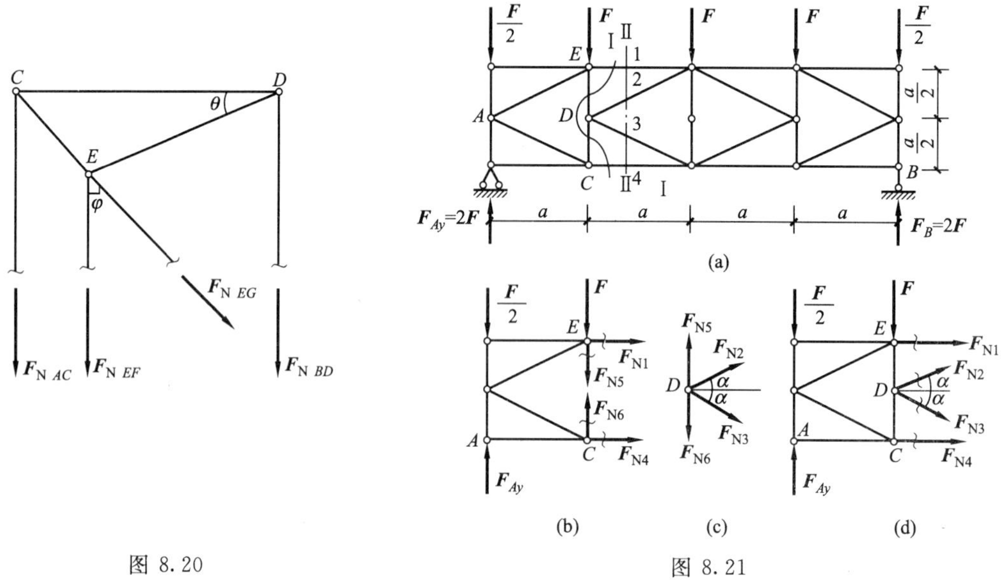

图 8.20　　图 8.21

解　这也是简支桁架，应先求出支座反力，再计算杆件轴力。

(1) 求支座反力。取桁架整体分析，画出受力图如图 8.21 (a) 所示，则由 $\sum F_x=0$ 得 $F_{Ax}=0$。未知反力只剩下 F_{Ay}、F_B，由正对称性可得 $F_{Ay}=F_B=2F$ (↑)。

(2) 求杆件轴力。

① 以Ⅰ—Ⅰ截面截取桁架左部份分析，受力图如图 8.21 (b) 所示，则

$$\sum M_C=0 \qquad -F_{N1}\times a+\frac{F}{2}\times a-F_{Ay}\times a=0$$

解得 $F_{N1}=-\frac{3}{2}F$ (压)

$$\sum F_x=0 \quad F_{N1}+F_{N4}=0$$

代入 F_{N1} 之值得　$F_{N4}=\frac{3}{2}F$ (拉)

② 取结点 D 分析，受力图如图 8.21 (c) 所示。因该结点是"K"形结点，且无荷载，故 $F_{N2}=-F_{N3}$

③ 以Ⅱ—Ⅱ截面截取左部分分析，受力图如图 8.21 (d) 所示，则

$$\sum F_y=0 \quad 2F-\frac{1}{2}F-F+F_{N2}\sin\alpha-F_{N3}\sin\alpha=0$$

将 $F_{N2}=-F_{N3}$ 和 $\sin\alpha=\frac{1}{\sqrt{5}}$ 代入可解得

$F_{N2}=-F_{N3}=-\frac{\sqrt{5}}{4}F$（$F_{N2}$取负为压力，$F_{N3}$取正为拉力）

8.4　静定平面组合结构的内力计算

所谓组合结构是指结构体系既包含二力杆又包含受弯杆，是桁架结构与刚架结构的组合。如果这种体系又是无多余约束的几何不变体系，则称为**静定组合结构**，其全部约束反力和内力均可由静力平衡方程全部求出。图 8.22 所示结构均为静定组合结构，其中图 8.22（a）所示为简易斜拉桥结构，图 8.22（b）所示为加固工程中常采用的结构，图 8.22（c）所示为下撑式五角形屋架结构。

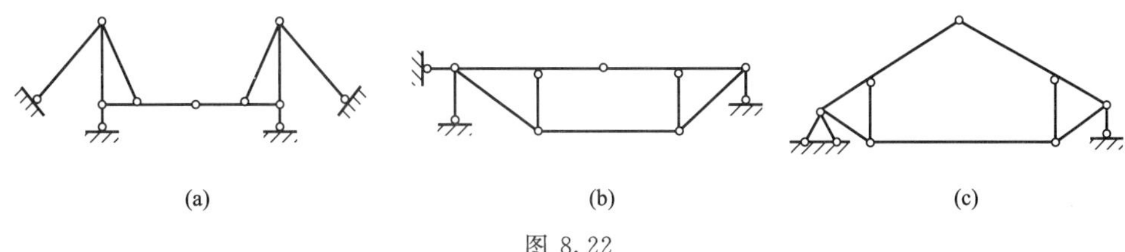

图 8.22

计算组合结构的内力，也是采用截面法和结点法来计算。具体计算时，应注意以下几点。

（1）用结点法时，不取组合结点或受弯杆端部铰结点为分析对象。因为此类结点上有梁式杆，分析起来很不方便。

（2）用截面法时，不截断受弯杆。因为受弯杆横截面上一般有剪力、弯矩和轴力三种内力，截断后未知内力太多，增加计算难度。

（3）在取隔离体时，组合结点应采用拆开的办法，只有二力杆可直接截断。

（4）受弯杆按梁和刚架的计算方法求内力，画出内力图（包括弯矩图、剪力图和轴力图）。二力杆求出轴力即可，也可标注在结构简图中相应杆的旁边。

【例 8.11】 试计算图 8.23（a）所示组合结构的内力。

解　这是一个简支组合结构。应先求出支座反力，再计算杆件内力。

（1）求支座反力。取整体为分析，受力图如图 8.23（a）所示，则

$$\sum F_x=0 \qquad F_{Ax}=0$$

$$\sum M_B=0 \qquad -F_{Ay}\times 12+(20\times 12)\times 6=0 \quad 得\ F_{Ay}=120\text{kN}\ (\uparrow)$$

$$\sum F_y=0 \qquad F_{Ay}+F_B-20\times 12=0 \quad 得\ F_B=120\text{kN}\ (\uparrow)$$

也可由结构和荷载对称性直接得 $F_{Ay}=F_B=120\text{kN}$（↑）

（2）求二力杆的轴力。从以下三方面分析。

① 拆开铰 C，截断杆 DE，取其左部分结构分析，受力图如图 8.23（b）所示，则

$$\sum M_C=0 \quad F_{NDE}\times 1.2+(20\times 6)\times 3-F_{Ay}\times 6=0$$

解得 $F_{NDE}=300\text{kN}$（拉）。

$$\sum F_x=0 \quad F_{Cx}+F_{NDE}=0 \qquad 解得\quad F_{Cx}=-300\text{kN}\ (\leftarrow)。$$

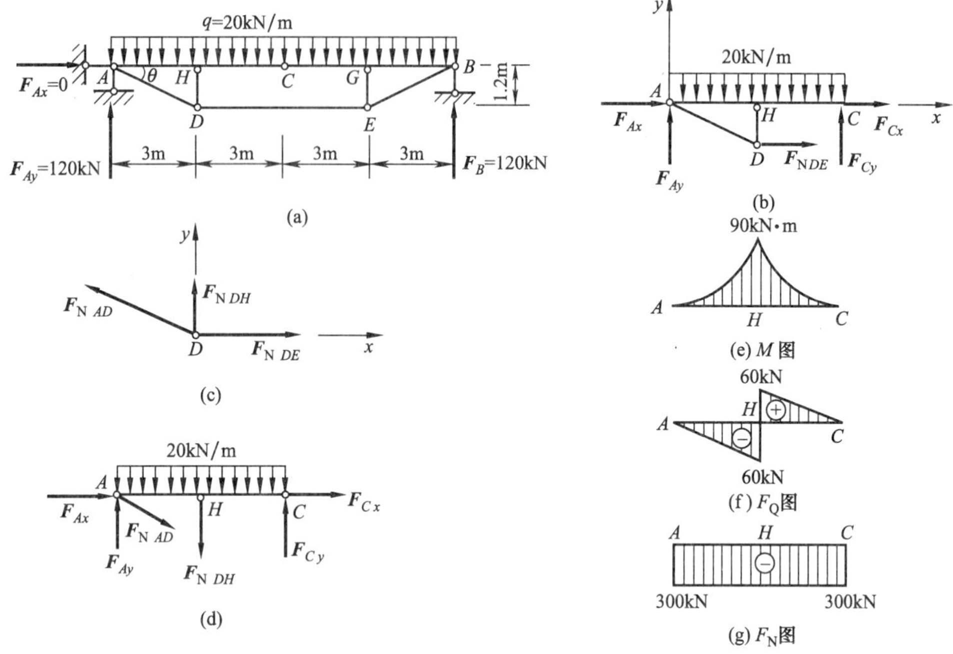

图 8.23

$$\sum F_y=0 \quad F_{Cy}+F_{Ay}-(20\times 6)=0 \quad \text{解得} \quad F_{Cy}=0。$$

② 取结点 D 分析，受力图如图 8.23（c）所示，则

$$\sum F_x=0 \qquad F_{\mathrm{N}DE}-F_{\mathrm{N}DA}\cos\theta=0$$

因 $\cos\theta=\dfrac{3}{3.231}$，解得 $F_{\mathrm{N}DA}=323.1\mathrm{kN}$（拉）

$$\sum F_y=0 \qquad F_{\mathrm{N}DF}+F_{\mathrm{N}DA}\sin\theta=0$$

因 $\sin\theta=\dfrac{1.2}{3.231}$，解得 $F_{\mathrm{N}DF}=-120\mathrm{kN}$（压）

③ 由对称性知：$F_{\mathrm{N}EB}=F_{\mathrm{N}DA}=323.1\mathrm{kN}$（拉），$F_{\mathrm{N}EG}=F_{\mathrm{N}DF}=-120\mathrm{kN}$（压）。

（3）计算并绘制受弯杆的内力图。由于结构与荷载均对称，故只需计算并绘制一半结构的内力图即可。因此取左半结构 AC 分析，受力图如图 8.23（d）所示。内力图分为 AH、HC 两个均布荷载段绘制。经计算，绘制出 AC 段的弯矩图、剪力图和轴力图分别如图 8.23（e）、（f）、（g）所示。值得注意的是因为有轴向力和斜向力存在，故轴力不为零，有轴力图。

8.5 静定结构的特性

如前所述，一方面，从静力特性看，静定结构是全部约束反力个数等于其独立平衡方程个数的结构。因此，其全部约束反力及内力都可由平衡方程唯一确定。另一方面，从几何组成看，静定结构体系是无多余约束的几何不变体系。

为了更好地认识与理解静定结构，将静定结构的特性归纳如下。

(1) 静定结构平衡方程有解且解唯一。静定结构独立平衡方程的个数恰好等于未知约束反力的个数。不难推知，计算时不管怎样截、拆静定结构，所得分析对象上的全部未知量（约束反力或内力）总个数恒与能列出的独立平衡方程总个数相等。因此静定结构的静力平衡方程组存在唯一的一组解。

(2) 静定结构的约束反力和构件内力与构件材料的性质和截面形状尺寸等无关。静定结构的约束反力、内力只需用静力平衡方程即可解出。这说明它们只由静力平衡条件确定。而静力平衡条件只与结构的整体形状及尺寸、荷载等有关，而与各构件横截面形状及尺寸、材料种类等无关。因此，静定结构约束反力及构件内力的大小和方向与构件材料性质和截面形状尺寸无关。

(3) 静定结构不会因支座变位、温差和制造误差等因素引起支座反力和内力。静定结构是无多余约束的几何不变体系。因此，支座变位、温差和制造误差等因素只能引起结构体系的变位而不会引起支座反力和内力，如图 8.24 (a)、(b) 所示。

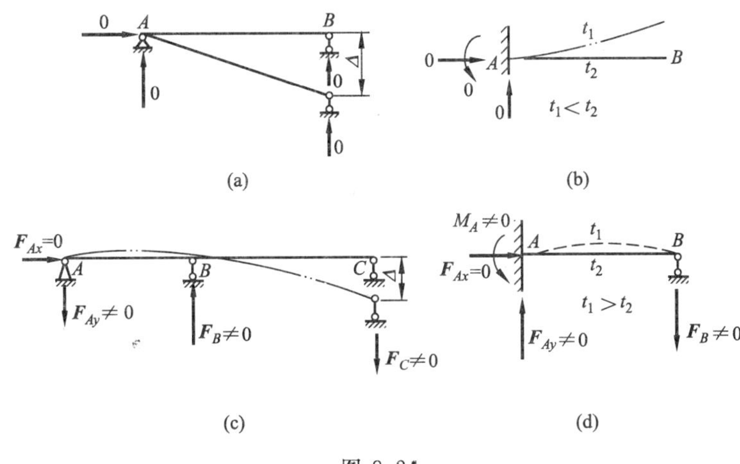

图 8.24

对于超静定结构，由于是有多余约束的几何不变体系，则这些因素会使结构构件产生变形，从而引起支座反力和内力，如图 8.24 (c)、(d) 所示。

(4) 静定结构的某一几何不变部分受到平衡力系作用时，则只有该部分内的构件产生内力，其余部分内力为零，且不会引起支座反力，如图 8.25 (a)、(b) 所示。

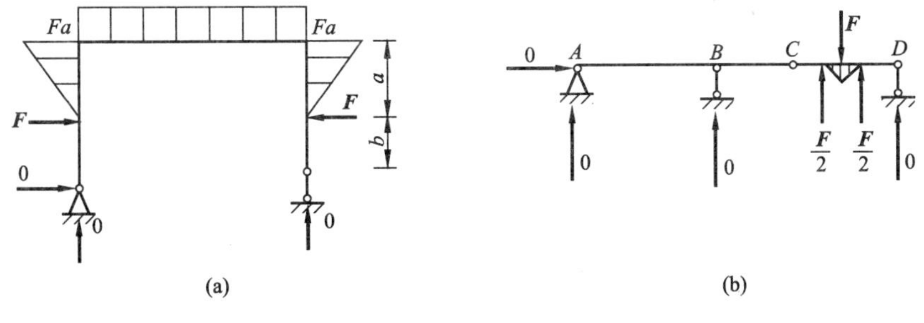

图 8.25

(5) 静定结构的某一几何不变部分上的单个外力或外力系被代之以等效力系时，仅引起该部分内构件的内力发生变化，其余部分内力不变，如图 8.26 (a)、(b) 所示。

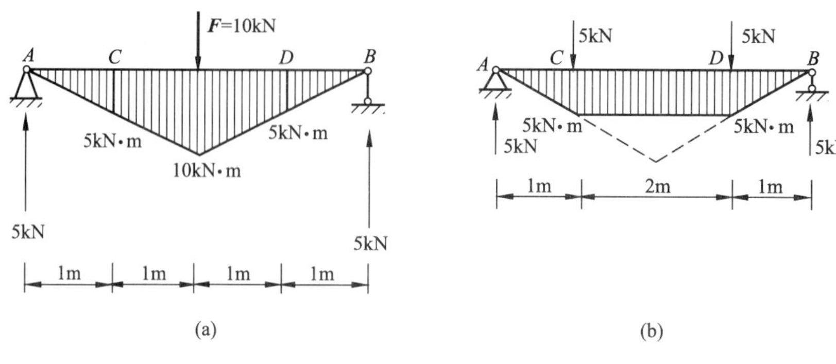

图 8.26

本章提要

1. 静定平面结构内力计算的基本方法仍然是截面法。但与梁不同的是静定平面刚架、三铰拱和组合结构中的受弯杆横截面上除剪力、弯矩外，一般都还有轴力。

2. 静定平面结构内力简捷计算方法：弯矩等于截面一侧全部外力对截面形心的力矩代数和；剪力等于截面一侧所有平行于截面的外力（或分力）代数和；轴力等于截面一侧所有垂直于截面的外力（或分力）代数和。注意外力在计算时的正负。

3. 拱是曲线形杆与基础相连成的几何不变体系，且在竖直荷载下会产生水平推力的结构。如果全拱各横截面上弯矩均为零，内力就只有轴向压力。这时的拱轴线称为合理拱轴线。具有合理拱轴线的拱横截面上只有均匀分布的压应力，材料能充分利用。

4. 平面桁架按外轮廓形状可分为平行弦桁架、三角形桁架、折线形桁架和抛物线桁架。桁架内力计算的方法有结点法、截面法。

桁架中零杆是轴力为零的杆。桁架中等力杆是轴力绝对值相等的杆。

5. 组合结构是既有铰结点，又有刚结点，有时还有组合结点的结构。组合结构的杆件既包含二力杆又包含受弯杆。

思 考 题

8-1 什么是刚架？什么是平面刚架？什么是静定平面刚架？常见静定平面刚架有几种？能举出几种刚架结构实例吗？

8-2 静定平面刚架内力计算有哪些特点？计算结果如何校核？

8-3 拱结构有什么特点？拱与梁、刚架有什么区别？常见拱有哪几种？

8-4 三铰拱内力计算有哪些特点？如何绘制三铰拱内力图（两种方式的主要区别）？

8-5 什么是合理拱轴线？实际工程的拱有合理拱轴线吗？

8-6 桁架结构有什么特点？桁架结构与梁结构、刚架结构、拱结构有什么区别？

8-7 什么是静定平面桁架结构？其常见类型有几种？其内力计算有什么特点？

8-8 如何判定平面桁架结构中的零杆和等力杆？建造桁架结构时，能否省掉零杆？

8-9 桁架结构内力计算时，哪些情况隔离体受力图上内力数超过平衡方程数时也能解出部分内力？

8-10　何谓组合结构？静定平面组合结构的特点有哪些？其计算有什么特点？

8-11　静定结构有哪些特性？

习　　题

8-1　作出图 8.27 所示静定平面刚架内力图并写出主要计算步骤。

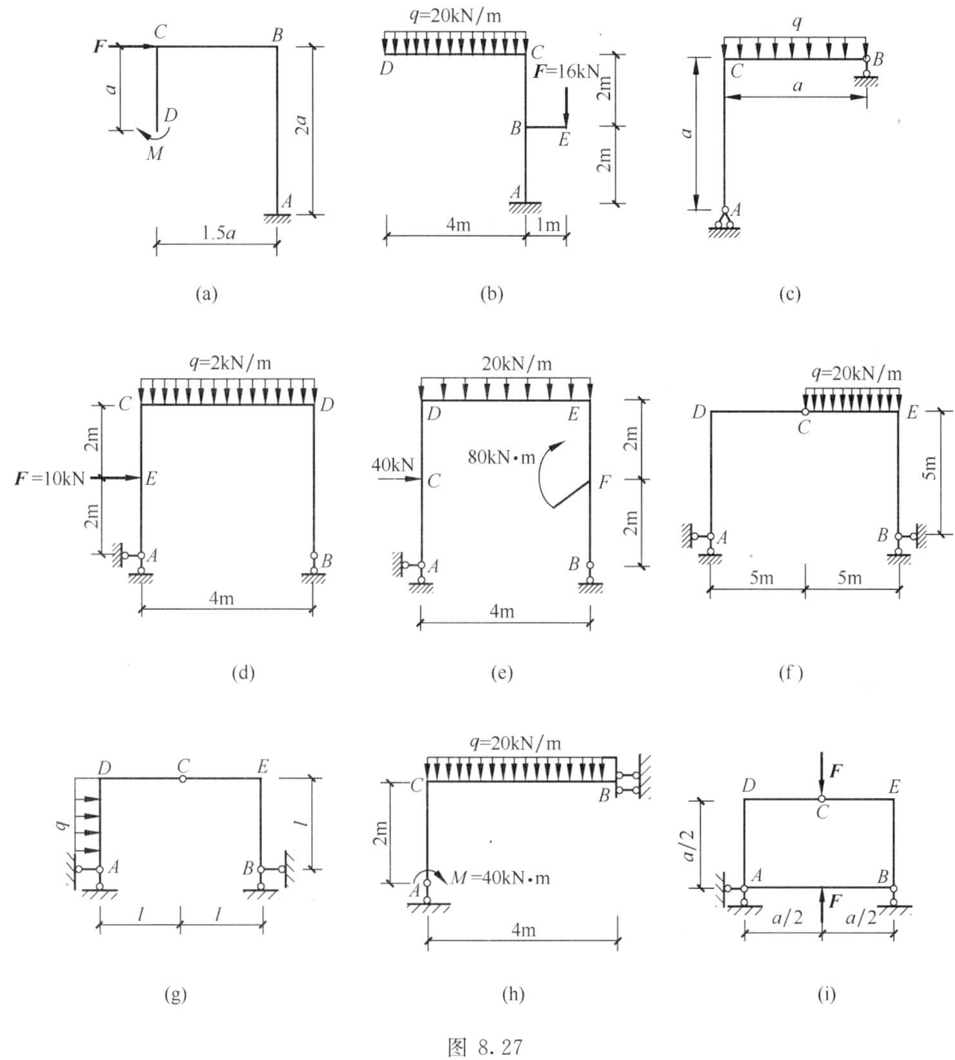

图 8.27

8-2　计算图 8.28 所示圆弧三铰拱横截面 K 的内力。

8-3　作出图 8.29 所示抛物线三铰拱的内力图，已知拱轴抛物线方程为 $y=4fx(l-x)/l^2$。

8-4　试确定图 8.30 所示对称三铰拱在满跨均布荷载 $q=10\text{kN/m}$ 作用下的合理拱轴线形状（因形状未定，故图中画为虚线）。要求写出确定合理拱轴线方程全过程，不能直接代已有公式。

8-5　试计算图 8.31 所示静定平面桁架上指定杆件的内力。

8-6　试计算图 8.32 所示静定组合结构的内力。

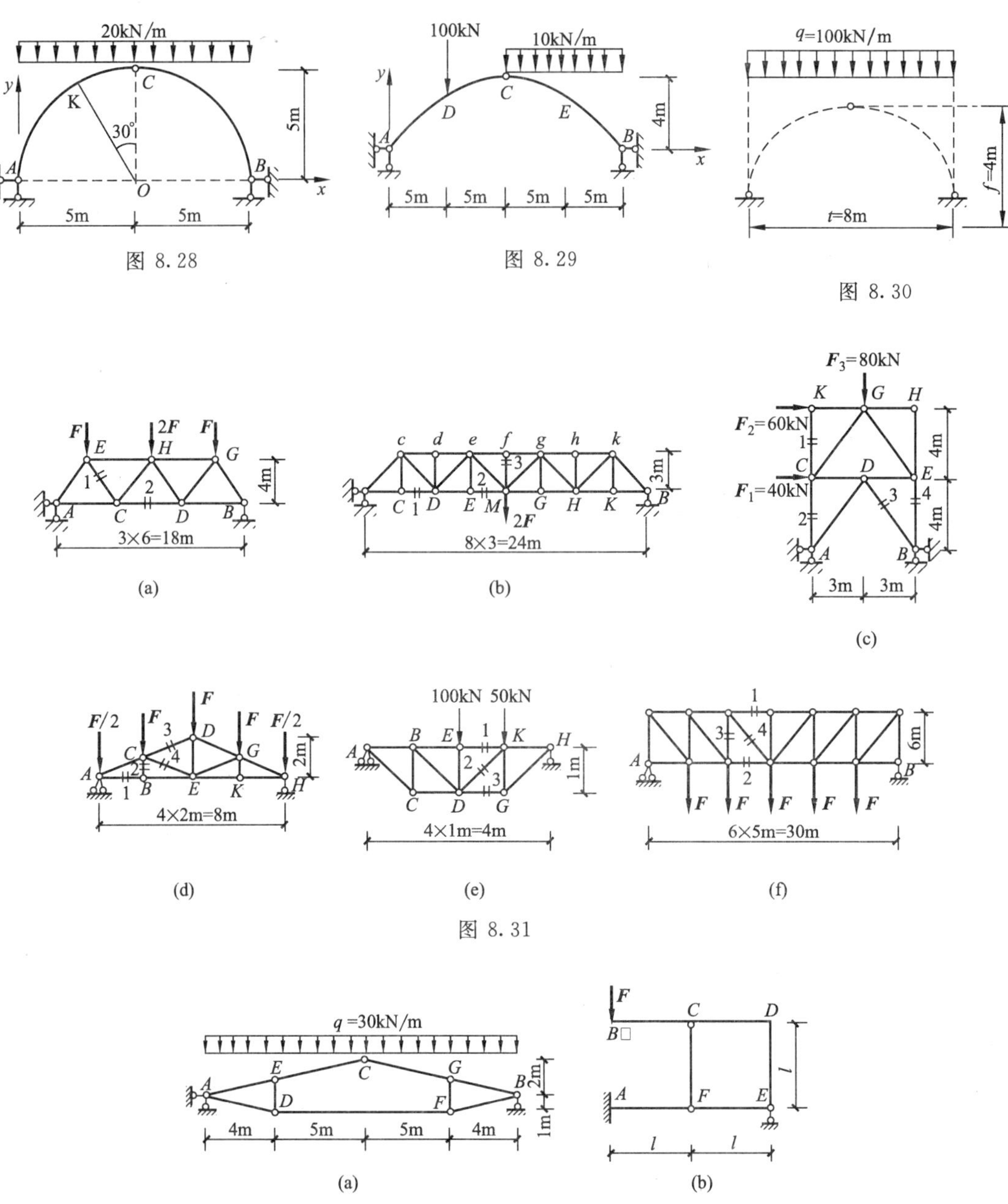

图 8.28

图 8.29

图 8.30

(a) (b) (c)

(d) (e) (f)

图 8.31

(a) (b)

图 8.32

第 9 章　单跨静定梁的强度与刚度计算

【教学目标】

要求学生掌握梁的正应力计算公式，理解公式的意义、适用条件并能够正确应用；掌握常见截面的几何性质的计算，特别是对静矩、惯性矩、惯性半径和惯性矩的平行移轴公式等要熟练掌握。对矩形、圆形截面的几何性质要牢固记忆。熟练掌握梁的正应力强度条件并能正确应用。熟悉梁的切应力计算公式和切应力强度条件，熟悉梁的变形计算和梁的刚度条件。

【教学要求】

知识要点	能力要求	相关知识
梁的应力计算	(1) 能够进行梁横截面的正应力计算 (2) 能够进行梁横截面的切应力计算 (3) 能够进行截面几何性质的计算	(1) 梁横截面的正应力计算方法 (2) 梁横截面的切应力计算方法 (3) 截面几何性质
梁的强度条件	(1) 能正确进行梁的强度校核 (2) 能依据梁的强度条件设计梁的截面尺寸 (3) 能依据梁的强度条件确定梁的许可荷载 (4) 能正确分析强度条件的适用范围	(1) 正应力强度条件的三种应用 (2) 切应力强度条件的三种应用 (3)梁的综合强度计算方法
梁的刚度条件	(1) 熟悉静定梁在常见荷载作用下的变形计算 (2) 能用梁的刚度条件对梁进行刚度校核	(1)梁的变形计算方法 (2)叠加原理计算梁的变形 (3)梁刚度校核的方法和步骤
提高梁强度和刚度的工程措施	(1) 能根据强度条件分析提高梁强度的工程措施 (2) 能根据刚度条件分析提高梁刚度的工程措施	(1)合理选择梁的截面形状 (2)合理布置梁的支座和荷载 (3)变截面梁选择的理论依据

通过第 7 章“静定梁内力计算”的学习后，大家已经掌握了静定梁的内力计算方法，知道梁的横截面上一般产生两种内力：剪力 F_Q 和弯矩 M，如图 9.1 (a) 所示。但是仅仅知道梁内力的大小，还不能将梁的截面尺寸设计出来。为了进行梁的强度计算，还必须进一步研究梁横截面上的应力分布情况。因为引起材料破坏的原因，归根到底还是作用在材料上的工作应力超过了材料极限应力的缘故。由此，研究梁的横截面上的应力计算的问题就成了本章的首要任务。由图 9.1 (b) 所示可知，梁的横截面上的剪力 F_Q应与截面上微内力 τdA 有关，而微内力 τdA 对 z 轴不产生力矩，所以弯矩 M 应与微力矩 $y\sigma dA$ 有关。因此在梁横截面上同时有弯矩和剪力作用时，也同时有正应力 σ 和切应力 τ 作用。本章在

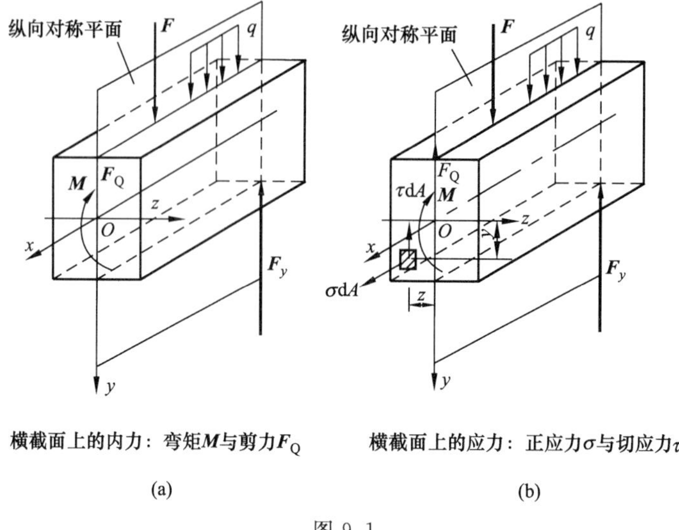

图 9.1

导出梁横截面上正应力 σ 和切应力 τ 计算公式的条件下，进而建立梁的强度条件，从而完成梁的强度计算任务。

9.1 梁弯曲时横截面上的正应力计算

为了使所研究的问题简单起见，先分析图 9.2（a）所示的承受两个集中荷载 F 作用的简支梁，其荷载和梁的支座反力都作用在梁的纵向对称平面内，其剪力图和弯矩图如图 9.2（b）、（c）所示。由图可知，在梁的中间段 CD 部分的各个横截面上，没有剪力作用，并且弯矩都等于常用量 Fa，通常把这种横截面只有常量弯矩作用而无剪力作用的梁

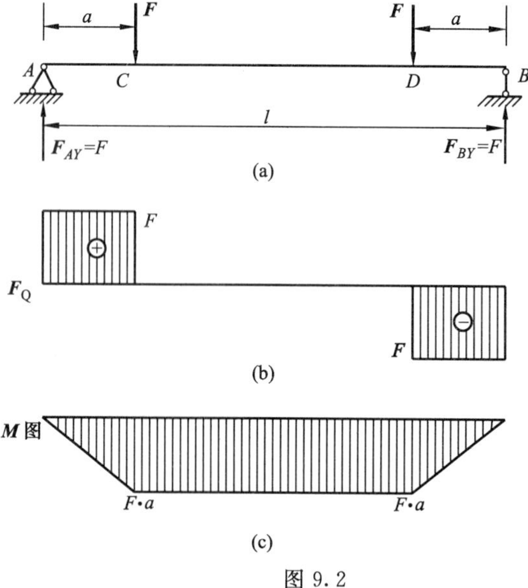

图 9.2

段称为在纯弯曲梁段。至于梁的 AC 段和 DB 段，在它们的各个横截面上既有弯矩 M 又有剪力 F_Q 作用，通常把这种梁段称为横力弯曲（剪力弯曲）梁段。为了使研究问题简单，下面以矩形截面梁为例，如图 9.3（a）所示，先研究梁处于纯弯曲时横截面上的正应力计算。

9.1.1　梁纯弯曲时正应力的一般计算公式

推导梁纯弯曲时横截面上正应力计算公式，应从几何变形、物理关系和静力学关系三个方面入手进行。

1. 几何变形方面

梁在纯弯曲情况下，其横截面上的应力究竟是怎样分布的？它们的大小应该怎样来计算？要解决这些问题，首先必须了解梁在弯曲时的变形情况。对于矩形等截面直梁在纯弯曲时的变形情况，可以通过对侧面画有小方格的橡皮模型梁进行弯曲试验来观察到［图 9.3（a）、（b）］。这些小方格是由绘制在矩形横截面梁表面上一系列与梁轴线平行的纵向线和与梁轴线垂直的横向线构成的。当在梁的两端各施加一个力偶矩 M 并使梁段发生弯曲时，这时可以明显地看到如下的一些现象。

（1）所有纵向线［如图 9.3（b）中的 11 线、22 线］都弯成了曲线，并仍然与挠曲了的梁轴线（挠曲轴）保持曲线相互平行关系，并且都靠近梁下边缘（凸边）的纵向线伸长

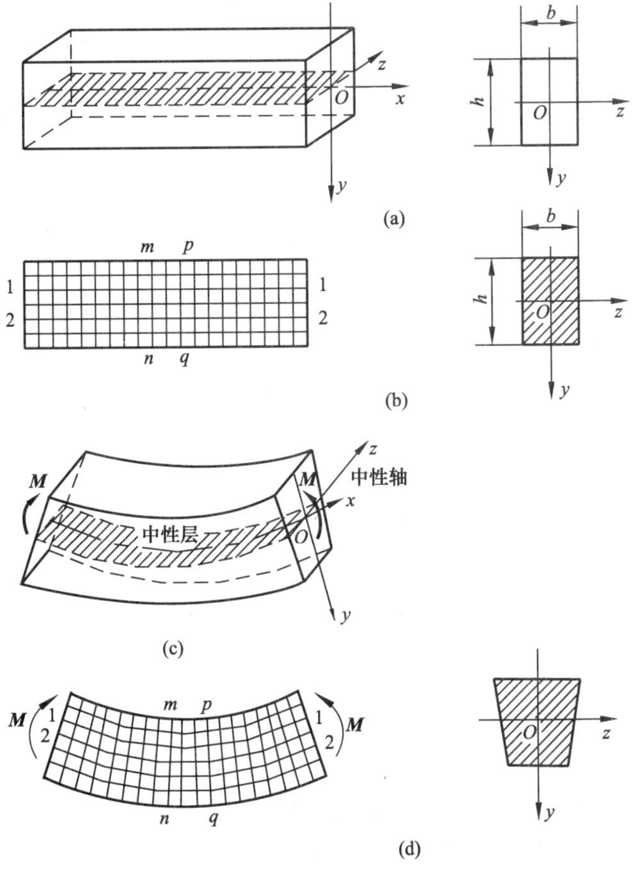

图 9.3

了，而靠近梁上边缘（凹边）的纵向线缩短了［图 9.3（b）、（d）］。

（2）所有横向线（如图 9.3 中 mn 线、pq 线）仍然保持为直线，只是相互倾斜了一个角度，但仍与弯成曲线的纵向线保持垂直关系，即各个小方格的直角在梁弯曲变形后仍为直角［图 9.3（b）、（d）］。

（3）矩形截面梁的上部变宽，下部变窄［图 9.3（d）］。

根据上面所观察到的现象，可以通过判断和推理，对在纯弯曲情况下的梁，作出如下的假设。

（1）平面假设。在纯弯曲时，梁的横截面在梁弯曲后仍然保持为平面，即梁纯弯曲后的横截面仍然垂直于梁的挠曲后的轴线（挠曲轴）。

（2）各纵向纤维单向受拉（压）变形假设。把梁看成是由无数根纵向纤维组成，而各纵向纤维只受到单向拉伸或压缩变形，而纵向纤维间不存在相互挤压变形。

（3）各纵向纤维的变形与它在梁横截面宽度上的位置无关，即在梁横截面上处于同一高度处的纵向纤维变形都相同。

由现象（3）和假设（2）知道，梁的上部纵线缩短，截面变宽，表示梁的上部各根纤维受到压缩变形；梁的下部纵线伸长，截面变窄，表示梁的下部各根纤维受到拉伸变形。从上部各层纤维缩短到下部各层纤维伸长的连续变形中，必然有一层纤维既不缩短也不伸长，这层纤维称为中性层。中性层与横截面的交线称为**中性轴**［图 9.3（c）］。中性轴将梁横截面分成两个区域：中性轴以上为受压区，中性轴以下为**受拉区**。

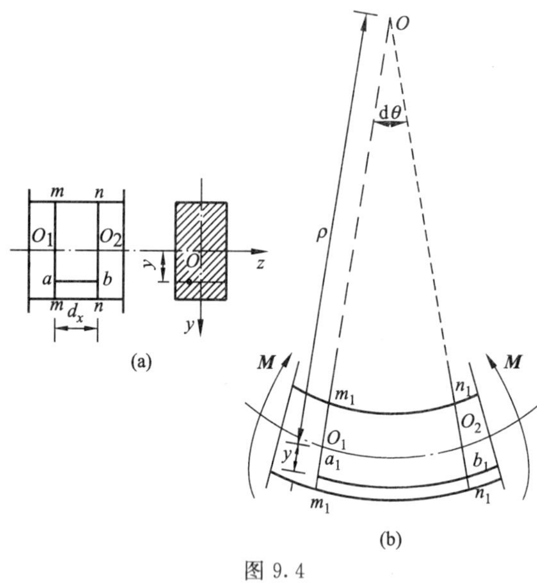

图 9.4

根据平面假设可知，纵向纤维的伸长或缩短是由于横截面绕中性轴转动的结果。现在来求任意一根纤维 ab 的线应变。为此，用相邻两横截面 $m\,m$ 和 $n\,n$ 从梁上截出一长为 $\mathrm{d}x$ 的梁段［图 9.4（a）］。设 O_1O_2 为中性层（它的具体位置现在还不知道），两相邻横截面 $m\,m$ 和 $n\,n$ 转动后其延长线相交于 O 点，O 点为中性层的曲率中心。中性层的曲率半径以 ρ 表示。两个横截面间的夹角以 $\mathrm{d}\theta$ 表示。设 y 轴为横截面的纵向对称轴，z 轴为中性轴（由平面弯曲可知中性轴一定垂直于截面的纵向对称轴），求距中性层为 y 处的纵向纤维 ab 的线应变［图 9.4（b）］；

纤维 ab 的原长 $\overline{ab}=\mathrm{d}x=O_1O_2=\rho\mathrm{d}\theta$，其变形后的长度为 $\widehat{a_1b_1}=(\rho+y)\mathrm{d}\theta$，故 ab 纤维的线应变为

$$\varepsilon=\frac{\widehat{a_1b_1}-ab}{\overline{ab}}=\frac{(\rho+y)\mathrm{d}\theta-\rho\mathrm{d}\theta}{\rho\mathrm{d}\theta}=\frac{y}{\rho} \tag{9-1}$$

对于确定的截面来说，ρ 是常量。所以各纤维的纵向线应变与它到中性层的距离 y 成正比。对图 9.4（a）所示的梁，当所考虑的纤维是在中性层以下时，距离 y 为正值，应变 ε 也为正值，说明材料是处于被拉伸的状态；当所考虑的纤维是在中性层以上时，则 y

与 ε 都为负值，说明材料是处于被压缩的状态。注意上式是完全根据平面假设和梁挠曲轴的几何条件推导出来的，它与梁的材料性质无关，因此，不管梁的材料的应力—应变曲线是怎样的，式（9-1）都是适用的。

2. 物理关系方面

对于由弹性材料做成的梁，在弹性范围内满足胡克定律 $\sigma=E_\varepsilon$ 于是有

$$\sigma=E_\varepsilon=E\cdot\frac{y}{\rho} \tag{9-2}$$

对于确定的截面和材料，ρ 与 E 均为常量。因此，式（9-2）表示梁横截面上任一点处的正应力 σ 与该点到中性轴的距离 y 成正比，即弯曲正应力 σ 沿梁截面高度 h 按线性规律分布，并且在中性轴以下的 σ 为拉应力，在中性轴以上的 σ 为压应力，其正应力分布情况如图 9.5（b）所示。

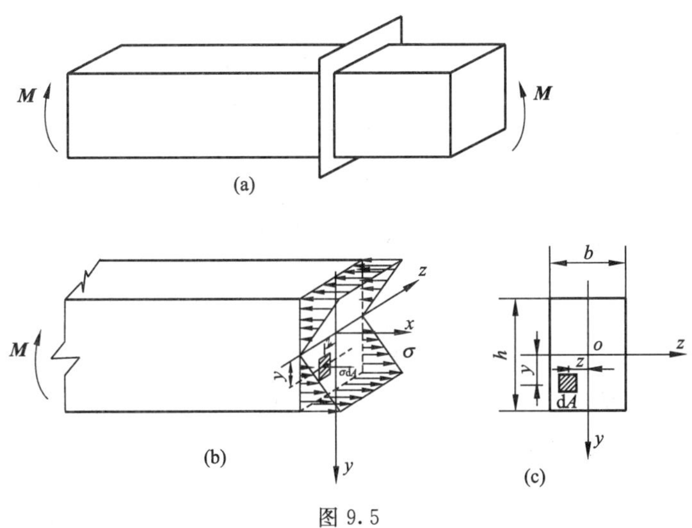

图 9.5

3. 静力学关系方面

式（9-2）只给出了正应力的分布规律，还不能用来计算正应力的数值。因为中性轴的位置尚未确定，曲率半径 ρ 的大小也不知道，为此利用静力学关系来解决这些问题。

对于纯弯曲的梁，横截面上的内力只有弯矩 $\boldsymbol{M}$，如图 9.5（a）所示。如果在梁的横截面上任意取一个中心点坐标为（z，y）的微面积 $\mathrm{d}A$，则作用在这个微面积上的微内力为 $\mathrm{d}F_\mathrm{N}=\sigma\mathrm{d}A$。

因为微内力 $\mathrm{d}F_\mathrm{N}=\sigma\mathrm{d}A$ 的方向平行于 x 轴，因此，横截面上所有微内力 $\sigma\mathrm{d}A$ 的合力即为轴力，而纯弯曲时横截面上的轴力等于 0，于是有

$$\int_A \sigma\mathrm{d}A=0 \tag{9-3}$$

将式（9-2）代入式（9-3），得

$$\int_A \frac{E}{\rho}y\mathrm{d}A=0$$

或

$$\frac{E}{\rho}\int_A y\mathrm{d}A=0$$

由于$\frac{E}{\rho}\neq 0$，所以一定有

$$\int_A y\,\mathrm{d}A = 0$$

而$\int_A y\,\mathrm{d}A = S_z$，$S_z$为截面对中性轴的静矩。此式表明截面对中性轴的静矩等于零（参看9.2节中的静矩与形心内容）。由此可知，直梁弯曲时，中性轴z必定通过截面的形心，并且与横截面的对称轴（即y轴）垂直。因而利用这个性质就可以确定梁横截面上中性轴的位置。

微内力$\sigma\mathrm{d}A$对称轴的微内力矩为$\sigma\mathrm{d}Ay$，所有微内力矩的合即为横截面上的弯矩，即

$$\int_A y\sigma\,\mathrm{d}A = M \tag{9-4}$$

再将式（9-2）代入式（9-4）得，

$$\int_A \frac{E}{\rho}y^2\,\mathrm{d}A = M$$

或

$$\frac{E}{\rho}\int_A y^2\,\mathrm{d}A = M$$

而$\int_A y^2\,\mathrm{d}A$就是横截面的面积A对中性轴Oz的惯性矩I_z，即令$I_z=\int_A y^2\,\mathrm{d}A$（参看9.2节中的惯性矩及惯性半径的内容）。因而上式就可以写成

$$\frac{1}{\rho}=\frac{M}{EI_z} \tag{9-5}$$

式中$1/\rho$是中性层的曲率。由于梁的轴线位于中性层内，所以$1/\rho$也是梁弯曲后梁轴线（挠曲轴）的曲率，它反映了梁的变形程度。EI_z称为梁的抗弯刚度，它表示了梁抵抗弯曲变形的能力，梁的抗弯刚度EI_z越大，曲率$1/\rho$就越小，即梁的弯曲变形也就越小；反之，梁的抗弯刚度EI_z越小，则曲率$1/\rho$就越大，即梁的弯曲变形也就越大，为此，改变梁的抗弯刚度EI_z的大小，就可以调节和控制梁的变形大小。式（9-5）表明：梁弯曲后梁轴线的曲率$\frac{1}{\rho}$与梁横截面上的弯矩$\boldsymbol{M}$成正比，而与梁的抗弯刚度EI_z成反比。式（9-5）也是计算梁弯曲变形的基本公式。

将式（9-5）代入式（9-2）得

$$\sigma=E\frac{y}{\rho}=\frac{M}{EI_z}Ey$$

即

$$\sigma=\frac{M}{I_z}y \tag{9-6}$$

这就是梁在纯弯曲时横截面上任一点处正应力的计算公式。由此可知：**梁横截面上任一点处的正应力$\boldsymbol{\sigma}$与截面上的弯矩$\boldsymbol{M}$和该点到中性轴的距离$\boldsymbol{y}$成正比，而与截面对中性轴的惯性矩$\boldsymbol{I_z}$成反比。**

在应用式（9-6）计算梁横截面上任一点的正应力时，应该将$\boldsymbol{M}$和y的数值及正负号一同代入，如果得出σ是正值，就是拉应力，如果得出的σ是负值，就是压应力。或者在计算时，只将M和y的绝对值代入公式，而正应力的性质（拉或压）则由弯矩$\boldsymbol{M}$的正负号及所求点的位置来判断。当$\boldsymbol{M}$为正时，中性轴以上各点为压应力，σ则取负值；中性

轴以下各点为拉应力，σ 则取正值［图 9.6（a）］。当弯矩 $\boldsymbol{M}$ 为负时则相反［图 9.6（b）］。

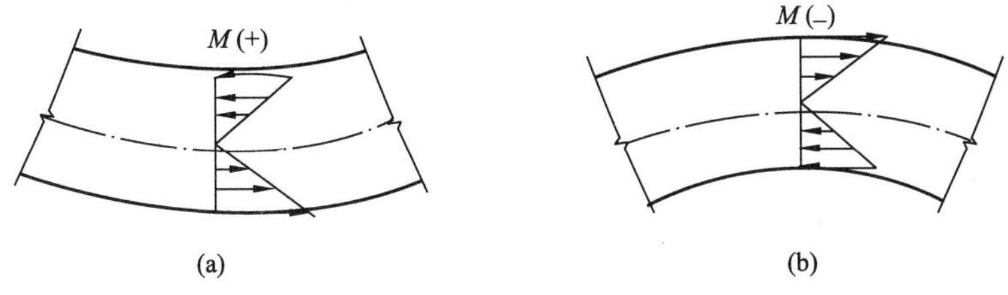

图 9.6

9.1.2　正应力公式的适用条件

（1）由正应力计算公式式（9-6）的推导过程知道，它的适用条件是：①纯弯曲梁；②梁的最大正应力 σ 不超过材料的比例极限 σ_P，即梁处于弹性变形范围内。

（2）式（9-6）虽然是由矩形截面梁推导出来的，但它也适用于所有横截面有纵向对称轴的梁。例如圆形、工字形、T 形、圆环形等（图 9.7）。

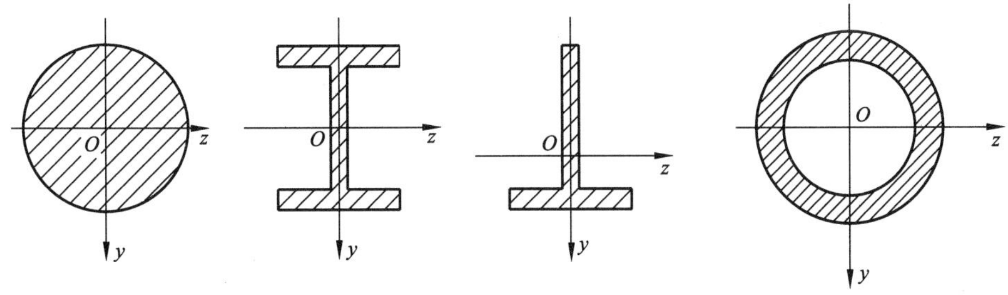

图 9.7

（3）剪切弯曲是弯曲问题中最常见的情况，在这种情况下，梁横截面上不仅有正应力存在，而且还有切应力存在。由于切应力的存在，梁的横截面将会发生翘曲，此外，在与中性层平行的纵截面之间，还会有横向力引起的挤压应力。它们都会对正应力有一定的影响，但由精确理论分析证明，对于梁的跨度 l 与横截面高度 h 之比 $\frac{l}{h}$ 大于 5 时，上述应力对正应力的影响甚小，可以忽略不计。而在工程中常见梁的 $\frac{l}{h}$ 值一般都远大于 5，所以式（9-6）在一般情况下也可以用于剪切弯曲时横截面上各点正应力的计算。

9.1.3　梁内的正应力计算举例

【例 9.1】　简支梁受均布荷载 q 作用，如图 9.8 所示。已知 $q=12\text{kN/m}$，梁的跨度 $l=4\text{m}$，截面为矩形，且 $b=120\text{mm}$，$h=180\text{mm}$。已知对 z 轴惯性矩 $I_z=\frac{1}{12}bh^3$。试求：

（1）C 截面上 a、b、c 三点处的正应力；

（2）梁的最大正应力 $\sigma_{\max}$ 及其位置。

解（1）求指定截面上指定点的应力。先求出支座反力，由对称性及 $\sum F_y=0$ 得

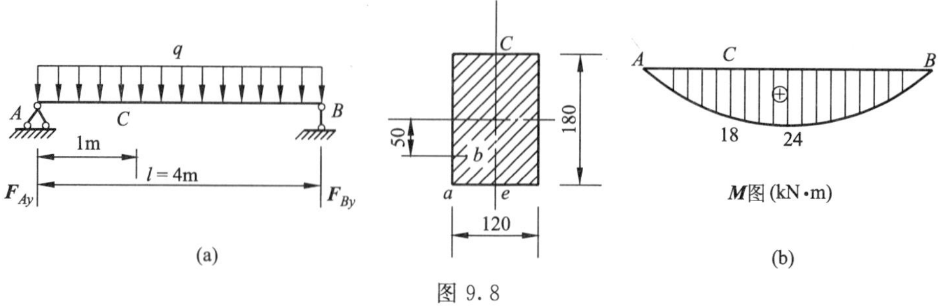

图 9.8

$$F_{Ay}=F_{By}=\frac{ql}{2}=\frac{12\times 4}{2}\,\text{kN}=24\,\text{kN}(\uparrow)$$

再计算 C 截面的弯矩：

$$M_C=F_{Ay}\times 1-\frac{1}{2}q\times 1^2=\left(24\times 1-\frac{12\times 1^2}{2}\right)\text{kN}\cdot\text{m}=18\,\text{kN}\cdot\text{m}$$

然后计算矩形截面对中性轴 z 的惯性矩：

$$I_z=\frac{1}{12}bh^3=\frac{1}{12}\times 120\times 180^3\,\text{mm}^4=58.3\times 10^6\,\text{mm}^4$$

再按式（9-6）计算各指定点的正应力：

$$\sigma_a=\frac{M_C y_a}{I_z}=\frac{18\times 10^6\times 90}{58.3\times 10^6}\text{MPa}=27.78\text{MPa（拉）}$$

$$\sigma_b=\frac{M_C y_b}{I_z}=\frac{18\times 10^6\times 50}{58.3\times 10^6}\text{MPa}=15.44\text{MPa（拉）}$$

$$\sigma_c=\frac{M_C y_c}{I_z}=\frac{18\times 10^6\times(-90)}{58.3\times 10^6}\text{MPa}=-27.78\text{MPa（压）}$$

（2）绘出该梁的弯矩图，如图 9.8（b）所示。由图可知，最大弯矩发生在梁的跨中截面，其值为

$$M_{\max}=\frac{1}{8}ql^2=\frac{1}{8}\times 12\times 4^2\,\text{kN}\cdot\text{m}=24\,\text{kN}\cdot\text{m}$$

梁的最大正应力发生在最大弯矩 $\boldsymbol{M}_{\max}$ 所在截面的上、下边缘处。由梁的变形情况可以判定，最大拉应力发生在跨中截面的下边缘处；最大压应力发生在跨中截面的上边缘处。其最大正应力的值为

$$\sigma_{\max}=\frac{M_{\max}y_{\max}}{I_z}=\frac{24\times 10^6\times 90}{58.3\times 10^6}\text{N/mm}^2=37.05\text{N/mm}^2=37.05\text{MPa}$$

【例 9.2】 悬臂梁受均布载荷作用，已知 $q=3\text{kN/m}$，梁长 $l=2\text{m}$。该梁由 20a 型槽钢制成［图 9.9（a)］，试计算梁的最大拉应力 $\sigma_{t,\max}$ 和最大压应力 $\sigma_{c,\max}$ 以及它们发生的位置。

解 （1）首先绘出梁的弯矩图如图 9.9（b）所示。由图可知，最大弯矩（绝对值）发生在靠近固定端的截面上，其值为

$$|M|_{\max}=\frac{1}{2}ql^2=\frac{1}{2}\times 3\times 2^2\,\text{kN}\cdot\text{m}=6\text{kN}\cdot\text{m}$$

（2）查书末的附录 A，可知 20a 型槽钢截面的有关几何数据为

$$I_z=128.0\,\text{cm}^4=128.0\times 10^4\,\text{mm}^4$$

$$y_1=2.01\text{cm}=20.1\text{mm}$$

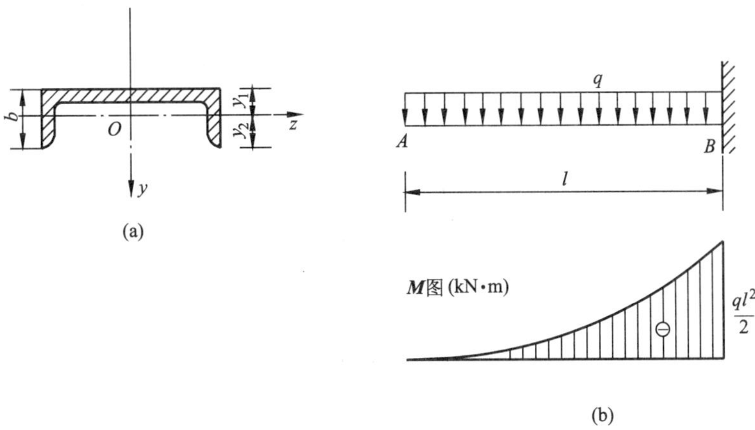

图 9.9

$$y_2 = b - y_1 = 73\text{mm} - 20.1\text{mm} = 52.9\text{mm}$$

(3) 计算应力。最大拉应力发生在靠近固定端截面处的上边缘各点，其值为

$$\sigma_{t,\max} = \frac{|M|_{\max} y_1}{I_z} = \frac{6\times10^6\times20.1}{128.0\times10^4}\text{MPa} = 94.2\ \text{MPa}（拉）$$

最大压应力发生在靠近固定端截面处的下边缘各点上，其值为

$$\sigma_{c,\max} = -\frac{|M|_{\max} y_2}{I_z} = -\frac{6\times10^6\times52.9}{128.0\times10^4}\text{MPa} = -248.0\text{MPa}（压）$$

9.2　截面的几何性质

在结构计算中，经常会遇到与构件截面的形状、尺寸有关的几何量。例如，横截面面积，形心坐标值，以及在推导梁的正应力计算公式时，会遇到的惯性矩 I_Z 等等。它们都是仅与构件横截面的形状及尺寸有关的几何量，把这些几何量统称为截面的几何性质。

9.2.1　静矩与形心

1. 静矩与形心的基本概念

在图 9.10 中，设某已知截面图形的面积为 A，O_{yz}为任意选定的直角坐标系。并定义用 S_y 及 S_z 表示的以下两个积分

$$S_y = \int_A z\,\mathrm{d}A \qquad S_z = \int_A y\,\mathrm{d}A \tag{9-7}$$

分别称为截面图形对 y 轴及 z 轴的静矩。

由式 (9-7) 可知，随着所选取的坐标轴 y、z 位置的不同，静矩 S_y 及 S_z 之值可以为正、为负或为零。静矩的量纲为长度的三次方，常用单位为 mm^3 或 cm^3。

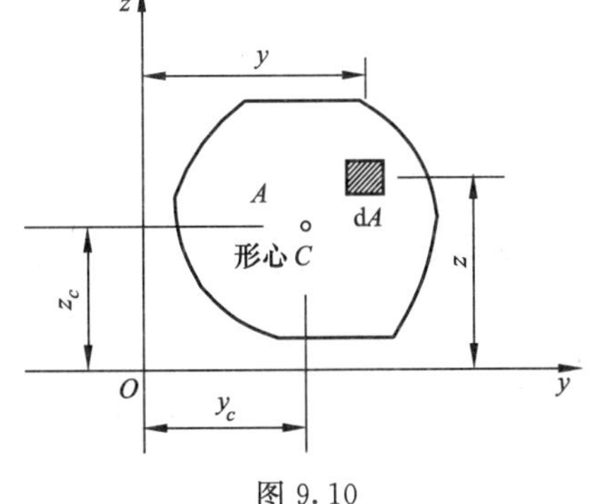

图 9.10

将静矩 S_y 及 S_z 分别除以截面图形的面积 A，得

$$y_c=\frac{S_z}{A}$$

$$z_c=\frac{S_y}{A} \tag{9-8}$$

式（9-8）中，坐标 y_c 及 z_c 所确定的点 C（y_c，z_c），称为截面图形的形心（图 9.10）。

由式（9-7）及式（9-8）可知。静矩与形心的计算与静力学中计算力矩与重心时的数学形式完全相同。如果把所讨论的截面比作是等厚度均质薄板，则面积元素将与该点处的重力成比例，因而对所选定坐标轴的静矩亦与薄板对该轴的重力矩成比例。所以截面图形形心的位置与薄板重心的位置是相互重合的。因此，对于简单图形可根据已知的几何学上的重心，直接判定其形心位置。

2. 简单图形的静矩

当截面的形心位置已知时，可由形心坐标与面积的乘积求得静矩，即

$$\begin{aligned}S_y&=z_cA\\S_z&=y_cA\end{aligned} \tag{9-9}$$

在图形平面内过形心的轴线称为形心轴。由式（9-9）可知，截面对形心轴的静矩必为零。与此相反，若截面对某一坐标轴的静矩为零，则该坐标轴必通过截面的形心，即为形心轴。

3. 组合图形的形心和静矩

对于由简单图形组合而成的截面图形，进行静矩计算时，可先分别计算各简单图形对所选定坐标轴的静矩，然后求其代数和。组合图形的形心位置可按下式计算

$$\begin{aligned}y_c&=\frac{S_z}{A}=\frac{\sum_{i=1}^{n}y_iA_i}{\sum_{i=1}^{n}A_i}\\z_c&=\frac{S_y}{A}=\frac{\sum_{i=1}^{n}z_iA_i}{\sum_{i=1}^{n}A_i}\end{aligned} \tag{9-10}$$

或

$$\begin{aligned}S_z&=\sum A_iy_{ci}\\S_y&=\sum A_iz_{ci}\end{aligned} \tag{9-11}$$

式（9-11）中，y_{ci}、z_{ci} 及 A_i 分别表示各简单图形的形心坐标及面积。

4. 静矩与形心的计算举例

【例 9.3】 试确定图 9.11 所示截面图形的形心位置

解　解法一：将截面图形分为Ⅰ、Ⅱ两个矩形。取 y、z 轴分别与截面图形底边及右边的边缘线重合［图 9.11］。两个矩形的形心坐标及面积分别为

矩形Ⅰ

$$y_{1c}=-60\text{mm}$$

$$z_{1c}=5\text{mm}$$

$$A_1 = (10 \times 120)\text{mm}^2 = 1200\text{mm}^2$$

矩形Ⅱ

$$y_{2c} = -5\text{mm}$$

$$z_{2c} = 45\text{mm}$$

$$A_2 = (10 \times 70)\text{mm}^2 = 700\text{mm}^2$$

由式（9-10），得形心 C 点的坐标（y_c，z_c）为

$$y_c = \frac{y_{1c}A_1 + y_{2c}A_2}{A_1 + A_2} = \frac{-60 \times 1200 + (-5) \times 700}{1200 + 700}\text{mm} = -39.7\text{mm}$$

$$z_c = \frac{z_{1c}A_1 + z_{2c}A_2}{A_1 + A_2} = \frac{5 \times 1200 + 45 \times 700}{1200 + 700}\text{mm} = 19.7\text{mm}$$

形心 C 的位置，如图 9.11 所示。

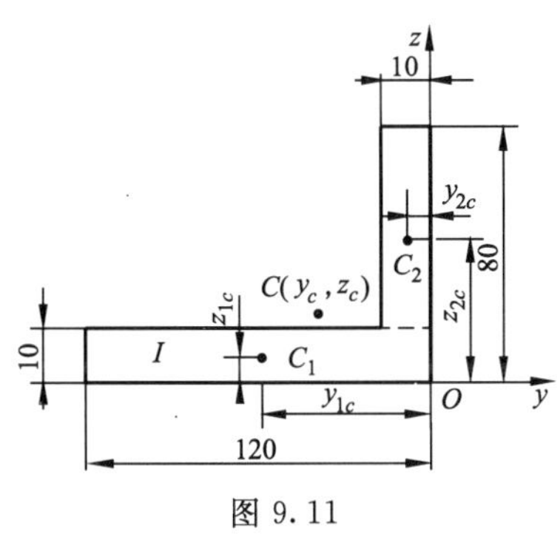

图 9.11

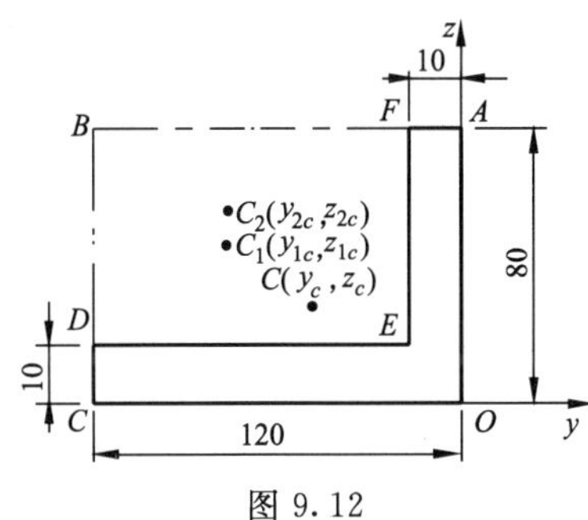

图 9.12

解法二：本例题的图形也可看作是从矩形 $OABC$ 中除去矩形 $BDEF$ 而成的［图 9.12］。

点 C_1 是矩形 $OABC$ 的形心，点 C_2 是矩形 $BDEF$ 的形心

$$y_{1c} = -60\text{ mm}, z_{1c} = 40\text{ mm}$$

$$A_1 = (80 \times 120)\text{mm} = 9600\text{ mm}^2$$

$$y_{2c} = -65\text{ mm}, z_{2c} = 45\text{ mm}$$

$$A_1 = (70 \times 110)\text{mm} = 7700\text{ mm}^2$$

$$y_c = \frac{S_z}{A} = \frac{y_{1c}A_1 - y_{2c}A_2}{A_1 - A_2} = \frac{-60 \times 9600 - (-65) \times 7700}{9600 - 7700}\text{mm} = -39.7\text{ mm}$$

$$z_c = \frac{S_y}{A} = \frac{z_{1c}A_1 - z_{2c}A_2}{A_1 - A_2} = \frac{40 \times 9600 - 45 \times 7700}{9600 - 7700}\text{mm} = 19.7\text{ mm}$$

解法一称为分割法，解法二称为求形心的负面积法。可见，两种求法的结果是一致的。

【例 9.4】 试求图 9.13 所示图形的形心。已知 $R = 100\text{mm}$，$r_2 = 30\text{mm}$，$r_3 = 17\text{mm}$。

解 由于图形有对称轴，形心必在对称轴上，建立坐标系 Oxy 如图所示，只需求出 y_c，现用负面积法来求 y。将图形看成由三部分组成，各自的面积及形心坐标分别为

（1）半径为 R 的半圆面。

$$A_1 = \pi R^2/2 = \pi \times (100\text{mm})^2/2 = 15700\text{mm}^2$$

$$y_1 = 4R/(3\pi) = 4 \times 100\text{mm}/(3\pi) = 42.5\text{mm}$$

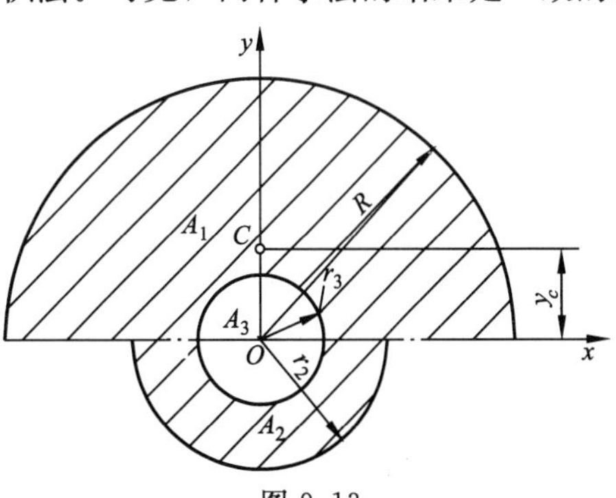

图 9.13

（2）半径为 r_2 的半圆面。

$$A_2=\pi(r_2)^2/2=\pi\times(30\text{mm})^2/2=1400\text{mm}^2$$

$$y_2=-4r_2/(3\pi)=-4\times30\text{mm}/(3\pi)=-12.7\text{mm}$$

（3）被挖掉的半径为 r_3 的圆面。

$$A_3=-\pi\ (r_3)^2=-\pi\times(17\text{mm})^2=910\text{mm}^2$$

$$y_3=0$$

（4）求图形的形心坐标 y_c。由式（9-10）形心公式可求得 y_c。

$$y_o=\frac{\sum A_i\cdot y_i}{A}=\frac{A_1y_1+A_2y_2+A_3y_3}{A}$$

$$=\frac{15700\times42.4+1400\times(-12.7)-910\times0}{15700+1400-910}\text{mm}=40\text{mm}$$

【例 9.5】 矩形截面尺寸如图 9.14 所示，求该矩形对 z 轴和 y 轴静矩 S_z、S_y。

解　由式（9-9）可得

$$S_z=Ay_c=bh\cdot\frac{h}{2}=\frac{bh^2}{2}$$

$$S_y=Az_c=bh\cdot\frac{b}{2}=\frac{b^2h}{2}$$

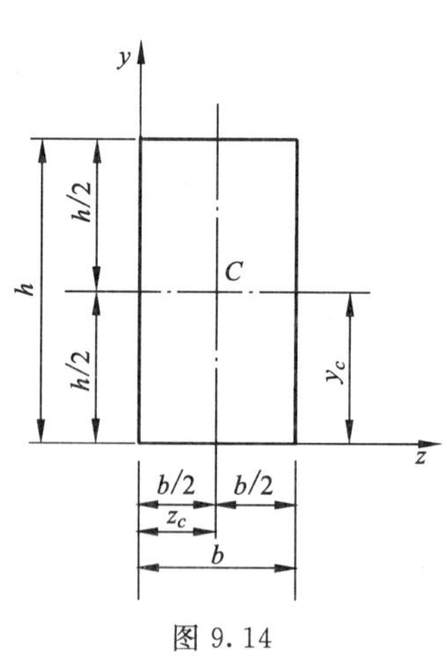

图 9.14

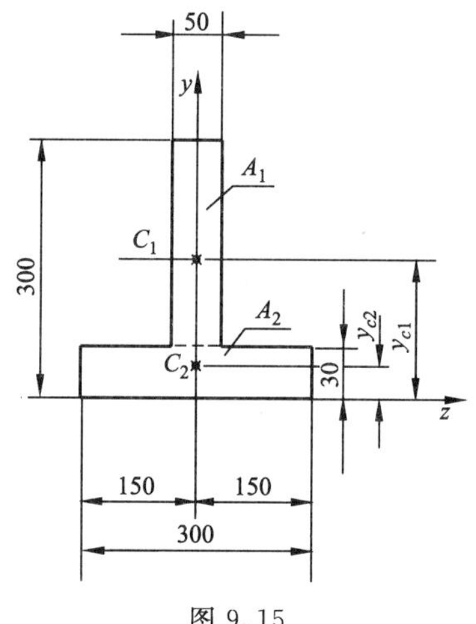

图 9.15

【例 9.6】 计算图 9.15 所示 T 形截面对 z 轴和 y 轴的静矩。

解　将 T 形截面分为两个矩形，其面积分别为

$$A_1=50\text{mm}\times270\text{mm}=13.5\times10^3\text{mm}^2$$

$$A_2=300\text{mm}\times30\text{mm}=9\times10^3\text{mm}^2$$

矩形 1 和矩形 2 各自形心的 y 坐标分别为

$$y_{c1}=165\text{mm}$$

$$y_{c2}=15\text{mm}$$

应用式（9-11）可求得 T 形截面对 z 轴的静矩为

$$S_z=\sum A_iy_{ci}=A_1y_{c1}+A_2y_{c2}$$

$$=(13.5\times10^3\times165+9\times10^3\times15)\text{mm}^3$$

$$=2.36\times10^6\text{mm}^3$$

由于 y 轴是对称轴，通过截面形心，所以 T 形截面对 y 轴的静矩为

$$S_y=0$$

9.2.2 惯性矩和惯性半径

1. 惯性矩

研究图 9.16 所示的截面图形分别对 z 轴和 y 轴的惯性矩。在截面图形上，任取一微面积 $\mathrm{d}A$，微面积 $\mathrm{d}A$ 到 z 轴的距离为 y，到 y 轴的距离为 z。微面积 $\mathrm{d}A$ 与 y^2 乘积 $y^2\mathrm{d}A$ 称为微面积 $\mathrm{d}A$ 对 z 轴的惯性矩；同理，$z^2\mathrm{d}A$ 称为微面积 $\mathrm{d}A$ 对 y 轴的惯性矩，在截面面积为 A 的整个截面图形上进行积分，便可得到截面图形 A 对 z 轴和 y 轴的惯性矩 I_z 和 I_y 分别为

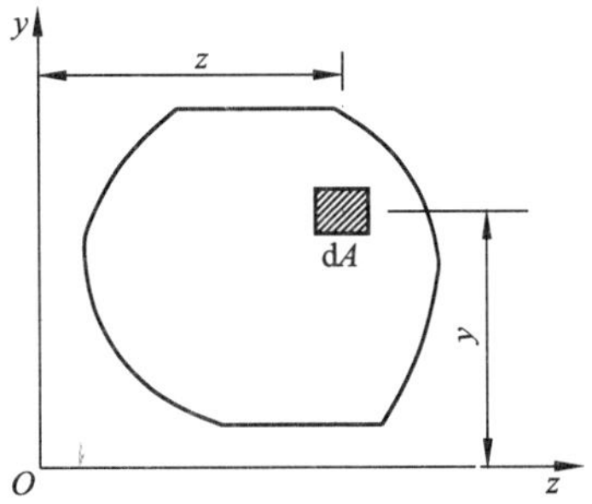

$$I_z=\int_A y^2\mathrm{d}A$$

$$I_y=\int_A z^2\mathrm{d}A \tag{9-12}$$

图 9.16

式 (9-12) 就是计算截面图形分别对 z 轴和 y 轴的惯性矩的基本公式。它表明：截面图形内每一个微面积 $\mathrm{d}A$ 与它到某轴的距离（y 或 z）平方的乘积的总和，称为这个截面图形对该轴的惯性矩。

2. 惯性半径

在工程中为某些计算的需要，常将截面图形的惯性矩表示为截面面积 A 与某一长度平方的乘积，即

$$I_z=i_z^2A$$
$$I_y=i_y^2A$$

于是得到

$$i_z=\sqrt{\frac{I_z}{A}}$$

$$i_y=\sqrt{\frac{I_y}{A}} \tag{9-13}$$

式中 i_z 和 i_y 称为截面图形分别对 z 轴和 y 轴的惯性半径，并且具有长度的单位。

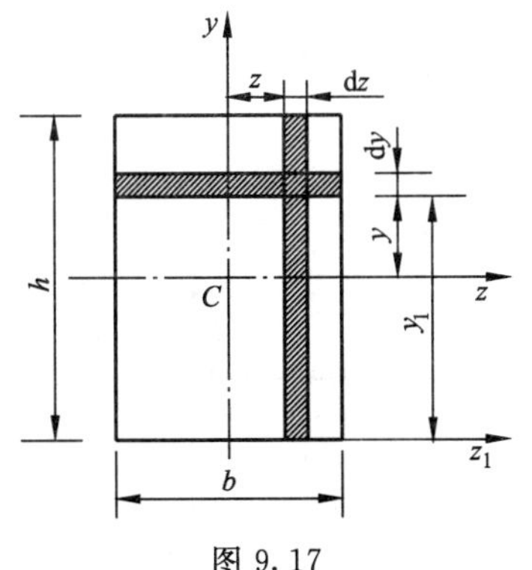

图 9.17

3. 简单截面图形的惯性矩

简单截面图形的惯性矩可以直接用式 (9-12) 通过积分计算求得。

【例 9.7】 设矩形截面的高度为 h，宽度为 b。试计算矩形截面对通过形心 C 的轴（简称形心轴）z、y 和截面下边缘 z_1 轴的惯性矩 I_z、I_y、I_{Z1}（图 9.18）。

解 (1) 计算 I_z。取平行于 z 轴的微面积 $\mathrm{d}A=b\mathrm{d}y$，$\mathrm{d}A$ 到 z 轴的距离为 y，应用式 (9-12)得

$$I_z=\int_A y^2\mathrm{d}A=\int_{-h/2}^{h/2}y^2b\mathrm{d}y=\left[\frac{by^3}{3}\right]_{-h/2}^{h/2}=\frac{bh^3}{12}$$

(2) 计算 I_y。取平行于 y 轴的微面积 $\mathrm{d}A=h\mathrm{d}z$，$\mathrm{d}A$ 到 y 轴的距离为 z，应用式 (9-12)得

$$I_y=\int_A z^2\mathrm{d}A=\int_{-b/2}^{b/2}z^2h\mathrm{d}z=\left[\frac{hz^3}{3}\right]_{-b/2}^{b/2}=\frac{hb^3}{12}$$

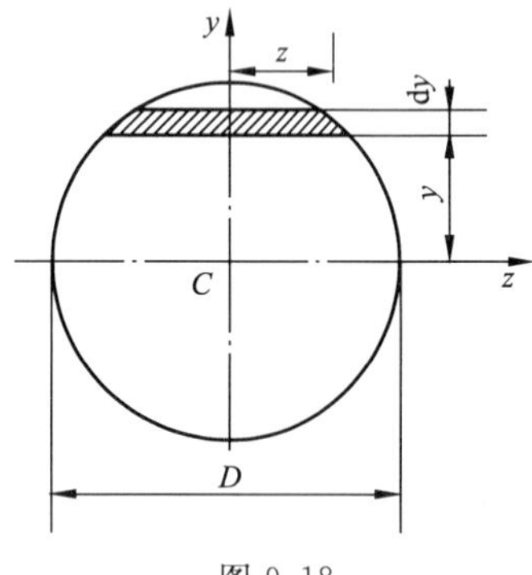

图 9.18

(3) 计算 I_{z1}。取平行于 I_{z1} 轴的微面积 $\mathrm{d}A=b\mathrm{d}y$，$\mathrm{d}A$ 到 z_1 轴的距离为 y_1，应用式 (9-12) 得

$$I_{z1}=\int_0^h {y_1}^2\mathrm{d}A=\int_0^h {y_1}^2b\,\mathrm{d}y_1=\left[\frac{b{y_1}^3}{3}\right]_0^h=\frac{bh^3}{3}$$

通过上面的计算可以看出：惯性矩总是具体到对某一个确定的轴而言的，对于同一个截面图形，对不同的轴，惯性矩的数值也是不同的。

【例 9.8】 设圆形截面的直径为 D（图 9.18），试计算它对形心轴的惯性矩 I_z。

解 取平行于 z 轴的微面积 $\mathrm{d}A=2\cdot z\mathrm{d}y=2\cdot\sqrt{\left(\frac{D}{2}\right)^2-y^2}\cdot\mathrm{d}y$，$\mathrm{d}A$ 到 z 轴的距离为 y，应用式 (9-12) 得

$$I_z=\int_A \mathrm{y}^2\mathrm{d}A=2\cdot\int_{-D/2}^{D/2}\mathrm{y}^2\cdot\sqrt{\left(\frac{D}{2}\right)^2-\mathrm{y}^2}\cdot\mathrm{dy}=\frac{\pi D^4}{64}$$

由于对称，同理得

$$I_y=I_z=\frac{\pi D^4}{64}$$

即圆形截面对任一根形心轴的惯性矩都等于$\frac{\pi D^4}{64}$。

表 9-1 列出了土建工程中常用截面图形的几何性质，计算时可直接使用。

9.2.3 惯性积与极惯性矩的概念

在图 9.19 中，假设 y 和 z 轴是相互垂直的 。如果在截面图形上取微面积 $\mathrm{d}A=\mathrm{d}z\cdot\mathrm{d}y$，它到 z 轴和 y 轴的距离分别为 y 和 z，到圆点 O 的距离为 ρ，那么，把 $yz\mathrm{d}A$ 称为微面积 $\mathrm{d}A$ 对 y 轴和 z 轴的惯性积，记为 I_{yz}，在整个平面图形上进行积分，便可以得到截面图形对 y 轴和 z 轴的惯性积为

$$I_{yz}=\int_A yz\,\mathrm{d}A \tag{9-14}$$

对于图 9.24 中所示的矩形截面，它的惯性积

$$I_{yz}=\int_A yz\,\mathrm{d}A=\int_0^h\left[\int_0^b z\mathrm{d}z\right]y\mathrm{d}y=\frac{b^2h^2}{4}$$

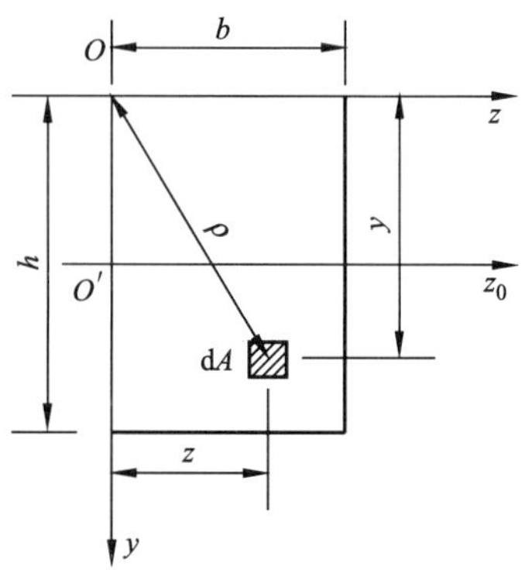

图 9.19

如果 z_0 轴是截面图形的一根对称轴，则

$$I_{yzo}=\int_A yz\,\mathrm{d}A=\left[\int_{-\frac{h}{2}}^{\frac{h}{2}}y\,\mathrm{d}y\right]z\,\mathrm{d}z$$

$$=\int_0^b\left[\frac{y^2}{2}\right]_{-\frac{h}{2}}^{\frac{h}{2}}z\mathrm{d}z=\int_0^b\left[\frac{h^2}{8}-\frac{h^2}{8}\right]z\mathrm{d}z=0$$

由上式可见，只要直角坐标轴 y 轴和 z 轴中有一根轴是平面图形的对称轴，则该平面图形对 y 轴和 z 轴的惯性积等于零。

同理，在图 9.20 中，把 $\rho^2\mathrm{d}A$ 称为微面积 $\mathrm{d}A$ 对圆点 O 的极惯性矩。整个平面图形对圆点 O 的极惯性矩记为 I_P，且：$I_\mathrm{P}=\int_A\rho^2\,\mathrm{d}A$ 对于图 9.19 中的矩形表面，经过计算有：

$$I_\mathrm{P}=\frac{bh^3}{3}+\frac{hb^3}{3}$$

对于图 9.19 中的圆形表面有：

$$I_\mathrm{P}=\frac{\pi D^4}{3z}$$

9.2.4　惯性矩、惯性积和极惯性矩的特性

由前面的讨论和计算可以看出，有关截面图形惯性矩、惯性积和极惯性矩的一些特性如下。

(1) 惯性矩、惯性积都是对一定的轴而言的，同一个截面图形，对不同的轴一般有不同的惯性矩、惯性积。同样，极惯性矩是对一定的点而言的，同一个截面图形，对于不同的点，一般有不同的极惯性矩。

(2) 惯性矩和极惯性矩恒为正值，惯性积则可以为正值，也可以为负值，也可以为零。

(3) 任何平面图形对通过它的形心的对称轴及与此对称轴垂直的轴的惯性积等于零。

(4) 任何平面图形对于直角坐标原点的极惯性矩等于该截面对于两条直角坐标轴的惯性矩之和。即

(5) 惯性矩、惯性积和极惯性矩的单位都是长度的四次方（如 mm^4，m^4 等）。

$$I_p=I_y+I_z$$

9.2.5　惯性矩的平行移动轴公式及其应用

如图 9.20 所示的某一个截面图形，如果已知通过图形形心的 y 轴和 z 轴的惯性矩 I_y、I_z，要求它对分别与 y 轴、z 轴平行的 y_1 轴、z_1 轴的惯性矩性积，就需要应用下述的平行移轴公式。

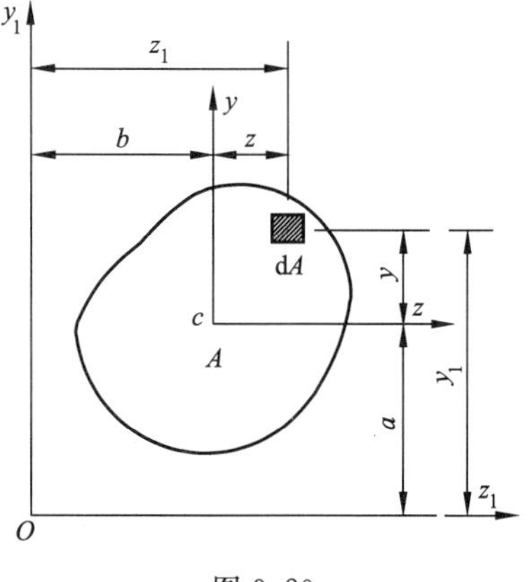

图 9.20

1. 惯性矩的平行移轴公式

如图 9.20 所示，y 轴、z 轴是平面图形的形心轴，已知平面图形对 y 轴和 z 轴的惯性矩为 I_y、I_z，y_1 轴和 z_1 轴分别与 y 轴和 z 轴平行，并且 y_1 轴与 y 轴之间的距离为 b，z_1 轴与 z 轴之间的距离为 a，就可以按照下述方法求出平面图形分别对 y_1 轴、z_1 轴的惯性矩 I_{y1} 和 I_{z1}。

取微面积 $\mathrm{d}A$，它到 z_1 轴的距离为 y_1，根据式（9-12），截面图形对 z_1 轴的惯性矩为

$$I_{z1} = \int_A y_1^2 \mathrm{d}A$$

从图中可知
$$y_1 = y + a$$

将其代入上式得

$$\begin{aligned} I_{z1} &= \int_A y_1^2 \mathrm{d}A = \int_A (y+a)^2 \mathrm{d}A = \int_A y^2 \mathrm{d}A + \int_A 2ya \mathrm{d}A + \int_A a^2 \mathrm{d}A \\ &= I_z + 2aS_z + a^2 A \end{aligned}$$

因 z 轴通过截面形心 C，所以有静矩 $S_z = \int_A y dy = 0$，因此可得

$$I_{z1} = I_z + a^2 A$$

同理
$$I_{y1} = I_y + b^2 A \tag{9-15}$$

式（9-15）称为惯性矩的平行移轴公式。它表明：**截面图形对任一轴的惯性矩，等于截面图形对与该轴平行的形心轴的惯性矩，再加上平面图形的面积与两个轴间距离平方的乘积。**

由平行移轴公式还可以看出，在所有互相平行的轴中，截面图形对通过其形心 C 的轴的惯性矩为最小。

利用平行移轴公式，可以从截面图形对其形心轴的惯性矩（一般是已知的），求出它对另一个与形心轴平行的轴的惯性矩。

注意，在应用平行移轴公式（9-15）时，其中的 y 轴、z 轴必须是截面的形心轴，否则公式不能应用。

2. 组合截面的惯性矩

工程中常遇到组合截面，这些组合截面是由几个简单图形组成［图 9.21（b）、（c）、（d）］，或由几个型钢组成（图 9.22）。在计算组合截面对某轴的惯性矩时，根据惯性矩的定义，可分别计算各组成部分对该轴的惯性矩，然后再相加。即组合截面对 z 轴的惯性矩等于各组成部分对 z 轴的惯性矩的代数和，其计算公式为

$$I_z = \sum_{i=1}^{n} I_{zi}$$

注意在计算 I_{zi} 时，必须要用平行移轴公式（9-15）。

因为各个截面的形心轴 Z_{ic} 与整个截面的 z 轴不重合。I_z 是整个截面对 z 轴的惯性矩，而 I_{zi} 为第 i 块图形对 z 轴的惯性矩。

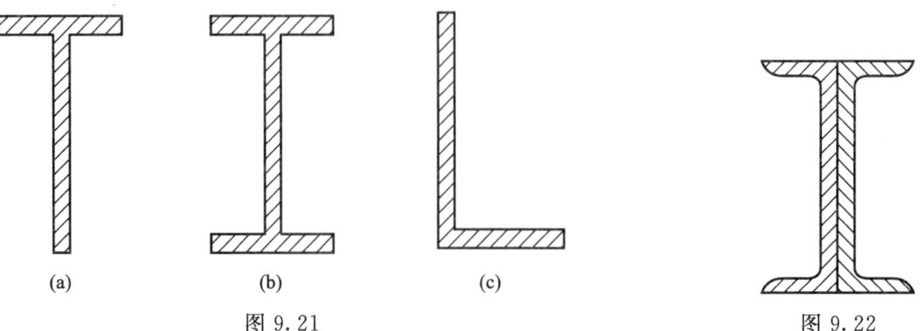

图 9.21　　图 9.22

【例 9.9】 计算图 9.23 所示 T 形截面对形心轴 z、y 的惯性矩。

解　(1) 求截面形心位置。由于截面有一根对称轴 y，故形心必在此轴上，即

$$z_c = 0$$

为求 y_c，先设 z_0 轴如图 9.23 所示。将截面图形分为两个矩形，这两部分的面积为 A_1 和 A_2，其形心对 z_0 轴的坐标分别为 y_1 和 y_2，则

$$A_1 = (500\times 120)\text{mm}^2 = 60\times 10^3\text{mm}^2,\ y_1 = (580+60)\text{mm} = 640\text{mm}$$

$$A_2 = (250\times 580)\text{mm}^2 = 145\times 10^3\text{mm}^2,\ y_2 = \frac{580}{2}\text{mm} = 290\text{mm}$$

故

$$y_c = \frac{\sum A_i y_i}{A} = \left(\frac{60\times 10^3\times 640 + 145\times 10^3\times 290}{60\times 10^3 + 145\times 10^3}\right)\text{mm} = 392\text{mm}$$

(2) 计算 I_z 及 I_Y。整个截面图形对 z 轴、y 轴的惯性矩应分别等于两个矩形对 z 轴、y 轴的惯性矩之和。即

$$I_z = I_{1z} + I_{2z}$$

两个矩形对自身形心轴的惯性矩分别为

$$I_{1z1} = \frac{500\times 120^3}{12}\text{mm}^4,\ I_{2z2} = \frac{250\times 580^3}{12}\text{mm}^4$$

应用平行移轴公式 (9-15) 可得

$$I_{1z} = I_{1z1} + a_1^2 A_1 = \left(\frac{500\times 120^3}{12} + 248^2\times 500\times 120\right)\text{mm}^4 = 37.6\times 10^8\text{mm}^4$$

$$I_{2z} = I_{2z2} + a_2^2 A_2 = \left(\frac{250\times 580^3}{12} + 102^2\times 250\times 580\right)\text{mm}^4 = 55.7\times 10^8\text{mm}^4$$

所以

$$I_z = I_{1z} + I_{2z} = 37.6\times 10^8\text{mm}^4 + 55.7\times 10^8\text{mm}^4 = 93.3\times 10^8\text{mm}^4$$

y 轴正好经过矩形截面 A_1 和 A_2 的形心，所以

$$I_y = I_{1y} + I_{2y} = \left(\frac{120\times 500^3}{12} + \frac{580\times 250^3}{12}\right)\text{mm}^4 = (12.5\times 10^8 + 7.55\times 10^8)\text{mm}^4 = 20.05\times 10^8\text{mm}^4$$

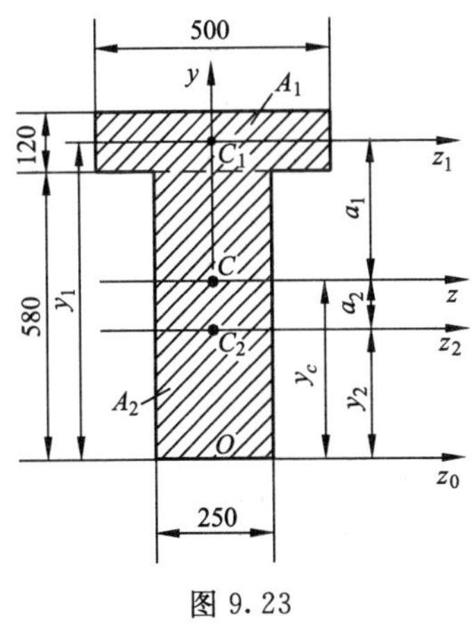

图 9.23

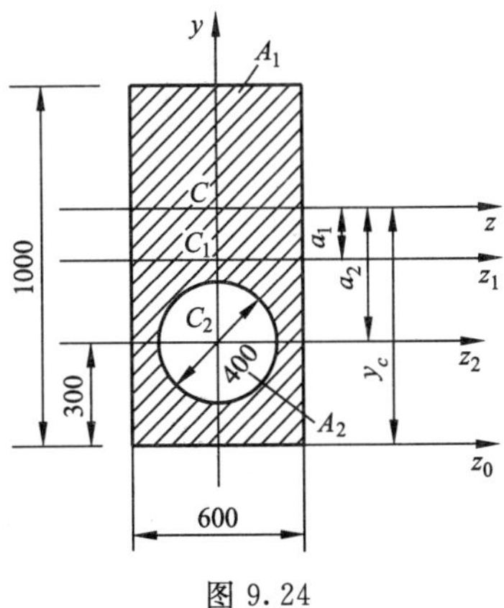

图 9.24

【例 9.10】 计算图 9.24 所示阴影部分面积对其形心轴 z、y 的惯性矩。

解　(1) 求形心位置。由于 y 轴为图形的对称轴，故形心必在此轴上，即

$$Z_c=0$$

为求 y_c，现设 z_0 轴如图，阴影部分图形可看成是矩形 A_1 减去圆形 A_2 得到，故其形心 y_c 的坐标为

$$y_c=\frac{\sum A_i y_i}{A}=\left(\frac{600\times10^3\times500-\frac{\pi}{4}\times400^2\times300}{600\times10^3-\frac{\pi}{4}\times400^2}\right)\text{mm}=553\text{mm}$$

(2) 计算 I_z 及 I_y。阴影部分对 z 轴的惯性矩，可看成是矩形截面与圆形截面对 z 轴的惯性矩之差。故

$$\begin{aligned}I_z&=I_{1z}-I_{2z}=\left(\frac{bh^3}{12}+a_1^2A_1\right)-\left(\frac{\pi D^4}{64}+a_2^2A_2\right)\\&=\left[\left(\frac{600\times1000^3}{12}+53^2\times600\times1000\right)-\left(\frac{\pi\times400^4}{64}+253^2\times\frac{\pi\times400^2}{4}\right)\right]\text{mm}^4\\&=424\times10^8\,\text{mm}^4\end{aligned}$$

$$\begin{aligned}I_y&=I_{1y}-I_{2y}=\frac{hb^3}{12}-\frac{\pi D^4}{64}=\left(\frac{1000\times600^3}{12}-\frac{\pi\times400^4}{64}\right)\text{mm}^4\\&=167.44\times10^8\ \text{mm}^4\end{aligned}$$

9.2.6 截面的几何性质表

为了在学习后续各章和工程设计中正确使用截面的几何性质，现把学习和设计中常见的截面的几何性质如截面的面积、形心坐标、截面对 x_0-x_0 轴的惯性矩、抗弯截面模量和惯性半径等罗列在表 9-1 中，供大家使用时直接查用。

表 9-1 常用平面图形的几何性质（表中轴线 x_0-x_0 及 y_0-y_0 为形心轴）

序号	图形	面积(A)	轴线至图形边缘最远点的距离(y,x)	图形对 x_0 轴的惯性矩、抗弯截面模量和惯性半径
1		bh	$y=\frac{h}{2}$	$I_{x_0}=\frac{bh^3}{12}$， $W_{x_0}=\frac{1}{6}bh^2$ $i_{x_0}=0.289h$
2		$\frac{bh}{2}$	$y_1=\frac{2}{3}h$ $y_2=\frac{1}{3}h$	$I_{x_0}=\frac{bh^3}{36}$ $i_{x_0}=\frac{h}{3\sqrt{2}}=0.236h$

续表

序号	图形	面积(A)	轴线至图形边缘最远点的距离(y,x)	图形对 x_0 轴的惯性矩、抗弯截面模量和惯性半径
3	x_0 d r y x_0	$\frac{\pi d^2}{4}=0.7854d^2$ $\pi r^2=3.1416r^2$	$y=r=\frac{d}{2}$	$I_{x_0}=\frac{\pi d^4}{64}=0.0491d^4$ $=0.7854r^4$ $W_{x_0}=0.0982d^3=\frac{\pi r^3}{4}$ $i_{x_0}=\frac{d}{4}$
4	x_0 D d r R y x_0 (空心圆)	$\frac{\pi(D^2-d^2)}{4}$ $=0.785(D^2-d^2)$ $=\pi(R^2-r^2)$	$y=\frac{D}{2}$	$I_{x_0}=\frac{\pi(D^4-d^4)}{64}=0.0491\times$ $(D^4-d^4)=\frac{\pi}{4}(R^4-r^4)$ $W_{x_0}=0.0982\ \frac{D^4-d^4}{D}$ $=\frac{\pi(R^4-r^4)}{4R}$ $i_{x_0}=\frac{\sqrt{D^2+d^2}}{4}$
5	x_0 D $r+t/2$ t y_1 y_2 x_0 ($t\ll D$,薄圆环)	πDt $\pi(D-t)t$	$y=\frac{D}{2}$ $(y_1=y_2=y)$	$I_{x_0}\approx\frac{\pi D^3}{8}t$, $W_{x_0}\approx0.7854D^2t$ $i_{x_0}\approx0.354D$
6	y_0 $d/2$ x_0 x y_1 y_2 x_0 x d y_0	$\frac{\pi d^2}{8}=0.393d^2$	$y_1=\frac{d(3\pi-4)}{6\pi}$ $=288d$ $y_2=\frac{2d}{3\pi}=0.212d$ $x=0.50d$	$I_{x_0}=\frac{d^4(9\pi^2-64)}{1152\pi}$ $=0.00686d^4$ $I_x=0.0245d^4$ $i_x=\frac{d}{4}=0.025d$

9.3　梁弯曲时正应力强度条件及其应用

9.3.1　梁的危险截面和梁的最大应力

在进行梁的正应力强度计算时，必须找出梁内的危险截面和梁的最大正应力。对于等截面直梁来说，弯矩最大的截面就是梁的**危险截面**，危险截面上离中性轴最远的边缘各点称为**危险点**，危险点上的正应力就是梁的最大正应力，也称为**危险应力**。

对于中性轴是截面对称轴的梁［图 9.25 (a)、(b)、(c)］，其最大正应力的值为

$$\sigma_{\max}=\frac{M_{\max}}{I_z}\cdot y_{\max}$$

令 $W_z=\dfrac{I_z}{y_{\max}}$，则

$$\sigma_{\max}=\frac{M_{\max}}{W_z} \tag{9-16}$$

式中 W_z 称为抗弯截面系数，它是一个与截面形状和尺寸有关的几何量。常用单位是 m^3 或 mm^3。W_z 越大，$\sigma_{\max}$就越小，因此，W_z 反映了截面形状及尺寸对梁的边缘应力大小的影响。

对截面高为 h，宽为 b 的矩形截面［图 9.25（a）］，其抗弯截面系数为

$$W_z=\frac{I_z}{y_{\max}}=\frac{\dfrac{bh^3}{12}}{\dfrac{h}{2}}=\frac{bh^2}{6}$$

对直径为 d 的圆形截面［图 9.25（b）］，其抗弯截面系数为

$$W_z=\frac{I_z}{y_{\max}}=\frac{\dfrac{\pi d^4}{64}}{\dfrac{d}{2}}=\frac{\pi d^3}{32}$$

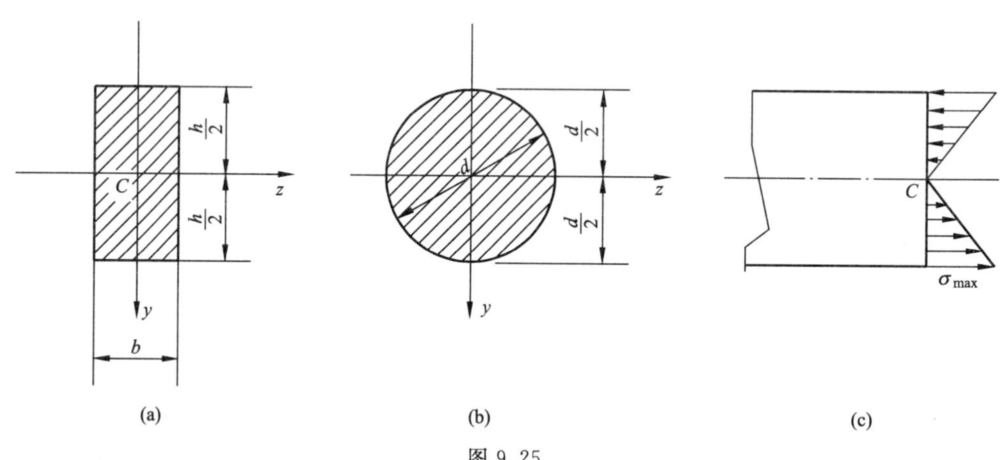

图 9.25

各种型钢截面的抗弯截面系数可以直接从书末附录 A 中查得。

对于中性轴不是截面对称轴的梁，如图 9.26 所示的 T 形截面梁，在正弯矩 $\boldsymbol{M}$ 作用下，梁的下边缘各点产生最大拉应力 $\sigma_{t,\max}$，上边缘各点产生最大压应力 $\sigma_{c,\max}$，其值分别为

$$\sigma_{t,\max}=\frac{My_1}{I_z}$$

$$\sigma_{c,\max}=\frac{My_2}{I_z}$$

令　　$W_{zt}=W_{z1}=\dfrac{I_z}{y_1}$，$W_{zc}=W_{z2}=\dfrac{I_z}{y_2}$

则有　　$\sigma_{t,\max}=\dfrac{M}{W_{z1}}$

$$\sigma_{c,\max}=\frac{M}{W_{z2}}$$

9.3.2　梁的正应力强度条件

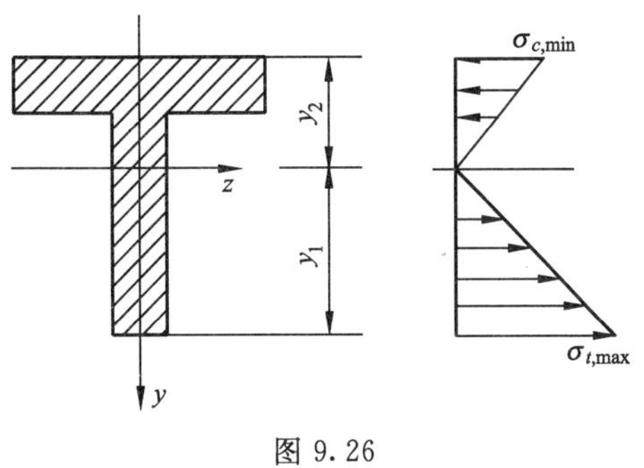

图 9.26

为了保证梁能够安全可靠的工作，同时考虑留有一定的安全储备，必须使梁内的最大正应力不能超过材料的许用正应力 $[\sigma]$，这就是梁的正应力强度条件。分两种情况表述如下。

（1）若材料的抗拉和抗压能力相同，其截面形状又关于中性轴对称，其正应力强度条件为

$$\sigma_{\max}=\frac{M_{\max}}{W_z}\leqslant[\sigma] \tag{9-17}$$

（2）若材料的抗拉和抗压能力不同，其截面形状关于中性轴不对称，应分别对最大拉应力和最大压应力建立强度条件，即

$$\sigma_{t,\max}=\frac{M_{\max}}{W_{zt}}\leqslant[\sigma_t]$$

$$\sigma_{c,\max}=\frac{M_{\max}}{W_{zc}}\leqslant[\sigma_c] \tag{9-18}$$

式中的 $[\sigma_t]$ 和 $[\sigma_c]$ 分别称为材料的许用拉应力和许用压应力。

9.3.3　正应力强度条件的应用

根据梁的正应力强度条件，可以解决梁三个方面的强度计算问题。

（1）强度校核。在已知梁的材料和横截面的形状、尺寸（即已知 $[\sigma]$、W_z）以及梁上所受荷载（即已知 $M_{\max}$）的情况下，可以核查梁是否满足正应力强度条件式（9-17）或式（9-18），若条件满足，则梁的强度是足够的，梁是安全的否则，梁是不安全的。

（2）设计截面尺寸。当已知梁上所受的荷载和梁所使用材料时（即已知 $M_{\max}$、$[\sigma]$），可以根据强度条件式（9-17）或式（9-18），计算梁所需的抗弯截面系数

$$W_z\geqslant\frac{M_{\max}}{[\sigma]}$$

然后根据梁的横截面形状进一步确定出截面的具体尺寸。如横截面是圆形，则由 $W_z\geqslant\frac{\pi d^3}{32}$，求出其圆截面的直径 d；如横截面是矩形，则由 $W_z\geqslant\frac{1}{6}bh^2$，进一步计算出梁截面的 h 与 b 的数值。其他形状的截面，根据 W_z 与截面尺寸间的关系，也可以求出相应的截面尺寸。

（3）确定许可荷载。如已知梁的材料和截面尺寸（即已知 $[\sigma]$、$[W_z]$ 等)，则可先根据梁的强度条件式（9-17）或式（9-18）计算出梁所能承受的最大弯矩，即

$$M_{\max}\leqslant W_z\cdot[\sigma]$$

然后由 $M_{\max}$ 与荷载之间的关系计算出梁的许可荷载。例如，受均布荷载 q 作用的简支梁，其跨中最大弯矩 $M_{\max}=\frac{1}{8}ql^2$，在由强度条件求出梁的 $M_{\max}$ 和已知梁的跨度 l 的前提下，进而可以确定出梁上所能承受的许可均布荷载 $[q]$ 的大小，且

$$[q]\leqslant\frac{8M_{\max}}{l^2}$$

9.3.4 梁的正应力强度计算举例

【例 9.11】 一矩形截面的简支木梁，梁上作用有均布荷载（图 9.27），已知 $l=4\text{m}$，$b=140\text{mm}$，$h=210\text{mm}$，$q=10\text{kN/m}$，弯曲时木材的许用正应力 $[\sigma]=10\text{MPa}$，试校核梁的强度。

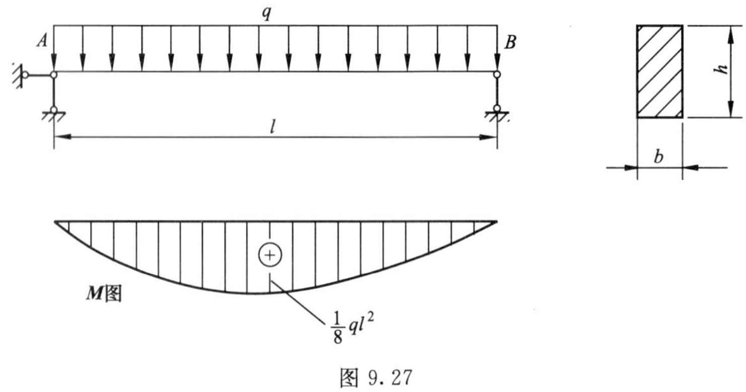

图 9.27

解 （1）内力计算。首先绘出梁的弯矩图，由 **M** 图可知，梁中的最大弯矩发生在跨中截面上，其最大弯矩为

$$M_{\max}=\frac{1}{8}ql^2=\left(\frac{1}{8}\times10\times4^2\right)\text{kN}\cdot\text{m}=20\text{kN}\cdot\text{m}$$

（2）截面几何量的计算。本题需计算矩形截面的抗弯截面系数为 W_z，且

$$W_z=\frac{1}{6}bh^2=\frac{1}{6}\times140\times210^2\ \text{mm}^3=1.029\times10^6\text{mm}^3$$

（3）应力计算。其最大正应力发生在最大弯矩所在的跨中截面的上、下边缘处的各点上，其值为

$$\sigma_{\max}=\frac{M_{\max}}{W_z}=\frac{20\times10^6}{1.029\times10^6}\text{N/mm}^2=19.44\text{N/mm}^2=19.44\text{MPa}>[\sigma]=10\text{MPa}$$

（4）强度校核得出结论。由于截面的最大应力

$$\sigma_{\max}=19.44\,\text{MPa}>[\sigma]=10\,\text{MPa}$$

所以该简支梁不满足强度要求。

【例 9.12】 某简支梁的计算简图如图 9.28（a）所示。已知梁跨中所承受的最大集中荷载为 $F=40\text{kN}$，梁的跨度 $l=15\text{m}$，该梁要求用 Q235 钢做成，其许用应力 $[\sigma]=160\text{MPa}$。若该梁用工字钢、矩形（设 $h/b=2$）和圆形截面做成，试分别设计这三种截面的截面尺寸，并确定其截面面积，并比较其质量。

解 （1）绘出梁的弯矩图，求出最大弯矩

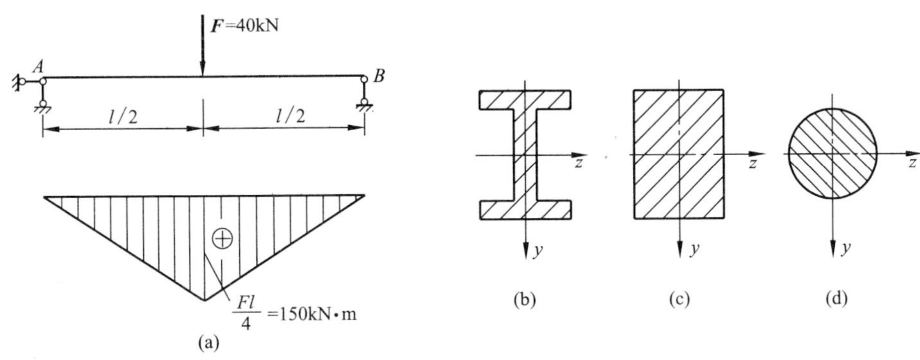

图 9.28

$$M_{\max}=\frac{Fl}{4}=\frac{40\times15}{4}\text{kN}\cdot\text{m}=150\text{kN}\cdot\text{m}$$

(2) 计算梁所需的抗弯截面系数 W_z。由梁的强度条件式 (9-17)，得

$$W_z\geqslant\frac{M_{\max}}{[\sigma]}=\frac{150\times10^6}{160}\text{mm}^3=938\times10^3\text{mm}^3$$

(3) 分别计算三种横截面的截面尺寸。

① 工字形截面尺寸。由书末的附录 A，查得 36c 工字钢的 $W_z=962\times10^3\text{mm}^3$，大于由计算所得的 $W_z=938\times10^3\text{mm}^3$，故可选用 36c 工字钢，其截面尺寸可定。

② 计算矩形截面的尺寸。由矩形截面的抗弯截面系数

$$W_z=\frac{1}{6}bh^2=\frac{1}{6}\times b\times(2b)^2=\frac{2}{3}b^3$$

所以
$$b=\sqrt[3]{\frac{3W_z}{2}}=\sqrt[3]{\frac{3\times938\times10^3}{2}}\text{mm}=112\text{mm}$$

故
$$h=2b=2\times112\text{mm}=224\text{mm}$$

③ 计算圆形截面的尺寸。由圆形截面的抗弯截面系数

$$W_z=\frac{\pi d^3}{32}$$

所以
$$d=\sqrt[3]{\frac{32W_z}{\pi}}=\sqrt[3]{\frac{32\times938\times10^3}{3.14}}\text{mm}=211\text{mm}$$

三种横截面形状及布置情况如图 9.28 (b)、(c)、(d) 所示。

(4) 计算三种横截面的截面面积。

工字形截面：查书末的附录 A 知 36c 工字钢，得 $A_{工}=9070\text{mm}^2$

矩形截面：$A_{矩}=b\times h=112\times224\text{mm}^2=25088\text{mm}^2$

圆形截面：$A_{圆}=\frac{\pi}{4}d^2=\frac{3.14}{4}\times211^2\text{mm}^2=34949\text{mm}^2$

(5) 比较三种截面梁的质量。在梁的材料、长度相同时，三种截面梁的质量之比应等于它们的横截面面积之比，即

$$A_{工} : A_{矩} : A_{圆} = 9084 : 25088 : 34949 = 1 : 2.76 : 3.85$$

即矩形截面梁的质量是工字形截面梁的 2.76 倍，而圆形截面梁的质量是工字形截面梁的 3.85 倍。显然，在这三种横截面方案中，工字形截面最合理，矩形截面次之，圆形截面梁最不合理。由此可知，把截面材料放在距离中性轴较远的地方的截面形状是比较合理的。

【例 9.13】 有一槽型截面梁，其横截面尺寸和跨度如图 9.29（a）、（c）所示。该梁为简支梁，梁的中点作用有一集中力 F。如果该梁弯曲时，其许用拉应力 $[\sigma_t]=40\text{MPa}$，其许用压应力 $[\sigma_c]=170\text{MPa}$，试确定该梁的许可荷载 F。

解 （1）计算截面的形心位置 y_1 及 y_2。

$$y_1=\frac{60\times300\times150\times2+600\times60\times270}{60\times300\times2+600\times60}\text{mm}=210\,\text{mm}$$

$$y_2=300-210\text{mm}=90\text{mm}$$

（2）计算截面的几何量 I_z 及 W_{z1}、W_{z2}。

$$I_z=\left[\left(\frac{1}{12}\times60\times300^3+300\times60\times60^2\right)\times2+\frac{1}{12}\times600\times60^3+600\times60\times60^2\right]\text{mm}^4$$

$$=54\times10^7\,\text{mm}^4$$

$$W_{z1}=\frac{I_z}{y_1}=\frac{54\times10^7}{210}\text{mm}^3=2.5714\times10^6\,\text{mm}^3$$

$$W_{z2}=\frac{I_z}{y_2}=\frac{54\times10^7}{90}\text{mm}^3=6\times10^6\,\text{mm}^3$$

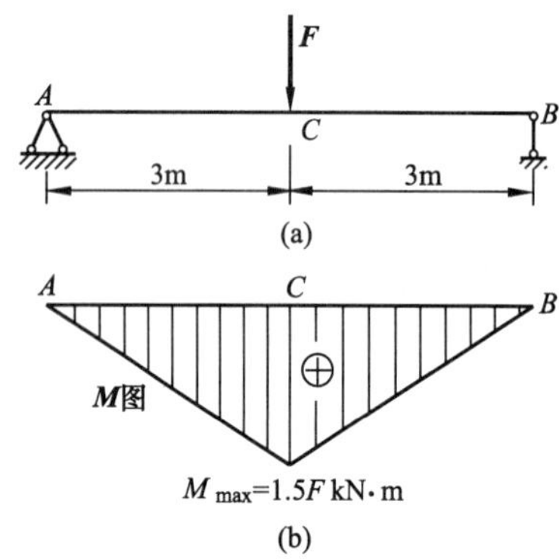

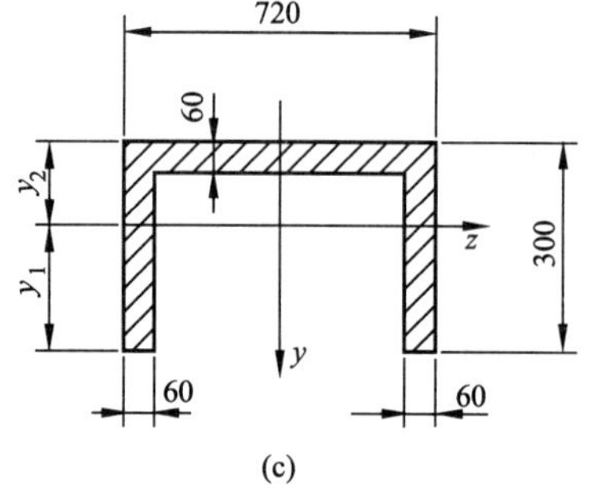

图 9.29

（3）绘出梁的弯矩图，如图 9.29（b）所示。

$$M_{\max}=\frac{1}{4}Fl=\frac{1}{4}\times F\times6=1.5F\ (\text{kN}\cdot\text{m})$$

最大弯矩是力 F 的函数。

（4）确定梁的许可荷载 F。根据强度条件式（9-18），有

$$\sigma_{t,\max}=\frac{M_{\max}}{W_{z1}}\leqslant[\sigma_t] \tag{a}$$

$$\sigma_{c,\max}=\frac{M_{\max}}{W_{z2}}\leqslant[\sigma_c] \tag{b}$$

由式（a）可以求得

$$F_t \leqslant \frac{W_{z1}[\sigma_t]}{1.5\times10^6}=\left(\frac{2.5714\times10^6\times40}{1.5\times10^6}\right)\text{kN}=68.57\text{kN}$$

由式（b）可以求得

$$F_c \leqslant \frac{W_{z2}[\sigma_c]}{1.5\times10^6}=\left(\frac{6\times10^6\times170}{1.5\times10^6}\right)\text{kN}=680\text{kN}$$

（5）本例中的许可荷载应由最大拉应力的强度条件来控制，即取 $\boldsymbol{F}_t$ 和 $\boldsymbol{F}_c$ 中的较小值，即所确定的许可荷载应为 $[F_P]=F_t=68.57\text{kN}$。

9.4　梁弯曲时切应力计算公式、切应力强度条件及其应用

在横力弯曲时，梁的横截面上同时作用有弯矩 $\boldsymbol{M}$ 和剪力 $\boldsymbol{F}_{\text{Q}}$，因而横截面上除了正应力 σ 以外，必然还有切应力 τ。本节主要讨论最简单的矩形截面上切应力的大小和分布规律，以及切应力强度条件及其应用。对于其他形状的梁，仅给出最大切应力的计算公式。

9.4.1　矩形截面梁的切应力计算公式

为了简化计算，对于矩形截面梁的切应力分布情况，作如下两个假设。

（1）截面上各点切应力的方向都平行于截面上的剪力 $\boldsymbol{F}_{\text{Q}}$。

（2）切应力沿截面宽度均匀分布，即距中性轴等距离的各点上的切应力相等。

根据弹性力学进一步的研究可知，以上两条假设，对于高度 h 大于宽度 b 的矩形截面是足够准确的。有了上述的两条假设，利用切应力双生互等定理，仅通过静力平衡条件，便可导出切应力的计算公式。

现有一承受任意荷载的矩形截面梁，其横截面的高度为 h，宽度为 b，如图 9.30（a）、（b）所示。根据前面的假设可以导出该梁任一横截面 a-a 上的切应力计算公式为

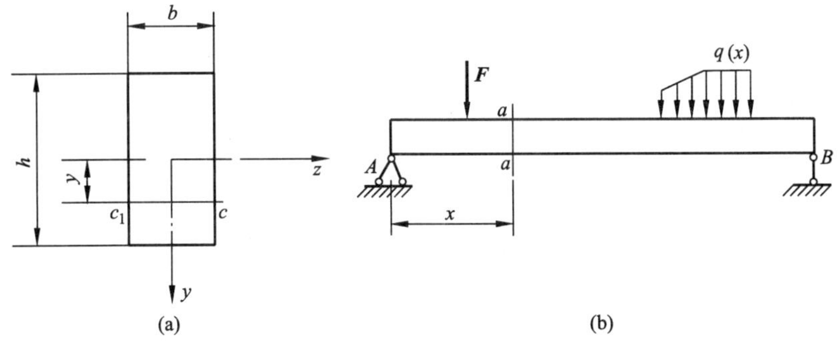

图 9.30

$$\tau=\frac{F_{\text{Q}}S_z^*}{I_z b} \tag{9-19}$$

式（9-19）就是矩形截面梁横截面上任意一点的切应力计算公式。

式中　F_{Q}——横截面上的剪力；

I_z——横截面对中性轴的惯性矩；

b——所求切应力作用层处的截面宽度；

S_z^*——所求切应力作用点处的水平横线以下（或以上）部分截面积 A^* 对中性轴的面积矩。

剪力 F_Q和面积矩 S_z^* 均为代数量，但在应用式（9-19）计算切应力 τ 时，F_Q与 S_z^* 均可以绝对值代入，切应力的方向可依据剪力的方向来确定（因为根据假设，τ 与 F_Q的方向一致）。

在式（9-19）中 F_Q、I_z 和 b 均为常量，只有面积矩 S_z^* 随欲求应力的点到中性轴的距离 y 而变化［图 9.31（a）］，其值为

$$S_z^*=A^*y_o=b\left(\frac{h}{2}-y\right)\left[y+\left(\frac{h}{2}-y\right)\Big/2\right]=\frac{b}{2}\left(\frac{h^2}{4}-y^2\right)$$

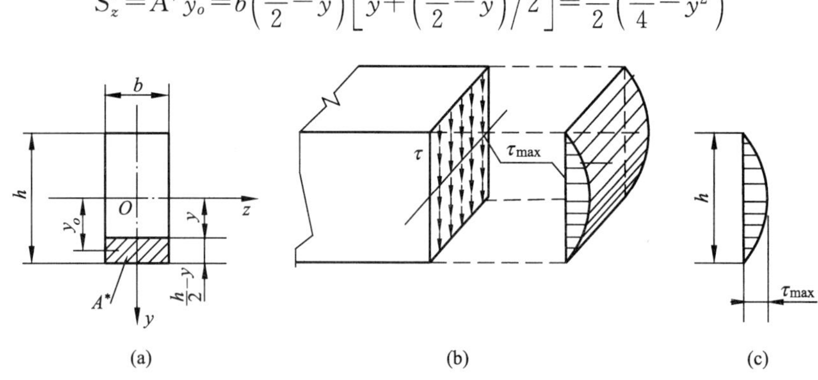

图 9.31

将 S_z^* 和 $I_z=\frac{bh^3}{12}$代入式（9-19），得

$$\tau=\frac{6F_Q}{bh^3}\left(\frac{h^2}{4}-y^2\right)$$

此式表明：切应力 τ 沿截面高度呈二次抛物线规律变化［图 9.31（b）、（c）］。当 $y=\pm\frac{h}{2}$ 时，$\tau=0$；当 $y=0$ 时，$\tau=\tau_{max}$即中性轴上切应力最大。其值为

$$\tau_{max}=\frac{3F_Q}{2bh}=\frac{3}{2}\frac{F_Q}{A}=1.5\bar{\tau} \tag{9-20}$$

$\bar{\tau}=\frac{F_s}{A}$为横截面上的平均切应力，故知矩形截面上的最大切应力为其平均切应力的 1.5 倍。

9.4.2　工程中常用截面的切应力计算式

1. 工字形截面梁的切应力

工字形截面梁由腹板和翼缘组成。翼缘和腹板上均存在着竖向切应力，而翼缘上还存在着与翼缘长边平行的水平切应力。经理论分析和计算表明：横截面上剪力的 95%～97%由腹板分担，而翼缘仅承担了剪力的 3%～5%，并且翼缘上的切应力情况又比较复杂。为了满足实际工程计算和设计的需要，现仅分析腹板上的切应力［图 9.32（a）、（b）］。

由于腹板是一狭长矩形，因此，对矩形截面所作的两个假设同样适用，所以，腹板上的

切应力计算公式仍可用式 (9-19)，为

$$\tau=\frac{F_{Q}S_{z}^{*}}{I_{z}d}$$

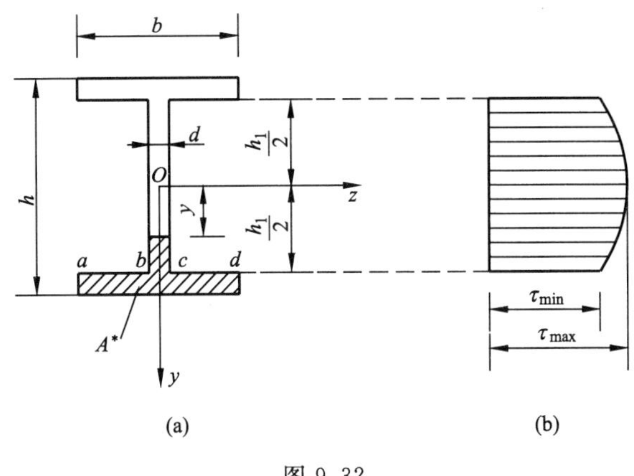

图 9.32

式中：F_Q 为截面上的剪力；I_z 为整个工字形截面对中性轴的惯性矩；S_z^* 应为计算点处的水平线以下（或以上）部分截面积 A^* 对中性轴的面积矩；d 为腹板的厚度。

经计算，其面积矩为

$$S_{z}^{*}=\frac{b}{2}\left(\frac{h^{2}}{4}-\frac{h_{1}^{2}}{4}\right)+\frac{d}{2}\left(\frac{h_{1}^{2}}{4}-y^{2}\right)$$

把 S_z^* 代入式 (9-19)，得

$$\tau=\frac{F_{Q}}{I_{z}d}\left[\frac{b}{2}\left(\frac{h^{2}}{4}-\frac{h_{1}^{2}}{4}\right)+\frac{d}{2}\left(\frac{h_{1}^{2}}{4}-y^{2}\right)\right] \tag{9-21}$$

式 (9-20) 就是工字形截面腹板上任意一点的切应力计算公式。由此公式可以看出，切应力 τ 沿腹板高度仍按二次抛物线形变化［图 9.32 (b)］。在中性轴上，当 $y=0$ 时，切应力 $\tau=\tau_{max}$ 为最大，在腹板与翼缘的交界处，$y=\pm\frac{h_1}{2}$，切应力 $\tau=\tau_{min}$ 为最小。它们的计算公式为

$$\tau_{max}=\frac{F_{Q}}{I_{z}d}\left(\frac{bh^{2}}{8}-\frac{bh_{1}^{2}}{8}+\frac{dh_{1}^{2}}{8}\right)=\frac{F_{s}S_{z,max}^{*}}{I_{z}d}$$

$$\tau_{min}=\frac{F_{Q}}{I_{z}d}\left(\frac{bh^{2}}{8}-\frac{bh_{1}^{2}}{8}\right) \tag{9-22}$$

式中：$S_{z,max}^{*}=\frac{bh^{2}}{8}-\frac{bh_{1}^{2}}{8}+\frac{dh_{1}^{2}}{8}$ 为工字形截面中性轴以下（或以上）部分截面对中性轴的面积矩。对于工字形钢截面，其 $S_{z,max}^{*}/d$ 的数值可直接从书末的附录 A 中查得。

在一般情况下，由于腹板的厚度 d 与翼缘的宽度 b 比较起来是很小的，对 τ_{max} 和 τ_{min} 的计算式进行比较，可以看出，腹板上的切应力 τ_{max} 与 τ_{min} 的大小没有显著的差别，并且 τ 近似于均匀分布。所以，腹板上的最大切应力也可以近似地用下面的公式计算，即

$$\tau_{max}=\frac{F_{Q}}{h_{1}d} \tag{9-23}$$

此式就是工字形截面最大切应力的实用计算公式，在工程设计中安全性较高。

2. 圆形和圆环形截面梁的最大切应力

圆形和圆环形截面梁的切应力情况比较复杂，但可以证明，其竖向切应力 τ 也是沿梁高按二次抛物线规律分布的，并且也在中性轴上，切应力都达到最大值［图 9.33 (a)、(b)］。

对于圆形截面，其最大切应力为

$$\tau_{max}=\frac{4}{3}\frac{F_{Q}}{A}=\frac{4}{3}\bar{\tau} \tag{9-24}$$

式中：A——圆形截面的截面面积，且 $A=\frac{\pi d^2}{4}$；

F_Q——横截面上的剪切力。

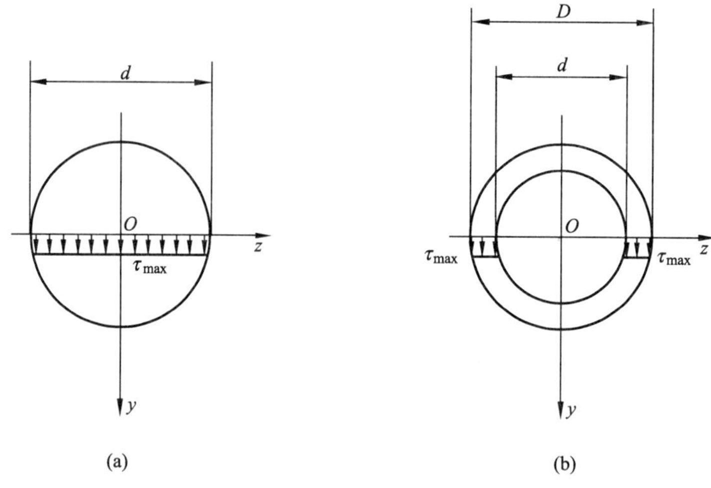

图 9.33

可见：圆形截面梁横截面上的最大切应力为其平均切应力的 4/3 倍。

对于圆环形截面，其最大切应力为

$$\tau_{max}=2\frac{F_Q}{A}=2\bar{\tau} \tag{9-25}$$

式中：A——圆环形截面的截面面积。

故薄壁圆环形梁横截面上的最大切应力为其平均切应力 $\bar{\tau}$ 的 2 倍。

3. T 形截面和 Π 形截面梁

T 形截面和 Π 形截面由两个或三个矩形截面组成（图 9.34），下面的狭长矩形与工字形截面的腹板类似，该部分上的切应力仍用下面的公式计算

$$\tau=\frac{F_Q S_z^*}{I_z t} \tag{9-26}$$

式中，t 为一个腹板（T 形截面）或两个腹板（Π 形截面）的厚度，其余的符号意义同前，其最大切应力仍然发生在中性轴上，为

$$\tau_{max}=\frac{F_Q S_{z\cdot max}^*}{I_z t} \tag{9-27}$$

式中：$S_{z,max}^*$——横截面中性轴以上（或以下）部分对中性轴的面积矩。如图 9.34 所示。

对于其他的横截面形状，如箱形截面、槽形截面等，都可以进行类似的计算。

9.4.3 梁的切应力强度条件

与梁的正应力强度计算一样，为了保证梁的安全工作，梁在荷载作用下产生的最大切应力，也不能超过材料的许用切应力。由前面的讨论已知，横截面上的最大切应力发生在中性轴上，对整个梁来说，最大切应力发生在剪力最大的截面上，此截面上的最大切应力

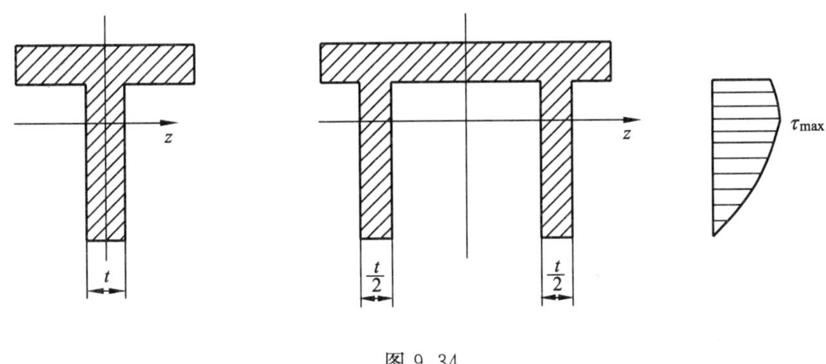

图 9.34

不超过材料的许用切应力 $[\tau]$，即

$$\tau_{max}=\frac{F_{Q,max}S_{z,max}^{*}}{I_z b}\leqslant[\tau] \tag{9-28}$$

式 (9-28) 即为梁的切应力强度条件。式中 $F_{Q,max}$ 为梁中的最大剪力，b 为梁截面中性轴处的宽度。

在进行梁的强度计算时，必须同时满足正应力强度条件和切应力强度条件。但二者有主次，在一般情况下，梁的强度计算由正应力强度条件控制。因此，在设计梁的截面时，一般都是先按正应力强度条件设计截面，在确定好截面尺寸后，再按切应力强度条件进行校核。工程中，按正应力强度条件设计的梁，切应力强度条件大多可以满足，因而就不一定需要对切应力进行强度校核。但是在遇到下列几种特殊情况的梁时，梁的切应力强度条件就可能起控制作用，就必须注意校核梁内的切应力。

(1) 梁的跨度较短，或在支座附近作用有较大的集中荷载时，此时梁的最大弯矩较小而剪力却很大。

(2) 在铆接或焊接的组合型截面（例如工字形）钢梁中，如果其横截面的腹板厚度与高度相比，较一般型钢截面的相应比值为小。

(3) 由于木材在顺纹方向的抗剪强度比较差，同一品种木材在顺纹方向的许用切应力 $[\tau]$ 常比其许用正应力 $[\sigma]$ 要低很多，所以木材在横力弯曲时可能因为中性层上的切应力过大而使梁沿其中性层发生剪切破坏。

除了上面所介绍的，在设计梁时，必须进行正应力强度校核和切应力强度校核以外，由于在梁的横截面上一般是既存在正应力又存在切应力，因此在某些特殊情况下，在某些特殊点处，由这些正应力和切应力综合而成的折算应力可能会使梁产生更危险的情况，必须对这些特殊点进行强度校核。关于这个问题将在第 10 章平面应力状态分析及常用强度理论中作进一步的介绍。

【例 9.14】 一简支梁承受均布荷载 q 作用（图 9.35），其横截面为矩形，$b=100$mm，$h=200$mm。已知 $q=6$kN/m，跨度 $l=8$m，试求：

(1) 截面 $A_{右}$ 上距中性轴 $y_1=50$mm 处 k 点的切应力；

(2) 比较矩形截面梁的最大正应力和最大切应力；

(3) 若用 32a 工字钢梁，计算其最大切应力；

(4) 计算工字钢梁截面 $A_{右}$ 上腹板与翼缘交点处 m 点（在腹板上）的切应力 [图 9.35 (e)]。

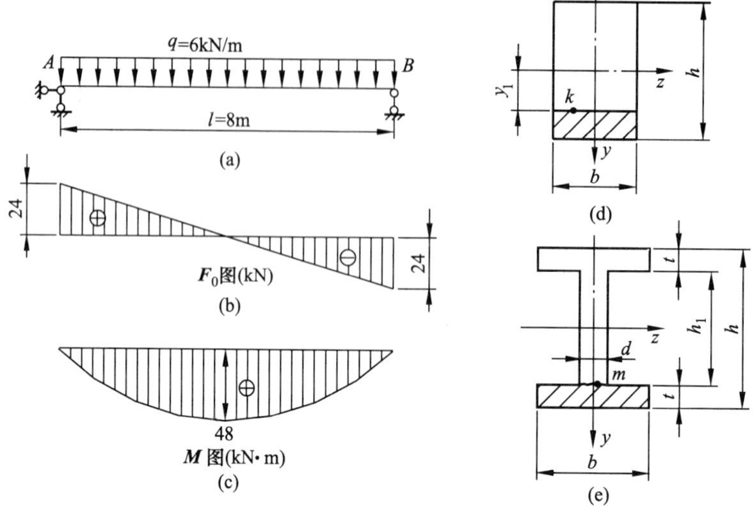

图 9.35

解　(1) 计算 $A_右$ 截面上 k 点的切应力。绘出梁的剪力图 F_Q 和弯矩图 M [图 9.35 (b)、(c)]，$A_右$ 截面的剪力为

$$F_{Q右}=24\text{kN}$$

计算 I_z 及 S_z^*

$$I_z=\frac{bh^3}{12}=\frac{100\times200^3}{12}\text{mm}^4=66.7\times10^6\text{mm}^4$$

$$S_z^*=(100\times50\times75)\text{mm}^3=375\times10^3\text{mm}^3$$

由梁的切应力计算公式 (9-19) 得 k 点的切应力为

$$\tau_k=\frac{F_{QA右}S_z^*}{I_zb}=\frac{24\times10^3\times375\times10^3}{66.7\times10^6\times100}\text{MPa}=1.349\text{MPa}$$

(2) 比较梁中的最大正应力 $\sigma_{\max}$ 和最大切应力 $\tau_{\max}$。梁中的最大剪力和最大弯矩为

$$F_{Q,\max}=24\text{kN}\ (\text{在支座截面处})$$

$$M_{\max}=48\text{kN}\cdot\text{m}\ (\text{在梁的跨中截面处})$$

最大正应力发生在梁的跨中截面的上、下边缘处，其值为

$$\sigma_{\max}=\frac{M_{\max}}{W_z}=\frac{48\times10^6}{\frac{1}{6}\times100\times200^2}\text{MPa}=72\text{MPa}$$

最大切应力发生在支座附近截面的中性轴上，其值为

$$\tau_{\max}=\frac{3}{2}\frac{F_{Q,\max}}{A}=\frac{3}{2}\times\frac{24\times10^3}{100\times200}\text{MPa}=1.8\text{MPa}$$

故

$$\frac{\sigma_{\max}}{\tau_{\max}}=\frac{72}{1.8}=40$$

可见梁中的最大正应力比最大切应力大得多，故在梁的强度计算中，正应力强度计算是主要的，在许多情况下，切应力强度计算可不进行。

(3) 计算 32a 工字钢梁截面的最大切应力。由书末附录 A 中查得该工字钢截面的有

关数据为

$$h=32\text{cm},\ b=13\text{cm},\ d=0.95\text{cm},\ t=1.5\text{cm}$$

$$I_z=11075.5\text{cm}^4,\ \frac{I_z}{S_z^*}=27.5\text{cm}$$

根据式（9-22）得最大切应力为

$$\tau_{\max}=\frac{F_{Q,\max}S_{z,\max}^*}{I_z d}=\frac{24\times10^3}{27.5\times10^1\times0.95\times10}\text{MPa}=9.19\text{MPa}$$

（4）计算 32a 工字钢梁 $A_{右}$ 截面 m 点处的切应力。略去接合部圆弧过渡部分，把工字钢的翼缘和腹板分别简化成矩形［图 9.35（e）］。过 m 点的水平线以下部分截面对中性轴的静矩为（参见附录 A）

$$S_z^*=bt\left(\frac{h}{2}-\frac{t}{2}\right)=130\times15\times\left(\frac{320}{2}-\frac{15}{2}\right)\text{mm}^3=297.4\times10^3\text{mm}^3$$

所以由式（9-19）得

$$\tau_m=\frac{F_Q S_z^*}{I_z d}=\frac{24\times10^3\times297.4\times10^3}{11075.5\times10^4\times0.95\times10}\text{MPa}=6.78\text{MPa}$$

【例 9.15】 简支梁受荷载作用如图 9.36（a）所示。已知 $l=2\text{m}$，$a=0.2\text{m}$，梁上的集中荷载 $F=240\text{kN}$，均布荷载 $q=12\text{kN/m}$，材料的许用正应力 $[\sigma]=160\text{MPa}$，许用切应力 $[\tau]=100\text{MPa}$。试选择工字钢型号。

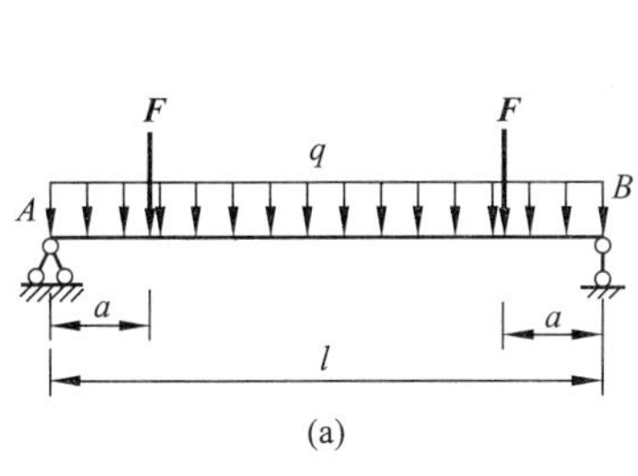

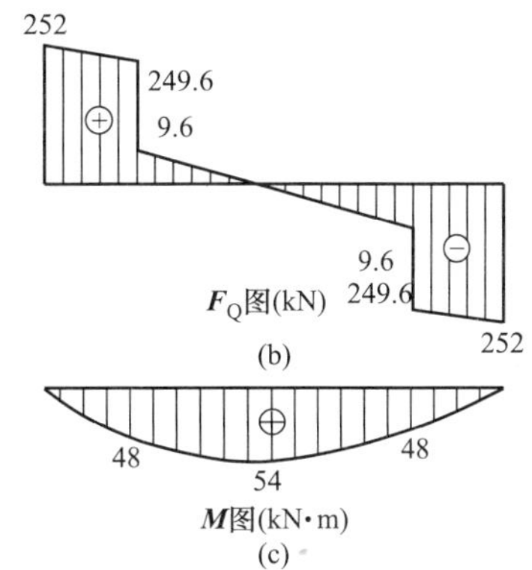

图 9.36

解　（1）绘出梁的剪力图和弯矩图［图 9.36（b）、（c）］。由 M 图知 $M_{\max}=54\text{kN}\cdot\text{m}$（发生在跨中截面）；由 F_Q 图知 $F_{Q,\max}=252\text{kN}$（发生在支座截面）。

（2）由正应力强度条件选择工字钢型号。由正应力强度条件式（9-17）有

$$\sigma_{\max}=\frac{M_{\max}}{W_z}\leqslant[\sigma]$$

由此得

$$W_z\geqslant\frac{M_{\max}}{[\sigma]}=\frac{54\times10^6}{160}\text{mm}^3=337.5\times10^3\text{mm}^3=337.5\text{cm}^3$$

查附录 A，选用 25a 工字钢，其 $W_z=401.88\text{cm}^3$，与计算所得的 W_z 值最为相近。

（3）切应力强度校核。由附录 A 查得 25a 工字钢的有关数据为

$$\frac{I_z}{S_{z,\max}^*}=21.58\text{cm},\ d=0.8\text{cm}$$

根据切应力强度条件式（9-28）进行校核

$$\tau_{max}=\frac{F_{Q,max}S_{z,max}^{*}}{I_z d}=\frac{F_{Q,max}}{(I_z/S_{z,max}^{*})d}=\frac{252\times10^3}{21.75\times10\times0.8\times10}\text{MPa}$$

$$=144.83\text{MPa}>[\tau]=100\text{MPa}$$

因 τ_{max} 远大于 $[\tau]$，所选 25a 工字钢不能满足切应力强度条件，故应重选截面型号。

（4）按切应力强度条件重选工字钢型号。选 28b 工字钢试算。由附录 A 查得

$$\frac{I_z}{S_{z,max}^{*}}=24.24\text{cm}，d=10.5\text{mm}$$

$$W_z=534.4\times10^3\text{mm}^3$$

进行切应力强度校核

$$\tau_{max}=\frac{F_{Q,max}S_{z\cdot max}^{*}}{I_z d}=\frac{F_{Q,max}}{(I_z/S_{z,max}^{*})d}=\frac{252\times10^3}{24.24\times10\times10.5}\text{ MPa}$$

$$=100.21\text{MPa}\approx[\tau]=100\text{MPa}$$

这时横截面的最大正应力为

$$\sigma_{max}=\frac{M_{max}}{W_z}=\frac{54\times10^6}{534.4\times10^3}\text{MPa}=101.05\text{MPa}<[\sigma]$$

最后确定选用 28b 工字钢。

9.5 梁的刚度条件及其应用

梁在外力的作用下，为了保证其正常工作，除了满足强度方面的要求外，还必须要有足够的刚度，也就是要求梁的变形必须在允许的范围内，否则，就不能保证梁正常可靠的工作。例如起重机大梁在起吊重物后弯曲变形过大，会使起重机运行时产生震动，破坏工作的平稳性；机械的齿轮轴若变形过大，会造成齿轮啮合不良，产生噪声和振动，造成传动不平稳，并加速齿轮、轴承的磨损，降低使用寿命；轧机轧制钢板，如轧辊变形过大，将造成轧制钢板厚薄不匀，影响产品质量，因此必须限制梁的弯曲变形；又如房屋建筑中的楼板梁，若弯曲变形过大，会使下面的抹灰层开裂，脱落。研究梁的变形，对生产、设计均具有实际的指导意义。

本节主要研究梁发生平面弯曲时变形的概念，变形计算的原理和方法。其目的主要有两个。

（1）对梁进行刚度计算。

（2）为解超静梁建立基础。

9.5.1 梁的挠度曲线方程

如图 9.37 所示，设悬臂梁 AB 受集中力 F 作用。在平面弯曲的情况下，梁的轴线 AB 变形后弯成一条光滑连续的平面曲线 AB_1。此曲线称为梁的挠曲线。选取图 9.37 所示的坐标系，则挠曲线 AB_1 可用方程

$$\omega = f(x) \tag{9-29}$$

表示。式（9-29）称为梁的挠曲线方程。

9.5.2 梁的挠度和转角

梁的轴线 AB 弯成曲线 AB_1 后，梁的各横截面将产生两种形式的位移。

（1）挠度 ω。梁轴线上任一点（即横截面形心）变形后在垂直方向的线位移，称为该截面的挠度，用 ω 表示，图 9.37 中 CC_1 即为 C 截面的挠度。挠度 ω 规定向上为正，向下为负。事实上，由于中性层在变形后长度不变，C 点除沿 ω 方向的位移 CC_1 外，还有沿 x 轴方向的线位移。但在小变形下，沿 x 轴方向的位移可以忽略不计。

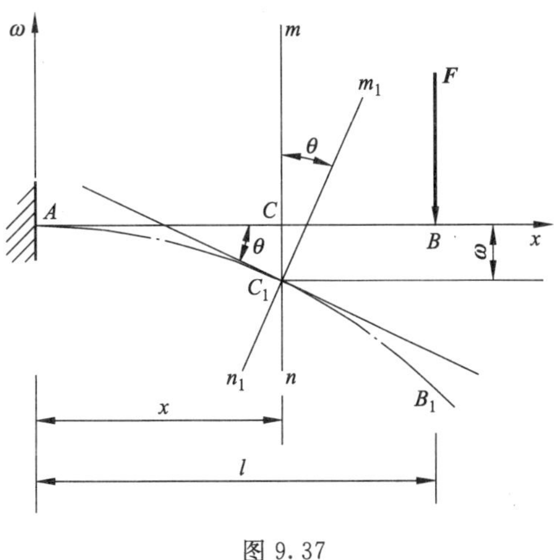

图 9.37

（2）转角 θ。梁任一横截面相对其原来位置绕中性轴转动的角位移称为该截面的转角，用 θ 表示，图 9.37 所示的 θ 即为 C 截面的转角。转角 θ 规定逆时针转向为正，顺时针转向为负。

（3）挠度和转角的关系。在图 9.37 中，过 C_1 点作挠曲线的切线，显然该切线与 x 轴的夹角即为 C 截面的转角 θ。由微分学知，过挠度曲线上任意点的切线与 x 轴夹角的正切就是挠曲线上该点的斜率，即

$$\tan\theta = \frac{\mathrm{d}\omega}{\mathrm{d}x} = \omega'$$

由于挠曲线非常平坦，θ 角度很小，故可令 $\tan\theta \approx \theta$，因而有

$$\theta = \frac{\mathrm{d}\omega}{\mathrm{d}x} = \omega'$$

这表明，梁任一横截面的转角等于挠曲线在该截面形心处的斜率。由此可见，计算梁的挠度和转角，关键在于建立梁的挠曲线方程，有了式（9-29）便可求出梁任意截面的转角和挠度。

9.5.3 梁的挠曲线近似微分方程

梁的挠曲线和梁的受力等因素有关。因此，为了得到挠曲线方程，必须建立变形与受力之间的关系。

在 9.1 节中，已经导出纯弯曲梁的曲率表达式，如式（9-5）所示

$$\frac{1}{\rho} = \frac{M}{EI_z}$$

此式表达了纯弯曲时梁的变形与受力之间的关系。在横力弯曲时梁横截面上除弯矩外，尚有剪切力。但对于细长梁，剪切力 F_Q 对变形的影响很小，可忽略不计。不过这时弯矩 $\boldsymbol{M}$

和曲率ρ均随截面位置坐标x而变化，故式（9-5）应改写成

$$\frac{1}{\rho(x)}=\frac{M(x)}{EI_z} \tag{9-30}$$

式（9-30）即为直梁横力弯曲时挠曲线的曲率方程。

由高等数学可知，平面曲线$\omega=f(x)$任意点的曲率为

$$\frac{1}{\rho(x)}=\pm\frac{\frac{\mathrm{d}^2\omega}{\mathrm{d}x^2}}{\left[1+\left(\frac{\mathrm{d}\omega}{\mathrm{d}x}\right)^2\right]^{\frac{3}{2}}}=\pm\frac{\frac{\mathrm{d}^2\omega}{\mathrm{d}x^2}}{\sqrt[3]{1+\left(\frac{\mathrm{d}\omega}{\mathrm{d}x}\right)^2}} \tag{9-31}$$

由式（9-30）、式（9-31）可得

$$\pm\frac{\frac{\mathrm{d}^2\omega}{\mathrm{d}x^2}}{\left[1+\left(\frac{\mathrm{d}\omega}{\mathrm{d}x}\right)^2\right]^{\frac{3}{2}}}=\frac{M(x)}{EI_z} \tag{9-32}$$

式（9-32）就是挠曲线微分方程，由此式可求得梁的挠曲线方程。但因式（9-29）求解困难，而且在小变形下转角$\theta=\frac{\mathrm{d}\omega}{\mathrm{d}x}$甚小，远小于1，故可将该式分母中的$\left(\frac{\mathrm{d}\omega}{\mathrm{d}x}\right)^2$略去，将其简化为

$$\pm\frac{\mathrm{d}^2\omega}{\mathrm{d}x^2}=\frac{M(x)}{EI_z} \tag{9-33}$$

至于式（9-33）左边的正负号，可由坐标系的选择和弯矩的正符号规定来确定。在选定坐标ω向上为正，以及“下凸弯曲正弯矩，上凸弯曲负弯矩”［图9.38（a）、（b）］的符号规定下，$\left(\frac{\mathrm{d}\omega}{\mathrm{d}x}\right)^2$与$M(x)$的正负号始终一致。因此，式（9-33）两边应取相同的符号，于是有

$$\frac{\mathrm{d}^2\omega}{\mathrm{d}x^2}=\frac{M(x)}{EI_z}\quad 或 \quad y''=\frac{M(x)}{EI_z} \tag{9-34}$$

式（9-34）称为梁的挠曲线近似微分方程。其近似性在于：①略去了剪切力F_Q对变形的影响；②在式（9-32）中与1相比略去了$\left(\frac{\mathrm{d}\omega}{\mathrm{d}x}\right)^2$项。结合边界条件和变形连续条件解此挠曲线近似微分方程，即可得出梁的转角方程和挠曲线方程，从而求得梁的最大挠度和最大转角。

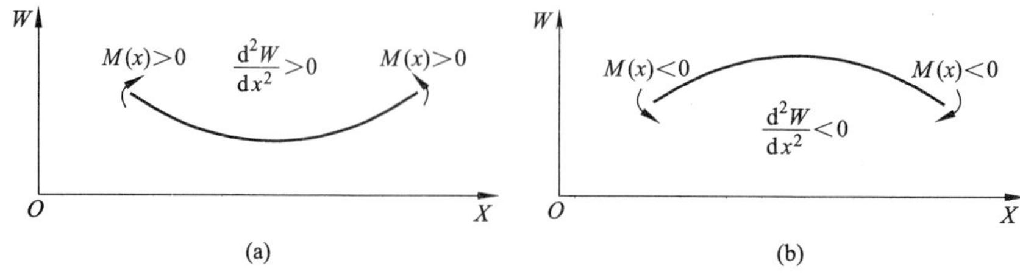

图9.38

9.5.4　梁在简单荷载作用下的变形计算

对于等截面直线，其抗弯刚度 EI_z 为常量，梁的挠曲线微分方程式（9-34）可改写成 $EI_z\frac{d^2\omega}{dx^2}=M(x)$。在选定的坐标系中，如果求出了梁的弯矩方程 $M(x)$，并知道梁的边界条件和连续条件，进而可以用二次积分法确定某梁的转角方程和挠度方程，从而便可以确定梁任意截面的转角和挠度，这就是用“积分法”求梁的变形的方法。但这种方式较繁琐，涉及比较高深的数学知识和力学知识，这里就不作介绍了，只把用“积分法”求梁在常见荷载作用下的变形结果列表如下，供大家使用时直接查用，均能满足工程设计的需要。

表 9-2 给出了梁在简单载荷下的挠曲线方程、梁端截面转角和最大挠度。

表 9-2　梁在简单的荷载作用下的挠曲线方程、端截面转角和最大挠度

编号	梁的简图	挠曲线方程	端截面转角	最大挠度
1	A　B　M_e　θ_B　ω_B　l	$\omega=-\frac{M_e x^2}{2EI_z}$	$\theta_B=-\frac{M_e l}{EI_z}$	$\omega_B=-\frac{M_e l^2}{2EI_z}$
2	A　B　F　θ_B　ω_B　l	$\omega=-\frac{Fx^2}{6EI_z}(3l-x)$	$\theta_B=-\frac{Fl^2}{2EI_z}$	$\omega_B=-\frac{Fl^3}{3EI_z}$
3	A　C　F　B　θ_B　ω_B　a　l	$\omega=-\frac{Fx^2}{6EI_z}(3a-x)$ $0\leqslant x\leqslant a$ $\omega=-\frac{Fa^2}{6EI_z}(3x-a)$ $a\leqslant x\leqslant l$	$\theta_B=-\frac{Fa^2}{2EI_z}$	$\omega_B=-\frac{Fa^2}{6EI_z}(3l-a)$
4	q　A　B　θ_B　ω_B　l	$\omega=-\frac{qx^2}{24EI_z}\cdot(x^2-4lx+6l^2)$	$\theta_B=-\frac{ql^3}{6EI_z}$	$\omega_B=-\frac{ql^4}{8EI_z}$
5	M_e　A　B　θ_A　θ_B　l	$\omega=-\frac{M_e x}{6EI_z l}\cdot(l-x)(2l-x)$	$\theta_A=-\frac{M_e l}{3EI_z}$ $\theta_B=\frac{M_e l}{6EI_z}$	$x=\left(1-\frac{1}{\sqrt{3}}\right)l$ $\omega_{max}=-\frac{M_e l^2}{9\sqrt{3}EI_z}$ $x=\frac{l}{2}$ $\omega=-\frac{M_e l^2}{16EI_z}$

续表

编号	梁的简图	挠曲线方程	端截面转角	最大挠度
6		$\omega=\frac{M_e x}{6EI_z l}\cdot(l^2-3b^2-x^2)$ $0\leqslant x\leqslant a$ $\omega=\frac{M_e}{6EI_z l}\cdot[-x^3+3l(x-a)^2+(l^2-3b^2)x]$ $a\leqslant x\leqslant l$	$\theta_A=\frac{M_e}{6EI_z l}\cdot(l^2-3b^2)$ $\theta_B=\frac{M_e}{6EI_z l}\cdot(l^2-3a^2)$ $\theta_C=-\frac{M_e}{6EI_z l}\cdot(3a^2+3b^2-l^2)$	$x=\sqrt{\frac{l^2-3b^2}{3}}$ $\omega_1=\frac{M_e(l^2-3b^2)^{\frac{3}{2}}}{9\sqrt{3}EI_z l}$ $x=\sqrt{\frac{l^2-3a^2}{3}}$ $\omega_2=-\frac{M_e(l^2-3a^2)^{\frac{3}{2}}}{9\sqrt{3}EI_z l}$
7		$\omega=-\frac{Fx}{48EI_z}\cdot(3l^2-4x^2)$ $0\leqslant x\leqslant\frac{l}{2}$	$\theta_A=-\frac{Fl^2}{16EI_z}$ $\theta_B=\frac{Fl^2}{16EI_z}$	$\omega_{max}=-\frac{Fl^3}{48EI_z}$
8		$\omega=-\frac{Fbx}{6EI_z l}\cdot(l^2-x^2-b^2)$ $0\leqslant x\leqslant a$ $\omega=-\frac{Fb}{6EI_z l}\cdot\left[\frac{l}{b}(x-a)^3+(l^2-b^2)x-x^3\right]$ $a\leqslant x\leqslant l$	$\theta_A=-\frac{Fab(l+b)}{6EI_z l}$ $\theta_B=\frac{Fab(l+a)}{6EI_z l}$	设 $a>b$ $x=\sqrt{\frac{l^2-b^2}{3}}$ $\omega_{max}=-\frac{Fb\sqrt{(l^2-b^2)^3}}{9\sqrt{3}EI_z l}$ 在 $x=\frac{l}{2}$ 处 $\omega_{\frac{l}{2}}=-\frac{Fb(3l^2-4b^2)}{48EI_z}$
9		$\omega=-\frac{qx}{24EI_z}\cdot(l^3-2lx^2+x^3)$	$\theta_A=-\frac{ql^3}{24EI_z}$ $\theta_B=\frac{ql^3}{24EI_z}$	$\omega_{max}=-\frac{5ql^4}{384EI_z}$
10		$\omega=\frac{Fax}{6EI_z l}(l^2-x^2)$ $0\leqslant x\leqslant l$ $\omega=-\frac{F(x-l)}{6EI_z}\cdot[a(3x-l)-(x-l)^2]$ $l\leqslant x\leqslant(l+a)$	$\theta_A=-\frac{1}{2}\theta_B=\frac{Fal}{6EI_z}$ $\theta_B=-\frac{Fal}{3EI_z}$ $\theta_C=-\frac{Fa}{6EI_z}(2l+3a)$	$\omega_C=-\frac{Fa^3}{3EI_z}\cdot(l+a)$

续表

编号	梁的简图	挠曲线方程	端截面转角	最大挠度
11	M_e, θ_A, θ_B, A, B, C, θ_C, ω_C, l, a	$\omega=-\frac{M_e x}{6EI_z l}\cdot(x^2-l^2)$ $0\leqslant x\leqslant l$ $\omega=-\frac{M_e}{6EI_z l}\cdot(3x^2-4xl+l^2)$ $l\leqslant x\leqslant(l+a)$	$\theta_A=-\frac{1}{2}\theta_B=\frac{M_e l}{6EI_z}$ $\theta_B=-\frac{M_e l}{3EI_z}$ $\theta_C=-\frac{M_e}{3EI_z}(l^2+3a^2)$	$\omega_C=-\frac{M_e a}{6EI_z}\cdot(2l+3a)$
12	q, θ_A, θ_B, A, θ_C, ω_C, l, a	$\omega=\frac{qa^2}{12EI_z}\left(lx-\frac{x^3}{l}\right)$ $0\leqslant x\leqslant l$ $\omega=-\frac{qa^2}{12EI_z}\left[\frac{x^3}{l}-\frac{(2l+a)(x-l)^3}{al}-\frac{(x-l)^4}{2a^2}-lx\right]$ $a\leqslant x\leqslant l+a$	$\theta_A=-\frac{1}{2}\theta_B=\frac{qa^2 l}{6EI_z}$ $\theta_B=-\frac{qa^2 l}{3EI_z}$ $\theta_C=-\frac{qa^2}{6EI_z}(l+a)$	$\omega_C=-\frac{ql^4}{24EI_z}\cdot(3a+4l)$

9.5.5　叠加原理及求挠度与转角的叠加法

在小变形及材料服从胡克定律的条件下导出的挠曲线近似微分方程式

$$\frac{d^2\omega}{dx^2}=\frac{M(x)}{EI_z}$$

是线性方程。根据初始尺寸进行计算，弯矩 $M(x)$ 与外力之间也呈线性关系。因此，按式（9-34）求得的挠度 ω 及转角 θ 与外力之间亦存在线性关系。所以，当梁上同时作用有几种荷载时，诸荷载同时作用引起的变形，等于各荷载单独作用所引起变形的代数和。这就是求梁变形的叠加原理。因此，要求诸荷载同时作用下所引起的挠度及转角，可先计算各荷载单独作用时产生的挠度及转角，然后进行叠加。这就是计算挠度及转角的叠加法。

9.5.6　简单梁的挠度与转角计算实例

下面通过一些例子，说明计算梁的变形计算的过程。

【例 9.16】 试用叠加法求图 9.39 所示简支梁跨中挠度 ω_C 和两支座处截面的转角 θ_A 和 θ_B。该梁截面弯曲刚度 EI 已知。

解　将梁的荷载分解为图 9.39（a）、（b）所示两种单一荷载的叠加。则按叠加原理有

$$\theta_A=\theta_{Aq}+\theta_{Ap}$$
$$\theta_B=\theta_{Bq}+\theta_{Bp}$$
$$\omega_C=\omega_{Cq}+\omega_{Cp}$$

上式中：θ_{Aq} 表示分布荷载 q 单独作用时在 A 截面处所产生的转角；θ_{Ap} 表示集中荷载 F_P 单独作用时在 A 截面处所产生的转角；其他位移量右下方双足标含义与上相仿，为简洁叙述不再罗列，读者阅后可自明。

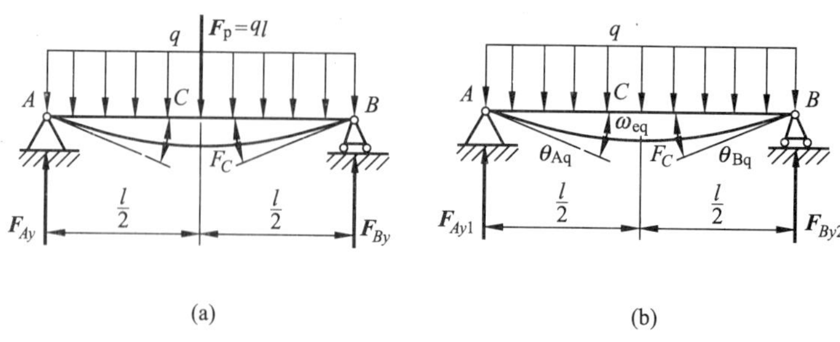

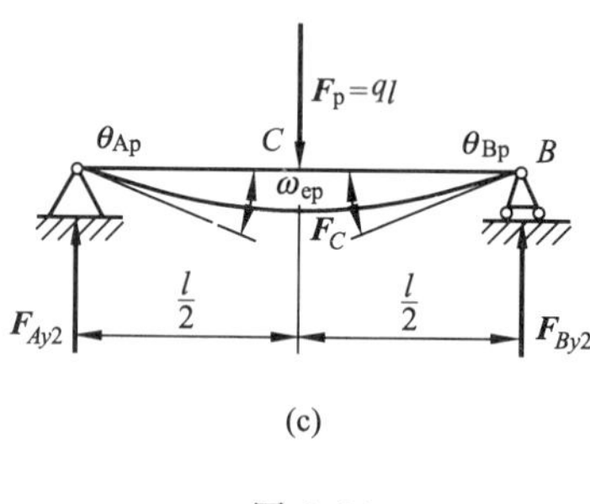

图 9.39

查表 9-2 可得

$$\theta_{Aq}=\frac{ql^3}{24EI},\ \theta_{Bq}=-\frac{ql^3}{24EI},\ \omega_{Cq}=\frac{5ql^4}{384EI}$$

$$\theta_{Ap}=\frac{F_p l^2}{16EI},\ \theta_{Bp}=-\frac{F_p l^2}{16EI},\ \omega_{Cp}=\frac{F_p l^3}{48EI}$$

则两种荷载共同作用下有

$$\theta_A=\frac{ql^3}{24EI}+\frac{F_p l^2}{16EI}=\frac{ql^3}{24EI}+\frac{ql^3}{16EI}=\frac{5ql^3}{48EI}$$

$$\theta_B=-\theta_A=-\frac{5ql^3}{48EI}$$

$$\omega_C=\frac{5ql^4}{384EI}+\frac{F_p l^3}{48EI}=\frac{5ql^4}{384EI}+\frac{ql^4}{48EI}=\frac{13ql^4}{384EI}(\downarrow)$$

【例 9.17】 试求图 9.40（a）所示悬臂梁 C 截面的挠度和转角。设 EI 为常数。

解 当梁上所受荷载形式与表 9-2 中所列出的形式不相符时，可在保证受力及变形不变的前提下，变化荷载的形式。为此，在原梁 AB 段上加上集度为 q 的向下均布荷载，为不致使受力状态发生变化，同时加上与之等值向上均布荷载 q，故图 9.40（b）的工作状态与图 9.40（a）等效。

再将图 9.40（b）所示的梁分解为图 9.40（c）与图 9.40（d）两种单一受载情况。查表 9-2 可得

$$\theta_{C1}=\frac{q(2l)^3}{6EI}=\frac{4ql^3}{3EI}\quad \omega_{C1}=\frac{q(2l)^4}{8EI}=\frac{2ql^4}{EI}$$

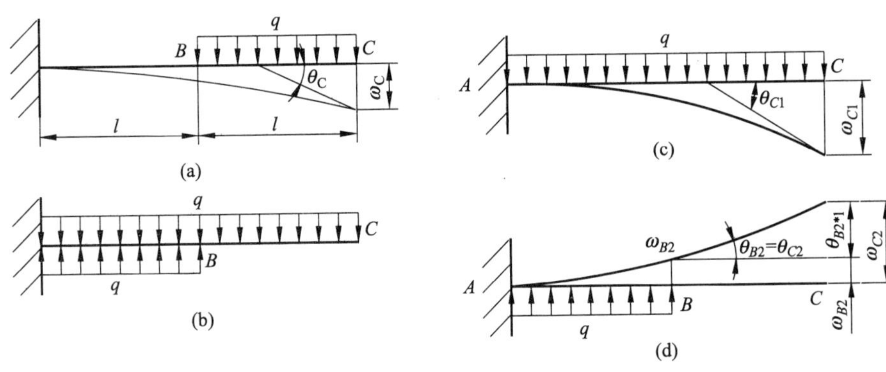

图 9.40

$$\theta_{B2}=-\frac{ql^3}{6EI}\quad \omega_{B2}=-\frac{ql^4}{8EI}$$

将以上单一荷载产生的位移叠加，则有

$$\omega_C=\omega_{C1}+\omega_{C2}=\omega_{C1}+\omega_{B2}+\theta_{B2}l=\frac{2ql^4}{EI}-\frac{ql^4}{8EI}-\frac{ql^3}{6EI}l=\frac{41ql^4}{24EI}(\downarrow)$$

$$\theta_C=\theta_{C1}+\theta_{C2}=\theta_{C1}+\theta_{B2}=\frac{4ql^3}{3EI}-\frac{ql^3}{6EI}=\frac{7ql^3}{6EI}$$

【例 9.18】 用叠加法求图 9.41（a）所示外伸梁自由端 C 处的挠度。已知：l，F，$M=2Fl$，抗弯刚度 EI_z 为常量。

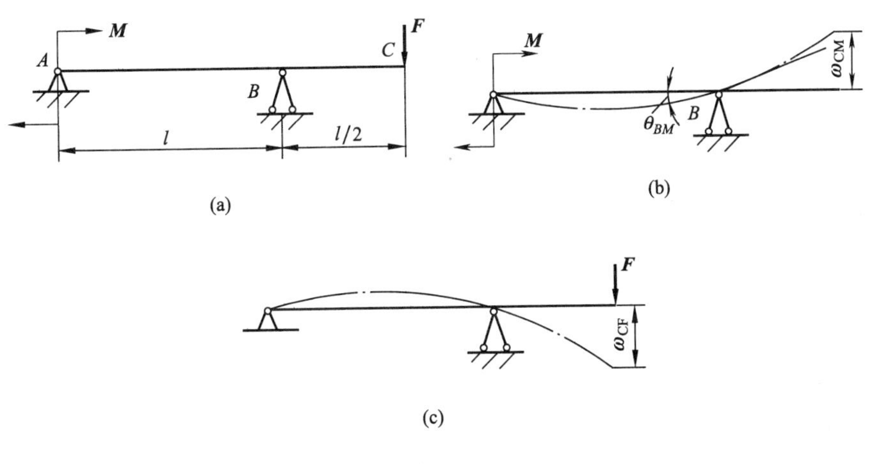

图 9.41

解 把梁所受荷载分解为只受集中力偶 $\boldsymbol{M}$ 及集中力 F 的两种情况［图 9.41（b）、(c)］。

由图 9.41（b）可见，梁在集中力偶 $\boldsymbol{M}$ 作用下，外伸部分不变形，BC 段仍为直线。C 点的挠度为

$$\omega_{CM}=\theta_{BM}\frac{l}{2}$$

查表 9-2 得

$$\theta_{BM}=\frac{Ml}{6EI_z}$$

所以，由集中力偶 **M** 引起的 C 点挠度为

$$\omega_{CM}=\frac{Ml}{6EI_z}\cdot\frac{l}{2}=\frac{Fl^3}{6EI_z}$$

由集中力 F 引起的 C 点挠度 ω_{CF} 由查表 9-2 得

$$\omega_{CF}=-\frac{F\left(\frac{l}{2}\right)^2}{3EI_z}\left(l+\frac{l}{2}\right)=-\frac{Fl^3}{8EI_z}$$

梁在 C 点的挠度为以上两挠度的代数和，即

$$\omega_C=\omega_{CM}+\omega_{CF}=\frac{Fl^3}{6EI_z}-\frac{Fl^3}{8EI_z}=\frac{Fl^3}{24EI_z}$$

9.5.7　梁的刚度条件及其应用

根据梁的强度条件设计了梁的截面以后，常需进一步按梁的刚度条件检查梁的变形是否在允许的范围以内，以便保证梁的正常工作。

1. 梁的刚度条件

控制梁的过度变形，主要是控制梁的最大挠度 ω_{max} 和最大转角 θ_{max} 在规定的范围内。梁的刚度条件为

$$\begin{aligned}\theta_{max}&\leqslant[\theta]\\ \omega_{max}&\leqslant[\omega]\end{aligned}\qquad(9\text{-}35)$$

式中：$[\theta]$——许用转角；

$[\omega]$——许用挠度，它们的数值应根据构件的工程用途，从有关设计规范中查取。

在土建工程中，一般只校核梁的挠度，且规定 $\left[\frac{\omega}{l}\right]$ 在 $\frac{1}{250}\sim\frac{1}{1000}$ 范围之内，根据构件的不同用途在有关规范中可以查取。

2. 梁的刚度条件应用实例

【例 9.19】 行车大梁采用 45a 工字钢，跨度 $l=9.2\text{m}$ [图 9.42 (a)]。已知电动葫芦重 5kN，最大起重量为 50kN，许用挠度 $[\omega]=\frac{l}{500}$，试校核该行车大梁的刚度。

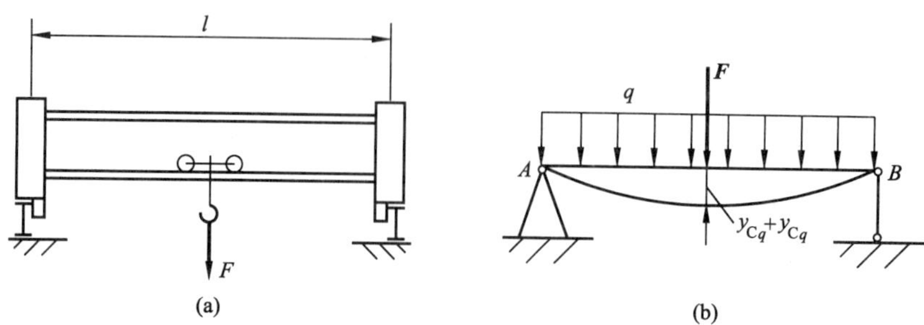

图 9.42

解　将行车大梁简化为图 9.42（b）的简支梁。视梁的自重为均布荷载 q，起重量和电动葫芦自重为集中力 $\boldsymbol{F}$。当电动葫芦处于梁中点时，大梁的变形最大。

（1）利用叠加法求变形。查附录 A 得

$q=80.4\text{kg/m}\times9.8\text{m/s}^2=788\text{N/m}$，$I_z=32240\text{cm}^4$。又 $E=200\text{GPa}$，$F=(50+5)\text{kN}=55\text{kN}$。梁的变形计算查表 9-2 得

$$\omega_{CF}=\frac{Fl^3}{48EI_z}=\frac{55\times10^3N\times(9.2\text{m})^3}{48\times200\times10^9\text{Pa}\times32240\times10^{-8}\text{m}^4}=1.38\times10^{-2}\text{m}$$

$$\omega_{Cq}=\frac{5ql^4}{384EI_z}=\frac{5\times788(\text{N/m})\times(9.2\text{m})^4}{384\times200\times10^9\text{Pa}\times32240\times10^{-8}\text{m}^4}=1.14\times10^{-3}\text{m}$$

$$\omega_{C,\max}=\omega_{CF}+\omega_{Cq}=(1.38\times10^{-2}+1.14\times10^{-3})\text{m}=1.49\times10^{-2}\text{m}$$

（2）校核刚度。梁的许用挠度为

$$[\omega]=\frac{l}{500}=\frac{9.2\text{m}}{500}=1.84\times10^{-2}\text{m}$$

$$\omega_{C,\max}=1.49\times10^{-2}\text{m}<[\omega]=1.84\times10^{-2}\text{m}$$

故梁符合刚度要求。

【例 9.20】　一简支梁由 28b 工字钢制成，承受荷载作用如图 9.43 所示。已知 $F=20\text{kN}$，$l=9\text{m}$，$E=210\text{GPa}$，$[\sigma]=170\text{MPa}$，$\left[\frac{f}{l}\right]=\frac{1}{500}$。试校核该梁的强度和刚度。

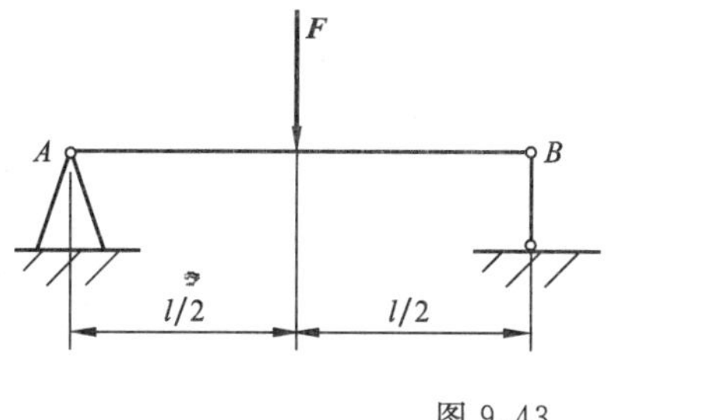

图 9.43

解　（1）由书末附录 A 查得 28b 工字钢有关数据如下

$$W_z=534.286\text{cm}^3$$
$$I_z=7480.006\text{cm}^4$$

（2）强度校核

$$M_{\max}=\frac{pl}{4}=\frac{20\times9}{4}=45\text{kN}\cdot\text{m}$$

$$\sigma_{\max}=\frac{M_{\max}}{W_z}=\frac{45\times10^6}{534.286\times10^3}=84.2\text{MPa}<[\sigma]$$

此梁强度足够。

（3）刚度校核

$$\frac{f}{l}=\frac{Fl^2}{48EI}=\frac{20\times10^3\times(9\times10^3)^2}{48\times210\times10^3\times7480.006\times10^4}=\frac{1}{465}>\left[\frac{f}{l}\right]$$

不满足刚度条件，需要加大截面。

改用 32a 工字钢，其 $I=11075.525\text{cm}^4$，则

$$\frac{f}{l}=\frac{Fl^2}{48EI}=\frac{20\times10^3\times(9\times10^3)^2}{48\times210\times10^3\times11075.525\times10^4}=\frac{1}{689}<\left[\frac{f}{l}\right]$$

满足刚度条件。

9.6　提高梁弯曲强度和刚度的措施

9.6.1　提高梁弯曲强度的措施

在设计梁时，一方面要保证梁具有足够的强度，使梁在荷载作用下能安全可靠地工作。同时，应使设计的梁能充分发挥材料的潜力，节省材料，减轻自重，做到物尽其用，达到既安全又经济的目的，这就需要设法找出提高梁弯曲强度的措施。

在一般情况下，梁的弯曲强度是由正应力强度条件控制的，由等截面梁的正应力强度条件式（9-17）可知

$$\sigma_{\max}=\frac{M_{\max}}{W_z}\leqslant[\sigma]$$

可见，梁横截面上的最大正应力与最大弯矩成正比，与抗弯截面系数成反比。所以改善梁的弯曲强度主要应从提高抗弯截面系数 W_z 和降低最大弯矩 $M_{\max}$ 这两个方面着手进行，其次，也可以采用$[\sigma]$较大的材料，合理地利用材料，但其效果不太明显。

1. 合理选择截面形状，尽量增大 W_z 值

（1）根据 W_z 与截面面积 A 的比值 $\frac{W_z}{A}$ 选择截面。合理选择截面形状，就是指在横截面积 A 相同的情况下，通过选择合理的截面形状而得到较大的 W_z，从而提高梁的承载能力，改善梁的弯曲强度。

例如，对于图 9.44 所示的矩形截面梁，设 $h=2b$，则 $A=2b^2$，根据经验知道：梁平放时容易弯曲些。这是为什么呢？这是因为矩形截面梁不论平放还是竖放，梁的截面面积

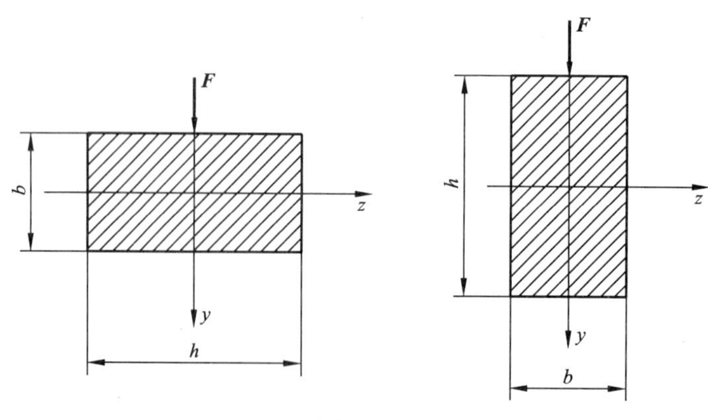

图 9.44

A 没有变化，但它们对中性轴的 W_z 却是不同的

梁平放时　　$W_z=\dfrac{2bb^2}{6}=\dfrac{b^3}{3}$；$\dfrac{W_z}{A}=\dfrac{\frac{1}{3}b^3}{2b^2}=\dfrac{1}{6}b$

梁竖放时　　$W_z=\dfrac{bh^2}{6}=\dfrac{b(2b)^2}{6}=\dfrac{2b^3}{3}$；$\dfrac{W_z}{A}=\dfrac{\frac{2}{3}b^3}{2b^2}=\dfrac{1}{3}b$

可见，梁竖放时$\dfrac{W_z}{A}$比平放时的$\dfrac{W_z}{A}$大 1 倍，因此梁竖放时的最大应力仅为梁平放时的 50%，故其承载能力也增大 1 倍，这说明梁竖放比平放能大大地改善其梁的弯曲程度。

如果在上面的矩形截面梁中，设矩形截面的高度 $h=4b$，宽度为$\dfrac{1}{2}b$，则

$$A=4b\times\frac{1}{2}b=2b^2\text{，}W_z=\frac{bh^2}{6}=\frac{\frac{1}{2}b(4b)^2}{6}=\frac{8}{6}b^3=\frac{4}{3}b^3\text{；}\frac{W_z}{A}=\frac{4b^3/3}{2b^2}=\frac{2}{3}b$$

可见，W_z 值比梁 $h=2b$ 时又增大 1 倍，说明在截面面积 A 相同情况下，梁截面越高，W_z 值越大，因而 W_z/A 也就越大，梁截面也就越趋于合理。

(2) 根据材料特性选择截面。对于抗拉和抗压强度相同的塑性材料，一般采用对称于中性轴的截面，如圆形、矩形、工字形、箱形等截面等（图 9.44 和图 9.43)，使得上、下边缘的最大拉应力和最大压应力相等，同时达到材料的许用应力值，这样就比较合理。

对于抗拉和抗压许用应力不相同的脆性材料，最好选用关于中性轴不对称的截面，如 T 形、槽形截面等（图 9.45)。使得截面受拉、受压的边缘到中性轴的距离与材料的抗拉、抗压的许用应力成正比。

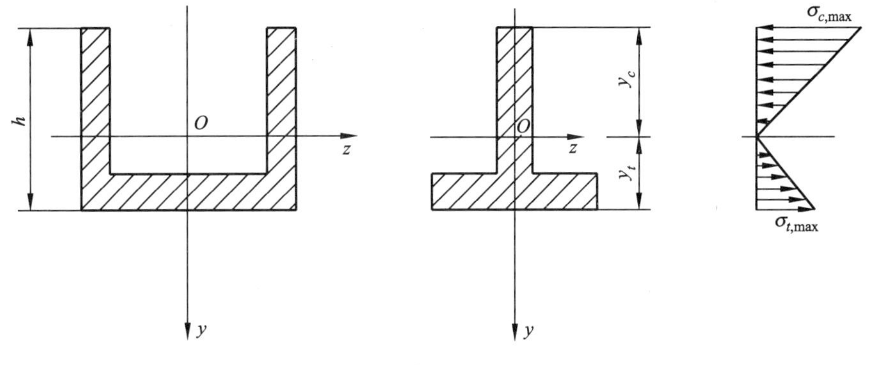

图 9.45

根据强度公式 (9-18)，使截面下、上边缘的应力同时达到材料的许用应力，有

$$\sigma_{t,\max}=[\sigma_t]$$

$$\sigma_{c,\max}=[\sigma_c]$$

而下、上边缘的应力之比为

$$\frac{\sigma_{t,\max}}{\sigma_{c,\max}}=\frac{\frac{M_{\max}}{I_z}y_t}{\frac{M_{\max}}{I_z}y_c}=\frac{y_t}{y_c}$$

或

$$\frac{y_t}{y_c}=\frac{[\sigma_t]}{[\sigma_c]}$$

由此可以确定截面中性轴的位置，因而使截面上的最大拉应力和最大压应力同时达到材料的许用应力，这样就最合理。

2. 合理布置梁的形式和荷载，以降低最大弯矩值

(1) 合理设置梁的支座。以简支梁承受均布荷载作用为例［图 9.46 (a)］，跨中截面的最大弯矩为

$$M_{\max}=\frac{1}{8}ql^2=0.125ql^2$$

若将两端支座各向中间移动 0.2l［图 9.46 (b)］，则最大弯矩将减少为

$$M_{\max}=\frac{q}{8}\left(\frac{3}{5}l\right)^2-\frac{q}{2}\left(\frac{1}{5}l\right)^2=\frac{1}{40}ql^2=0.025ql^2$$

仅为同跨度简支梁的$\frac{1}{5}$，梁的截面尺寸就可大大地减少。

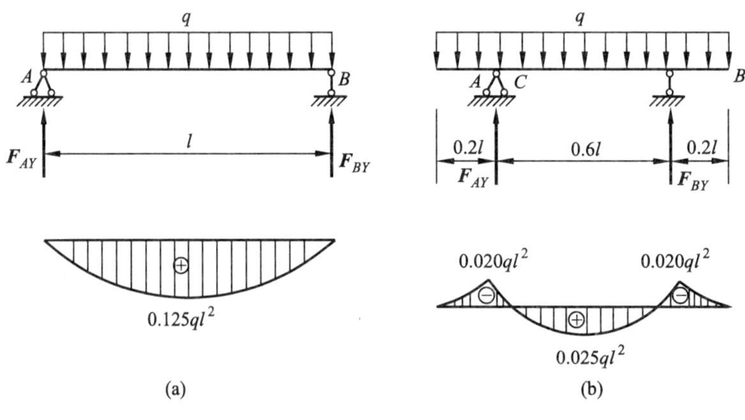

图 9.46

(2) 适当增加梁的支座。由于梁的最大弯矩与梁的跨度有关，所以适当增加梁的支座，就可以减小梁的跨度，从而降低最大弯矩值。例如，在同跨度的简支梁中增加一个支座（图 9.47），则最大弯矩为 $M_{\max}=\frac{1}{8}\left(\frac{1}{2}l\right)^2q=\frac{1}{32}ql^2=0.03125ql^2$，只是原简支梁的$\frac{1}{4}$。当然，这时原来的静定梁就成为超静定连续梁，这种超静定梁的内力计算方法在《结构力学》的教材中有专门的叙述。

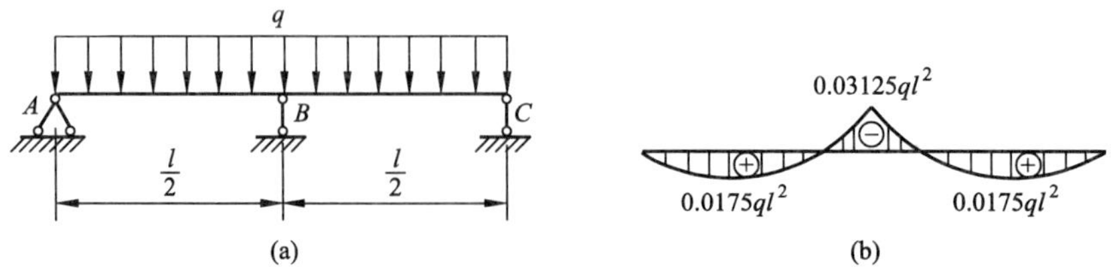

图 9.47

(3) 改善荷载的布置情况。在可能的情况下，将集中荷载分散布置，可以有效地降低梁的最大弯矩。例如简支梁在跨中受一集中力 $\boldsymbol{F}$ 作用 [图 9.48 (a)]，其 $M_{\max}=\frac{1}{4}Fl$。若在 AB 梁上再安置一短梁 CD，[图 9.48 (b)]，则 AB 梁的 $M_{\max}=\frac{F}{2}\times\frac{l}{8}=\frac{Fl}{16}$，仅有原来简支梁的 $\frac{1}{4}$。又如将集中力 ql 分散为均布荷载 q [图 9.48 (c)、(d)]，其最大弯矩将从 $\frac{ql^2}{4}$ 降为 $\frac{ql^2}{8}$。

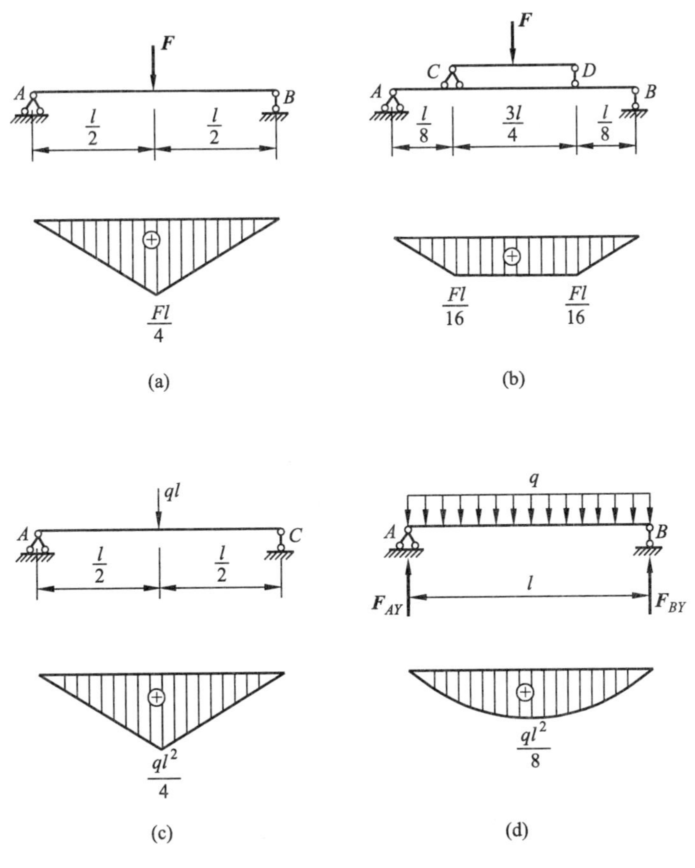

图 9.48

3. 采用变截面梁

在进行梁的强度计算时，是根据危险截面上的最大弯矩设计截面的，而其他截面上的弯矩一般都小于最大弯矩，如果采用等截面梁，对于那些弯矩比较小的地方，材料就没有充分发挥作用，要想更好地发挥材料的作用，应该在弯矩比较大的地方采用较大的截面，在弯矩较小的地方采用较小的截面，这种横截面沿着梁轴线变化的梁称为变截面梁。最理想的变截面梁，是使梁内各个横截面上的最大正应力同时达到材料的许用应力。由

$$\sigma_{\max}=\frac{M(x)}{W_z(x)}=[\sigma]$$

得

$$W_z(x)=\frac{M(x)}{[\sigma]} \tag{9-36}$$

式中：$M(x)$——梁内任一截面上的弯矩；

$W_z(x)$——该截面的抗弯截面系数。

这样，各个截面的大小将随截面上的弯矩而变化。按式（9-36）设计出的截面梁称为等强度梁。

从强度以及材料的利用上看，等强度梁很理想，但这种梁的加工制造比较困难，当梁上荷载比较复杂时，梁的外形也随之复杂，其加工制造将更加困难。因此，工程中，特别是建筑工程中，很少采用等强度梁，而是根据不同的具体情况，采用其他形式的变截面梁。

图 9.49 所示的梁是土木工程中常见的几个变截面梁的例子。对于像阳台或雨篷的悬臂梁，常采用图 9.49（a）所示的形式。对于梁跨中弯矩大，两边弯矩逐渐减小的简支梁，常采用图 9.49（c）、（d）所示的形式。图 9.49（b）所示为上、下加盖板的钢梁，如汽车板弹簧，图 9.49（c）所示为屋盖上的薄腹梁，中间截面较高而两端截面则较低，中间有预留孔洞以减轻梁的重量。在一般情况下，考虑便于布置，梁的宽度 b 可以保持不变，仅变化截面高度 h 即可。

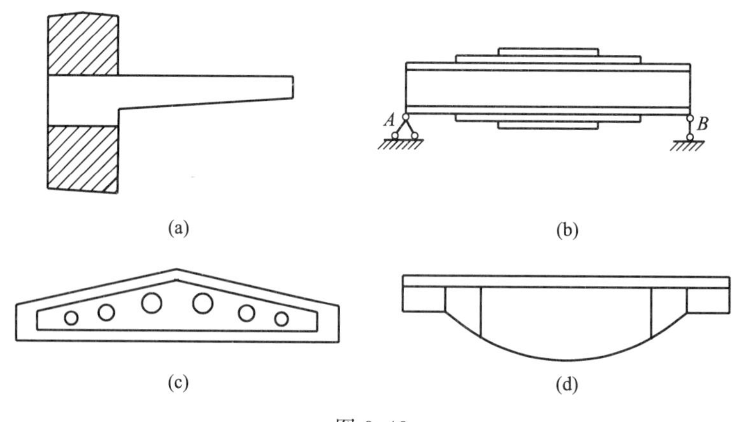

图 9.49

4. 合理利用材料

工程中常用的钢筋混凝土构件，常在受拉区域加入钢筋，以承担构件弯曲时所产生的拉应力，因为混凝土的抗拉能力低，所以在受拉区（该例为梁的下边缘）加入抗拉能力强的钢筋以充分发挥钢筋的充分抗拉作用（图 9.50）；由于混凝土的抗压能力强，所以受压区的压应力仍然由混凝土来担当。因此，钢筋混凝土构件在合理使用材料方面，是最优越的。

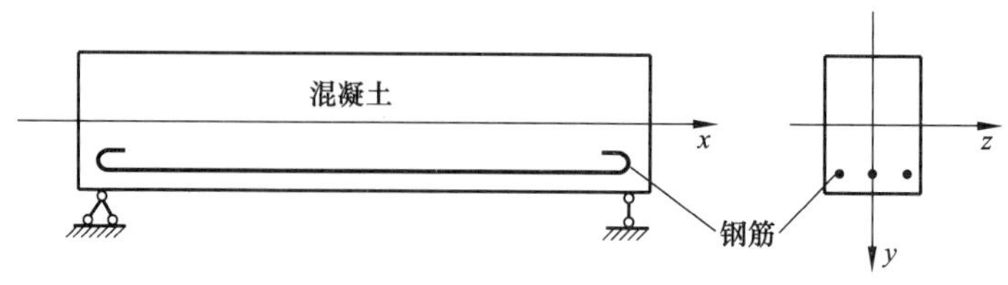

图 9.50

9.6.2 提高梁弯曲刚度的措施

根据梁的刚度条件 $\begin{matrix}\theta_{\max}\leqslant[\theta]\\ \omega_{\max}\leqslant[\omega]\end{matrix}$ 可知，要提高梁的刚度，必须设法减少梁的挠度和转角。而从表 9-2 中可以看到，梁的挠度和转角与梁的抗弯刚度 EI、梁的跨度 l、荷载作用情况等有关，因此，要提高梁的弯曲刚度可以从下面几方面考虑。

(1) 增大梁的抗弯刚度 EI。梁的变形与 EI 成反比，增大梁的 EI 将使变形减小。增大梁的抗弯刚度主要是设法增大梁截面的惯性矩 I。在截面面积不变的情况下，采用合理的截面形状，例如采用工字形、箱形及圆环截面等截面，可提高惯性矩 I。

(2) 减小梁的跨度 l。梁的变形与其跨度的 n 次幂成正比。设法减小梁的跨度，将会有效地减小梁的变形。如均布荷载作用下的简支梁，在跨中的最大挠度为 $\omega=\dfrac{5ql^4}{384EI}$ [图 9.51 (a)]，若在跨中增加一支座 [图 9.51 (b)]，则梁的最大挠度约为原梁的 $\dfrac{1}{38}$，即 $\omega_1=\dfrac{1}{38}\omega$。

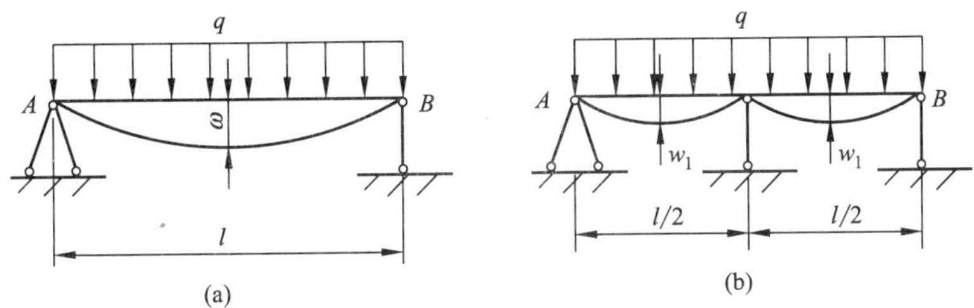

图 9.51

如果条件许可，可以将简支梁的支座向中间适当移动，将简支梁变成外伸梁 [图 9.52 (a)、(b)]。一方面减小了梁的跨度，从而减小跨中最大挠度；另一方面在梁外伸部分的荷载作用下，使梁跨中产生向上的挠度 [图 9.52 (c)]，从而使梁中段在荷载作用下产生的向下的挠度被抵消一部分，减小了跨中的最大挠度值 [图 9.52 (d)]。

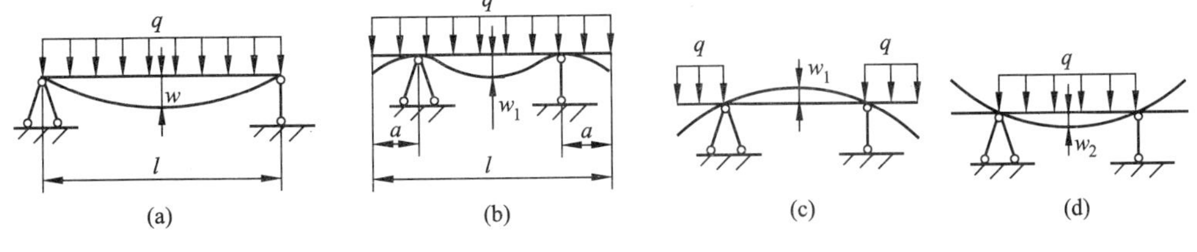

图 9.52

(3) 改善荷载的作用情况。在结构允许的条件下，合理地调整荷载的位置及分布情况，以降低弯矩，从而减少梁的变形。如图 9.53 所示，将集中力分散作用，甚至改为分布荷载，就能起到降低弯矩，减小变形的作用。

当然，除了上述三条措施外，还可以采用增加约束（即采用超静定梁）以及等强度梁

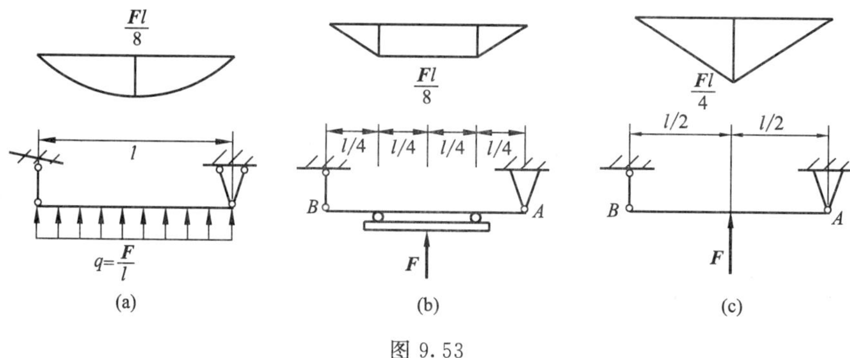

图 9.53

等措施来提高梁的刚度。需要指出的是，由于优质钢与普通钢的 E 值相差不大，价格悬殊，用优质钢代替普通钢达不到提高梁的刚度的目的，反而增加了成本。

本 章 提 要

1. 点的应力状态是指通过构件内一点处各截面上的应力情况。一点处的应力状态可采用单元体来表示。单元体上切应力等于零的平面称为主平面，主平面上的正应力称为主应力，一点处存在三个正交的主应力，按代数值大小排列：$\sigma_1 \geqslant \sigma_2 \geqslant \sigma_3$

2. 平面应力状态分析

任意斜截面上的应力

$$\sigma_\alpha = \frac{\sigma_x + \sigma_y}{2} + \frac{\sigma_x - \sigma_y}{2}\cos 2\alpha - \tau_x \sin 2\alpha$$

$$\tau_\alpha = \frac{\sigma_x - \sigma_y}{2}\sin 2\alpha + \tau_x \cos 2\alpha$$

主平面的方位：$\tan(2\alpha_0) = -\dfrac{2\tau_x}{\sigma_x - \sigma_y}$

主应力：$\sigma_{zy} = \dfrac{\sigma_1}{\sigma_2} = \dfrac{\sigma_x + \sigma_y}{2} \pm \dfrac{1}{2}\sqrt{(\sigma_x - \sigma_y)^2 + 4\tau_x^2}$

最大切应力：$\tau_{\max} = \pm \dfrac{\sigma_1 - \sigma_3}{2}$

应力圆：$\left(\sigma_\alpha - \dfrac{\sigma_x + \sigma_y}{2}\right)^2 + \tau_\alpha^2 = \left(\dfrac{\sigma_x - \sigma_y}{2}\right)^2 + \tau_x^2$

3. 强度理论

强度理论认为材料破坏的主要形式有两种：脆性断裂破坏和塑性屈服破坏。脆性材料断裂破坏为主，宜采用第一或第二强度理论进行强度计算，塑性材料以塑性屈服破坏为主，宜采用第三或第四强度理论。

强度条件和一般表达式为：

$$\sigma_r \leqslant [\sigma]$$

σ_r 称为相当应力或折算应力的相当应力，分别为

第一强度理论的相当应力：$\sigma_{r1} = \sigma_1$

第二强度理论的相当应力：$\sigma_{r2} = \sigma_1 - \mu(\sigma_2 + \sigma_3)$

第三强度理论的相当应力：$\sigma_{r3} = \sigma_1 - \sigma_3$

4. 梁的切应力计算公式 $\tau=\dfrac{F_Q S_z^*}{I_z b}$。

最大切应力发生在中性轴处各点，$\tau_{\max}=\dfrac{F_Q S_{z\max}^*}{I_z b}$

切应力的强度条件 $\tau_{\max}=\dfrac{F_{Q\max} S_{z\max}^*}{I_z b}\leqslant[\tau]$。

梁的强度一般由正应力强度条件控制，必要时还应进行切应力强度校核。

5. 梁的变形和刚度条件

梁的变形用挠度 ω 和转角 θ 表示。简单荷载作用下梁的挠曲线方程、最大挠度和端截面转角可用积分法计算，复杂荷载作用下的变形常用叠加法计算。

梁的刚度条件：$\omega_{\max}\leqslant[\omega]$，$\theta_{\max}\leqslant[\theta]$。

6. 提高梁弯曲强度和刚度的措施

采用合理的截面形状，合理安排梁的支承，适当增加梁的支承，合理布置梁的荷载，采用变截面梁。

思考题

9-1　何谓纯弯曲？推导梁弯曲正应力公式时，做了哪些假设？它们的根据是什么？有什么作用？

9-2　何谓中性层，何谓中性轴？如何确定中性轴的位置？

9-3　梁发生平面弯曲时，各种不同形状截面上的正应力是怎样分布的？试作简图表示。

9-4　如何考虑几何、物理与静力学三方面关系以建立梁的弯曲正应力公式？如何计算最大弯曲正应力？

9-5　弯曲正应力计算公式的适用条件是什么？

9-6　研究截面几何性质的意义是什么？

9-7　何谓静矩？其量纲是什么？

9-8　平面图形对轴的静矩等于零的条件是什么？

9-9　图 9.54 所示 T 形截面，C 为形心，z 为形心轴，问 z 轴上下两部分对 z 轴的静矩存在什么关系？

9-10　图 9.55 所示矩形截面，z 为形心轴，问 K—K 线以上部分和以下部分对 z 轴的静矩有何关系？

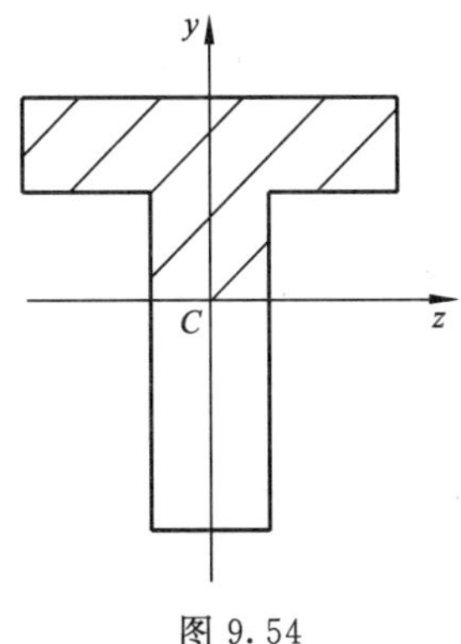

图 9.54

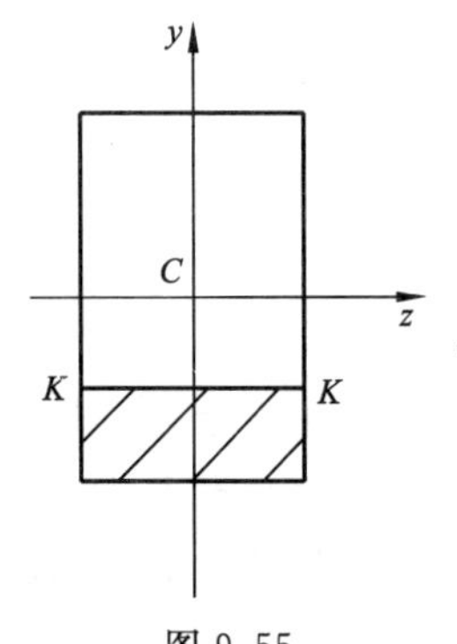

图 9.55

9-11　图 9.56 (a) 所示矩形截面，若将形心轴 z 附近的面积挖去，移至上下边缘处，成为工字形截面如图 9.56 (b) 所示，问此两截面对 z 轴的惯性矩哪一个大？为什么？

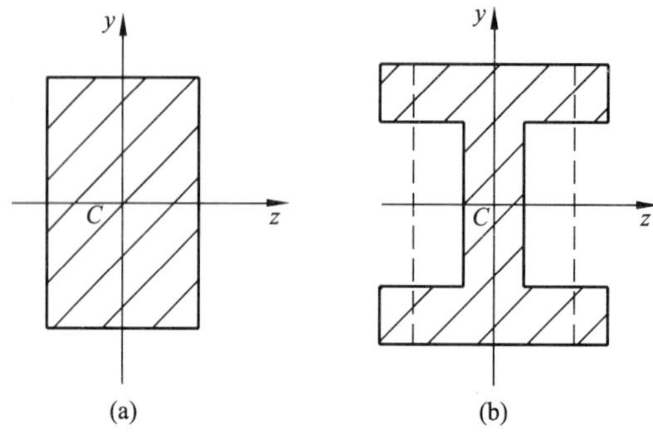

图 9.56

9-12　极惯性矩与惯性矩之间有何关系？如何计算矩形、圆形与三角形的惯性矩？

9-13　何谓平行移轴定理？如何计算组合截面的惯性积？

9-14　何谓惯性半径？其量纲是什么？

9-15　何谓惯性积？其量纲是什么？

9-16　何谓形心主惯性轴？何谓形心主惯性矩？

9-17　已知图形对它的形心轴的静矩 $S_z=0$，问图形的惯性矩 I_z 是否也为零，为什么？

9-18　惯性矩与惯性积有何不同？

9-19　惯性半径与惯性矩有什么关系？惯性半径 i_z 是否是图形形心到 z 轴的距离？

9-20　圆形截面的惯性半径 i_z 为多少？矩形截面的惯性半径 i_x 和 i_y 各等于多少？

9-21　何谓梁的危险截面？何谓梁的危险点？

9-22　什么是抗弯截面系数？如何计算图 9.57 所示的矩形截面、圆形截面及圆环形截面的抗弯截面系数？

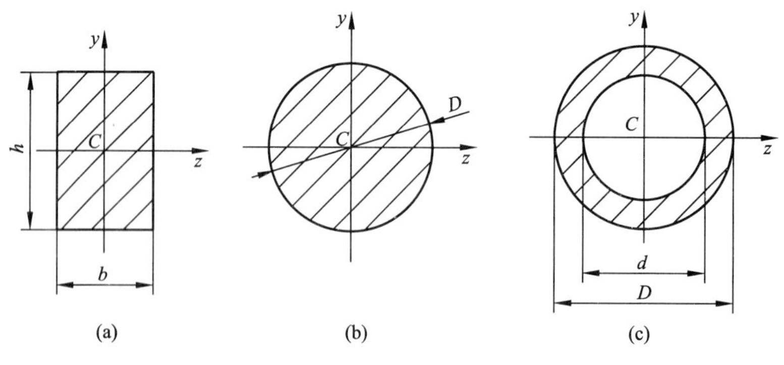

图 9.57

9-23　梁的最大正应力如何计算？

9-24　弯曲正应力强度条件的表达式是怎样的？正应力强度条件有哪些应用？

9-25　若材料的抗拉和抗压性能不同，其正应力强度条件应当如何建立？

9-26　矩形截面梁横力弯曲时，横截面上的切应力是如何分布的？

9-27　矩形截面梁横力弯曲时其切应力公式是如何建立的？怎样计算最大切应力？

9-28　在工字形与箱形截面梁的腹板上，梁横力弯曲时其切应力是如何分布的？如何计算最大与最小切应力？

9-29　梁横力弯曲时其切应力的强度条件是如何建立的？其依据是什么？

9-30　梁横力弯曲时其切应力强度条件有哪些应用？

9-31　合理选择梁截面的原则是什么？

9-32　材料的抗拉与抗压性能相同时，应如何选择梁的截面形状？若材料的抗拉与抗压能力不同时，又应该如何选择梁的截面形状？

9-33　什么是梁的挠度？什么是梁的转角？

9-34　挠度和转角之间有什么关系？

9-35　什么是叠加原理？

习　题

9-1　图 9.58 所示一简支梁，试求其截面 C 上 a、b、c、d 四点处的正应力的大小，并说明是拉应力还是压应力。

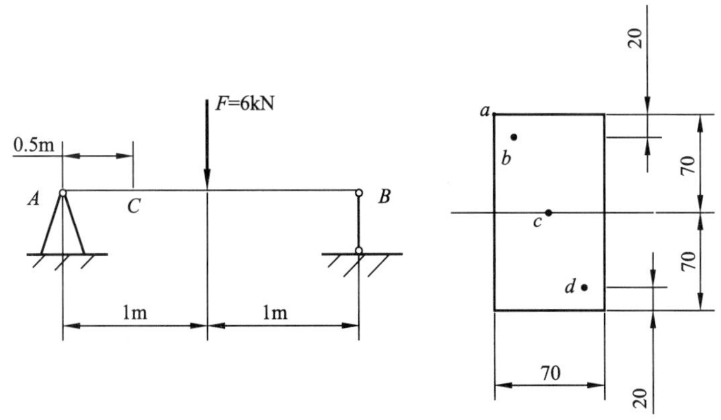

图 9.58

9-2　试求图 9.59 所示各梁的最大正应力及其所在的位置。

9-3　倒 T 形截面梁受荷载情况及截面尺寸如图 9.60 所示。试求梁内最大拉应力和最大压应力之值，并说明它们分别发生在何处。

9-4　试计算图 9.61 各截面图形对其 z_1 轴的静矩。

9-5　试计算图 9.62 (a) 所示矩形截面对其形心轴 z 的惯性矩；已知 $b=150\text{mm}$，$h=300\text{mm}$。若把该矩形截面的中间部分移至两边缘变成工字形截面 [图 9.62 (b)]，试计算此工字形截面对 z 轴的惯性矩。并求工字形截面的惯性矩较矩形截面的惯性矩增大的百分比。

9-6　试分别计算图 9.63 所示图形对其形心轴 z 轴和 y 轴的惯性矩。

9-7　试求图 9.64 所示截面图形对其通过形心的二对称轴的惯性矩。

9-8　试求图 9.65 所示的截面对水平形心轴的惯性矩 I_z。

9-9　试求图 9.66 所示截面对水平形心轴 z 的惯性矩。

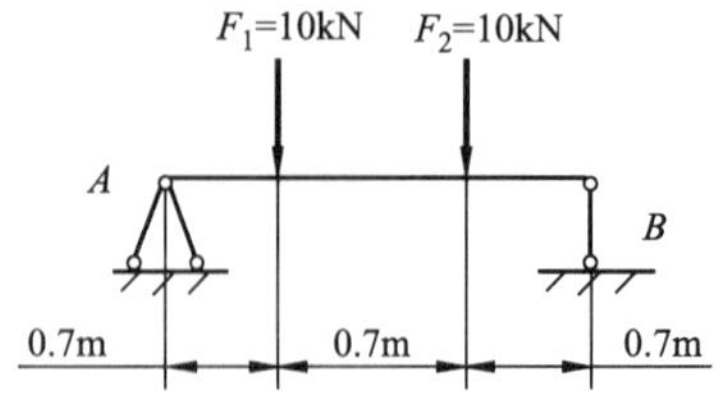

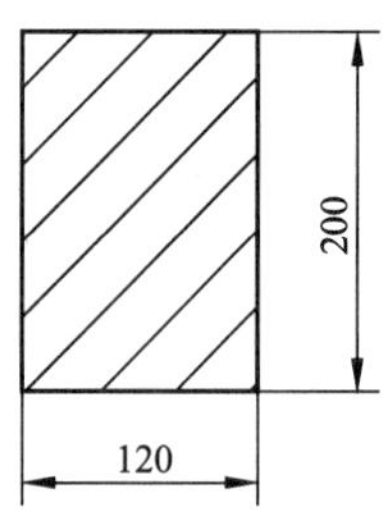

(a)

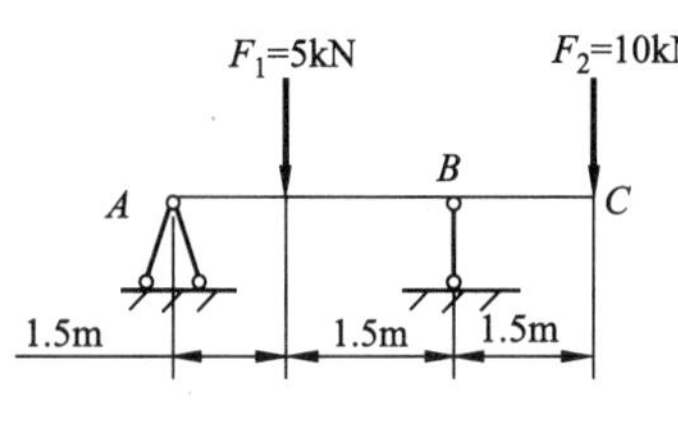

工40a

(b)

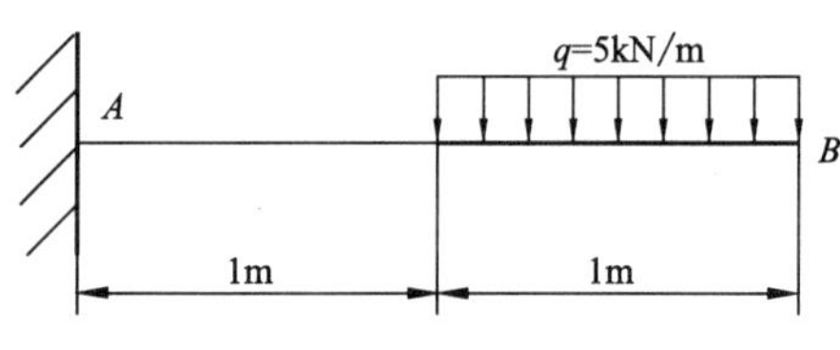

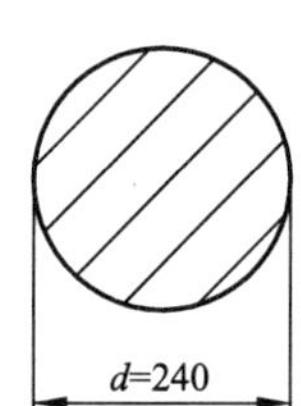

(c)

图 9.59

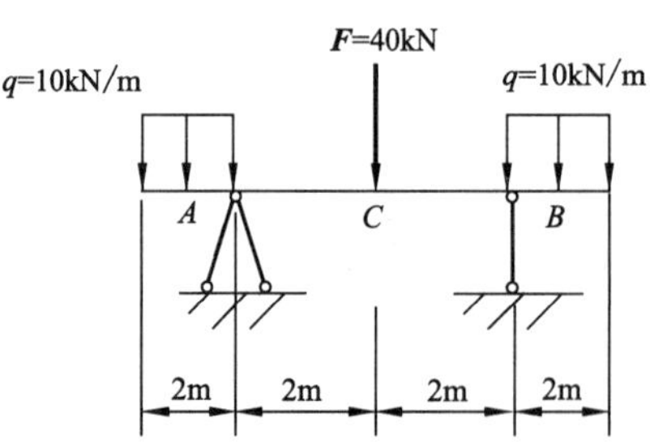

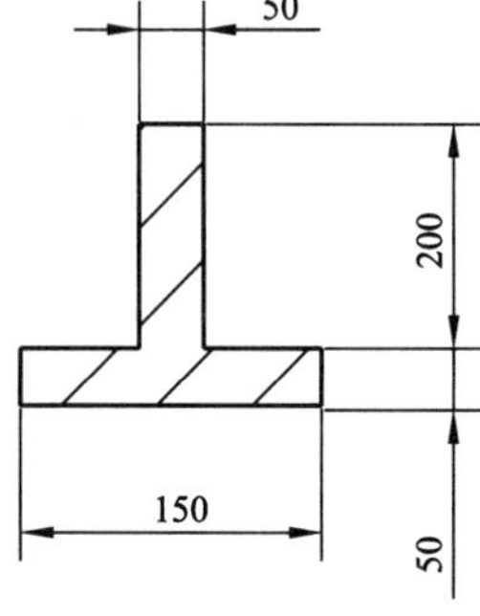

图 9.60

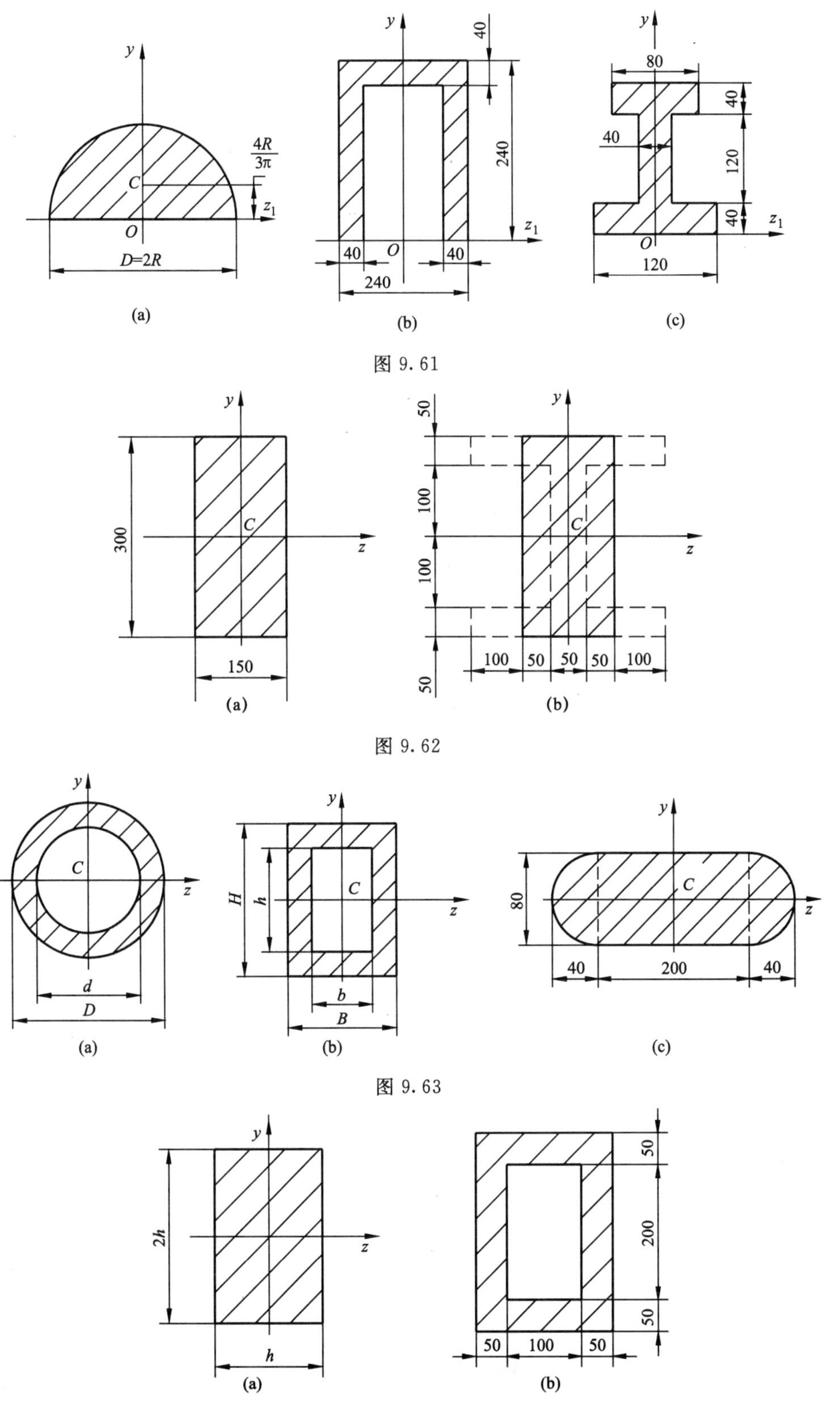

图 9.61

图 9.62

图 9.63

图 9.64

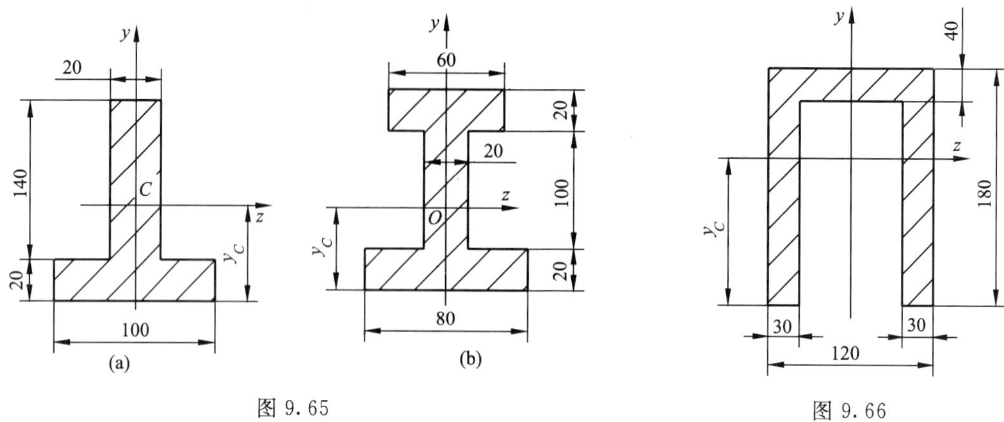

图 9.65　　图 9.66

9-10　试求图 9.67 所示截面对各自形心轴 y、z 的惯性半径 i_y，i_z。

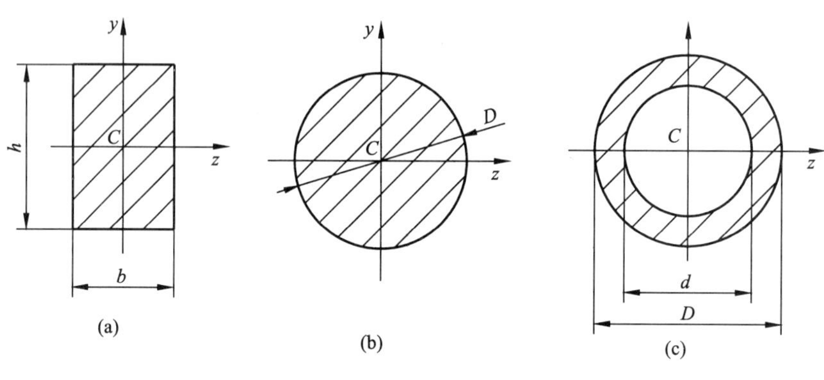

图 9.67

9-11　简支梁受力和尺寸如图 9.68 所示，材料的许用应力 $[\sigma]=160\text{MPa}$。试按正应力强度条件设计三种形状截面尺寸：(1) 圆形截面直径 d；(2) $h/b=2$ 矩形截面的 b、h；(3) 工字形截面。并比较三种截面的耗材量。

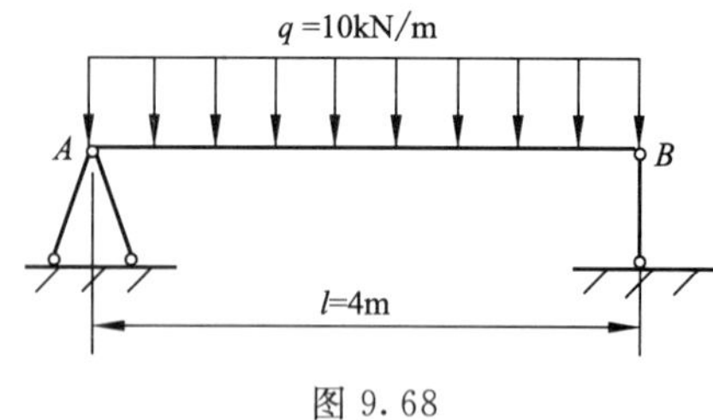

图 9.68

9-12　一简支工字钢梁，工字钢的型号为 28a，梁上荷载如图 9.69 所示，已知 $l=6\text{m}$，$F_1=60\text{kN}$，$F_2=40\text{kN}$，$q=8\text{kN/m}$。钢材的许用应力 $[\sigma]=170\text{MPa}$，$[\tau]=100\text{MPa}$，试校核梁的强度。

9-13　一简支工字钢梁，梁上荷载如图 9.70 所示，已知 $l=6\text{m}$，$q=6\text{kN/m}$，$F=20\text{kN}$，钢材的许用正应力 $[\sigma]=170\text{MPa}$，许用切应力 $[\tau]=100\text{MPa}$，试选择工字钢的型号。

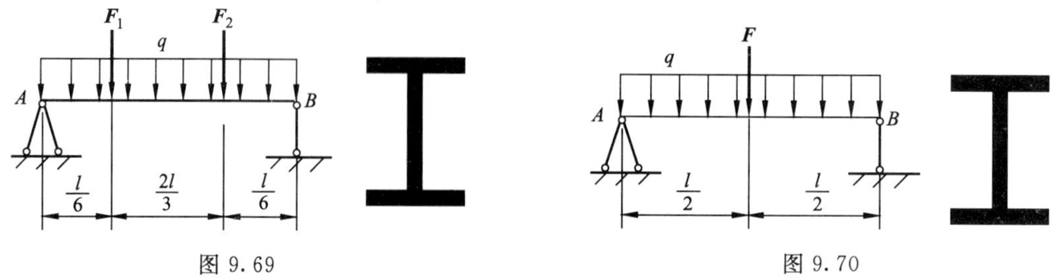

图 9.69　　图 9.70

9-14　一矩形截面木梁，其截面尺寸及荷载如图 9.71 所示。已知 $q=1.5\text{kN/m}$，$[\sigma]=10\text{MPa}$，$[\tau]=2\text{MPa}$，试校核该梁的正应力强度和切应力强度。

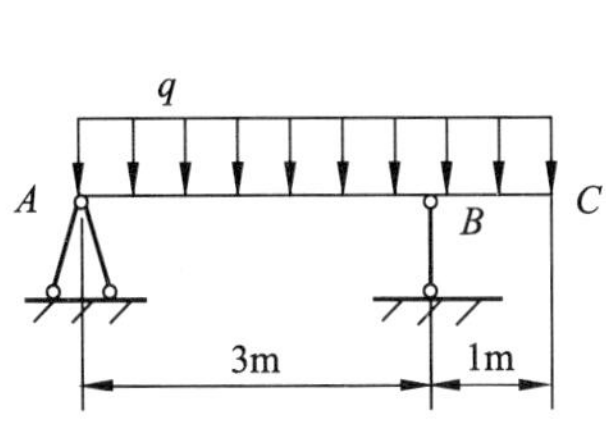

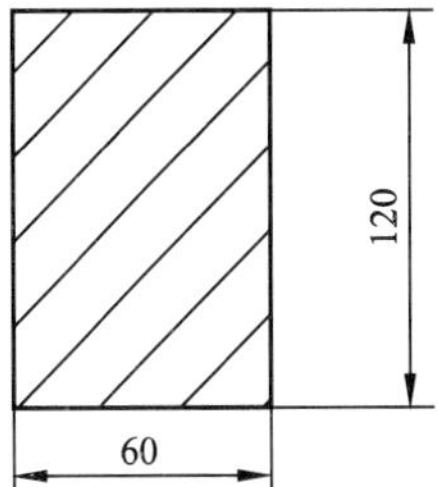

图 9.71

9-15　试求习题 9-2 中各梁的最大切应力，并指出发生的位置。

9-16　试求习题 9-1 中 AB 梁的 C 截面上 a、b、c、d 的切应力大小和方向。

9-17　图 9.72 所示某施工支架上钢梁的计算简图。如果钢梁是由两个槽钢所组成，材料为 Q235 钢。其许用应力 $[\sigma]=170\text{MPa}$，$[\tau]=100\text{MPa}$，问在不计梁的自重时应该选用多大的槽钢?

9-18　一工字钢梁承受荷载如图 9.73 所示。已知钢材的许用应力为 $[\sigma]=160\text{MPa}$，$[\tau]=100\text{MPa}$。试选择工字钢的型号。

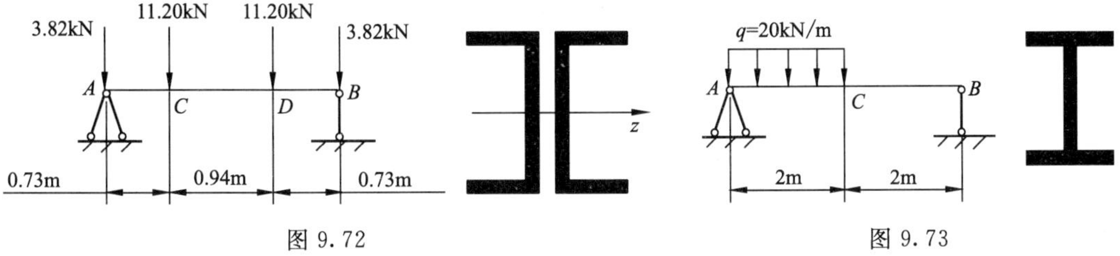

图 9.72　　图 9.73

9-19　试用叠加法求图 9.74 所示各梁中指定截面的挠度和转角，设各梁中的抗弯刚度 EI_z 为常量。

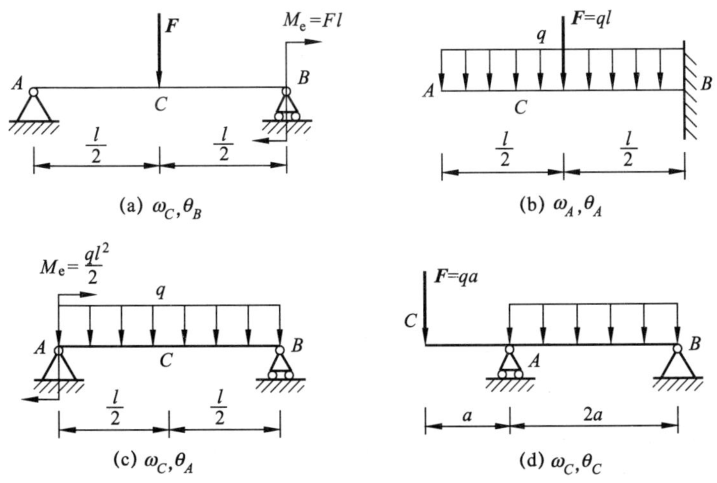

图 9.74

第 10 章　平面应力状态分析及常用强度理论

【教学目标】

要求学生熟悉单元体、点的应力状态和应力状态分类的概念，掌握用解析法和应力圆法求解平面应力状态下的应力；熟悉常见的五个强度理论和相应的强度条件，能够应用强度理论解决复杂应力状态下的强度问题。

【教学要求】

知识要点	能力要求	相关知识
点的应力状态	(1)能够正确选取单元体 (2)能够正确计算单元体在各种变形情况下的应力 (3)了解应力状态的分类	(1)单元体 (2)单元体上的基本应力 (3)应力状态的分类
平面应力状态分析	(1)能使用解析法分析平面应力状态下的应力 (2)能使用应力圆法分析平面应力状态下的应力	(1)解析法分析应力 (2)应力圆法分析应力 (3)主应力和最大切应力的正确
强度理论和相应的强度条件	(1)熟悉五种强度理论和相应的强度条件表达式 (2)能应用强度理论说明材料破坏的原因 (3)能正确选用强度条件解决复杂应力状态下的强度计算问题	(1)五种强度理论和相应的强度条件表达式 (2)强度条件的实际应用 (3)复杂应力状态下的强度计算

10.1　应力状态的概念

在前面几章中，前面几章研究直杆在受到轴向拉伸（压缩）、剪切、扭转和弯曲等情况下的强度计算时，都只考虑了横截面上的最大正应力和最大切应力，并且认为危险点上要么只有正应力，要么只有切应力，按照强度条件 $\sigma_{max}\leqslant[\sigma]$ 和 $\tau_{max}\leqslant[\tau]$进行计算的。但实际上某些构件不是因为横截面的强度不够而是沿斜截面破坏的，例如铸铁试件在受到压缩或扭转作用时，常会沿与轴线成 45°～55°的斜截面发生破坏，如图 10.1 (a) 所示；而钢筋混凝土简支梁在受到外力作用时常会在轴线以下部分出现斜裂缝而导致破坏，如图 10.1 (b) 所示。梁横力弯曲时，横截面上的某一点，既有正应力 σ，又有切应力 τ 等，这些情况下的强度计算应该如何进行？因此在对构件进行设计时，必须对构件的强度进行全方位的（横截面、斜截面）、综合的（对危险点同时考虑 σ 与 τ 的共同作用）分析和校核，确保构件的安全，这就涉及应力状态和强度理论等相关知识。

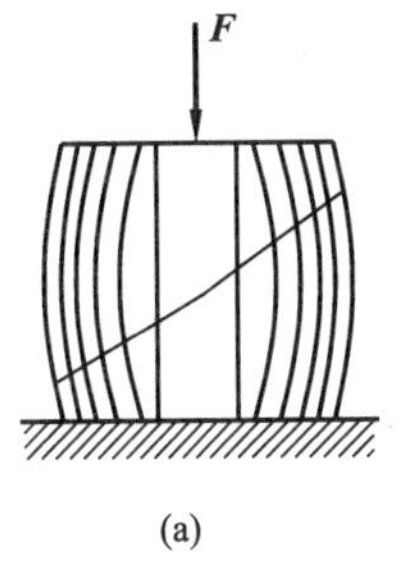

(a)

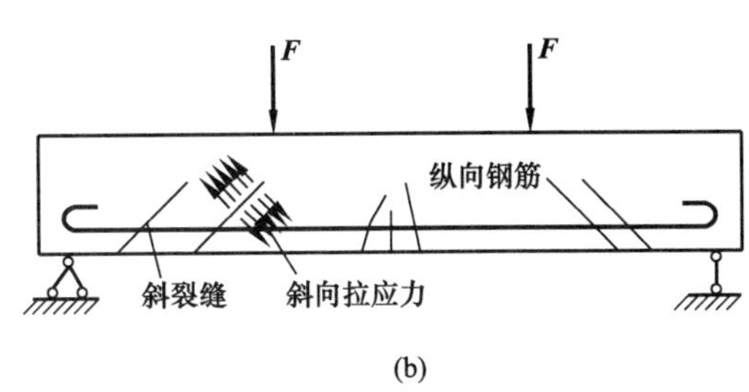

(b)

图 10.1

10.1.1　点的应力状态概念

构件在同一截面上，各点的应力不一定相等。例如，直梁在弯曲时，横截面上各点正应力 σ 的大小沿截面弯度呈线性变化，在梁的中性轴上其正应力 σ 等于零，在梁的上、下边缘处正应力 σ 为最大。即使是同一个点 A，在不同方位的截面上，应力也是不尽相同的（图 10.2）。在建筑力学中，**把通过构件内任意一点所有截面上的应力情况的总和，称为该点的应力状态**。为了深入研究构件在复杂应力状态下的强度问题，了解材料破坏的原因及进行试验应力分析，必须研究点的应力状态。

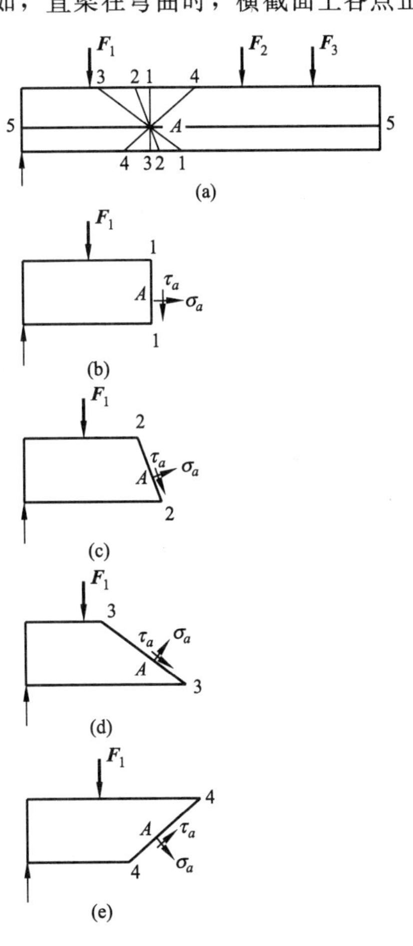

图 10.2

10.1.2　单元体的概念

研究点的应力状态，可以围绕所研究的点，截取一边长趋于零的微小正六面体作为研究对象，**这个微小的正六面体，就称为该点的单元体**。由于单元体十分微小，可以认为单元体各面上的应力均匀分布，大小等于所研究点在对应截面上的应力；在互相平行的截面上的应力大小也应相等。这样，单元体各个面上的应力，就是构件相应截面在该点处的应力。单元体的应力状态，也就代表了确定截面上相应点的应力状态。为了应用前面几章所介绍各类变形杆横截面上的应力计算成果和便于研究，通常都是沿构件的横截面、水平纵截面、铅垂纵截面（假设构件的轴线是水平的），围绕要分析应力的点 K 截取单元体的。

下面来分析几种常见变形杆的单元体。

(1) 轴向拉（压）杆。在杆上任取一点 K [图 10.3 (a)]，其单元体和面上的应力如图 10.3 (b)、(c) 所示。其左右面是杆横截面上 K 点处的微小面，故仅有正应力 $\sigma=\dfrac{F}{A}$，上、下面和前、后面都是杆上纵向截面上的微小面，所以没有应力。

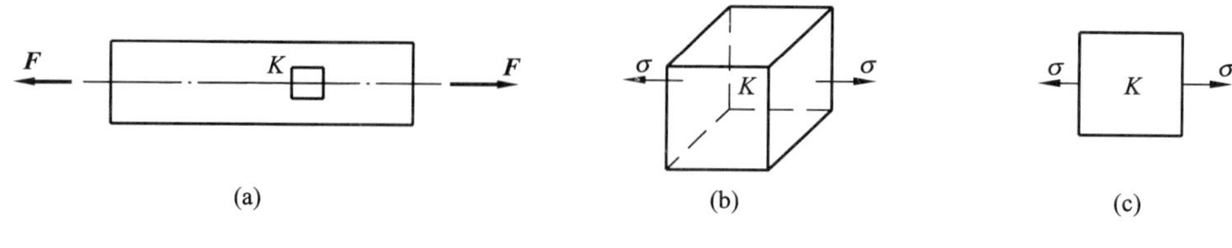

(a) (b) (c)

图 10.3

(2) 受扭圆轴杆。在圆轴表面上任取一点 K［图 10.4 (a)］，其单元体及各面上的应力如图 10.4 (b)、(c) 所示。其左右面是横截面上 K 点附近的微小面，仅有切应力，其大小等于横截面上 K 点的切应力 τ_x，根据切应力双生互等定律，上、下面（纵向截面上 K 点附近的微小面）上，$\tau_y=-\tau_x$，前、后面上没有应力。

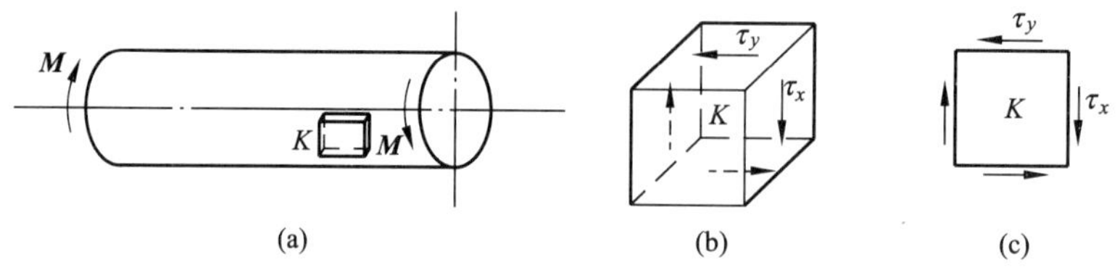

(a) (b) (c)

图 10.4

(3) 横力弯曲梁。在梁上任取一点 K［图 10.5 (a)］，其单元体及各面上的应力如图 10.5 (b)、(c)所示。在左、右截面上，既有正应力，又有切应力，其大小等于该横截面上 K 点处的应力，且

$$\sigma_x=\frac{M}{I_z}y,\ \tau_x=\frac{F_Q S_z^*}{I_z b}$$

根据切应力双生互等定律，上、下面上的切应力 $\tau_y=-\tau_x$，前、后面上没有应力。

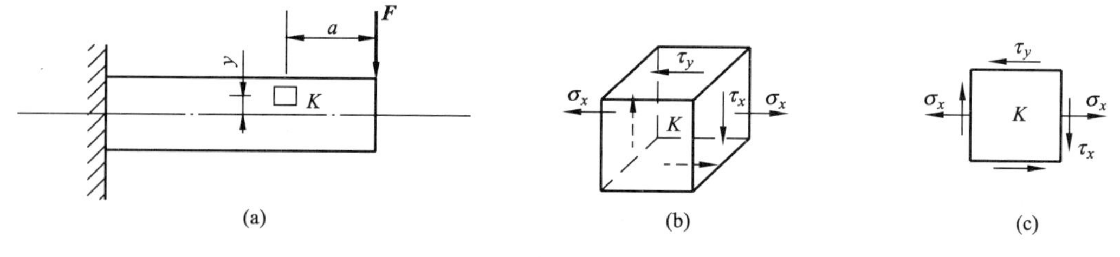

(a) (b) (c)

图 10.5

10.1.3 主平面和主应力概念

在单元体上，若某对平面上的切应力为零，则把此对平面称为**主平面**，把主平面上的正应力称为**主应力**。可以证明，受力构件上的任意点，均有三对相互垂直的主平面，因而就有三对相应的主应力。主应力应按其代数值的大小编号按序排列，分别用符号 σ_1、σ_2、σ_3 表示，并规定 $\sigma_1\geqslant\sigma_2\geqslant\sigma_3$。例如，某单元体上的三个主应力值为－89MPa（压应力）、0、15MPa（拉应力），则按规定有 $\sigma_1=15\text{MPa}$，$\sigma_2=0$，$\sigma_3=-89\text{MPa}$。

10.1.4 应力状态的分类

为了便于分析和研究，通常根据单元体上主应力的情况，把应力状态分为如下三类。

(1) 单向应力状态。当单元体上只有一对主应力不为零时，称为单向应力状态[图 10.6 (a)、(d)]。例如，拉、压杆及纯弯曲变形直梁上各点（中性层上的点除外）的应力状态，都属于单向应力状态。

(2) 双向应力状态。当单元体上有两对主应力不为零时，称为双向应力状态[图 10.6 (b)、(e)]。

(3) 三向应力状态。当单元体上三对主应力均不为零时，称为三向应力状态[图 10.6 (c)]。

在应力状态中，有时会遇到一种特例，即单元体的四个侧面上只有切应力而无正应力[图 10.6 (f)]，称为纯切应力状态。

三向应力状态又称**空间应力状态**，双向、单向及纯切应力状态又称为平面应力状态，处于平面应力状态的单元体可以简化为平面简图来表示 [图 10.6 (d)、(e)]。

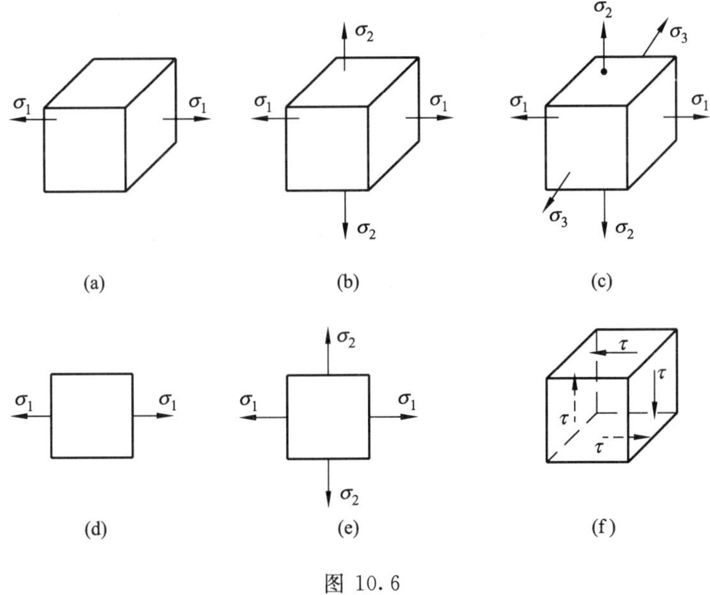

图 10.6

单向应力状态也称为**简单应力状态**，双向、空间及纯切应力状态也称为**复杂应力状态**。本章主要研究平面应力状态。

10.2　平面应力状态分析

10.2.1　平面应力状态分析的解析法

如图 10.7 (a) 所示为一平面应力状态单元体，已知左右竖向平面上的正应力为 σ_x、切应力为 τ_x，水平平面上的正应力为 σ_y、切应力为 τ_y，分析在这个单元体的任一斜截面 e-f 上的应力。习惯上常用 α 表示斜截面 e-f 的外法线 n 与 x 轴正向间的夹角，所以又把这个斜截面简称为“α 截面”，用 σ_α 和 τ_α 表示作用在这个斜截面上的应力 [图 10.7 (a)、(b)、(c)]。

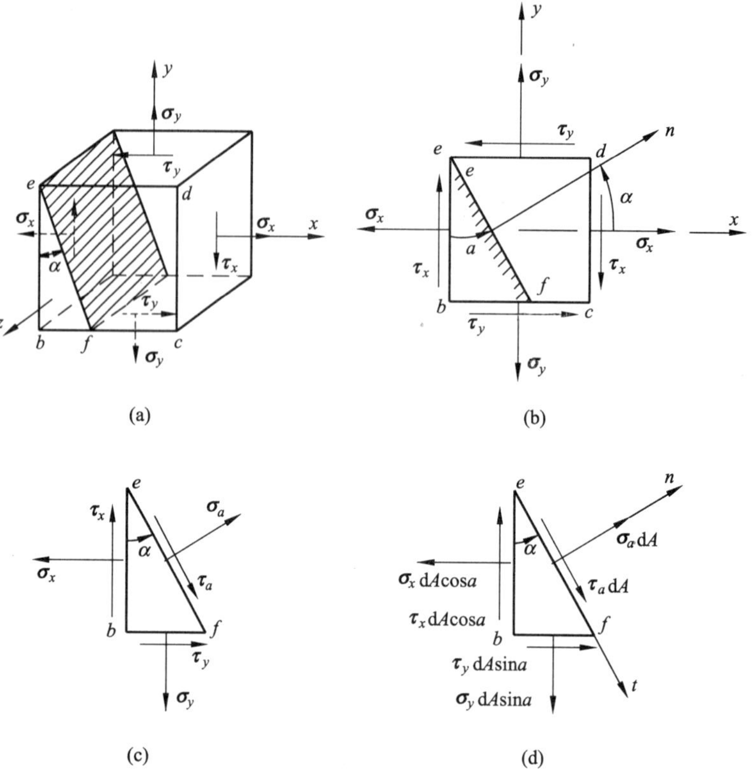

图 10.7

应力 σ、τ 和角度 α 的正负号规定如下：正应力 σ 以拉应力为正，压应力为负；切应力 τ 以绕单元体内的任一点是顺时针转时为正，是反时针转时为负；角度 α 以从 x 轴的正向出发量到截面的外法线 n 处是反时针转为正，是顺时针转为负。按照上述的规定可以判断，在图 10.7 中的 σ_x、σ_y 和 σ_α 是正值；τ_x 和 τ_α 是正值；τ_y 是负值；α 角是正值。

当构件处于静力平衡状态时，从其中截取出来的任一单元体也必然处于静力平衡状态，因此，也可以采用截面法来计算单元体上任一斜截面 e-f 上的应力。

假想用一平面沿 e-f 将单元体截开，取 bef 为隔离体。如图 10.7（b)、(c)、(d）所示。假设斜截面上的未知应力 σ_α 和 τ_α 为正值。设斜截面 e-f 的面积为 $\mathrm{d}A$，则截面 e-b 和 b-f 的面积分别是 $\mathrm{d}A\cos\alpha$ 和 $\mathrm{d}A\sin\alpha$。隔离体 bef 的受力图如图 10.7（d）所示。取 n 轴和 t 轴如图 10.7（d）所示，则可以列出隔离体的静力平衡方程如下。

由 $\sum F_n=0$，得到

$$\sigma_\alpha \mathrm{d}A+(\tau_x \mathrm{d}A\cos\alpha)\sin\alpha-(\sigma_x \mathrm{d}A\cos\alpha)\cos\alpha+(\tau_y \mathrm{d}A\sin\alpha)\cos\alpha-(\sigma_y \mathrm{d}A\sin\alpha)\sin\alpha=0 \tag{10-1}$$

由 $\sum F_t=0$，得到

$$\tau_\alpha \mathrm{d}A-(\tau_x \mathrm{d}A\cos\alpha)\cos\alpha-(\sigma_x \mathrm{d}A\cos\alpha)\sin\alpha+(\tau_y \mathrm{d}A\sin\alpha)\sin\alpha+(\sigma_y \mathrm{d}A\sin\alpha)\cos\alpha=0 \tag{10-2}$$

并利用切应力双生互等定理

$$|\tau_y|=\tau_x \tag{10-3}$$

将式（10-3）代入式（10-1）和式（10-2），经简化整理后，得

$$\sigma_\alpha=\sigma_x\cos^2\alpha+\sigma_y\sin^2\alpha-2\tau_x\sin\alpha\cos\alpha \tag{10-4}$$

$$\tau_\alpha=(\sigma_x-\sigma_y)\sin\alpha\cos\alpha+\tau_x(\cos^2\alpha-\sin^2\alpha) \tag{10-5}$$

利用三角函数关系

$$\left.\begin{aligned}\cos^2\alpha&=\frac{1+\cos2\alpha}{2}\\ \sin^2\alpha&=\frac{1-\cos2\alpha}{2}\\ 2\sin\alpha\cos\alpha&=\sin2\alpha\end{aligned}\right\} \tag{10-6}$$

将式（10-6）代入式（10-4）、式（10-5），经整理简化后，得

$$\sigma_\alpha=\frac{\sigma_x+\sigma_y}{2}+\frac{\sigma_x-\sigma_y}{2}\cos2\alpha-\tau_x\sin2\alpha \tag{10-7}$$

$$\tau_\alpha=\frac{\sigma_x-\sigma_y}{2}\sin2\alpha+\tau_x\cos2\alpha \tag{10-8}$$

式（10-7）和式（10-8）就是对处于平面应力状态下的单元体，根据已知 σ_x、σ_y、τ_x，求任意斜截面 α（$\alpha=0°\sim360°$）上 σ_α 和 τ_α 的基本解析公式。

【例 10.1】 图 10.8（a）所示为一平面应力状态情况，试求与 x 轴成 30°角的斜截面的应力。

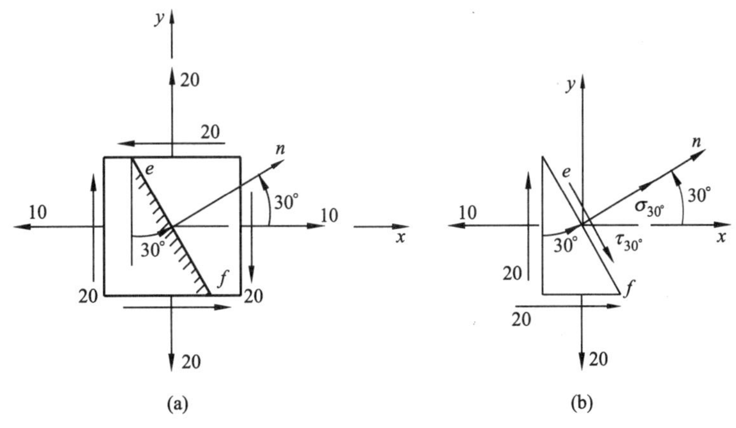

图 10.8

解　由图 10.8（a）和关于应力分析的有关正负号规定，有

$$\sigma_x=10\text{MPa},\sigma_y=20\text{MPa},\tau_x=20\text{MPa},\alpha=30°$$

将上述数值直接代入公式（10-7）和式（10-8），得

$$\sigma_{30°}=\left(\frac{10+20}{2}+\frac{10-20}{2}\cos60°-20\times\sin60°\right)\text{MPa}=-4.82\text{MPa}$$

$$\tau_{30°}=\left(\frac{10-20}{2}\sin60°+20\cos60°\right)\text{MPa}=5.67\text{MPa}$$

$\sigma_{30°}$ 为负值，说明它与图 10.8（b）中所设的应力方向相反，即为压应力。$\tau_{30°}$ 为正值，说明它与图 10.8（b）中所假设的方向相同，为正切应力。

【例 10.2】 试计算图 10.9（a）所示的简支梁，在点 K 处 $\alpha=-30°$ 的斜截面上应力

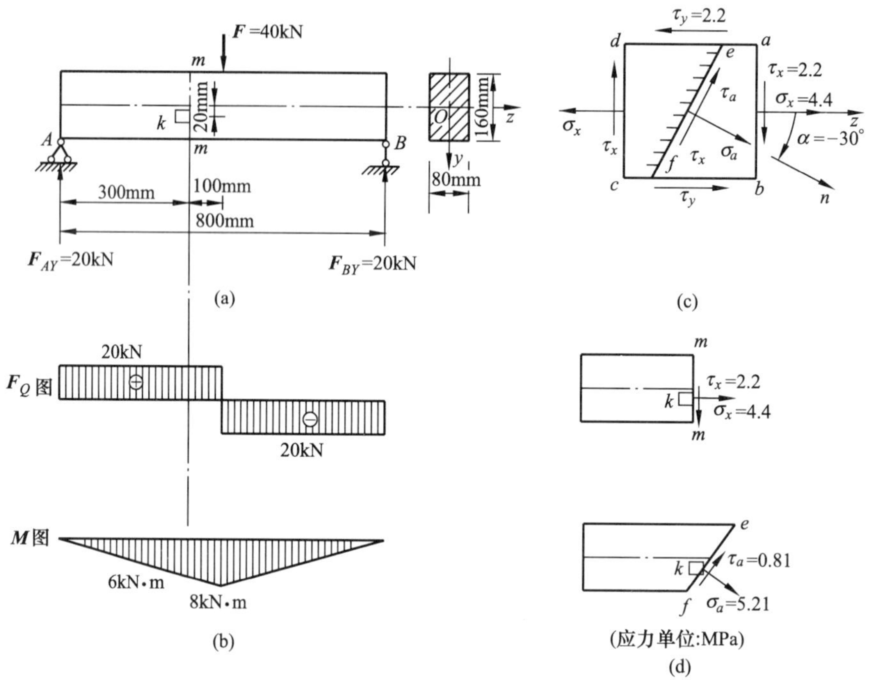

图 10.9

的大小和方向。

解 (1) 计算 m-m 截面上的内力。由 $\sum F_y=0$ 及对称性得支座反力 $F_{Ay}=F_{By}=$ 20kN，绘出内力图如图 10.9（b）所示，截面 m-m 上的内力为

$$M=20\text{kN}\times 0.3\text{m}=6\text{kN}\cdot\text{m}$$

$$F_Q=20\text{kN}$$

(2) 计算截面 m-m 上点 K 处的正应力 σ_x、σ_y 和切应力 τ_x、τ_y

$$I_z=\frac{bh^2}{12}=\frac{80\times 160^3}{12}\text{mm}^4=273\times 10^5\text{mm}^4$$

$$\sigma_x=\frac{M}{I_Z}y=\left(\frac{6\times 10^6}{273\times 10^5}\times 20\right)\text{MPa}=4.4\text{MPa}$$

根据梁受纯弯曲时纵向纤维各层之间相互不挤压的假定，可以近似地认为

$$\sigma_y=0$$

$$\tau_x=\frac{F_Q S_Z^*}{I_Z b}=\frac{20\times 10^3\times 60\times 80\times 50}{273\times 10^5\times 80}\text{MPa}=2.2\text{MPa}$$

$$\tau_y=-\tau_x=-2.2\text{MPa}$$

在点 K 处取出单元体，并且将 σ_x、σ_y、τ_x、τ_y 的代数值表示在单元体上，如图 10.9（c）所示。

(3) 计算点 K 处（$\alpha=-30°$）的斜截面上的应力。

将上面已求出的 σ_x、τ_x、σ_y、τ_y 的代数值和 $\alpha=-30°$ 代入式（10-7）和式（10-8）就可以得到

$$\sigma_{-30°}=\left[\frac{4.4}{2}+\frac{4.4}{2}\cos 2(-30°)-2.2\sin 2(-30°)\right]\text{MPa}$$

$$=\left(2.2+2.2\times\frac{1}{2}+2.2\times\frac{\sqrt{3}}{2}\right)\text{MPa}$$

$$=5.21\text{MPa}$$

$$\tau_{-30^\circ}=\left[\frac{4.4}{2}\sin2(-30^\circ)+2.2\cos2(-30^\circ)\right]\text{MPa}$$

$$=\left[2.2\times\left(-\frac{\sqrt{3}}{2}\right)+2.2\times\frac{1}{2}\right]\text{MPa}$$

$$=-0.81\text{MPa}$$

将求得的 σ_α 和 τ_α 表示在单元体上，如图 10.9（d）所示。

（4）如将图 10.9（c）所示的单元体上的应力情况反映到梁 AB 中，则将如图 10.9（d)所示。仔细观察图 10.9（c)、（d）的关系，可以看出同一点处当截面方位不同时，应力状态是不同的。

10.2.2 平面应力状态分析的应力圆法

根据解析法，斜截面上的应力计算公式为式（10-7）和式（10-8)，即有

$$\sigma_\alpha=\frac{\sigma_x+\sigma_y}{2}+\frac{\sigma_x-\sigma_y}{2}\cos2\alpha-\tau_x\sin2\alpha$$

$$\tau_\alpha=\frac{\sigma_x-\sigma_y}{2}\sin2\alpha+\tau_x\cos2\alpha$$

由以上两式可得

$$\left(\sigma_\alpha-\frac{\sigma_x+\sigma_y}{2}\right)^2=\left(\frac{\sigma_x-\sigma_y}{2}\cos2\alpha-\tau_x\sin2\alpha\right)^2 \quad (10\text{-}9)$$

$$\tau_\alpha{}^2=\left(\frac{\sigma_x-\sigma_y}{2}\sin2\alpha+\tau_x\cos2\alpha\right)^2 \quad (10\text{-}10)$$

将式（10-9)、式（10-10）两式相加，经整理后得

$$\left(\sigma_\alpha-\frac{\sigma_x+\sigma_y}{2}\right)^2+\tau_\alpha{}^2=\left(\frac{\sigma_x-\sigma_y}{2}\right)^2+\tau_x{}^2 \quad (10\text{-}11)$$

式（10-11）是 σ_α 和 τ_α 之间的函数关系表达式。这是一个以正应力 σ 为横坐标，切应力 τ 为纵坐标的圆方程，圆心的坐标为 $\left(\frac{\sigma_x+\sigma_y}{2},\ 0\right)$，圆的半径为 $\sqrt{\left(\frac{\sigma_x-\sigma_y}{2}\right)^2+\tau_x^2}$，称为**应力圆**。应力圆是由德国学者莫尔于 1882 年首先提出，因此也称为**莫尔圆**。

下面介绍怎样根据已知单元体上的 σ_x、σ_y、τ_x、τ_y 作出应力圆，和怎样用应力圆求出单元体上任意斜截面上的应力 σ_α 和 τ_α。

设有一平面应力情况如图 10.10（a）所示，现要求 α 斜截面上的正应力 σ_α 和切应力 τ_α。为此，作一直角坐标系 $O\sigma\tau$［图 10.10（b)］，以横坐标轴表示 σ，向右为正，以纵坐标轴表示 τ，向上为正。根据图 10.10（a）所示的应力情况，按选定的应力比例尺，在坐标轴上量取 $OA_1=\sigma_x$、$A_1D_1=\tau_x$，得到点 D_1（σ_x，τ_x)，量取 $OB_1=\sigma_y$、$B_1D_2=\tau_y$ 得到点 D_2（σ_y，τ_y)。作直线连接点 D_1、D_2 并且与 σ 轴交于点 C，现以点 C 为圆心、D_1D_2 为直径作一圆如图 10.10（b）所示。该圆就是表示图 10.10（a）所示单元体的平面应力状态的应力圆。注意，该圆上的 D_1 点的两个坐标值即代表了单元体上外法线为 x 轴的平面上的正应力 σ_x 和切应力 τ_x；同理，D_2 点的两个坐标值即代表了单元体上外法线为 y 轴

的平面上的正应力σ_y和切应力τ_y。CD_1线的位置即代表单元体上的x轴，2α角的量取必须以CD_1为基准线，并且反时针量取为正，顺时针量取为负。

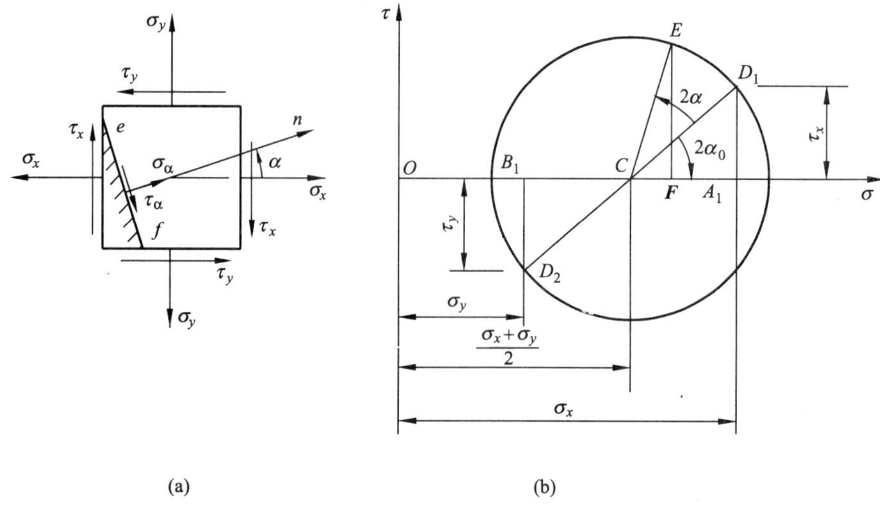

图 10.10

对于上面所作出的应力圆是否满足式（10-11），现证明如下。

圆心C在σ轴上，$OC=\dfrac{OA_1+OB_1}{2}=\dfrac{\sigma_x+\sigma_y}{2}$，所以此圆的圆心到原点$O$的距离为$\dfrac{\sigma_x+\sigma_y}{2}$。在直角三角形$CA_1D_1$中，由于$CA_1=\dfrac{OA_1-OB_1}{2}=\dfrac{\sigma_x-\sigma_y}{2}$，$A_1D_1=\tau_x$，所以$CD_1=\sqrt{(\dfrac{\sigma_x-\sigma_y}{2})^2+\tau_x^2}$，这就是圆的半径，所以这个圆的半径及圆心位置都满足式（10-11）。

利用上面的应力圆就可以求出单元体任意斜截面上的应力。例如，现欲求α为任意角的斜截面e-f面上的应力σ_α和τ_α［图 10.10（a）］，只要在应力圆上以CD_1为基准线［图 10.10（b）］，沿与α角相同的转向，转一圆心角2α，得到CE线，E点的两个坐标值OF和FE即代表了α面上的两个应力σ_α和τ_α。现证明如下。

$$\begin{aligned}OF&=OC+CF=OC+CE\cos(2\alpha_0+2\alpha)\\&=OC+CE\cos2\alpha_0\cos2\alpha-CE\sin2\alpha_0\sin2\alpha\\&=OC+(CD_1\cos2\alpha_0)\cos2\alpha-(CD_1\sin2\alpha_0)\sin2\alpha\\&=OC+CA_1\cos2\alpha-A_1D_1\sin2\alpha\\&=\frac{\sigma_x+\sigma_y}{2}+\frac{\sigma_x-\sigma_y}{2}\cos2\alpha-\tau_x\sin2\alpha\end{aligned}$$

由式（10-7）知，此式的右边部分即为σ_α值，因此$OF=\sigma_\alpha$。另外有

$$\begin{aligned}EF&=CE\sin(2\alpha+2\alpha_0)\\&=CD_1(\sin2\alpha\cos2\alpha_0+\sin2\alpha_0\cos2\alpha)\\&=(CD_1\cos2\alpha_0)\sin2\alpha+(CD_1\sin2\alpha_0)\cos2\alpha\\&=CA_1\sin2\alpha-A_1D_1\cos2\alpha\\&=\frac{\sigma_x-\sigma_y}{2}\sin2\alpha+\tau_x\cos2\alpha\end{aligned}$$

由式（10-8）知，上式的右边部分即为 τ_α 值，因此 $EF=\tau_\alpha$，这就证明了应力圆圆周上点 E 的坐标就代表着单元体任意 α 截面 e-f 上的应力情况。

注意，表示一点应力状态的单元体和应力圆有着相互的对应关系。

（1）点面对应。即单元体上任一截面上的应力值与应力圆上一点的坐标值相对应。

（2）α 角与 2α 角对应。即单元体上的 α 截面角应与应力圆上圆心角 2α 相对应。

（3）转向对应。即单元体上 α 角的转向应与应力圆上的圆心角 2α 的转向一致。

【例 10.3】 试用应力圆法计算图 10.9（c）（例 10.2 中）所示单元体在 e-f 截面上的应力，e-f 截面的外法线和 a-b 面的外法线之间的夹角为 $\alpha=-30°$［图 10.11（a）］。

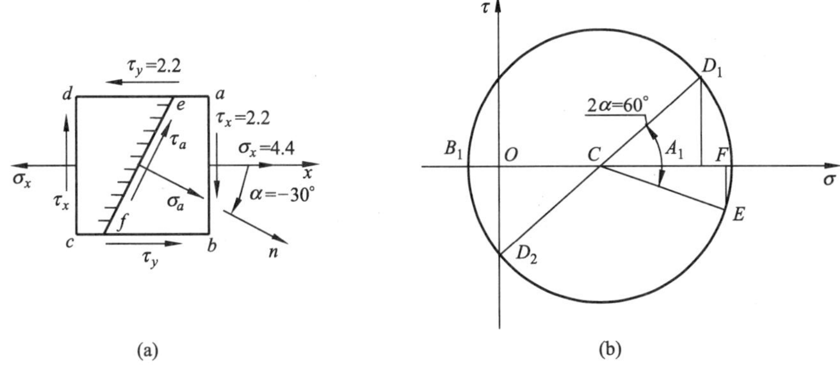

图 10.11

解　（1）取直角坐标系 $O\sigma\tau$［图 10.11（b）］，自选定一个应力比例尺。

（2）在横坐标轴上按比例量取 $OA_1=\sigma_x=4.4$ MPa，再沿纵坐标轴方向量 $A_1D_1=\tau_x=2.2$ MPa 得到点 D_1；同样根据 $\sigma_y=0$，$\tau_y=-2.2$ MPa 在 τ 轴上沿负方向量取 $OD_2=\tau_y=-2.2$ MPa 得到 D_2 点。

（3）作连接 D_1 与 D_2 的直线，它交 σ 轴于点 C 点，则以点 C 为圆心，以直线 D_1D_2 为直径作出如图 10.11（b）所示的圆，就是表示图 10.11（a）所示单元体的平面应力状态的应力圆。

（4）从应力圆圆周上的点 D_1 开始，沿着与 α 转向相同的方向量一弧 D_1E，D_1E 弧所对的圆心角为 $2\alpha=-60°$（负号应为顺时针转），得到圆周上的一点 E，则点 E 的横坐标和纵坐标就代表着 σ_α 和 τ_α，按选定的比例尺量得

$$\sigma_\alpha=\sigma_{-30°}=5.2\text{MPa}$$

$$\tau_\alpha=\tau_{-30°}=-0.8\text{MPa}$$

这个结果与解析法得到的结果非常接近。

【例 10.4】 试用应力圆法求图 10.12（a）所示的单元体在 $\alpha=30°$的斜截面上的应力。

解　用应力圆法求 $\sigma_{30°}$ 和 $\tau_{30°}$。

选定一个适当的应力比例尺，由 $\sigma_x=25$ MPa，$\tau_x=-130$MPa 定出点 D_1；由 $\sigma_y=-125$MPa，$\tau_y=130$MPa，定出点 D_2 点。作连接 D_1 和 D_2 的直线交 σ 轴于点 C 点。以点 C 为圆心，D_1D_2 为直径作出应力圆如图 10.12（b）所示。

从点 D_1 开始沿与 α 角相同的转向（逆时针转向为正）量取一弧 D_1A 并使它所对应的圆心角为 $2\alpha=-60°$，得到点 A 刚好落在 σ 轴上，A 点的横坐标即为 $\sigma_{30°}$，纵坐标即为 $\tau_{30°}$，由选定的应力比例尺量得

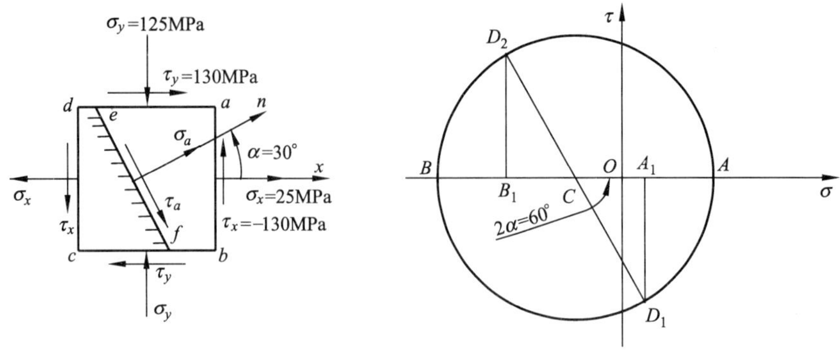

图 10.12

$$\sigma_{30^\circ} \approx 100\text{MPa}$$

$$\tau_{30^\circ} \approx 0$$

一般说应力圆法（图解法）的结果与所选比例尺及作图精度有关。当比例尺选择得当，作图时仔细一些，图解法仍可给出工程应用上相当满意的结果，不失为一种简易可行方法。

10.3　主应力和主应力迹线的概念

10.3.1　主应力和最大切应力的计算

由 10.2 节可知，对于构件上处于平面应力状态下的任意一点，只要知道作用在通过这点的 x 截面和 y 截面上的应力 σ_x、τ_x、σ_y、τ_y 时，就能计算出通过这点的任意斜截面上的应力 σ_α、τ_α。但是对构件的强度计算来说，最关键的问题是要能求出在构件中出现的最大正应力和最大切应力的数值和它们所在的位置，最大正应力就是主应力。所以下面探讨最大正应力（主应力）和最大切应力的求法。

1. 主应力的求法及其主平面位置的确定

(1) 确定主应力的大小及主平面的位置的解析法。根据前面导出的确定斜截面上的正应力 σ_α 和切应力 τ_α 的式 (10-7) 和式 (10-8)，可以看出，σ_α 和 τ_α 都是斜截面位置角 α 的函数，利用高等数学中求函数极值的方法，就可以求出 σ_α 和 τ_α 的极大值、极小值，以及它们所在的截面位置。

将式 (10-7) 对 α 求导数

$$\frac{d\sigma_\alpha}{d\alpha} = -(\sigma_x - \sigma_y)\sin 2\alpha - 2\tau_x \cos 2\alpha$$

令此导数等于零，可求得 σ_α 达到极值时的 α 值，并以 α_0 表示此值，得

$$\frac{\sigma_x - \sigma_y}{2}\sin 2\alpha_0 + \tau_x \cos 2\alpha_0 = 0 \tag{10-12}$$

由式 (10-8) 知道，上面等式的左边刚好等于 τ_α，这就说明，当 τ_α 等于零时，正应力有极值，亦即为主应力，$\tau_\alpha = 0$ 所在的平面位置即为主平面。对式 (10-12) 进一步简化，

就得出求主平面位置的方程如下

$$\tan 2\alpha_0 = -\frac{2\tau_x}{\sigma_x - \sigma_y} \tag{10-13}$$

由式（10-13）可以看出，α_0有两个根。因为

$$\tan 2(\alpha_0 + 90°) = \tan(2\alpha_0 + 180°) = \tan 2\alpha_0$$

说明 α_0 和 $\alpha_0 + 90°$都能满足式（10-13），这就是说，处于平面应力状态的单元体上有两个主平面，并且这两个主平面是互相垂直的。

下面再来推导主应力数值的计算公式。

由于在主平面上的切应力 $\tau_{\alpha_0} = 0$，代入求 τ_α 的式（10-8），令其 $\tau_{\alpha_0} = 0$，由此可以求出主应力所在的截面位置 α_0 的数值，并且 α_0 所在平面上的正应力就是主应力，用符号 σ_{zy} 代表主应力，将 α_0 的数值和 $\sigma_\alpha = \sigma_{zy}$ 代入求任意斜截面上正应力的公式（10-7）并经整理简化后，即有

$$\sigma_{zy} - \frac{\sigma_x + \sigma_y}{2} = \pm\sqrt{\left(\frac{\sigma_x - \sigma_y}{2}\right)^2 + \tau_x^2}$$

经移项整理后，就得到计算两个主应力的计算公式如下

$$\sigma_{zy} = \frac{\sigma_1}{\sigma_2} = \frac{\sigma_x + \sigma_y}{2} \pm \frac{1}{2}\sqrt{(\sigma_x - \sigma_y)^2 + 4\tau_x^2} \tag{10-14}$$

利用式（10-14），在已知 σ_x、σ_y 及 τ_x 的情况下，就可以很方便的求出两个主应力 σ_1 和 σ_2，并且 σ_1 与 σ_2 分别作用在两个互相垂直的主平面上。

例如，对于图 10.13 所示在平面应力状态下的单元体，只要确定了主平面 e-f 的位置，另一个主平面 g-f 的位置也就随之确定了。

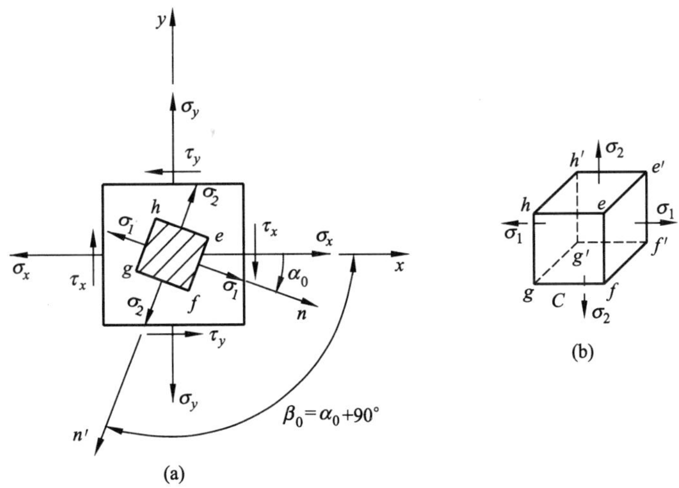

图 10.13

在平面应力状态下，必然有一对主应力等于零，例如，当某一平面应力状态的三个主应力数值为 200MPa、−100MPa 和 0 时，根据主应力按代数值大小依此排列的顺序就应该是 $\sigma_1 = 200\text{MPa}$，$\sigma_2 = 0$，$\sigma_3 = -100\text{MPa}$。这时式（10-14）所示的关系式仍然适用，只是式中的主应力应改为 σ_1 和 σ_3。

如果将式（10-14）中的两式相加可以得到如下的关系

$$\sigma_1+\sigma_2=\sigma_x+\sigma_y=\text{常数} \tag{10-15}$$

式（10-15）说明在平面单元体上互相垂直的两个任意截面上的正应力之和是常数。利用这个关系可以检查主应力的计算结果是否正确，同时，在试验应力分析中有时也要用到它。

现在，已可以根据式（10-14）计算出在平面应力状态下的两个主应力的数值和根据式（10-13）算得 x 轴与某一个主平面外法线 n 间的夹角 α_0（也就是 σ_x 与某一个主应力的夹角），从而确定两个主平面的位置。但是除了这些以外，还必须进一步判断出 α_0 究竟是 σ_x 与哪一个主应力（σ_1 或 σ_3）的夹角，才能确定每一个主应力的方向。

由式（10-13）知，$2\alpha_0$ 总是小于或等于 90°，因此 α_0 总是小于或等于 45°的锐角，也就是说由 α_0 确定方向的那个主应力总是偏向于 x 轴的。根据计算实践经验和理论分析知道，较大的主应力总是偏向于 σ_x 和 σ_y 中的较大者，较小的主应力则总是偏向于 σ_x 和 σ_y 中的较小者。因此，可以归纳出确定主应力（σ_1 或 σ_3）方向的规则如下。

① 当 $\sigma_x>\sigma_y$ 时，α_0 是 σ_x 与两个主应力中代数值较大者（σ_1）的夹角。

② 当 $\sigma_x<\sigma_y$ 时，α_0 是 σ_x 与两个主应力中代数值较小者（σ_3）的夹角。

③ 当 $\sigma_x=\sigma_y$ 时，$\alpha_0=45°$，主应力的方向可以从单元体上的应力情况直接判断出来。

为了便于记忆，可把上述的规则通俗的叙述为："小偏小来大偏大，夹角不比45°大"。

（2）确定主应力大小和主平面位置的应力圆法。关于用应力圆确定主应力大小和主平面位置的方法，现以图 10.14（a）所示的单元体为例介绍如下：首先根据单元体上的已知应力 σ_x、τ_x、σ_y、τ_y 作出应力圆如图 10.14（b）所示，然后就可以从图上量得 $\sigma_1=OA$，$\sigma_2=OB$。现证明如下

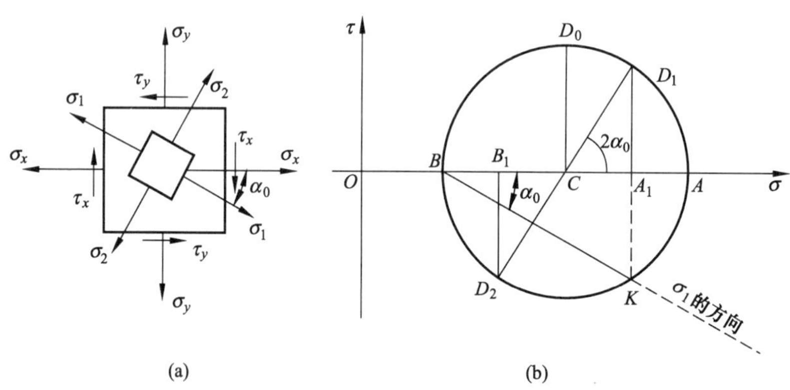

图 10.14

$$OA=OC+CA=OC+CD_1$$
$$=\frac{\sigma_x+\sigma_y}{2}+\frac{1}{2}\sqrt{(\sigma_x-\sigma_y)^2+4\tau_x^2}=\sigma_1$$

因为

$$OB=OC-BC=OC-CD_1$$
$$=\frac{\sigma_x+\sigma_y}{2}-\frac{1}{2}\sqrt{(\sigma_x-\sigma_y)^2+4\tau_x^2}=\sigma_2$$

合起来就是

$$\sigma_{zy}=\frac{\sigma_1}{\sigma_2}=\frac{\sigma_x+\sigma_y}{2}\pm\frac{1}{2}\sqrt{(\sigma_x-\sigma_y)^2+4\tau_x^2}$$

它与由解析法求得的主应力计算公式（10.14）相同。

此外，主应力的方向也可以由图 10.14（b）求得。因为$\angle D_1CA$为以σ_x与σ_1所夹角α_0的两倍（即$2\alpha_0$），而由D_1转至A是按顺时针转向，所以α_0应该是负值。据此，就可以在单元体上，自σ_x的方向，按顺时针转向量一角α_0就得到主应力σ_1的方向，σ_2的方向则与σ_1的方向垂直，如图 10.14（a）中所示。

由图 10.14（b）中可以看出

$$\tan(-2\alpha_0)=\frac{A_1D_1}{CA_1}=\frac{\tau_x}{\frac{\sigma_x-\sigma_y}{2}}=\frac{2\tau_x}{\sigma_x-\sigma_y}$$

也就是

$$\tan(2\alpha_0)=-\frac{2\tau_x}{\sigma_x-\sigma_y}$$

它和用解析法导出的求主平面位置角α_0的公式［式（10-13）］完全相同。

另外，在图 10.14（b）中，由于D_1K与σ轴垂直，那么$\angle ABK=\alpha_0$，所以，BK线也就是主应力σ_1的方向线。

2. 最大切应力及其作用面位置

首先用解析法来确定最大切应力τ_{max}所在的平面位置。将式（10-8）对α求导并令其等于零，有

$$\frac{d\tau_\alpha}{d\alpha}=(\sigma_x-\sigma_y)\cos2\alpha-2\tau_x\sin2\alpha=0 \tag{10-16}$$

即

$$(\sigma_x-\sigma_y)-2\tau_x\tan2\alpha=0$$

如果用α_τ表示最大切应力所在平面的外法线与x轴之间的夹角，则可由上式得出

$$\tan2\alpha_\tau=\frac{\sigma_x-\sigma_y}{2\tau_x} \tag{10-17}$$

将式（10-17）与式（10-13）的$\tan2\alpha_0=-\frac{2\tau_x}{\sigma_x-\sigma_y}$进行比较，可以知道

$$\tan(2\alpha_0+90^\circ)=-\cot2\alpha_0=\frac{\sigma_x-\sigma_y}{2\tau_x}=\tan2\alpha_\tau$$

即

$$\tan2(\alpha_0+45^\circ)=\tan2\alpha_\tau\quad 或\quad \alpha_\tau=\alpha_0+45^\circ$$

这说明**最大切应力所在平面位置应与主平面相交成 45°角**。

下面推证最大切应力τ_{max}的计算公式。

由式（10-16）令

$\frac{\sigma_x-\sigma_y}{2}\cos2\alpha_\tau-\tau_x\sin2\alpha_\tau=0$，由此可以求出$\alpha_\tau$的数值。

将α_τ的数值代入式（10-7）可以得到在最大切应力作用平面α_τ上的正应力为

$$\sigma_\tau=\frac{\sigma_x+\sigma_y}{2}$$

将这个σ_τ之值代入求切应力的公式（10-8），求得的τ_α值即为最大切应力τ_{max}，因此有

$$\tau_{max}^2=\left(\frac{\sigma_x-\sigma_y}{2}\right)^2+\tau_x^2$$

或
$$\tau_{max}=\pm\frac{1}{2}\sqrt{(\sigma_x-\sigma_y)^2+4\tau_x^2} \tag{10-18}$$

将式（10-18）与式（10-14）进行比较，可以看出最大切应力与主应力在数值上的关系是

$$\tau_{max}=\pm\frac{\sigma_1-\sigma_2}{2}$$

这个公式表明，**单元体上的最大切应力的数值等于最大主应力与最小主应力之差的1/2**。当单元体上的三个主应力按代数值排列是 $\sigma_1\geqslant\sigma_2\geqslant\sigma_3$ 时，则最大切应力的计算公式应该写为

$$\tau_{max}=\pm\frac{\sigma_1-\sigma_3}{2} \tag{10-19}$$

式（10-18）和式（10-19）都是计算最大切应力的公式，算得的结果有正、负两个数值。这说明最大切应力是成对出现的，它们的数值相等，正负号相反，作用面互相垂直，符合切应力双生互等定理。

另外，由前面的图 10.14（b）中的应力圆，也可以看出，点 D_0 的纵坐标就代表着最大切应力的数值，即 $\tau_{max}=CD_0$，并且其计算公式为

$$\tau_{max}=CD_0=CD_1=\pm\sqrt{CA_1^2+A_1D_1^2}=\pm\sqrt{\left(\frac{\sigma_x-\sigma_y}{2}\right)^2+\tau_x^2}$$

或
$$\tau_{max}=\pm\frac{1}{2}\sqrt{(\sigma_x-\sigma_y)^2+4\tau_x^2}=\pm\frac{\sigma_1-\sigma_2}{2}$$

即最大切应力的数值等于应力圆的半径，它的方向与主应力的方向成45°角。

3. 主应力和最大切应力计算举例

【例 10.5】 图 10.15 所示的单元体，是从某受力构件中 K 点处截取出来的。已知 $\sigma_x=25\text{MPa}$，$\tau_x=-130\text{MPa}$，$\sigma_y=-125\text{MPa}$。用应力圆法求出该单元体的主应力大小和方向，并求出最大切应力。

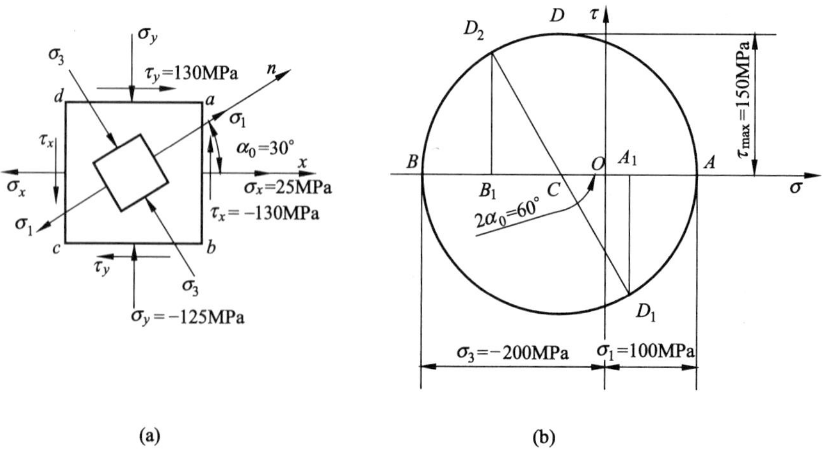

图 10.15

解　此处为简便起见，用应力圆法求解。

（1）建立直角坐标系 $O\sigma\tau$，按选定的比例尺，由 σ_x 和 τ_x 的值定出与 x 面相对应的 D_1 点；再由 σ_y 和 τ_y 的值定出与 y 面相对应的 D_2 点，连接 D_1D_2 直线并交 σ 轴于 C 点，以 C 点为圆心，D_1D_2 为直径作一圆，即为该单元体的应力圆，如图 10.15（b）所示。

（2）求主应力的大小。应力圆上 A 和 B 点分别为单元体上两个主平面所对应的点，主应力的大小按选定的比例尺直接从图上量取得

$$\sigma_1 = OA = 100\text{MPa}$$

$$\sigma_3 = OB = -200\text{MPa}$$

（3）求主应力的方向。从应力圆上量得圆心角 $\angle D_1CA_1 = 60° = 2\alpha_0$，且 A_1 是由 D_1 反时钟方向旋转而得，所以 α_0 为正，σ_1 的主平面角 $\alpha_0 = \dfrac{60°}{2} = 30°$，即在单元体上，由 x 轴开始逆时针方向旋转 $\alpha_0 = 30°$ 就可以得到 σ_1 作用的主平面的外法线 n，从而确定 σ_1 的方向及其主平面的位置；至于 σ_3 的方向则必定与 σ_1 的方向垂直。由两个主平面组成的单元体也画在图 10.15（a）中。

（4）求最大切应力 $\tau_{\max}$。根据选定的比例尺，从应力圆中可直接量得

$$\tau_{\max} = CD = 150\text{MPa}$$

$\tau_{\max}$ 的作用面由 σ_1 的作用面逆时针方向旋转 45°即可得到，本图中未绘出 $\tau_{\max}$ 作用面。

10.3.2　主应力轨迹线的概念

对于一个平面结构来说，可以求出其中任意一点处的两个主应力，这两个主应力的方向是互相垂直的。掌握构件内部主应力方向的变化规律，对于结构设计来说是很有用的。例如在设计钢筋混凝土梁时，如果知道了梁中主应力方向的变化情况，就可以判断梁上可能发生的裂缝的方向，从而恰当地配置钢筋，更有效的发挥钢筋的抗拉作用。在结构设计中，有时需要根据构件上各计算点的主应力方向，绘制出两组彼此成正交的曲线，在这些曲线上任意一点处的切线方向就是在该点处的主应力方向，这种曲线称为主应力轨迹线。其中的一组是 σ_1 的轨迹线，另一组是 σ_3 的轨迹线。

在图 10.16 中表示出了绘制梁主应力轨迹线的方法。首先如图 10.16（a）所示，对梁取

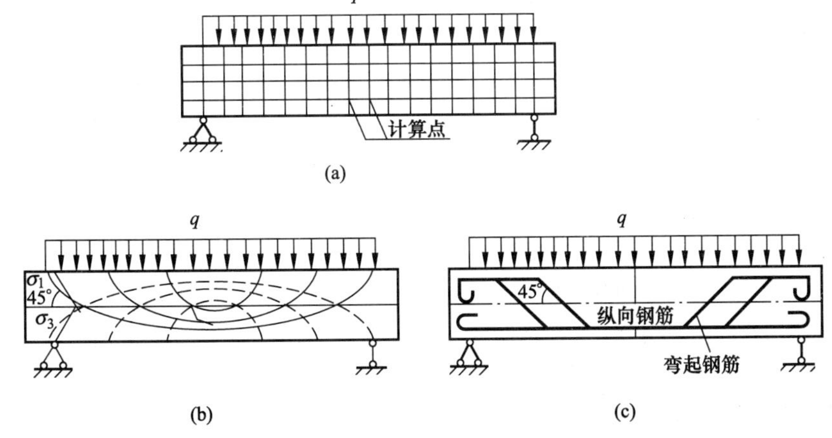

图 10.16

若干个横截面，并且在每个横截面上选定若干个计算点，然后求出每个计算点的主拉应力 σ_1 和主压应力 σ_3 的大小和方向，再按照各点处的主应力方向勾绘出梁的主应力轨迹线如图 10.16 (b)所示，其中的实线是主拉应力 σ_1 的轨迹线，虚线是主压应力 σ_3 的轨迹线。

通过对梁的主应力轨迹线的分析，可以看出，对于承受均布荷载的简支梁，在梁的上、下边缘附近的主应力轨迹线是水平线；在梁的中性层处，主应力轨迹线的倾角为 45°，如果是钢筋混凝土梁，水平方向的主拉应力 σ_1 可能使梁发生竖向的裂缝，倾斜方向的主拉应力 σ_1 可能使梁发生斜向的裂缝。因此在钢筋混凝土梁中，不但要配置纵向受拉钢筋，而且常常还要配置斜向弯起钢筋［图 10.16 (c)］。

同样，可以绘出受集中荷载作用的悬臂梁的主应力轨迹线及钢筋混凝土的配筋如图 10.17 (a)、(b)所示。

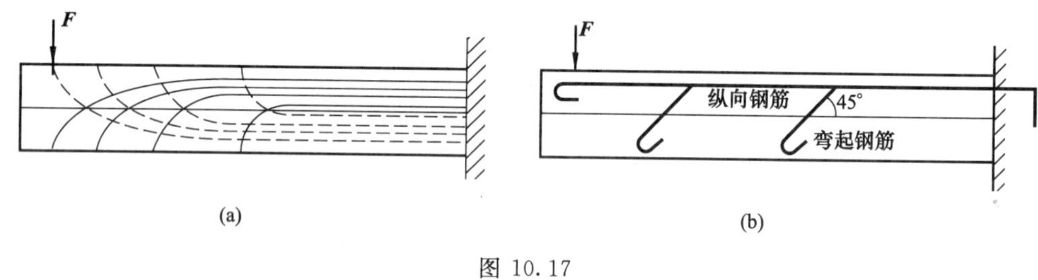

图 10.17

10.4 常用强度理论及其应用举例

10.4.1 强度理论的概念

在机械、电力和土木工程中，建造的每一个结构或者构件，其最基本的要求之一就是结构受到荷载作用后不致于发生垮坍现象，即破坏现象，这就是结构或构件的强度问题。强度问题是建筑力学中研究的最基本的问题。在前面几章中，已建立起了杆件发生基本变形时的强度条件。众所周知，材料发生破坏时总是某些截面的应力达到了某一个极限值。因此，在对材料进行简单试验的基础上，建立起杆件发生基本变形的两种强度条件为

正应力强度条件 $\sigma_{max} \leqslant [\sigma]$

切应力强度条件 $\tau_{max} \leqslant [\tau]$

而式中的许用正应力$[\sigma]$和许用切应力$[\tau]$，它们分别等于对试件进行单向轴向拉伸（压缩）试验或剪切试验确定出的材料的极限应力（屈服极限 σ_s、τ_s 或强度极限 σ_b、τ_b 等）除以安全系数而得到的。

大量的工程设计和结构建筑实践表明，仅用前面所述的强度条件对构件进行强度计算远远是不能满足机械、电力和土木工程构件设计需要的，亦即使构件满足了前面所述的两种强度条件，构件受力后也可能还会发生破坏。这是为什么呢？通过人们对构件强度问题深入细致的研究表明：由于构件内部存在着各种各样的应力状态，材料在不同的应力状态下，所处的物理环境也就不同，就可能会发生意想不到的破坏现象。对于前面所述的正应力强度条件，它只适合材料处于单向应力状态的情况［图 10.18 (a)］，而对于切应力强度条件，则它只适合于材料处于纯切应力状态的情况［图 10.18 (b)］。而对处于复杂应

力状态中的情况［图 10.18（c）、（d）、（e）的单元体］则是不适用的。因此，必须解决复杂应力状态下的强度计算问题，建立与之相适应的强度计算公式，以满足机械、电力和土木工程结构设计的需要。

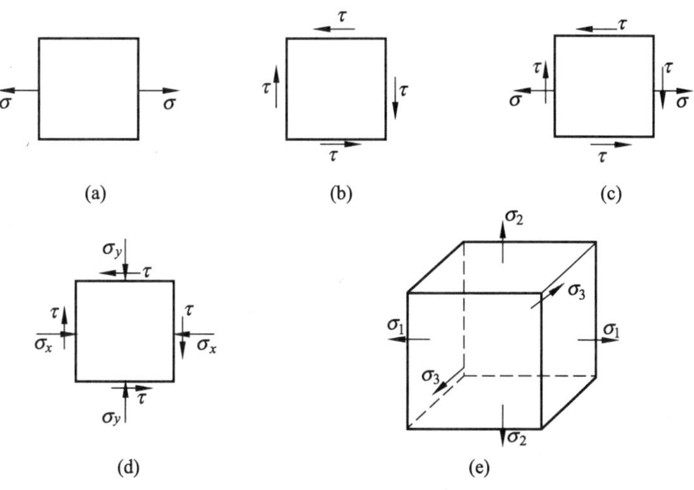

图 10.18

要解决复杂应力状态下构件的强度问题，不能像简单应力状态那样，仅以试验为基础，通过推理分析建立强度条件。因为在复杂应力状态下，正应力 σ 和切应力 τ 对材料破坏是相互有影响的。单元体各个面上的正应力、切应力的组合方式和它们之间的比值是不计其数的，它们对材料的破坏相互制约，相互影响，要模拟每一种单元体的应力组合情况进行试验也是难于做到的，因此，要解决这样的一个难题，只能是借助于可能进行的材料试验结果，经过推理，提出一些假说，推断材料破坏的原因，从而来建立起复杂应力状态下的强度条件。

人们通过丰富的建筑实践和科学实验，发现构件的破坏形式可以归结为两类：一类是断裂破坏；一类是屈服破坏（或剪切破坏）。许多试验表明，断裂破坏常常是拉应力或拉应变所引起的。例如，铸铁试样拉伸时沿横截面断裂，扭转时沿与轴线约成 45°倾角的螺旋面断裂。砖、石试件受压时沿纵截面断裂，它们都与最大拉应力或最大拉应变有关。另外，像 Q235 钢这样的塑性材料，其拉伸和压缩试件都会发生显著的塑性变形，有时并会出现明显的屈服现象，由于材料在屈服或发生显著塑性变形后构件就丧失了正常工作能力，因此，从工程意义上来说，屈服和发生显著塑性变形也就算作一种破坏。

对上述两类破坏现象的原因，人们进行了认真的分析和研究，并对两类破坏的主要原因提出了种种假说，并依据这些假说建立了相应的强度条件。**通常把这些关于对材料破坏现象的原因提出的假说统称为强度理论**，也称为**强度失效判别准则**。显然，这些假说的正确性必须经受实践或工程实践的检验。实际上，也正是在反复试验和实践的基础上，强度理论才逐步得到完善和日趋完善。

10.4.2　常用的四种强度理论简介

历史上提出的强度理论较多，但是通过工程设计和机械制造及建筑生产实践，其中的四种强度理论最为常用，并且能满足工程设计的需要，现把这四种强度理论介绍于后。

下面介绍的四种强度理论，适用于常温、静荷载作用下、均匀、连续、各向同性的材料。

(1) 最大拉应力理论（第一强度理论）。最大拉应力理论认为，引起材料断裂破坏的主要原因是最大拉应力。而且认为，不论材料处于何种应力状态，只要复杂应力状态下三个主应力中的最大拉应力 σ_1 达到材料单向拉伸断裂时的抗拉强度极限 σ_b 时，材料便发生断裂破坏。按此理论，材料发生断裂破坏的条件为

$$\sigma_1=\sigma_b$$

将上式右边的抗拉强度极限除以安全系数 K_b，即得到按第一强度理论建立的强度条件为

$$\sigma_1\leqslant[\sigma] \tag{10-20}$$

式中的 σ_1 为构件危险点处的最大主拉应力，$[\sigma]$为材料在单向拉伸时的许用应力。

本理论能较好的解释铸铁在拉伸、扭转时的破坏现象。比较适用于铸铁、陶瓷、岩石等脆性材料承受拉应力或在二向拉伸与压缩应力状态下且拉应力较大的情况。但是，这个理论也具有片面性，因为它认为材料的危险状态只取决于某一个方向的主拉应力 σ_1，而与其他两个主应力 σ_2、σ_3 无关，也就是说，不论是三向、二向或单向应力状态，它们的危险状态的到达并没有什么区别，这显然是不太合理的。

(2) 最大拉应变理论（第二强度理论）。最大拉应变理论认为，引起材料断裂破坏的主要因素是最大拉应变，而且认为，无论材料处于何种应力状态，只要单元体的三个主应变中的最大主拉应变 ε_1 达到材料单向拉伸断裂时的最大拉应变极限值 $\varepsilon_{t,max}$，材料即发生断裂破坏。按此理论，材料的断裂破坏条件为

$$\varepsilon_1=\varepsilon_{t,max}$$

如果材料从开始受力直到发生断裂破坏时其应力、应变关系近似符合胡克定律，则复杂应力状态下的最大拉应变为

$$\varepsilon_1=\frac{1}{E}[\sigma_1-\mu(\sigma_2+\sigma_3)]$$

而材料在单向拉伸断裂破坏时的应变值为

$$\varepsilon_{t,max}=\frac{\sigma_b}{E}$$

这样，材料的断裂破坏条件又可以写为

$$\frac{1}{E}[\sigma_1-\mu(\sigma_2+\sigma_3)]=\frac{\sigma_b}{E}$$

或者为

$$\sigma_1-\mu(\sigma_2+\sigma_3)=\sigma_b$$

将上式右边的抗拉强度极限 σ_b 除以安全系数 K_b 后，即可得到按第二强度理论建立的强度条件

$$\sigma_1-\mu(\sigma_2+\sigma_3)\leqslant[\sigma] \tag{10-21}$$

式中：σ_1、σ_2、σ_3——构件危险点处的主应力；

$[\sigma]$——材料在单向拉伸时的许用应力。

可以看出，这个强度理论比第一强度理论较为优越，因为它综合考虑了三个主应力 σ_1、σ_2、σ_3 对材料危险状态的影响。本理论能很好地解释石料或混凝土轴向受压时沿纵向面破坏的现象，它对铸铁等脆性材料受二向拉伸和压缩时且压应力较大的情况较为适用。当然，这个理论也有不能很好解释的现象。例如，按这个理论，材料在二向拉伸时的破坏

条件为

$$\sigma_1 - \mu\sigma_3 = \sigma_b$$

而材料在单向拉伸时的断裂破坏条件为

$$\sigma_1 = \sigma_b$$

将以上两式进行比较，似乎二向受拉反比单向受拉还要安全些，这与试验结果并不完全符合。

(3) 最大切应力理论（第三强度理论）。最大切应力理论认为，材料引起屈服破坏（剪切破坏）的主要因素是最大切应力。而且认为，无论材料处于何种应力状态，只要它的最大切应力 $\tau_{\max}$达到材料在单向拉伸屈服时的最大切应力 τ_s时，材料即发生屈服破坏。按此理论，材料的屈服破坏条件（或屈服条件）为

$$\tau_{\max} = \tau_s$$

根据式（10-19），复杂应力状态下的最大切应力为

$$\tau_{\max} = \frac{\sigma_1 - \sigma_3}{2}$$

而材料在单向拉伸时的最大切应力为

$$\tau_s = \frac{\sigma_s}{2}$$

为此，材料的屈服破坏条件又可以写为

$$\frac{\sigma_1 - \sigma_3}{2} = \frac{\sigma_s}{2}$$

或者

$$\sigma_1 - \sigma_3 = \sigma_s$$

将上式右边材料的屈服极限 σ_s除以安全系数 K_s 后，即可得到按照第三强度理论建立的强度条件为

$$\sigma_1 - \sigma_3 \leqslant [\sigma] \tag{10-22}$$

这个强度理论被许多塑性材料的试验所证实，且偏于安全。又因为这个理论所提供的计算式比较简单，因此它在工程设计中得到了广泛的应用。而这个理论的不足之处是没有考虑 σ_2的影响，而试验又表明，σ_2对材料的屈服确实存在着一定影响。并且，按照这个理论，材料在三向均匀受拉时应该不容易破坏，但这点并没有被试验所证实。

(4) 形状改变比能理论（第四强度理论）。形状改变比能理论认为，形状改变比能是引起材料屈服破坏的主要因素，而且认为，不论材料处于何种应力状态，只要其材料的形状改变比能 u_φ达到材料单向拉伸屈服时的形状改变比能 u 值时，材料便发生屈服破坏。按此理论，材料的屈服破坏条件为

$$u_\varphi = u$$

根据形状改变比能概念，在复杂应力状态下，其单元体的形状改变比能为

$$u_\varphi = \frac{(1+\mu)}{6E}[(\sigma_1 - \sigma_2)^2 + (\sigma_2 - \sigma_3)^2 + (\sigma_3 - \sigma_1)^2]$$

在上式中，令 $\sigma_1 = \sigma_s$，$\sigma_2 = 0$，$\sigma_3 = 0$，即可得到材料在单向拉伸屈服时的形状改变比能 u：

$$u = \frac{(1+\mu)}{3E}\sigma_s^2$$

为此，按照第四强度理论写出的屈服破坏条件为

$$\sqrt{\frac{1}{2}[(\sigma_1-\sigma_2)^2+(\sigma_2-\sigma_3)^2+(\sigma_3-\sigma_1)^2]}=\sigma_s$$

将上式右边材料的屈服极限 σ_s除以安全系数 K_s 后，即可得到按第四强度理论所建立的强度条件为

$$\sqrt{\frac{1}{2}[(\sigma_1-\sigma_2)^2+(\sigma_2-\sigma_3)^2+(\sigma_3-\sigma_1)^2]}\leqslant[\sigma] \tag{10-23}$$

可见，第四强度理论比第三强度理论更加综合的考虑了 σ_1、σ_2、σ_3对材料屈服破坏的影响，因此，也就更加符合塑性材料的试验结果。但第三强度理论的数学表达式比较简单，因此第三强度理论与第四强度理论，在工程中均得到了广泛的应用。但是，它与第三强度理论一样，均不能说明材料在三向均匀拉伸时材料破坏的原因。

(5) 相当应力（折算应力）。从式（10-20）～式（10-23）的形式来看，按照四个强度理论所建立的强度条件可统一写作

$$\sigma_{ri}^*\leqslant[\sigma]\ (i=1,2,3,4) \tag{10-24}$$

式中 σ_{ri}^* 是根据不同强度理论所得到的构件危险点处三个主应力的某些组合。由于从式（10-24)的形式来看，这种主应力的组合 σ_{ri}^* 和单向拉伸时的拉应力在安全程度上是相当的，因此，**通常称 σ_{ri}^* 为相当应力或折算应力**。四个强度理论的相当应力如下

$$\left.\begin{aligned}&\sigma_{r1}^*=\sigma_1\\&\sigma_{r2}^*=[\sigma_1-\mu(\sigma_2+\sigma_3)]\\&\sigma_{r3}^*=(\sigma_1-\sigma_3)\\&\sigma_{r4}^*=\sqrt{\frac{1}{2}[(\sigma_1-\sigma_2)^2+(\sigma_2-\sigma_3)^2+(\sigma_3-\sigma_1)^2]}\end{aligned}\right\} \tag{10-25}$$

10.4.3　强度理论适用范围及应用举例

1. 强度理论的实用范围

一般来说，在常温、静荷载情况下，脆性材料多发生断裂破坏，所以通常采用第一强度理论和第二强度理论或莫尔强度理论；塑性材料多发生屈服破坏，所以通常采用第三强度理论和第四强度理论或莫尔强度理论，且用第三强度理论偏于安全，第四强度理论偏于经济。但材料的脆性和塑性并不是固定不变的，在不同的应力状态下同一种材料可能发生不同的破坏形式。如 Q235 钢在单向拉伸时发生塑性屈服，但在三向拉伸时却又发生脆性断裂；又如石料这种脆性材料在三向压缩应力状态下也会产生很大的塑性变形。因此，在实践中还要根据不同的应力状态和可能的破坏形式选用合适的强度理论。

2. 第三强度理论、第四强度理论在梁结构强度分析中的应用

作为第三强度理论、第四强度理论的应用，导出梁结构在复杂应力状态下常用的两个强度公式。图 10.19 所示的平面应力状态，在受弯杆件工程设计中会经常遇到。

根据式（10-14）可以得到这种应力状态下的主应力计算公式为

$$\sigma_1=\frac{\sigma}{2}+\frac{1}{2}\sqrt{\sigma^2+4\tau^2}$$

$$\sigma_2=0$$

$$\sigma_3=\frac{\sigma}{2}-\frac{1}{2}\sqrt{\sigma^2+4\tau^2}$$

将这三个主应力代入第三强度理论的公式（10-22）后，得到相应的强度条件为

$$\sigma_{r3}^*=\sqrt{\sigma^2+4\tau^2}\leqslant[\sigma] \qquad (10\text{-}26)$$

同理，代入第四强度理论的公式（10-23），得到相应的强度条件为

$$\sigma_{r4}^*=\sqrt{\sigma^2+3\tau^2}\leqslant[\sigma] \qquad (10\text{-}27)$$

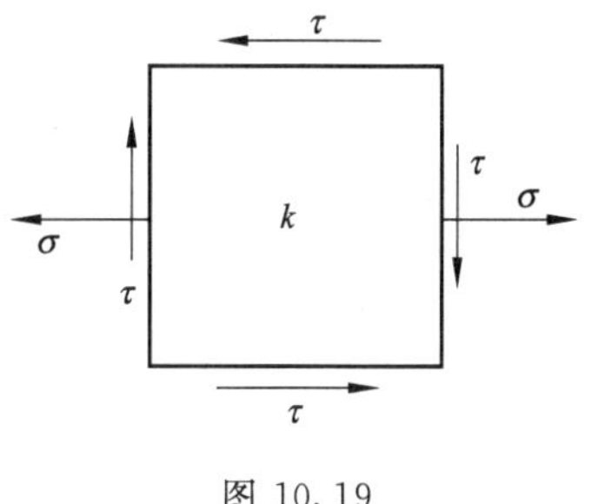

图 10.19

以后在用塑性材料制成的梁或其他构件的强度设计中遇到图 10.19 所示的应力状态时，就可以直接应用式（10-26）和式（10-27）进行强度计算。

3. 强度理论的应用举例

【例 10.6】 两端简支的工字钢梁及其上的荷载如图 10.20（a）所示。已知材料 Q235 钢的许用正应力 $[\sigma]=170\text{MPa}$，许用切应力 $[\tau]=100\text{MPa}$。当采用 32c 型工字钢时，试校核梁的危险截面处工字钢截面上 K 点的强度是否足够。

解 （1）求支座反力，绘出弯矩图 $\boldsymbol{M}$ 和剪力图 $\boldsymbol{F}_Q$

由 $\sum F_y=0$ 及对称性得

$$F_{AY}=F_{BY}=250\text{kN}(\uparrow)$$

由 F_{AY}、F_{BY} 及梁上荷载，可绘出弯矩图 $\boldsymbol{M}$ 和剪力图 $\boldsymbol{F}_Q$，如图 10.20（b）、（c）所示。

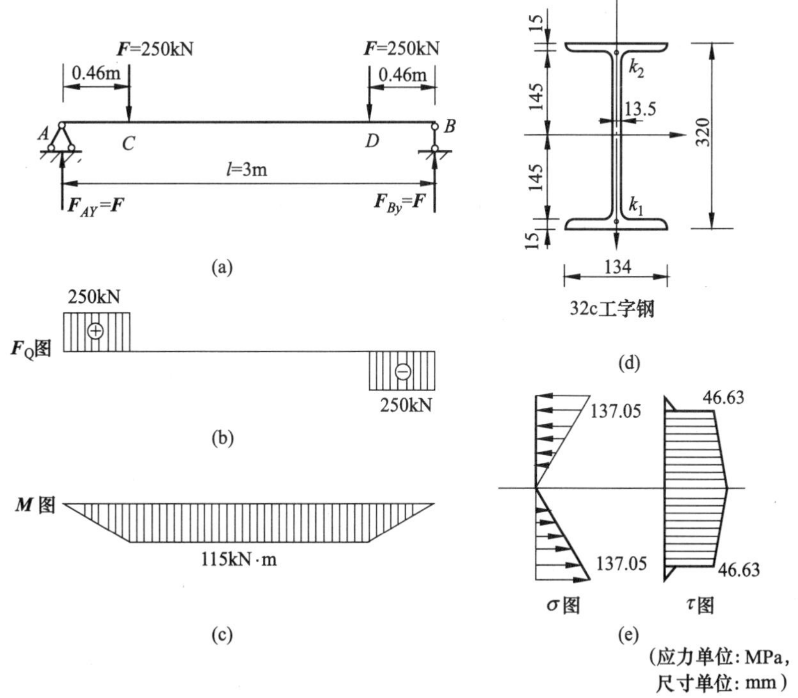

图 10.20

(2) 确定危险截面的最大内力值。由 $\boldsymbol{M}$ 图及 $\boldsymbol{F}_Q$ 图可以看出，$C_左$ 和 $D_右$ 截面的弯矩和剪力值最大，是危险截面，现取 $C_左$ 截面进行强度计算。且

$$M_C = M_{max} = 250\text{kN} \times 0.46\text{m} = 115\text{kN} \cdot \text{m}$$

$$F_{Q,C左} = F_{Q,max} = 250\text{kN}$$

(3) 查书末的附录 A 得 32c 型工字钢的几何量为［图 10.20 (d)］

$$I_Z = 12167.5\text{cm}^4 = 12167.5 \times 10^4 \text{mm}^4$$

$$S_Z = 134 \times 15 \times \left(145 + \frac{15}{2}\right)\text{mm}^3 = 306525\text{mm}^3$$

$$y_{k1} = (320 - 15 \times 2)\text{mm}/2 = 145\text{mm}$$

$$d = 13.5\text{mm}$$

32c 型工字钢简化后的截面如图 10.20 (d) 所示。

(4) 计算 32c 型工字钢截面上 K 点的应力。将上述值代入计算 σ 和 τ 的相应公式，得

$$\sigma = \frac{M_c}{I_Z} y_{k1} = \left(\frac{115 \times 10^6}{12167.5 \times 10^4} \times 145\right)\text{MPa} = 137.05\text{MPa}$$

$$\tau = \frac{F_{Q,max} S_Z}{I_Z d} = \left(\frac{250 \times 10^3 \times 306525}{12167.5 \times 10^4 \times 13.5}\right)\text{MPa} = 46.63\text{MPa}$$

32c 型工字钢截面上的应力分布如图 10.20 (e) 所示。

(5) 用强度理论进行强度校核。按第三强度理论，得

$$\sigma_{r3}^* = \sqrt{\sigma^2 + 4\tau^2} = (\sqrt{137.05^2 + 4 \times 46.63^2})\text{MPa} = 165.77\text{MPa} < [\sigma]$$

按第四强度理论，得

$$\sigma_{r4}^* = \sqrt{\sigma^2 + 3\tau^2} = (\sqrt{137.05^2 + 3 \times 46.63^2})\text{MPa} = 159.08\text{MPa} < [\sigma]$$

所以，不论按第三强度理论或第四强度理论计算，该梁均能满足强度要求。

结论：**危险截面上 K 点的强度满足要求，强度足够。**

本 章 提 要

1. 点的应力状态是指通过构件内一点处各截面上的应力情况。一点处的应力状态可采用单元体来表示。单元体上切应力等于零的平面称为主平面，主平面上的正应力称为主应力，一点处存在三个正交的主应力，按代数值大小排列：$\sigma_1 \geqslant \sigma_2 \geqslant \sigma_3$

2. 平面应力状态分析

任意斜截面上的应力

$$\sigma_\alpha = \frac{\sigma_x + \sigma_y}{2} + \frac{\sigma_x - \sigma_y}{2}\cos 2\alpha - \tau_x \sin 2\alpha$$

$$\tau_\alpha = \frac{\sigma_x - \sigma_y}{2}\sin 2\alpha + \tau_x \cos 2\alpha$$

主平面的方位：$\tan(2\alpha_0) = -\dfrac{2\tau_x}{\sigma_x - \sigma_y}$

主应力：$\sigma_{zy} = \begin{matrix}\sigma_1 \\ \sigma_2\end{matrix} = \dfrac{\sigma_x + \sigma_y}{2} \pm \dfrac{1}{2}\sqrt{(\sigma_x - \sigma_y)^2 + 4\tau_x^2}$

最大切应力：$\tau_{max} = \pm\dfrac{\sigma_1 - \sigma_3}{2}$

应力圆：$\left(\sigma_\alpha-\frac{\sigma_x+\sigma_y}{2}\right)^2+\tau_\alpha{}^2=\left(\frac{\sigma_x-\sigma_y}{2}\right)^2+\tau_x{}^2$

3. 强度理论

强度理论认为材料破坏的主要形式有两种：脆性断裂破坏和塑性屈服破坏。脆性材料断裂破坏为主，宜采用第一或第二强度理论进行强度计算，塑性材料以塑性屈服破坏为主，宜采用第三或第四强度理论。

强度条件和一般表达式为：

$$\sigma_r\leqslant[\sigma]$$

σ_r称为相当应力或折算应力的相当应力，分别为

第一强度理论的相当应力：$\sigma_{r1}=\sigma_1$

第二强度理论的相当应力：$\sigma_{r2}=\sigma_1-\mu(\sigma_2+\sigma_3)$

第三强度理论的相当应力：$\sigma_{r3}=\sigma_1-\sigma_3$

第四强度理论的相当应力：$\sigma_{r4}=\sqrt{\frac{1}{2}[(\sigma_1-\sigma_2)^2+(\sigma_2-\sigma_3)^2+(\sigma_3-\sigma_1)^2]}$

思　考　题

10-1　何谓一点处的应力状态？

10-2　如何研究一点处的应力状态？

10-3　什么是单元体？如何截取单元体？

10-4　四种基本变形杆件的单元体是怎样的？试分别绘出四种基本变形杆件的单元体。

10-5　何谓主平面？何谓主应力？

10-6　应力状态分为几类？

10-7　怎样用解析法确定任一斜截面上的应力？应力和方位角的正负号是如何确定的？

10-8　为什么要研究一点处的应力状态？

10-9　单元体上的主应力与其正应力有什么关系？

10-10　怎样用解析法确定主应力的大小和主平面的方位？

10-11　怎样用应力圆法确定主应力的大小和主平面的方位？

10-12　主应力的公式是怎样推导出来的？

10-13　如何确定单元体上的最大切应力？

10-14　最大切应力作用面与主应力作用面之间的夹角是多少？

10-15　主应力是按什么顺序排列的？

10-16　什么是应力圆？

10-17　如何用应力圆求单元体上任意斜截面上的应力？

10-18　如何用应力圆求单元体上的主应力和最大剪应力？

10-19　主应力和正应力有什么区别？

10-20　在单元体中，最大正应力作用的平面上有无切应力？在最大切应力作用的平面上有无主应力？

10-21　已知某单元体上的三个主应力分别是 200MPa、150MPa 和－200MPa，试问 σ_1、σ_2 和 σ_3 各为多少？

10-22　什么是空间应力状态？

10-23　何谓强度理论？构件主要有几种破坏形式？相应有几类强度理论？

10-24　目前常用的四个强度理论的基本观点是什么？如何建立相应的强度条件？各适用什么情况？

10-25　什么是相当应力？四种强度理论的相当应力公式是怎样的？

习　　题

10-1　试用解析法分别求出图 10.21 所示各单元体中指定斜截面上的正应力和切应力，设应力单位为 MPa。

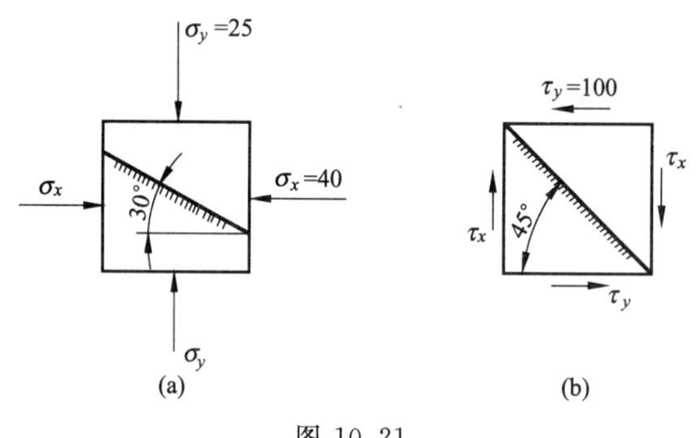

图 10.21

10-2　试用解析法分别求出图 10.22 所示各单元体中指定斜截面上的正应力和切应力，设应力单位为 MPa。

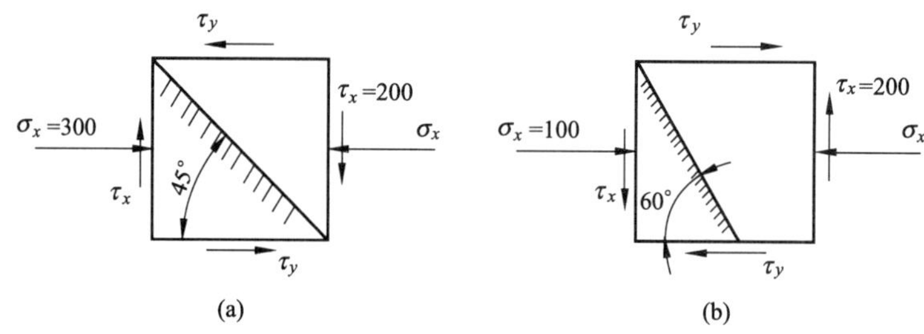

图 10.22

10-3　试用解析法分别求出图 10.23 所示各单元体中指定斜截面上的正应力和切应力，设应力单位为 MPa。

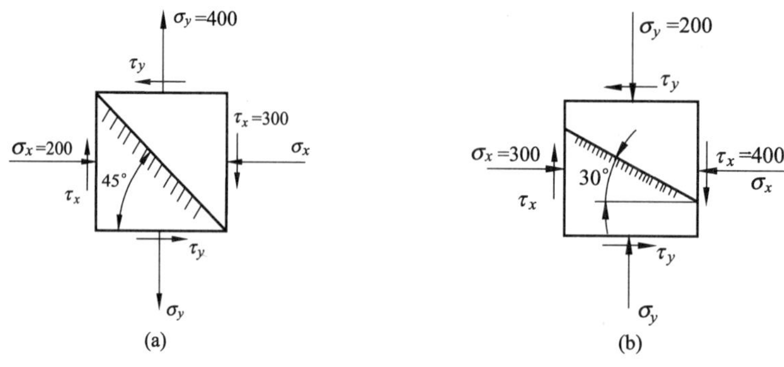

图 10.23

10-4　试用解析法分别求出图 10.24 所示各单元体中主应力的数值、主应力的方向和最大切应力的数值。设应力单位为 MPa。

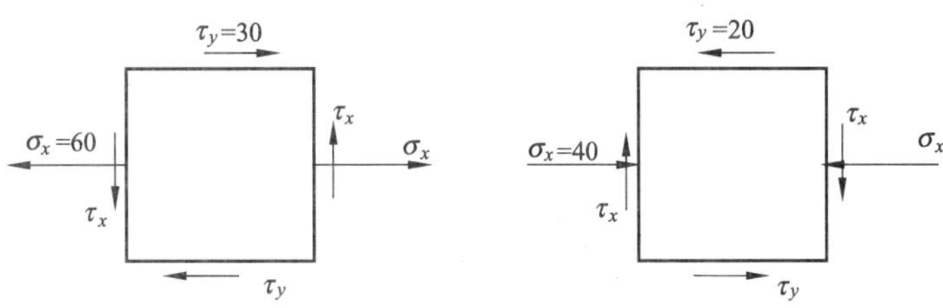

图 10.24

10-5　单元体各截面的应力如图 10.25 所示，试用解析法分别求出图示各单元体中主应力的大小、方向，并在单元体中画出主应力作用的截面位置，同时求出最大切应力的数值。设应力单位为 MPa。

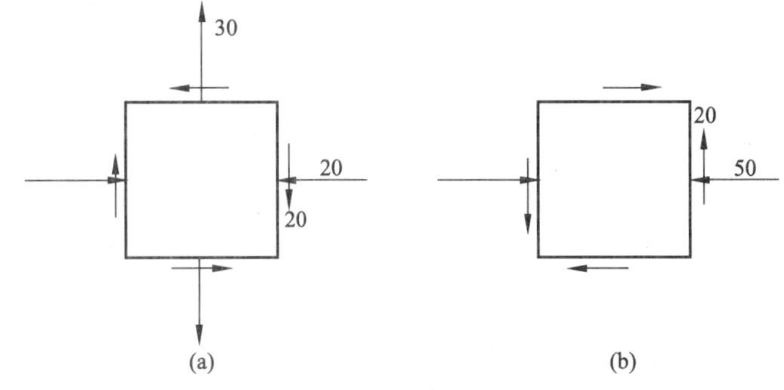

图 10.25

10-6　试绘出图 10.26 所示简支梁上点 A 和点 B 处的应力单元体（忽略竖向应力），并计算出在这两点处的主应力的数值。

10-7　对图 10.27 中所示的梁进行试验时，测得梁上点 A 处的应变为 $\varepsilon_x=0.5\times10^{-3}$，$\varepsilon_y=1.65\times10^{-4}$。如果梁材料的弹性模量 $E=210\text{GPa}$，泊松比 $\mu=0.3$，试求在梁上点 A 处的正应力 σ_x 和 σ_y。

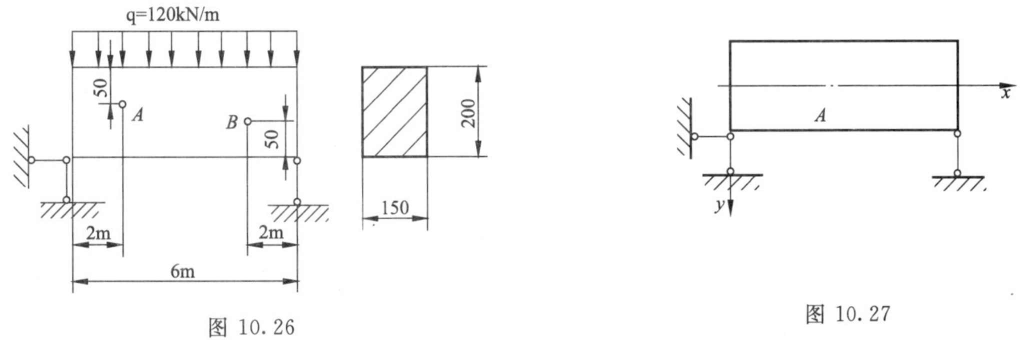

图 10.26　　图 10.27

10-8　图 10.28 所示工字形截面简支梁的受力情况和尺寸，已知 $F=480\text{kN}$，$q=40\text{kN/m}$，试用解析法求此梁在 $C_{左}$ 截面上点 K 处的主应力的大小及方向。（尺寸单位：mm）

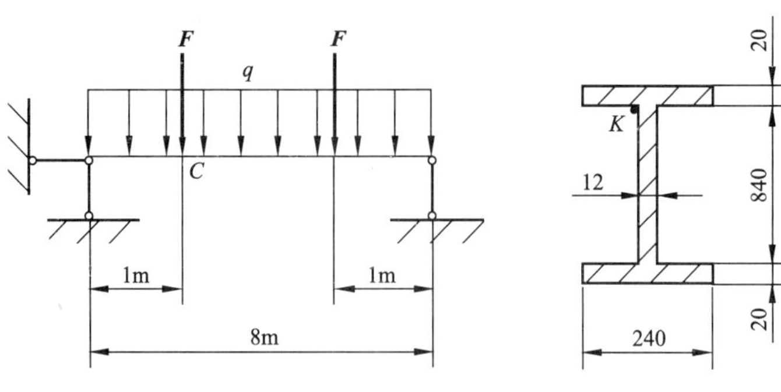

图 10.28

10-9　已知低碳钢的许用应力 $[\sigma]=140\text{MPa}$，其由此材料制成的构件内一危险点的主应力 $\sigma_1=-50\text{MPa}$，$\sigma_2=-70\text{MPa}$，$\sigma_3=-160\text{MPa}$，试校核此构件的强度。

10-10　某简支梁的受力情况如图 10.29 所示。已知此梁材料的许用应力 $[\sigma]=170\text{MPa}$，许用切应力 $[\tau]=100\text{MPa}$。试为此简支梁选择工字钢的型号，并按照第四强度理论进行强度校核。

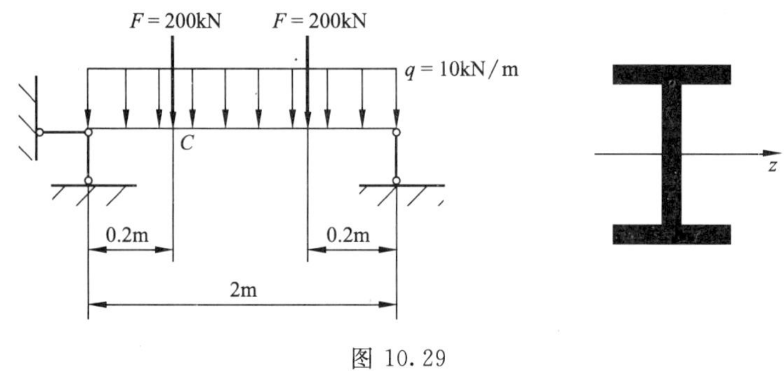

图 10.29

10-11　一圆柱形气瓶，内径 $D=200\text{mm}$，壁厚 $\delta=8\text{mm}$，许用应力 $[\sigma]=200\text{MPa}$。试按照第四强度理论确定气瓶的许用压力 $[p]$ 为多大？

10-12　设一构件中危险点的应力状态为 $\sigma_x=40\text{MPa}$，$\sigma_y=-20\text{MPa}$，$\tau_x=-\tau_y=-30\text{MPa}$。试根据不同的强度理论，求出其与之对应的相当应力。

第 11 章　组合变形杆的强度计算

【教学目标】

要求学生了解组合变形的概念，掌握常见组合变形［包括斜弯曲、弯拉（压）组合、偏压、弯扭组合］的内力和强度计算方法。

【教学要求】

知识要点	能力要求	相关知识
组合变形的概念	能正确理解组合变形概念，了解组合变形的常见形式	组合变形概念，斜弯曲、弯拉(压)、偏压、弯扭等组合变形的概念
斜弯曲变形计算	能计算斜弯曲变形构件的内力、应力	斜弯曲变形的内力特征、计算步骤，应力分布特征、计算方法
弯拉(压)组合变形计算	能计算弯拉(压)组合变形构件的内力、应力	弯拉(压)组合变形的内力特征、计算步骤，应力分布特征、计算方法
偏心受压变形的计算	能计算偏心受压变形构件的内力、应力	偏心受压变形的内力特征、计算步骤，应力分布特征、计算方法
弯扭组合变形计算	能计算弯扭组合变形构件的内力、应力	弯扭组合变形构件的内力特征、计算步骤，应力分布特征、计算方法

所谓组合变形，就是指杆件产生的包含两种及两种以上基本变形的变形形式。图 11.1 (a)所示的梁在力 $\boldsymbol{F}$ 作用下，就不再是平面弯曲了，可以分解为梁水平、竖直两个纵向对称平面内的平面弯曲。图 11.1 (b) 所示的钻床立柱则同时产生了弯曲变形与拉伸变形。组合变形的分析方法是将其分解为若干基本变形，然后应用以前的基本变形内力、应力、变形计算知识进行计算。

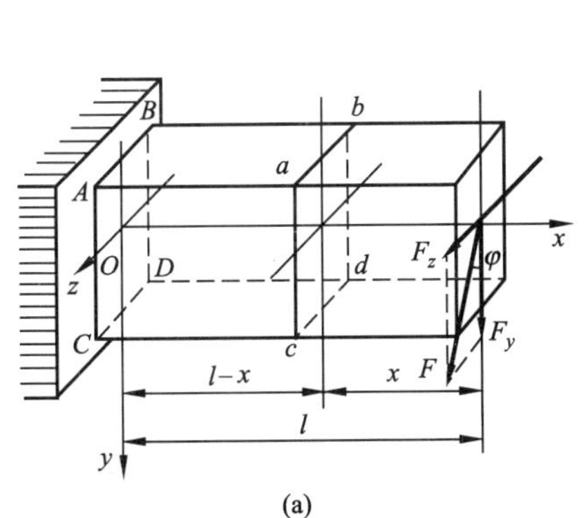

(a)

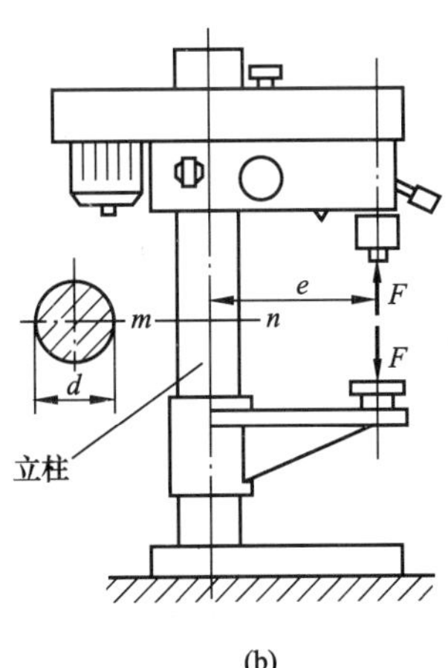

(b)

图 11.1

11.1　斜弯曲变形的应力和强度计算

图 11.1（a）所示梁有两个相互垂直的纵向对称平面，其所受外力与杆件的轴线垂直且通过横截面弯曲中心，但不与截面的形心主轴重合或平行，在这种情况下，梁弯曲变形过程中轴线不再保持在纵向对称平面内或外力作用平面内，而会发生翘曲。这种弯曲称为**斜弯曲**。

将图 11.1（a）中发生斜弯曲梁的外力分解为两个相互垂直的纵向对称平面内的分力，则可形成两个纵向对称平面内的平面弯曲。故斜弯曲又称双向弯曲，其应力与强度问题实质上是两个方向平面弯曲的强度与变形问题的叠加。

11.1.1　外荷载分解

如图 11.1（a）外荷载 F 可沿坐标轴 y 和 z 分解，得

$$F_y = F\cos\varphi$$

$$F_z = F\sin\varphi$$

其中 F_y 使梁产生绕 z 轴的平面弯曲，F_z 使梁产生绕 y 轴的平面弯曲。因此，斜弯曲实际上是两个互相垂直的平面弯曲的组合。

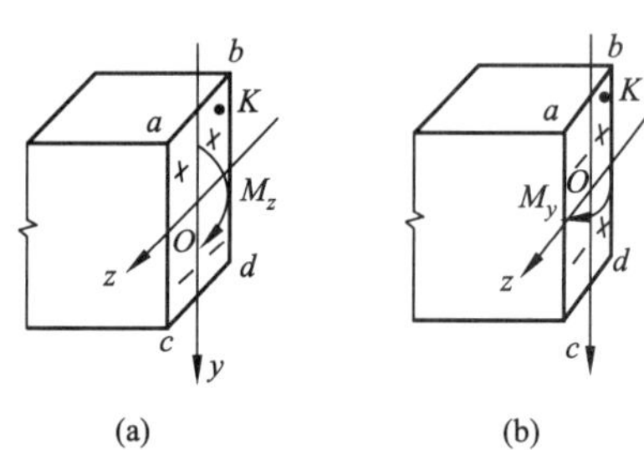

图 11.2

11.1.2　弯矩计算

和平面弯曲问题一样，斜弯曲梁的强度是由最大正应力来控制的。所以，弯矩的计算是最主要的。

在距外端点为 x 的任意横截面上，F 引起的截面弯矩为

$$M = Fx$$

于是，两个分力 F_y 和 F_z 引起的弯矩［图 11.2（a）、（b）］值为

$$M_z = F_y x = Fx\cos\varphi = M\cos\varphi$$

$$M_y = F_z x = Fx\sin\varphi = M\sin\varphi$$

即分力引起的弯矩 M_z、M_y 可看作是“总”弯矩 M 的分量。

11.1.3　斜弯曲应力计算

在该横截面上任意点 K 处［相应坐标为 y、z，如图 11.2（a）、（b）所示］由 M_z 和 M_y 引起的正应力为

$$\left.\begin{aligned}\sigma'_K &= \frac{M_z y}{I_z}\\ \sigma'_K &= \frac{M_y Z}{I_y}\end{aligned}\right\}$$

由叠加原理，任意点 K 的总正应力为

$$\sigma_K = \sigma'_K + \sigma''_K = \frac{M_z y}{I_z} + \frac{M_y z}{I_y} \tag{11-1a}$$

代入总弯矩 $M=F_x$，可得

$$\sigma_K=M\left(\frac{\cos\varphi}{I_z}y+\frac{\sin\varphi}{I_y}z\right) \tag{11-1b}$$

式中：I_z 和 I_y——横截面对形心主轴 z 和 y 的惯性矩；

　　y 和 z——K 点坐标。

具体计算时，M、y、z 均以绝对值代入，而 σ_K 的正负号，可通过 K 点所在位置直观判断，如图 11.2 所示。

11.1.4　斜弯曲变形特点及强度条件

1. 中性轴位置

因中性轴上各点正应力均为零，则由式（11-1b）可得

$$\frac{\cos\varphi}{I_z}y_1+\frac{\sin\varphi}{I_y}z_1=0$$

当 $y_1=0$ 时，$z_1=0$，说明中性轴是通过截面形心的直线，如图 11.3 所示。因此有

$$\tan\alpha=\left|\frac{y_1}{z_1}\right|=\frac{I_z}{I_y}\tan\varphi$$

对于圆形、正方形和正多边形截面，$I_y=I_z$，因此 $\alpha=\varphi$，梁将在过力 F 的纵向平面内产生平面弯曲，不存在斜弯曲情况。

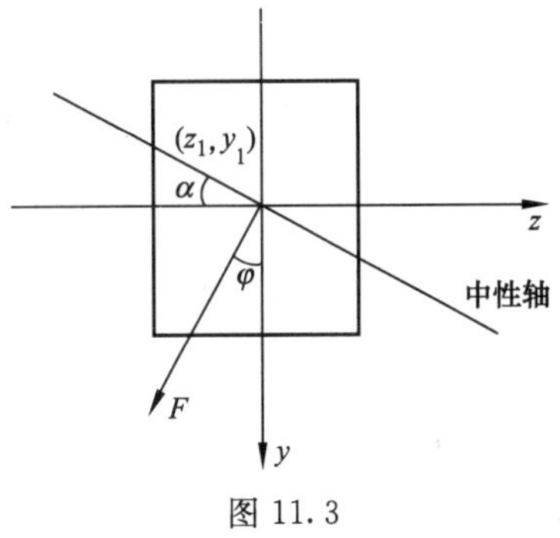

图 11.3

2. 危险点的确定

斜弯曲时，中性轴将截面分为受拉和受压两个区，横截面上的正应力呈线性分布，距中性轴越远，应力越大。因此一旦中性轴位置确定，就可找出距中性轴最远的点为危险点。

3. 强度条件

斜弯曲时的强度条件为

$$\sigma_{\max}=\frac{M_z}{W_z}+\frac{M_y}{W_y}\leqslant[\sigma] \tag{11-2a}$$

或

$$\sigma_{\max}=M_{\max}\left(\frac{\cos\varphi}{W_z}+\frac{\sin\varphi}{W_y}\right)\leqslant[\sigma] \tag{11-2b}$$

利用这一强度条件，同样可以进行斜弯曲杆强度校核、截面设计和确定许用荷载。

在设计截面尺寸时，因有 W_z、W_y 两个未知量，所以需假定一个比值 W_z/W_y。对矩形截面，$W_z/W_y=h/b\approx1.2\sim2$，对工字形截面，$W_z/W_y=8\sim10$，对槽形截面，$W_z/W_y=6\sim8$。

【例 11.1】 图 11.4 示檩条简支在屋架上，其跨度为 3.6m。承受屋面传来的均布荷载 $q=1\text{kN/m}$。屋面的倾角 $\varphi=26°34'$，檩条为矩形截面，$b=90\text{mm}$，$h=140\text{mm}$，材料的许用应力 $[\sigma]=10\text{MPa}$。试校核檩条强度。

解　因 $\varphi=26°34'$，有

$$\cos\varphi=0.894，\sin\varphi=0.447$$

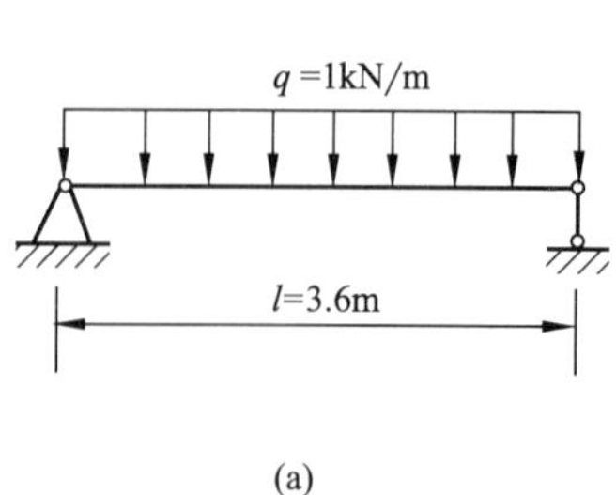

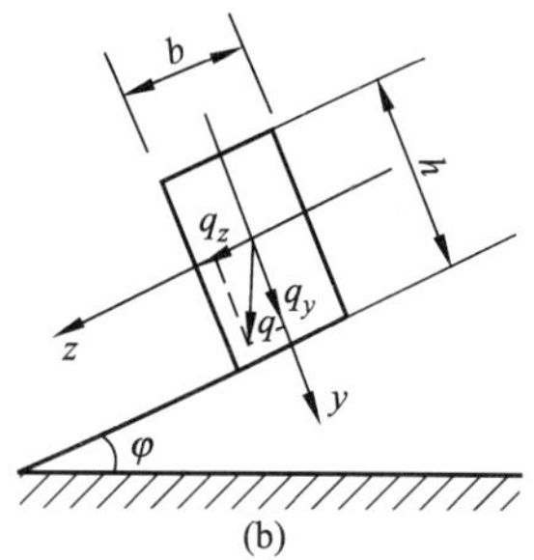

图 11.4

檩条在荷载 q 的作用下，最大总弯矩发生在梁的跨中截面为

$$M_{\max}=ql^2/8=1.62\text{kN}\cdot\text{m}$$

截面对 z 和 y 轴的抗弯截面系数为

$$\begin{cases}W_z=\dfrac{bh^2}{6}=\dfrac{90\times140^2}{6}\text{mm}^3=2.94\times10^5\text{mm}^3\\W_y=\dfrac{b^2h}{6}=\dfrac{140\times90^2}{6}\text{mm}^3=1.89\times10^5\text{mm}^3\end{cases}$$

由强度条件式（11-2b）校核

$$\sigma_{\max}=M_{\max}\left(\frac{\cos\varphi}{W_z}+\frac{\sin\varphi}{W_y}\right)$$

$$=1.62\times10^6\left(\frac{0.894}{2.94\times10^5}+\frac{0.447}{1.89\times10^5}\right)\text{MPa}=8.76\text{MPa}<[\sigma]$$

所以檩条强度足够。

【例 11.2】 试选择图 11.5 所示梁的截面尺寸。已知 $[\sigma]=10\text{MPa}$，$h/b=1.5$。

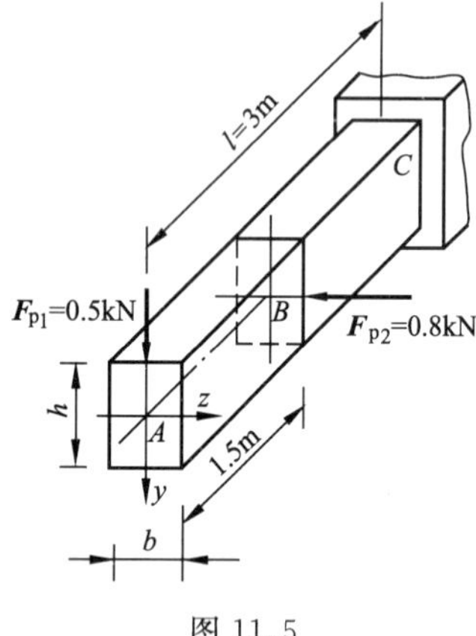

图 11.5

解 此梁受竖向荷载 $\boldsymbol{F}_{p1}$ 和横向荷载 $\boldsymbol{F}_{p2}$ 的共同作用下，危险截面为固定端截面 C，BC 段产生斜弯曲。

$$M_z=\boldsymbol{F}_{p1}l=0.5\times3=1.5\text{kN}\cdot\text{m}$$

$$M_y=\boldsymbol{F}_{p2}\times0.5l=0.8\times0.5\times3=1.2\text{kN}\cdot\text{m}$$

$$\frac{W_z}{W_y}=\frac{\frac{1}{b}bh^2}{\frac{1}{b}hb^2}=\frac{h}{b}=1.5$$

由 C 截面斜弯曲强度条件

$$\sigma_{\max}=\frac{1}{W_Z}\left(M_z+\frac{W_z}{W_y}M_y\right)\leqslant[\sigma]$$

得

$$W_z\geqslant\frac{1}{[\sigma]}\left(M_z+\frac{h}{b}M_y\right)$$

$$=\frac{1}{10}(1.5\times10^6+1.5\times1.2\times10^6)\text{mm}^3=3.3\times10^5\text{mm}^3$$

又　$$W_z=\frac{bh^2}{6},\ h/b=1.5$$

所以解得　$$h=144\text{mm},\ b=96\text{mm}$$

取　$$h\times b=150\times100\text{mm}$$

11.2　弯曲与拉伸（压缩）组合变形的强度计算

现以图 11.1（b）所示的钻床立柱为例来分析弯曲与拉伸（弯压组合情况需将轴力反向后计算）组合变形的强度计算。用截面法将立柱沿 $m—m$ 截面截开，取上半部分为研究对象，上半部分在外力 F 及截面内力作用下应处于平衡状态，由平衡条件不难求得 $m—m$ 截面上的轴向拉力 F_N 和弯矩 M［图 11.6（a）、（b）］分别为

$$F_N=F$$
$$M=Fe$$

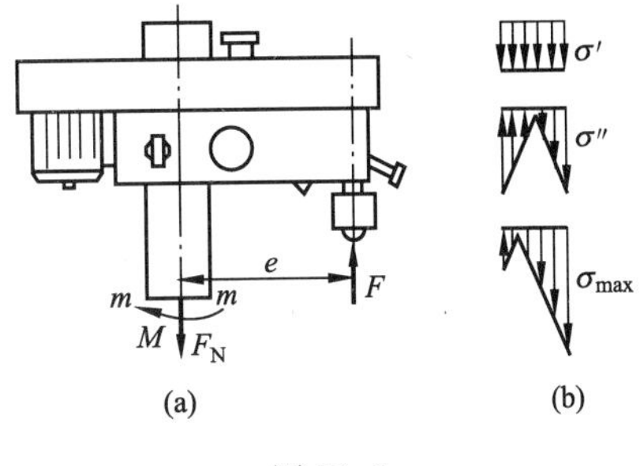

图 11.6

轴向拉力 F_N 使立柱产生拉伸作用，弯矩 M 使立柱产生平面弯曲，故立柱的变形为拉伸与弯曲的组合变形。轴向拉力 F_N 在 $m—m$ 截面上产生拉伸正应力，弯矩 M 在 $m—m$ 截面上产生弯曲正应力。这两种基本变形在立柱 $m—m$ 截面上产生的都是正应力，因此在计算 $m—m$ 截面上的总应力时，只需将这两种正应力进行代数相加即可，如图 11.6（b）所示。对于弯拉组合变形，相加结果为截面左侧边缘处有最小应力（可能为压，也可能为拉，甚至可能为零），截面右侧边缘处有最大应力（必为拉），其值分别为

$$\left.\begin{aligned}\sigma_{min}&=\frac{F_N}{A}-\frac{M}{W_z}\\ \sigma_{max}&=\frac{F_N}{A}+\frac{M}{W_z}\end{aligned}\right\}\tag{11-3}$$

当杆件发生弯曲与轴向拉伸（压缩）的组合变形时，对于抗拉与抗压强度相同的塑性材料，只需按截面上的最大应力进行强度计算即可，其强度条件为

$$\sigma_{max}=\frac{F_N}{A}+\frac{M}{W_z}\leqslant[\sigma]\tag{11-4}$$

对于抗压强度与抗拉强度不相等的材料，如脆性材料，且截面上又同时出现了拉应力和压应力的弯拉组合情况，则要分别计算抗拉强度和抗压强度。对其强度条件应为

$$\left.\begin{aligned}\sigma_{max}^{+}&=\frac{F_N}{A}+\frac{M}{W_z}\leqslant[\sigma^{+}]\\ \sigma_{max}^{-}&=\left|\frac{F_N}{A}-\frac{M}{W_z}\right|\leqslant[\sigma^{-}]\end{aligned}\right\}\tag{11-5}$$

如果是抗压强度与抗拉强度相等的材料，或截面上只有拉应力的弯拉组合变形，则式（11-5）中只有第一式有效。

对于弯压组合变形，应力叠加情况正好相反，其强度表达式略有不同。

【例 11.3】 如图 11.1（a）所示钻床钻孔时，钻削力 $F=15\text{kN}$，偏心距 $e=400\text{mm}$，圆截面铸铁立柱的直径 $d=125\text{mm}$，许用拉应力 $[\sigma^{+}]=35\text{MPa}$，许用压应力 $[\sigma^{-}]=120\text{MPa}$，试校核立柱的强度。

解　(1) 求内力。由上述分析可知，立柱各截面发生弯、拉组合变形，其内力分别为

$$F_N = F = 15\text{kN}$$

$$M = Fe = (15 \times 0.4)\text{kN} \cdot \text{m} = 6\text{kN} \cdot \text{m}$$

(2) 强度计算。由于立柱材料为铸铁，且抗压性能优于抗拉性能，故只需对立柱截面右侧边缘点处的拉应力进行强度校核，即

$$\sigma_{\max}^{+} = \frac{F_N}{A} + \frac{M}{W_z} = \frac{15 \times 10^3}{\pi \times 125^2/4} + \frac{6 \times 10^6}{0.1 \times 125^3} = 31.9\text{MPa} < [\sigma^{+}]$$

计算结果表明立柱右侧边缘点处的应力为拉应力，且小于许用拉应力，满足强度条件。

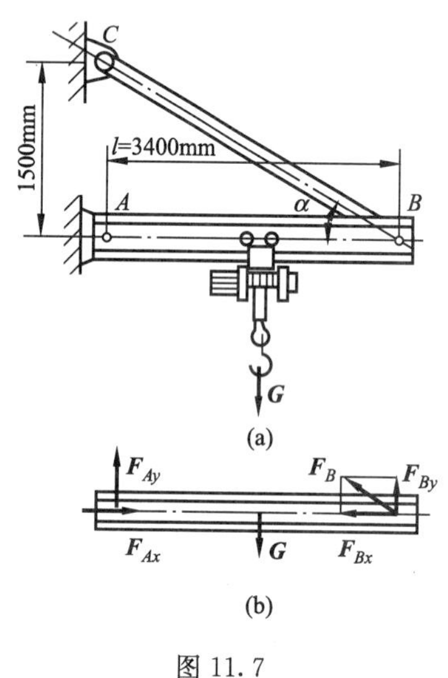

图 11.7

【例 11.4】　图 11.7 所示为简易起重机，其最大起吊重量 $G = 15.5\text{kN}$，横梁 AB 为工字钢，许用应力 $[\sigma^{-}] = 170\text{MPa}$，若梁的自重不计，试按正应力强度条件选择工字钢的型号。

解　(1) 横梁的静力分析。横梁可简化为简支梁，由分析可知，当电葫芦移动到梁跨中点时，梁处于最危险的状态。将拉杆 BC 的作用力 F_B 分解为 F_{Bx} 和 F_{By}，如图 11.7 (b) 所示，列静力平衡方程可求得

$$F_{By} = F_{Ay} = \frac{G}{2} = 7.75\text{kN}$$

$$F_{Bk} = F_{Ax} = F_{By}\cos\alpha = \left(7.75 \times \frac{3.4}{1.5}\right)\text{kN} = 17.57\text{kN}$$

力 G、F_{Ay}、F_{By} 沿 AB 梁横向作用使梁 AB 发生弯曲变形；力 F_{Ax} 与 F_{Bx} 沿 AB 梁的轴向作用使梁 AB 发生轴向压缩变形。所以梁 AB 发生压缩与弯曲的组合变形。

(2) 横梁的内力分析。当荷载作用于梁跨中点时，简支梁 AB 中点截面的弯矩值最大，其值为

$$M_{\max} = Gl/4 = (15.5 \times 3.4/4)\text{kN} \cdot \text{m} = 13.18\text{kN} \cdot \text{m}$$

横梁各截面的轴向压力为

$$F_N = F_{Ax} = 17.57\text{kN}$$

(3) 初选工字钢型号。按抗弯强度条件初选工字钢的型号

由
$$\sigma_{\max} = \frac{M_{\max}}{W_z} \leqslant [\sigma]$$

得
$$W_z \geqslant \frac{M_{\max}}{[\sigma]} = \frac{13.18 \times 10^6}{170}\text{mm}^3 = 77.5 \times 10^3\text{mm}^3 = 77.5\text{cm}^3$$

查附录 A，初选工字钢型号为 14 型工字钢，其 $W_z = 102\text{cm}^3$，$A = 21.5\text{cm}^2$

(4) 校核横梁抗组合变形强度。横梁最大应力出现在中点截面的上边缘各点处。由压弯组合变形的强度条件

$$\sigma_{\max}^{+} = \frac{F_N}{A} + \frac{M}{W_z} = \left(\frac{17.57 \times 10^3}{21.5 \times 10^2} + \frac{13.18 \times 10^6}{102 \times 10^3}\right)\text{MPa} = 137\text{MPa} < [\sigma]$$

选用 14 型工字钢作为横梁强度足够。倘若强度不满足，可以将所选的工字钢型号再放大一号进行校核，直到满足强度条件为止。

11.3　偏心压缩（拉伸）杆件应力和强度计算

当外荷载作用线与杆轴线平行但不重合时，杆件将产生压缩（拉伸）和弯曲两种基本变形，这类问题称为偏心压缩（拉伸），它实质上也是上节讨论过的弯曲与压缩（拉伸）的组合变形。土木工程中，偏心压缩较普通，故于单独详细讨论。如图 11.8（a）所示，当偏心压力 F（或方向向上的偏心拉力）作用在杆件横截面对称轴上 $\boldsymbol{E}$ 点时，则产生轴向压缩（或拉伸）和单向平面弯曲的组合变形，称为单向偏心压缩（或拉伸）。如图 11.8（b）所示，当偏心压力 F（或拉力）作用在横截面的任意点 E 上，则产生轴向压缩（拉伸）和双向平面弯曲的组合变形，称为双向偏心压缩（或拉伸）。

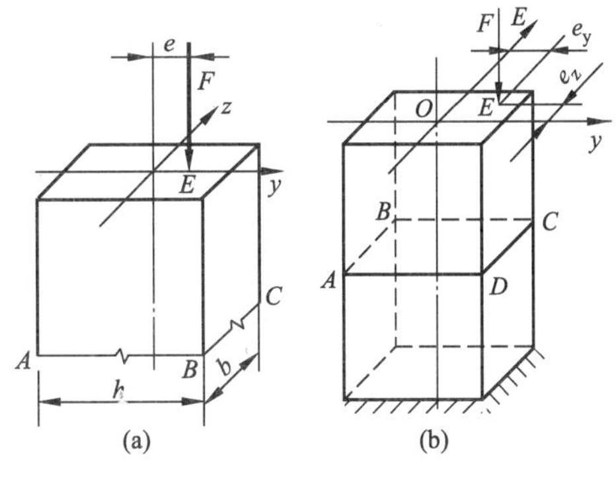

图 11.8

本节，以偏心压缩为例来讨论。对于偏心拉伸情况，可同理计算。

11.3.1　单向偏心压缩（拉伸）

1. 荷载简化

对于图 11.9（a）所示的单向偏心压缩，可根据力的平移定理，将偏心压力 $\boldsymbol{F}$ 平移到杆件轴线上，得到一个沿着杆轴的轴心压力 $\boldsymbol{F}$ 和一个力偶矩为 $M=\boldsymbol{F}e$ 的力偶［图11.9（b）］。

2. 内力计算

用截面 m—n 截取杆件上部，如图 11.9（c）所示。由平衡方程可求得

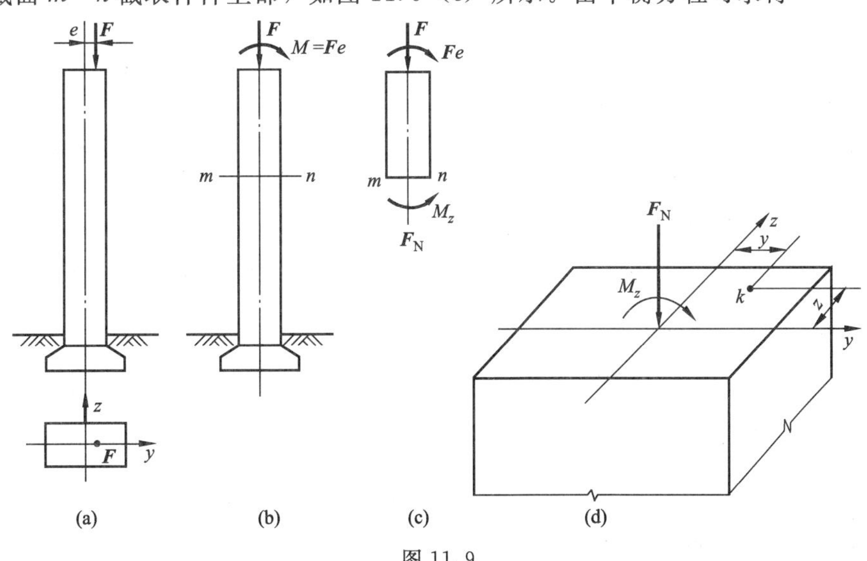

图 11.9

$$F_N = -F$$
$$M_z = Fe$$

显然，偏心压缩杆件各个横截面的内力均相同，所以 m—n 截面可以为任意截面。

3. 应力计算

对于横截面上任一点 K［图 11.9（d)］，其应力是轴向压缩应力 σ'_K 和弯曲正应力σ''_K 的叠加。即

$$\sigma'_K = \frac{F_N}{A} - \frac{F}{A}$$

$$\sigma''_K = \frac{M_z y}{I_z}$$

K 点的总应力为

$$\sigma_K = -\frac{F_N}{A} \pm \frac{M_z y}{I_z} \tag{11-6}$$

由式（11-6）计算正应力时，F_N、M_z、y 都用绝对值代入，式中弯曲正应力可由直观判断来确定。

类似地，最大、最小正应力必将发生在横截面的上、下边缘，即

$$\left.\begin{aligned} \sigma_{\max} &= -\frac{F}{A} + \frac{M_z}{W_z} \\ \sigma_{\min} = \sigma_{\max}^- &= -\frac{F}{A} - \frac{M_z}{W_z} \end{aligned}\right\} \tag{11-7}$$

式中，最大正应力可能为拉、压或零，最小应力则一定是压应力，且为截面最大压应力。

4. 强度条件

如果杆件材料的抗拉、抗压强度不相等，且横截面上拉、压应力同时出现时，则应分别计算拉、压强度，其强度条件为

$$\left.\begin{aligned} \sigma_{\max}^+ &= -\frac{F}{A} + \frac{M_z}{W_z} \leqslant [\sigma^+] \\ \sigma_{\max}^- &= \left| -\frac{F}{A} + \frac{M_z}{W_z} \right| \leqslant [\sigma^-] \end{aligned}\right\} \tag{11-8}$$

如果横截面上不出现拉应力，或杆件材料抗拉、抗压强度相等，则上述强度公式只有第二个式子有效。

【例 11.5】 截面为正方形的短柱承受荷载 $\boldsymbol{F}_P$，若在短柱中开一切槽，其横截面积为原面积的 50%，如图 11.10 所示。试问切槽后，柱内最大压应力是原来的几倍?

解 原来的压应力为全截面均匀分布，即

$$\sigma^- = \left| \frac{-F_P}{A} \right| = \frac{F_p}{2a \times 2a} = \frac{F_p}{4a^2}$$

切槽后为偏心压缩，即弯、压组合变形。最大压应力在切口截面右边缘，即

$$\sigma_{\max}^- = \left| -\frac{F_P}{A} - \frac{M_y}{W_y} \right| = \frac{F_p}{2a^2} + \frac{\left(F_p \times \dfrac{a}{2}\right) \times 6}{2a \times a^2} = 2\,\frac{F_p}{a^2}$$

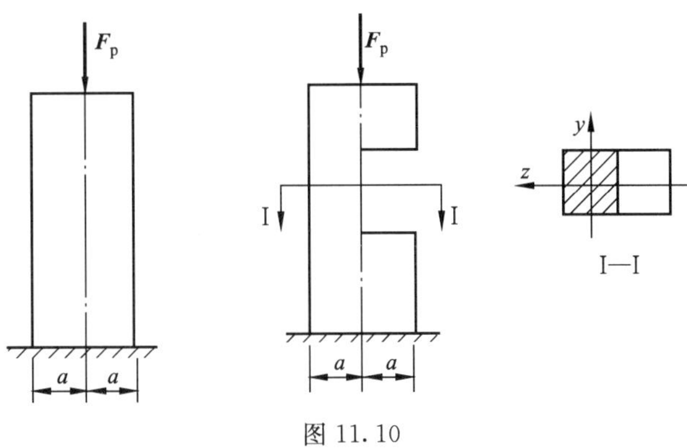

图 11.10

所以
$$\frac{\sigma_{max}^{-}}{\sigma^{-}}=\frac{2\frac{F_p}{a^2}}{\frac{F_p}{4a^2}}=8$$

即切槽后柱内的最大压应力为原来的 8 倍。

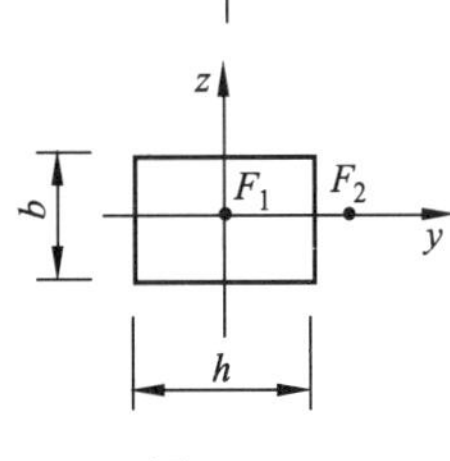

图 11.11

【例 11.6】 图 11.11 所示矩形截面柱，柱顶有屋架传来的压力 $F_1=100\text{kN}$，牛腿上承受吊车梁传来的压力 $F_2=45\text{kN}$，偏心距 $e=0.2\text{m}$。已知柱宽 $b=200\text{mm}$，求：

(1) 若 $h=300\text{mm}$，则柱截面中的最大拉压力和最大压应力各为多少?

(2) 要使柱截面不产生拉应力，截面高度 h 应为多少? 在所选的 h 尺寸下，柱截面中的最大压应力为多少?

解 (1) 求 σ_{max}^{+} 和 σ_{max}^{-}。将荷载力向截面形心平移，得柱的轴心压力为

$$F=F_1+F_2=145\text{kN}$$

截面的弯矩为

$$M_z=F_2\cdot e=(45\times 0.2)\text{kN}\cdot\text{m}=9\text{kN}\cdot\text{m}$$

所以
$$\sigma_{max}=-\frac{F}{A}+\frac{M_z}{W_z}=\left(-\frac{145\times 10^3}{200\times 300}+\frac{9\times 10^6}{\frac{200\times 300^2}{6}}\right)\text{MPa}$$

$=(-2.42+3)\text{MPa}=0.58\text{MPa}$，为正值说明是最大拉应力 $\sigma_{max}^{+}=0.58\text{MPa}$。

最小应力为 $\sigma_{min}=-\frac{F}{A}-\frac{M_z}{W_z}=(-2.42-3)\text{MPa}=-5.42\text{MPa}$，为负值说明是最大压应和 $\sigma_{max}^{-}=5.42\text{MPa}$。

(2) 求 h 及 σ_{max}^{-}。要使截面不产生拉应力，应满足

$$\sigma_{max}=-\frac{F}{A}-\frac{M_z}{W_z}\leqslant 0$$

即
$$-\frac{145\times 10^3}{200h}+\frac{9\times 10^5}{\frac{200h^2}{6}}\leqslant 0$$

解得
$$h\geqslant 372\text{mm}$$

取
$$h=380\text{mm}$$

当 $h=380\text{mm}$ 时，截面的最大压应力为

$$\sigma_{\max}^{-}=\left|-\frac{F}{A}-\frac{M_z}{W_z}\right|=\left|-\frac{145\times10^3}{200\times380}-\frac{9\times10^6}{\frac{200\times380^2}{6}}\right|\text{MPa}=|-1.91-1.87|\text{MPa}=3.78\text{MPa}$$

11.3.2 双向偏心压缩（拉伸）

1. 荷载简化

如图 11.12（a），已知 F 至 z 轴的偏心距为 e_y，至 y 轴的偏心距为 e_z。

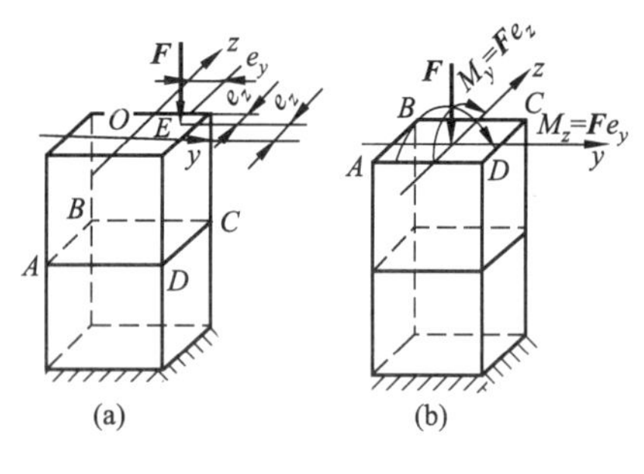

图 11.12

（1）F 平移至 z 轴，附加力偶矩为 $M_z=F\cdot e_y$。

（2）再将压力 F 从 z 轴上平移至与杆件轴线重合，附加力偶矩为 $M_y=F\cdot e_z$。

（3）如图 11.12（b）所示，力 $\boldsymbol{F}$ 经过两次平移后，得到轴向压力 $\boldsymbol{F}$ 和两个力偶矩 $\boldsymbol{M}_z$、$\boldsymbol{M}_y$，所以双向偏心压缩实际上就是轴向压缩和两个垂直的平面弯曲的组合。

2. 内力计算

由截面法截取任一横截面 $ABCD$，其内力为

$$F_N=F,\ M_z=Fe_y,\ M_y=Fe_z$$

3. 应力计算

对横截面上 $ABCD$ 任意一点 K，在坐标为 y、z 时的应力分别为

（1）由轴力 $\boldsymbol{F}_N$ 引起 K 点的压应力为

$$\sigma_K'=-\frac{\boldsymbol{F}_N}{A}$$

（2）由弯矩 M_z 引起 K 点的应力为

$$\sigma_K''=\pm\frac{M_z y}{I_z}$$

（3）由弯矩 M_y 引起 K 点的应力为

$$\sigma_K'''=\pm\frac{M_y y}{I_z}$$

所以，K 点的总应力为

$$\begin{aligned}\sigma_K&=\sigma_K'+\sigma_K''+\sigma_K'''\\&=-\frac{\boldsymbol{F}_N}{A}\pm\frac{M_z y}{I_z}\pm\frac{M_y z}{I_y}\end{aligned}\qquad(11\text{-}9)$$

计算时，式（11-9）中 $\boldsymbol{F}_N$、M_z、M_y、y、z 都可用绝对值代入，式中第二项和第三项前的正负号由观察弯曲变形的情况来确定。

4. 中性轴位置

由式（11-6）可得

$$\sigma=-\frac{F}{A}-\frac{M_z y}{I_z}-\frac{M_y z}{I_y}$$

即

$$\frac{F}{A}+\frac{M_z y}{I_z}+\frac{M_y z}{I_y}=0$$

设 y_0、z_0 为中性轴上点的坐标，则中性轴方程为

$$\frac{F}{A}+\frac{Fe_y}{I_z}y_0+\frac{Fe_z}{I_y}z_0=0$$

即

$$1+\frac{e_y}{i_z^2}y_0+\frac{e_z}{i_y^2}z_0=0 \tag{11-10}$$

上式也称为零应力线方程，显然是一个直线方程。式中 $i_z=\sqrt{\frac{I_z}{A}}$，$i_y=\sqrt{\frac{I_y}{A}}$ 分别称为截面对 z、y 轴的惯性半径，也是截面的几何量。

中性轴的截距为

$$当\ z_0=0\ 时，y_1=y_0=-\frac{i_z^2}{e_y}$$

$$当\ y_0=0\ 时，z_1=z_0=-\frac{i_y^2}{e_z}$$

从而可以确定中性轴位置。其表明，力作用点坐标 e_y、e_z 越大，截距 y_1、z_1 越小；反之亦然。说明外力作用点越靠近形心，则中性轴越远离形心。式中负号表示中性轴与外力作用点总是位于形心两侧。中性轴将截面划分成两部分，一部分为压应力区，另一部分为拉应力区。

由图 11.12 所示可见，最小正应力（为最大压应力）$\sigma_{\min}$ 发生在 C 点，最大正应力（可能为拉、压或零）$\sigma_{\max}$ 发生在 A 点，其值为

$$\left.\begin{aligned}\sigma_{\max}&=-\frac{F}{A}+\frac{M_z}{W_z}+\frac{M_y}{W_y}\\ \sigma_{\min}&=-\frac{F}{A}-\frac{M_z}{W_z}-\frac{M_y}{W_y}\end{aligned}\right\} \tag{11-11}$$

危险点 A、C 都处于单向应力状态，所以可类似于单向偏心压缩的情况建立相应的强度条件。

5. 强度条件

当杆件材料抗拉、抗压强度不相等，且横截面同时出现拉、压应力时，其强度条件为

$$\left.\begin{aligned}\sigma_{\max}^{+}&=-\frac{F}{A}+\frac{M_z}{W_z}+\frac{M_y}{W_y}\leqslant[\sigma^{+}]\\ \sigma_{\max}^{-}&=\left|-\frac{F}{A}-\frac{M_z}{W_z}-\frac{M_y}{W_y}\right|\leqslant[\sigma^{-}]\end{aligned}\right\} \tag{11-12}$$

如果横截面不出现拉应力或材料抗拉、抗压强度相等，则上述强度条件只有第二个式子有效。

【例 11.7】 试求图 11.13 所示偏心受拉杆的最大正应力。

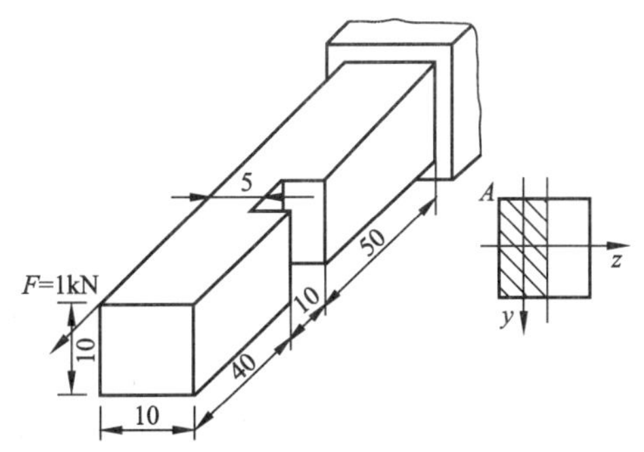

图 11.13

解 此杆切槽处的截面是危险截面，将外力 F 向切槽截面的轴线简化，得

$$F_N = F = 1\text{kN}$$

$$M_z = 1\times5\times10^{-3} = 5\times10^{-3}\text{kN}\cdot\text{m}$$

$$M_y = 1\times2.5\times10^{-3} = 2.5\times10^{-3}\text{kN}\cdot\text{m}$$

F_N、M_z、M_y 均在截面 A 点处引起拉应力，故 A 点为危险点，其应力为

$$\sigma_A = \frac{F_N}{A} + \frac{M_z}{W_z} + \frac{M_y}{W_y}$$

$$= \left(\frac{1\times10^3}{10\times5} + \frac{6\times5\times10^{-3}\times10^6}{5\times10^2} + \frac{6\times2.5\times10^{-3}\times10^6}{10\times5^2}\right)\text{MPa} = 140\text{MPa}$$

11.4 受压杆的截面核心

11.4.1 截面核心概念

土建工程中大量使用的砖、石、混凝土材料，其抗拉能力比抗压能力小得多，这类材料制成的杆件在偏心压力作用下，截面中最好不出现拉应力，以避免拉裂。研究表明，如果平行于杆轴线的压力作用在杆件横截面形心周围的某一区域内，则杆件横截面上只产生压应力而不出现拉应力。这个区域称为受压杆的**截面核心**。

11.4.2 截面核心计算

从 11.3 节可以看出，中性轴在横截面的两个形心主轴上的截距 y_1、z_1 随压力作用点的坐标 y 和 z 变化。当压力作用点离横截面形心越近时，中性轴离横截面形心越远；当压力作用点离横截面形心越远时，中性轴离横截面形心越近。随着压力作用点位置的变化，中性轴可能与横截面周边相切，或在横截面以外，此时，横截面只产生压应力。

对任意形状的截面，为了确定截面核心的边界，首先确定截面的形心主轴 y、z，然后，可将与截面周边相切的任一直线①看作中性轴，它在 y、z 两个形心主轴上的截距分别为 a_{y1} 和 a_{z1}。根据这两个值，就可确定与该中性轴对应的外力作用点 1（也即截面核心边界上一个点）的坐标（y_1，z_1）为

$$\begin{cases} y_1 = -\dfrac{i_z^2}{a_{y1}} \\ z_1 = -\dfrac{i_y^2}{a_{z1}} \end{cases} \tag{11-13}$$

同样，分别将与截面周边相切的直线②，③，…看作中性轴，并按上述方法求得与它们对应的截面核心边界上点 2，3，…的坐标。连接这些点所得到的一条封闭曲线，就是所求截面核心的边界线，而该边界曲线所包围的带阴影线的面积，即为截面核心（图 11.14）。

【例 11.8】　试作图 11.15 所示圆形截面的截面核心。

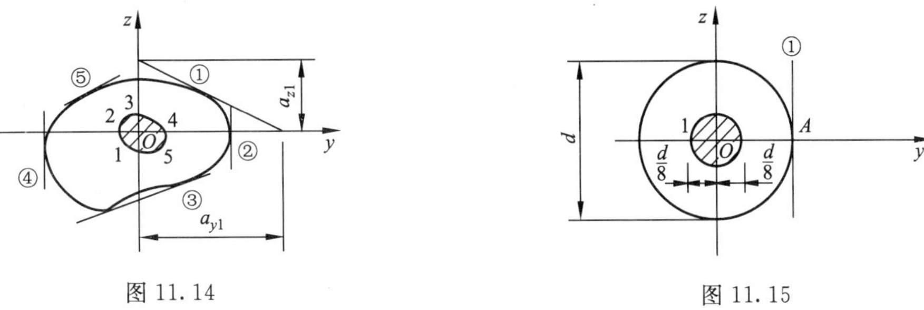

图 11.14　　　　图 11.15

解　由于圆截面对于圆心 O 是极对称的，因而，截面核心的边界对于圆心也是极对称的，也是一个圆心为 O 的圆。作一条与圆截面周边相切于 A 的直线①（图 11.15），将其看作中性轴，并取 OA 为 y 轴，于是，该中性轴在 y、z 两个形心主惯性轴上的截距为

$$a_{y1}=d/2,\ a_{z1}=\infty$$

而圆截面的

$$i_y^2=i_z^2=d^2/16$$

将以上各值代入式（11-13），得到与中性轴 Ⅰ 相对应的截面核心边界上点 1 的坐标为

$$y_1=-\frac{i_z^2}{a_{y1}}=-\frac{d^2/16}{d/2}=-\frac{d}{8}$$

$$z_1=-\frac{i_y^2}{a_{z1}}=0$$

从而可知，截面核心边界是一个以 O 为圆心、以 $d/8$ 为半径的圆，图 11.15 中带阴影线的区域即为截面核心。

【例 11.9】　试确定图 11.16 所示矩形截面的截面核心。

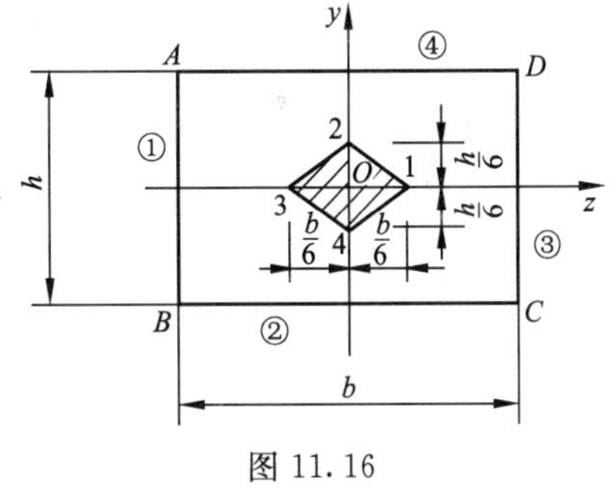

图 11.16

解　矩形截面对称，故 Oy 和 Oz 是形心主轴。该截面的惯性半径为

$$\begin{cases} i_y^2=\dfrac{I_y}{A}=\dfrac{b^2}{12} \\ i_z^2=\dfrac{I_z}{A}=\dfrac{h^2}{12} \end{cases}$$

先将与 AB 边重合的直线作为中性轴①，它在 Oy 和 Oz 轴上的截距分别为

$$a_{y1}=\infty,\ a_{z1}=-b/2$$

由式（11-13），得到与之对应的 1 点坐标为

$$\begin{cases} y_1=-\dfrac{i_z^2}{a_{y1}}=0 \\ z_1=-\dfrac{i_y^2}{a_{z1}}=0 \end{cases}$$

同理可求得当中性轴②与 BC 边重合时，与之对应的 2 点坐标为

$$y_2=\frac{h}{6},\ z_2=0$$

中性轴③与 CD 边重合时，与之对应的 3 点坐标为

$$y_3=0,\ z_3=-\frac{h}{6}$$

中性轴④与 DA 边重合时，与之对应的 4 点坐标为

$$y_4=-\frac{h}{6},\ z_4=0$$

确定了截面核心边界上的四个点后，还要确定这四个点之间截面核心边界的形状。

现研究中性轴从与一个周边相切，转到与另一个周边相切时，外力作用点的位置变化的情况。

例如，当外力作用点由 1 点沿截面核心边界移动到 2 点的过程中，与外力作用点对应的一系列中性轴将绕 B 点旋转，B 点是这一系列中性轴共有的点。因此，将 B 点的坐标值 y_B 和 z_B 代入式（11-10），得

$$1+\frac{yy_B}{i_z^2}+\frac{zz_B}{i_y^2}=0$$

在这一方程中，只有外力作用点的坐标 y 和 z 是变量，所以是一个直线方程。该式表明，当中性轴绕 B 点旋转时，外力作用点沿直线移动。因此，连接 1 点和 2 点的直线，就是截面核心的边界。同理，2 点、3 点和 4 点之间也分别是直线。最后可得截面的截面核心是一个菱形，如图 11.16 所示。

11.5　弯曲与扭转组合变形的强度计算

11.5.1　弯曲与扭转组合变形的概念

工程机械中的轴类构件，工作时大多数会发生弯曲与扭转的组合变形。图 11.17（a）所示的一端固定、一端自由的圆轴，A 端装有半径为 R 的圆轮，在轮上 C 点处作用一切向水平力 $\boldsymbol{F}$。建立图示空间直角坐标系 $Axyz$，将力 $\boldsymbol{F}$ 向轮轴 A 点平移，结果为一横向力 $\boldsymbol{F}'$ 和一附加力偶 $\boldsymbol{M}_A$，如图 11.17（b）所示，横向力 $\boldsymbol{F}'$ 使圆轴在 xAz 平面内发生平面弯

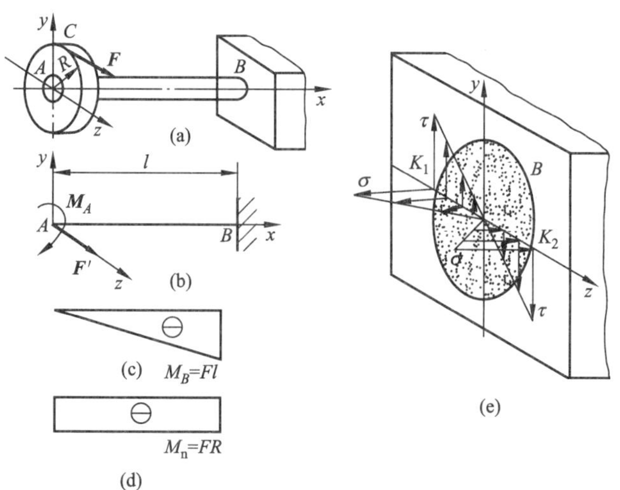

图 11.17

曲，力偶 $\boldsymbol{M}_A$ 使圆轴发生扭转变形，因此圆轴的变形为弯曲与扭转的组合变形，简称弯扭组合变形。

11.5.2　应力分析与强度条件

圆轴在力 $\boldsymbol{F}'$和力偶 $\boldsymbol{M}_A$ 的作用下，横截面上存在着弯矩与扭矩。作出圆轴的弯矩图如图 11.17（c）所示，作出圆轴的扭矩图如图 11.17（d）所示。由图可见，圆轴各截面上的扭矩相同，而弯矩则在固定端 B 截面处为最大，故 B 截面为圆轴的危险截面，其弯矩值和扭矩值分别为 $M_{\max}=F'l$ 和 $M_{\mathrm{n}}=F'R$。弯矩 $\boldsymbol{M}$ 将引起垂直于横截面的弯曲正应力 $\boldsymbol{\sigma}$，扭矩 $\boldsymbol{M}_{\mathrm{n}}$ 将引起平行于横截面的切应力 $\boldsymbol{\tau}$，B 截面上的应力分布规律如图 11.17（e）所示。由图可知，B 截面上 K_1、K_2 两点处弯曲正应力和扭转切应力同时为最大值，所以这两点称为危险截面上的危险点。危险点的正应力和切应力的值分别为

$$\sigma_{\max}=\frac{M_{\max}}{W_z}\quad 和\quad \tau_{\max}=\frac{M_{\mathrm{n}}}{W_{\mathrm{n}}}$$

式中：$M_{\max}$——危险截面上的弯矩；

M_{n}——危险截面上的扭矩；

W_z——抗弯截面系数；

W_{n}——抗扭截面系数。

由于弯组合变形中危险点上既有正应力，又有切应力，属于复杂应力状态。在复杂应力状态下，不能将正应力和切应力简单地代数相加，而必须应用强度理论来建立强度条件。机械中产生弯扭组合变形的转轴大都采用塑性材料，实践证明，适用于塑性材料的强度理论是最大切应力理论和形状改变比能理论，即第三强度理论和第四强度理论，两者都认为最大切应力是造成塑性材料屈服破坏的主要原因。第三强度理论、第四强度理论的强度条件分别为

$$\sigma_{\mathrm{xd3}}=\sqrt{\sigma^2+4\tau^2}\leqslant[\sigma]$$

$$\sigma_{\mathrm{xd4}}=\sqrt{\sigma^2+3\tau^2}\leqslant[\sigma]$$

式中：σ_{xd3}——第三强度理论的相当应力；

σ_{xd4}——第四强度理论的相当应力；

$[\sigma]$——圆轴材料的许用正应力。

将圆轴弯扭组合变形的弯曲正应力 $\sigma_{\max}=M_{\max}/W_z$ 和扭转切应力 $\tau_{\max}=M_{\mathrm{n}}/W_{\mathrm{n}}$ 及 $W_{\mathrm{n}}=2W_z$代入上式，即得到圆轴弯扭组合变形时第三、第四强度理论的强度条件分别为

$$\sigma_{\mathrm{xd3}}=\frac{\sqrt{M_{\max}^2+M_{\mathrm{n}}^2}}{W_z}\leqslant[\sigma] \tag{11-14}$$

$$\sigma_{\mathrm{xd4}}=\frac{\sqrt{M_{\max}^2+0.75M_{\mathrm{n}}^2}}{W_z}\leqslant[\sigma] \tag{11-15}$$

11.5.3　弯扭组合变形强度计算实例

【例 11.10】　图 11.18（a）所示的机械传动轴 AB，在轴右端的联轴器上作用有外力偶 M。已知皮带轮直径 $D=0.5\mathrm{m}$，带拉力 $F_{\mathrm{T}}=8\mathrm{kN}$，$F_{\mathrm{t}}=4\mathrm{kN}$，轴的直径 $d=90\mathrm{mm}$，间

距$a=500$mm，若轴的许用应力 $[\sigma]=50$MPa。试按第三强度理论校核轴的强度。

解　(1) 外力分析。将皮带的拉力平移到轴线上，画出传动轴的受力图［图 11.18 (b)］，作用于轴上的荷载有：C 点竖直向下的 (F_T+F_t) 和作用面垂直于轴线的附加力偶矩$(F_T-F_t)D/2$。其值分别为

$$F_T+F_t=(8+4)\text{kN}=12\text{kN}$$

$$M=(F_T-F_t)D/2=[(8-4)\times0.5/2]\text{kN}\cdot\text{m}=1\text{kN}\cdot\text{m}$$

F_T+F_t 与 A、B 处的约束力使轴产生弯曲变形，附加力偶与联轴器上的外力偶使轴产生扭转变形。因此，轴 AB 发生弯扭组合变形。

(2) 内力分析。作出轴的弯矩图和扭矩图，分别如图 11.18 (c)、(d) 所示。由图可知，轴的 $C_{右}$ 截面为危险截面，该截面上的弯矩和扭矩分别为

$$M_C=(F_T+F_t)a/2=[(8+4)\times0.5/2]\text{kN}\cdot\text{m}=3\text{kN}\cdot\text{m}=M_{max}$$

$$M_n=M=1\text{kN}\cdot\text{m}$$

(3) 校核强度。由以上分析可知，$C_{右}$ 截面的上、下边缘点是轴的危险点，按第三强度理论，其最大相当应力为

$$\sigma_{xd3}=\frac{\sqrt{M_{max}^2+M_n^2}}{W_z}=\left(\frac{\sqrt{(3\times10^6)^2+(1\times10^6)^2}}{0.01\times90^3}\right)\text{MPa}=43.4\text{MPa}<[\sigma]$$

所以轴的强度满足要求。

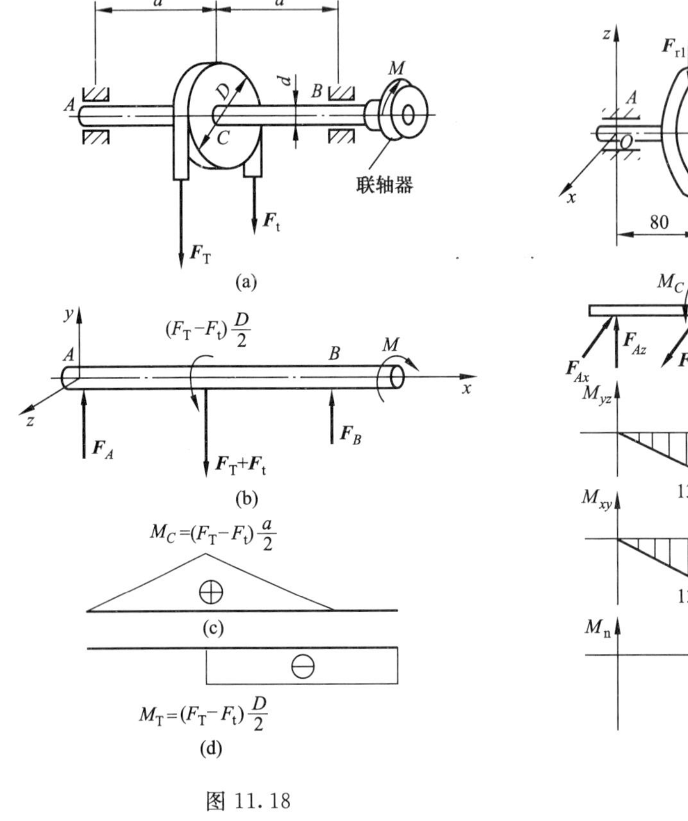

图 11.18

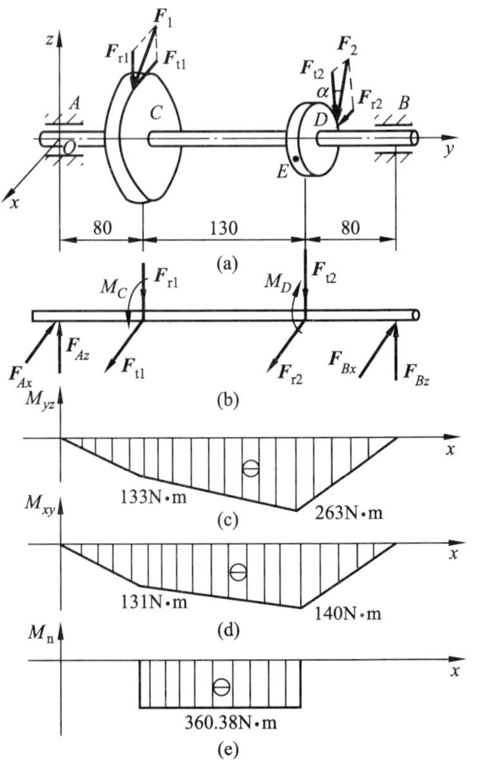

图 11.19

【例 11.11】 某减速器齿轮箱中一传动轴如图 11.19（a）所示。该轴转速为 $n=265\mathrm{r/min}$；输入功率 $P_c=10\mathrm{kW}$；C、D 两轮的直径分别为 $D_1=396\mathrm{mm}$，$D_2=168\mathrm{mm}$；轴径 $d=50\mathrm{mm}$；齿轮压力角 $\alpha=20°$；若轴的许用应力 $[\sigma]=100\mathrm{MPa}$，试按第四强度理论校核轴的强度。

解 （1）外力分析。将齿轮啮合力正交分解

$$F_{r1}=F_1\cos\alpha$$
$$F_{t1}=F_1\sin\alpha$$
$$F_{r2}=F_2\cos\alpha$$
$$F_{t2}=F_2\sin\alpha$$

外力偶矩的大小为

$$M_C=M_D=9549\times\frac{10}{265}\mathrm{N\cdot m}=360.34\mathrm{N\cdot m}$$

由 $M_C=\dfrac{1}{2}F_{t1}D$ 得　$F_{t1}=\dfrac{2M_C}{D_1}=\dfrac{2\times360.38\times10^3}{396}\mathrm{N}=1820\mathrm{N}$

由 $\tan\alpha=\dfrac{F_{r1}}{F_{t1}}$ 得　　$F_{r1}=F_{t1}\times\tan\alpha=1820\mathrm{N}\times\tan20°=662\mathrm{N}$

（2）作内力图。如图 11.19（a）所示，传动轴在相互垂直的两平面内同时受到力的作用，所以在两个平面内都会发生弯曲变形，作出两个相互垂直平面 yAz 和 xAy 内的弯矩图分别如图 11.19（c）、（d）所示。由矢量合成法可以将该两个方向的弯矩合成，合成后的弯矩称为合成弯矩，各截面上合成弯矩的大小可用式 $M=\sqrt{M_{yz}^2+M_{xy}^2}$ 进行计算。

由弯矩图 11.19（c）、（d）可见，轴的 D 截面是最大合成弯矩所在的截面，即是轴的危险截面，其最大合成弯矩为

$$M_D=\sqrt{M_{yzD}^2+M_{xyD}^2}=\sqrt{263^2+140^2}\mathrm{N\cdot m}=297.94\mathrm{N\cdot m}$$

（3）按第四强度理论，其最大相当应力为

$$\sigma_{xd4}=\frac{\sqrt{M_D^2+0.75M_n^2}}{W_z}=\frac{32}{\pi\times50^3}\times\sqrt{(297.94\times10^3)^2+0.75\times(360.34\times10^3)^2}\mathrm{MPa}$$
$$=35.16\mathrm{MPa}<[\sigma]$$

所以，轴的强度满足要求。

讨论与思考：若将 D 轮的啮合点改为前边缘点（图中之 E 点），则 F_{t1} 与 F_{r2} 及 F_{r1} 与 F_{t2} 互成反向，这可使截面内的弯矩大幅度减小，使轴更加安全或可承受更大的荷载。

本章提要

1. 斜弯曲：又称双向弯曲，是梁两个相互垂直的纵向对称平面内的平面弯曲的组合变形。

2. 弯拉组合变形：轴向拉伸与一个平面弯曲的组合变形。

3. 偏心受压：杆件所受的压力不与杆轴重合但与杆轴平行。常见的偏心受压有单向偏心受压和双向偏心受压。偏心受压实质上是一种弯曲与轴心受压的组合变形。

（1）单向偏心受压：如果杆件横截面有对称线，而与杆轴平行的压力在对称线上，为单向偏心受压。

（2）双向偏心受压：如果杆件横截面有相互垂直的两极对称线，而与杆轴平行的压力不在任一对称线上，为双向偏心受压。

4. 截面核心：杆件横截面形心周围的一个区域，当与杆轴平行的压力作用于该区域内时，杆件横截面上只出现压应力，不出现拉应力。圆截面杆的截面核心是一个圆，其直径为截面半径的 1/2（或半径为截面半径的 1/4）；矩形截面杆的截面核心是一个菱形。

5. 弯扭组合变形：平面弯曲和扭转的组合变形。

思　考　题

11-1　用叠加原理处理组合变形问题，将外力分组时应注意些什么？

11-2　悬臂梁受力如图 11.20 所示，采用不同形式截面，将发生什么样的变形？

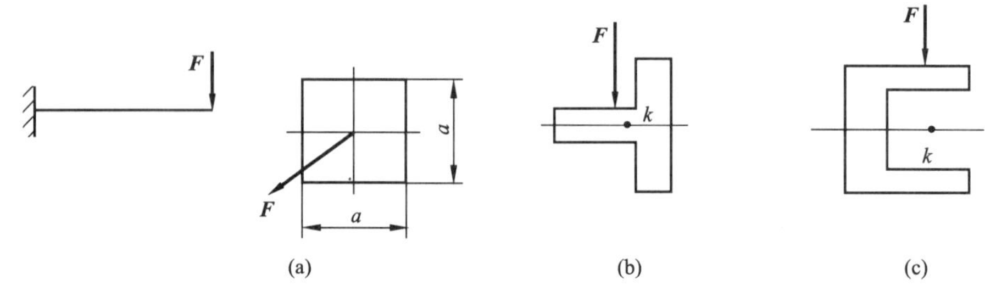

图 11.20

11-3　试判别图 11.21 中曲轴 $ABCD$ 上 AB、BC 和 CD 等杆段将产生何种变形？

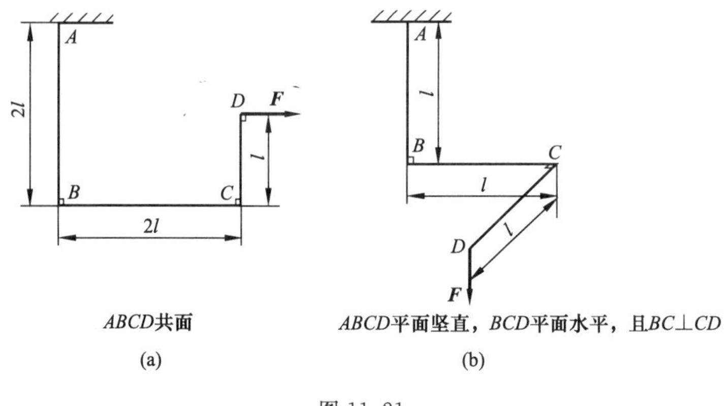

图 11.21

11-4　单向偏心压缩杆件的危险点位置如何确定？建立强度条件时为什么不必利用强度理论？

11-5　弯扭组合变形的圆截面杆，在建立强度条件时，为什么要用强度理论？

11-6　同时受轴向拉伸、扭转和弯曲的圆截面杆，按第三强度理论建立的强度条件可写成什么样的形式？为什么？

习　　题

11-1　悬臂梁的横截面如图 11.22 所示，梁受一沿横截面对角线的倾斜力 F 作用。已知梁某一横截面上的总弯矩为 20kN·m，求该截面的上边缘图示 A 点处的正应力。

11-2　某矩形截面梁，跨度 $l=4$m，荷载与重力重合，简化结果及截面尺寸如图 11.23所示。设材料为杉木，许用应力$[\sigma]=10$MPa，试校核该梁的强度。

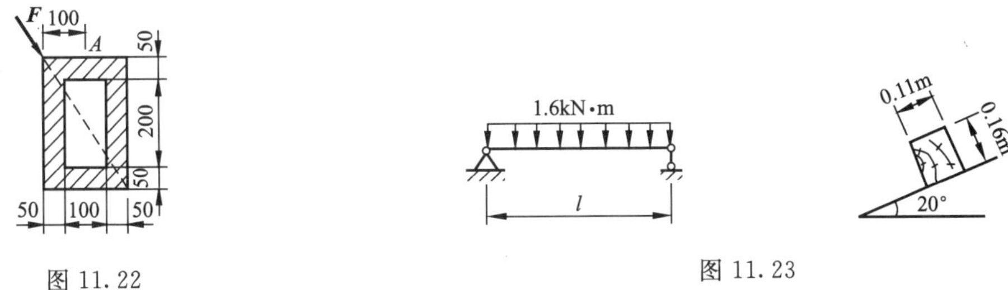

图 11.22　　图 11.23

11-3　图 11.24 所示工字形截面简支梁，力 F 等截面形状且与 xAy 平面的夹角为 10°，$F=60$kN，$l=4$m，已知许用应力$[\sigma]=160$MPa，试选择工字钢的型号。

11-4　图 11.25 所示的钻床立柱由铸铁制成，直径 $d=130$mm，$e=400$mm，材料的许用拉应力 $[\sigma^+]=30$MPa。试求加工许可力 $[\boldsymbol{F}]$。

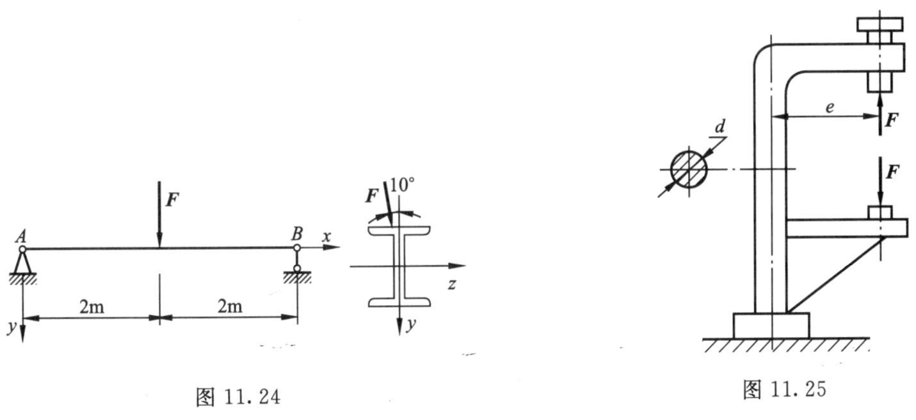

图 11.24　　图 11.25

11-5　如图 11.26 所示，简支梁为 22a 工字钢两端承受轴向压加 F，C 点承受竖向外力 F。已知 $F=100$kN，$l=1.2$m，材料的许用应力 $[\sigma]=160$MPa。试校核梁的强度。

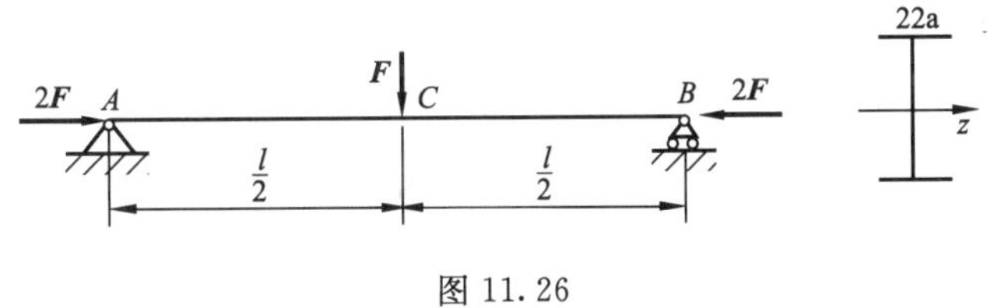

图 11.26

11-6　图 11.27 所示为起重支架，梁 ACD 由两根槽钢组成。已知 $a=3$m，$b=1$m，$F=30$kN，槽钢材料的许用应力 $[\sigma]=140$MPa，试选择槽钢的型号。

11-7　如图 11.28 所示，绞车的最大载重量 $W=0.8$kN，鼓轮的直径 $D=380$mm，绞车材料的许用应力 $[\sigma]=80$MPa，试按第三强度理论确定绞车轴直径 d。

11-8　矩形截面受拉构件如图 11.29 所示，$[\sigma]=100$MPa，若要对该拉杆开一切口，不计应力集中的影响，求最大切口深度。

11-9　图 11.30 所示的短柱受荷载 $\boldsymbol{F}_1$ 和 $\boldsymbol{F}_2$ 的作用，试求固定端截面上 A、B、C 及

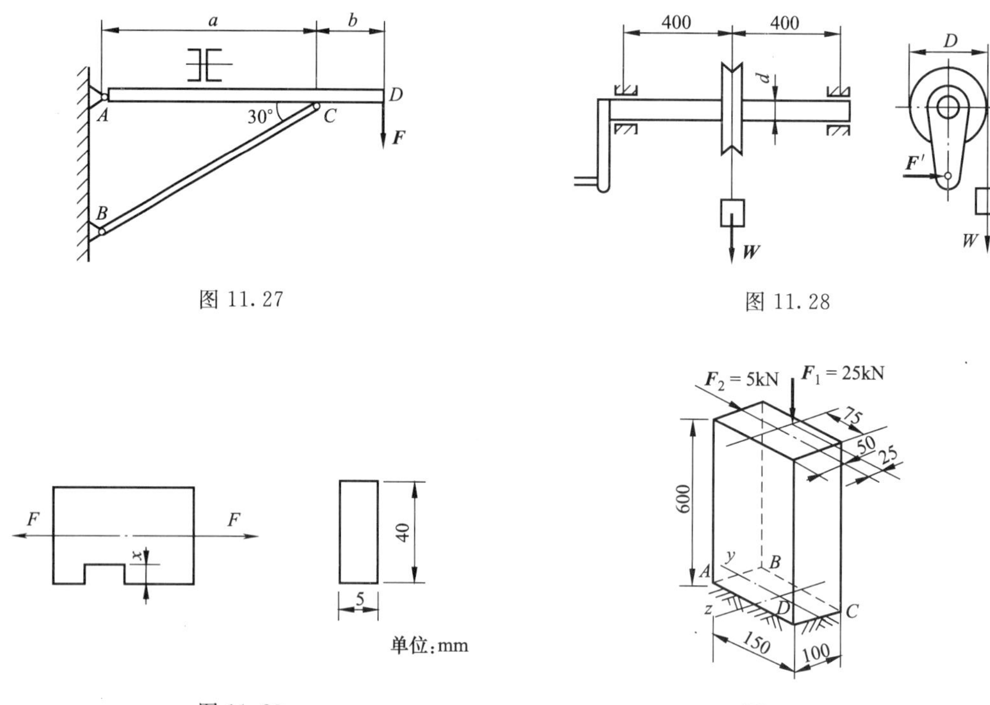

图 11.27

图 11.28

图 11.29

图 11.30

D 点的正应力，并确定其中性轴的位置。

11-10　图 11.31 所示折杆的横截面为边长 12mm 的正方形，试确定 *A* 点的应力状态。

11-11　试确定图 11.32 所示各截面图形的截面核心。

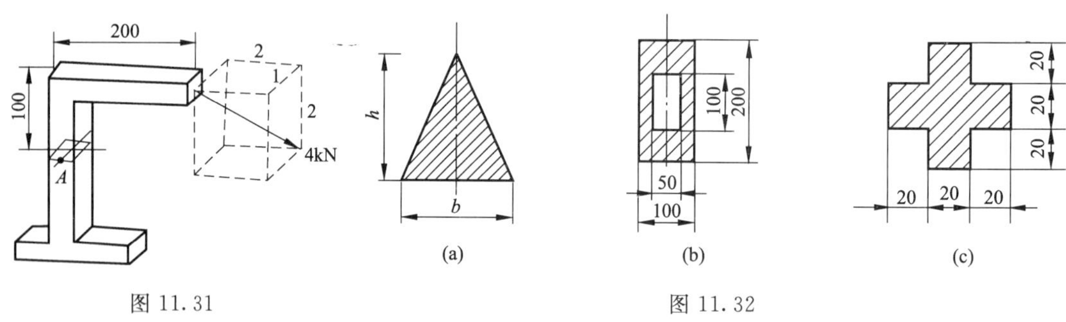

图 11.31

图 11.32

11-12　折杆如图 11.33 所示，*AB* 段为圆截面，*AB* 垂直于 *BC*，已知 *AB* 杆直径 $d=$ 100mm，材料的许用应力 $[\sigma]=80$MPa，试按第三强度理论确定许可荷载 $[F]$。

11-13　转轴如图 11.34 所示，齿轮 *A* 的直径 $D_1=300$mm，其上作用有垂直力 $F_y=$ 1kN；齿轮 *B* 的直径 $D_2=150$mm，其上作用有水平力 $F_z=2$kN，轴材料的许用应力 $[\sigma]=160$MPa。试按第四强度理论设计轴的直径 *d*。

11-14　转轴如图 11.35 所示，传递的功率 $P=5$kW，转速 $n=100$r/min，带轮直径 $D=250$mm，带的拉力 $F_T=2F_t$，轴材料的许用应力 $[\sigma]=80$MPa，轴的直径 $d=45$mm。试按第三强度理论校核轴的强度。

11-15　如图 11.36 所示，直轴传递的功率 $P=8$kW，转速 $n=50$r/min，带轮 *A* 的拉力沿水平方向，带轮 *B* 的拉力沿垂直方向，两轮的直径均为 $D=1$m，重力均为 $G=5$kN，松

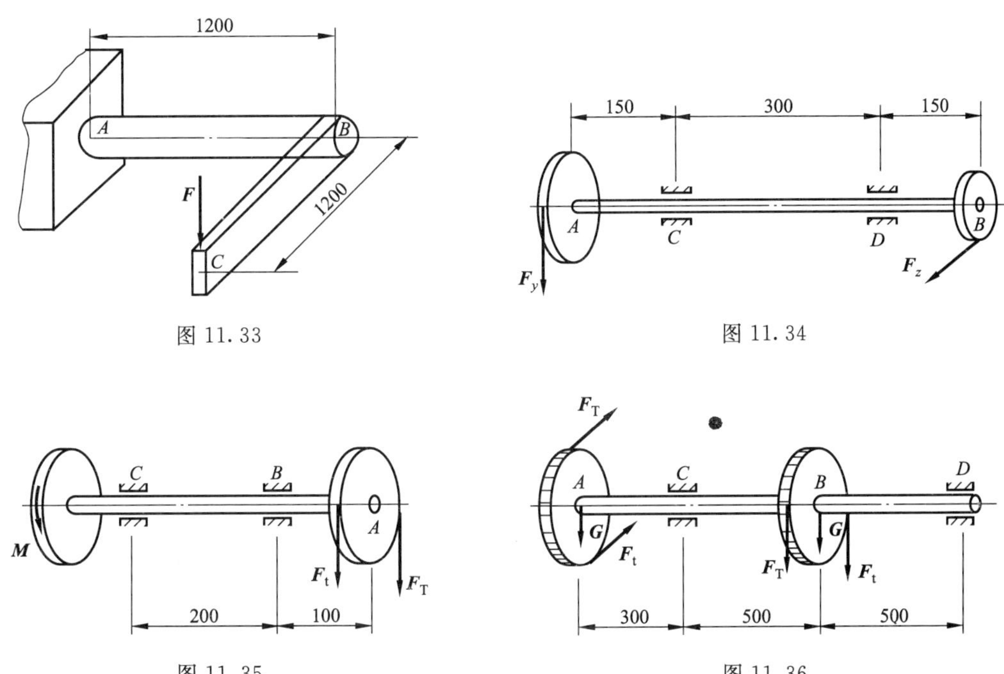

图 11.33　　图 11.34

图 11.35　　图 11.36

边拉力 $F_t=2\text{kN}$，轴的直径 $d=70\text{mm}$，材料的许用应力 $[\sigma]=90\text{MPa}$。试按第四强度理论校核轴的强度。

第 12 章 压杆稳定计算

【教学目标】

要求学生了解轴向压杆平衡的三种状态、稳定和失稳等概念；掌握临界力和临界应力的欧拉公式及其适用条件；了解中长压杆的临界应力经验公式和临界应力总图概念；理解并熟悉压杆实用稳定条件及其应用；了解提高压杆稳定性的措施。

【教学要求】

知识要点	能力要求	相关知识
压杆稳定概念	能正确理解轴向压杆平衡的三种状态、稳定和失稳等概念	压杆平衡的三种状态、稳定和失稳的概念
压杆的临界力和临界应力	能正确理解和运用细长压杆的欧拉公式	细长压杆临界力的欧拉公式、临界应力的欧拉公式及其适用条件
临界应力总图概念	了解中长压杆的临界应力经验公式和临界应力总图概念	中长压杆的临界应力经验公式(直线型和抛物线型),临界应力总图概念
实用压杆稳定条件	能正确理解并熟练运用实用压杆稳定条件进行压杆稳定计算	实用压杆稳定条件及其三种用途
提高压杆稳定性的措施	能正确理解提高压杆稳定性的措施	提高压杆稳定性的四种措施

12.1 压杆稳定的基本概念

这里所谓压杆，就是指轴向受压杆。在前面，轴向受压杆采用强度条件来确定承载力。对于粗而短的杆来说，这没有问题。但对于细而长的杆来说其承载力并不能由强度条件来确定，而是远低于强度条件所确定的值。有人用长 1m、横截面为 30mm×5mm 的木条做过试验，当轴向压力达到 30N 时，木条就出现侧向弯曲而不能再保持原有直线平衡状态。如果继续加载，木条弯曲迅速加剧，随即折断。因此，该木条的实际承压能力是 30N。但根据强度条件，即使是红松，其抗压强度 $[\sigma_C]=10\text{MPa}$，该木条也应该能承受 $[F_N]=[\sigma_C]A=[10\times(30\times5)]\text{N}=1500\text{N}$ 的压力。这个值是木条实际承载力的 50 倍。分析这种巨大差异的原因，除了木条本身制作时的缺陷（如并非理想的等截面直杆而有初始曲率、截面并不完全相等）和外力并非理想地位于轴线上外，更主要地是因为这种轴向受压的细长杆件在压力达到某一值（记为 F_{cr}）后，丧失了保持原有稳定直线平衡状态的能力（工程上称之为**压杆失稳**），出现侧向弯曲，从而丧失了承载能力。失稳杆件横截面的压应力远小于其材料强度值。历史上，有若干著名的工程事故都不是因结构材料强度不够而是因压杆失稳导致的。

取图 12.1 所示的理想压杆做抗侧向干扰的试验，在不同压力下用侧向干扰力使其弯曲。结果表明，轴向压力 $F<F_{cr}$时，一旦去除干扰力，压杆便迅速恢复原状，回到原来直线平衡状态，这种情况下原压杆的平衡为**稳定平衡**。当 $F=F_{cr}$时，即使去除了干扰力，压杆仍停留在干扰力使其所至的位置，无法恢复原状。这在工程上已是一种不能容许的状况。这种情况下原压杆的平衡为**临界平衡**。$F>F_{cr}$时，一有微小干扰，压杆迅速向远离干扰力使其所至的位置弯曲，随即折断。这种情况下原压杆的平衡为**不稳定平衡**。工程上更不容许这种情况出现。前面所谓压杆失稳，就是指 $F\geqslant F_{cr}$的情况，$\boldsymbol{F}_{cr}$被称为压杆的**临界力**。

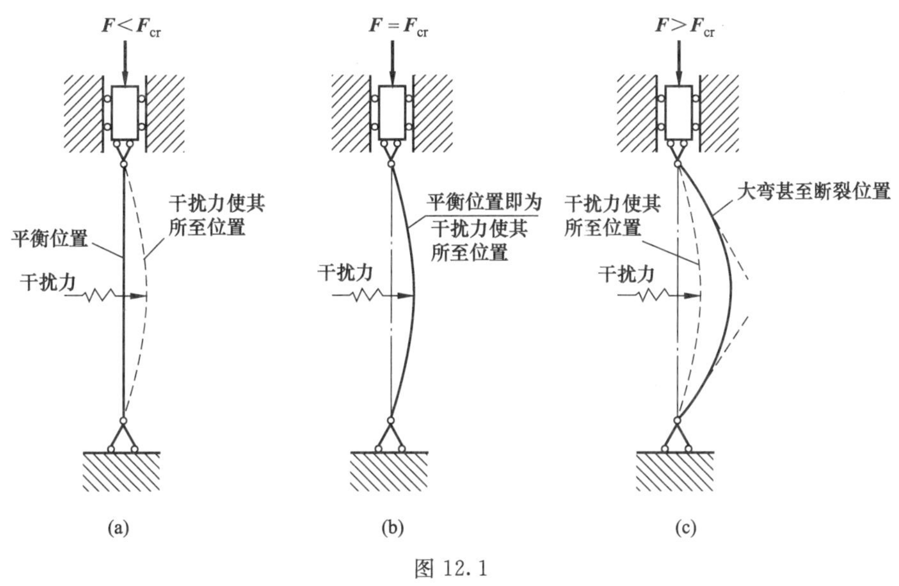

图 12.1

压杆的稳定性就是指压杆在轴向压力作用下保持其原有直线平衡状态的性能。显然，压杆稳定性的强弱是由其临界力大小确定的。临界力是压杆从稳定平衡状态到不稳定平衡状态之间的过渡状态所能承受的轴向压力。临界力 $\boldsymbol{F}_{cr}$越大，压杆的稳定性就越强。临界力 $\boldsymbol{F}_{cr}$越小，压杆的稳定性就越弱。

12.2 细长压杆的临界力与临界应力

12.2.1 细长压杆临界力的计算公式

工程上，压杆两端约束有四种不同情况：两端铰支、两端固定、一端固定一端自由和一端固定一端铰支，如图 12.2 所示。图中曲线为压杆在临界平衡（即恰好失稳）时干扰力使其弯曲的形状，称为失稳曲线。

瑞士科学家欧拉（L. Euler）最早研究了两端铰支弹性压杆的稳定性。通过理论推导，欧拉得到了其临界力计算公式，即著名的**欧拉公式**。欧拉公式进一步推广到其余三种约束情况后，成为如下统一形式

$$F_{cr}=\frac{\pi^2 EI}{(\mu l)^2} \tag{12-1}$$

式中：EI——压杆在图示失稳弯曲平面内的抗弯刚度；

μ——由两端约束情况确定的系数，称为长度系数（两端铰支取 1，两端固定取 0.5，一端固定一端自由取 2，一端固定一端铰支取 0.7）；

μl——称为压杆的计算长度，可记为 l_0，则式（12-1）变得更简单。值得指出的是，每种情况下压杆的失稳曲线在计算长度范围恰好是半波正弦曲线。

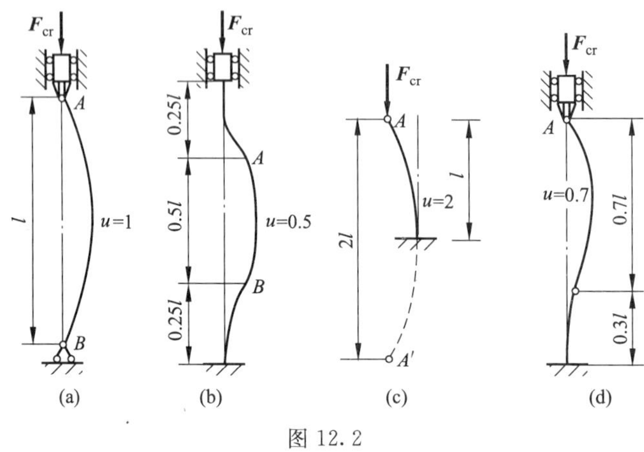

图 12.2

12.2.2　细长压杆的临界应力、欧拉公式的适用条件

1. 临界应力

压杆在临界力作用下，横截面上的应力称为临界应力，记为 σ_{cr}。则

$$\sigma_{cr}=\frac{F_{cr}}{A}=\frac{\pi^2 EI}{(\mu l)^2 A}$$

引入 $i=\sqrt{\frac{I}{A}}$，称为杆件横截面的惯性半径，它反映压杆在弯曲平面内的“粗细”程度。于是

$$\sigma_{cr}=\frac{\pi^2 E}{\left(\frac{\mu l}{i}\right)^2}$$

令 $\lambda=\frac{\mu l}{i}$，则有

$$\sigma_{cr}=\frac{\pi^2 E}{\lambda^2} \tag{12-2}$$

式（12-2）是压杆临界应力计算公式，它是欧拉公式的应力表达形式，是从横截面应力大小来判断压杆是否失稳的标志。临界应力 σ_{cr} 越大，压杆的稳定性就越强。临界应力 σ_{cr} 越小，压杆的稳定性就越弱。式中，$\lambda=\frac{\mu l}{i}$ 表示了压杆在弯曲面内计算长度与“粗细”程度之比，综合反映压杆的长度、截面尺寸以及杆两端支承的情况，称为压杆的**长细比**或**柔度**。λ 愈大，表示压杆越细长，稳定性愈差，愈容易失稳。λ 愈小，表示压杆越粗短，稳定性愈强，愈不容易失稳。

2. 欧拉公式的适用条件

欧拉公式是在材料应力与应变成正比情况下（即满足胡克定律，有时也笼统地说在弹

性范围内）得到的。因此，计算出的临界应力不应超过材料比列极限，即

$$\sigma_{cr}=\frac{\pi^2 E}{\lambda}\leqslant\sigma_P$$

故

$$\lambda\geqslant\pi\sqrt{\frac{E}{\sigma_P}}$$

上式就是欧拉公式（12-1）、（12-2）适用条件的柔度表达式。它说明，可运用欧拉公式的压杆柔度或长细比要足够大，故工程上称满足这一条件的压杆为**细长压杆**。公式右端表示临界应力恰好为材料比例极限 σ_P 的压杆柔度值，于是可令 $\lambda_P=\pi\sqrt{\frac{E}{\sigma_P}}$。同种材料的 λ_P 值是一个常数。如 Q235 钢 $E=210\text{GPa}$，$\sigma_P=200\text{MPa}$，则其 λ_P 可取 102。又如某木材 $E=10\text{GPa}$，$\sigma_P=6.8\text{MPa}$，则其 λ_P 可取 121。也可将常用材料的 λ_P 值计算出并编制成表格供查用。于是，欧拉公式的适用条件也可表示为 $\lambda\geqslant\lambda_P$。

【例 12.1】 某柱上端自由下端固定高为 1m。材料弹性模量 $E=200\text{GPa}$，$\lambda_P=100$。当柱子实际柔度 $\lambda=125$ 时，试分别计算横截面为图 12.3 所示圆形和矩形截面时柱子的临界力。

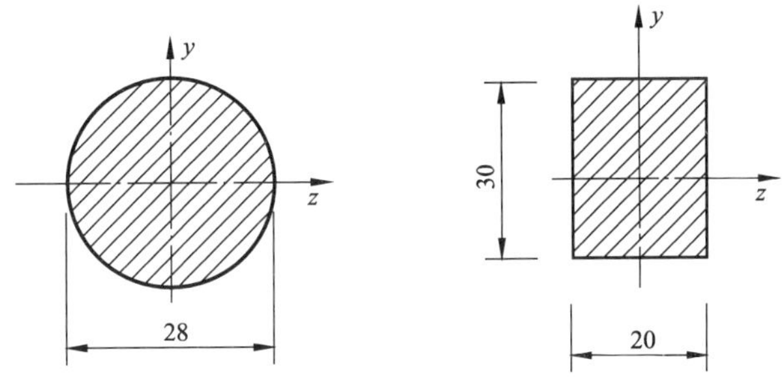

图 12.3

解 因为柱子实际柔度 $\lambda=125>\lambda_P=100$，故知可用欧拉公式计算临界力。柱子“上端自由、下端固定”，故长度系数 $\mu=2$。

（1）圆形截面时，惯性矩为

$$I=\frac{\pi d^4}{64}=\frac{\pi\times 28^4}{64}\text{mm}^4=3.02\times 10^4\text{mm}^4$$

于是，临界力为

$$F_{cr}=\frac{\pi^2 EI}{(\mu l)^2}=\frac{\pi^2\times 200\times 10^3\times 3.02\times 10^4}{(2\times 1000)^2}\text{kN}=14888\text{N}=14.8\text{kN}$$

（2）矩形截面时，应取对截面两个形心轴惯性矩之较小者，为

$$I=\frac{hb^3}{12}=\frac{30\times 20^3}{12}\text{mm}^4=2\times 10^4\text{mm}^4$$

于是，临界力为

$$F_{cr}=\frac{\pi^2 EI}{(\mu l)^2}=\frac{\pi^2\times 200\times 10^3\times 2\times 10^4}{(2\times 1000)^2}\text{kN}=9869\text{N}=9.8\text{kN}$$

说明柔度相同时，细长圆截面压杆比矩形截面压杆更稳定。

【例 12.2】 压杆如图 12.4 所示，材料为 Q235 钢，弹性模量 $E=200\text{GPa}$，求临界力 F_{cr}。

解 压杆在 A、B 两端为销钉连接，在正视图平面内弯曲时，截面绕 z 轴转动，两端铰支，$\mu_z=1$。在俯视平面内弯曲时，截面绕 y 轴转动，两端固定，$\mu_y=0.5$。虽然 $\mu_y l<$

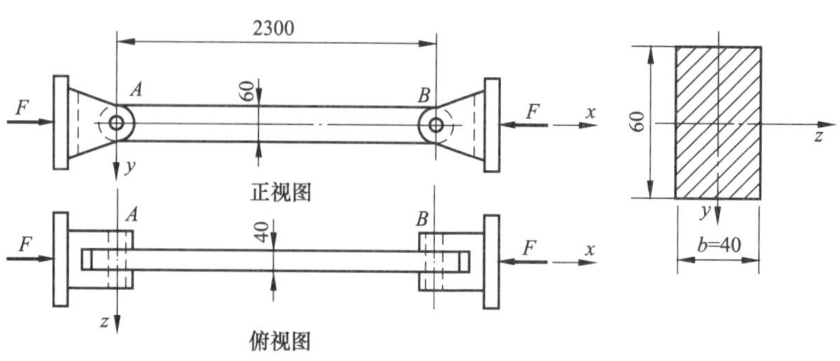

图 12.4

$\mu_z l$，但矩形截面的 $EI_y<EI_z$，故无法由 $F_{cr}=\frac{\pi^2 EI}{(\mu l)^2}$一下判断出该压杆失稳后弯曲时横截面是绕 y 轴转还是绕 z 轴转。因此，应先分别计算出压杆在两个平面内的柔度，判定出压杆会在哪个平面内失稳，从而确定失稳弯曲时横截面绕哪个轴转动。然后再计算临界力值。

(1) 计算两个平面内的柔度 λ 值。

在正视平面内弯曲：因 $I_z=\frac{bh^3}{12}$，$A=bh$，故 $i_z=\sqrt{I_z/A}=\frac{h}{\sqrt{12}}$（此式今后可直接使用），于是

$$\lambda_z=\frac{\mu_z l}{i_z}=\frac{\sqrt{12}\mu_z l}{h}=\frac{\sqrt{12}\times 1\times 2300}{60}=132.79$$

在俯视平面内弯曲：因 $I_z=\frac{hb^3}{12}$，$A=bh$，故 $i_y=\sqrt{I_y/A}=\frac{b}{\sqrt{12}}$（此式今后也可直接使用），于是

$$\lambda_y=\frac{\mu_y l}{i_y}=\frac{\sqrt{12}\mu_y l}{b}=\frac{\sqrt{12}\times 0.5\times 2300}{40}=99.59$$

因 $\lambda_z>\lambda_y$，所以该压杆只能在正视面 xAy 内失稳，即压杆失稳弯曲时横截面绕 z 轴转动。

(2) 计算相应临界力：因 $\lambda_z=132.79>\lambda_P=102$，可以应用欧拉公式计算压杆临界力。

由欧拉公式式（12-2）得 $\sigma_{cr}=\frac{\pi^2 E}{\lambda_z{}^2}=\frac{\pi^2\times 200\times 10^3}{132.79^2}\text{MPa}=111.94\text{MPa}$，而压杆横截面积 $A=bh=40\times 60\text{mm}^2=2400\text{mm}^2$，则临界压力为

$$F_{cr}=\sigma_{cr}A=111.94\times 2400\text{N}=268.66\times 10^3\text{N}=268.66\text{kN}$$

另一种计算方法，直接由临界力欧拉公式计算：在 xAy 面内失稳时 $I_z=\frac{bh^3}{12}=\frac{40\times 60^3}{12}\text{mm}^4=7.2\times 10^5\text{mm}^4$，$\mu_z=1$，代入式（12-1）可得

$$F_{cr}=\frac{\pi^2 EI_z}{(\mu_z l)^2}=\frac{\pi^2\times 200\times 10^3\times 7.2\times 10^5}{(1\times 2300)^2}\text{kN}=268.66\times 10^3\text{N}=268.66\text{kN}$$

在 xAz 面内失稳时，$I_y=\frac{hb^3}{12}=\frac{60\times 40^3}{12}\text{mm}^4=3.2\times 10^5\text{mm}^4$，$u_y=0.5$，代入式（12-1）可得

$$F''_{cr}=\frac{\pi^2\times200\times10^3\times3.2\times10^5}{(0.5\times2300)^2}\text{kN}=477.62\times10^3\text{N}=477.62\text{kN}$$

比较 F'_{cr} 与 F''_{cr} 知该压杆只能在 xAy 面内失稳，临界压力 $F_{cr}=268.66\text{kN}$。

12.3　中长压杆的临界应力公式与临界应力总图

12.2 节讨论了 $\lambda\geqslant\lambda_P$ 细长压杆的临界力与临界应力计算。对于 $\lambda<\lambda_P$ 的压杆，工程上又分为两种情况。一种是压杆长细比特别小，显得外形“短而粗”，其承压力丧失是因材料受压破坏（如第 10 章所说断裂或屈服）所致，不存在失稳的问题，破坏应力远高于这种材料制成的细长杆临界应力。把这种压杆上限柔度记为 λ_s，则其 $\lambda<\lambda_s$，根据上述特征称之为**短压杆**。另一种是长细比介于细长杆和粗短杆之间 $\lambda_s\leqslant\lambda<\lambda_P$，称为**中长压杆**。

12.3.1　中长压杆临界应力及临界力的计算

中长压杆的临界应力公式无法直接由理论推导得出。但人们通过试验研究得出了中长压杆的临界应力的经验公式。目前常用的有如下两个。

（1）中长压杆临界应力的直线型经验公式为

$$\sigma_{cr}=a-b\lambda \tag{12-3}$$

式中系数 a、b 都是与材料性质有关的常数，通过试验测得，见表 12-1。

表 12-1　常见材料中长杆临界力直线公式的系数及相应 λ_P、λ_s 值

材料名称	a/MPa	b/MPa	λ_P	λ_s
Q235 钢($\sigma_s=235\text{MPa},\sigma_b\geqslant372\text{MPa}$)	304	1.12	100	61.6
硅钢($\sigma_s=353\text{MPa},\sigma_b\geqslant510\text{MPa}$)	577	3.74	100	60
铸铁	332	1.45		
硬铝	372	2.14	50	0
松木	39.2	0.199	59	0

（2）中长压杆临界应力的抛物线型经验公式为

$$\sigma_{cr}=a_1-b_1\lambda^2 \tag{12-4}$$

式中系数 a_1、b_1 也是与材料性质有关的常数，由试验测得。如，Q235 钢的 $a_1=240\text{MPa}$，$b_1=0.00682\ \text{MPa}$。其他材料的 a_1、b_1 值可查有关资料得到。

知道了中长压杆的临界应力，也就可以由 $F_{cr}=\sigma_{cr}A$ 方便地计算出其临界力 F_{cr} 了。

12.3.2　临界应力总图

将同种材料不同柔度值的细长压杆、中长压杆的临界应力 σ_{cr} 与柔度 λ 的关系曲线绘制在同一个 $\lambda-\sigma_{cr}$ 坐标系中，就成为临界应力总图。图 12.5 所示即为 Q25 钢的临界应力总图。其中，取 $E=210\text{GPa}$，$\sigma_s=235\text{MPa}$，细长压杆欧拉公式曲线与中长压杆抛物线经验公式曲线的交点对应柔度 $\lambda_C=123$，中长压杆抛物线与短压杆水平线交点对应 $\lambda_s=27$。因 λ_C 大于 $\lambda_P=102$，故工程实用中以 λ_C 作为 Q235 钢细长压杆的最小柔度。即实用上以

$\lambda \geqslant \lambda_C$ 的杆为细长压杆，$\lambda_C > \lambda \geqslant \lambda_s$ 的杆为中长压杆。（$\lambda < \lambda_s$）短压杆的粗不存在失稳问题，其破坏是材料强度破坏，也就不存在临界应力了，故此段以水平虚线表示。

【例 12.3】 设三根圆截面压杆如图 12.6 所示，直径均为 $d = 16\text{cm}$，材料同为 Q235 钢，$\sigma_s = 235\text{MPa}$。已知两端均为球形铰支承，长度分别为 $l_1 = 5\text{m}$，$l_2 = 2.5\text{m}$，$l_3 = 1.25\text{m}$，试求各杆临界力值。

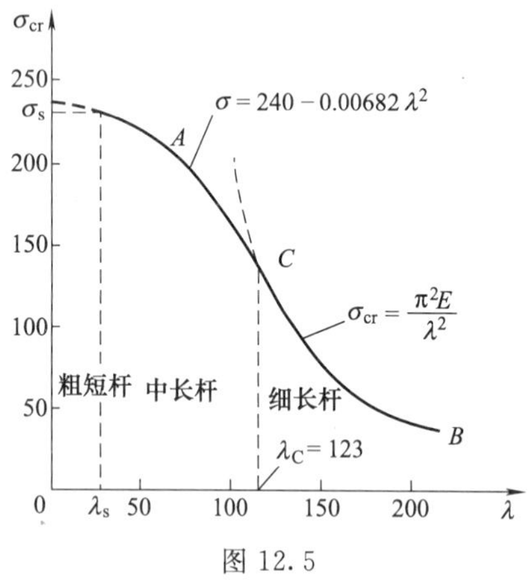

图 12.5

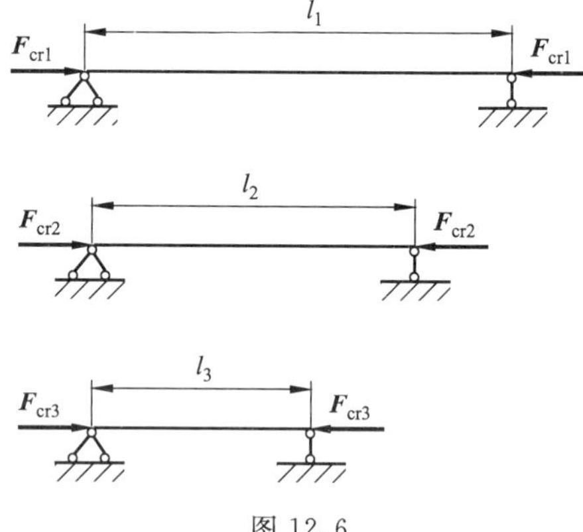

图 12.6

解　（1）计算杆截面几何性质。

$$A = \frac{\pi d^2}{4} = \frac{\pi \times 16^2}{4}\text{cm}^2 = 201.1\text{cm}^2,\ I = \frac{\pi d^4}{64} = \frac{\pi \times 16^4}{64}\text{cm}^4 = 3217.0\text{cm}^4$$

而 $i = \sqrt{\frac{I}{A}} = \frac{d}{4}$（此式今后可直接使用），则 $i = (16/4)\ \text{cm} = 4\text{cm}$。

（2）计算临界荷载。

l_1 杆：$\lambda_1 = \frac{\mu l_1}{i} = \frac{1 \times 500}{4} = 125 > \lambda_P = 102$，属于细长压杆，故可用欧拉公式计算临界力。于是

$$F_{cr1} = \frac{\pi^2 EI_z}{(\mu l)^2} = \frac{\pi^2 \times 2 \times 10^{11} \times 3.217 \times 10^{-5}}{(1 \times 5)^2}\text{N} = 2.54 \times 10^6\text{N} = 2540\text{kN}$$

l_2 杆：$\lambda_2 = \frac{\mu l_2}{i} = \frac{1 \times 250}{4} = 62.5$，显然 $\lambda_2 < \lambda_P = 102$，它属于中长压杆或短压杆。今假定用中长压杆临界应力直线经验公式计算，从表 12-1 中查出公式中系数 $a = 304$，$b = 1.12$。则

$$\sigma_{cr} = a - b\lambda = 304 - 1.12\lambda$$

因 Q235 钢 $\sigma_s = 235\text{MPa}$，令 $\sigma_{cr} = \sigma_s$，由上式可得 $\lambda_s = \frac{304 - \sigma_{cr}}{1.12} = \frac{304 - 235}{1.12} = 61.6$。于是知该压杆 $\lambda_s < \lambda_2 < \lambda_P$，属于中长压杆，可以应用所选的临界应力直线经验公式。于是，将 $\lambda_2 = 62.5$ 代入上式得

$$\sigma_{cr2} = 304 - 1.12\lambda = (304 - 1.12 \times 62.5)\text{MPa} = 234\text{MPa}$$

故其临界力为 $F_{cr2} = \sigma_{cr2} A = 234 \times 201.1 \times 10^2\text{N} = 4705.7 \times 10^3\text{N} = 4705.7\text{kN}$。

l_3 杆：$\lambda_3=\frac{\mu l_3}{i}=\frac{1\times125}{4}=31.25<\lambda_s=61.6$，为短压杆，该杆不会发生受压失稳破坏，只会发生强度屈服破坏。因此，不存在临界力。

12.4　压杆的实用稳定条件及其应用

12.4.1　实际压杆的主要"缺陷"

前面所讨论的细长和中长（压杆）都是理想化的。实际工程中的压杆存在着如下缺陷。

（1）初弯曲。实际压杆的轴线不可能是理想的直线，都具有微小的初始曲率。

（2）初偏心。压力作用点与压杆横截面形心不可能完全重合，都有微小的偶然偏心。

（3）残余应力。杆件及材料在制作（如钢材冶炼、杆件切割、焊接和安装）时都会在内部产生一种自相平衡的初应力，称为"残余应力"。

由于缺陷存在，使实际压杆稳定临界力和临界应力比公式计算出的值要低。因此，临界力和临界应力并不能直接作为实际压杆是否失稳的判据。工程中实用的压杆稳定条件是在理想压杆临界应力计算值基础上，综合考虑了实际压杆缺陷后给予适当安全储备而建立的。

12.4.2　压杆稳定条件

压杆稳定条件，就是压杆保持稳定直线平衡的条件。按照上面的讨论，压杆要保持稳定，其实际工作应力 $\sigma=F/A$ 必须小于计算出来的临界应力

$$\sigma=F/A<\sigma_{cr}$$

由于实际压杆有缺陷，实际临界应力比计算出的临界应力 σ_{cr} 小，因此为了保证压杆稳定，必须综合考虑一定的安全储备。工程上采用将 σ_{cr} 除以一个随压杆柔度 λ 变化的大于 1 的系数作为压杆的稳定许用应力 $[\sigma_{st}]$。这个大于 1 的系数称为**稳定安全系数**，记为 K_{st}，则 $[\sigma_{st}]=\sigma_{cr}/K_{st}$。于是，压杆的稳定条件可写为

$$\sigma=\frac{F}{A}\leqslant[\sigma_{st}]=\frac{\sigma_{cr}}{K_{st}}$$

但上式不便于工程上运用，因为 σ_{cr}、K_{st} 都是要随压杆具体柔度 λ 而变化的量。为此，人们常将压杆稳定许用应力 $[\sigma_{st}]$ 改用强度许用应力 $[\sigma]$ 来表达，即

$$[\sigma_{st}]=\frac{\sigma_{cr}}{K_{st}}=\frac{\sigma_{cr}}{K_{st}[\sigma]}[\sigma]$$

令 $\frac{\sigma_{cr}}{K_{st}\ [\sigma]}=\varphi$，则 $[\sigma_{st}]=\varphi[\sigma]$。于是，压杆稳定条件成为如下实用形式，即

$$\sigma=F/A\leqslant\varphi[\sigma] \tag{12-5}$$

φ 称为**稳定系数**，随柔度 λ 变化，同时因临界应力 σ_{cr} 小于强度许用应力 σ，而 K_{st} 大于 1，故 φ 不会超过 1。将常用材料压杆在不同柔度下的稳定折减系数编制成表格，供计算查用。这就使压杆稳定条件用起来比较简便。力学计算中使用的压杆稳定系数见表12-2。以

后在结构设计时还要用更精细的稳定折减系数表。

表 12-2 常用材料压杆的稳定系数 φ

λ	φ 值				
	Q215,Q235 钢	16Mn 钢	铸铁	木材	混凝土
0	1.000	1.000	1.000	1.000	1.00
20	0.981	0.973	0.91	0.932	0.96
40	0.927	0.895	0.69	0.822	0.86
60	0.842	0.776	0.44	0.658	0.70
70	0.789	0.705	0.34	0.575	0.63
80	0.731	0.627	0.26	0.460	0.57
90	0.669	0.546	0.20	0.371	0.46
100	0.604	0.462	0.16	0.300	
110	0.536	0.384		0.248	
120	0.466	0.325		0.209	
130	0.401	0.179		0.178	
140	0.349	0.242		0.153	
150	0.306	0.213		0.134	
160	0.272	0.188		0.117	
170	0.248	0.158		0.102	
180	0.218	0.151		0.093	
190	0.197	0.136		0.083	
200	0.180	0.124		0.075	

不难看出，当 $\varphi=1$ 时，式（12-5）就成了轴压杆的强度条件。说明此时压杆已不存在失稳问题，只有强度问题，是短压杆了。从式（12-5）还可以看出，只要满足了稳定条件的压杆，必然满足强度条件。因此，工程上一般只需验算压杆的稳定性。只有当压杆横截面被削弱（如打孔洞或开口开槽等）时，才需验算这些特殊横截面的强度。

12.4.3 压杆稳定计算

压杆稳定条件式（12-5），有三方面的用途。

（1）压杆稳定校核。即已知压杆的长度、两端支承情况、材料种类、横截面尺寸及轴压力，验算压杆稳定条件式（12-5）是否满足。这时应先根据压杆两端支承情况确定长度系数 μ 值，然后由截面尺寸计算出惯性半径 i，接着算出柔度 λ，再根据材料种类和 λ 值查表得到稳定折减系数 φ 值，即可验算式（12-5）是否成立。

（2）压杆许可荷载计算。由式（12-5）得 $F\leqslant\varphi[\sigma]A$。此式右端即为压杆保证不失稳所能承受的最大压力，称为压杆的稳定许可压力，记为 $[F_{st}]$。于是

$$[F_{st}]=\varphi[\sigma]A \tag{12-6}$$

当已知压杆的长度、两端支承情况、材料种类、横截面尺寸时，即可根据压杆两端支承情况确定长度系数 μ 值，然后由截面尺寸计算出惯性半径 i，接着计算出柔度 λ，再根据材料种类和 λ 值查表得到稳定折减系数 φ 值，最后代入上式计算出压杆的许可荷载 $[F_{st}]$。甚至还可进一步根据荷载条件确定出结构的许可荷载值。

（3）压杆横截面设计。由式（12-5）得

$$A \geqslant \frac{F}{\varphi[\sigma]} \tag{12-7}$$

式（12-7）右端其实就是所需的横截面最小面积 $A_{\min}$。从式（12-7）看出，要计算出所需面积 $A_{\min}$，需先查表得 φ 值，但 φ 要根据材料种类和柔度 λ 值查表，而在不知道 A 时，是无法算出惯性半径 i 和柔度 λ 值的，因此就无法查 φ 值。对这个问题，只能采用如下试算法。

① 按经验假设一个 φ_1 值（因 $\varphi=0\sim1$，故无经验时可取中间值 $\varphi_1=0.5$），按式(12-7)算出一个面积 A_1，即可确定出横截面初选尺寸（如 b_1、h_1 等）或型钢型号。

② 按横截面初选尺寸（如 b_1、h_1 等）或型钢型号计算出 i_1 和 λ_1 值，然后查表得 φ_1' 值。

③ 比较 φ_1 和 φ_1' 值，若相差较大，则重新假设 $\varphi_2=(\varphi_1+\varphi_1')/2$，重复①、②步骤。直到 φ_1 和 φ_1' 值接近为止。

【例 12.4】 某钢管柱，长 $l=2.2\text{m}$，两端铰支。外径 $D=102\text{mm}$，内径 $d=86\text{mm}$，材料为 Q235 钢，许用压力 $[\sigma]=160\text{MPa}$。已知承受轴向压力 $F=300\text{kN}$，试校核此柱的稳定性。

解 柱子两端铰支，故 $\mu=1$，钢管横截面惯性矩为

$$I=\frac{\pi}{64}(D^4-d^4)=\frac{\pi}{64}(102^4-86^4)\text{mm}^4=2.63\times10^6\text{mm}^4$$

截面面积为

$$A=\frac{\pi}{4}(D^2-d^2)=\frac{\pi}{4}(102^2-86^2)\text{mm}^2=2.36\times10^3\text{mm}^2$$

故惯性半径为

$$i=\sqrt{\frac{I}{A}}=\sqrt{\frac{2.63\times10^6}{2.36\times10^3}}\text{mm}=33.4\text{mm}$$

柔度为

$$\lambda=\frac{\mu l}{i}=\frac{1\times2200}{33.4}=65.9$$

查表 12-2 得

当 $\lambda=60$ 时，$\varphi=0.842$；$\lambda=70$ 时，$\varphi=0.789$。

用直线插入法：$\lambda=66$ 时，有

$$\varphi=0.842-\frac{65.9-60}{70-60}(0.842-0.789)=0.842-0.031=0.811$$

则 $\varphi[\sigma]=(0.811\times160)\text{MPa}=129.8\text{MPa}$。从而

$$\sigma=\frac{F}{A}=\frac{300\times10^3}{2.36\times10^3}=127.1\text{MPa}<\varphi[\sigma]$$

说明钢管柱满足稳定条件。

【例 12.5】 图 12.7 所示的支架，长度 $l=2\text{m}$。已知 BD 杆为正方形截面的木杆，两

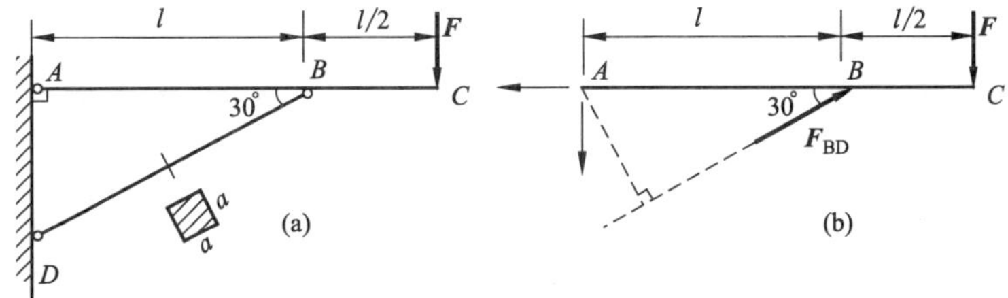

图 12.7

端约束为铰支，截面边长 $a=0.1\text{m}$，木材的许用应力 $[\sigma]=10\text{MPa}$。试从 BD 杆满足稳定性条件考虑，确定该支架能承受的最大荷载 $[F]$。

解 (1) 计算 BD 杆的长细比。因

$$l_{BD}=\frac{l}{\cos30^\circ}=\left(\frac{2}{\frac{\sqrt{3}}{2}}\right)\text{m}=2.31\text{m}$$

方形截面 $i=\dfrac{a}{\sqrt{12}}$，故

$$\lambda_{BD}=\frac{\mu l_{BD}}{i}=\frac{\sqrt{12}\mu l_{BD}}{a}=\frac{\sqrt{12}\times1\times2.31}{0.1}=80$$

(2) 求 BD 杆的稳定许可压力。根据长细比 λ_{BD} 查表，得 $\varphi_{BD}=0.460$，则 BD 杆的最大稳定许可压力为

$$[F_{\text{st}}]_{BD}=\varphi[\sigma]A=0.460\times10\times10^6\times0.1^2\text{N}=4.6\times10^4\text{N}$$

(3) 求该支架的最大荷载 $[F]$。由 AC 杆的平衡条件，可得外力 F 与 BD 杆轴力之间的关系。取梁 AC 分析，画出受力图。则

$$\sum M_A=0,\ F_{NBD}\times l\sin30^\circ-F\times1.5l=0$$

可求得

$$F=\frac{1}{3}F_{NBD}$$

于是知，该支架能承受的最大荷载为

$$[F]=\frac{1}{3}[F_{NBD}]$$

将 $[\boldsymbol{F}_{NBD}]=[\boldsymbol{F}_{\text{st}}]_{BD}$ 代入上式即可得

$$[F]=\frac{1}{3}[F_{\text{st}}]_{BD}=\frac{1}{3}\times4.6\times10^4\text{N}=1.53\times10^4\text{N}=15.3\text{kN}$$

【例 12.6】 某木柱高 $l=3.5\text{m}$，横截面为圆形，承受轴向压力 $F=75\text{kN}$，两端约束可简化为铰支，木材许用应力 $[\sigma]=10\text{MPa}$，试选择直径 d。

解 (1) 先设 $\varphi_1=0.5$，则

$$A_1=\frac{F}{\varphi_1[\sigma]}=\left(\frac{75\times10^3}{0.5\times10}\right)\text{mm}^2=15\times10^3\text{mm}^2$$

于是可算出直径 $$d_1=\sqrt{\frac{4A_1}{\pi}}=\sqrt{\frac{4\times15\times10^3}{\pi}}\text{mm}=138\text{mm}$$

为便于施工，取 $d_1=140\text{mm}$。则在所选直径下，有

$$i_1=\frac{d_1}{4}=\frac{140}{4}\text{mm}=35\text{mm}$$

$$\lambda_1=\frac{\mu l}{i_1}=\frac{1\times3.5\times10^3}{35}=100$$

查表得 $\varphi_1'=0.3$。这与所设 $\varphi_1=0.5$ 差别较大，应重新计算。

(2) 设 $\varphi_2=\dfrac{\varphi_1+\varphi_1'}{2}=\dfrac{0.5+0.3}{2}=0.4$，则同上有

$$A_2=\frac{F}{\varphi_2[\sigma]}=\left(\frac{75\times10^3}{0.4\times10}\right)\text{mm}^2=18.75\times10^3\text{mm}^2$$

$$d_2=\sqrt{\frac{4A_2}{\pi}}=\sqrt{\frac{4\times 18.75\times 10^3}{\pi}}\text{mm}=154.5\text{mm}$$

取 $d_2=160\text{mm}$。则在所选直径下，有

$$i_2=\frac{d_2}{4}=\frac{160}{4}\text{mm}=40\text{mm}$$

$$\lambda_2=\frac{\mu l}{i_2}=\frac{1\times 3.5\times 10^3}{40}=87.5$$

查表得 $\varphi_2'=0.393$，与所得 $\varphi_2=0.4$ 很接近，可不必再算。

(3) 稳定性校核：

$$\sigma=\frac{F}{A}=\frac{75\times 10^3}{\frac{\pi}{4}\times 160^2}\text{MPa}=3.73\text{MPa}<\varphi[\sigma]=0.393\times 10\text{MPa}=3.93\text{MPa}$$

符合稳定条件，故圆柱设计直径可取 $d=160\text{mm}$。

12.5　提高压杆稳定性的措施

提高压杆稳定性就是要提高压杆的临界力 F_{cr}或临界应力 σ_{cr}。因此，提高压杆稳定性所采取的措施可以按照临界力公式 $F_{cr}=\frac{\pi^2 EI}{(\mu l)^2}$中所涉及的因素来考虑。具体措施如下。

(1) 选择合理的截面形状。因为压杆的临界力大小与惯性矩成正比，所以在横截面面积一定的情况下，应选择材料分布尽量远离中性轴的截面形状，以便得到较大的惯性矩 I。比如，能用方形截面时不用圆形截面，能用矩形截面时不用方形截面，能用工字形截面时不用矩形截面，能用空心截面时不用实心截面等，均可提高压杆在特定平面内的稳定性。如果想在各个方向平面内稳定性相同，则圆形截面又是最理想的。

(2) 减小压杆的悬空长度。因压杆的临界力与杆件长度的平方成反比，因此在不影响使用功能的条件下，可以在杆中间部位增加支承，来减小压杆的悬空长度 l，提高压杆的稳定性。

(3) 增强端部约束作用。压杆的临界力与长度系数的平方成反比，而杆件端部的约束类型决定长度系数的值。从长度系数的取值规律看，约束作用越强，则相应的长度系数越小，临界力就越大。如能用铰支承就不要悬空成为自由端，能固定就不用铰支座，从而增强端部约束作用，来降低压杆的长度系数 μ，提高其临界力，以达到提高稳定性的目的。

(4) 选择弹性模量较高的材料。压杆的临界力和材料的弹性模量成反比。选择 E 值较高的材料，也可以达到提高压杆的临界力，从而提高压杆的稳定性。当然，这样会增加结构的材料成本。

本 章 提 要

1. 压杆的平衡状态分为三类：**稳定平衡、临界平衡和不稳定平衡。**

2. **压杆失稳**是指轴向受压的细长或中长压杆在压力达到临界力 F_{cr}后，就丧失了其保持原有稳定直线平衡状态的能力。临界平衡和不稳定平衡的压杆都已失稳。失稳后的压杆

受到外界干扰力作用会严重侧向弯曲而丧失承载能力，甚至折断，因而工程中不能使用。

3. 压杆按长细比（柔度）λ 分为三类：**细长压杆**（$\lambda \geqslant \lambda_C$）、**中长压杆**（$\lambda_C > \lambda \geqslant \lambda_s$）和**短压杆**（$\lambda < \lambda_s$）。前两类压杆如果没有截面削弱，承载能力按稳定性考虑。短压杆只发生强度破坏，没有失稳问题。

4. 细长压杆临界力和临界应力**欧拉公式**：（1）$F_{cr}=\dfrac{\pi^2 EI}{(\mu l)^2}$；（2）$\sigma_{cr}=\dfrac{\pi^2 E}{\lambda^2}$。

中长杆压杆临界应力**经验公式**：（1）直线型公式 $\sigma_{cr}=a-b\lambda$；（2）抛物线型公式 $\sigma_{cr}=a_1-b_1\lambda^2$。

5. 压杆**实用稳定条件**：$\sigma=F/A\leqslant\varphi[\sigma]$。

压杆实用稳定条件有三种用途：承压力校核（$\sigma=F/A\leqslant\varphi[\sigma]$），稳定许可压力计算（$[F_{st}]=\varphi[\sigma]A$）和截面设计计算$\left(A_{min}=\dfrac{F}{\varphi[\sigma]}\right)$。

思　考　题

12-1　受压杆件的稳定性问题与一般杆件的强度、刚度问题有何区别？

12-2　压杆是指什么杆？其稳定平衡与不稳定平衡有何区别？

12-3　何谓临界力？说明它的含义。

12-4　欧拉临界力公式是在什么条件下推导出的？该公式的应用条件是什么？

12-5　材料相同的四根压杆如图 12.8 所示。试问：

（1）图（b）所示的压杆的临界力是图（a）的几倍？

（2）图（d）所示的压杆的临界力是图（c）的几倍？

（3）图（b）、（c）所示杆哪个临界力最大？

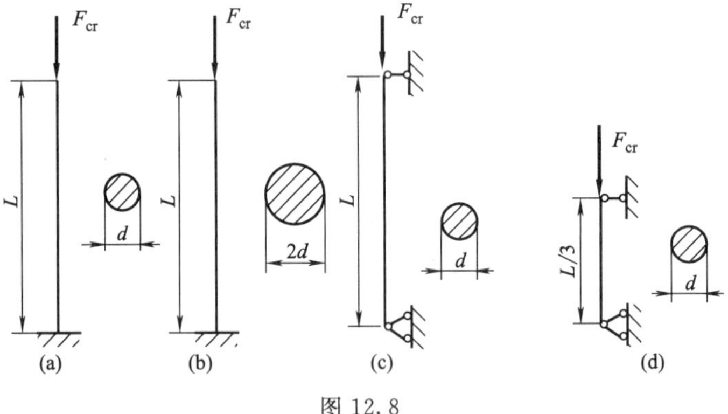

图 12.8

12-6　若压杆两端约束均为球铰支承，其横截面采用图 12.9 所示的各种形状。试问：当压杆失稳时，其截面将分别各自绕哪一根轴转动？

12-7　设某两根细长压杆的材料和长度相同，且两端均为球形铰链支承。一根的横截面是直径为 d 的圆截面，另一根是用连接件连接在一起的两个直径为 d 的并列圆截面，如图 12.10 所示。试问：该两杆的临界力哪一个大？为什么？

12-8　压杆的稳定条件与强度条件有何不同？利用压杆的稳定条件可以解决哪些类型的问题？

12-9　实际的压杆常常带有哪些“缺陷”？它们对压杆的承载能力有何影响？

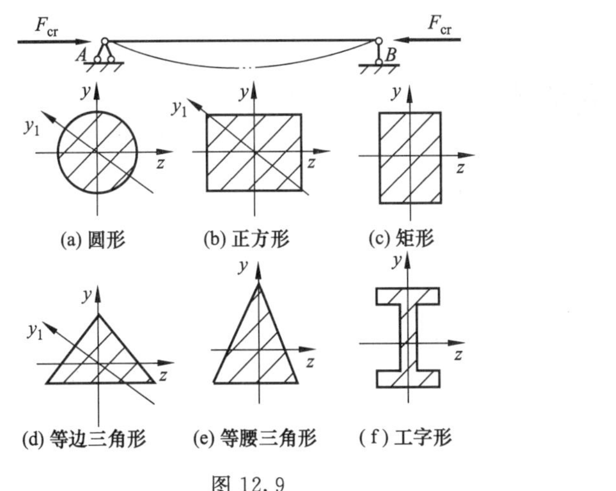

图 12.9

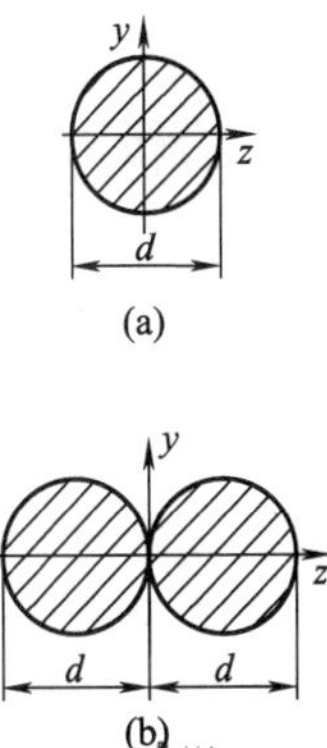

图 12.10

12-10　对于小柔度压杆（$\lambda < \lambda_s$）承载力丧失实质上是材料强度破坏。但在用计算稳定问题时，小柔度压杆仍有小于 1 的稳定系数。试问这是什么原因?

12-11　改善压杆的稳定性通常有哪些措施?试结合自己所知道的工程实例加以说明。

习　题

12-1　某圆截面木柱，高 $H=3.5\text{m}$，直径 $d=100\text{mm}$，材料弹性模量 $E=10\text{GPa}$，$\lambda_P=120$。试分别求出木柱在两端铰支和一端固定一端自由两种情况的临界力和临界应力。

12-2　某压杆下端固定、上端铰支，杆高 2.4m，由等边角钢∟ 100mm×10mm 制成，$E=200\text{GPa}$，$\lambda_C=123$，试求其临界力。

12-3　某矩形截面木柱，柱高 $H=4\text{m}$，两端铰支。已知截面 $b=180\text{mm}$，$h=240\text{mm}$，材料的许用应力 $[\sigma]=10\text{MPa}$，承受轴向压力 $F=135\text{kN}$。试校核该柱的稳定性。

12-4　22a 工字钢所制压杆，两端铰支。已知压杆长 $l=3.5\text{m}$，弹性模量 $E=200\text{GPa}$，$[\sigma]=160\text{MPa}$，承受轴向压力 $F=220\text{kN}$，如果在腹板上开一直径 15mm 的孔，试分别校核压杆的强度和稳定性是否满足要求。

12-5　钢压杆两端固定，杆长 2m，截面为圆形，直径 $d=36\text{mm}$，材料为 Q235 钢，$[\sigma]=160\text{MPa}$。试求此压杆的许用压力 $[F]$。

12-6　某桁架弦杆杆长 $l=3.6\text{m}$，所受的轴向压力为 $F_N=25\text{kN}$，横截面为正方形，材料为松木，$[\sigma]=10\text{MPa}$。若两端按铰支考虑，试确定弦杆的横截面尺寸。

第 13 章　静定结构的位移计算

【教学目标】

要求学生理解静定结构位移的概念，了解变形体的虚功原理，理解静定结构位移计算的一般公式，明确虚拟单位荷载的施加方法，理解图乘法的原理，掌握用图乘法计算静定梁和静定平面刚架在荷载作用下的位移，掌握静定结构由于支座移动引起的位移计算，理解互等定理。

【教学要求】

知识要点	能力要求	相关知识
结构位移的概念	(1)理解线位移和角位移的概念 (2)明确结构位移计算的目的	单跨静定梁的变形计算
结构位移计算的一般公式	(1)了解变形体的虚功原理 (2)理解静定结构位移计算的一般公式 (3)明确虚拟单位荷载的施加方法	实功和虚功的概念
静定结构在荷载作用下的位移计算	(1)掌握静定平面桁架在荷载作用下的位移计算 (2)掌握静定梁在荷载作用下的位移计算 (3)掌握静定平面刚架在荷载作用下的位移计算	(1)静定结构的内力计算 (2)剪力方程和弯矩方程
图乘法	(1)明确图乘法的适用条件 (2)清晰理解图乘法的原理 (3)掌握简单规则图形的形心位置和面积 (4)掌握复杂图形的分解技巧 (5)熟练应用图乘法计算静定梁和静定平面刚架的位移	(1)虚拟单位荷载的施加方法 (2)弯矩图的绘制
静定结构由于支座移动引起的位移计算	掌握静定结构由于支座移动引起的位移计算公式	(1)虚拟单位荷载的施加方法 (2)静力平衡方程求支座反力
互等定理	理解功的互等定理、反力互等定理和位移互等定理	虚功原理

13.1　结构位移的概念

结构在荷载下会产生内力，同时也会产生变形。由于变形，结构上的各处位置会产生移动，即发生位移。所谓变形是指结构形状的改变，位移则是指结构某点或截面位置的改变量。

图 13.1（a）所示的刚架，在荷载作用下，结构产生了变形，使截面 A 的形心从 A 点移到了 A' 点，线段 $\overline{AA'}$ 称为 A 点的线位移，一般用符号 Δ_A 表示。它也可用水平线位移 Δ_x 和竖向线位移 Δ_y 两个位移分量来表示，如图 13.1（b）所示。同时截面 A 还转动了一个角度，称为截面 A 的角位移，用 φ_A 表示。

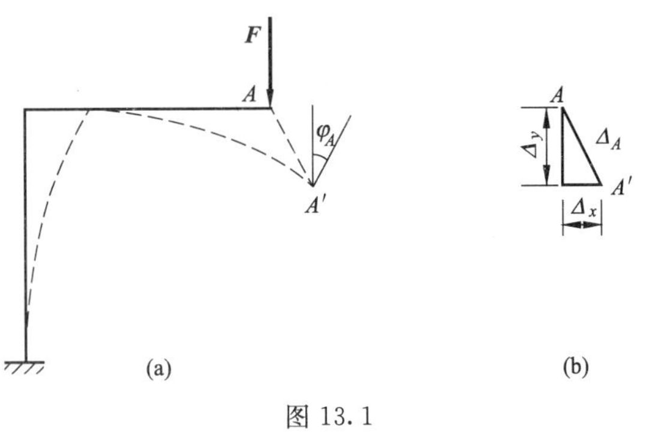

图 13.1

使结构产生位移的原因除了荷载作用外，还有温度变化使材料膨胀或收缩、结构构件尺寸的制造误差、基础的沉降以及支座移动等都会引起结构产生位移。

位移计算是结构设计中常常会遇到的问题。对结构位移计算的目的如下。

（1）校核结构的刚度。即验算在荷载作用下，结构的位移是否能够满足结构正常运行的要求。结构在荷载作用下如果产生过大的变形，不满足刚度条件，即使不破坏也不能正常使用。如梁或楼板的变形过大会造成楼面不平整甚至开裂，桥梁的变形太大，会使车辆无法正常行驶。所以，在各种结构相应的规范中，都对结构规定了必须满足的刚度要求。

（2）为结构施工提供位移数据。例如在跨度较大的结构中，为了避免建成后产生显著下垂，可预置拱度，先将结构做成与挠度相反的拱形，称为起拱，起拱高度须根据结构位移计算确定。

（3）为计算超静定结构打下基础。实际结构除静定结构外，更多的是超静定结构。进行超静定结构的受力分析时，需要同时考虑结构的平衡条件和变形协调条件，因此要进行超静定结构计算，必须会进行静定结构位移计算。

13.2 结构位移计算的一般公式

结构位移计算的一般公式是由变形体的虚功原理推导出来的。力与沿力方向发生位移的乘积称为功。力在由其本身所产生的位移上所做的功称为**实功**，而力在由其他原因产生的位移上所做的功称为**虚功**。变形体处于平衡的必要和充分条件是：在任何虚位移上变形体上所有外力所做的虚功总和等于变形体各微段截面上的内力在其变形上所做的虚功总和，即外力虚功等于内力虚功，这就是**变形体的虚功原理**。

设想同一结构处于不同的两种状态：一种是给定的荷载或非荷载等原因作用下的实际位移状态，另一种是在单位荷载作用下的虚拟状态。根据变形体的虚功原理，一种状态下的外力在另一种状态的位移上所做的外力虚功，等于一种状态下的内力在另一种状态的变形上所做的内力虚功。虚功原理既适用于静定结构，也适用于超静定结构。

如图 13.2（a）所示平面杆系结构，由于荷载、支座移动等因素作用，产生了变形和位移（图中虚线所示），这是结构的实际状态，现求某一指定点 K 沿某一指定方向 K-K' 上的位移 Δ_K。

应用虚功原理需要有两个状态：力状态和位移状态。现在要求的位移是由给定的荷

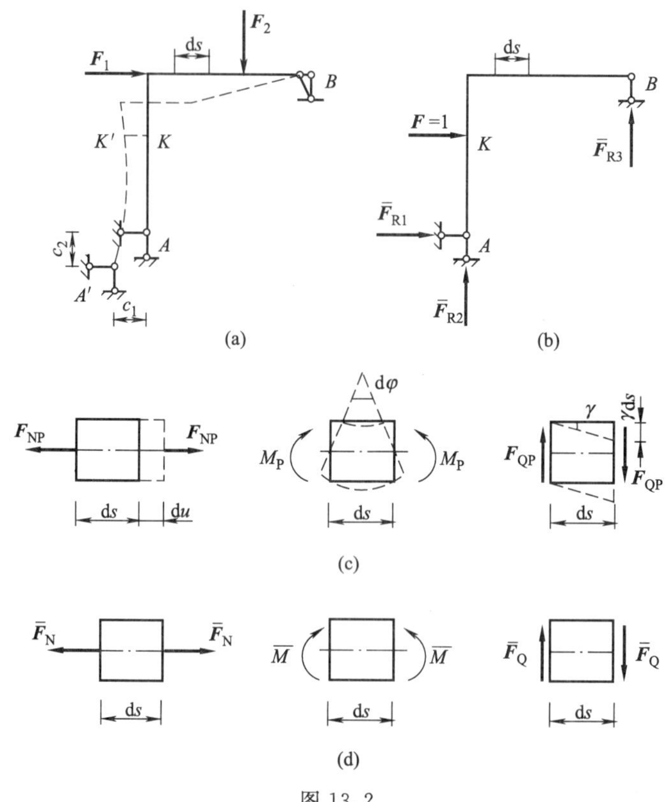

图 13.2

载、温度变化以及支座移动等因素引起的，故应以此作为结构的位移状态，并称为实际状态。此外，还需要根据拟求位移建立力状态。由于力状态与位移状态是彼此独立无关的，因此力状态可以根据计算的需要来假设。为了使力状态中的外力能在位移状态中的所求位移 Δ_K 上做虚功，就在 K 点沿 K-K' 方向加一个集中荷载 $\boldsymbol{F}$，其箭头的指向可随意假设。为了计算方便，令 $\overline{F}=1$，如图 13.2（b）所示，以此作为结构的力状态。这个力状态并不是原有的，而是虚设的，因此称为虚拟状态。

现在来讨论虚拟力状态的外力和内力在实际位移状态相应位移和变形上所做的虚功。外力虚功包括荷载和支座反力所做的虚功。设在虚拟力状态中，由单位荷载 $\overline{F}=1$ 引起的支座反力为 $\overline{F}_{R_1}$、$\overline{F}_{R_2}$、$\overline{F}_{R_3}$，如图 13.2（b）所示。而在实际位移状态中相应的支座位移为 c_1、c_2、c_3，如图 13.2（a）所示。则外力虚功为

$$W_{外}=\overline{F}\Delta_K+\overline{F}_{R_{C1}}+\overline{F}_{R_{C2}}+\overline{F}_{R_{C3}}=1\cdot\Delta_K+\sum\overline{F}_{Ri}c_i$$

显然，单位荷载 $\overline{F}=1$ 所做的虚功在数值上正好等于所要求的位移 Δ_K。

设虚拟状态中由单位荷载 $\overline{F}=1$ 作用在某微段上所产生的内力为 $\overline{F}_N$，$\overline{M}$，$\overline{F}_Q$，如图 13.2（d）所示，而在实际位移状态中该微段相应的变形为 du、$d\varphi$、γds，如图 13.2（c）所示。则内力虚功为

$$W_{内}=\sum\int\overline{F}_N du+\sum\int\overline{M}d\varphi+\sum\int\overline{F}_Q\gamma ds$$

由虚功原理 $W_{外}=W_{内}$，有

$$1\cdot\Delta_K+\sum\overline{F}_{Ri}\cdot c_i=\sum\int\overline{F}_N du+\sum\int\overline{M}d\varphi+\sum\int\overline{F}_Q\gamma ds$$

于是可得

$$\Delta_K = \sum\int \overline{F}_{\mathrm{N}}\mathrm{d}u + \sum\int \overline{M}\mathrm{d}\varphi + \sum\int \overline{F}_Q\gamma\mathrm{d}s - \sum \overline{F}_{\mathrm{R}}c \tag{13-1}$$

式（13-1）就是平面杆件结构位移计算的一般公式。若确定了虚拟状态的支座反力 $\boldsymbol{F}_{\mathrm{R}_1}$，$\overline{\boldsymbol{F}}_{\mathrm{R}_2}$，$\overline{\boldsymbol{F}}_{\mathrm{R}_3}$ 和微段内力 $\overline{\boldsymbol{F}}_{\mathrm{N}}$，$\overline{\boldsymbol{M}}$，$\overline{\boldsymbol{F}}_{\mathrm{Q}}$，同时已知了实际位移状态中的支座位移 c_1、c_2、c_3，并求得了实际位移状态中该微段的变形 $\overline{\mathrm{d}}u$、$\mathrm{d}\varphi$、$\gamma\mathrm{d}s$，则可由式（13-1）计算出位移 Δ_K。如果计算结果为正，表示单位荷载所做的虚功为正，则所求位移 Δ_K 的实际指向与所假设的单位荷载 $\overline{\boldsymbol{F}}=1$ 的指向相同，为负则相反。

由以上分析可知，用虚功原理计算结构的位移，关键在于建立恰当的虚拟力状态，而此方法的好处在于虚拟状态中只在所求位移处沿所求位移方向加一个单位荷载，以使荷载虚功刚好等于所求位移。这种计算位移的方法称为**单位荷载法。**

在实际计算中，除了计算线位移外，还需要计算角位移、相对位移等。显然所求位移的类型不同，要建立的虚拟状态也必然不相同。下面以图 13.3 所示的几种情况来说明如何按照所求的位移设置相应的虚拟状态。

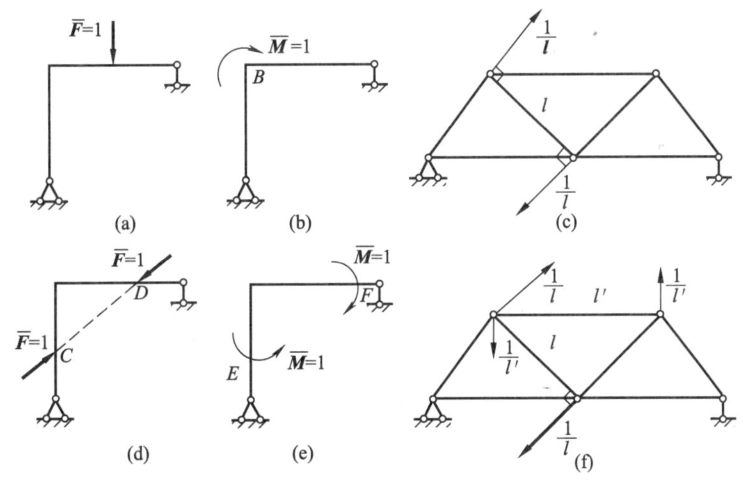

图 13.3

(1) 若要求结构上某一点沿某个方向的线位移，则在该点所求位移方向加一个单位力，如图 13.3（a）所示。

(2) 若要求结构上某一截面的角位移，则在该截面处加一单位力偶，如图 13.3（b）所示。

(3) 若要求桁架某杆的角位移时，则在该杆两端加一对与杆轴垂直的反向平行力，使其构成一个单位力偶，力偶中每个力等于$\dfrac{1}{l}$，如图 13.3（c）所示。

(4) 若要求结构上某两点 C、D 的相对线位移，则在此两点连线上加一对方向相反的单位力如图 13.3（d）所示。

(5) 若要求结构上某两个截面 E、F 的相对角位移，则在此两截面上加一对转向相反的单位力偶如图 13.3（e）所示。

(6) 若要桁架某两杆的相对角位移，则在此两杆的两端分别加上与其垂直的力使其两个转向相反的单位力偶，如图 13.3（f）所示。

13.3　静定结构在荷载作用下的位移计算

如果结构的位移仅由荷载作用产生，此时支座没有移动，则其位移计算的一般公式为

$$\Delta_{KP}=\sum\int\overline{F}_{\mathrm{N}}\mathrm{d}u+\sum\int\overline{M}\mathrm{d}\varphi+\sum\int\overline{F}_{\mathrm{Q}}\gamma\mathrm{d}s \tag{13-2}$$

现讨论线弹性结构在荷载作用下的位移计算，即结构的位移与荷载成正比，因而荷载对位移的影响就可以叠加，而且当荷载全部卸出后位移也完全消失。这样的结构，位移应是微小的，应力与应变的关系符合胡克定律，因此，如图 13.2（b）所示，实际状态下各微段由内力 F_{NP} 和 M_{P} 分别引起的轴向变形和弯曲变形为

$$\mathrm{d}u=\frac{F_{\mathrm{NP}}\mathrm{d}s}{EA}$$

$$\mathrm{d}\varphi=\frac{M_{\mathrm{P}}\mathrm{d}s}{EI}$$

式中：E——材料的弹性模量；

A 和 I——杆件截面的面积和惯性矩。

实际状态下各微段由内力 F_{QP} 引起的剪切变形为

$$\gamma\mathrm{d}s=\frac{kF_{\mathrm{QP}}\mathrm{d}s}{GA}$$

式中：G——剪切弹性模量；

k——切应力沿截面不均匀分布而引入的修正系数，其值与截面形状有关，对于矩形截面 $k=1.2$，对于圆形截面 $k=1.11$。

将微段变形代入式（13-2），得

$$\Delta_{KP}=\sum\int\frac{\overline{F}_{\mathrm{N}}F_{\mathrm{NP}}}{EA}\mathrm{d}s+\sum\int\frac{\overline{M}M_{\mathrm{P}}}{EI}\mathrm{d}s+\sum\int\frac{k\overline{F}_{\mathrm{Q}}F_{\mathrm{QP}}}{GA}\mathrm{d}s \tag{13-3}$$

式（13-3）就是杆系结构在荷载作用下的位移计算公式。式（13-3）右边三项分别代表结构的轴向变形、弯曲变形和剪切变形对所求位移的影响。在实际计算中，根据结构的具体情况，常常可以只考虑其中的一项（或两项），以使位移计算进一步简化。

（1）梁和刚架在荷载作用下的位移计算。对于梁和刚架，其位移主要由弯矩引起，轴力和剪力的影响很小，可以略去，因此梁和刚架的位移计算公式可简化为

$$\Delta_{KP}=\sum\int\frac{\overline{M}M_{\mathrm{P}}}{EI}\mathrm{d}s \tag{13-4}$$

（2）桁架在荷载作用下的位移计算。理想桁架只受结点荷载作用，桁架中的每一根杆件只有轴力作用，没有剪力和弯矩，而且同杆件的轴力 $\overline{\boldsymbol{F}}_{\mathrm{N}}$、$\boldsymbol{F}_{\mathrm{NP}}$ 以及轴向刚度 EA 和沿杆长 l 均为常数，因此，桁架在荷载作用下的位移计算可以简化为

$$\Delta_{KP}=\sum\int\frac{\overline{F}_{\mathrm{N}}F_{\mathrm{NP}}}{EA}\mathrm{d}s=\sum\frac{\overline{F}_{\mathrm{N}}F_{\mathrm{NP}}}{EA}\int\mathrm{d}s=\sum\frac{\overline{F}_{\mathrm{N}}F_{\mathrm{NP}}l}{EA} \tag{13-5}$$

（3）组合结构在荷载作用下的位移计算。组合结构由梁式杆和桁架组成，对于其中的梁式杆只考虑弯矩 $\boldsymbol{M}$ 的影响，桁架杆只考虑轴力 $\boldsymbol{F}_{\mathrm{N}}$ 影响，因此组合结构在荷载作用下的位移计算可简化为

$$\Delta_{KP}=\sum\int\frac{\overline{M}M_{\mathrm{P}}}{EI}\mathrm{d}s+\sum\frac{\overline{F}_{\mathrm{N}}F_{\mathrm{NP}}l}{EA} \tag{13-6}$$

【例 13.1】 一静定平面刚架各杆的抗弯刚度和所受荷载如图 13.4（a）所示，试刚架上 C 点的竖向位移 Δ_{Cy}。

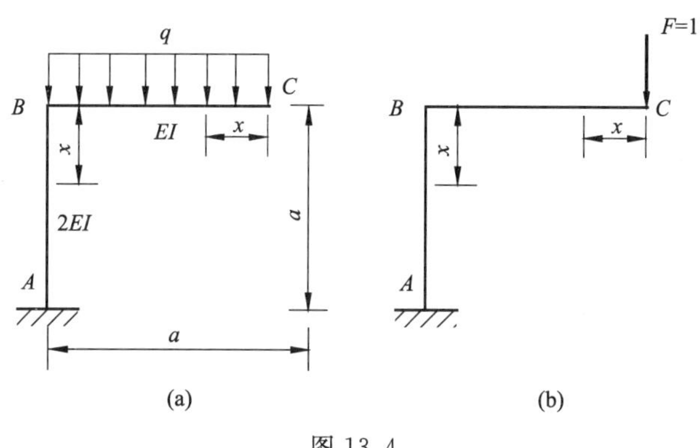

图 13.4

解　(1) 因需求 C 点的竖向位移 Δ_{Cy}，故在 C 点加竖向单位荷载 $\overline{F}=1$ 作为虚拟状态，如图 13.4（b）所示。

(2) 分别列出各杆的 $\overline{\boldsymbol{M}}$、$\boldsymbol{M}_{\mathrm{P}}$ 方程。

CB 杆：以 C 点为坐标原点，x 坐标向左为正向。

$$\overline{M}=-x,\quad M_{\mathrm{P}}=-\frac{1}{2}qx^2$$

BA：以 B 点为坐标原点，x 坐标向下为正向。

$$\overline{M}=-a,\quad M=-\frac{1}{2}qa^2$$

(3) 计算位移。因结构由 CB 杆及 BA 杆组成，故应对各杆分别进行积分再求和。

$$\begin{aligned}\Delta_{Cy}&=\sum\int\frac{\overline{M}M_{\mathrm{P}}}{EI}\mathrm{d}s=\frac{1}{EI}\int_0^a(-x)\left(-\frac{1}{2}qx^2\right)\mathrm{d}x+\frac{1}{2EI}\int_0^a(-a)\left(-\frac{1}{2}qa^2\right)\mathrm{d}x\\&=\frac{1}{EI}\left(\frac{1}{8}qa^4\right)+\frac{1}{2EI}\left(\frac{1}{2}qa^4\right)=\frac{3qa^4}{8EI}(\downarrow)\end{aligned}$$

【例 13.2】 图 13.5（a）所示桁架各杆 EA=常数，试求结点 C 的竖向位移 Δ_{cy}。

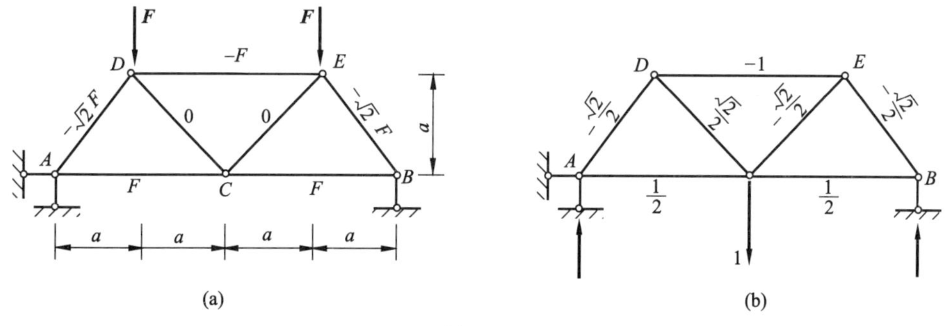

图 13.5

解　(1) 为求 C 点的竖向位移，在 C 点加一竖向单位力，并求出 $F=1$ 引起的各杆轴力 $\overline{\boldsymbol{F}}_{\mathrm{N}}$，如图 13.5（b）所示。

（2）求出实际状态下各杆的轴力 $\boldsymbol{F}_{NP}$，如图 13.5（a）所示。

（3）将各杆轴力 $\overline{\boldsymbol{F}}_{N}$、$\boldsymbol{F}_{NP}$ 及其长度列入表 13-1 中，再运用公式进行运算。

因为该桁架是对称的，所以由式（13-5）得

$$\Delta_{Cy}=\sum\frac{\overline{F}_{N}F_{N}l}{EA}=\frac{Fa}{EA}(2\sqrt{2}+2+2+0)$$

$$=\frac{2Fa}{EA}(\sqrt{2}+2)=6.83\frac{Fa}{EA}(\downarrow)$$

计算结果为正，说明 C 点的竖向位移与假设的单位力方向相同。

表 13-1 桁架位移计算

杆　件	$\overline{F}_{N}$	F_{NP}	l	$F_{N}F_{NP}l$
AD、EB	$-\sqrt{2}/2$	$-\sqrt{2}F$	$\sqrt{2}a$	$\sqrt{2}aF$
AC、BC	$1/2$	F	$2a$	Fa
DE	-1	$-F$	$2a$	$2Fa$
DC、EC	$\sqrt{2}/2$	0	$\sqrt{2}a$	0

如果桁架中有较多的杆件内力为零，计算较为简单时，不用列表，可直接代入公式进行计算。

13.4 图　乘　法

由 13.3 节内容可知，计算梁和刚架在荷载作用下的位移时，要先写出实际状态和虚拟状态下的 $\boldsymbol{M}$ 和 $\boldsymbol{M}_{P}$ 方程，然后代入公式

$$\Delta_{KP}=\sum\int\frac{\overline{M}M_{P}}{EI}ds$$

进行积分运算，这显然是比较麻烦的，尤其是当作用在结构上的荷载较多时更是如此。若结构的各杆段符合以下三个条件：（1）杆轴为直线；（2）EI＝常数；（3）M和 M_{P} 两个弯矩图中至少有一个是直线图形，就可用下述图乘法来代替积分运算，从而使计算得以简化。

在工程实际中，梁、刚架大都满足上述条件，这样积分式中的 ds 可用 dx 代替，EI＝常数，根据积分运算的性质可提到积分号外面，于是上述积分公式可写成

$$\int\frac{\overline{M}M_{P}}{EI}ds=\frac{1}{EI}\int\overline{M}M_{P}dx$$

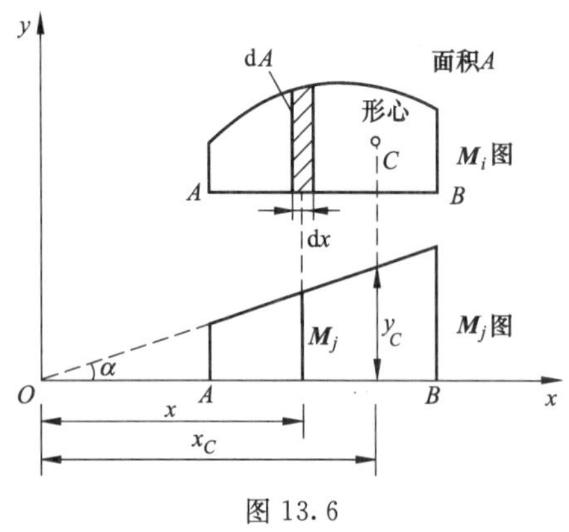

图 13.6

图 13.6 所示为等截面直杆 AB 段上的两个弯矩图 $\overline{\boldsymbol{M}}$ 和 $\boldsymbol{M}_{P}$ 图，设两弯矩图中由直线段构成的弯矩图形为 $\boldsymbol{M}_{j}$ 图，而为任意形状的图形为 $\boldsymbol{M}_{i}$ 图。现以杆轴为 x 轴，以 $\boldsymbol{M}_{j}$ 图的延长线与 x 轴的交点 O 为原点，并设置 y 轴。因 $\boldsymbol{M}_{j}$ 为直线变化，故有 $M_{j}=x\tan\alpha$，$\tan\alpha$ 为常数，故上面的积分式成为

$$\frac{1}{EI}\int \overline{M}M\mathrm{d}x = \frac{1}{EI}\int M_iM_j\,\mathrm{d}x$$
$$= \frac{1}{EI}\int x\tan\alpha M_i\,\mathrm{d}x$$
$$= \frac{\tan\alpha}{EI}\int xM_i\,\mathrm{d}x = \frac{\tan\alpha}{EI}\int x\mathrm{d}A$$

式中，$\mathrm{d}A=M_i\mathrm{d}x$，为 $\boldsymbol{M}_i$ 图中有阴影线的微段面积，故 $x\mathrm{d}A$ 为微面积 $\mathrm{d}A$ 对 y 轴的面积矩。积分 $\int x\mathrm{d}A$ 为整个 AB 段上 $\boldsymbol{M}_i$ 图的面积对 y 轴的面积矩。根据面积矩的定义，它等于 AB 段上 $\boldsymbol{M}_i$ 图的面积 A 乘以其形心到 y 轴的距离 x_C，即 $\int x\mathrm{d}A = Ax_C$ 因此有

$$\frac{\tan\alpha}{EI}\int_A^B x\,\mathrm{d}A = \frac{\tan\alpha}{EI}Ax_C = \frac{1}{EI}A(\tan\alpha x_C) = \frac{1}{EI}A_{y_C}$$

式中：y_C——为 $\boldsymbol{M}_i$ 图的形心处对应的 $\boldsymbol{M}_j$ 的竖标。

所以

$$\int \frac{\overline{M}M_{\mathrm{P}}}{EI}\mathrm{d}s = \frac{1}{EI}\int \overline{M}M_{\mathrm{P}}\,\mathrm{d}x = \frac{1}{EI}A_{y_C}$$

由此可见，上述积分式等于一个弯矩图的面积 A 乘以其形心处所对应的另一个弯矩图上的竖标 y_C，再除以 EI，这就是图乘法。

如果结构上所有杆段均可图乘，则位移计算公式（13-4）可写为

$$\Delta_{K\mathrm{P}} = \sum\int \frac{\overline{M}M_{\mathrm{P}}}{EI}\mathrm{d}s = \sum \frac{A_{y_C}}{EI} \tag{13-7}$$

由以上的分析过程可知，在应用图乘法计算结构位移时应注意下列几点：(1) 必须符合前述的三个应用条件；(2) 面积 A 和竖标 y_C 分别取自不同的弯矩图，而且 y_C 只能取自直线图形；(3) 面积 A 和竖标 y_C 若在杆件的同侧则乘积 A_{y_C} 取正号，异侧取负号。

图 13.7 所示是常用的几种简单图形的面积及形心位置。在各抛物线图形中，顶点是指其切线平行于基线的点，而顶点在中点或端点者称为标准抛物线图形。

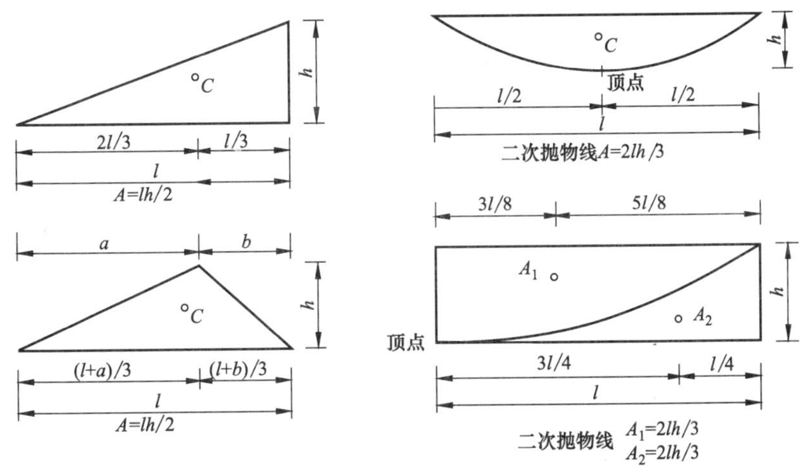

图 13.7

当图形的面积或形心位置不方便确定时，可以将其分解为几个简单的图形，用简单的

图形分别与另一图形相乘，然后把所得结果叠加。

例如，图 13.8 所示两个梯形弯矩图图乘时，梯形的形心位置不易确定，可将其分解成两个三角形，如图 13.8（a）所示［也可分为一个矩形与一个三角形，如图 13.8（b）所示］，此时，$M_{\mathrm{i}}=M_{\mathrm{ia}}+M_{\mathrm{ib}}$，因此有

$$\begin{aligned}\frac{1}{EI}\int M_{\mathrm{i}}M_{\mathrm{j}}\,\mathrm{d}x &= \frac{1}{EI}\int(M_{\mathrm{ia}}+M_{\mathrm{ib}})\,\mathrm{d}x \\ &= \frac{1}{EI}\left(\int M_{\mathrm{ia}}M_{\mathrm{j}}\,\mathrm{d}x+\int M_{\mathrm{ib}}M_{\mathrm{j}}\,\mathrm{d}x\right) \\ &= \frac{1}{EI}(A_1y_1+A_2y_2)\end{aligned}$$

当 a 和 b 不在基线的同一侧时（图 13.9），处理方法与上面一样，即仍然可分解为两个三角形，只不过这两个三角形分别在基线的两侧，a 和 b 有不同的符号，按上述方法分别图乘，然后叠加。

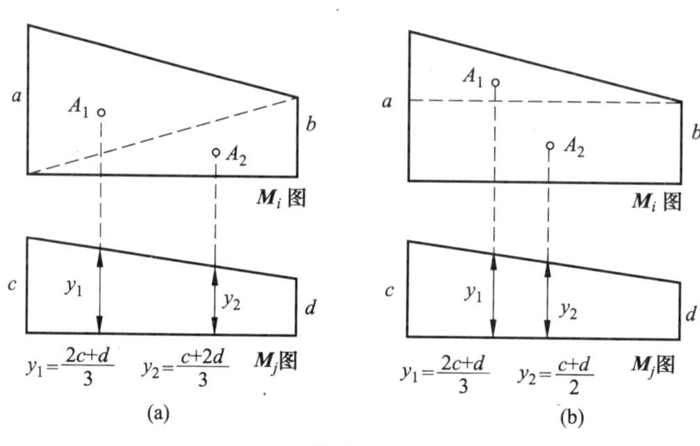

图 13.8

图 13.10 所示是在均布荷载作用下某段直杆的弯矩图，根据叠加原理可将其看成一个梯形与一个标准二次抛物线图形的叠加，因此可将其分解为两个简单图形：一个梯形与一个标准二次抛物线。经过如此分解，就能方便地与另一个图形进行图乘。

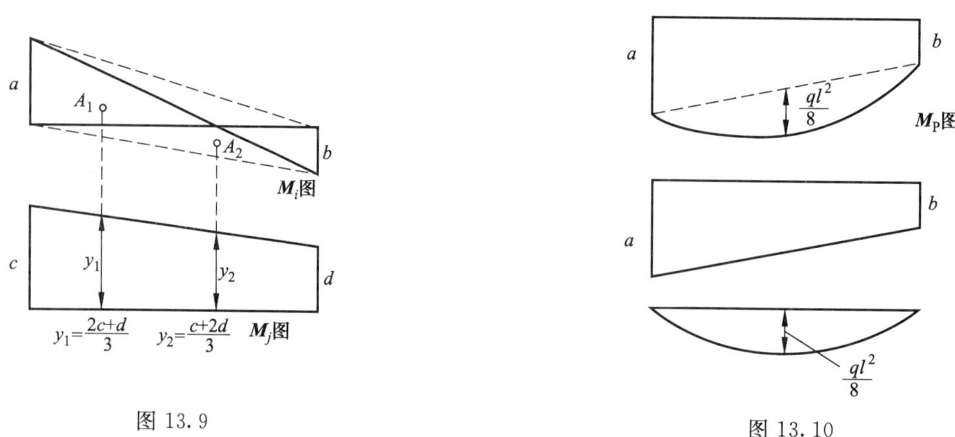

图 13.9　　图 13.10

此外，在应用图乘法时，当直线图形不是一段直线而是若干段直线段组成时，或当各杆段的截面不相等时，均应分段图乘，然后进行叠加。

【例 13.3】　试用图乘法求图 13.11 所示简支梁在均布荷载 q 作用下中点的竖向位移。

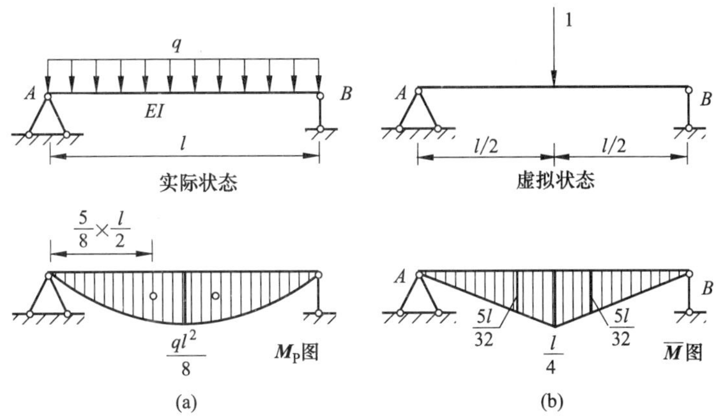

图 13.11

解　根据要求的位移，作虚拟状态如图 13.11（b）所示。

分别作出实际状态的 $\boldsymbol{M}_P$图和虚拟状态的 $\overline{\boldsymbol{M}}$ 图，如图 13.11（a）、(b) 所示。$\overline{\boldsymbol{M}}$ 图由两段直线组成，因此图乘时应分段进行。将 $\boldsymbol{M}_P$图从中点分开，两边对称，为标准二次抛物线图形。

$$\Delta_{\max} = \int \frac{\overline{M}M}{EI}\mathrm{d}x = \frac{A_1 y_1}{EI} + \frac{A_2 y_2}{EI}$$

$$= 2\times\left(\frac{2}{3}\times\frac{l}{2}\times\frac{ql^2}{8}\right)\times\frac{5l}{32}\,\frac{1}{EI} = \frac{5ql^4}{384EI}(\downarrow)$$

【例 13.4】　求图 13.12（a）所示梁外伸悬臂端 C 点的竖向位移 Δ_{Cy}。

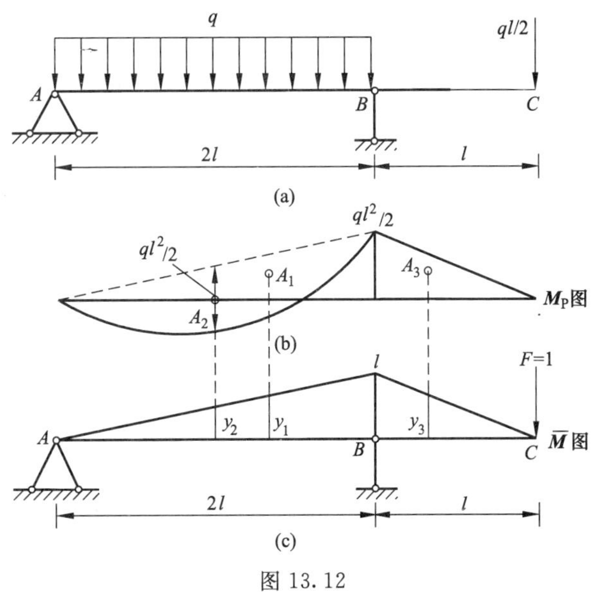

图 13.12

解　根据所求位移建立虚拟状态［图 13.12（c)］，作 $\overline{\boldsymbol{M}}$、$\boldsymbol{M}_P$ 弯矩图，如图 13.12（b)、(c)所示。

因 $\overline{\boldsymbol{M}}$ 图包括两段直线，故整个梁应分为 AB 和 BC 两段，分别图乘。将 $\boldsymbol{M}_P$图分解成

基线以上的三角形和基线以下的的标准二次抛物线，于是有

$$A_1=\frac{1}{2}\cdot 2l\cdot\frac{ql^2}{2}=\frac{ql^3}{2},\ y_1=\frac{2}{3}\cdot l=\frac{2l}{3}$$

$$A_2=\frac{2}{3}\cdot 2l\cdot\frac{ql^2}{2}=\frac{2ql^3}{3},\ y_2=\frac{1}{2}\cdot l=\frac{l}{2}$$

$$A_3=\frac{1}{2}\cdot l\cdot\frac{ql^2}{2}=\frac{ql^3}{4},\ y_3=\frac{2}{3}\cdot l=\frac{2l}{3}$$

由图乘公式得

$$\Delta_{Cy}=\frac{1}{EI}\left(\frac{ql^3}{2}\cdot\frac{2l}{3}-\frac{2ql^3}{3}\cdot\frac{l}{2}+\frac{ql^3}{4}\cdot\frac{2l}{3}\right)=\frac{ql^4}{6EI}(\downarrow)$$

【例 13.5】 试求图 13.13（a）所示刚架 D 截面的转角 φ_D，已知各杆的 EI=常数。

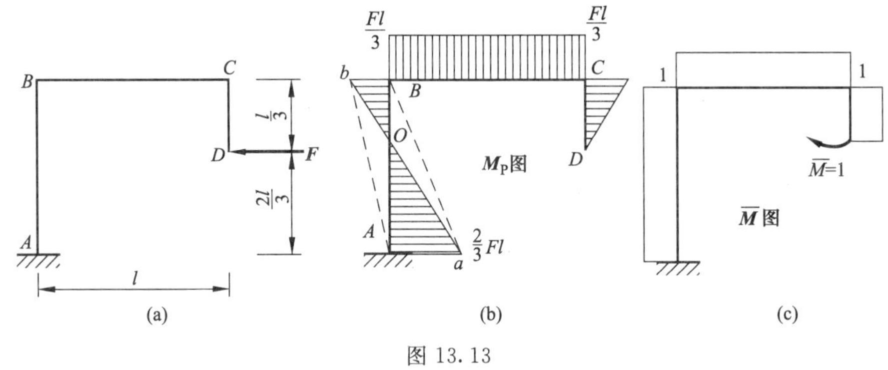

图 13.13

解 在 D 截面处加单位力偶 $\overline{M}=1$，作 M_P 图及 $\overline{M}$ 图如图 13.13（b）、（c）所示。AB 杆的 $\boldsymbol{M}_P$ 图有正负部分，图乘时不宜分为两个三角形 $\triangle aOA$ 和 $\triangle bOB$，应根据叠加原理，把 $\boldsymbol{M}_P$ 图看作 $\triangle aAB$（A_1）和 $\triangle bAB$（A_2）相叠加。由图乘公式可得

$$\varphi_D=\frac{1}{EI}\left[\left(\frac{1}{2}\cdot\frac{Fl}{3}\cdot\frac{l}{3}\right)\cdot 1+\left(\frac{Fl}{3}\cdot l\right)\cdot 1+\left(\frac{1}{2}\cdot\frac{Fl}{3}\cdot l\right)\cdot 1-\left(\frac{1}{2}\cdot\frac{2Fl}{3}\cdot l\right)\cdot 1\right]=\frac{2Fl^2}{9EI}$$

13.5 静定结构支座移动时的位移计算

对于静定结构，若由于地基的不均匀沉降使支座发生了移动，此时结构并不会产生内力，如无其他外因影响，杆件不会发生变形。此时结构产生的位移属于刚体位移，此种刚体位移不难由几何关系求得，但用虚功原理来计算这种位移更为简便。

图 13.14（a）所示的静定结构，其支座发生了水平位移 c_1、竖向位移 c_2 和转角 c_3，现要求结构由此支座移动引起的任一点沿任一方向的位移，如求 K 点的竖向位移 Δ_{KC}。

实际状态和虚拟状态分别如图 13.14（a）、（b）所示，应用前述的虚功原理，因结构各杆件没有产生变形，即实际状态中杆件各微段的变形 du、$d\varphi$、γds 均为零，由式(13-1)可得

$$\Delta_{KC}=-\sum F_R c \tag{13-8}$$

式（13-8）就是**静定结构在支座移动时的位移计算公式**。

式中：c——实际位移状态中的支座位移；

$\overline{F}_R$——虚拟单位力状态的支座反力；

$\sum\overline{F}_R C$——反力虚功，当反力 $\overline{F}_R$ 与实际支座位移 c 方向一致时其乘积取正，两者方向相反时为负。

另外，必须注意，式（13-8）总和符号 $\sum$ 前的负号是原公式推导过程中移项所得，与反力虚功的正负无关，不可遗漏。

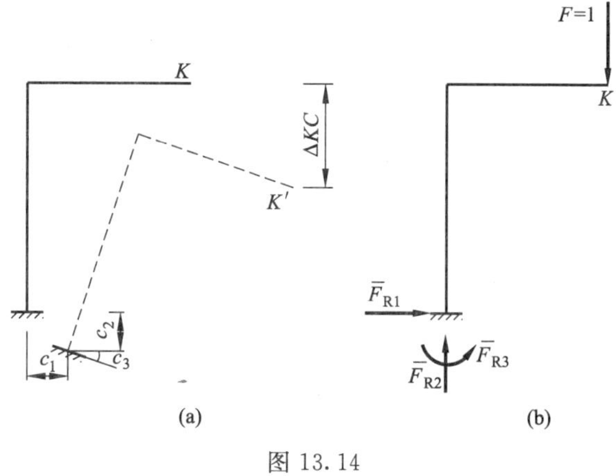

图 13.14

【例 13.6】 图 13.15（a）所示三铰刚架，已知 $l=10\text{m}$，$h=8\text{m}$。由于地基沉降使支座 B 下沉 $a=8\text{cm}$，水平向右移动 $b=10\text{cm}$。试求截面 E 的角位移 φ_E。

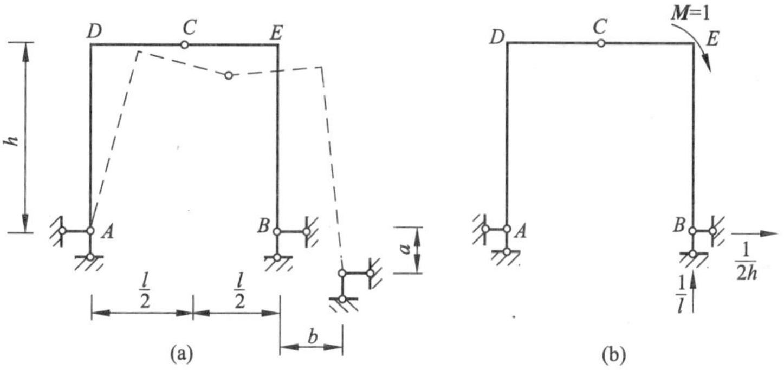

图 13.15

解　虚拟状态为图 13.15（b）所示。在截面 E 加单位力偶，并求出支座 B 的竖向及水平方向的反力。由式（13-8），得

$$\begin{aligned}\varphi_E &= -\sum\overline{F}_R c = -\left[-\left(\frac{1}{l}\cdot a\right)+\left(\frac{1}{2h}\cdot b\right)\right]\\ &= \frac{a}{l}-\frac{b}{2h} = \left(\frac{8\times10^{-2}}{10}-\frac{10\times10^{-2}}{2\times8}\right)\text{rad}\\ &= 0.00175\text{rad}(\text{顺时针})\end{aligned}$$

13.6　互等定理

本节将讨论线弹性结构功的互等定理、反力互等定理和位移互等定理，其中最基本的定理是功的互等定理，其他两个定理都可由此推导出来。这些定理将在分析计算超静定结构时得到应用。

13.6.1　功的互等定理

设有两组外力 $\boldsymbol{F}_1$ 和 $\boldsymbol{F}_2$，分别作用于同一线弹性结构上，如图 13.16（a）、（b）所

示，分别称为结构的第一状态和第二状态。第一状态在荷载 $\boldsymbol{F}_1$ 作用下，某微段 ds 的内力为 $\boldsymbol{F}_{N1}$、$\boldsymbol{M}_1$、$\boldsymbol{F}_{Q1}$，相应的变形为 du_1、$d\varphi_1$、$\gamma_1 ds$；第二状态在荷载 $\boldsymbol{F}_2$ 作用下，某微段 ds 的内力为 $\boldsymbol{F}_{N2}$、$\boldsymbol{M}_2$、$\boldsymbol{F}_{Q2}$，相应的变形为 du_2、$d\varphi_2$、$\gamma_2 ds$。

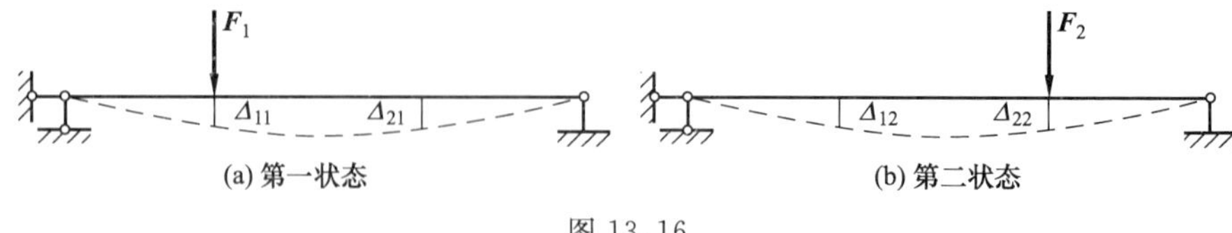

图 13.16

(1) 将第一状态视为力状态，第二状态视为位移状态。第一状态的外力在第二状态相应的位移上所做的虚功为

$$W_{外}=F_1\Delta_{12}$$

第一状态的内力在第二状态相应变形上所做的虚功为

$$W_{内}=\sum\int F_{N1}du_2+\sum\int M_1 d\varphi_2+\sum\int F_{Q_1}\gamma_2 ds$$

$$=\sum\int F_{N1}\frac{F_{N2}}{EA}ds+\sum\int M_1\frac{M_2}{EI}ds+\sum\int F_{Q1}\frac{kF_{Q2}}{GA}ds$$

根据虚功原理：一种状态下的外力在另一种状态的位移上所做的外力虚功，等于一种状态下的内力在另一种状态的变形上所做的内力虚功，即 $W_{外}=W_{内}$，于是有

$$F_1\Delta_{12}=\sum\int F_{N1}\frac{F_{N2}}{EA}ds+\sum\int M_1\frac{M_2}{EI}ds+\sum\int F_{Q1}\frac{kF_{Q2}}{GA}ds \tag{13-9}$$

(2) 如果把两个状态的性质交换一下，即将第二状态视为力状态，第一状态视为位移状态。则第二状态的外力在第一状态相应的位移上所做的虚功为

$$W_{外}=F_2\Delta_{21}$$

第二状态的内力在第一状态相应变形上所做的虚功为

$$W_{内}=\sum\int F_{N2}du_1+\sum\int M_2 d\varphi_1+\sum\int F_{Q2_1}\gamma_1 ds$$

$$=\sum\int F_{N2}\frac{F_{N1}}{EA}ds+\sum\int M_2\frac{M_1}{EI}ds+\sum\int F_{Q2}\frac{kF_{Q1}}{GA}ds$$

同样根据虚功原理，于是有

$$F_2\Delta_{21}=\sum\int F_{N2}\frac{F_{N1}}{EA}ds+\sum\int M_2\frac{M_1}{EI}ds+\sum\int F_{Q2}\frac{kF_{Q1}}{GA}ds \tag{13-10}$$

显然式 (13-9)、式 (13-10) 等号右边完全相等，因此有

$$F_1\Delta_{12}=F_2\Delta_{21} \tag{13-11}$$

其中 Δ_{12} 表示 $\boldsymbol{F}_1$ 作用点位置由于 $\boldsymbol{F}_2$ 作用产生的位移，Δ_{21} 表示 $\boldsymbol{F}_2$ 作用点位置由于 $\boldsymbol{F}_1$ 作用产生的位移。两位移符号的第一个下标表示位移的地点和方向，第二个下标表示产生位移的原因。式 (13-11) 可写为

$$W_{12}=W_{21} \tag{13-12}$$

它表明，第一状态的外力在第二状态相应位移上所做的虚功，等于第二状态的外力在第一状态相应位移上所做的虚功。这就是**功的互等定理**。

13.6.2　位移互等定理

应用上述功的互等定理来研究一种特殊情况。如图 13.17 所示，假设两个状态中的荷

载都是单位力，即 $F_1=1$、$F_2=1$，则由功的互等定理，即式（13-12）有

$$1\cdot\Delta_{12}=1\cdot\Delta_{21}$$

$$\Delta_{12}=\Delta_{21}$$

此处 Δ_{12} 和 Δ_{21} 都是由单位力所引起的位移，为了与一般力引起的位移相区别，将单位力引起的位移用小写字母 δ_{12} 和 δ_{21} 表示，于是上式写成

$$\delta_{12}=\delta_{21} \tag{13-13}$$

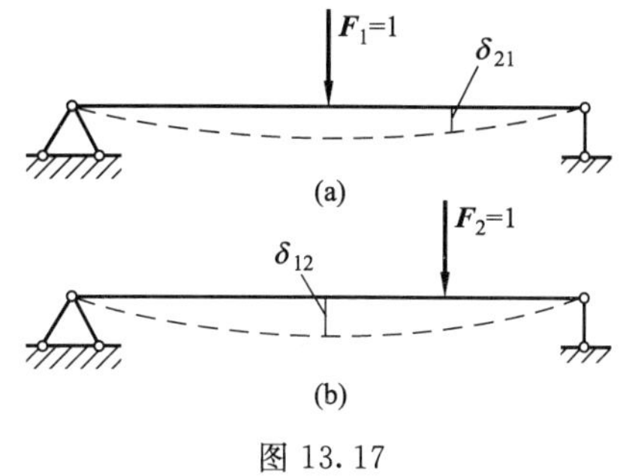

图 13.17

这就是**位移互等定理**。它表明，**第二个单位力在第一个单位力作用点沿其方向引起的位移，等于第一个单位力在第二个单位力作用点沿其方向引起的位移**。

13.6.3　反力互等定理

反力互等定理也是功的互等定理的一种特殊情况。它反映了在超静定结构中假设两个支座分别产生位移时，两个状态中反力的互等关系。图 13.18（a）表示，支座 1 发生单位位移 $\Delta_1=1$ 的状态，此时使支座 2 产生的反力为 r_{21}；图 13-18（b）表示，支座 2 发生单位位移 $\Delta_2=1$ 的状态，使支座 1 产生的反力为 r_{12}。根据功的互等定理，有

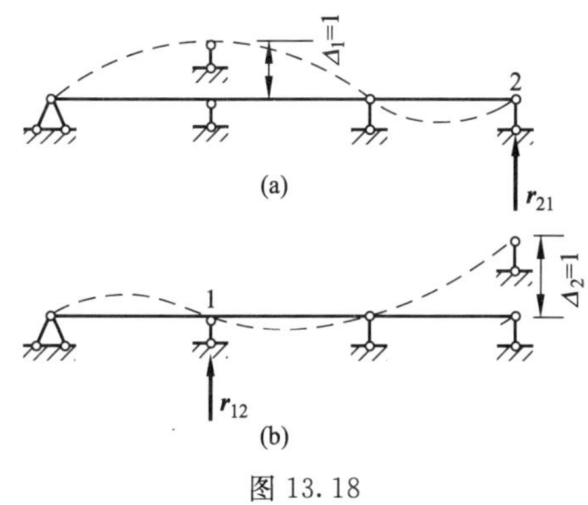

图 13.18

$$r_{21}\Delta_2=r_{12}\Delta_1$$

令 $\Delta_1=\Delta_2=1$，则有

$$r_{21}=r_{12} \tag{13-14}$$

这就是**反力互等定理**。它表示，**支座 1 发生单位位移时，在支座 2 产生的反力，等于支座 2 发生单位位移时，在支座 1 产生的反力。**

本 章 提 要

1. 静定结构的位移包括线位移和角位移，线位移是点位置的改变量，角位移是截面转动的角度。

2. 变形体的虚功原理：外力虚功等于内力虚功。

3. 静定结构位移计算的一般公式

$$\Delta_K=\sum\int\overline{F}_{\mathrm{N}}\mathrm{d}u+\sum\int\overline{M}\mathrm{d}\varphi+\sum\int\overline{F}_{\mathrm{Q}}\gamma\mathrm{d}s-\sum\overline{F}_{\mathrm{R}}c$$

建立虚拟状态时所加的单位荷载应与所求位移相对应。

4. 静定结构在荷载作用下的位移计算公式

$$\Delta_{KP}=\sum\int\frac{\overline{F}_{\mathrm{N}}F_{\mathrm{NP}}}{EA}\mathrm{d}s+\sum\int\frac{\overline{M}M_{\mathrm{P}}}{EI}\mathrm{d}s+\sum\int\frac{k\overline{F}_{\mathrm{Q}}F_{\mathrm{QP}}}{GA}\mathrm{d}s$$

梁和刚架在荷载作用下的位移计算

$$\Delta_{KP} = \sum\int \frac{\overline{M}M_P}{EI}ds$$

桁架在荷载作用下的位移计算

$$\Delta_{KP} = \sum \frac{\overline{F}_N F_{NP} l}{EA}$$

5. 图乘法

$$\Delta_{KP} = \sum\int \frac{\overline{M}M_P}{EI}ds = \sum \frac{A_{y_C}}{EI}$$

6. 静定结构在支座移动时的位移计算公式

$$\Delta_{KC} = -\sum \overline{F}_{RC}$$

7. 互等定理

(1) 功的互等定理：$W_{12} = W_{21}$

(2) 位移互等定理：$\delta_{12} = \delta_{21}$

(3) 反力互等定理：$r_{21} = r_{12}$

思　考　题

13-1　何谓结构的位移？为什么要计算结构的位移？

13-2　何谓单位荷载法？单位荷载应怎样添加？

13-3　试写出静定梁、静定平面刚架和静定平面桁架在荷载作用下的位移计算公式，并说明每个符号的意义？

13-4　试写出图乘法求梁、刚架的位移计算公式，并说明每个符号的意义？

13-5　利用图乘法求梁、刚架位移的条件是什么？注意事项是什么？应用图乘法图剩时，正负号如何确定？

13-6　图 13.19 所示图乘是否正确？如不正确请改正之？

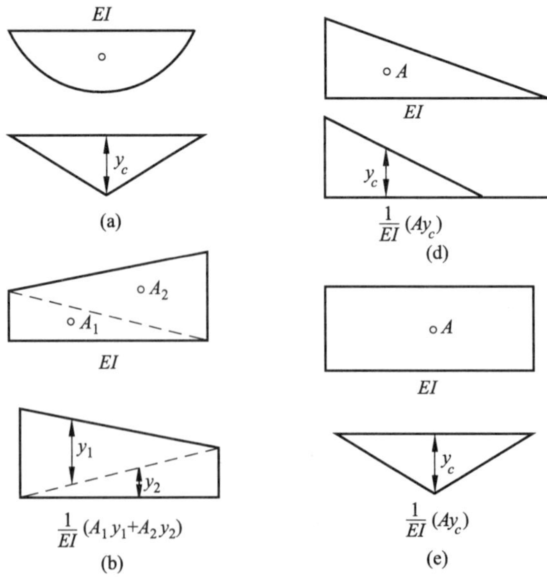

图 13.19

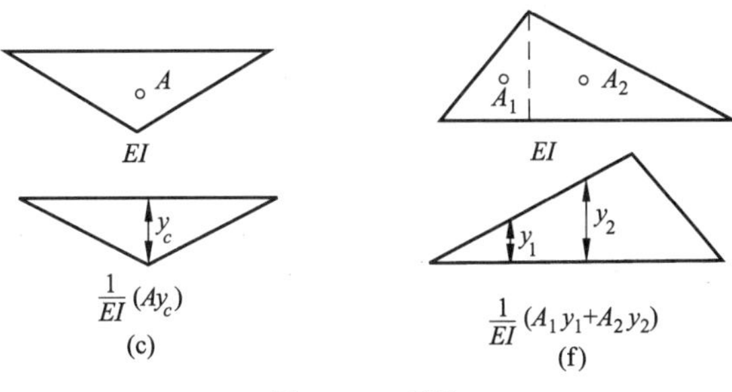

图 13.19（续）

习　题

13-1　试用积分法，求图 13.20 所示悬臂梁 B 端的竖向位移 Δ_{By} 及角位移 φ_B。$EI=$常数。

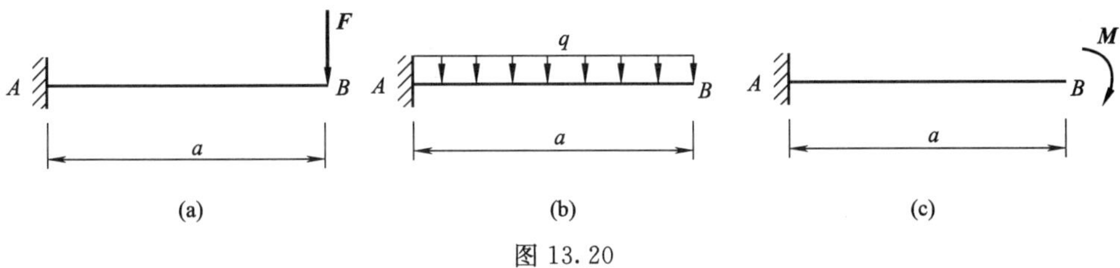

图 13.20

13-2　试用积分法，计算如图 13.21 所示刚架 A 点的竖向位移 Δ_{Ay}。

13-3　试求图 13.22 所示桁架 D 点的水平位移 Δ_{Dx}。各杆 $EA=$常数。

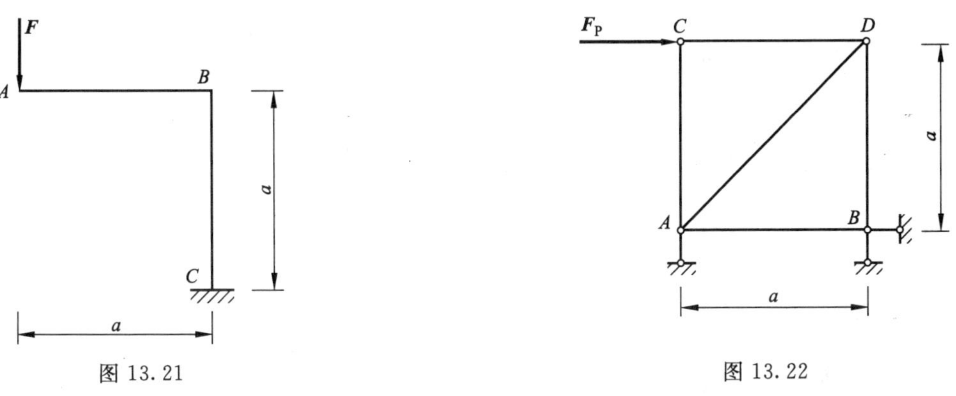

图 13.21　　图 13.22

13-4　在图 13.23 所示的桁架中，各杆的截面积均为 $A=1000\text{mm}^2$，$E=200\text{kN/mm}^2$，$F=10\text{kN}$，试求 D 点的竖向线位移 Δ_{Dy}。

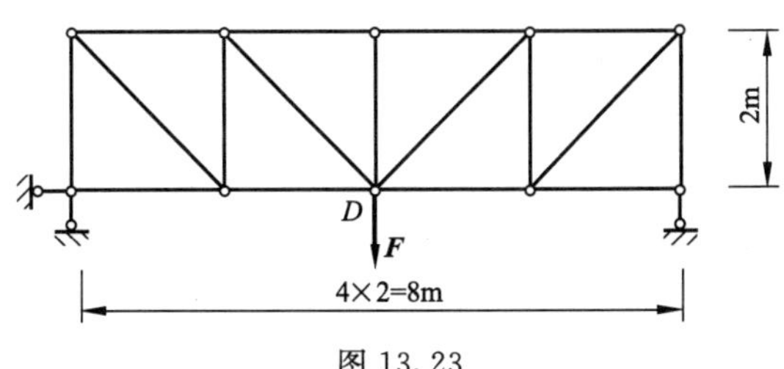

图 13.23

13-5　如图 13.24 所示，已知梁的 EI 为常数，试用图乘法求 C 点的竖向位移 Δ_{Cy} 及 B 点的角位移 φ_B。

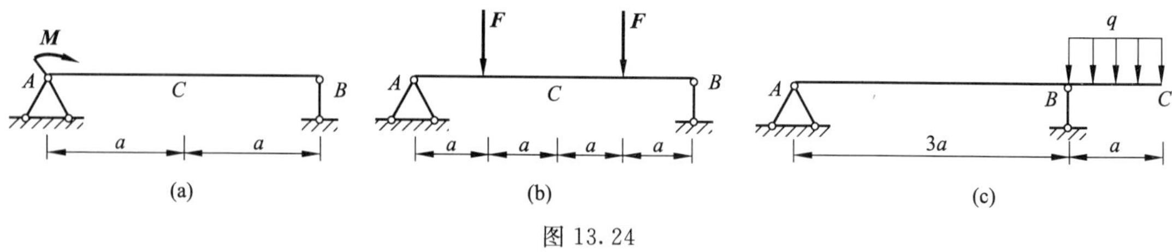

图 13.24

13-6　图 13.25 所示的悬臂刚架，已知各杆的长度均为 a，且 EI＝常数，$F=2qa$。试用图乘法求 B 点的水平位移 Δ_{Bx}、竖向位移 Δ_{By} 及角位移 φ_B。

13-7　求图 13.26 所示三铰刚架中铰 C 点的竖向位移 Δ_{Cy} 和 D 截面的转动角 φ_D。

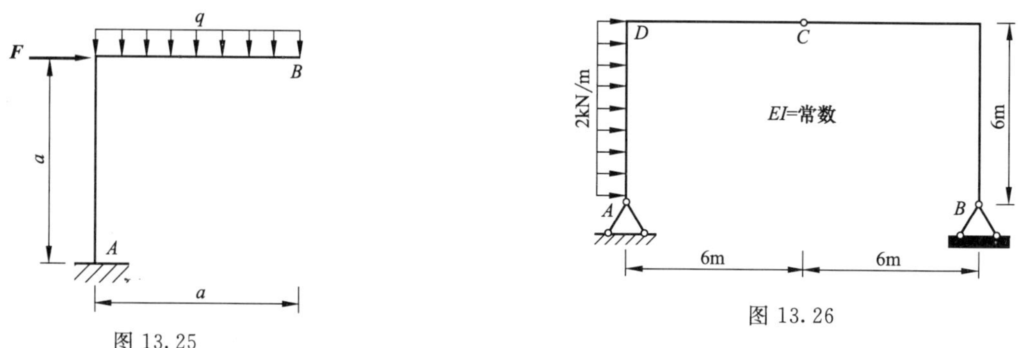

图 13.25　　图 13.26

13-8　图 13.27 所示的简支刚架，如果支座 A 下沉 b，试求由此引起的 C 点的水平位移 Δ_{Cx}。

13-9　图 13.28 所示的两跨静定梁，$l=16\text{m}$，支座 A、B、C 的沉降分别为 $a=4\text{cm}$，$b=10\text{cm}$，$c=8\text{cm}$。试求铰 B 左右两侧截面的相对角位移 φ。

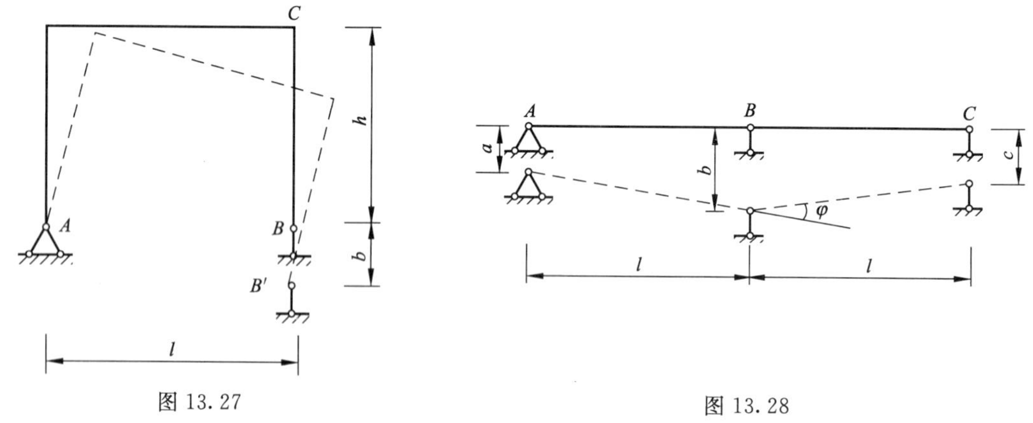

图 13.27　　图 13.28

第14章　力　　法

【教学目标】

要求学生了解力法的基本原理，掌握用力法计算三次及以下超静定结构的内力，了解利用结构的对称性简化力法计算的方法，了解超静定结构在荷载作用下的位移计算方法、超静定结构最后内力图校核方法和超静定结构在支座移动或温度改变时的力法计算方法。

【教学要求】

知识要点	能力要求	相关知识
力法的基本原理	能正确理解超静定结构的超静定次数概念及其确定方法，理解力法的基本结构、基本未知量和基本方程，了解力法的典型方程	超静定结构的超静定次数概念及其确定方法，力法的基本结构、基本未知量和基本方程，力法的典型方程
力法解题方法	能正确运用力法计算三次及以下超静定结构	力法计算超静定结构的方法、步骤
超静定结构的荷载位移计算	能理解和运用超静定结构的荷载位移计算原理	超静定结构的荷载位移计算原理、计算步骤
超静定结构最后内力图校核	能理解和运用超静定结构最后内力图校核方法	超静定结构最后内力图校核方法
超静定结构在支座移动或温度改变时的计算	能正确理解并运用超静定结构在支座移动或温度改变时的力法计算方法	超静定结构在支座移动或温度改变时的力法计算方法

14.1　力法的基本原理

14.1.1　力法求解超静定结构的基本思路

在前面章节，我们讨论了常用静定结构的内力和位移计算。但是工程中，经常会使用超静定结构。本章和下一章，我们来讨论常用超静定结构的计算方法。

超静定结构是相对于静定结构而言的。从几何组成的角度来看，静定结构是没有多余约束的几何不变体系，而超静定结构是有多余约束的几何不变体系。从静力计算的角度看，静定结构的反力和杆件的截面内力只用平衡条件就能全部确定（计算出来），而超静定结构的反力和杆件截面内力只由平衡条件却不能完全确定出来。

图14.1 (a) 所示的连续梁，共有五根支座链杆。从几何组成来看，此连续梁有两个多余约束。从支座反力的计算来看，在荷载 $\boldsymbol{F}$ 作用下，五根支座链杆应有五个相应的支座约束反力。而静力平衡条件只能提供三个独立的平衡方程，尚缺少两个方程。

为了求解该连续梁，将原来结构中的两个多余约束去掉。例如把 B、C 支座处的链杆看作多余约束而假想取掉，并代之以约束反力 $\boldsymbol{X}_1$ 和 $\boldsymbol{X}_2$，就得到如图 14.1（b）所示简支梁，从而成为静定梁。但所得简支梁上除作用有已知荷载 $\boldsymbol{F}$ 外，尚作用有未知的多余约束反力 $\boldsymbol{X}_1$ 及 $\boldsymbol{X}_2$。如果能知道 X_1、X_2，则原超静-定连续梁就算效于现在的静定简支梁。因此，原超静定梁计算的关键就是设法求出 $\boldsymbol{X}_1$、$\boldsymbol{X}_2$。下面讨论如何计算 $\boldsymbol{X}_1$、$\boldsymbol{X}_2$。

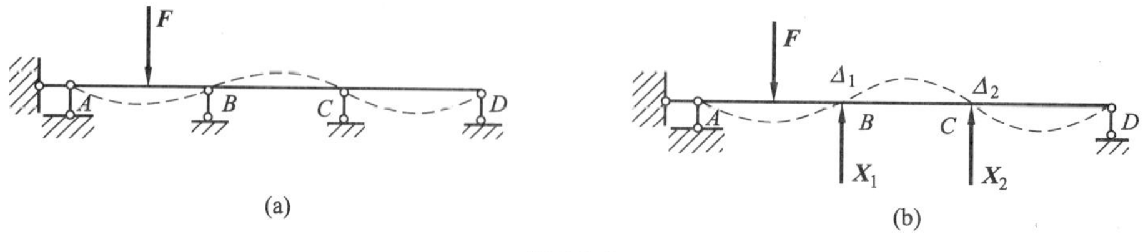

图 14.1

暂时把未知约束反力 $\boldsymbol{X}_1$ 和 $\boldsymbol{X}_2$ 作为荷载来看待，则根据静定结构的位移计算方法或已有公式，可以求出所得简支梁上任意横截面的在荷载 $\boldsymbol{F}$ 和 $\boldsymbol{X}_1$、$\boldsymbol{X}_2$ 共同作用下的位移，只不过所得位移结果中含有未知量 $\boldsymbol{X}_1$、$\boldsymbol{X}_2$ 而已。具体方法如下：

设简支梁上未知约束反力 $\boldsymbol{X}_1$ 和 $\boldsymbol{X}_2$ 的作用点 B、C 的竖向（即沿对应未知力方向）位移分别为 Δ_1 和 Δ_2。显然 Δ_1 和 Δ_2 应为多余未知约束反力和荷载的函数，即

$$\Delta_1=\Delta_1(X_1,X_2,F)$$

$$\Delta_2=\Delta_2(X_1,X_2,F)$$

而 B、C 是原连续梁上的支座，竖向位移均为零［图 14.1（a）］。因此，为了使所得简支梁完全等效于原连续梁，简支梁必须满足两个变形条件

$$\Delta_1(X_1,X_2,F)=0$$

$$\Delta_2(X_1,X_2,F)=0$$

这两个方程是所得静定结构在去掉多余约束处与原超静定结构相应位置变形协调一致的条件，称为**变形协调条件**。由这个变形协调条件就可以求解出多余未知约束反力 $\boldsymbol{X}_1$ 和 $\boldsymbol{X}_2$。$\boldsymbol{X}_1$ 和 $\boldsymbol{X}_2$ 确定之后，原超静定结构计算问题就完全转化为静定结构计算问题了。这种求解超静定结构的方法，是以多余求知力为未知量的，故称之为**力法**。

下面首先来讨论有关力法的几个基本概念。

14.1.2 超静定结构的超静定次数及力法基本结构

超静定结构与静定结构的根本区别在于，静定结构的约束都是形成几何不变体系所必需的约束（称为**必要约束**），而超静定结构除了形成几何不变体系所必需的约束以外还存在着**多余约束**。

超静定结构的全部反力和内力仅靠静力平衡条件是无法确定的。因为独立方程数量不够。力法利用变形协调条件建立起数学上所谓“补充方程”，使超静定结构计算问题得以求解。一个超静定结构有多少个多余约束，相应的有多少个未知的多余约束反力，运用力法求解时就需要建立多少个补充方程式，才能把多余未知力解算出来。因此，在用力法计算超静定结构时，首先要确定多余约束的数目。

力法首先要去掉超静定结构上的多余约束，使超静定结构变成一个静定结构。把去掉超静定结构多余约束后所得到的静定结构称为原超静定结构的**力法基本结构**，把所去掉的多余约束的数目称为原超静定结构的**超静定次数**。

这里，去掉多余约束的方法有撤、切和换。具体去掉的约束数如下。

(1) 撤去一可动铰支座或切断一根链杆，相当于去掉一个约束，分别如图 14.2 (a)、(b) 所示。

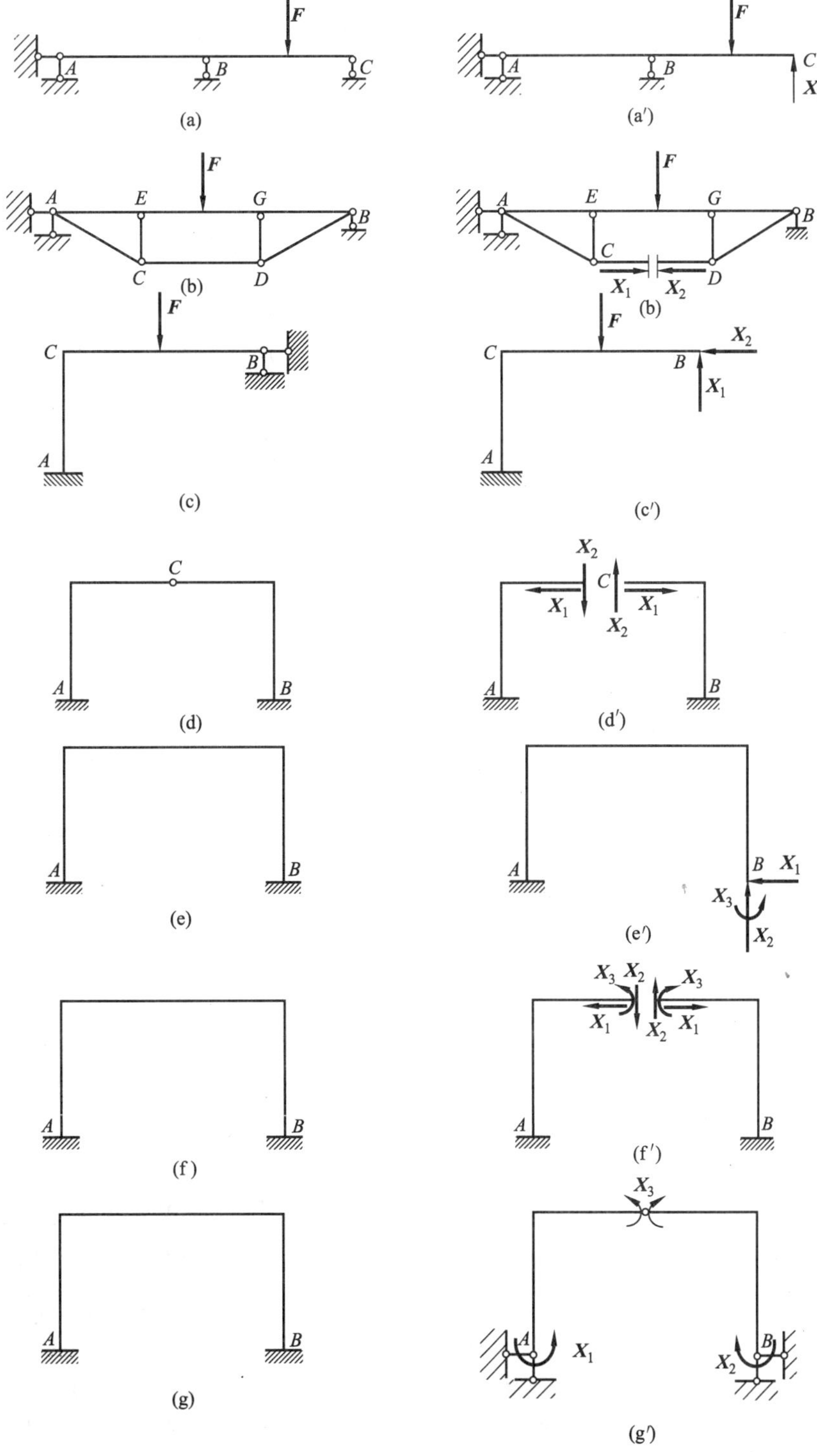

图 14.2

（2）撤去一个固定铰支座或一个单铰，相当于去掉二个约束，分别如图 14.2（c）、（d）所示。

（3）撤去一个固定端支座或切断一根梁式杆，相当于去掉三个约束，分别如图 14.2（e）、（f）所示。

（4）将固定端支座改换成一个固定铰支座或将梁式杆某截面上的弯矩约束解除而改为简单铰，相当于去掉一个约束，如图 14.2（g）所示。

值得强调的是，力法中从超静定结构上去掉多余约束的目的是要把原超静定结构换成一个静定结构。因此，还要注意以下几点。

（1）不要把原结构拆成一个几何可变体系。图 14.3（a）所示三次超静定结构，去掉两个约束，图 14.3（b）所示为一静定结构，图 14.3（c）所示则为一几何可变体系，前者是力法基本结构后者不是。

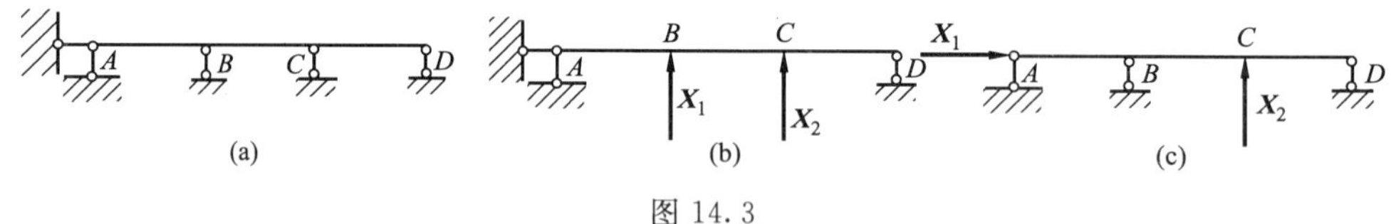

图 14.3

（2）要把全部多余约束都去掉，成为无多余约束的几何不变体系。例如，图 14.4（a）所示的结构，如果只拆去一个可动铰支座，如图 14.4（b）所示，则其中的闭合框仍然具有三个多余约束。必须把闭合框再切开一个截面，如图 14.4（c）所示，这时才成为无多余约束的几何不变体系（即静定结构），才能作为力法基本结构。因此，原结构为四次超静定结构。

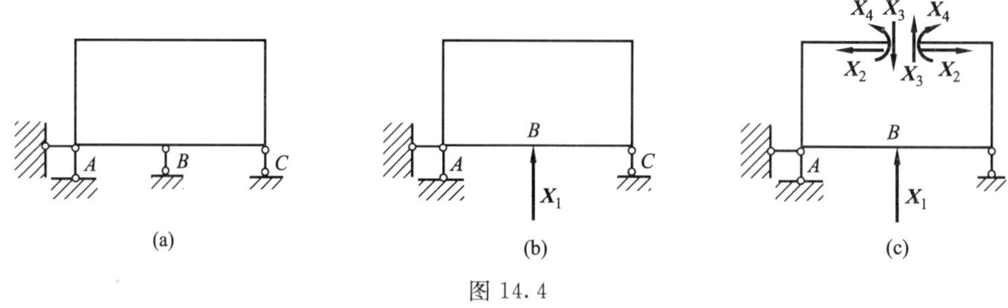

图 14.4

（3）同一个超静定结构，去掉多余约束的方法往往不止一种。如图 14.5（a）所示的桁架，当切断四根斜杆或四根上弦杆，代以多余未知轴力 $\boldsymbol{X}_1$、$\boldsymbol{X}_2$、$\boldsymbol{X}_3$ 和 $\boldsymbol{X}_4$ 后，则变成为静定桁架（也可切断四根下弦杆），分别如图 14.5（b）、（c）所示。故原结构为四次超静定桁架。

又如图 14.6（a）所示刚架，当拆除 B 处的固定铰支座，代以多余未知约束反力 $\boldsymbol{X}_1$ 和 $\boldsymbol{X}_2$，则变为悬臂刚架，如图 14.6（b）所示。去掉不同的多余约束，代以相应的多余未知力 $\boldsymbol{X}_1$ 和 $\boldsymbol{X}_2$，可以得到如图 14.6（c）、（d）、（e）、（f）所示的不同的静定结构，它们均可作为图 14.6（a）所示原结构的力法基本结构。原结构为二次超静定刚架。

再如，图 14.7（a）所示单跨超静定梁，若去掉 B 支座［图 14.7（b）］，代之以未知约束反力 $\boldsymbol{X}_1$，则变为悬臂梁；若将固定端支座改为固定铰支座［图 14.7（c）］，去掉的转动约束代之以未知的约束反力偶 $\boldsymbol{X}_1$，则变成简支梁；若解除杆件某截面上的弯矩约束，

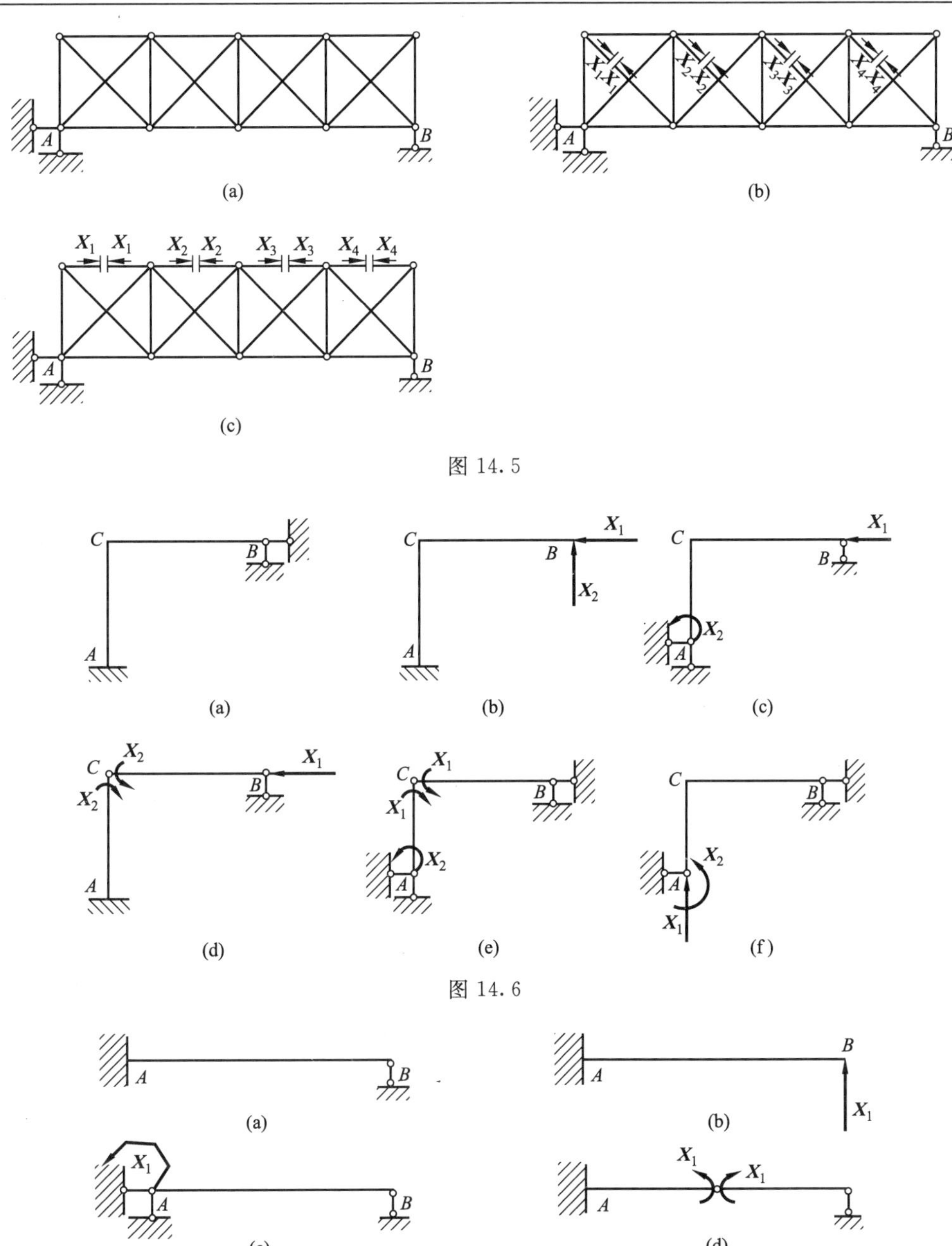

图 14.5

图 14.6

图 14.7

代之以未知的约束内力偶 $\boldsymbol{X}_1$，原截面变换成中间铰［图 14.7（d)］，则变成为由基本部分加附属部分组成的“基-附”型静定梁。由此可知图 14.7（a）所示结构是一次超静定结构，且有三种不同的力法基本结构。

综上所述，可以看出：由于去掉多余约束的方式不同，因而同一超静定结构所得到的静定基本结构也是多样的，但去掉的多余约束的数目总是相同的。

14.1.3　力法的基本未知量和基本方程

由上述可知，用力法求解超静定结构的关键问题就是计算多余未知力。多余求知力一旦解出，其他未知量也就迎刃而解。把在力法中处于关键地位的多余未知力（内力或约束反力）称为力法的**基本未知量**。

为了确定基本未知量，将图 14.8（a）和（b）进行比较。在图 14.8（a）所示的超静定结构中，$\boldsymbol{X}_1$ 是被动力，是固定值。与 $\boldsymbol{X}_1$ 相应的位移 Δ_1（即 B 点的竖向位移）等于零。

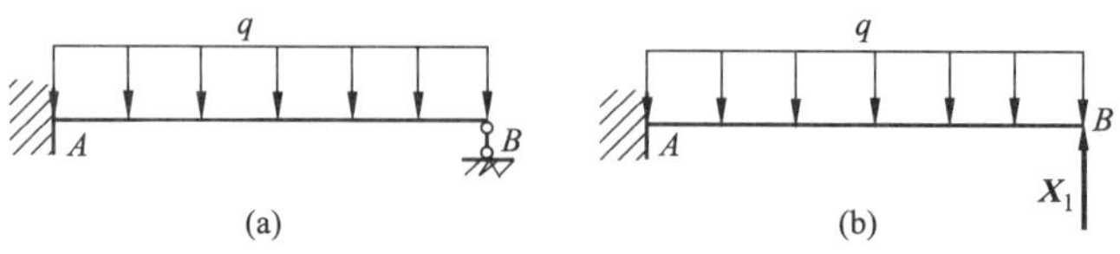

图 14.8

在图 14.8（b）所示的基本结构中，$\boldsymbol{X}_1$ 可以看作主动力，是变量。如果 $\boldsymbol{X}_1$ 过大，则梁的 B 端往上翘；如果 $\boldsymbol{X}_1$ 过小，则 B 端往下垂。只有当 B 端的竖向位移正好等于零时，基本结构中的变力 $\boldsymbol{X}_1$ 才与超静定结构中的常力 $\boldsymbol{X}_1$ 正好相等，这时基本结构才真正完全等效于原超静定结构。

由此看出，使基本结构等效于原超静定结构的条件是：基本结构去掉多余约束的截面沿多余未知力 $\boldsymbol{X}_1$ 方向的位移 Δ_1 应与原结构相同，这就是所谓变形协调条件

$$\Delta_1 = 0$$

它是计算多余未知力时所需要的补充方程，把它称为力法的基本方程。

综上所述，**力法**就是去掉超静定结构的多余约束代之以多余约束力（约束反力或内力），使之成为静定的基本结构；然后以多余约束力作为基本未知量，根据基本结构在去掉多余约束处的变形要与原超静定结构的变形协调一致的原则，建立基本方程；解基本方程就可得出基本未知量；最后将解出的基本未知量作为基本结构的“荷载”，即可利用静定的基本结构求得原超静定结构的内力并绘制出原超静定结构内力图的方法。力法的物理概念简明易懂，是计算超静定结构最基本的方法。

14.2　力法的典型方程

在 14.1 节中，实际上讨论了一次超静定结构（图 14.8）和二次超静定结构（图 14.1）基本方程的建立方法。本节以三次超静定刚架为例来说明如何建立多次超静定结构的基本方程，并应用叠加原理写出其展开形式。

图 14.9（a）所示结构为三次超静定刚架，在荷载作用下结构的变形如图中虚线所示。

去掉 B 支座，选取力法基本结构如图 14.9（b）所示，为一悬臂刚架，共有三个基本未知量：即水平方向的多余未知约束反力 $\boldsymbol{X}_1$，竖直方向的多余未知约束反力 $\boldsymbol{X}_2$ 以及多余未知约束反力偶 $\boldsymbol{X}_3$。在这组多余未知约束反力和外荷载共同作用下，固定端 B 应保持原来的状态，即 B 端的水平位移 Δ_1、竖向位移 Δ_2 和角位移 Δ_3 均为零。

为了方便分析计算，先分别求出 $X_1=1$，$X_2=1$，$X_3=1$ 以及荷载 $\boldsymbol{F}$ 分别单独作用在基本结构上 B 端的各个位移，把它们分别表示在图 14.9（c）、（d）、（e）、（f）中。

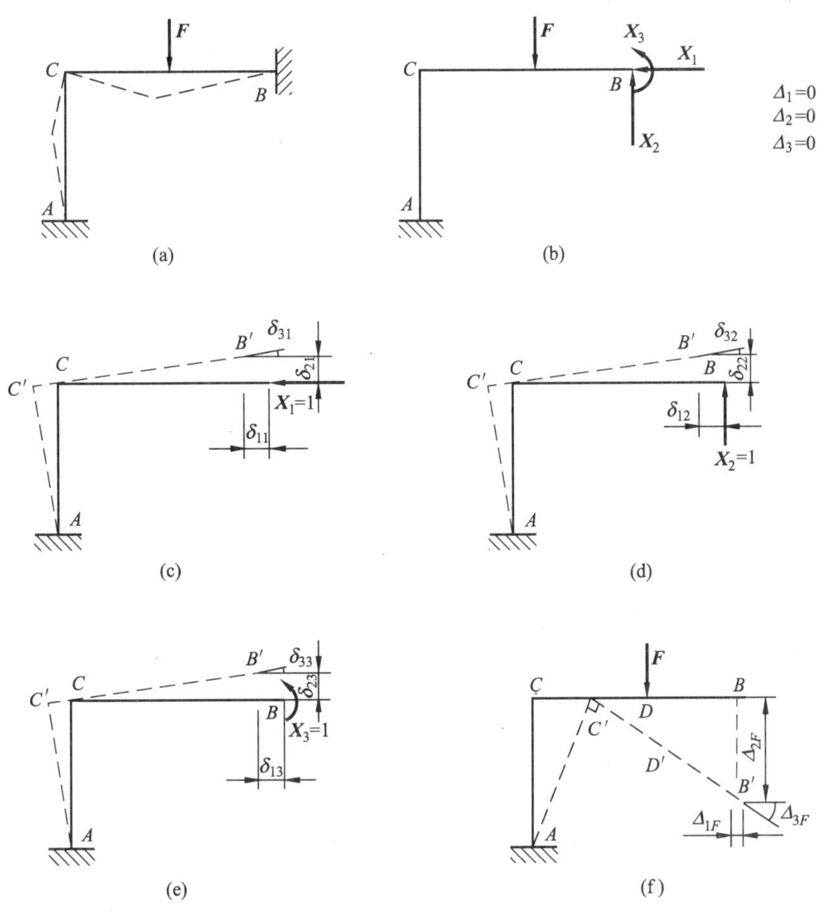

图 14.9

于是，B 端在 $\boldsymbol{X}_1$ 方向上的位移由四项组成：$\boldsymbol{X}_1$ 本身所引起的水平位移，其值为 δ_{11} 与 X_1 的乘积 $\delta_{11}X_1$，如图 14.9（c）所示；同理，$\boldsymbol{X}_2$ 所引起的水平位移为 $\delta_{12}X_2$，如图 14.9（d）所示；X_3 所引起的水平位移为 $\delta_{13}X_3$，如图 14.9（e）所示；荷载 $\boldsymbol{F}$ 所引起的水平位移为 Δ_{1F}，如图 14.9（f）所示。把这四项位移的代数值叠加起来即得原结构水平方向位移总和 Δ_1。而原结构中 B 点的水平位移 Δ_1 为零，故

$$\Delta_1=0 \qquad \delta_{11}X_1+\delta_{12}X_2+\delta_{13}X_3+\Delta_{1\mathrm{F}}=0$$

同理，可以求得 B 端竖直方向的位移总和 Δ_2，以及 B 端的转角位移总和 Δ_3，它们也均为零。最后得到

$$\Delta_2=0 \qquad \delta_{21}X_1+\delta_{22}X_2+\delta_{23}X_3+\Delta_{2\mathrm{F}}=0$$

$$\Delta_3=0 \qquad \delta_{31}X_1+\delta_{32}X_2+\delta_{33}X_3+\Delta_{3\mathrm{F}}=0$$

上列方程是以多余未知力作为基本未知量来表示的 B 端位移协调条件，即基本结构在全部多余未知力和荷载共同作用下，去掉多余约束处沿多余约束力方向所产生的位移应与原来超静定结构的相应位置位移协调一致，称之为**力法方程**或力法的**典型方程**。

推而广知，当静定结构具有 n 个多余约束时，其多余未知力为 X_1，X_2，…，X_n，力法典型方程的形式为

$$\left.\begin{array}{l}\delta_{11}X_1+\delta_{12}X_2+\cdots+\delta_{1i}X_i+\cdots+\delta_{1n}X_n+\Delta_{1F}=0\\\delta_{21}X_1+\delta_{22}X_2+\cdots+\delta_{2i}X_i+\cdots+\delta_{2n}X_n+\Delta_{2F}=0\\\cdots\\\delta_{i1}X_1+\delta_{i2}X_2+\cdots+\delta_{ii}X_i+\cdots+\delta_{in}X_n+\Delta_{iF}=0\\\cdots\\\delta_{n1}X_1+\delta_{n2}X_2+\cdots+\delta_{ni}X_i+\cdots+\delta_{nn}X_n+\Delta_{nF}=0\end{array}\right\}\quad(14\text{-}1)$$

式（14-1）为 n 次超静定结构在荷载作用下力法典型方程的一般形式。在方程中由左上角到右下角（不包括自由项）所引的对角线称为**主对角线**，在主对角线上的系数 δ_{11}，δ_{22}，…，δ_{ii}，…，δ_{nn} 称为**主系数**。主系数均不为零，且为正值。这是因为主系数代表单位力在其本身方向上引起的位移。在主对角线两侧的系数称为**副系数**，它表示某单位力所引起的沿其他单位力方向的位移，因此其值可正、可负、也可以为零。通常也称 δ_{ij} 为**柔度系数**。根据 13.6 节位移互等定理，处于对称位置的副系数是互等的，如 $\delta_{12}=\delta_{21}$，$\delta_{23}=\delta_{32}$ 等。即

$$\delta_{ij}=\delta_{ji}$$

系数 δ_{ii}、δ_{ij} 和自由项 Δ_{1F}、Δ_{2F}、Δ_{iF}、Δ_{nF} 等，都可以用第 13 章计算位移的方法来确定。

不同类型的结构，这些主、副系数和自由项的计算公式不同。对于以弯曲变形为主的梁和刚架，主要考虑弯矩作用，可按下列公式计算

$$\delta_{ii}=\sum\int_l M_i^2\,\mathrm{d}s/EI$$

$$\delta_{ij}=\sum\int_l M_iM_j\,\mathrm{d}s/EI$$

$$\Delta_{iF}=\sum\int_l M_iM_F\,\mathrm{d}s/EI$$

式中系数 δ_{ij} 和自由项 Δ_{iF} 都代表基本结构的位移。位移符号中采用两个脚标，第一个脚标表示位移的方向，第二个脚标表示产生位移的原因。例如

δ_{ij}——由单位力 $X_j=1$ 引起的基本结构上 X_i 的作用点沿 X_i 方向的位移；

Δ_{iF}——由荷载引起的基本结构上 X_i 的作用点沿 X_i 方向的位移。

位移正、负号规定为：当位移 δ_{ij} 或 Δ_{iF} 的方向与所假定的未知力 X_i 的方向相同时，则位移为正。

M_i、M_j 代表 $X_i=1$ 及 $X_j=1$ 在基本结构中所产生的单位弯矩；$\boldsymbol{M}_F$ 则表示荷载在基本结构中所产生的弯矩。如构件为直线等截面杆，则可先作出单位弯矩图，再用图乘法计算上列的系数和自由项。

将求得的系数与自由项代入力法典型方程即可解出多余未知力 X_1，X_2，…，X_n。然后将已求得的多余未知力和荷载一起施加在基本结构上，利用平衡条件即可求出其余反力和内力。在绘制最后内力图时，也可以利用基本结构的单位内力图和荷载作用下的内力图按叠加法得到，即

$$M=M_1X_1+M_2X_2+\cdots+M_F$$

14.3 力法应用举例

14.3.1 力法的计算步骤

根据以上所述，用力法计算超静定结构的步骤可归纳如下：

(1) 选取基本结构。确定超静定次数，去掉结构的多余约束而代之以多余未知力，从而得到基本结构。

(2) 列出力法方程。根据基本结构在多余未知力和荷载共同作用下，在所去掉多余约束处的位移应与原结构中相应位置的位移相等的位移协调条件，建立力法典型方程。

(3) 作出基本结构的各个单位内力图和荷载内力图。令各多余未知力等于单位 1，分别单独作用在基本结构上，计算出相应内力，对受弯构件，画出相应内力图，即单位弯矩图——M_i 图；原结构的荷载单独作用在基本结构上，计算出相应内力，对受弯构件，画出相应内力图，即荷载弯矩图——M_F 图。

(4) 计算各系数和自由项。按照求位移的方法计算力法典型方程中的各系数和自由项。

(5) 解算典型方程，求出各多余未知力。

(6) 按分析静定结构的方法，由平衡条件或叠加法绘出最后内力图。

(7) 校核最后内力图。

14.3.2　超静定梁计算实例

【例 14.1】 求作图 14.10 (a) 所示梁的内力图。

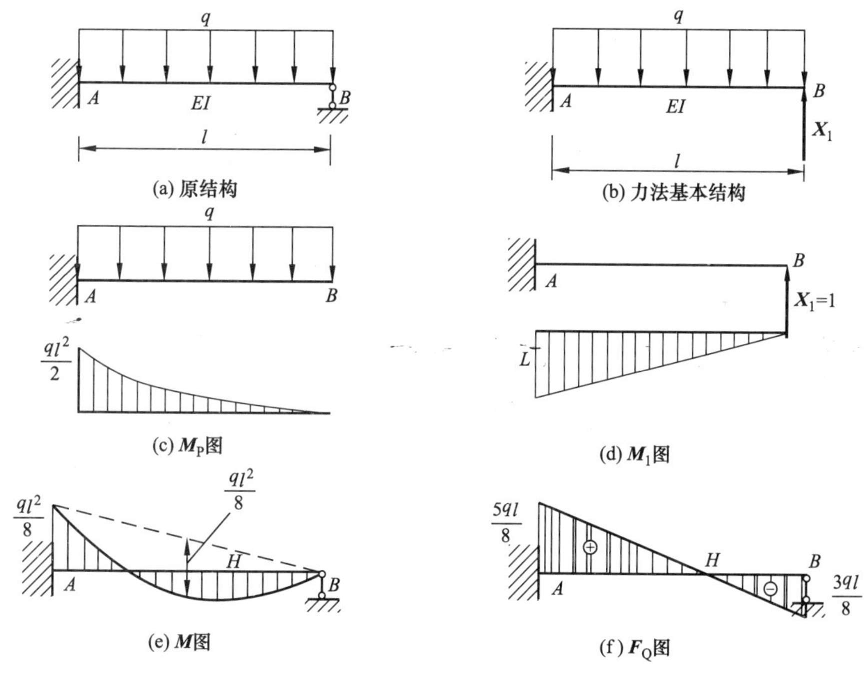

图 14.10

解　(1) 选取基本结构。将支座 B 链杆去掉，代之以相应的多余未知力 $\boldsymbol{X}_1$，即得到图 14.10 (b) 的静定结构。故此梁为一次超静定结构，图 14.10 (b) 为基本结构图。

(2) 列力法方程。原结构 B 处不允许有竖向位移，即 $\Delta_{BV}=0$，基本结构在 B 处的竖向位移必须与原结构一致才能保证基本结构的内力与原结构一样。故此梁的力法方程为

$$\delta_{11}X_1+\Delta_{1F}=0$$

(3) 作 M_1 和 M_F 图。为了求系数和自由项，必须在基本结构上分别作出 $X_1=1$ 及荷载单独作用时的弯矩图，如图 14.10 (c)、(d) 所示。

(4) 求系数和自由项。

求 δ_{11} 时，用 M_1 图自乘，因只有一根杆，无求知（Σ）的问题，于是得

$$\delta_{11}=\int_l M_1^2 \mathrm{d}s/EI=\omega y/EI=\frac{1}{EI}\times\left(\frac{1}{2}\times l\times l\times\frac{2}{3}\times l\right)=l^3/3EI$$

同理，求 Δ_{1F} 时，用 M_F 图和 M_1 图相乘，得

$$\Delta_{1F}=\int_l M_1 M_F \mathrm{d}s/EI=\omega y/EI=\frac{1}{EI}\times\left(-\frac{1}{3}\times l\times\frac{ql^3}{2}\times\frac{3}{4}\times l\right)=-ql^4/8EI$$

(5) 解方程求未知量 X_1。将 δ_{11} 和 Δ_{1F} 代入力法方程中，得

$$X_1=-\Delta_{1F}/\delta_{11}=-(-ql^4/8EI)/(L^3/3EI)=\frac{3}{8}ql$$

得到的 X_1 为正值，表示 X_1 的实际方向与原假定的方向相同，即竖直向上。

(6) 用叠加法作弯矩图。任一截面的弯矩为 $M=M_F+M_1X_1$，将 M_1 弯矩图乘以 $\frac{3}{8}ql$ 后与 M_F 相加，即得原结构的弯矩图，具体只需叠加 A 截面和跨中截面。也可算出零剪力截面 H 的弯矩值，为其附近区域的弯矩极值。图 14.10 (e) 所示。

(7) 依据 M 图绘制 F_Q 图。将外荷载与 X_1 作用在基本结构上，利用平衡条件求出杆端剪力，然后作出剪力图，如图 14.10 (f) 所示。

14.3.3 超静定刚架和排架的计算实例

计算刚架位移时，通常忽略轴力和剪力的影响，而只考虑弯矩的影响，因而使计算得到简化。轴力的影响在高层刚架的柱中比较大，剪力的影响当杆件短而粗时比较大，当遇到这种情况时要作特殊处理。

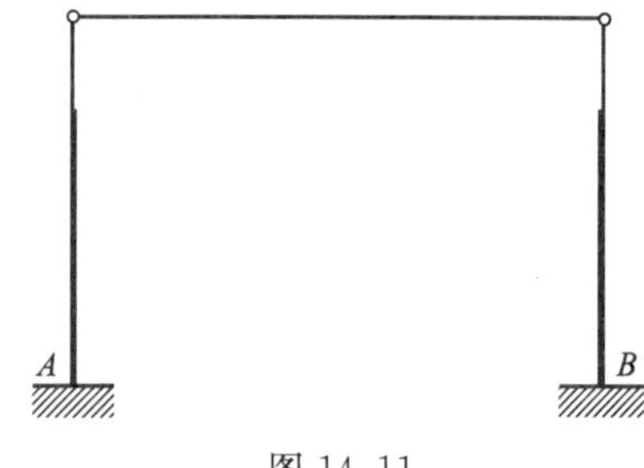

图 14.11

图 14.11 所示为装配式单层厂房的排架计算简图。其中的柱是阶梯形变截面杆件，柱底为固定端，柱顶与横梁（屋架）为铰接。计算时常忽略横梁（屋架）的变形，认为其刚度为无穷大。

【例 14.2】 图 14.12 (a) 所示为一超静定刚架，梁和柱的截面惯性矩分别为 I_1 和 I_2，$I_1/I_2=2/1$。当横梁承受均布荷载 $q=20\text{kN/m}$ 作用时，求作刚架的内力图。

解 这是一个一次超静定刚架。可以取 B 处的水平反力为多余未知力。撤去 B 处水平链杆后，得到图 14.12 (b) 所示的力法基本结构。

基本结构应满足 B 点无水平位移的变形条件，故其力法方程为

$$\delta_{11}X_1+\Delta_{1F}=0$$

系数 δ_{11} 和自由项 Δ_{1F} 都是基本结构的位移。计算刚架位移时只考虑弯矩的影响。为此，绘制基本结构在荷载作用下的荷载弯矩图，即 $\boldsymbol{M}_F$ 图，以及在单位力 $X_1=1$ 作用下的单位弯矩图，即 $\boldsymbol{M}_1$ 图，分别如图 14.12 (c) 和 (d) 所示。

计算位移时采用图乘法：

$$\delta_{11}=\int_C^D M_1^2 d_s/EI_1+2\int_A^C M_1^2 d_s/EI_2=\frac{1}{EI_1}\times(6\times8)\times6+\frac{2}{EI_2}\times\left(\frac{1}{2}\times6\times6\right)\times\left(\frac{2}{3}\times6\right)$$
$$=288/EI_1+144/EI_2=576/EI_1$$

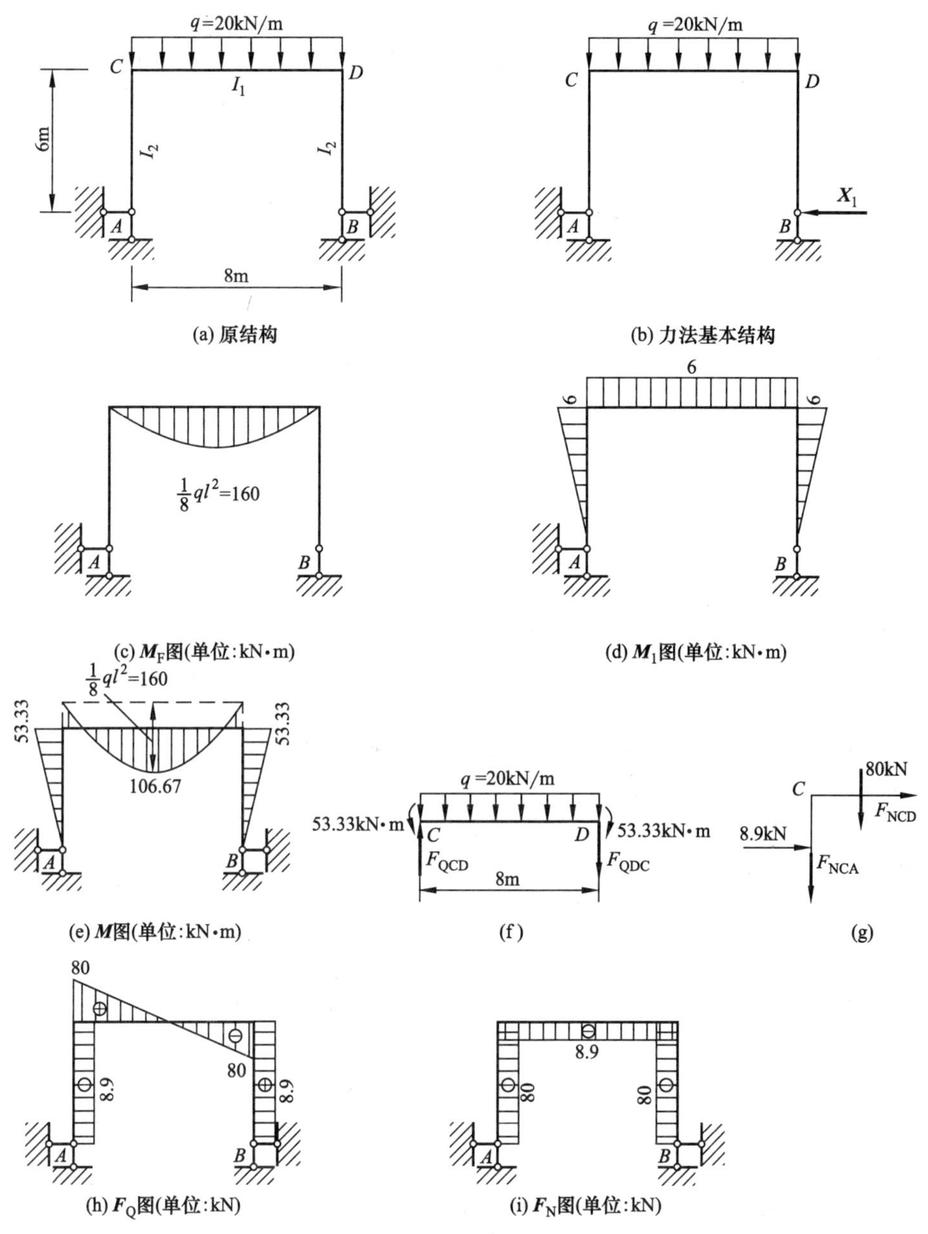

图 14.12

Δ_{1F}只有杆 CD 的弯矩图图乘，不存在求和问题，故。

$$\Delta_{1F}=-\frac{1}{EI_1}\frac{2}{3}\times 8\times 160\times 6=-5120/EI_1$$

将 δ_{11}、Δ_{1F}代入力法方程得

$$X_1=-\Delta_{1F}/\delta_{11}=-(5120/EI_1)/(576/EI_1)=8.89\text{kN}$$

多余未知力求出以后，作内力图的问题即属于静定问题。通常作内力图的次序为：首先利用已经作好的 $\boldsymbol{M}_1$ 和 $\boldsymbol{M}_F$ 图作出最后弯矩图；然后，利用弯矩图和荷载计算并作出剪力图；最后，利用剪力图与实际结点荷载计算并作出轴力图。

(1) 利用弯矩叠加公式，有

$$M=M_F+M_1X_1$$

任一截面的弯矩均可据此计算。将 $\boldsymbol{M}_1$ 弯矩图数据乘以 8.89 后，再与 $\boldsymbol{M}_F$ 图相加，即得到图 14.12（e）所示的原结构的弯矩图。只需计算 C、D 和 CD 杆跨中三个截面的叠加弯矩值。

（2）作剪力图时，可取任一杆为隔离体，利用已知的杆端弯矩及杆上荷载情况，由平衡条件即可求出杆端剪力，然后根据剪力图分布规律作出杆的剪力图。

以杆 CD 为例，其隔离体图如图 14.12（f）所示（确定剪力时，不需考虑杆端轴力，故在隔离体图中未标出轴力）。杆端作用有已知的弯矩（其值可由 $\boldsymbol{M}$ 图查得）

$M_{CD}=53.33\text{kN}\cdot\text{m}$（上边受拉，按实际方向画出）

$M_{DC}=53.33\text{kN}\cdot\text{m}$（上边受拉，按实际方向画出）

待定的杆端剪力 $\boldsymbol{F}_{Q\,CD}$ 和 $\boldsymbol{F}_{Q\,DC}$ 设为正向，可由平衡方程求解如下：

$$\sum M_D=0 \quad 53.33-8F_{Q\,CD}+20\times8\times4-53.33=0$$

$$F_{Q\,CD}=80\text{kN}$$

$$\sum M_C=0 \quad 53.33-20\times8\times4-8\,F_{Q\,DC}-53.33=0$$

$$F_{Q\,DC}=-80\text{kN}$$

杆端剪力求出后，根据杆 CD “承受均布荷载，其剪力图为一斜直线”，即可在图 14.12（h）中作杆 CD 的剪力图。同理，可计算作出杆 AC、BD 的剪力图。剪力图必须注明正负号。

（3）作杆件的轴力图时，可取结点为隔离体，利用已知的杆端剪力和实际结点上的荷载，由结点平衡条件求出杆端轴力，然后作出杆的轴力图。当杆件上无沿杆轴方向的荷载时，杆件的轴力为常数，轴力图为杆轴平行线。

以结点 C 为例，其隔离体图如图 14.12（g）所示（确定轴力时，不需考虑杆端弯矩，故在隔离体图中未标出弯矩）。在隔离体上作用有已知的剪力（其值可由 F_Q 图查得，按实际方向画出）

$F_{Q\,CD}=80\text{kN}$（使隔离体有顺时针方向转动的趋势）

$F_{Q\,CA}=-8.9\text{kN}$（使隔离体有逆时针方向转动的趋势）

待定的杆端轴力 $F_{N\,CD}$ 和 $F_{N\,CA}$ 均假设为拉力，可由投影平衡方程求出

$$\sum F_x=0 \quad F_{N\,CD}=-8.9\text{kN}$$

$$\sum F_y=0 \quad F_{N\,CA}=-80\text{kN}$$

每个结点都有两个投影平衡方程。按照适当的次序截取结点，就可以求出所有杆端轴力。轴力图如图 14.12（i）所示。轴力图也必须注明正负号。

【例 14.3】 图 14.13（a）所示为一单层单跨的铰接排架计算简图。求作其弯矩图。

解 杆 CD 由屋架或大梁简化而来的，抗拉刚度被视为无限大（即 $EA\to\infty$），故 C、D 两点间的距离不变。因此，对排架的计算实际是对柱子进行内力分析，外荷载 24.5kN 为吊车水平制动力。

此铰接排架内部有一个多余联系，是一个超静定的结构。现将横杆 CD 切断，代之以多余未知力 $\boldsymbol{X}_1$，其基本结构如图 14.13（b）所示。根据基本结构在原有荷载和多余未知力共同作用下，横杆切口处两侧截面相对水平位移等于零的条件，写出力法方程

$$\delta_{11}X_1+\Delta_{1F}=0$$

为了求得系数 δ_{11} 和自由项 Δ_{1F}，分别作相应的单位弯矩图 $\boldsymbol{M}_1$ 和荷载弯矩图 $\boldsymbol{M}_F$，即

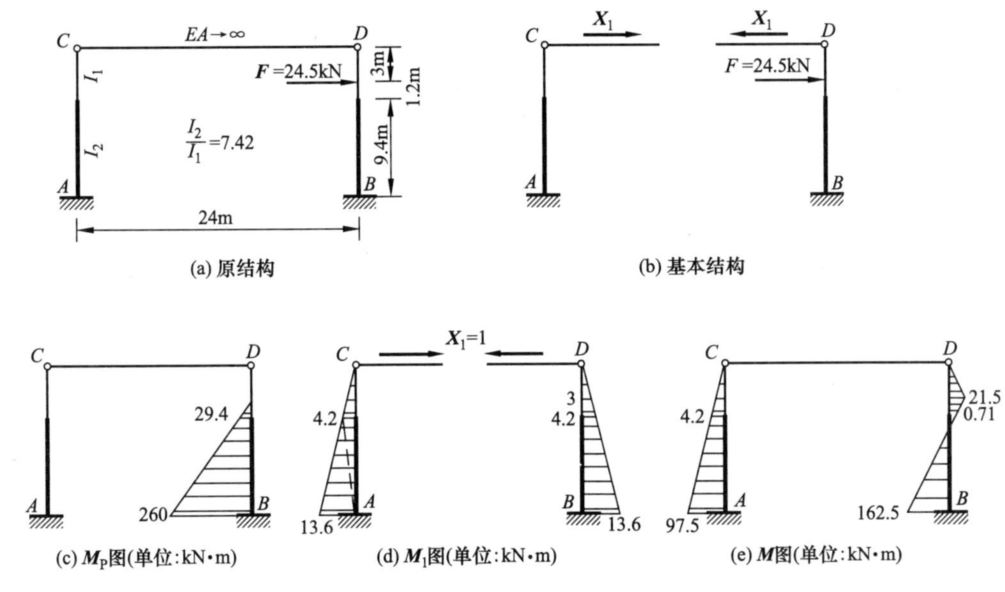

图 14.13

如图 14.13（c)、(d）所示。应用图乘法得

$$\delta_{11}=\sum\int_l M_1^2\mathrm{d}s/EI=\sum\omega y/EI=\frac{2}{EI_1}\times\left[\frac{1}{2}\times4.2^2\times\frac{2}{3}\times4.2\right]+\frac{2}{EI_2}\times\left[\frac{1}{2}\times9.4\times4.2\times\left(\frac{2}{3}\times4.2+\frac{1}{3}\times13.6\right)+\frac{1}{2}\times9.4\times13.6\times\left(\frac{1}{3}\times4.2+\frac{2}{3}\times13.6\right)\right]$$

$$=49.4/EI_1+1627.6/EI_2$$

$$=1994/EI_2$$

$$\Delta_{1F}=\sum\int_l M_1M_F\mathrm{d}s/EI=\sum\omega y/EI=-\frac{1}{EI_1}\times\left[\frac{1}{2}\times1.2\times29.4\times\frac{4.2}{4.2}\times\left(4.2-\frac{1}{3}\times1.2\right)\right]-\frac{1}{EI_2}\times\left[\frac{1}{2}\times9.4\times29.4\times\left(\frac{2}{3}\times4.2+\frac{1}{3}\times13.6\right)+\frac{1}{2}\times9.4\times260\times\left(\frac{1}{3}\times4.2+\frac{2}{3}\times13.6\right)\right]$$

$$=-67/EI_1-13804/EI_2$$

$$=-14301/EI_2$$

将 δ_{11} 和 Δ_{1F} 代入力法方程中，得

$$X_1=-\Delta_{1F}/\delta_{11}=-(-14301/EI_2)/(1994/EI_2)=7.17\text{kN}$$

按式 $M=M_F+M_1X_1$，得出原结构的弯矩图，如图 14.13（e）所示。

注意：计算 δ_{11} 时，由于横梁 $EA\to\infty$，所以横梁虽然有 $F_N=1$，但其轴向变形 $\frac{F_N\times l}{EA}=\frac{1\times l}{\infty}=0$，故只需计算 $X_1=1$ 作用下两边柱顶沿 X_1 方向的位移。

14.3.4 超静定桁架的计算实例

桁架是全部由链杆组成的承重结构，其外力都作用在结点上。因此，桁架各杆内力只

有轴力。故力法方程中的系数和自由项的计算，只考虑轴力的影响，其计算表达式为

$$\delta_{ii} = \sum \frac{F_{Ni}^2 l}{EA}$$

$$\delta_{ij} = \sum \frac{F_{Ni} F_{Nj} l}{EA}$$

$$\Delta_{iF} = \sum \frac{F_{Ni} F_{NF} l}{EA}$$

原结构中各杆轴力的叠加公式为

$$F_N = F_{N1} X_1 + F_{N2} X_2 + \cdots + F_{NF}$$

【例 14.4】 试求图 14.14 (a) 所示超静定桁架中各杆的内力。设各杆 l/EA 相同。

解 图 14.14 (a) 所示原结构为二次超静定结构，取基本结构如图 14.14 (b) 所示。列出力法方程式

$$\delta_{11} X_1 + \delta_{12} X_2 + \Delta_{1F} = 0$$

$$\delta_{21} X_1 + \delta_{22} X_2 + \Delta_{2F} = 0$$

用结点法计算在单位未知力 $X_1 = 1$、$X_2 = 1$ 以及荷载的分别单独作用下各杆的轴力 $\boldsymbol{F}_{NF}$ 和 $\boldsymbol{F}_{N1}$、$\boldsymbol{F}_{N2}$，如图 14.14 (c)、(d)、(e) 所示。

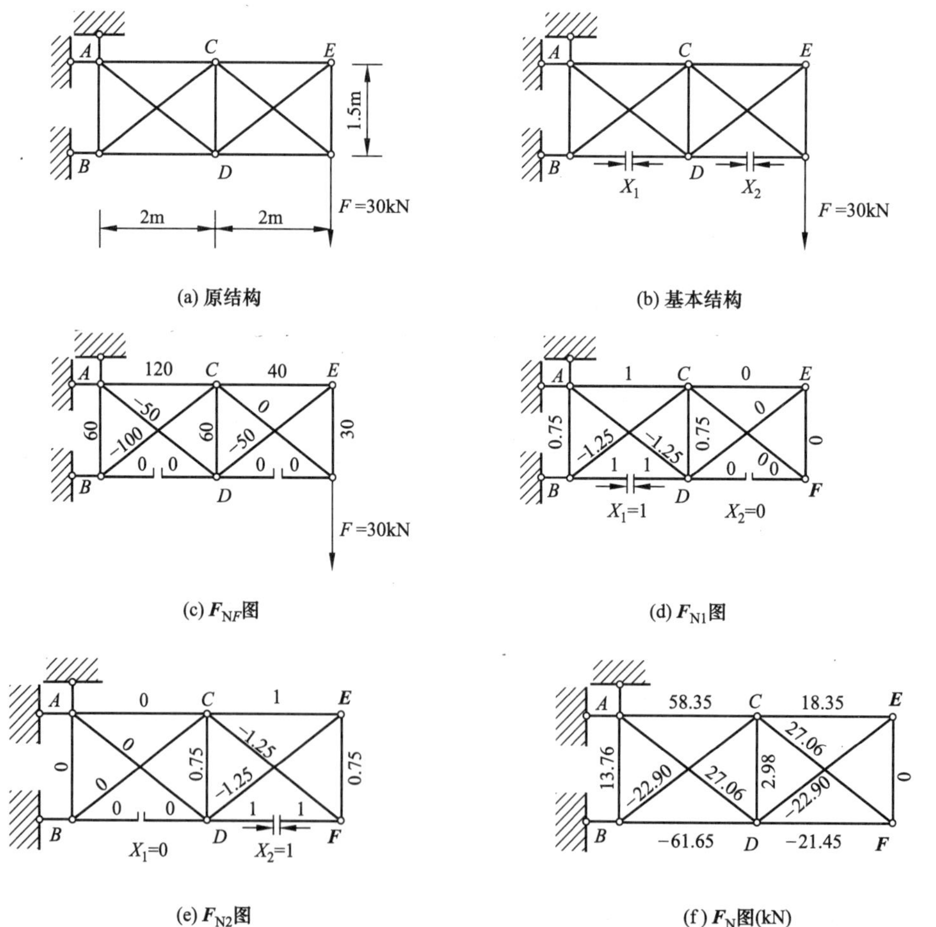

图 14.14

计算系数和各自由项

$$\delta_{11}=\sum F_{N1}^{2}l/EA=\frac{l}{EA}[1^{2}\times2+(0.75)^{2}\times2+(1.25)^{2}\times2]=6.25l/EA$$

$$\delta_{12}=\delta_{21}=\sum F_{N1}F_{N2}l/EA=\frac{l}{EA}(0.75\times0.75)=0.56l/EA$$

$$\delta_{22}=\sum F_{N2}^{2}l/EA=\frac{l}{EA}[1^{2}\times2+(0.75)^{2}\times2+(1.25)^{2}\times2]=6.25l/EA$$

$$\Delta_{1F}=\sum F_{N1}F_{NF}l/EA=\frac{l}{EA}(0.75\times60+120\times1+1.25\times50+1.25\times100+0.75\times60)$$

$$=397.5l/EA$$

$$\Delta_{2F}=\sum F_{N2}F_{NF}l/EA=\frac{l}{EA}(0.75\times60+1\times40+1.25\times50+0.75\times30)=170l/EA\mathrm{kN}$$

将以上系数、自由项代入力法方程，并消去 l/EA，可得

$$6.25X_1+0.56X_2=-397.5$$

$$0.56X_1+6.25X_2=-170$$

解得　$X_1=-61.65\mathrm{kN}$，$X_2=-21.65\mathrm{kN}$

按公式 $F_N=F_{N1}X_1+F_{N2}X_2+F_{NF}$，计算各杆内力，得超静定桁架的内力图，如图 14.14（f）所示。

14.4　利用结构对称性简化力法计算

在土建工程中，不少结构是对称的。利用结构的对称性，恰当地选取基本结构，可使力法典型方程中尽可能多的副系数等于零，从而使计算工作得到简化。

14.4.1　选取对称的基本结构

图 14.15（a）所示结构，它有一个对称轴，即①结构的几何形状和支座是对称于该轴的；②各杆的刚度也是对称于该轴的。也就是说，若将结构绕对称轴对折，则左右两部分的几何尺寸和刚度能完全重合。这种结构称为对称结构。

若将此刚架在对称轴上的截面切开，便得到一个对称的基本结构，如图 14.15（b）所示。此时多余未知力包括三对力：一对弯矩 $\boldsymbol{X}_1$，一对轴力 $\boldsymbol{X}_2$，一对剪力 $\boldsymbol{X}_3$。对称轴两边的力如果大小相等，绕对称轴对折后作用点重合且方向相同，则称为**正对称**（或简称**对称**）力，如 X_1、X_2；对称轴两边的力若大小相等，绕对称轴对折后作用点重合但方向相反，则称为**反对称力**，如 X_3。

在绘制单位弯矩图时，由于我们选取了对称的基本结构，显然，对称力 $\boldsymbol{X}_1$ 和 $\boldsymbol{X}_2$ 作用下的单位弯矩图 M_1 和 M_2 是对称的，如图 14.15（c）、（d）所示；而反对称力 $\boldsymbol{X}_3$ 作用下的单位弯矩图 M_3 则是反对称的，如图 14.15（e）所示。图乘时，由于对称图和反对称图相乘时的数值恰好正负抵消，故图乘结果应等于零。由图 14.15（c）、（d）、（e）所示有

$$\delta_{13}=\delta_{31}=\sum\int_{l}M_1M_3\mathrm{d}x/EI=0$$

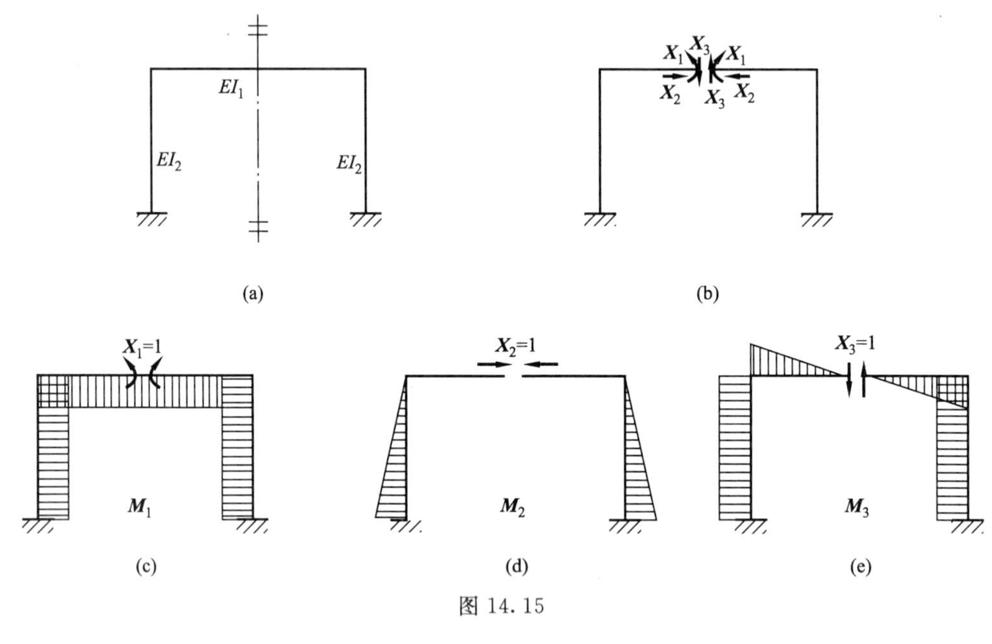

图 14.15

$$\delta_{23}=\delta_{32}=\sum\int_l M_2M_3\,dx/EI=0$$

所以，三次超静定结构的力法典型方程式可简化为

$$\delta_{11}X_1+\delta_{12}X_2+\Delta_{1F}=0$$
$$\delta_{21}X_1+\delta_{22}X_2+\Delta_{2F}=0$$
$$\delta_{33}X_3+\Delta_{3F}=0$$

由此可见，一个对称结构，若选取对称的基本结构，则力法典型方程可分为两组，一组只包含正对称的多余未知力 $\boldsymbol{X}_1$ 和 $\boldsymbol{X}_2$，另一组只包含反对称的多余未知力 $\boldsymbol{X}_3$。显然，计算工作就比一般情况要简单多了。

如果作用在结构上的荷载是正对称的，如图 14.16（a）所示，则 $\boldsymbol{M}_F$ 图也是正对称的，如图 14.16（b）所示。于是又有自由项 $\Delta_{3F}=0$。从而由典型方程的第三式可知反对称的多余未知力 $X_3=0$，因而只有正对称的多余未知力 $\boldsymbol{X}_1$ 和 $\boldsymbol{X}_2$。最后弯矩图为 $M=M_1X_1+M_2X_2+M_F$，它也是正对称的，如图 14.16（c）所示。并由此推知，此时结构的所有反力、内力和位移［图 14.16（a）中虚线所示］都是正对称的。

如果作用在结构上的荷载是反对称的，如图 14.16（d）所示，则同理可知，此时则 M_F 图也是反对称的，如图 14.16（e）所示。于是 $\Delta_{1F}=0$ $\Delta_{2F}=0$，只有 $\Delta_{3F}=0$ 解得正对称的多余未知力 $X_1=X_2=0$，只有反对称的多余未知力 X_3。最后弯矩图为 $M=M_3X_3+M_F$，它也是反对称的，如图 14.16（f）所示，并且该结构所有反力、内力和位移［图 14.16（d）中虚线所示］都是反对称的。

由上述可得如下结论：**对称结构在正对称荷载作用下，其内力和位移都是正对称的；在反对称荷载作用下，其内力和位移都是反对称的。**利用这一结论可使计算得到很大的简化。

当对称结构受任意荷载作用时，如图 14.17（a）所示，可将荷载分解为对称的与反对称的两部分，分别如图 14.17（b）和（c）所示。然后分别求解，将结果叠加便得到最后内力图。

【例 14.5】 作图 14.18（a）所示刚架的弯矩图，设各杆 EI 为常数。

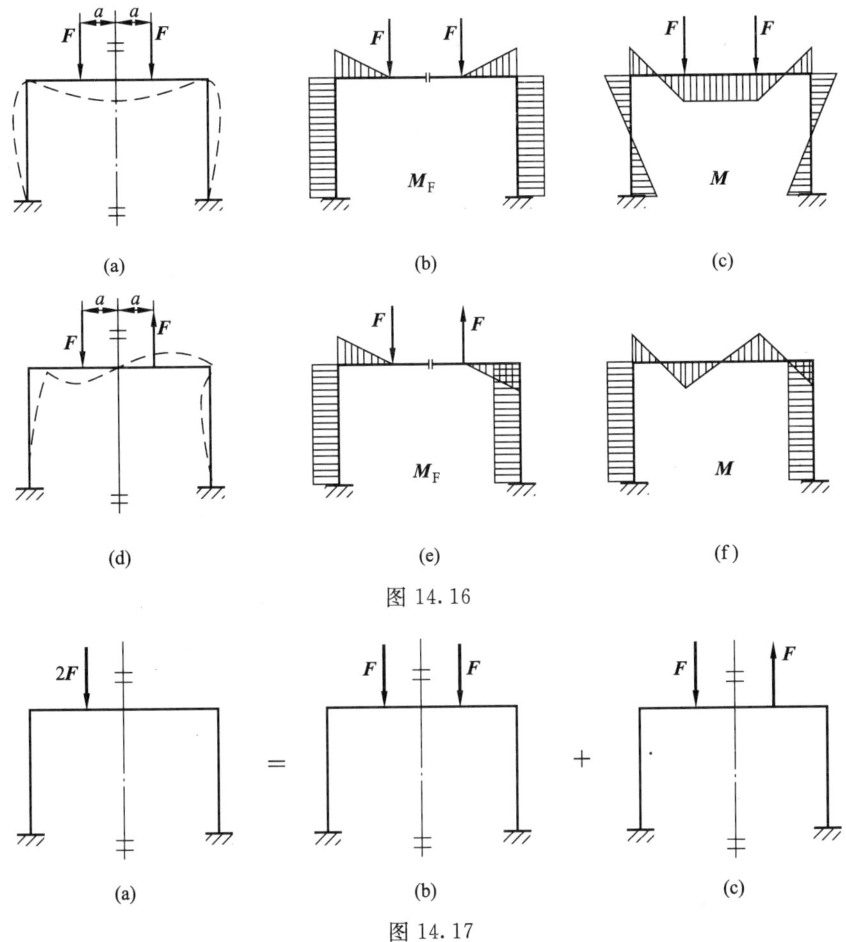

图 14.16

图 14.17

解　(1) 确定超静定次数，选择基本结构。这是一个对称结构，为四次超静定。由于承受任意水平荷载 $F=20\text{kN}$ 作用，为了采用对称的基本结构，故将荷载分解为对称的和反对称的两种情况，如图 14.18 (b)、(c) 所示。再分别选取基本结构。图 14.18 (b) 是在对称荷载作用下，顶层的横杆为二力杆，故 $F_N \neq 0$，但结构的弯矩都为零，即 $M_{对}=0$；而图 14.18 (c) 是在反对称荷载作用下，所有对称的多余未知力 $\boldsymbol{X}_2$、$\boldsymbol{X}_3$ 和 $\boldsymbol{X}_4$ 均为零，只有反对称多余未知力 $\boldsymbol{X}_1$。基本结构和多余未知力 $\boldsymbol{X}_1$、$\boldsymbol{X}_2$、$\boldsymbol{X}_3$、$\boldsymbol{X}_4$ 如图 14.18 (e) 所示。

(2) 建立力法方程。由图 14.18 (e) 所示可得简化的力法方程

$$\delta_{11}X_1+\Delta_{1F}=0$$

(3) 求系数和自由项，并解出多余未知力 X_1。分别作出 $\boldsymbol{M}_1$ 图和 $\boldsymbol{M}_F$ 图如图 14.18 (f)、(g) 所示，则

$$\delta_{11}=\frac{1}{EI}\left[\left(\frac{1}{2}\times3\times3\times2\right)\times2+3\times6\times3\right]\times2=144/EI$$

$$\Delta_{1F}=\frac{1}{EI}\left[3\times6\times30+\frac{1}{2}\times3\times3\times80\right]\times2=1800/EI$$

代入方程解得　　$X_1=-\Delta_{1F}/\delta_{11}=-1800/144\text{kN}=-12.5\text{kN}$

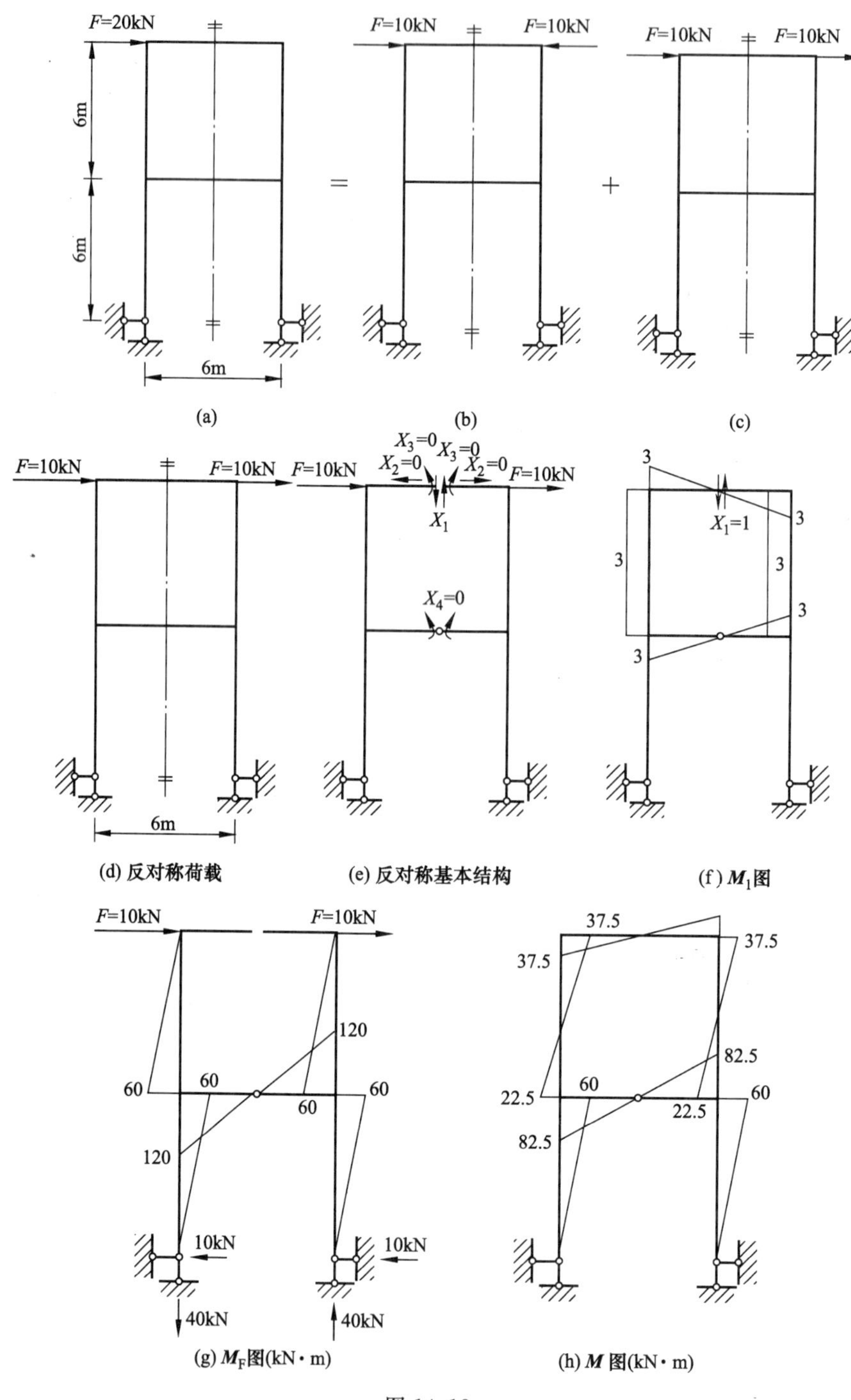

图 14.18

(4) 作弯矩图

由 $M=M_{对}+M_{反}=0+M_1X_1+M_F$，得如图 14.18 (h) 所示的 **M** 图。

14.4.2 取对称结构的一半进行计算

当对称结构承受正对称或者反对称荷载时，也可以只取结构的 1/2 来进行计算。下面就奇数跨和偶数跨两种对称结构（刚架，连续梁等）加以介绍。

（1）奇数跨对称刚架。如图 14.19（a）所示刚架，在对称荷载作用下，由于只产生正对称的内力和位移（变形曲线如虚线所示），故可知在对称轴上的截面 C 处不发生转角和水平线位移，但有竖向的位移；同时该截面上将有弯矩和轴力，而无剪力。所以取 1/2 来计算时，在对称轴截面 C 处，可以用一定向支座（滑动支座）代替原有联系，则得如图 14.19（b）所示计算简图。

在反对称荷载的作用下，如图 14.19（c）所示，由于只产生反对称的内力和位移，故可知在对称轴上的截面 C 处无竖向和水平的位移，但有转角，同时该截面上弯矩和轴力均为零，而只有剪力存在。故在对称轴截面 C 处可用一竖向链杆代替原有联系，则得图 14.19（d）所示的计算简图。

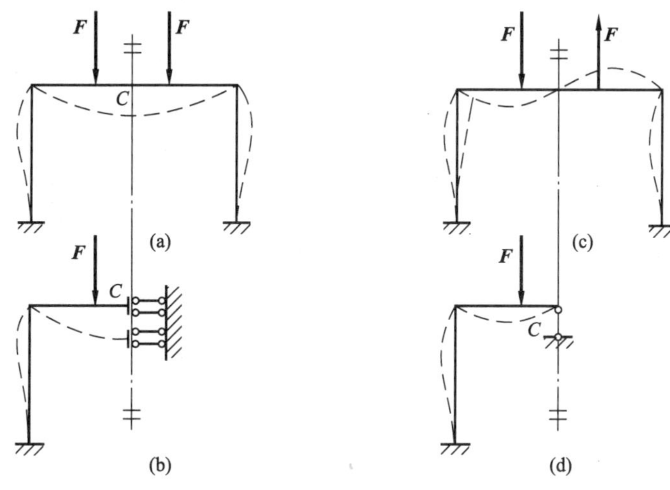

图 14.19

（2）偶数跨对称刚架。如图 14.20（a）所示双跨对称刚架，在对称荷载作用下（变形曲线如虚线所示），对称轴上的结点 C 处将不产生任何的位移（因略去杆件的轴向变形），故在 C 处横梁杆端有弯矩，剪力和轴力。因此，当取 1/2 结构时，可将 C 处用固定端支座代替原来约束，其计称简图如图 14.20（b）所示。

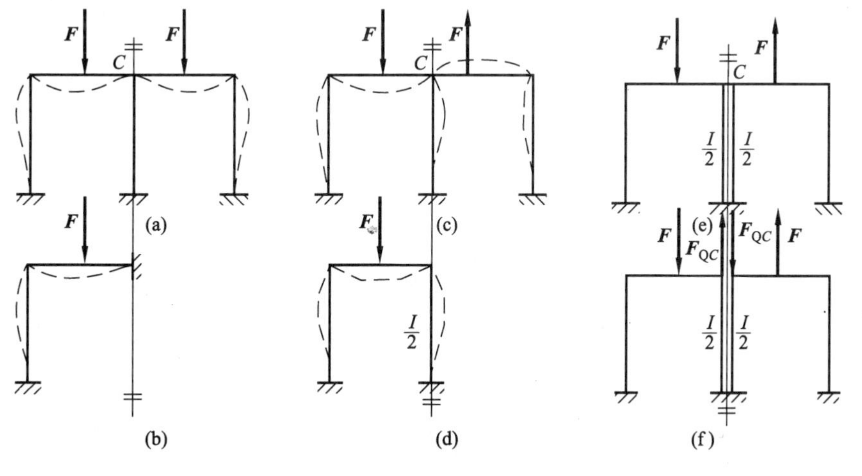

图 14.20

在反对称荷载作用下，如图 14.20（c）所示。可设想刚架中柱是由两根各具 $I/2$ 的竖柱所组成，它们分别在对称轴的两侧与横梁刚性连接，如图 14.20（e）所示。显然这与原结构是等效的。再设想将此两柱中间的横梁切开，由于荷载是反对称的，故该截面上只有剪力 $\boldsymbol{F}_{QC}$存在，如图 14.20（f）所示。这对剪力只对中间两根竖柱产生大小相等而性质相反的轴力，并不影响其他杆件的弯矩。由于原来中间柱的内力是这两根柱的内力之和，故叠加后 $\boldsymbol{F}_{QC}$对原结构的内力和变形均无影响，因此可以不考虑 $\boldsymbol{F}_{QC}$的影响而选取如图 14.20（d）所示 1/2 刚架的计算简图。

【例 14.6】 试用选取 1/2 个结构的方法求作图 14.21（a）所示刚架的弯矩图，设各杆 EI=常数。

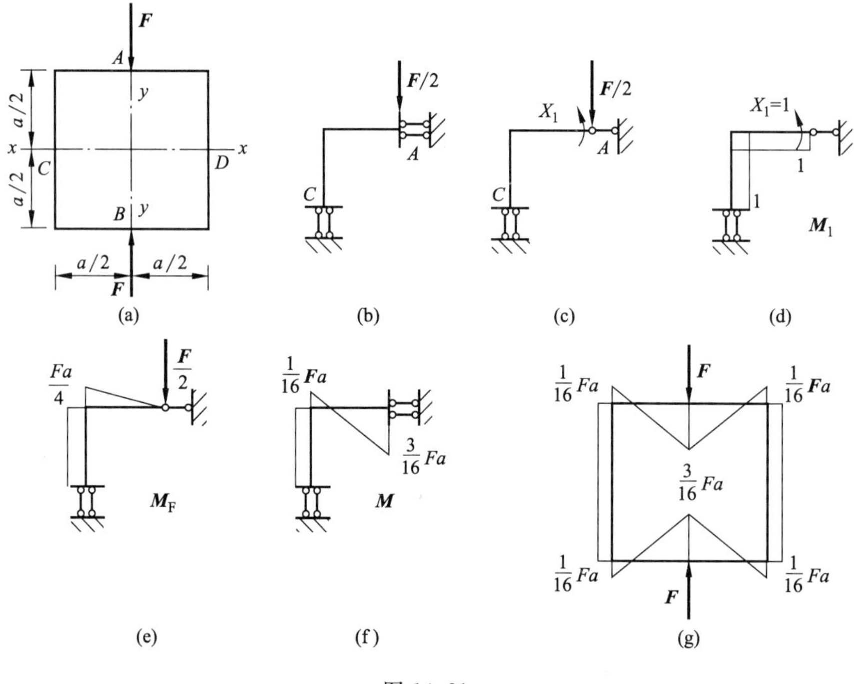

图 14.21

解 这是一个三次超静定刚架，结构、荷载及变形均正对称于 x、y 两个对称轴，故可选取如图 14.21（b）所示的 1/4 刚架计算简图来分析，显然其仅为一次超静定问题，取基本结构如图 14.21（c）所示，多余未知力为弯矩 $\boldsymbol{X}_1$，利用截面 A 转角为零的变形条件，建立相应的力法典型方程为

$$\delta_{11}X_1+\Delta_{1F}=0$$

分别画出 $\boldsymbol{M}_1$ 图和 $\boldsymbol{M}_F$ 图，如图 14.21（d）和（e）所示。由图乘法求得

$$\delta_{11}=\frac{2}{EI}\times\left(1\times\frac{a}{2}\times1\right)=a/EI$$

$$\Delta_{1F}=-\frac{1}{EI}\times\left(\frac{1}{2}\times\frac{Fa}{4}\times\frac{a}{2}\times1+\frac{Fa}{4}\times\frac{a}{2}\times1\right)=-3Fa^2/16EI$$

代入方程解得

$$X_1=-\Delta_{1F}/\delta_{11}=3Fa/16$$

由叠加法画出 1/4 刚架弯矩图，如图 14.21（f）所示。根据对称性可得原刚架最后弯

矩图，如图 14.21（g）所示。

14.5　超静定结构位移计算和最后内力图的校核

14.5.1　超静定结构的位移计算

用力法计算超静定结构，是根据基本结构在荷载和全部多余未知力共同作用下，其内力和位移与原结构完全一致这个条件来进行的。也就是说，在荷载及多余未知力共同作用下的基本结构与在荷载作用下的原结构是完全等价的，它们之间并不存在任何差别。因此，计算超静定结构的位移，就是求基本结构的位移。具体计算步骤为

（1）用力法求解超静定结构，作出其最后内力图。它也就是基本结构的实际位移状态内力图；

（2）将单位力 $F=1$ 加在基本结构上建立虚拟力状态，求出其相应内力或作出其内力图。因为基本结构是静定的，故此时的内力仅由平衡条件便可求得；

（3）对基本结构实际位移状态和虚拟力状态，用虚功原理的位移计算公式或图乘法即可计算出所求位移。

由于超静定结构的最后内力图并不因所选取基本结构的不同而异，因此，其实际内力可以看作选取任一形式的基本结构求得的。所以在求位移时，可以选择较为简单的基本结构作为虚设力状态以简化计算。

【例 14.7】　如图 14.22（a）所示的超静定刚架，其最终弯矩图已经求出，如图 14.22（b）所示。设 $EI=$常数，试求刚架 D 点的水平位移 Δ_{DH} 和横梁中点 $\boldsymbol{F}$ 的竖向位移 Δ_{FV}。

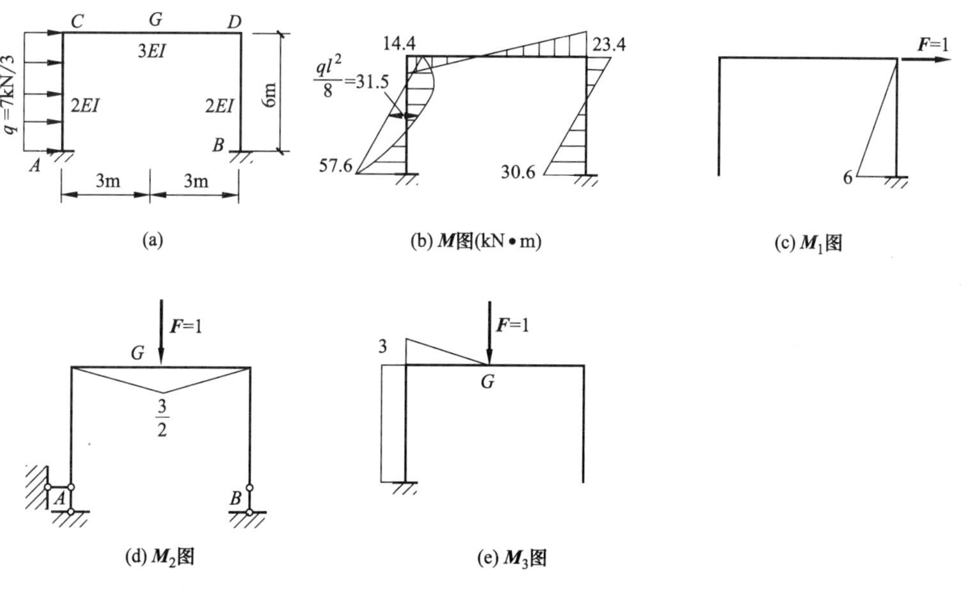

图 14.22

解　求 D 点水平位移 Δ_{DH} 时，可选取图 14.22（c）所示基本结构，在 D 点加水平单

位荷载 $F=1$，得虚拟力状态 $\boldsymbol{M}_1$ 图。将图 14.22（b）与图 14.22（c）互乘得

$$\Delta_{DH}=\frac{1}{2EI}\left[\frac{1}{2}\times6\times6\times\left(\frac{2}{3}\times30.6-\frac{1}{3}\times23.4\right)\right]=113.4/EI\ (\rightarrow)$$

计算结果为正值，表示位移方向与所设单位荷载的方向一致，即水平向右。

求横梁中点 G 的竖向位移 Δ_{Fv} 时，为使计算简化，可选取图 14.22（d）所示基本结构，在 G 点加竖向单位荷载 $F=1$，得虚拟力状态的 $\boldsymbol{M}_2$ 图，如图 14.22（d）所示。将图 14.22（b）与图 14.22（d）互乘得

$$\Delta_{F_V}=\frac{1}{3EI}\left[\frac{1}{2}\times\frac{3}{2}\times6\times(14.4-23.4)/2\right]=-6.75/EI\ (\uparrow)$$

所得结果为负，表示 G 点的位移方向与所设单位荷载方向相反，即竖直向上。

计算 G 点竖向位移也可选用图 14.22（e）所示基本结构，加上单位荷载，作相应虚拟力状态的 $\boldsymbol{M}_3$ 图，再与图 14.22（b）互乘得

$$\begin{aligned}\Delta_{FV}&=\frac{1}{2EI}\left[\frac{1}{2}\times(57.6-14.4)\times6\times3-\frac{2}{3}\times31.5\times6\times3\right]-5\\&\quad\frac{1}{3EI}\times\frac{1}{2}\times3\times3\times\left[\frac{1}{6}\times23.4-\frac{5}{6}\times14.4\right]\\&=-6.75/EI\end{aligned}$$

与上述计算结果完全相同。显然，选图 14.22（e）所示基本结构计算 F 点的竖向位移，比选图 14.22（d）所示基本结构麻烦。所以，在计算静定结构的位移时，选取什么样的基本结构十分重要。

14.5.2 超静定结构最后内力图的校核

最后内力图是结构设计的依据，必须保证其正确性。对内力图的校核一般要包括下面两个方面。

（1）静力平衡条件校核。就是看所求得的各种内力，是否能够使结构的任何一个部分都满足平衡条件。校核的方法与静定结构相同，即切取结构的一个部分为隔离体，把作用于该部分的荷载以及各切口处的内力（从 $\boldsymbol{M}$、$\boldsymbol{F}_Q$、$\boldsymbol{F}_N$ 图可以得到这些值）都看成是作用于隔离体上的已知外力，然后计算它们是否满足静力平衡条件来进行校核。对于刚架，一般是切取它的刚结点为隔离体。

（2）位移条件校核。对于超静定结构，只进行静力平衡条件的校核是不够的。因为仅仅满足超静定结构的静力平衡条件的解答可以有无限多个。换句话说，错误的结果也可能会满足静力平衡条件。因此，除了进行平衡条件校核以外，还必须进一步进行**位移条件的校核**，即校核原超静定结构在各多余未知力作用点沿相应多余未知力方向的位移是否与实际情况相符合。

【例 14.8】 如图 14.23（a）所示刚架，已知其弯矩图、剪力图和轴力图，如图 14.23（b）、（c）、（d）所示。试校核该刚架的弯矩图。

解 先作静力平衡条件的校核。一般分别取刚架的各个刚结点为隔离体。在此取结点 1 为隔离体，如图 14.23（e）所示，则有

$$\sum F_x=F_{Q10}-F_{N12}=0$$
$$\sum F_y=F_{N10}-F_{Q12}=0$$
$$\sum M=-M_{12}+M_{10}+M=0$$

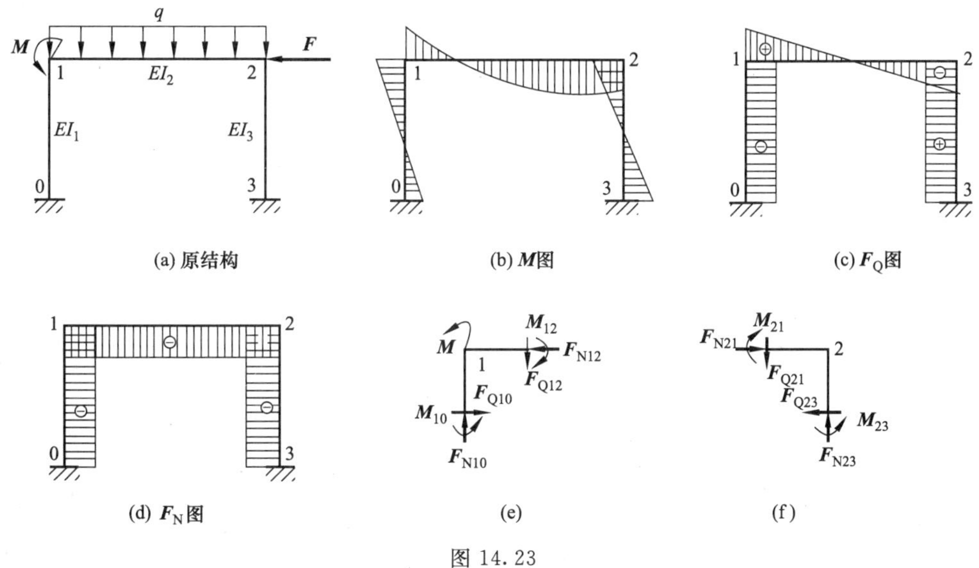

图 14.23

如果这些式子在感应，则说明最后弯矩图有误用同样的方法可以对结点 2 进行校核。

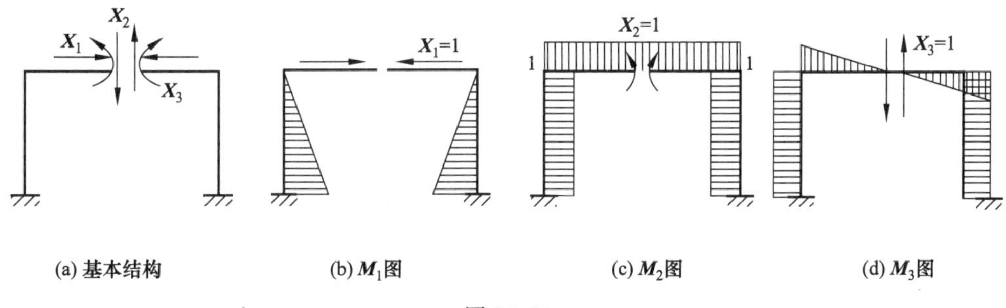

图 14.24

其次进行位移条件的校核。取图 14.24（a）所示基本结构，并且只考虑弯矩一项对位移的影响。为此作出各单位弯矩图分别如图 14.24（b）、（c）、（d）所示，以它们作为虚拟力状态来研究位移条件。

根据沿 $\boldsymbol{X}_1$ 方向的位移为零，应该有

$$\sum\int_l \frac{M_1 M}{EI}\mathrm{d}x = 0 \tag{a}$$

沿 $\boldsymbol{X}_2$ 方向的位移为零，应该有

$$\sum\int_l \frac{M_2 M}{EI}\mathrm{d}x = 0 \tag{b}$$

沿 $\boldsymbol{X}_3$ 方向的位移应该有

$$\sum\int_l \frac{M_3 M}{EI}\mathrm{d}x = 0 \tag{c}$$

如果上述式子（a）、（b）、（c）在感应，则说明最后弯矩图有误。

现在研究第二式（b），因原结构是一个闭合的多边形，而且没有铰存在，所以把 $M_2=1$ 代入，可以得到

$$\sum\int_l \frac{1}{EI}M\mathrm{d}x = \sum \frac{1}{EI}\int_l 1\times M\mathrm{d}x = \sum \omega_M/EI = 0$$

式中的 ω_M 是原结构闭合周边各杆上弯矩图的面积。如果原结构闭合周边各杆的 EI 都相同，则上式还可以写成

$$\sum\omega_M=0$$

上面的论证，对于任何没有铰的闭合多边形结构，也是适用的。因此，可以得到结论：任何一个没有铰的闭合多边形结构，如果将它在这个闭合部分的各杆的弯矩图面积除以本杆的 EI，其代数和应该等于零；如果各杆的 EI 也都相等，则此部分各杆弯矩图面积的代数和应该等于零。

14.6　超静定结构由支座移动和温度变化引起的内力计算

超静定结构在支座移动、温度变化、制作或安装不准确等因素作用下通常也会产生内力。用力法计算这类问题时的基本思路及计算方法与上相同，不同的只是力法典型方程中自由项的计算。在本节中只介绍超静定结构在支座移动和温度变化时的内力计算。

14.6.1　超静定结构由支座移动引起的内力计算

对于静定结构，支座移动并不引起任何反力和内力。图 14.25（a）所示为多跨静定梁，当其支座 B 产生竖向移动时，梁将自由转动而不会受到任何限制。因为假设去掉了 B 支座，结构就成为具有一个自由度的几何可变体系。故当支座 B 移动时，结构只发生刚体位移（如图中虚线所示），而不产生弹性变形及内力。

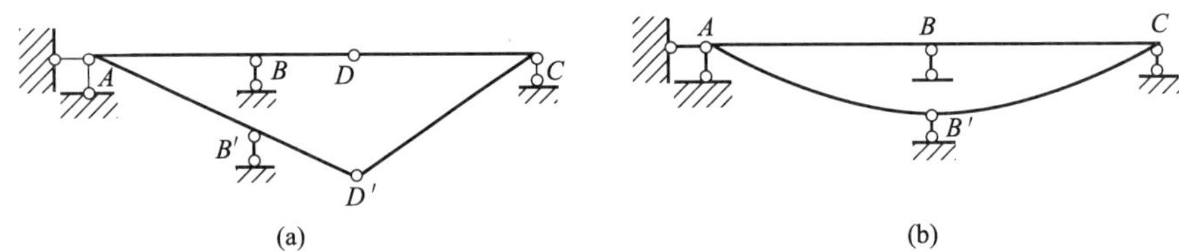

图 14.25

对于超静定结构，由于具有多余联系，情况就不同了。图 14.25（b）所示为超静定梁，支座 B 发生移动时，将受到梁的限制，因而使各支座产生反力，同时梁发生弯曲变形并产生内力。

图 14.26（a）所示的刚架，其支座 A 由于某种原因产生水平位移 a，竖向位移 b 及转角 φ_A。用力法分析时，取基本结构如图 14.26（b）所示。根据基本结构在多未知力和支座移动共同作用下，沿各多余未知力方向的位移应与原结构相应的位移相等的条件，即 $\Delta_1=0$，$\Delta_2=\varphi_A$，可建力法典型方程为

$$\delta_{11}X_1+\delta_{12}X_2+\Delta_{1C}=0$$
$$\delta_{21}X_1+\delta_{22}X_2+\Delta_{2C}=\varphi_A$$

式中系数与外因类型无关，其计算和以前完全一样。而自由项 Δ_{1C}、Δ_{2C}分别代表基本结构由于支座移动引起的 X_1、X_2 作用点沿 X_1、X_2 方向上的位移，可按第 13 章得到的公式计算：

$$\Delta_{iC}=-\sum R_C$$

由图 14.26（c）、（d）所示虚拟力状态的反力 R 按上式可计算 Δ_{iC} 得

$$\Delta_{1C}=-(1\times a-h/l\times b)=-a+hb/l$$

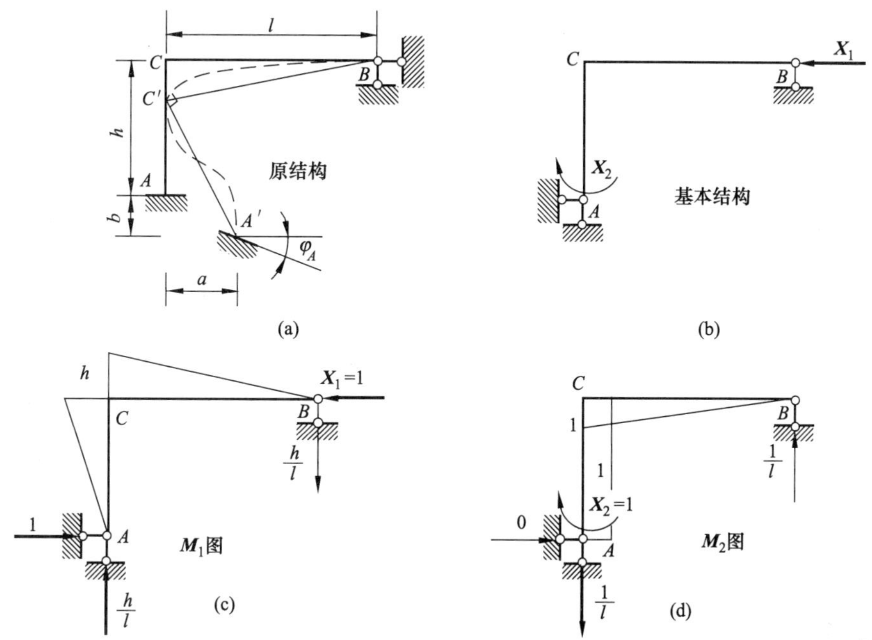

图 14.26

$$\Delta_{2C}=-(1/l\times b)=-b/l$$

自由项求出后，其余计算可仿照荷载作用下的情况进行。

【例 14.9】 如图 14.27（a）所示一端固定另一端铰支梁的 A 端发生了转角 φ_A，试计算其内力。设梁的 EI=常数。

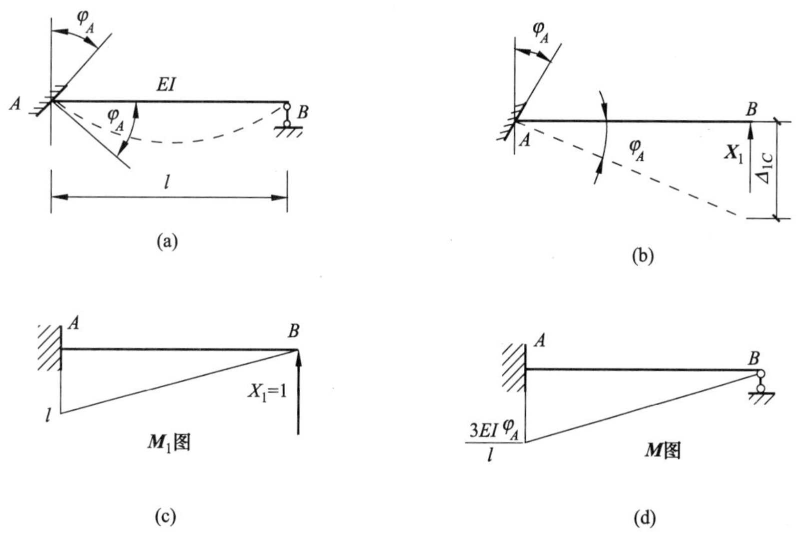

图 14.27

解 此为一次超静定梁，选取悬臂梁为基本结构，如图 14.27（b）所示。根据原结构在支座 B 处沿 X_1 方向的位移为零的条件得力法典型方程：

$$\delta_{11}X_1+\Delta_{1C}=0$$

绘制出 $\boldsymbol{M}_1$ 图如图 14.27（c）所示，得

$$\delta_{11}=\frac{1}{EI}\times\left(\frac{1}{2}\times l\times l\times\frac{2}{3}l\right)=l^3/3EI$$

自由项 Δ_{1c} 系由于截面 A 的转角 φ_A 引起的 B 截面沿 X_1 方向的位移，如图 14.27（b）所示，有

$$\Delta_{1C}=-\sum R_C=-(L\times\varphi_A)=-L\varphi_A$$

负号表示位移与 X_1 方向相反，代入力法方程得

$$\frac{l^3}{3EI}\times X_1-l\varphi_A=0$$

$$X_1=\frac{3EI\varphi_A}{l^2}$$

根据 $M=M_1X_1$，可得弯矩图如图 14.27（d）所示。

对于单跨超静定梁在单位支座位移时引起的杆端弯矩及杆端剪力和在各种典型荷载作用下引起的杆端弯矩及杆端剪力在以后要经常用到，前者称为**形常数**；后者称为**载常数**，均可用力法计算求出，见表 14-1。

表 14-1　单跨超静定梁的形常数和载常数

编号	梁的简图	弯矩		剪力	
		M_{AB}	M_{BA}	$F_{Q\,AB}$	$F_{Q\,BA}$
1	$\theta=1$，A，B，l	$\frac{4EI}{l}=4i$	$\frac{2EI}{l}=2i$	$-\frac{6EI}{l^2}=-\frac{6i}{l}$	$-\frac{6EI}{l^2}=-\frac{6i}{l}$
2	A，B，1，l	$-\frac{6EI}{l^2}=-\frac{6i}{l}$	$-\frac{6EI}{l^2}=-\frac{6i}{l}$	$\frac{12EI}{l^3}=\frac{12i}{l^2}$	$\frac{12EI}{l^3}=\frac{12i}{l^2}$
3	F，A，B，a，b，l	$-\frac{Fab^2}{l^3}$	$\frac{Fab^2}{l^3}$	$-\frac{Fb^2(l+2a)}{l^3}$	$-\frac{Fb^2(l+2a)}{l^3}$
4	q，A，B，l	$-\frac{1}{12}ql^2$	$\frac{1}{12}ql^2$	$\frac{1}{2}ql$	$-\frac{1}{2}ql$
5	M，A，B，a，b，l	$\frac{b(3a-l)}{l^2}M$	$\frac{a(3b-l)}{l^2}M$	$-\frac{6ab}{l^3}M$	$-\frac{6ab}{l^3}M$

续表

编号	梁的简图	弯矩		剪力	
		M_{AB}	M_{BA}	$F_{Q\,AB}$	$F_{Q\,BA}$
6	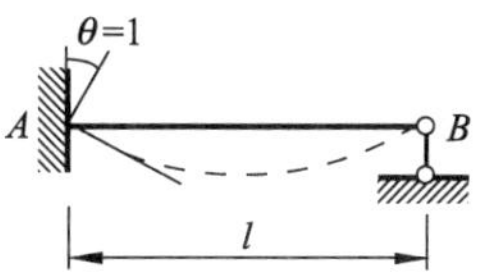 $\theta=1$; A; B; l	$\frac{3EI}{l}=3i$	0	$-\frac{3EI}{l^2}=-\frac{3i}{l}$	$-\frac{3EI}{l^2}=-\frac{3i}{l}$
7	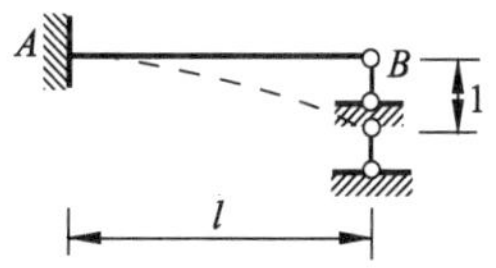 A; B; 1; l	$-\frac{3EI}{l^2}=-\frac{3i}{l}$	0	$\frac{3EI}{l^3}=\frac{3i}{l^2}$	$\frac{3EI}{l^3}=\frac{3i}{l^2}$
8	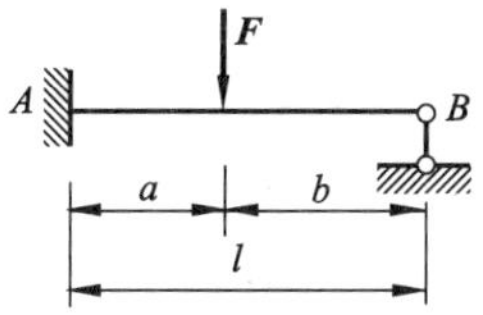 F; A; B; a; b; l	$-\frac{\boldsymbol{F}ab(l+b)}{2l^2}$	0	$-\frac{\boldsymbol{F}b(3l^2-b)}{2l^3}$	$-\frac{\boldsymbol{F}b(2l+b)}{2l^3}$
9	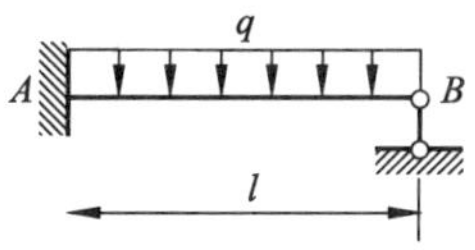 q; A; B; l	$-\frac{1}{8}ql^2$	0	$\frac{5}{8}ql$	$-\frac{3}{8}ql$
10	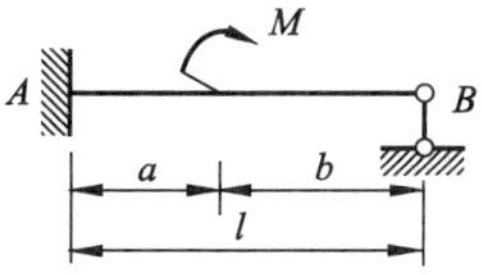 M; A; B; a; b; l	$\frac{l^2-3b^2}{2l^2}M$	0	$-\frac{3(l^2-b^2)}{2l^3}M$	$-\frac{3(l^2-b^2)}{2l^3}M$
11	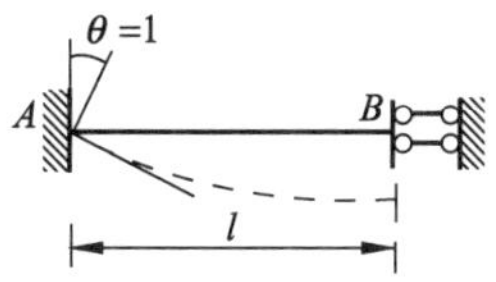 $\theta=1$; A; B; l	$\frac{EI}{l}=i$	$-\frac{EI}{l}=-i$	0	0
12	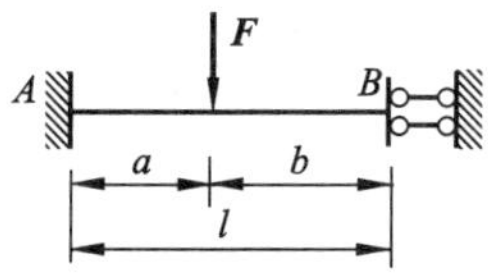 F; A; B; a; b; l	$-\frac{\boldsymbol{F}a(l+b)}{2l}$	$-\frac{\boldsymbol{F}a^2}{2l}$	F	0
13	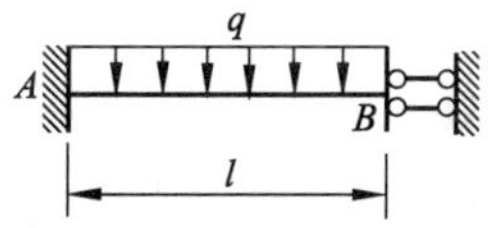 q; A; B; l	$-\frac{1}{3}ql^2$	$-\frac{1}{6}ql^2$	ql	0

注：表中 EI 为等截面梁的抗弯刚度，$i=\frac{EI}{l}$为线抗弯刚度。

14.6.2 超静定结构由于温度变化引起的内力计算

对于静定结构，温度改变只使它产生变形，并不引起内力。例如图 14.28（a）所示的悬臂梁，若上侧温度变化为 t_1 度，下侧温度变化为 t_2 度（设 $t_1>t_2$），则梁自由伸长和弯曲，而不受任何阻碍，其变形如图中虚线所示。由于没有荷载作用，其反力和内力均为零。但是对于超静定结构就不一样了。例如，图 14.28（b）所示超静定梁在温度变化时，梁的变形将受到两端支座的限制而不能自由伸长和弯曲，因而必然引起支座反力，且使梁内产生内力。

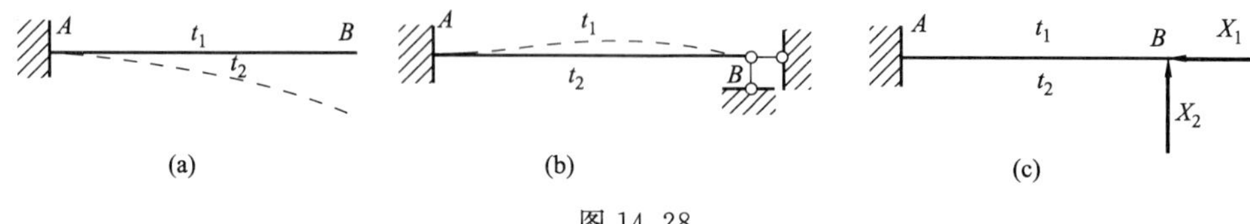

图 14.28

用力法分析超静定结构在温度改变作用下的影响，与前述在荷载及支座移动作用下的情况相同，都是根据基本结构在已知外因（荷载、支座移动及此处的温度变化）和多余未知力共同作用下，在多余约束处沿多余未知力方向的位移应与原结构相应的位移一致的条件来建立力法方程。若取图 14.28（b）所示原结构的基本结构如图 14.28（c）所示，则力法方程为

$$\delta_{11}X_1+\delta_{12}X_2+\Delta_{1t}=0$$
$$\delta_{21}X_1+\delta_{22}X_2+\Delta_{2t}=0$$

其中系数计算与前述计算方法相同，均与外因类型无关的。自由项 Δ_{1t} 和 Δ_{2t} 分别表示基本结构由于温度改变而引起的 B 截面沿 X_1 和 X_2 方向上的位移，其计算公式为

$$\Delta_{it}=\sum F_{\mathrm{N}i}\alpha t_0 l+\sum\frac{\alpha\Delta t}{h}\int_l M_i\,\mathrm{d}x$$

式中：α——材料线膨胀系数；

t_0——杆横截面形心处温度变化值，对矩形、圆形等截面对称于形心的杆件 $t_0=\frac{1}{2}(t_1+t_2)$；

Δt——杆件两侧温度之差 $\Delta t=t_1-t_2$；

h——截面高度。

$\int_l M_i\,\mathrm{d}x$ 就是杆件 l 上单位弯矩图的面积。

计算出系数和自由项后，代入力法方程即可解出多余未知力。

因基本结构是静定的，温度变化并不产生内力；最后内力图只由多余未知力所引起，即

$$M=X_1M_1+X_2M_2$$

对最后 $\boldsymbol{M}$ 图进行位移条件校核时，应注意，仅由最后弯矩 $\boldsymbol{M}$ 图与单位弯矩 $\boldsymbol{M}_i$ 图相乘的结果，并不等于原结构相应的位移，因为还有温度改变在基本结构上引起的位移 Δ_{it} 未考虑进去，必须把它考虑进去，才能符合原结构的已知位移。因此，对于多余未知力 X_i 方向上的位移校核式一般应为

$$\Delta_i = \sum \int_l \frac{M_i M \mathrm{d}x}{EI} + \Delta_{it} = 0$$

【例 14.10】 图 14.29 (a) 所示刚架，各截面的高度均为 h，EI 为常数，截面对称于形心轴。设刚架外部温度不变，内部温度升高 10℃，材料线膨胀系数为 α。试作弯矩图。

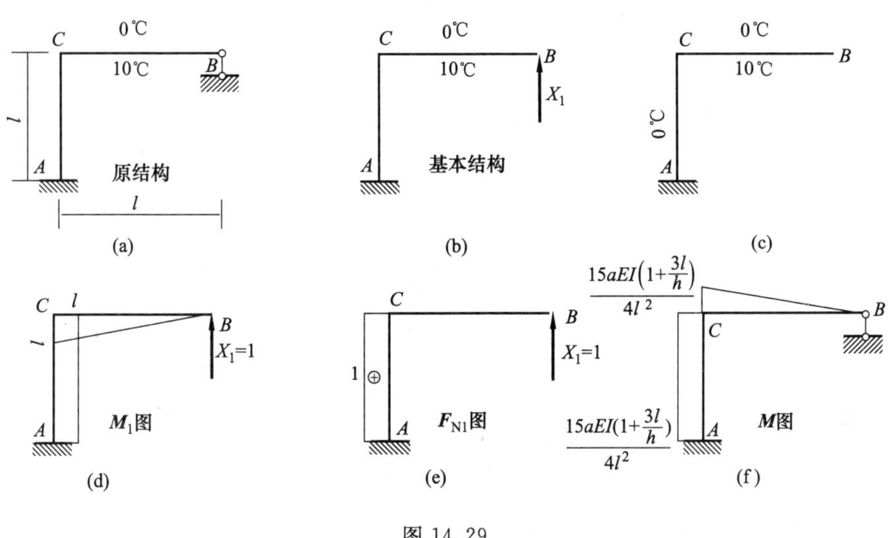

图 14.29

解 此刚架是一次超静定结构，取基本结构如图 14.29 (b) 所示。因原结构支座 B 处的竖向线位移等于零，故力法方程为

$$\delta_{11} X_1 + \Delta_{1t} = 0$$

系数 δ_{11} 由图 14.29 (d) 所示的 $\boldsymbol{M}_1$ 图自乘得

$$\delta_{11} = 1/EI\left(l \times \frac{l}{2} \times \frac{2l}{3} + l^3\right) = 4l^3/3EI$$

计算自由项 Δ_{1t}时，不能忽略轴力的影响，其计算式为

$$\Delta_{1t} = F_{\mathrm{N}1} \alpha t_0 l + \sum \left(-\frac{\alpha \Delta t}{h} \times \int M_1 \mathrm{d}x\right)$$

式中 $t_0 = \left(\frac{1}{2} \times (0+10)\right)℃ = 5℃$，$\Delta t = (10-0)℃ = 10℃$

故 $\Delta_{1t} = 1 \times \alpha \times 5 \times l + \frac{\alpha \times 10}{h}(l^2/2 + l^2) = (1 + 3l/h) \times 5\alpha l$

将 δ_{11}、Δ_{1t}代入力法方程，求解得

$$X_1 = -\Delta_{1t}/\delta_{11} = -15\alpha EI(1 + 3l/h)/4l^2$$

以 X_1 乘 $\boldsymbol{M}_1$ 图，即得最后弯矩图，如图 14.29 (f) 所示。

本章提要

力法把多余未知力的计算作为突破口。求出了多余未知力，超静定问题就转化为静定问题。计算多余未知力的方法是：首先把多余约束拆除，暴露多余未知力；然后使用位移协调条件，解出多余未知力。为了使力法计算简化，要选取恰当的力法基本结构。对于对称结构，要利用其对称性来简化力法计算。

思考题

14-1　怎样理解多余约束？多余约束是否为多余或为不必要的约束？

14-2　在选取力法基本结构时，应遵循什么原则？

14-3　什么是力法的基本结构和基本未知量？为什么首先要计算基本未知量？

14-4　基本结构与原结构有何异同？将基本结构再转化成原结构的条件是什么？

14-5　为什么荷载作用时各杆 EI 只要知道其相对值就行，而在支座移动的情况下必须知道各杆 EI 的实际值？

14-6　对称结构在正对称荷载作用下，其内力和变形有何特点？在反对称荷载作用下又有何特点？

14-7　为什么计算超静定结构位移时，可以任选一个基本结构建立虚拟力状态？

14-8　校核超静定结构的内力时，要利用那两个条件？

习题

14-1　确定图 14.30 所示各结构的力法超静定次数。

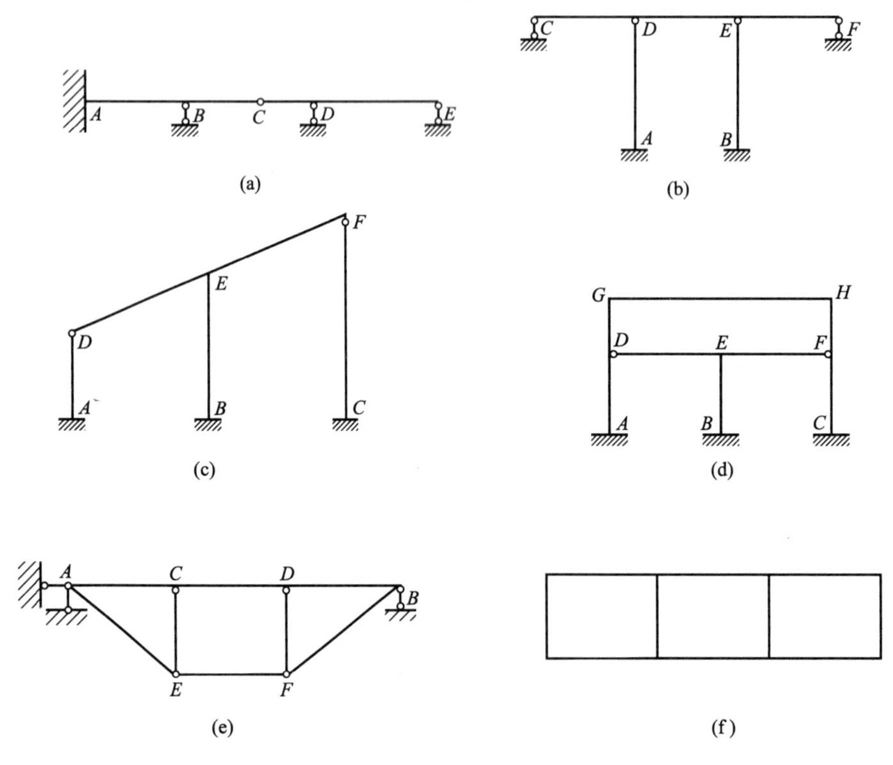

图 14.30

14-2　用力法计算图 14.31 所示各超静定梁，并画出弯矩图和剪力图。

14-3　用力法计算图 14.32 所示各超静定刚架，并画出弯矩图。

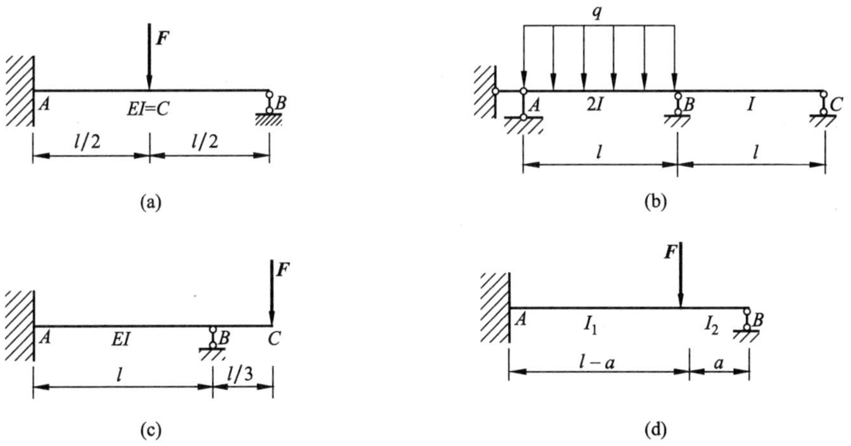

(a)　　(b)

(c)　　(d)

图 14.31

(a)　　(b)　　(c)

(d)

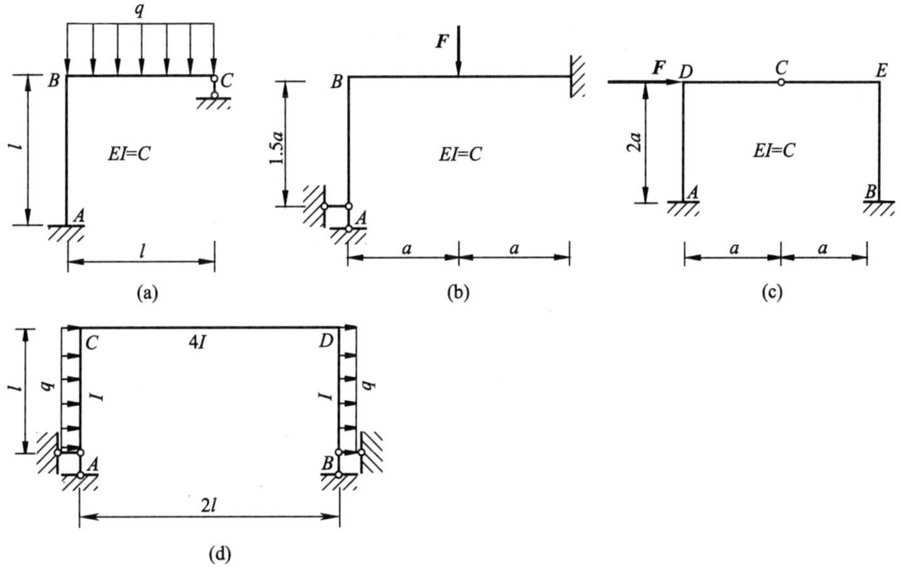

图 14.32

14-4　用力法计算图 14.33 所示的超静定桁架，设桁架各杆 EA 为常数。

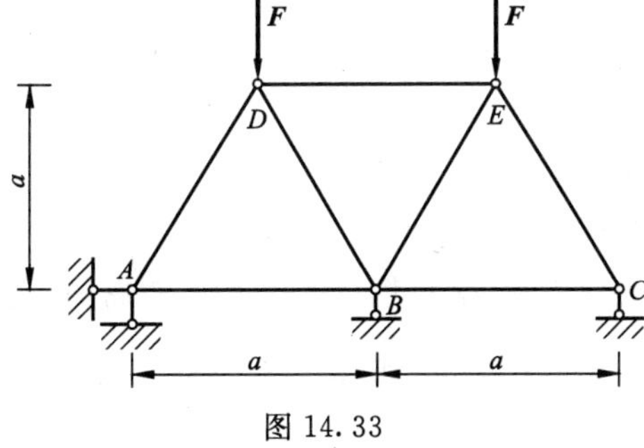

图 14.33

14-5　用力法计算图 14.34 所示的排架，并画出弯矩图。

14-6　图 14.35 所示的超静定组合结构，上弦横梁截面的 $EI=1400\text{kN}\cdot\text{m}^2$，腹杆和

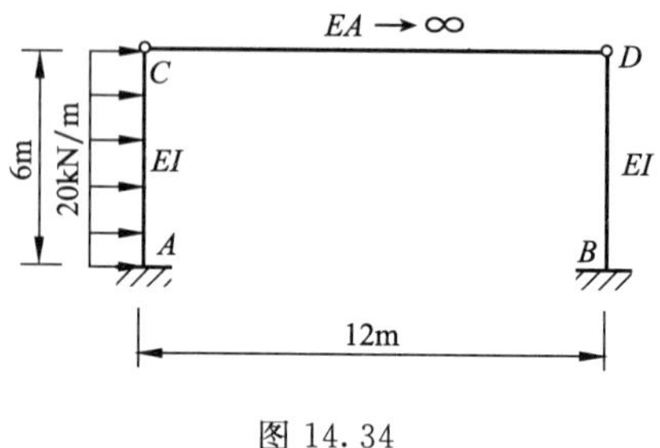

图 14.34

下弦的 $EA=2.65\times10^5\text{kN}$，用力法计算各杆的内力，并作横梁的弯矩图。

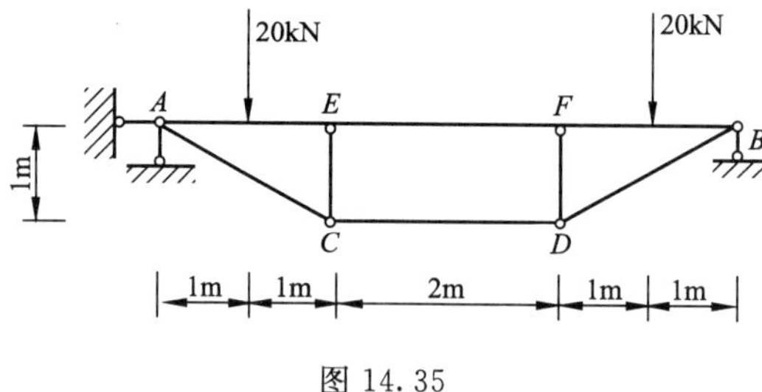

图 14.35

14-7　作图 14.36 所示各对称超静定结构的弯矩图。

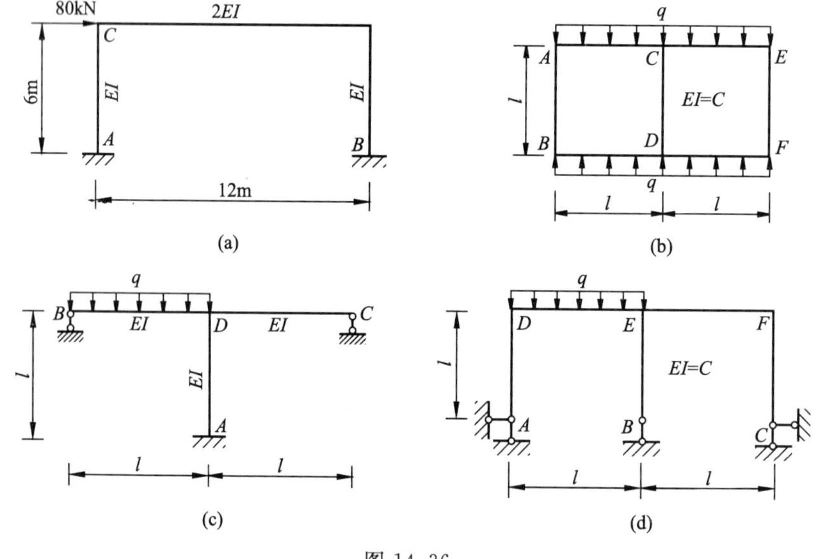

图 14.36

14-8　如图 14.37 所示超静定刚架发生支座位移，试作弯矩图。

14-9　图 14.38 所示的单跨超静定梁，上侧温度升高 t_1 度，下侧温度升高为 t_2 度，设 $t_1>t_2$ 设梁的跨度为 l，横截面高 h，形心位于 $\frac{h}{2}$ 处，横截面对水平形心轴的惯性矩为 I_0 试作梁的内力图，并画出变形曲线。

14-10　试计算习题 14-2 中 (a)、(b) 两图 B 点的转角。

14-11　试计算习题 14-3 中 (a)、(b) 两图 B 点的水平、竖直位移和转角。

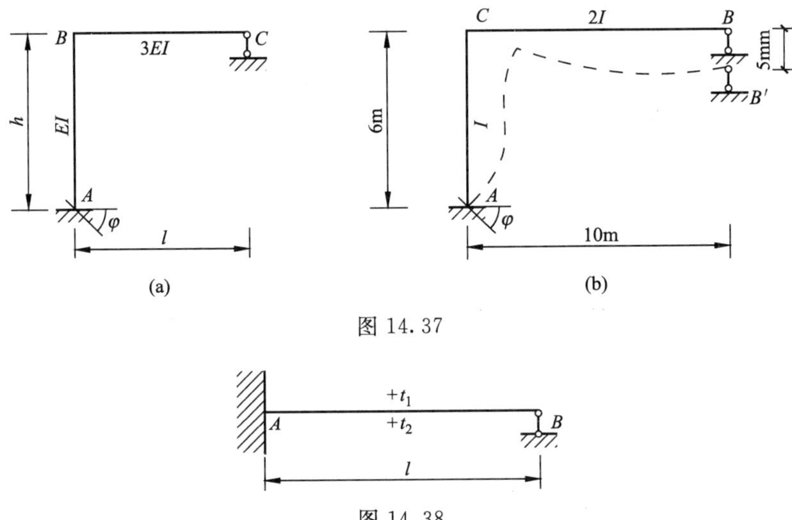

图 14.37

图 14.38

第 15 章　力矩分配法

【教学目标】

要求学生了解力矩分配法计算原理，掌握无结点位移的连续梁、刚架的力矩分配法计算技巧。

【教学要求】

知识要点	能力要求	相关知识
力矩分配法计算原理	能正确理解力矩分配法原理	转动刚度、弯矩分配系数，附加刚臂、结点的固定与放松，固端弯矩、分配弯矩和传递弯矩
力矩分配法计算无结点位移的超静定结构	能正确理解并运用力矩分配法计算无结点位移的连续梁、刚架的方法	力矩分配法计算无结点位移的连续梁、刚架的方法、步骤和技巧

15.1　力矩分配法的基本原理

15.1.1　概述

前章介绍的力法，是计算超静定结构的基本方法。但当超静定次数在三次以上时，因未知量较多，计算工作量大，解联立方程组较麻烦，且在求得基本未知量后，还要利用杆端弯矩叠加公式求得杆端弯矩。为避免解联立方程，力矩分配法应运而生。

力矩分配法是直接从实际结构的受力和变形状态出发，不需要建立和求解联立方程组，采用多次修正杆端弯矩，逐渐接近理论解的近似算法，可以直接求出杆端弯矩近似值。力矩分配法既可在结构计算简图上进行计算，也可列表进行计算，且易于掌握。力矩分配法较适用于多跨连续梁和无侧移的刚架计算。

力矩分配法中，杆端弯矩正负符号的规定为：绕杆端顺时针转的弯矩为正，逆时针转的弯矩为负。

15.1.2　力矩分配法基本概念

1. 杆端转动刚度

杆端转动刚度表示杆端抵抗转动的能力，以 S 表示，定义为使杆端产生单位转角($\theta=1$) 时需要施加的外力偶矩。

在图 15.1 中给出了等截面杆件在 A 端的转动刚度 S_{AB} 的数值，其中 $i=\dfrac{EI}{l}$，称为杆的线刚度。图中把 A 端画成铰支座，其目的是为了强调 A 端只产生转动、不移动这个特点。实际情况中，转动端可能是铰支座，也可能是其他支座，甚至是结点。在 S_{AB} 中 A 表示转动端或施力端，称为近端，B 表示另一端，称为远端，有四种可能支承：固定、滑动、铰支或自由。S_{AB} 的大小由远端支承情况确定，除远端自由外，其余三种都是由单跨超静定梁近端发生单位转角用力法计算出来的。

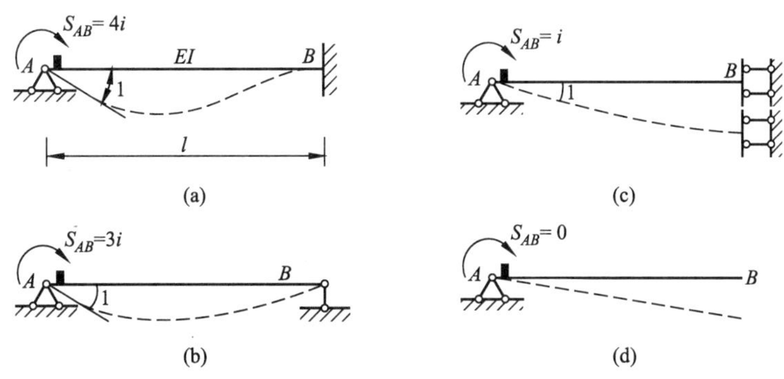

图 15.1

图 15.1 中的转动刚度公式汇总如下

远端固定，　$S_{AB}=4i$　(15-1)

远端简支，　$S_{AB}=3i$　(15-2)

远端滑动，　$S_{AB}=i$　(15-3)

远端自由，　$S_{AB}=0$　(15-4)

2. 弯矩分配系数

图 15.2 (a) 所示刚架由等截面杆件组成，只有一个结点 1，且只能转动不能移动。外力偶 $\boldsymbol{M}$ 作用于结点 1 上。设结点 1 发生转角 θ_1，各杆发生如图中虚线所示的变形。由刚结点的特点，各杆的 1 端均发生转角 θ_1。取结点 1 为隔离体分析。

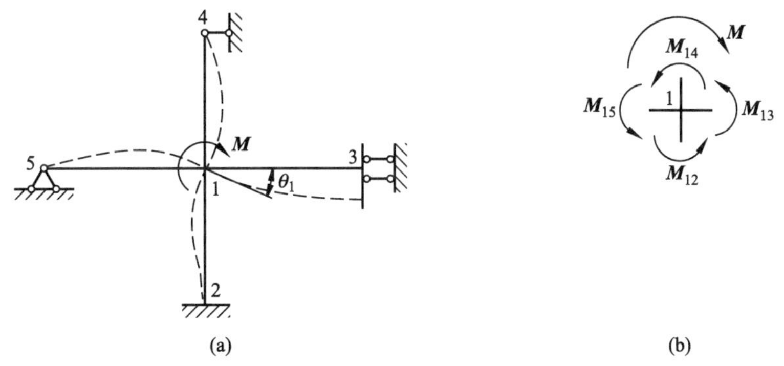

图 15.2

由转动刚度的意义可知，各杆近端的杆端弯矩可表示为

$$\left.\begin{aligned}M_{12}&=S_{12}\theta_1=4i_{12}\theta_1\ (\text{远端固定})\\M_{13}&=S_{13}\theta_1=i_{13}\theta_1\ (\text{远端滑动})\\M_{14}&=S_{14}\theta_1=3i_{14}\theta_1\ (\text{远端铰支})\\M_{15}&=S_{15}\theta_1=3i_{15}\theta_1\ (\text{远端铰支})\end{aligned}\right\}\tag{15-5}$$

结点 1 上全部力偶如图 15.2（b）所示，由平衡条件 $M_{12}+M_{13}+M_{14}+M_{15}-M=0$ 得

$$M=M_{12}+M_{13}+M_{14}+M_{15}=(S_{12}+S_{13}+S_{14}+S_{15})\theta_1$$

所以

$$\theta_1=\frac{M}{S_{12}+S_{13}+S_{14}+S_{15}}$$

记 $S_{12}+S_{13}+S_{14}+S_{15}=\sum S_{1j}$，下标 j 为汇交于结点 1 的各杆之远端，在本例中即为 2、3、4、5。$\sum S_{1j}$ 为结点 1 上各杆端的转动刚度之和，则

$$\theta_1=\frac{M}{\sum S_{1j}}$$

将所求得的 θ_1 代入式（15-5），得

$$\left.\begin{aligned}M_{12}&=\frac{S_{12}}{\sum S_{1j}}M\\M_{13}&=\frac{S_{13}}{\sum S_{1j}}M\\M_{14}&=\frac{S_{14}}{\sum S_{1j}}M\\M_{15}&=\frac{S_{15}}{\sum S_{1j}}M\end{aligned}\right\}\tag{15-6}$$

式（15-6）表明，受外力偶作用的刚结点上各杆近端产生的杆端弯矩与该杆端的杆端转动刚度成正比，其弯矩值就是结点所受外力偶矩 $\boldsymbol{M}$ 按系数 $\frac{S_{1j}}{\sum S_{1j}}$ 分配而得。这也是本方法称为“力矩分配法”的由来。

令

$$\mu_{1j}=\frac{S_{1j}}{\sum S_{1j}}\tag{15-7}$$

μ_{1j} 称为各杆在近端的**弯矩分配系数**。则式（15-6）可写成

$$M_{1j}=\mu_{1j}M\tag{15-8}$$

显然，汇交于同一结点的各杆杆端的弯矩分配系数之和恒等于 1，即

$$\sum\mu_{1j}=\mu_{12}+\mu_{13}+\mu_{14}+\mu_{15}=1$$

杆端弯矩 $\boldsymbol{M}_{1j}$ 称为分配弯矩。

3. 弯矩传递系数

在图 15.2（a）中，当外力偶矩 $\boldsymbol{M}$ 加于结点 1 时，该结点发生转角 θ_1，于是各杆的近端和远端都将产生杆端弯矩。这些杆端弯矩分别为

近端 $M_{12}=4i_{12}\theta_1$，远端 $M_{21}=2i_{12}\theta_1$

近端 $M_{13}=i_{13}\theta_1$，远端 $M_{31}=-i_{13}\theta_1$

近端 $M_{14}=3i_{14}\theta_1$，远端 $M_{41}=0$

近端 $M_{15}=3i_{15}\theta_1$，远端 $M_{51}=0$

将远端弯矩与近端弯矩的比值称为弯矩由近端向远端的传递系数，用 C_{1j} 表示。则远端弯矩 $M_{j1}=C_{1j}M_{1j}$，可认为由近端弯矩传递来，故称为**传递弯矩**。例如，对杆 12 而言，其传递系数和传递弯矩分别为

$$C_{12}=\frac{M_{21}}{M_{12}}=\frac{1}{2},\quad M_{21}=C_{12}M_{12}=\frac{1}{2}\times4i_{12}\theta_1=2i_{12}\theta_1$$

传递系数 C 随远端的支承情况而异。对等截面直杆来说，各种支承情况下的传递系数分别为

远端固定：$C=\frac{1}{2}$

远端滑动：$C=-1$

远端铰支：$C=0$

由此可知，对于图 15.2（a）所示只有一个刚结点的结构，在结点上受一力偶 $\boldsymbol{M}$ 作用，则该结点只产生角位移，其求解过程分为两步：第一步，按各杆的弯矩分配系数由外力偶矩求出近端分配弯矩，此步称为**分配过程**；第二步，根据各杆远端的支承情况，将近端弯矩乘以传递系数得到远端传递弯矩，此步称为**传递过程**。由力偶矩分配和传递得到各杆的杆端弯矩，是力矩分配法求解超静定结构的核心过程。

4. 力矩分配法的解题思路

下面，通过图 15.3（a）所示的两跨连续梁来说明力矩分配法的解题思路。

图 15.3（a）为具有一个刚结点的超静定结构。在图示荷载 F 的作用下，其变形如图中虚线所示。用力矩分配法求解时，把结点 $\boldsymbol{B}$ 的转动和杆件的变形想象成是由两步来完成。

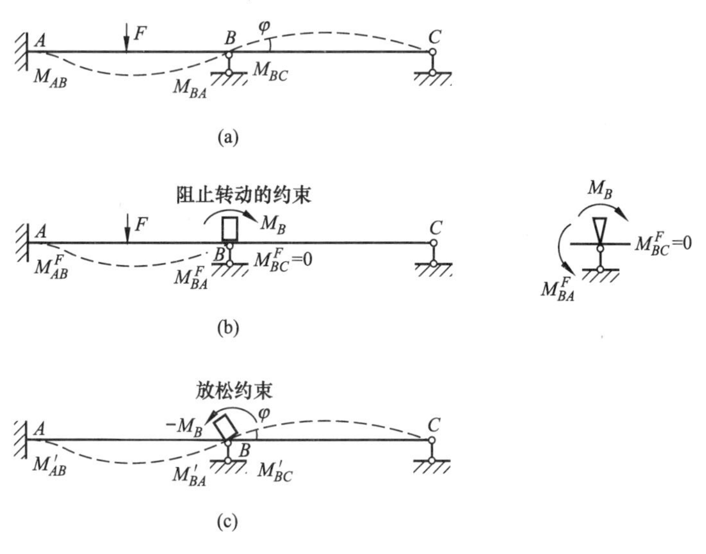

图 15.3

(1) 固定结点。在结点 B 加上一个阻止其转动的约束，称为**附加刚臂**。于是，得到一个由两个单跨超静定梁 AB 和 BC 组成的**力矩分配法基本结构**。基本结构在荷载作用下结点 B 无角位移，只有 AB 跨的弯曲变形，如图 15.3（b）所示。此时，杆 AB 两端都产生弯矩，称为**固端弯矩**（因 B 结点固定），分别用 $\boldsymbol{M}^F_{AB}$、$\boldsymbol{M}^F_{BA}$ 表示。由于 BC 跨无荷载作用，所以其固定端弯矩 $M^F_{BC}=0$。因此本结构的结点 B 处，各杆的固端弯矩不能互相平衡，附加刚臂必然需要约束力偶矩 $\boldsymbol{M}_B$，其值可由结点 B 的力偶平衡条件求得

$$M_B=M^F_{BA}+M^F_{BC}$$

即其值等于汇交于该点的各杆端的固端弯矩代数和，以**顺时针转向为正，逆时针转向**

为负。

（2）放松结点。由于原结构的结点 B 没有附加刚臂及其上约束力偶矩 $\boldsymbol{M}_B$。因此，应放松结点 B 的附加刚臂，使约束力偶矩由 $\boldsymbol{M}_B$ 回复到零。办法是在结点 B 加一个外力偶 $-\boldsymbol{M}_B$（称为**放松力偶矩**，负号表示其转向与约束力偶矩相反），连续梁产生相应的变形如图 15.3（c）所示。此时，连续梁的各杆端产生新的弯矩 $\boldsymbol{M}'_{BA}$ 和 $\boldsymbol{M}'_{AB}$（即近端的分配弯矩和远端的传递弯矩）。

事实上，这两步就将图 15-3（a）所示原结构分解成了图 15.3（b）和图 15.3（c）所示两种情况的叠加。因此，原结构的杆端弯矩也应该是这两种情况杆端弯矩的叠加。例如，$M_{BA}=M^F_{BA}+M'_{BA}$。

将转动刚度、传递系数做成表 15-1 以便记忆。

表 15-1　转动刚度和传递系数

名称 \ 远端支承	固　定	简　支	滑　动	自　由
转动刚度 S	$4i$	$3i$	i	0
分配系数 μ	需计算	需计算	需计算	需计算
传递系数 C	1/2	0	-1	0

注：每个刚结点各杆的分配系数之和恒为 1。

实际超静定结构的刚性结点有单个或多个之分。力矩分配法用于单结点或多结点超静定结构时具有较大差异。因此，下面分别介绍单结点力矩分配法和多结点力矩分配法。

15.2　力矩分配法计算单结点超静定结构

15.2.1　单结点力矩分配法计算步骤及应用

设结点为 1，则单结点力矩分配法计算步骤如下。

（1）在刚性结点上加附加刚臂，计算分配系数。

$$\mu_{1j}=\frac{S_{1j}}{\sum S_{1j}}$$

（2）将荷载施加于结构上，计算固端弯矩和不平衡力偶矩。

结点各杆端固端弯矩 M_{1j} 查表计算，结点不平衡力偶矩为

$$M_1=\sum M^F_{1j}$$

（3）在结点上加反向力偶矩（$-M_1$），计算结点上各杆端的分配弯矩。

$$M_{1j}=\mu_{1j}M_1$$

（4）将分配弯矩传至杆件的远端，即求出远端传递弯矩。

$$M_{j1}=C_{1j}M_{1j}$$

（5）用叠加原理计算杆端最终弯矩并作 $\boldsymbol{M}$ 图。

上面从物理概念及基本思路介绍了单结点力矩分配法的全过程。实际计算时，这个过程可采用简洁的表格形式演算。

【例 15.1】 试用力矩分配法计算并作出图 15.4 所示连续梁的弯矩图。

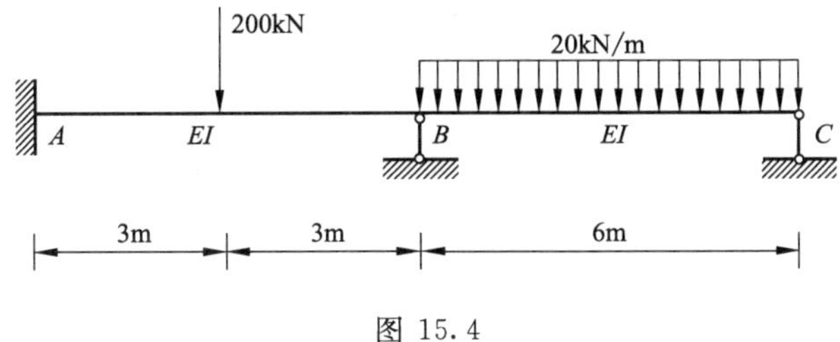

图 15.4

解

(1) 计算刚结点 B 上各杆的分配系数。$i_{AB}=i_{BC}=\dfrac{EI}{l}=i$，则

转动刚度

$$S_{BA}=4i$$
$$S_{BC}=3i$$

于是

$$\mu_{BA}=\frac{4i}{4i+3i}=0.571$$

$$\mu_{BC}=\frac{3i}{4i+3i}=0.429$$

校核：

$$\mu_{BA}+\mu_{BC}=0.571+0.429=1$$

分配系数写在图 15.5 所示结点 B 上方的方框中。

(2) 在结点 B 加上附加刚臂，如图 15.5 (a)。根据表 14-1 计算固端弯矩为

$$M_{AB}^F=-\frac{200\text{kN}\times 6\text{m}}{8}=-150\text{kN}\cdot\text{m}$$

$$M_{BA}^F=\frac{200\text{kN}\times 6\text{m}}{8}=150\text{kN}\cdot\text{m}$$

$$M_{BC}^F=-\frac{20\text{kN/m}\times(6\text{m})^2}{8}=-90\text{kN}\cdot\text{m}$$

约束力偶矩 $M_B=M_{BA}^F+M_{BC}^F=150\text{kN}\cdot\text{m}-90\text{kN}\cdot\text{m}=60\text{kN}\cdot\text{m}$ (↓)

(3) 放松附加刚臂，分配并传递弯矩。分配弯矩，将约束力偶矩 M_B 反号后（即为逆时针）进行分配如图 15.5 (b) 所示，有

$$M'_{BA}=0.571\times(-60\text{kN}\cdot\text{m})=-34.3\text{kN}\cdot\text{m}$$
$$M'_{BC}=0.429\times(-60\text{kN}\cdot\text{m})=-25.7\text{kN}\cdot\text{m}$$

分配弯矩下面画一横线，表示该结点已经放松，且达到平衡。

传递弯矩（传递系数见表 15-1）

$$M'_{AB}=\frac{1}{2}M'_{BA}=\frac{1}{2}\times(-34.3\text{kN}\cdot\text{m})=-17.2\text{kN}\cdot\text{m}$$

$$M'_{CB}=0$$

将结果按图 15.5 (b) 所示表格填写，并用箭头表示出弯矩传递的方向（图中弯矩单位为 kN · m）。

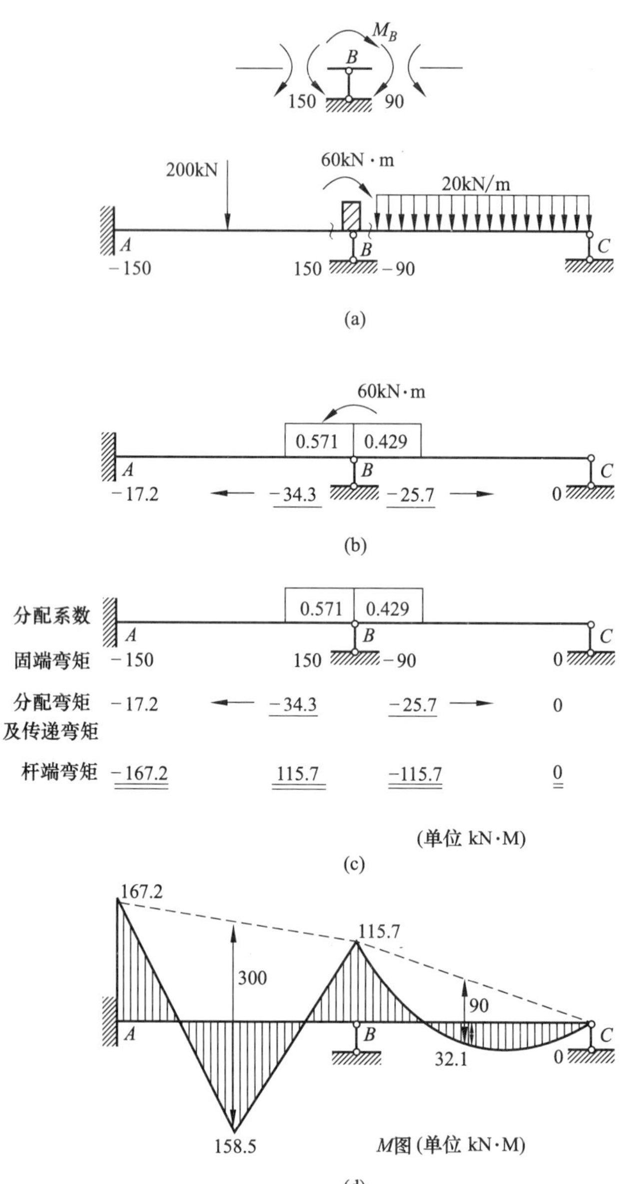

图 15.5

(4) 将以上结果叠加，即得到最后的杆端弯矩，其单位为 kN · m [图 15.5 (c)]。

实际求解时，可将以上计算步骤汇集在一起，如图 15.5 (c) 所示。下面画双横线表示最后结果。注意在结点 B 应满足平衡条件：

$$\sum M = 115.7\text{kN} \cdot \text{m} - 115.7\text{kN} \cdot \text{m} = 0$$

(5) 根据杆端弯矩，可作出 M 图，如图 15.5 (d) 所示。

【例 15.2】 试用力矩分配法计算图 15.6 所示无侧移刚架并绘弯矩图。

解 本例求解方法与例 15.1 一致，不同之处是结点汇交了三根杆件。

(1) 计算结点 D 上各杆端的弯矩分配系数。杆 DA、DB、DC 的线刚度分别为$\frac{EI}{4}$、

$\frac{EI}{4}$和$\frac{2EI}{4}$，令 $i=\frac{EI}{l}$，$l=4\text{m}$，则三杆的线刚度分别为 i，i，$2i$。

结点杆端转动刚度

$$S_{DA}=4i,\ S_{DB}=4i,\ S_{DC}=2i$$

分配系数

$$\mu_{DA}=\frac{4i}{4i+4i+2i}=0.40=\mu_{DB}$$

$$\mu_{BC}=\frac{2i}{4i+4i+2i}=0.20$$

校核：

$$\mu_{DA}+\mu_{DB}+\mu_{DC}=0.4+0.4+0.2=1$$

把分配系数写在图 15.6（c）所示结点 D 上方的方框中。

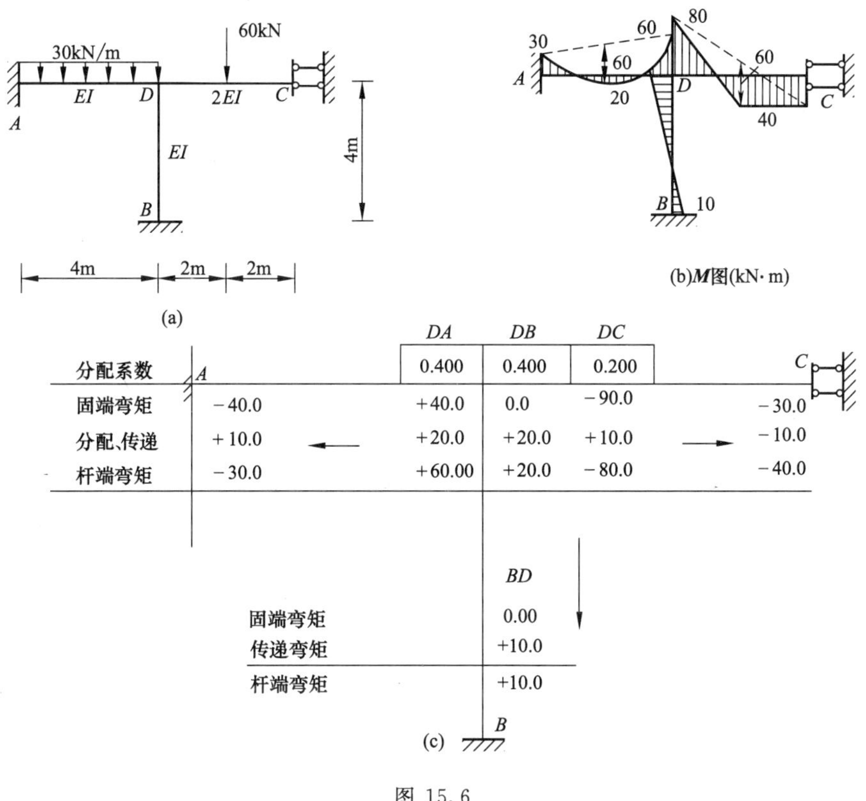

图 15.6

（2）在结点 D 加上附加刚臂，根据表 14-1 计算固端弯矩为

$$M_{DA}^{F}=-M_{AD}^{F}=\frac{1}{12}ql^{2}=40\text{kN}\cdot\text{m}$$

$$M_{DC}^{F}=-\frac{3}{8}Fl=-90\text{kN}\cdot\text{m}$$

$$M_{CD}^{F}=-\frac{1}{8}Fl=-30\text{kN}\cdot\text{m}$$

$$M_{DB}^{F}=M_{BD}^{F}=0$$

约束弯矩 $M_D = M_{DA}^F + M_{DB}^F + M_{DC}^F = 40\text{kN}\cdot\text{m} - 90\text{kN}\cdot\text{m} = -50\text{kN}\cdot\text{m}$

(3) 放松附加刚臂，分配并传递弯矩。将约束弯矩 M_D 以反号进行分配，如图 15.6 (c) 所示。

确定传递系数并计算传递弯矩：

$$C_{DA} = C_{DB} = \frac{1}{2},\ C_{DC} = -1$$

$$M'_{AD} = \frac{1}{2} M'_{DA} = 10\text{kN}\cdot\text{m}$$

$$M'_{BD} = \frac{1}{2} M'_{DB} = 10\text{kN}\cdot\text{m}$$

$$M'_{CD} = -M'_{DC} = -10\text{kN}\cdot\text{m}$$

(4) 用叠加原理计算得到最后的杆端弯矩，其单位为 kN · m，如图 15.6 (c) 所示。

$$M_{DA} = 40 + 20 = 60\text{kN}\cdot\text{m},\ M_{AD} = -40 + 10 = -30\text{kN}\cdot\text{m}$$
$$M_{DB} = 0 + 20 = 20\text{kN}\cdot\text{m},\ M_{BD} = 0 + 10 = 10\text{kN}\cdot\text{m}$$
$$M_{DC} = -90 + 10 = -80\text{kN}\cdot\text{m},\ M_{CD} = -30 - 10 = -40\text{kN}\cdot\text{m}$$

(5) 根据杆端弯矩，可作出 **M** 图，如图 15.6 (b) 所示。

可见，对于单结点的结构，只要将刚性结点放松就可使结点得到与原结构相同的转角。这样分配和传递弯矩仅需计算一次就可以了。因此，用力矩分配法来解决单结点超静定问题，过程简便，结果精确。

15.3　力矩分配法计算多结点超静定结构

15.3.1　多结点力矩分配法计算步骤及其应用

对于有多个结点的连续梁或刚架，要把单结点的力矩分配方法推广运用到多结点的情况。采取的方法是首先固定全部刚结点，然后依次放松，每次只放松一个。当放松一个结点时，其他结点暂时固定。由于每一个结点放松都是在别的结点固定的情况下完成的，所以一次放松不能使结构完全达到原结构的状态。因此，需要将各结点反复轮流地放松，使结构逐渐接近其原来的状态。

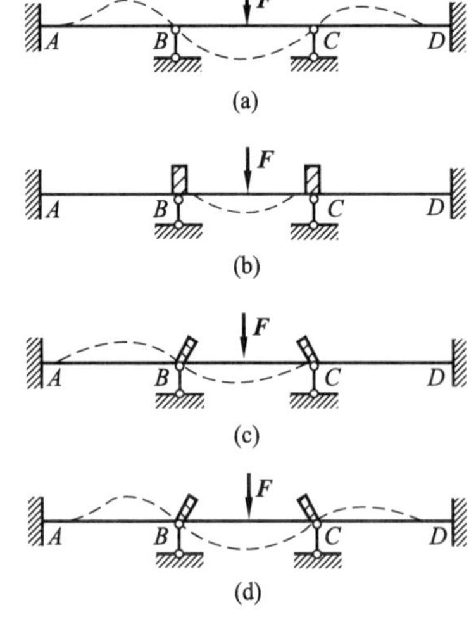

图 15.7

下面利用图 15.7 (a) 所示连续梁来讲解上述多结点力矩分配法思路。

第一步，分别在结点 B 和 C 加附加刚臂，固定结点，然后再加荷载。这时，约束把连续梁分成了三根单跨梁，仅 BC 一跨有变形，如图 15.7 (b) 所示。

第二步，放松结点 B，此时结点 C 仍固定。此时结点 B 将有转角，变形如图 15.7 (c) 虚线所示。

第三步，重新将结点 B 固定，然后放松结点 C 变形将如图 15.7（d）虚线所示。与实际变形图 15.7（a）比较，此时变形已比较接近。

为了使放松后的梁变形更加接近原梁，再重复第二步和第三步，即轮流放松结点 B 和结点 C。连续梁的变形和内力逐渐接近实际状态，但每次只放松一个结点，故每一步均为单结点的分配和传递运算。

最后，当杆端弯矩精度达到要求后，将各步所得的杆端弯矩叠加，即得所求的最后杆端弯矩。实际上，只需对各结点进行两到三个循环的运算，就能达到较好的精度。从多结点力矩分配法的计算过程可知，它是一种逐渐接近真实解的方法，故又叫“渐近法”。

【例 15.3】 试用力矩分配法计算图 15.8（a）所示连续梁并绘弯矩图。

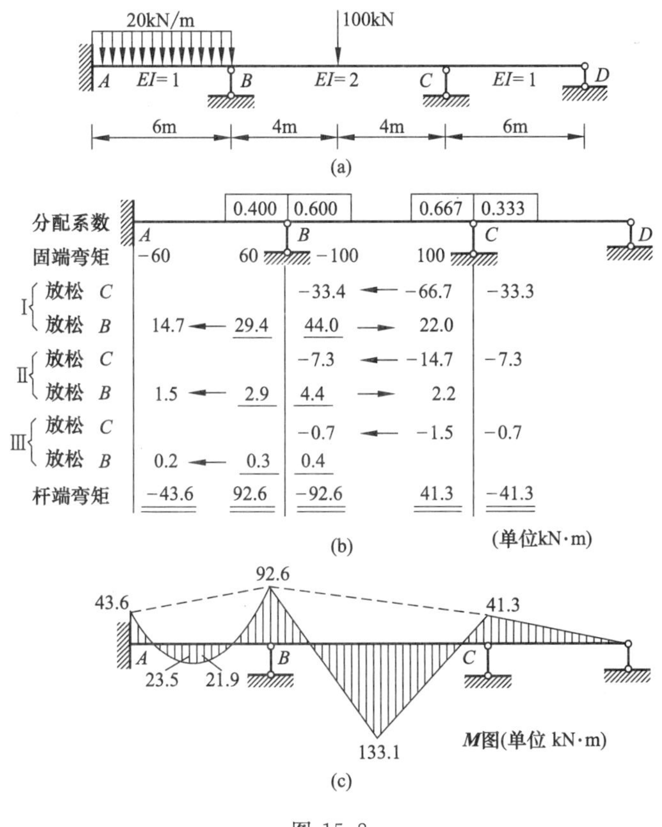

图 15.8

解　(1) 计算各刚结点分配系数。由于在计算中只在 B、C 两个结点施加附加刚臂并进行放松，所以只需计算 B、C 两结点的分配系数。

结点 B：

$$S_{BA}=4i_{BA}=4\times\frac{1}{6}=0.667$$

$$S_{BC}=3i_{BC}=4\times\frac{2}{8}=1$$

得

$$\mu_{BA}=\frac{0.667}{1+0.667}=0.4$$

$$\mu_{BC}=\frac{1}{1+0.667}=0.6$$

结点 C：

$$S_{CB}=4i_{CB}=4\times\frac{2}{8}=1$$

$$S_{CD}=3i_{CD}=3\times\frac{1}{6}=0.5$$

得

$$\mu_{BA}=\frac{1}{1+0.5}=0.667$$

$$\mu_{BC}=\frac{0.5}{1+0.5}=0.333$$

把分配系数分别填写在图 15.8（b）中相应结点上方的方框内。

（2）计算各杆端固端弯矩。在结点 B、C 加上附加刚臂，根据表 14-1 计算各杆的固端弯矩

$$M_{AB}^{F}=-\frac{ql^2}{12}=-\frac{20\text{kN/m}\times(6\text{m})^2}{12}=-60\text{kN}\cdot\text{m}$$

$$M_{BA}^{F}=\frac{ql^2}{12}=60\text{kN}\cdot\text{m}$$

$$M_{BC}^{F}=-\frac{Pl}{8}=-\frac{100\text{kN}\times 8\text{m}}{8}=-100\text{kN}\cdot\text{m}$$

$$M_{CB}^{F}=\frac{Pl}{8}=100\text{kN}\cdot\text{m}$$

把计算结果记在图 15.8b 中第一行。

（3）放松结点 C（此时结点 B 仍被锁住），按单结点问题进行分配和传递。因开始时结点 C 的约束力偶矩为 100kN·m，其绝对值大于结点 B 的约束力偶矩（60－100)kN·m＝－40kN·m，故先放松结点 C。

放松结点 C，就是在结点 C 新加力偶荷载－100kN·m（负号表示逆时针方向），CB、CD 两杆的分配弯矩为

$$0.667\times(-100)\text{kN}\cdot\text{m}=-66.7\text{kN}\cdot\text{m}$$

$$0.333\times(-100)\text{kN}\cdot\text{m}=-33.3\text{kN}\cdot\text{m}$$

沿杆 BC 的传递给 B 端的传递弯矩为

$$0.5\times(-66.7)\text{kN}\cdot\text{m}=-33.4\text{kN}\cdot\text{m}$$

弯矩不向 CD 杆的 D 端传递。

经过分配和传递，结点 C 已放松并达成新平衡，如图 15.8（b）所示，可在分配弯矩的数字下画一横线，表示横线以上的结点弯矩总和已等于零。

（4）重新锁住结点 C，而放松结点 B。此时结点 B 的约束力偶矩为

$$60\text{kN}\cdot\text{m}-100\text{kN}\cdot\text{m}-33.4\text{kN}\cdot\text{m}=-73.4\text{kN}\cdot\text{m}$$

放松结点 B，就是在结点 B 新加一个力偶荷载 73.4kN·m，BA、BC 两杆的相应分配弯矩为

$$0.4\times 73.4\text{kN}\cdot\text{m}=29.4\text{kN}\cdot\text{m}$$

$$0.6\times 73.4\text{kN}\cdot\text{m}=44.0\text{kN}\cdot\text{m}$$

弯矩向 AB 杆 A 端传递的传递弯矩为

$$0.5\times 29.4\text{kN}\cdot\text{m}=14.7\text{kN}\cdot\text{m}$$

弯矩向 BC 杆 C 端传递的传递弯矩为

$$0.5\times 44\text{kN}\cdot\text{m}=22\text{kN}\cdot\text{m}$$

这样一来，结点 B 达成平衡，但结点 C 又不平衡了。至此，完成了力矩分配法的第一个循环。

(5) 进行第二个循环。依次放松结点 C 和 B，计算过程见图 15.8 (b) 中Ⅱ。

(6) 进行第三个循环。依次放松结点 C、B，计算过程见图 15.8 (b) 中Ⅲ。

由此可以看出，两个结点约束弯矩的收敛过程是很快的。进行三次循环后，C 结点约束力偶矩为 0.2kN·m，已经很小，结构已接近实际状态，故弯矩的分配传递工作可以停止。即不再将 B 结点的分配弯矩 0.4KN·m 向 C 结点传递，以免引起 C 结点不平衡而需要加约束力偶。

(7) 用叠加法计算杆端弯矩。将固端弯矩，历次的分配弯矩和传递弯矩相加，即得到最后的杆端弯矩，如图 15.8 (b) 所示。

(8) 根据杆端弯矩，可作出 $\boldsymbol{M}$ 图，如图 15.8 (c) 所示。

本例给出了多结点力矩分配法的表达格式。

【例 15.4】 用力矩分配法计算图 15.9 (a) 所示刚架，并作 $\boldsymbol{M}$ 图及 $\boldsymbol{F}_Q$ 图。

解 本例给出多结点力矩分配法的另一种表达格式。

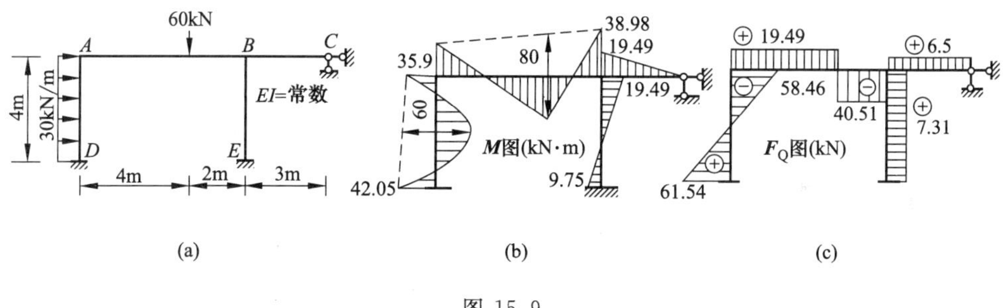

图 15.9

(1) 计算分配系数。为了计算方便，可以利用各杆的相对线刚度，令 $i=\dfrac{EI}{6}$ 则有 $i_{AD}=i_{BE}=1.5i$，$i_{AB}=i$，$i_{BC}=2i$。

$$\mu_{AD}=\frac{4i_{AD}}{4i_{AD}+4i_{AB}}=0.6$$

$$\mu_{AB}=\frac{4i_{AB}}{4i_{AD}+4i_{AB}}=0.4$$

$$\mu_{BA}=\frac{4i_{AB}}{4i_{AB}+4i_{BE}+3i_{BC}}=0.25$$

$$\mu_{BE}=\frac{4i_{BE}}{4i_{AB}+4i_{BE}+3i_{BC}}=0.375$$

$$\mu_{BE}=\frac{3i_{BC}}{4i_{AB}+4i_{BE}+3i_{BC}}=0.375$$

(2) 计算固端弯矩，有

$$M_{DA}^{F}=-M_{AD}^{F}=-\frac{30\times4^{2}}{12}\mathrm{kN\cdot m}=-40\mathrm{kN\cdot m}$$

$$M_{AB}^{F}=-\frac{60\times4\times2^{2}}{6^{2}}\mathrm{kN\cdot m}=-26.67\mathrm{kN\cdot m}$$

$$M_{BA}^{F}=\frac{60\times4^{2}\times2}{6^{2}}\mathrm{kN\cdot m}=53.33\mathrm{kN\cdot m}$$

将上述计算结果填入表 15-2 中。

表 15-2　例 15.4 杆端弯矩计算表

刚结点		D	A		B			E	C
杆端		DA	AD	AB	BA	BC	BE	EB	CB
μ		固端	0.6	0.4	0.250	0.375	0.375	固端	铰支
固端弯矩		-40	40	-26.67	53.33				
分配与传递	放松结点 B			-6.67	-13.33	-20	-20	-10	
	放松结点 A	-2	-4.00	-2.66	-1.33				
	放松结点 B			0.16	0.33	0.50	0.50	0.25	
	放松结点 A		-0.10	-0.06	-0.03				
	放松结点 B				0.01	0.01	0.01		
M		-42.05	35.9	-35.9	38.98	-19.49	-19.49	-9.25	0

（3）分配并传递弯矩。分配、传递弯矩过程及最终杆端弯矩的计算结果见计算表。由表中最终杆端弯矩 **M** 一栏，可知刚结点 A、B 均满足静力平衡条件 $\sum M=0$。

（4）绘制 **M** 图及 $\boldsymbol{F}_{\mathrm{Q}}$ 图。

最终弯矩图如图 15.9（b）所示。由绘制出的弯矩图及静力平衡条件可以计算并绘出剪力图如图 15.9（c）所示。

【例 15.5】 图 15.10（a）所示对称梁，支座 B、C 都向下产生 2cm 的线位移。试用力矩分配法计算该结构，并作出其弯矩图。已知 $E=200\mathrm{GPa}$，$I=4\times10^{-4}\mathrm{m}^{4}$。

解　由于结构对称，外因也是正对称的，故取结构的 1/2 进行分析［如图 15.10（b）］。

（1）计算转动刚度

$$S_{BA}=3\times\frac{EI}{4}=0.75EI,\quad S_{BH}=\frac{EI}{2}=0.5EI$$

（2）计算分配系数

$$\mu_{BA}=\frac{0.75EI}{0.75EI+0.5EI}=0.6$$

（3）计算固弯矩

$$\mu_{BH}=\frac{0.5}{0.75EI+0.5EI}=0.4$$

当结点 B 被固定时，由于 B 支座沉陷，将在杆端引起固端弯矩为

$$M_{BA}^{F}=-\frac{3i_{BA}}{l}\Delta_{B}=-\frac{3EI}{l^{2}}\Delta_{B}=-\left(\frac{3\times 200\times 10^{9}\times 4\times 10^{-4}}{4^{2}}\times 2\times 10^{-2}\right)\text{N}\cdot\text{m}$$

$$=-3\times 10^{5}\,\text{N}\cdot\text{m}=-300\text{kN}\cdot\text{m}$$

$$M_{AB}^{F}=0,\ M_{BE}^{F}=0,\ M_{EB}^{F}=0$$

分配及传递弯矩计算进程如图 15.10（b）中表格所示，最终弯矩图如图 15.10（c）所示。

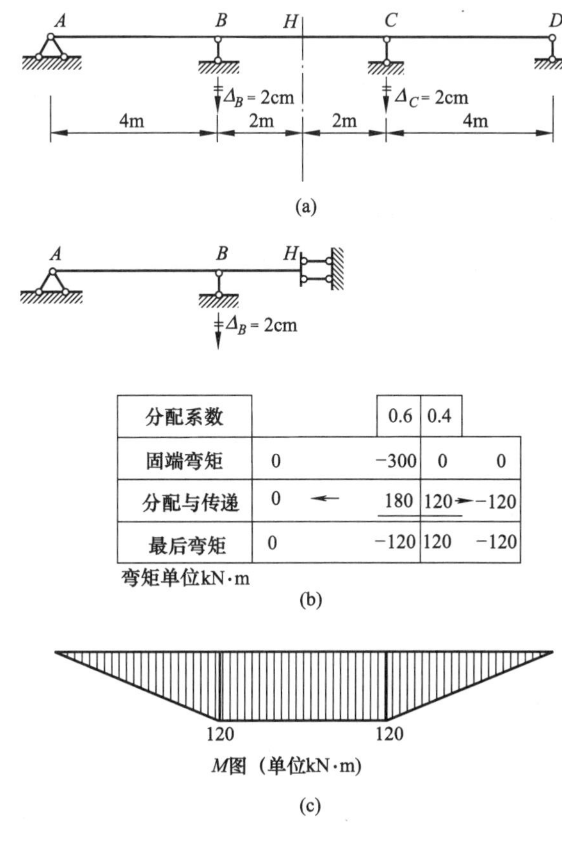

分配系数		0.6	0.4	
固端弯矩	0	−300	0	0
分配与传递	0 ←	180	120 →	−120
最后弯矩	0	−120	120	−120

弯矩单位kN·m

(b)

M图（单位kN·m）

(c)

图 15.10

有关结构对称性的利用问题就不展开讨论了，对称性利用的方法和规则请参见第 14 章中相关内容。

通过校核结构的各刚结点的最后弯矩是否满足力偶平衡条件，可验证计算结果的准确性。

本章提要

1. 力矩分配法是一种渐近法，其基本运算有以下两个环节。

（1）固定刚结点。对产生转动的刚结点附加阻止转动的刚臂，把结构“离散”为若干单跨超静定梁。根据荷载，计算单跨超静定梁的固端弯矩（绕杆端顺时针为正，逆时针为负）和附加刚臂上的约束力偶矩（也是顺时针为正，逆时针为负）。

（2）放松刚结点。根据结点上各杆的转动刚度，计算出各杆端弯矩分配系数；将结点

的约束力偶矩反正负后，乘以分配系数，得各杆端的分配弯矩；然后，将各杆端的分配弯矩乘以传递系数，得各杆远端的传递弯矩。

2. 多结点结构的力矩分配法是先固定全部刚结点，然后逐个放松结点，轮流进行单结点的弯矩分配和传递，不断重复基本运算过程。首先放松的结点应该选约束力偶矩最大的结点。

思 考 题

15-1 力矩分配法中对杆件的固端弯矩、杆端弯矩的正负号是怎样规定的？

15-2 什么是转动刚度？等截面杆远端为固定或铰支时，近端的转动刚度各等于多少？

15-3 什么是分配系数？分配系数和转动刚度有何关系？为什么在一个刚结点上汇交各杆的分配系数之和等于1？传递系数又是如何确定的？

15-4 在荷载作用下，杆件的分配弯矩和传递弯矩是怎样得来的？

15-5 在力矩分配法的计算过程中，如果仅仅是传递弯矩有误，杆端最后弯矩能否满足结点的力偶平衡条件？为什么？

15-6 在力矩分配法计算多结点结构过程中，为什么每次只放松一个结点？

习 题

15-1 试用力矩分配法计算图 15.11 所示结构各杆的弯矩并作弯矩图。

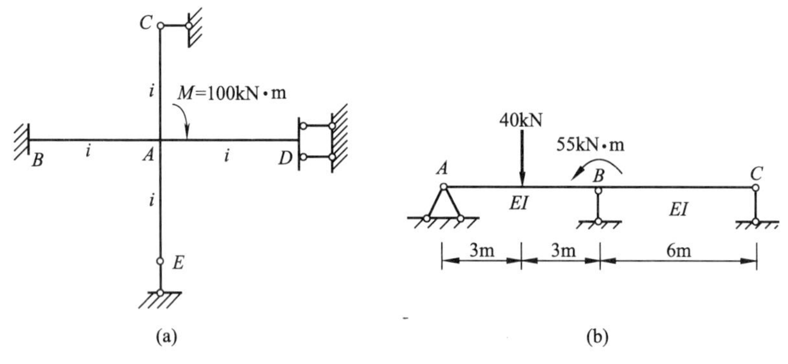

图 15.11

15-2 试用力矩分配法计算图 15.12 所示连续梁，并绘出其弯矩，EI=常数。

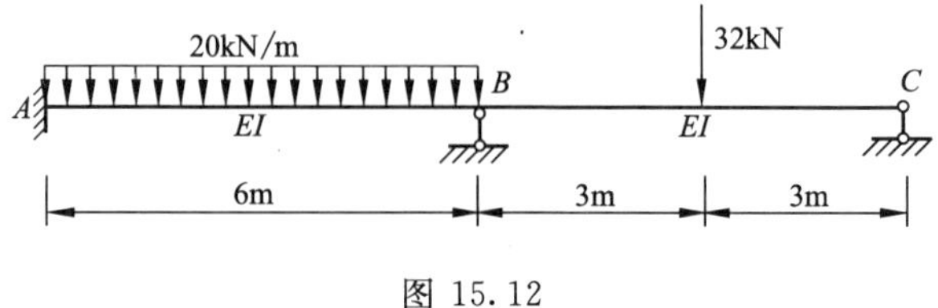

图 15.12

15-3 试用力矩分配法计算图 15.13 所示刚架，并绘出其弯矩图。

15-4 试用力矩分配法计算图 15.14 所示连续梁，并绘出其弯矩图。

15-5 试用力矩分配法计算图 15.15 所示对称刚架，并绘出其弯矩图。

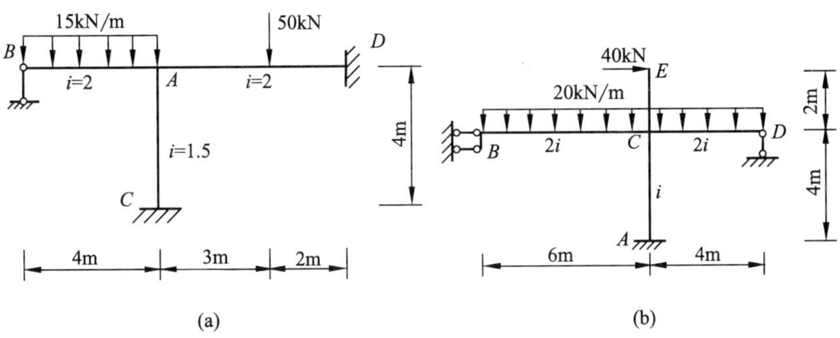

图 15.13

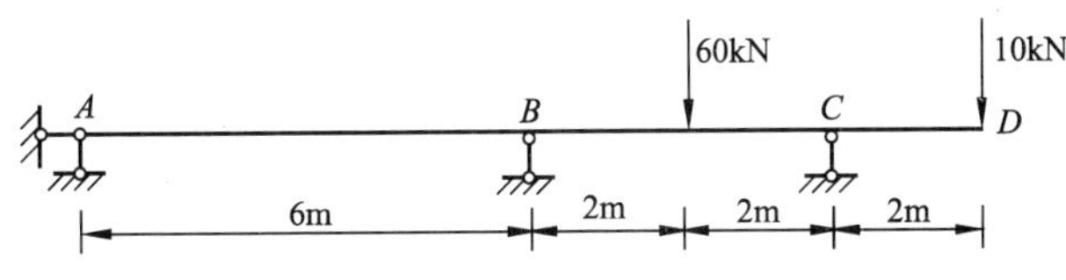

图 15.14

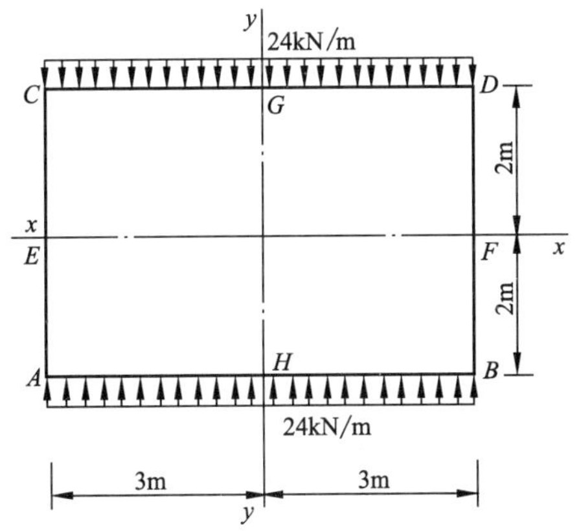

图 15.15

15-6 试用力矩分配法计算图 15.16 所示刚架并绘其弯矩图。

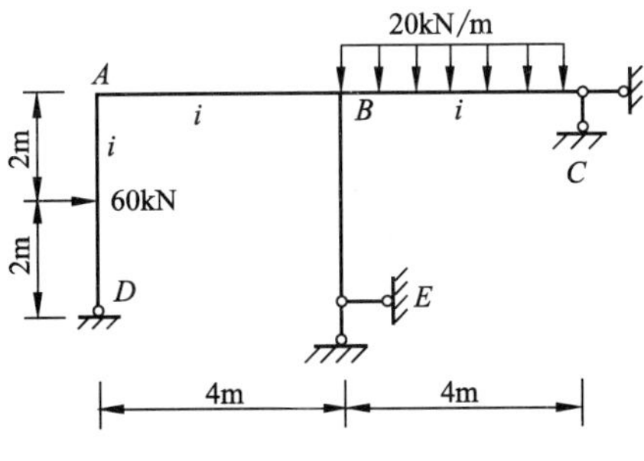

图 15.16

15-7　试用力矩分配法计算图 15.17 所示连续梁并绘其弯矩图。

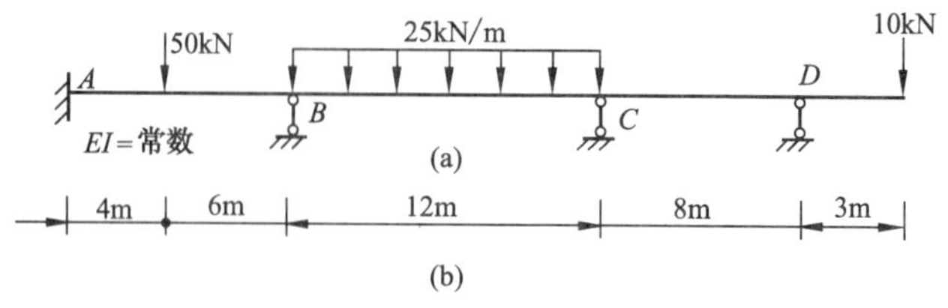

图 15.17

15-8　试用力矩分配法计算图 15.18 所示刚架并绘其弯矩图。

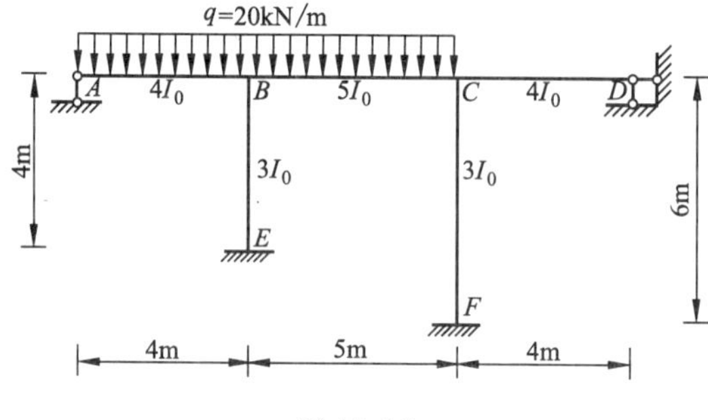

图 15.18

附录A 型 钢 表

表1 热轧等边角钢（GB/T 9787—1988）

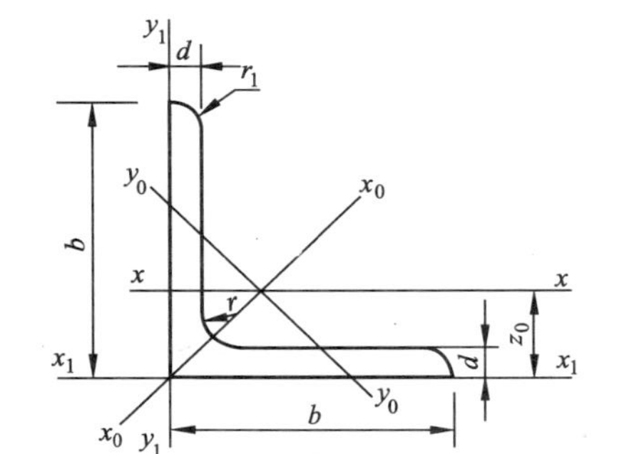

符号意义：

b——边宽度；
d——边厚度；
r——内圆弧半径；
r_1——边端内圆弧半径；
I——惯性矩；
i——惯性半径；
W——截面系数；
z_0——重心距离。

角钢	尺寸/mm			截面理论	理论重量	外表面积	参考数值										
							$x-x$			x_0-x_0			y_0-y_0			x_1-x_1	z_0
号数	b	d	r	/cm²	/(kg/m)	/(m²/m)	I_x /cm⁴	i_x /cm	W_x /cm³	I_{x0} /cm⁴	i_{x0} /cm	W_{x0} /cm³	I_{y0} /cm⁴	i_{y0} /cm	W_{y0} /cm³	I_{x_1} /cm⁴	/cm
2	20	3	3.5	1.132	0.889	0.078	0.40	0.59	0.29	0.63	0.75	0.45	0.17	0.39	0.20	0.81	0.60
		4		1.459	1.145	0.077	0.50	0.58	0.36	0.78	0.73	0.55	0.22	0.38	0.24	1.09	0.64
2.5	25	3		1.432	1.124	0.098	0.82	0.76	0.46	1.29	0.95	0.73	0.34	0.49	0.33	1.57	0.73
		4		1.859	1.459	0.097	1.03	0.74	0.59	1.62	0.93	0.92	0.43	0.48	0.40	2.11	0.76
3.0	30	3	4.5	1.749	1.373	0.117	1.46	0.91	0.68	2.31	1.15	1.09	0.61	0.59	0.51	2.71	0.85
		4		2.276	1.786	0.117	1.84	0.90	0.87	2.92	1.13	1.37	0.77	0.58	0.62	3.63	0.89
3.6	36	3	4.5	2.109	1.656	0.141	2.58	1.11	0.99	4.09	1.39	1.61	1.07	0.71	0.76	4.68	1.00
		4		2.756	2.163	0.141	3.29	1.09	1.28	5.22	1.38	2.05	1.37	0.70	0.93	6.25	1.04
		5		3.382	2.654	0.141	3.95	1.08	1.56	6.24	1.36	2.45	1.65	0.70	1.09	7.84	1.07

续表

角钢号数	尺寸/mm			截面理论/cm^2	理论重量/(kg/m)	外表面积/(m^2/m)	参考数值										
							$x-x$			x_0-x_0			y_0-y_0			x_1-x_1	z_0/cm
	b	d	r				I_x/cm^4	i_x/cm	W_x/cm^3	I_{x0}/cm^4	i_{x0}/cm	W_{x0}/cm^3	I_{y0}/cm^4	i_{y0}/cm	W_{y0}/cm^3	I_{x_1}/cm^4	
4.0	40	3	5	2.359	1.852	0.157	3.59	1.23	1.23	5.69	1.55	2.01	1.49	0.79	0.96	6.41	1.09
		4		3.086	2.422	0.157	4.60	1.22	1.60	7.29	1.54	2.58	1.91	0.79	1.19	8.56	1.13
		5		3.791	2.976	0.156	5.53	1.21	1.96	8.76	1.52	3.01	2.30	0.78	1.39	10.74	1.17
4.5	45	3	5	2.659	2.088	0.177	5.17	1.40	1.58	8.20	1.76	2.58	2.14	0.90	1.24	9.12	1.22
		4		3.486	2.736	0.177	6.65	1.38	2.05	10.56	1.74	3.32	2.75	0.89	1.54	12.18	1.26
		5		4.292	3.369	0.176	8.04	1.37	2.51	12.74	1.72	4.00	3.33	0.88	1.81	15.25	1.30
		6		5.076	3.985	0.176	9.33	1.36	2.95	14.76	1.70	4.64	3.89	0.88	2.06	18.36	1.33
5	50	3	5.5	2.971	2.332	0.197	7.18	1.55	1.96	11.37	1.96	3.22	2.98	1.00	1.57	12.50	1.34
		4		3.897	3.059	0.197	9.26	1.54	2.56	14.70	1.94	4.16	3.82	0.99	1.96	16.60	1.38
		5		4.803	3.770	0.196	11.21	1.53	3.13	17.79	1.92	5.03	4.64	0.98	2.31	20.90	1.42
		6		5.688	4.465	0.196	13.05	1.52	3.68	20.68	1.91	5.85	5.42	0.98	2.63	25.14	1.46
5.6	56	3	6	3.343	2.624	0.221	10.19	1.75	2.48	16.14	2.20	4.08	4.24	1.13	2.02	17.56	1.48
		4		4.390	3.446	0.220	13.18	1.73	3.24	20.92	2.18	5.28	5.46	1.11	2.52	23.43	1.53
5.6	56	5	6	5.415	4.251	0.220	16.02	1.72	3.97	25.42	2.17	6.42	6.61	1.10	2.98	29.33	1.57
		8	7	8.367	6.568	0.219	23.63	1.68	6.03	37.37	2.11	9.44	9.89	1.09	4.16	47.24	1.68
6.3	63	4	7	4.978	3.907	0.248	19.03	1.96	4.13	30.17	2.46	6.78	7.89	1.26	3.29	33.35	1.70
		5		6.143	4.822	0.248	23.17	1.94	5.08	36.77	2.45	8.25	9.57	1.25	3.90	41.73	1.74
		6		7.288	5.721	0.247	27.12	1.93	6.00	43.08	2.43	9.66	11.20	1.24	4.46	50.14	1.78
		8		9.515	7.469	0.247	36.46	1.90	7.75	54.56	2.40	12.25	14.33	1.23	5.47	67.11	1.85
		10		11.657	9.151	0.246	41.09	1.88	9.39	64.85	2.36	14.56	17.33	1.22	6.36	84.31	1.93
7	70	4	8	5.570	4.372	0.275	26.39	2.18	5.14	41.80	2.74	8.44	10.99	1.40	4.17	45.74	1.86
		5		6.875	5.397	0.275	32.21	2.16	6.32	51.08	2.73	10.32	13.34	1.39	4.95	57.21	1.91
		6		8.160	6.406	0.275	37.77	2.15	7.48	59.93	2.71	12.11	15.61	1.38	5.67	68.73	1.95
		7		9.424	7.398	0.275	43.09	2.14	8.59	68.35	2.69	13.81	17.82	1.38	6.34	80.29	1.99
		8		10.667	8.373	0.274	48.17	2.12	9.68	76.37	2.68	15.43	19.98	1.37	6.98	91.92	2.03

续表

角钢号数	尺寸/mm			截面理论/cm^2	理论重量/(kg/m)	外表面积/(m^2/m)	参考数值										z_0/cm
							$x-x$			x_0-x_0			y_0-y_0			x_1-x_1	
	b	d	r				I_x/cm^4	i_x/cm	W_x/cm^3	I_{x0}/cm^4	i_{x0}/cm	W_{x0}/cm^3	I_{y0}/cm^4	i_{y0}/cm	W_{y0}/cm^3	I_{x_1}/cm^4	
7.5	75	5	9	7.367	5.818	0.295	39.97	2.33	7.32	63.30	2.92	11.94	16.63	1.50	5.77	70.56	2.04
		6		8.797	6.905	0.294	46.95	2.31	8.64	74.38	2.90	14.02	19.51	1.49	6.67	84.55	2.07
		7		10.160	7.976	0.294	53.57	2.30	9.93	84.96	2.89	16.02	22.18	1.48	7.44	98.71	2.11
		8		11.503	9.030	0.294	59.96	2.28	11.20	95.07	2.88	17.93	24.86	1.47	8.19	112.97	2.15
		10		14.126	11.089	0.293	71.98	2.26	13.64	113.92	2.84	21.48	30.05	1.46	9.56	141.71	2.22
8	80	5	9	7.912	6.211	0.315	48.79	2.48	8.34	77.33	3.13	13.67	20.25	1.60	6.66	85.36	2.15
		6		9.397	7.376	0.314	57.35	2.47	9.87	90.98	3.11	16.08	23.72	1.59	7.65	102.50	2.19
		7		10.860	8.525	0.314	65.58	2.46	11.37	104.07	3.10	18.40	27.09	1.58	8.58	119.70	2.23
		8		12.303	9.658	0.314	73.49	2.44	12.83	116.60	3.08	20.61	30.39	1.57	9.46	136.97	2.27
		10		15.126	11.874	0.313	88.43	2.42	15.64	140.09	3.04	24.76	36.77	1.56	11.08	171.74	2.35
9	90	6	10	10.637	8.350	0.354	82.77	2.79	12.61	131.26	3.51	20.63	34.28	1.80	9.95	145.87	2.44
		7		12.301	9.656	0.354	94.83	2.78	14.54	150.47	3.50	23.64	39.18	1.78	11.19	170.30	2.48
		8		13.944	10.946	0.353	106.47	2.76	16.42	168.97	3.48	26.55	43.97	1.78	12.35	194.80	2.52
		10		17.167	13.476	0.353	128.58	2.74	20.07	203.90	3.45	32.04	53.26	1.76	14.52	244.07	2.59
		12		20.306	15.940	0.352	149.22	2.71	23.57	236.21	3.41	37.12	62.22	1.75	16.49	293.76	2.67
10	100	6	12	11.932	9.366	0.393	114.95	3.01	15.68	181.98	3.90	25.74	47.92	2.00	12.69	200.07	2.67
		7		13.796	10.830	0.393	131.86	3.09	18.10	208.97	3.89	29.55	54.74	1.99	14.26	233.54	2.71
		8		15.638	12.276	0.393	148.24	3.08	20.47	235.07	3.88	33.24	61.41	1.98	15.75	267.09	2.76
		10		19.261	15.120	0.392	179.51	3.05	25.06	284.68	3.84	40.26	74.35	1.96	18.54	334.48	2.84
		12		22.800	17.898	0.391	208.90	3.03	29.48	330.95	3.81	46.80	86.84	1.95	21.08	402.34	2.91
		14		26.256	20.611	0.391	236.53	3.00	33.73	374.06	3.77	52.90	99.00	1.94	23.44	470.75	2.99
		16		29.627	23.257	0.390	262.53	2.98	37.82	414.16	3.74	58.57	110.89	1.94	25.63	539.80	3.06
11	110	7	12	15.196	11.928	0.433	177.16	3.41	22.05	280.94	4.30	36.12	73.38	2.20	17.51	310.64	2.96
		8		17.238	13.532	0.433	199.46	3.40	24.95	316.49	4.28	40.69	82.42	2.19	19.39	355.20	3.01
		10		21.261	16.690	0.432	242.19	3.38	30.60	384.39	4.25	49.42	99.98	2.17	22.91	444.65	3.09

续表

角钢号数	尺寸/mm b	d	r	截面理论/cm^2	理论重量/(kg/m)	外表面积/(m^2/m)	$x-x$ I_x/cm^4	i_x/cm	W_x/cm^3	x_0-x_0 I_{x0}/cm^4	i_{x0}/cm	W_{x0}/cm^3	y_0-y_0 I_{y0}/cm^4	i_{y0}/cm	W_{y0}/cm^3	x_1-x_1 I_{x_1}/cm^4	z_0/cm
11	110	12	12	25.200	19.782	0.431	282.55	3.35	36.05	448.17	4.22	57.62	116.93	2.15	26.15	534.60	3.16
		14		29.056	22.809	0.431	320.71	3.32	41.31	508.01	4.18	65.31	133.40	2.14	29.14	625.16	3.24
12.5	125	8	14	19.750	15.504	0.492	297.03	3.88	32.52	470.89	4.88	53.28	123.16	2.50	25.86	521.01	3.37
		10		24.373	19.133	0.491	361.67	3.85	39.97	573.89	4.85	64.93	149.46	2.48	30.62	651.93	3.45
		12		28.912	22.696	0.491	423.16	3.83	41.17	671.44	4.82	75.96	174.88	2.46	35.05	783.42	3.53
		14		33.367	26.193	0.490	481.65	3.80	54.16	763.73	4.78	86.41	199.57	2.45	39.13	915.61	3.61
14	140	10	14	27.373	21.488	0.551	514.65	4.34	50.58	817.27	5.46	82.56	212.04	2.78	39.20	915.11	3.82
		12		32.512	25.522	0.551	603.68	4.31	59.80	958.79	5.43	96.85	248.57	2.76	45.02	1099.28	3.90
		14		37.567	29.490	0.550	688.81	4.28	68.75	1093.56	5.40	110.47	284.06	2.75	50.45	1284.22	3.98
		16		42.539	33.393	0.549	770.24	4.26	77.46	1221.81	5.36	123.42	318.67	2.74	55.55	1470.07	4.06
16	160	10	16	31.502	24.729	0.630	779.53	4.98	66.70	1237.30	6.27	109.36	321.76	3.20	52.76	1365.33	4.31
		12		37.441	29.391	0.630	916.58	4.95	78.98	1455.68	6.24	128.67	377.49	3.18	60.74	1639.57	4.39
		14		43.296	33.987	0.629	1048.36	4.92	90.95	1665.02	6.20	147.17	431.70	3.16	68.244	1914.68	4.47
		16		49.067	38.518	0.629	1175.08	4.89	102.63	1865.57	6.17	164.89	484.59	3.14	75.31	2190.82	4.55
18	180	12	16	42.241	33.159	0.710	1321.35	5.59	100.82	2100.10	7.05	165.00	542.61	3.58	78.41	2332.80	4.89
		14		48.896	38.388	0.709	1514.48	5.56	116.25	2407.42	7.02	189.14	625.53	3.56	88.38	2723.48	4.97
		16		55.467	43.542	0.709	1700.99	5.54	131.13	2703.37	6.98	212.40	698.60	3.55	97.83	3115.29	5.05
		18		61.955	48.634	0.708	1875.12	5.50	145.64	2988.24	6.94	234.78	762.01	3.51	105.14	3502.43	5.13
20	200	14	18	54.642	42.894	0.788	2103.55	6.20	144.70	3343.26	7.82	236.40	863.83	3.98	111.82	3734.10	5.46
		16		62.013	48.680	0.788	2366.15	6.18	163.65	3760.89	7.79	265.93	971.41	3.96	123.96	4270.39	5.54
		18		69.301	54.401	0.787	2620.64	6.15	182.22	4164.54	7.75	294.48	1076.74	3.94	135.52	4808.13	5.62
		20		76.505	60.056	0.787	2867.30	6.12	200.42	4554.55	7.72	322.06	1180.04	3.93	146.55	5347.51	5.69
		24		90.661	71.168	0.785	2338.25	6.07	236.17	5294.97	7.64	374.41	1381.53	3.90	166.55	6457.16	5.87

注：截面图中的 $r_1=\frac{1}{3}d$ 及表中 r 值的数据用于孔型设计，不作交货条件。

表 2 热轧不等边角钢（GB/T 9788—1988）

符号意义：

B——长边宽度； b——短边宽度；

d——边厚度； r——内圆弧半径；

r_1——边端内圆弧半径； I——惯性矩；

i——惯性半径； W——截面系数；

x_0——重心距离； y_0——重心距离。

角钢号数	尺寸/mm				截面面积/cm²	理论重量/(kg/m)	外表面积/(m²/m)	参考数值														
								$x-x$			$y-y$			x_1-x_1		y_1-y_1		$u-u$				
	B	b	d	r				I_x/cm⁴	i_x/cm	W_x/cm³	I_y/cm⁴	i_y/cm	W_y/cm³	I_{x1}/cm⁴	y_0/cm	I_{y1}/cm⁴	x_0/cm	I_u/cm⁴	i_u/cm	W_u/cm³	tanα
2.5/1.6	25	16	3	3.5	1.162	0.912	0.080	0.70	0.78	0.43	0.22	0.44	0.19	1.56	0.86	0.43	0.42	0.14	0.34	0.16	0.392
			4		1.499	1.176	0.079	0.88	0.77	0.55	0.27	0.43	0.24	2.09	0.90	0.59	0.46	0.17	0.34	0.20	0.381
3.2/2	32	20	3		1.492	1.171	0.102	1.53	1.01	0.72	0.46	0.55	0.30	3.27	1.08	0.82	0.49	0.28	0.43	0.25	0.382
			4		1.939	1.522	0.101	1.93	1.00	0.93	0.57	0.54	0.39	4.37	1.12	1.12	0.53	0.35	0.42	0.32	0.374
4/2.5	40	25	3	4	1.890	1.484	0.127	3.08	1.28	1.15	0.93	0.70	0.49	6.39	1.32	1.59	0.59	0.56	0.54	0.40	0.386
			4		2.467	1.936	0.127	3.93	1.26	1.49	1.18	0.69	0.63	8.53	1.37	2.14	0.63	0.71	0.54	0.52	0.381
4.5/2.8	45	28	3	5	2.149	1.687	0.143	4.45	1.44	1.47	1.34	0.79	0.62	9.10	1.47	2.23	0.64	0.80	0.61	0.51	0.383
			4		2.806	2.203	0.143	5.69	1.42	1.91	1.70	0.78	0.80	12.13	1.51	3.00	0.68	1.02	0.60	0.66	0.380
5/3.2	50	32	3	5.5	2.431	1.908	0.161	6.24	1.60	1.84	2.02	0.91	0.82	12.49	1.60	3.31	0.73	1.20	0.70	0.68	0.404
			4		3.177	2.494	0.160	8.02	1.59	2.39	2.58	0.90	1.06	16.65	1.65	4.45	0.77	1.53	0.69	0.87	0.402
5.6/3.6	56	36	3	6	2.743	2.153	0.181	8.88	1.80	2.32	2.92	1.03	1.05	17.54	1.78	4.70	0.80	1.73	0.79	0.87	0.408
			4		3.590	2.818	0.180	11.45	1.79	3.03	3.76	1.02	1.37	23.39	1.82	6.33	0.85	2.23	0.79	1.13	0.408
			5		4.415	3.466	0.180	13.86	1.77	3.71	4.49	1.01	1.65	29.25	1.87	7.94	0.88	2.67	0.78	1.36	0.404

续表

角钢号数	尺寸/mm				截面面积/cm^2	理论重量/(kg/m)	外表面积/(m^2/m)	参考数值													
								$x-x$			$y-y$			x_1-x_1		y_1-y_1		$u-u$			
	B	b	d	r				I_x/cm^4	i_x/cm	W_x/cm^3	I_y/cm^4	i_y/cm	W_y/cm^3	I_{x1}/cm^4	y_0/cm	I_{y1}/cm^4	x_0/cm	I_u/cm^4	i_u/cm	W_u/cm^3	$\tan\alpha$
6.3/4	63	40	4	7	4.058	3.185	0.202	16.49	2.02	3.87	5.23	1.14	1.70	33.30	2.04	8.63	0.92	3.12	0.88	1.40	0.398
			5		4.993	3.920	0.202	20.02	2.00	4.74	6.31	1.12	2.71	41.63	2.08	10.86	0.95	3.76	0.87	1.71	0.396
			6		5.908	4.638	0.201	23.36	1.96	5.59	7.29	1.11	2.43	49.98	2.12	13.12	0.99	4.34	0.86	1.99	0.393
			7		6.802	5.339	0.201	26.53	1.98	6.40	8.24	1.10	2.78	58.07	2.15	15.47	1.03	4.97	0.86	2.29	0.389
7/4.5	70	45	4	7.5	4.547	3.570	0.226	23.17	2.26	4.86	7.55	1.29	2.17	45.92	2.24	12.26	1.02	4.40	0.98	1.77	0.410
			5		5.609	4.403	0.225	27.95	2.23	5.92	9.13	1.28	2.65	57.10	2.28	15.39	1.06	5.40	0.98	2.19	0.407
			6		6.647	5.218	0.225	32.54	2.21	6.95	10.62	1.26	3.12	68.35	2.32	18.58	1.09	6.35	0.98	2.59	0.404
			7		7.657	6.011	0.225	37.22	2.20	8.03	12.01	1.25	3.57	79.99	2.36	21.84	1.13	7.16	0.97	2.94	0.402
(7.5/5)	75	50	5	8	6.125	4.808	0.245	34.86	2.39	6.83	12.61	1.44	3.30	70.00	2.40	21.04	1.17	7.41	1.10	2.74	0.435
			6		7.260	5.699	0.245	41.12	2.38	8.12	14.70	1.42	3.88	84.30	2.44	25.37	1.21	8.54	1.08	3.19	0.435
			8		9.467	7.431	0.244	52.39	2.35	10.52	18.53	1.40	4.99	112.50	2.52	34.23	1.29	10.87	1.07	4.10	0.429
			10		11.590	9.098	0.244	62.71	2.33	12.79	21.96	1.38	6.04	140.80	2.60	43.43	1.36	13.10	1.06	4.99	0.423
8/5	80	50	5	8	6.375	5.005	0.255	41.96	2.56	7.78	12.82	1.42	3.32	85.21	2.60	21.06	1.14	7.66	1.10	2.74	0.388
			6		7.560	5.935	0.255	49.49	2.56	9.25	14.95	1.41	3.91	102.53	2.65	25.41	1.18	8.85	1.08	3.20	0.387
			7		8.724	6.848	0.255	56.16	2.54	10.58	16.96	1.39	4.48	119.33	2.69	29.82	1.21	10.18	1.08	3.70	0.384
			8		9.867	7.745	0.254	62.83	2.52	11.92	18.85	1.38	5.03	136.41	2.73	34.32	1.25	11.38	1.07	4.16	0.381
9/5.6	90	56	5	9	7.212	5.661	0.287	60.45	2.90	9.92	18.32	1.59	4.21	121.32	2.91	29.53	1.25	10.98	1.23	3.49	0.385
			6		8.557	6.717	0.286	71.03	2.88	11.74	21.42	1.58	4.96	145.59	2.95	35.58	1.29	12.90	1.23	4.18	0.384
			7		9.880	7.756	0.286	81.01	2.86	13.49	24.36	1.57	5.70	169.66	3.00	41.71	1.33	14.67	1.22	4.72	0.382
			8		11.183	8.779	0.286	91.03	2.85	15.27	27.15	1.56	6.41	194.17	3.04	47.93	1.36	16.34	1.21	5.29	0.380
10/6.3	100	63	6	10	9.617	7.550	0.320	99.06	3.21	14.64	30.94	1.79	6.35	199.71	3.24	50.50	1.43	18.42	1.38	5.25	0.394
			7		11.111	8.722	0.320	113.45	3.29	16.88	35.26	1.78	7.29	233.00	3.28	59.14	1.47	21.00	1.38	6.02	0.393
			8		12.584	9.878	0.319	127.37	3.18	19.08	39.39	1.77	8.21	266.32	3.32	67.88	1.50	23.50	1.37	6.78	0.391
			10		15.467	12.142	0.319	153.81	3.15	23.32	47.12	1.74	9.98	333.06	3.40	85.73	1.58	28.33	1.35	8.24	0.387
10/8	100	80	6	10	10.637	8.350	0.354	107.04	3.17	15.19	61.24	2.40	10.16	199.83	2.95	102.68	1.97	31.65	1.72	8.37	0.627
			7		12.301	9.656	0.354	122.73	3.16	17.52	70.08	2.39	11.71	233.20	3.00	119.98	2.01	36.17	1.72	9.60	0.626
			8		13.944	10.946	0.353	137.92	3.14	19.81	78.58	2.37	13.21	266.61	3.04	137.37	2.05	40.58	1.71	10.80	0.625
			10		17.167	13.476	0.353	166.87	3.12	24.24	94.65	2.35	16.12	333.63	3.12	172.48	2.13	49.10	1.69	13.12	0.622

续表

角钢号数	尺寸/mm				截面面积/cm^2	理论重量/(kg/m)	外表面积/(m^2/m)	参考数值													
								$x-x$			$y-y$			x_1-x_1		y_1-y_1		$u-u$			
	B	b	d	r				I_x/cm^4	i_x/cm	W_x/cm^3	I_y/cm^4	i_y/cm	W_y/cm^3	I_{x1}/cm^4	y_0/cm	I_{y1}/cm^4	x_0/cm	I_u/cm^4	i_u/cm	W_u/cm^3	$\tan\alpha$
11/7	110	70	6	10	10.637	8.350	0.354	133.37	3.54	17.85	42.92	2.01	7.90	265.78	3.53	69.08	1.57	25.36	1.54	6.53	0.403
			7		12.301	9.656	0.354	153.00	3.53	20.60	49.01	2.00	9.09	310.07	3.57	80.82	1.61	28.95	1.53	7.50	0.402
			8		13.944	10.946	0.353	172.04	3.51	23.30	54.87	1.98	10.25	354.39	3.62	92.70	1.65	32.45	1.53	8.45	0.401
			10		17.167	13.476	0.353	208.39	3.48	28.54	65.88	1.96	12.48	443.13	3.70	116.83	1.72	39.20	1.51	10.29	0.397
12.5/8	125	80	7	11	14.096	11.066	0.403	277.98	4.02	26.86	74.42	2.30	12.01	454.99	4.01	120.32	1.80	43.81	1.76	9.92	0.408
			8		15.989	12.551	0.403	256.77	4.01	30.41	83.49	2.28	13.56	519.99	4.06	137.85	1.84	49.15	1.75	11.18	0.407
			10		19.712	15.474	0.402	312.04	3.98	37.33	100.64	2.26	16.56	650.09	4.14	173.40	1.92	59.45	1.74	13.64	0.404
			12		23.351	18.330	0.402	364.41	3.95	44.01	116.67	2.24	19.43	780.39	4.22	209.67	2.00	69.35	1.72	16.01	0.400
14/9	140	90	8	12	18.038	14.160	0.453	365.64	4.50	38.48	120.69	2.59	17.34	730.53	4.50	195.79	2.04	70.83	1.98	14.31	0.411
			10		22.261	17.475	0.452	445.50	4.47	47.31	146.03	2.56	21.22	913.20	4.58	245.92	2.12	85.82	1.96	17.48	0.409
			12		26.400	20.724	0.451	521.59	4.44	55.87	169.79	2.54	24.95	1096.09	4.66	296.89	2.19	100.21	1.95	20.54	0.406
			14		30.456	23.908	0.451	594.10	4.42	64.18	192.10	2.51	28.54	1279.26	4.74	348.82	2.27	114.13	1.94	23.52	0.403
16/10	160	100	10	13	25.315	19.872	0.512	668.69	5.14	62.13	205.03	2.85	26.56	1362.89	5.24	336.59	2.28	121.74	2.19	21.92	0.390
			12		30.054	23.592	0.511	784.91	5.11	73.49	239.06	2.82	31.28	1635.56	5.32	405.94	2.36	142.33	2.17	25.79	0.388
			14		34.709	27.247	0.510	896.30	5.08	84.56	271.20	2.80	35.83	1908.50	5.40	476.42	2.43	162.23	2.16	29.56	0.385
			16		39.281	30.835	0.510	1003.04	5.05	95.33	301.60	2.77	40.24	2181.79	5.48	548.22	2.51	182.57	2.16	33.44	0.382
18/11	180	110	10	14	28.373	22.273	0.571	956.25	5.80	78.86	278.11	3.13	32.49	1940.40	5.89	447.22	2.44	166.50	2.42	26.88	0.376
			12		33.712	26.464	0.571	1124.72	5.78	93.53	325.03	3.10	38.32	2328.38	5.98	538.94	2.52	194.87	2.40	31.66	0.374
			14		38.967	30.589	0.570	1286.91	5.75	107.76	369.55	3.08	43.97	2716.60	6.06	631.95	2.59	222.30	2.39	36.32	0.372
			16		44.139	34.649	0.569	1443.06	5.72	121.64	411.85	3.06	49.44	3105.15	6.14	726.46	2.67	248.94	2.38	40.87	0.369
20/12.5	200	125	12		37.912	29.761	0.641	1570.90	6.44	116.73	483.16	3.57	49.99	3193.85	6.54	787.74	2.83	285.79	2.74	41.23	0.392
			14		43.867	34.436	0.640	1800.97	6.41	134.65	550.83	3.54	57.44	3726.17	6.02	922.47	2.91	326.58	2.73	47.34	0.390
			16		49.739	39.045	0.639	2023.35	6.38	152.18	615.44	3.52	64.69	4258.86	6.70	1058.86	2.99	366.21	2.71	53.32	0.388
			18		55.526	43.588	0.639	2238.30	6.35	169.33	677.19	3.49	71.74	4792.00	6.78	1197.13	3.06	404.83	2.70	59.18	0.385

注：1. 括号内型号不推荐使用。

2. 截面图中的 $r_1=\frac{1}{3}d$ 及表中 r 的数据用于孔型设计，不作交货条件。

表 3 热轧工字钢（GB/T 706—1988）

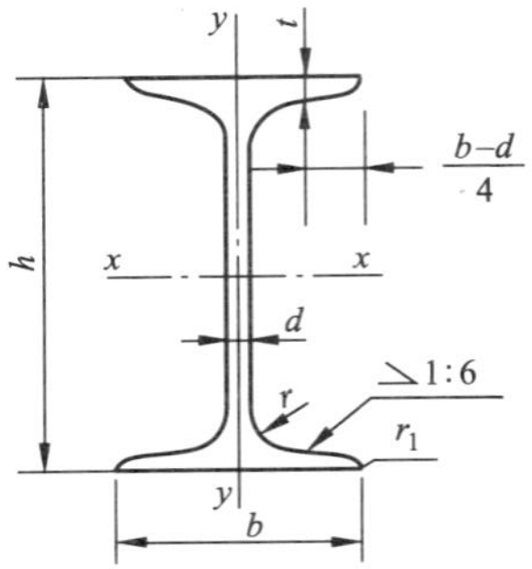

符号意义：

h——高度；
b——腿宽度；
d——腰厚度；
t——平均腿厚度；
r——内圆弧半径；
r_1——腿端圆弧半径；
I——惯性矩；
W——截面系数；
i——惯性半径；
S——半截面的静矩。

型号	尺寸/mm						截面面积 /cm²	理论重量 /(kg/m)	参考数值						
									x—x				y—y		
	h	b	d	t	r	r_1			I_x /cm⁴	W_x /cm³	i_x /cm	$I_x:S_x$ /cm	I_y /cm⁴	W_y /cm³	i_y /cm
10	100	68	4.5	7.6	6.5	3.3	14.3	11.2	245	49	4.14	8.59	33	9.72	1.52
12.6	126	74	5	8.4	7	3.5	18.1	14.2	488.43	77.529	5.195	10.85	46.906	12.677	1.609
14	140	80	5.5	9.1	7.5	3.8	21.5	16.9	712	102	5.76	12	64.4	16.1	1.73
16	160	88	6	9.9	8	4	26.1	20.5	1130	141	6.58	13.8	93.1	21.2	1.89
18	180	94	6.5	10.7	8.5	4.3	30.6	24.1	1660	185	7.36	15.4	122	26	2
20a	200	100	7	11.4	9	4.5	35.5	27.9	2370	237	8.15	17.2	158	31.5	2.12
20b	200	102	9	11.4	9	4.5	39.5	31.1	2500	250	7.96	16.9	169	33.1	2.06
22a	220	110	7.5	12.3	9.5	4.8	42	33	3400	309	8.99	18.9	225	40.9	2.31
22b	220	112	9.5	12.3	9.5	4.8	46.4	36.4	3570	325	8.78	18.7	239	42.7	2.27
25a	250	116	8	13	10	5	48.5	38.1	5023.54	401.88	10.18	21.58	280.046	48.283	2.403
25b	250	118	10	13	10	5	53.5	42	5283.96	422.72	9.938	21.27	309.297	52.423	2.404
28a	280	122	8.5	13.7	10.5	5.3	55.45	43.4	7114.14	508.15	11.32	24.62	345.051	56.565	2.495
28b	280	124	10.5	13.7	10.5	5.3	61.05	47.9	748	534.29	11.08	24.24	379.496	61.209	2.493

续表

型号	尺寸/mm						截面面积/cm^2	理论重量/(kg/m)	参考数值						
									$x-x$				$y-y$		
	h	b	d	t	r	r_1			I_x/cm^4	W_x/cm^3	i_x/cm	$I_x:S_x$/cm	I_y/cm^4	W_y/cm^3	i_y/cm
32a	320	130	9.5	15	11.5	5.8	67.05	52.7	11075.5	692.2	12.84	27.46	459.93	70.758	2.619
32b	320	132	11.5	15	11.5	5.8	73.45	52.7	11621.4	726.33	12.58	27.09	501.53	75.989	2.614
32c	320	134	13.5	15	11.5	5.8	79.95	62.8	12167.5	760.47	12.34	26.77	543.81	81.166	2.608
36a	360	136	10	15.8	12	6	76.3	59.9	15760	875	14.4	30.7	552	81.2	2.69
36b	360	138	12	15.8	12	6	83.5	65.6	16530	919	14.1	30.3	582	84.3	2.64
36c	360	140	14	15.8	12	6	90.7	71.2	17310	962	13.8	29.9	612	87.4	2.6
40a	400	142	10.5	16.5	12.5	6.3	86.1	67.6	21720	1090	15.9	34.1	660	93.2	2.77
40b	400	144	12.5	16.5	12.5	6.3	94.1	73.8	22780	1140	15.6	33.6	692	96.2	2.71
40c	400	146	14.5	16.5	12.5	6.3	102	80.1	23850	1190	15.2	33.2	727	99.6	2.65
45a	450	150	11.5	18	13.5	6.8	102	80.4	32240	1430	17.7	38.6	855	114	2.89
45b	450	152	13.5	18	13.5	6.8	111	87.4	33760	1500	17.4	38	894	118	2.84
46c	450	154	15.5	18	13.5	6.8	120	94.5	35280	1570	17.1	37.6	938	122	2.79
50a	500	158	12	20	14	7	119	93.6	46470	1860	19.7	42.8	1120	142	3.07
50b	500	160	14	20	14	7	129	101	48560	1940	19.4	42.4	1170	146	3.01
50c	500	162	16	20	14	7	139	109	50640	2080	19	41.8	1220	151	2.96
56a	560	166	12.5	21	14.5	7.3	135.25	106.2	65585.6	2342.31	22.02	47.73	1370.16	165.08	3.182
56b	560	168	14.5	21	14.5	7.3	146.45	115	68512.5	2446.69	21.63	47.17	1486.75	174.25	3.162
56c	560	170	16.5	21	14.5	7.3	157.85	123.9	71439.4	2551.41	21.27	46.66	1558.39	183.34	3.158
63a	630	176	13	22	15	7.5	154.9	121.6	93916.2	2981.47	24.62	54.17	1700.55	193.24	3.314
63b	630	178	15	22	15	7.5	167.5	131.5	98083.6	3163.38	24.2	53.51	1812.07	203.6	3.289
63c	630	180	17	22	15	7.5	180.1	141	102251.1	3298.42	23.82	52.92	1924.91	213.88	3.268

注：截面图和表中标注的圆弧半径 r、r_1 的数据用于孔型设计，不作交货条件。

表 4　热轧槽钢（GB/T 707—1988）

符号意义：

h——高度；
b——腿宽度；
d——腰厚度；
t——平均腿厚度；
r——内圆弧半径；
r_1——腿端圆弧半径；
I——惯性矩；
W——截面系数；
i——惯性半径；
S——$y-y$ 轴与 y_1-y_1 轴间距。

型号	尺寸/mm						截面面积 /cm^2	理论重量 /(kg/m)	参考数值							
									$x-x$			$y-y$			y_1-y_1	z_0 /cm
	h	b	d	t	r	r_1			W_x /cm^3	I_x /cm^4	i_x /cm	W_y /cm^3	I_y /cm^4	i_y /cm	I_{y_1} /cm^4	
5	50	37	4.5	7	7	3.5	6.93	5.44	10.4	26	1.94	3.55	8.3	1.1	20.9	1.35
6.3	63	40	4.8	7.5	7.5	3.75	8.444	6.63	16.123	50.786	2.453	4.50	11.872	1.185	28.38	1.36
8	80	43	5	8	8	4	10.24	8.04	25.3	101.3	3.15	5.79	16.6	1.27	37.4	1.43
10	100	48	5.3	8.5	8.5	4.25	12.74	10	39.7	198.3	3.95	7.8	25.6	1.41	54.9	1.52
12.6	126	53	5.5	9	9	4.5	15.69	12.37	62.137	391.466	4.953	10.242	37.99	1.567	77.09	1.59
14a	140	58	6	9.5	9.5	4.75	18.51	14.53	80.5	563.7	5.52	13.01	53.2	1.7	107.1	1.71
14b	140	60	8	9.5	9.5	4.75	21.31	16.73	87.1	609.4	5.35	14.12	61.1	1.69	120.6	1.67
16a	160	63	6.5	10	10	5	21.95	17.23	108.3	866.2	6.28	16.3	73.3	1.83	144.1	1.8
16	160	65	8.5	10	10	5	25.15	19.74	116.8	934.5	6.1	17.55	83.4	1.82	160.8	1.75
18a	180	68	7	10.5	10.5	5.25	25.69	20.17	141.4	1272.7	7.04	20.03	98.6	1.96	189.7	1.88
18	180	70	9	1.5	10.5	5.25	29.29	22.99	152.2	1369.9	6.84	21.52	111	1.95	210.1	1.84

续表

型号	尺寸/mm						截面面积 /cm²	理论重量 /(kg/m)	参考数值								
									$x-x$			$y-y$			y_1-y_1	z_0 /cm
	h	b	d	t	r	r_1			W_x /cm³	I_x /cm⁴	i_x /cm	W_y /cm³	I_y /cm⁴	i_y /cm	I_{y_1} /cm⁴	
20a	200	73	7	11	11	5.5	28.83	22.63	178	1780.4	7.86	24.2	128	2.11	244	2.01
20	200	75	9	11	11	5.5	32.83	25.77	191.4	1913.7	7.64	25.88	143.6	2.09	268.4	1.95
22a	220	77	7	11.5	11.5	5.75	31.84	24.99	217.6	2393.9	8.67	28.17	157.8	2.23	298.2	2.1
22	220	79	9	11.5	11.5	5.75	36.24	28.45	233.8	2571.4	8.42	30.05	176.4	2.21	326.3	2.03
25a	250	78	7	12	12	6	34.91	27.47	269.597	3369.62	9.823	30.607	175.529	2.243	322.256	2.065
25b	250	80	9	12	12	6	39.91	31.39	282.402	3530.04	9.405	32.657	196.421	2.218	353.187	1.982
25c	250	82	11	12	12	6	44.91	35.32	295.236	3690.45	9.065	35.926	218.415	2.206	384.133	1.921
28a	280	82	7.5	12.5	12.5	6.25	40.02	31.42	340.328	4764.59	10.91	35.718	217.989	2.333	387.566	2.097
28b	280	84	9.5	12.5	12.5	6.25	45.62	35.81	366.46	5130.45	10.6	37.929	242.144	2.304	427.589	2.016
28c	280	86	11.5	12.5	12.5	6.25	51.22	40.21	392.594	5496.32	10.35	40.301	267.602	2.286	426.597	1.951
32a	320	88	8	14	14	7	48.7	38.22	474.879	7598.06	12.49	46.473	304.787	2.502	552.31	2.242
32b	320	90	10	14	14	7	55.1	43.25	509.012	8144.2	12.15	49.157	336.332	2.471	592.933	2.158
32c	320	92	12	14	14	7	61.5	48.28	543.145	8690.33	11.88	52.642	374.175	2.467	643.299	2.092
36a	360	96	9	16	16	8	60.89	47.8	659.7	11874.2	13.97	63.54	455	2.73	818.4	2.44
36b	360	98	11	16	16	8	68.09	53.45	702.9	12651.8	13.63	66.85	496.7	2.7	880.4	2.37
36c	360	100	13	16	16	8	75.29	50.1	746.1	13429.4	13.36	70.02	536.4	2.67	947.9	2.34
40a	400	100	10.5	18	18	9	75.05	58.91	878.9	17577.9	15.30	78.83	592	2.81	1067.7	2.49
40b	400	102	12.5	18	18	9	83.05	65.19	932.2	18644.5	14.98	82.52	640	2.78	1135.6	2.44
40c	400	104	14.5	18	18	9	91.05	71.47	985.6	19711.2	14.71	86.19	687.8	2.75	1220.7	2.42

注：截面图和表中标注的圆弧半径 r、r_1 的数据用于孔型设计，不作交货条件。

附录 B　习题参考答案

第 1 章（略）

第 2 章

2-1　$F_R=6.49\text{kN}$，31.3°

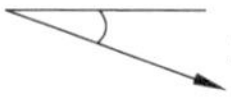

2-2　$F_R=68.86\text{kN}$，9.21°

2-3　(a) $F_{AC}=2\sqrt{3}\boldsymbol{G}/3$（压），$F_{AB}=\sqrt{3}\boldsymbol{G}/3$（拉）；

　　(b) $F_{AB}=2\sqrt{3}\boldsymbol{G}/3$（拉），$F_{AC}=\sqrt{3}\boldsymbol{G}/3$（压）；

　　(c) $F_{AB}=\boldsymbol{G}/2$（拉），$F_{AC}=\sqrt{3}\boldsymbol{G}/2$（压）

2-4　$F_A=\sqrt{5}F/2$ 　26.6°，$F_D=0.5F\uparrow$

2-5　$F_{BC}=5\text{kN}$（压，沿 BC 方向）

2-6　(a) $F_A=15.81\text{kN}$，26.6°，$F_B=7.07\text{kN}\uparrow$；

　　(b) $F_A=22.4\text{kN}$，18.4°，$F_B=10\text{kN}$，45°

2-7　100kN

2-8　(a) $F_A=3.8\text{kN}\downarrow$；$F_B=3.8\text{kN}\uparrow$；

　　(b) $F_A=6.22\text{kN}$ 　45°，$F_B=6.22\text{kN}$ 　45°

第 3 章

3-1　(a) $-Fl$；(b) 0；(c) $Fl\sin\alpha$；(d) Fa；(e) $F(l+r)$；(f) $Fl\sin\alpha-Fa\cos\alpha$

3-2　$F_R=16\,400\text{kN}$，$\alpha=72.03°$，$d=18.97\text{m}$

3-3　(a) $F_{Ax}=20\text{kN}$（→），$F_{Ay}=28.78\text{kN}$（↑），$F_B=25.86\text{kN}$（↑）；

　　(b) $F_{Ax}=7.07\text{kN}$（→），$F_{Ay}=12.07\text{kN}$（↑），$M_A=38.3\text{kN}\cdot\text{m}$（逆时针）；

　　(c) $F_{Ax}=3\text{kN}$（→），$F_{Ay}=1.875\text{kN}$（↑），$F_B=0.125\text{kN}\cdot\text{m}$（↑）

3-4　(a) $F_{Ax}=3\text{kN}$（←），$F_{Ay}=6\text{kN}$（↑），$M_A=15\text{kN}\cdot\text{m}$（逆时针）；

　　(b) $F_{Ax}=3\text{kN}$（←），$F_{Ay}=1.75\text{kN}$（↑），$F_B=6.25\text{kN}$（↑）

3-5　(a) $F_{Ax}=40\text{kN}$（←），$F_{Ay}=40\text{kN}$（↑），$F_B=40\text{kN}$（→）；

　　(b) $F_{Ax}=32.5\text{kN}$（←），$F_{Ay}=28\text{kN}$（↓），$F_B=58\text{kN}$（↑）

3-6　(a) $F_{Ay}=14kN$ (↑)，$F_{By}=4kN$ (↑)；
(b) $F_{Ay}=5kN$ (↑)，$F_{By}=35kN$ (↑)；
(c) $F_{Ay}=20kN$ (↑)，$F_{By}=16kN$ (↑)；
(d) $F_{Ay}=8kN$ (↑)，$M_A=3kN\cdot m$（逆时针）

3-7　$Q_{min}=\frac{1000}{3}kN$，$x_{max}=6.75m$

3-8　(a) $F_{Ay}=10kN$ (↑)，$F_{Cy}=42kN$ (↑)，$M_C=164kN\cdot m$（顺时针）；
(b) $F_{Ay}=4.83kN$ (↓)，$F_{By}=17.5kN$ (↑)，$F_{Dy}=5.33kN$ (↑)

3-9　$F_1=62.5kN$ (↑)，$F_1=57.74kN$（沿杆↗），$F_3=57.74kN$（沿杆↖），
$F_4=12.5kN$ (↓)

3-10　$F_{Ax}=0$，$F_{Ay}=48.33kN$ (↓)，$F_B=100kN$ (↑)，$F_D=8.33kN$ (↑)

第4章

4-1　(a) $\sigma_{AC}=-113.18MPa$，$\sigma_{CD}=0$，$\sigma_{DB}=141.47MPa$
(b) $\sigma_{AB}=-1000MPa$，$\sigma_{BC}=-2000MPa$，$\sigma_{CD}=1500MPa$

4-2　$\sigma_{1-1}=47.75MPa$，$\sigma_{2-2}=64.06MPa$

4-3　$\sigma=120MPa$，$F_N=9.425kN$

4-4　$E=204.62GPa$，$\mu=0.317$

4-5　$\sigma_{AE}=153.47MPa$，$\sigma_{CD}=-122.77MPa$

4-6　$\sigma_{AB}=134.3MPa$，$\sigma_{BC}=-4.5MPa$

4-7　$A_{AC}=200mm^2$，$A_{DB}=300mm^2$
$\Delta l_{AC}=0.8mm$，$\Delta l_{DB}=0.8mm$

4-8　$F_{max}=22kN$

第5章

5-1　$\tau=24.5MPa$，$\sigma_c=125MPa$

5-2　$\delta=94mm$

5-3　$d=19mm$（取20mm）

5-4　$\tau_a=24.5MPa$，$\tau_{max}=29.4MPa$，$\tau_{min}=19.6MPa$

5-5　$\tau_{max}=61.15MPa$

5-6　$\tau_{max}=56.3MPa$

5-7　$d=74mm$

5-8　$P=32kW$

第6章

6-1　(a) 几何不变体系且无多余约束

(b) 几何可变体系（瞬变）
(c) 几何可变体系（常变）
(d) 几何可变体系（瞬变）

6-2 (a) 几何不变体系且无多余约束
(b) 几何可变体系（瞬变）
(c) 几何不变体系且无多余约束
(d) 几何可变体系（常变）

6-3 (a) 几何不变体系且无多余约束
(b) 几何不变体系且无多余约束
(c) 几何不变体系且无多余约束
(d) 几何不变体系，有 3 个多余约束

6-4 (a) 几何不变体系且无多余约束
(b) 几何不变体系，有 1 个多余约束
(c) 几何不变体系且无多余约束
(d) 几何不变体系且无多余约束

第 7 章

7-1 (a) $F_{Q1}=0$，$M_1=0$；$F_{Q2}=2ql$，$M_2=-2ql^2$；
(b) $F_{QA右}=10\text{kN}$，$M_A=-28\text{kN}\cdot\text{m}$；$F_{QB左}=6\text{kN}$；
(c) $F_{Q1}=0$，$M_1=0$；$F_{Q2}=4\text{kN}$，$M_2=0$；
(d) $F_{Q1}=6\text{kN}$，$M_1=-8\text{kN}\cdot\text{m}$；$F_{Q2}=-2\text{kN}$，$M_2=0$

7-2 (a) $F_{QA}=2ql$，$M_A=-5ql^2$；$F_{QB}=0$，$M_B=-3ql^2$；
(b) $F_{QA}=-6\text{kN}$，$M_A=-44\text{kN}\cdot\text{m}$；$F_{QB}=-6\text{kN}$，$M_B=0$

7-3 (a) $F_{QA}=-F$，$M_A=Fl$；$F_{QB}=-2F$，$M_B=-2Fl$；
$F_{Q中左}=-F$，$F_{Q中或}=-2F$，$M_{中}=0$；
(b) $F_{QA}=\frac{7}{4}ql$，$M_A=-ql^2$；$F_{QB}=\frac{3}{4}ql$，$M_B=0$；
$F_{Q中}=\frac{7}{4}ql$，$M_{中}=ql^2/4$；
(c) $F_{QA}=\frac{1}{4}ql$，$M_A=ql^2$；$F_{QB}=-\frac{3}{4}ql$，$M_B=0$；
(d) $F_{QA}=-ql$，$M_A=0$；$F_{QB}=-\frac{2}{3}ql$，$M_B=0$

7-4 (a) $F_{QA}=F$，$M_A=0$；$F_{QB}=0$，$M_B=Fl$；
(b) $F_{QA}=\frac{1}{4}ql$，$M_A=0$；$F_{QB左}=\frac{7}{4}ql$，$F_{QB右}=ql$，$M_B=-\frac{1}{2}ql^2$；
(c) $F_{QA}=\frac{4}{3}F$，$M_A=0$；$F_{QB}=0$，$M_{B左}=0$，$M_{B右}=-Fl$；
(d) $F_{QA左}=0$，$F_{QA左}=\frac{11}{6}ql$，$M_A=\frac{1}{2}ql^2$；$F_{QB左}=-\frac{13}{6}ql$，$M_B=-ql^2$

7-5 (a) $F_{QA}=ql$，$M_A=-ql^2$；$F_{QB}=-ql$，$M_B=-ql^2$；
$F_{Q中左}=ql$，$F_{Q中右}=-ql$，$M_{中}=ql^2$；
$F_{Ay}=15\text{kN}$，$F_{By}=35\text{kN}$；
(b) $F_{QA右}=15\text{kN}$，$F_{QB左}=25\text{kN}$；
$M_B=20\text{kN}\cdot\text{m}$，$M_A=0$

7-6 $F_{Ay}=6.66\text{kN}$，$F_{By}=36.66\text{kN}$；
$F_{QA右}=6.66\text{kN}$，$F_{QB左}=-23.33\text{kN}$；
$M_B=-20\text{kN}\cdot\text{m}$，$M_D=5\text{kN}\cdot\text{m}$

7-7 $F_{Ay}=5.62\text{kN}$，$F_{Cy}=27.5\text{kN}$；
$F_{QB左}=-9.38\text{kN}$，$F_{QC右}=7.5\text{kN}$；
$M_B=-7.52\text{kN}\cdot\text{m}$，$M_C=-20\text{kN}\cdot\text{m}$

7-8 $F_{Ay}=20\text{kN}$，$F_{Ey}=10\text{kN}$；
$F_{QA右}=20\text{kN}$，$F_{QD左}=-10\text{kN}$；
$M_B=-10\text{kN}\cdot\text{m}$，$M_D=-10\text{kN}\cdot\text{m}$

第 8 章

8-1 (a) $M_{AB}=3Fa$（左侧拉），$F_{Q\,AB}=F$，$F_{N\,AB}=0$；
(b) $M_{AB}=M_{BA}=144\text{kN}\cdot\text{m}$（右侧拉），$F_{NAB}=-96\text{kN}$；
(c) $F_{Ax}=0$，$F_{Ay}=F_B=ql/2$（↑），$M_{CA}=M_{CB}=0$，$F_{Q\,CB}=ql/2$，$F_{N\,CA}=-ql/2$；
(d) $F_{Ax}=10\text{kN}$（←），$F_{Ay}=1\text{kN}$（↓），$F_{By}=9\text{kN}$（↑），$M_{CE}=20\text{kN}\cdot\text{m}$（右侧拉）；$F_{Q\,CE}=0$，$F_{N\,CE}=1\text{kN}$；
(e) $F_{Ax}=40\text{kN}$（←），$F_{Ay}=0$，$F_{By}=80\text{kN}$（↑）；
$M_{DC}=80\text{kN}\cdot\text{m}$（右侧拉），$F_{Q\,DC}=0$，$F_{N\,DC}=0$；
(f) $F_{Ax}=25\text{kN}$（→），$F_{Ay}=25\text{kN}$（↑），$F_{Bx}=25\text{kN}$（←），$F_{By}=75\text{kN}$（↑）；
$M_{EB}=125\text{kN}\cdot\text{m}$（右侧拉），$F_{Q\,EB}=25\text{kN}$，$F_{N\,EB}=-75\text{kN}$；
(g) $F_{Ax}=3ql/4$（←），$F_{Ay}=ql/4$（↓），$F_{Bx}=ql/4$（←），$F_{By}=ql/4$（↑）；
$M_{DA}=ql^2/4$（右侧拉），$F_{Q\,DA}=-ql/4$，$F_{N\,DA}=ql/4$；
(h) $F_A=80\text{kN}$（↑），$F_B=0$，$M_B=200\text{kN}\cdot\text{m}$（逆时针方向）；
$M_{CA}=40\text{kN}\cdot\text{m}$（右侧拉），$F_{Q\,CA}=0$，$F_{N\,CA}=-80\text{kN}$；
(i) $F_{Ay}=F_{Ay}=F_B=0$；$M_{DA}=Fa/4$（左侧拉），$F_{Q\,DA}=-F/2$，$F_{N\,DA}=-F/2$

8-2 $M_K=-29\text{kN}\cdot\text{m}$（外侧拉）

8-3 $M_D=125\text{kN}\cdot\text{m}$（下侧拉），$F_{Q\,D左}=46.4\text{kN}$，$F_{N\,D右}=-116.1\text{kN}$

8-4 （略）

8-5 (a) $F_{N1}=1.25F$，$F_{N2}=3F$
(b) $F_{N1}=1.414F$，$F_{N2}=3F$，$F_{N3}=0$
(c) $F_{N1}=0$，$F_{N2}=0$，$F_{N3}=-83.3\text{kN}$，$F_{N4}=-80.0\text{kN}$
(d) $F_{N1}=30.0\text{kN}$，$F_{N2}=0$，$F_{N3}=-22.36\text{kN}$，$F_{N4}=-11.18\text{kN}$
(e) $F_{N1}=-125.0\text{kN}$，$F_{N2}=53.0\text{kN}$，$F_{N3}=87.6\text{kN}$

(f) $F_{N1}=-3.75F$，$F_{N2}=3.33F$，$F_{N3}=-0.5F$，$F_{N4}=0.65F$

8-6 (a) $F_{N\,DE}=F_{N\,GH}=405\text{kN}$，$M_{EC}=M_{GC}=435\text{kN}\cdot\text{m}$（下侧拉）

(b) $M_{AF}=2Fl$（上侧拉），$F_{N\,CH}=-2F$

第 9 章

9-1 $\sigma_a=-6.56\text{MPa}$（压应力），$\sigma_b=-4.69\text{MPa}$（压应力）

$\sigma_c=0$，$\sigma_d=4.69\text{MPa}$（拉应力）

9-2 (a) $\sigma_{max}=8.75\text{MPa}$，发生在弯矩最大截面的上、下边缘各点处。

(b) $\sigma_{max}=9.17\text{MPa}$，发生在弯矩最大截面的上、下边缘各点处。

(c) $\sigma_{max}=5.33\text{MPa}$，发生在弯矩最大截面的上、下边缘各点处。

9-3 $\sigma_{max}=30.15\text{MPa}$（$A$、$B$ 截面上边缘）

$\sigma_{min}=30.15\text{MPa}$（$C$ 截面上边缘）

9-4 (a) $S=\frac{2}{3}R^3$；

(b) $S_Z=37.12\times10^5\text{mm}^3$；

(c) $S_{Z1}=11.52\times10^5\text{mm}^3$

9-5 $\Delta=74.07\%$

9-6 (a)（略）；

(b)（略）；

(c) $I_{zc}=105.4\times10^5\text{mm}^4$，$I_{yc}=1221\times10^5\text{mm}^4$

9-7 (a) $\frac{2}{3}h^4$，$\frac{1}{6}h^4$；

(b) $383.33\times10^6\text{mm}^4$；$184.33\times10^6\text{mm}^4$

9-8 (a) $y_c=56.7\text{mm}$，$I_z=1.211\times10^7\text{mm}^4$；

(b) $y_c=65\text{mm}$，$I_z=1.172\times10^7\text{mm}^4$

9-9 $y_c=103\text{mm}$，$I_z=3.91\times10^7\text{mm}^4$

9-10 (a) $i_y=\frac{b}{\sqrt{12}}$，$i_z=\frac{h}{\sqrt{12}}$；

(b) $i_y=i_z=\frac{d}{4}$；

(c) $i_y=i_z=\frac{D}{4}\sqrt{1+\alpha^2}$ $(\alpha=\frac{d}{D})$

9-11 (1) $d\geqslant108\text{mm}$，$A\geqslant9160\text{mm}^2$；

(2) $b=57.2\text{mm}$，$h=114.4\text{mm}$，$A\geqslant6543\text{mm}^2$；

(3) 选 16 号工字钢，$A=2610\text{mm}^2$

9-12 $\sigma_{max}=170.62\text{MPa}$，$\tau_{max}=38.5\text{MPa}$

9-13 选 22b 号工字钢。

9-14 $\sigma_{max}=9.26\text{MPa}$，$\tau_{max}=0.52\text{MPa}$

9-15 (a) $\tau_{max}=0.625$MPa；

(b) $\tau_{max}=2.8$MPa；

(c) $\tau_{max}=0.15$MPa

9-16 $\tau_a=0$，$\tau_b=0.23$MPa，$\tau_c=0.46$MPa，$\tau_d=0.23$MPa

9-17 $W_z=48000\text{mm}^3$，选用两个 8 号槽钢。

9-18 选 16 号工字钢。

9-19 (a) $\omega_c=\dfrac{Fl^3}{24EI_z}$，$\theta_B=-\dfrac{13Fl^2}{48EI_z}$；

(b) $\omega_A=\dfrac{11ql^4}{48EI_z}$，$\theta_A=-\dfrac{7ql^3}{24EI_z}$；

(c) $\omega_c=\dfrac{17ql^4}{384EI_z}$，$\theta_A=-\dfrac{5ql^3}{24EI_z}$；

(d) $\omega_c=\dfrac{2qa^4}{3EI_z}$，$\theta_C=-\dfrac{5qa^3}{6EI_z}$

第 10 章

10-1 (a) $\sigma_a=-28.8$MPa，$\tau_a=-6.5$MPa；

(b) $\sigma_a=-100$MPa，$\tau_a=0$

10-2 (a) $\sigma_a=-350$MPa，$\tau_a=-150$MPa；

(b) $\sigma_a=98.2$MPa，$\tau_a=-143.3$MPa

10-3 (a) $\sigma_a=-200$MPa，$\tau_a=-300$MPa；

(b) $\sigma_a=-571.4$MPa，$\tau_a=-243.3$MPa

10-4 (a) $\sigma_1=72.5$MPa，$\sigma_2=-12.5$MPa；

$\alpha_0=22°30'$，$\tau_{max}=42.5$MPa；

10-5 (a) $\sigma_1=37$MPa，$\sigma_2=0$，$\sigma_3=-27$MPa，$\alpha_0=70.5°$；

(b) $\sigma_1=57.02$MPa，$\sigma_2=0$，$\sigma_3=-7.02$MPa，$\alpha_0=19.33°$

10-6 A 点：$\sigma_1=0.1$MPa，$\sigma_2=-24$MPa；

B 点：$\sigma_1=24$MPa，$\sigma_2=-0.1$MPa

10-7 $\sigma_x=126$MPa，$\sigma_y=72.5$MPa

10-8 $\sigma_1=15$MPa，$\sigma_2=-123$MPa，$\alpha_0=19°15'$

10-9 $\sigma_3^*=110\text{MPa}<[\sigma]$，$\sigma_4^*=101.5\text{MPa}<[\sigma]$，安全

10-10 选用 28a 工字钢，$\sigma_4^*=151.2$MPa

10-11 [P] =18.48kN

10-12 $\sigma_1^*=53$MPa，$\sigma_2^*=62.9$MPa，$\sigma_3^*=86$MPa，$\sigma_4^*=74.5$MPa

第 11 章

11-1 $\sigma_A=3.26$MPa（拉应力）

11-2　$\sigma_{max}=9.80\text{MPa}$

11-3　40c 工字钢

11-4　$[F]=15.54\text{kN}$

11-5　$\sigma_{max}=144.7\text{MPa}$

11-6　16 号槽钢

11-7　$d\geqslant 28.26\text{mm}$

11-8　$x_{max}=5.21\text{mm}$

11-9　（略）

11-10　（略）

11-11　（略）

11-12　$[F]=4.626\text{kN}$

11-13　$d\geqslant 28.80\text{mm}$

11-14　$\sigma_{max}=138.8\text{MPa}$

11-15　$\sigma_{max}=116.69\text{MPa}$

第 12 章

12-1　(a) $\sigma_{cr}=5.035\text{MPa}$，$F_{cr}=39.5\text{kN}$；

(b) $\sigma_{cr}=1.259\text{MPa}$，$F_{cr}=9.8\text{kN}$；

12-2　$\lambda_s=61.6<\lambda=85.71<\lambda_C=123$，为中长杆：$\sigma_{cr}=304-1.12\lambda=208.0\text{MPa}$，$F_{cr}=400.0\text{kN}$

12-3　$\lambda=52.0$，$\varphi=0.724$，稳定条件满足

12-4　$\sigma_{cr}=53.82\text{MPa}$，强度条件满足；$\varphi=0.301$ 稳定条件不满足

12-5　$\lambda=111.1$，$\varphi=0.529$，$[F]=86\text{kN}$

12-6　截面尺寸选 110mm×110mm

第 13 章

13-1　(a) $\Delta_{By}=\dfrac{a^3}{3EI}F$（↓），$\varphi_B=\dfrac{Fa^2}{2EI}$（顺时针）；

(b) $\Delta_{By}=\dfrac{qa^4}{8EI}$（↓），$\varphi_B=\dfrac{qa^3}{6EI}$（顺时针）；

(c) $\Delta_{By}=\dfrac{a^2M}{2EI}$（↓），$\varphi_B=\dfrac{aM}{EI}$（顺时针）

13-2　$\Delta_{Ay}=\dfrac{4qa^2}{3EI}$（↓）

13-3　$\Delta_{Dx}=\dfrac{2F_Pa\ (\sqrt{2}+1)}{EA}$（→）

13-4 $\Delta_{Dy}=0.683\text{mm}$ （→）

13-5 （a）$\Delta_{Cy}=\dfrac{Ma^2}{4EI}$ （↓），$\varphi_B=\dfrac{Ma}{3EI}$ （逆时针）；

（b）$\Delta_{Cy}=\dfrac{11}{6EI}Fa^3$ （↓），$\varphi_B=\dfrac{3Fa^2}{2EI}$ （逆时针）；

（c）$\Delta_{Cy}=\dfrac{5}{8EI}qa^4$ （↓），$\varphi_B=\dfrac{1}{2EI}qa^3$ （顺时针）

13-6 $\Delta_{Bx}=\dfrac{11qa^4}{12EI}$ （→），$\Delta_{By}=\dfrac{13qa^4}{8EI}$ （↓），$\varphi_B=\dfrac{5qa^3}{3EI}$ （顺时针）

13-7 $\Delta_{Cx}=\dfrac{486}{EI}$ （→），$\Delta_{Cy}=\dfrac{54}{EI}$ （↑），$\varphi_D=\dfrac{27}{EI}$ （顺时针）

13-8 $\Delta_{Cx}=\dfrac{hb}{l}$ （→）

13-9 上边角度减小 0.005rad

第 14 章

14-1 （a）2 次；（b）3 次；（c）4 次；（d）7 次；（e）1 次；（f）9 次

14-2 （b）$F_c=ql/24$；（c）$M_{AB}=Fl/6$（下侧受拉）

14-3 （a）$M_{AB}=-ql^2/32$（里侧受拉），$M_{BC}=-ql^2/32$（上侧受拉）；

（b）$F_{Cx}=3F/2$，$M_{CB}=3Fa/4$（上侧受拉）；

（c）$M_{AD}=M_{BE}=4Fa/7$（左侧受拉），$M_{DA}=M_{EB}=3Fa/7$（右侧受拉）；

（d）$M_{CA}=Fl/2$（下侧受拉）；

（e）$M_{CA}=M_{DB}=ql^2/2$（右侧受拉）

14-5 $M_{AC}=225\text{kN}\cdot\text{m}$

14-6 $F_{\text{N},CD}=22.75\text{kN}$

14-7 （a）$M_{AC}=137\text{kN}\cdot\text{m}$（左侧受拉），$M_{CA}=103\text{kN}\cdot\text{m}$（右侧受拉）；

（b）$M_{AC}=ql^2/36$（上侧受拉）；

（c）$M_{DB}=ql^2/14$（上侧受拉）；

（d）$M_{DA}=ql^2/24$（上侧受拉），$M_{ED中}=ql^2/12$（下侧受拉），$M_{EF中}=ql^2/24$（上侧受拉）；

（e）$M_{AE}=M_{BF}=M_{CG}=M_{DH}=Fh/4$（左侧受拉）

14-8 （a）$F_C=\dfrac{9EI\varphi}{(9h+l)l}$ （↑）；

（b）$M_{CB}=47.37\text{kN}\cdot\text{m}$（上侧受拉），$M_{AC}=23.69\text{kN}\cdot\text{m}$（右侧受拉）

14-9 $M_{AB}=\dfrac{3}{2}\dfrac{EI\alpha}{h}|t_1-t_2|$ （温度较低一侧受拉）

14-10 $\varphi_B=\dfrac{Fl^2}{32EI}$ （逆时针）

14-11 $\Delta_{BH}=\dfrac{ql^4}{64EI}$ （→）

第 15 章

15-1 （a）M_{AB}=50kN·m，M_{AC}=37.5kN·m，M_{AD}=−12.5kN·m；

（b）M_{BA}=−5kN·m，M_{BC}=−50kN·m

15-2 M_{BA}=22.5kN·m

15-3 （a）M_{AB}=28.2kN·m，M_{AC}=−1.8kN·m，M_{AD}=−26.40kN·m，

$M_{AD中}$=−29.4kN·m，M_{DA}=34.8kN·m；

（b）M_{BC}=140kN·m，M_{CB}=220kN·m，M_{CD}=−100kN·m

15-4 M_{BA}=14kN·m，$M_{BC中}$=−43kN·m，M_{CB}=20kN·m

15-5 M_{CA}=43.2kN·m，M_{CG}=−43.2kN·m，M_{GC}=−64.8kN·m

15-6 M_{DA}=−40kN·m，M_{AD}=10kN·m，M_{AB}=−10kN·m，

M_{BC}=−25kN·m，M_{BE}=15kN·m

15-7 M_{AB}=22kN·m，M_{BA}=235.8kN·m，M_{BC}=−235.8kN·m，

M_{CB}=193.1kN·m，M_{CD}=−193.1kN·m，M_{DC}=30kN·m

15-8 M_{BA}=43.4kN·m，M_{BC}=−46.9kN·m，M_{BE}=3.5kN·m，

M_{CB}=24.4kN·m，M_{CF}=−9.8kN·m，M_{CD}=14.6kN·m

参 考 文 献

[1] 薛正庭. 土木工程力学 [M]. 北京：机械工业出版社，2003.

[2] 秦定龙. 工程力学 [M]. 北京：中国电力出版社，2008.

[3] 葛若东. 建筑力学 [M]. 北京：中国建筑工业出版社，2004.

[4] 王义质，李叔涵. 工程力学 [M]. 重庆：重庆大学出版社，1998.

[5] 任小平，林德荣，薛正庭. 土木工程力学练习册 [M]. 北京：机械工业出版社，2003.

[6] 钟光珞，张为民. 建筑力学 [M]. 北京：中国建材工业出版社，2002.

[7] 梁圣复. 建筑力学 [M]. 北京：机械工业出版社，2001.

[8] 李家宝. 结构力学 [M]. 3版. 北京：高等教育出版社，1999.

[9] 龙驭球，包世华. 结构力学教程 [M]. 北京：高等教育出版社，2000.

[10] 包世华. 结构力学（上下册）[M]. 2版. 武汉：武汉理工大学出版社，2003.

[11] 穆能伶. 工程力学 [M]. 北京：机械工业出版社，2004.

[12] 沈伦序. 建筑力学（上册）[M]. 北京：高等教育出版社，1990.

[13] 武汉水利电力学院建筑力学教研室. 建筑力学（上册）[M]. 北京：人民教育出版社，1979.

[14] 中国机械工业教育协会组. 工程力学 [M]. 北京：机械工业出版社，2001.

[15] 范钦珊. 理论力学 [M]. 北京：高等教育出版社，2000.

北京大学出版社高职高专土建系列规划教材

序号	书名	书号	编著者	定价	出版时间	印次	配套情况	
			基础课程					
1	工程建设法律与制度	978-7-301-14158-8	唐茂华	26.00	2011.7	5	ppt/pdf	
2	建设工程法规	978-7-301-16731-1	高玉兰	30.00	2011.9	7	ppt/pdf/答案	★
3	建筑工程法规实务	978-7-301-19321-1	杨陈慧等	43.00	2011.8	1	ppt/pdf	★
4	建筑法规	978-7-301-19371-6	董伟等	39.00	2011.8	1	ppt/pdf	★
5	AutoCAD 建筑制图教程	978-7-301-14468-8	郭　慧	32.00	2011.9	10	ppt/pdf/素材	★
6	AutoCAD 建筑绘图教程	978-7-301-19234-4	唐英敏等	41.00	2011.7	1	ppt/pdf	★
7	建筑工程专业英语	978-7-301-15376-5	吴承霞	20.00	2011.6	4	ppt/pdf	★
8	建筑工程制图与识图	978-7-301-15443-4	白丽红	25.00	2011.8	5	ppt/pdf/答案	★
9	建筑制图习题集	978-7-301-15404-5	白丽红	25.00	2011.8	5	pdf	
10	建筑制图	978-7-301-15405-2	高丽荣	21.00	2011.9	4	ppt/pdf	★
11	建筑制图习题集	978-7-301-15586-8	高丽荣	21.00	2011.8	3	pdf	
12	建筑工程制图	978-7-301-12337-9	肖明和	36.00	2011.7	3	ppt/pdf/答案	
13	建筑制图与识图	978-7-301-18806-4	曹雪梅等	24.00	2011.9	2	ppt/pdf	★
14	建筑制图与识图习题册	978-7-301-18652-7	曹雪梅等	30.00	2011.9	2	pdf	★
15	建筑构造与识图	978-7-301-14465-7	郑贵超等	45.00	2011.9	8	ppt/pdf	★
16	建筑工程应用文写作	978-7-301-18962-7	赵立等	40.00	2011.6	1	ppt/pdf	★
			施工类					
17	建筑工程测量	978-7-301-16727-4	赵景利	30.00	2011.9	4	ppt/pdf /答案	★
18	建筑工程测量	978-7-301-15542-4	张敬伟	30.00	2011.7	6	ppt/pdf /答案	★
19	建筑工程测量实验与实习指导	978-7-301-15548-6	张敬伟	20.00	2011.9	6	pdf/答案	
20	建筑工程测量	978-7-301-13578-5	王金玲等	26.00	2011.8	3	Pdf	
21	建筑工程测量实训	978-7-301-19329-7	杨凤华	27.00	2011.8	1	pdf	★
22	建筑工程测量（含实验指导手册）	978-7-301-19364-8	石　东等	43.00	2011.10	1	ppt/pdf	★
23	建筑施工技术	978-7-301-12336-2	朱永祥等	38.00	2011.8	6	ppt/pdf	
24	建筑施工技术	978-7-301-16726-7	叶　雯等	44.00	2011.7	2	ppt/pdf /素材	★
25	建筑施工技术	978-7-301-19499-7	董伟等	42.00	2011.9	1	ppt/pdf	★
26	建筑工程施工技术	978-7-301-14464-0	钟汉华等	35.00	2011.8	5	ppt/pdf	★
27	建筑施工技术实训	978-7-301-14477-0	周晓龙	21.00	2011.8	4	pdf	★
28	建筑力学	978-7-301-13584-6	石立安	35.00	2011.11	5	ppt/pdf	★
29	土木工程实用力学	978-7-301-15598-1	马景善	30.00	2011.6	2	pdf	★
30	土木工程力学	978-7-301-16864-6	吴明军	38.00	2011.11	2	ppt/pdf	★
31	PKPM 软件的应用	978-7-301-15215-7	王　娜	27.00	2011.11	3	pdf	★
32	建筑结构	978-7-301-17086-1	徐锡权	62.00	2011.8	2	ppt/pdf /答案	★
33	建筑结构	978-7-301-19171-2	唐春平等	41.00	2011.7	1	ppt/pdf	
34	建筑力学与结构	978-7-301-15658-2	吴承霞	40.00	2011.8	6	ppt/pdf	★
35	建筑材料	978-7-301-13576-1	林祖宏	35.00	2011.11	8	ppt/pdf	★
36	建筑材料与检测	978-7-301-16728-1	梅　杨等	26.00	2011.9	5	pdf	★
37	建筑材料检测试验指导	978-7-301-16729-8	王美芬等	18.00	2011.1	2	pdf	
38	建筑材料与检测	978-7-301-19261-0	王　辉	35.00	2011.8	1	ppt/pdf	★
39	生态建筑材料	978-7-301-19588-8	陈剑峰等	38.00	2011.10	1	ppt/pdf	
40	建设工程监理概论	978-7-301-14283-7	徐锡权等	32.00	2011.8	5	ppt/pdf /答案	★
41	建设工程监理	978-7-301-15017-7	斯　庆	26.00	2011.7	3	ppt/pdf /答案	★
42	建设工程监理概论	978-7-301-15518-9	曾庆军等	24.00	2011.6	3	pdf	
43	工程建设监理案例分析教程	978-7-301-18984-9	刘志麟等	38.00	2011.7	1	ppt/pdf	★
44	地基与基础	978-7-301-14471-8	肖明和	39.00	2011.8	6	ppt/pdf	★
45	地基与基础	978-7-301-16130-2	孙平平等	26.00	2010.10	1	pdf	
46	建筑工程质量事故分析	978-7-301-16905-6	郑文新	25.00	2011.1	2	ppt/pdf	★
47	建筑工程施工组织设计	978-7-301-18512-4	李源清	26.00	2011.11	2	ppt/pdf	★
48	建筑工程施工组织实训	978-7-301-18961-0	李源清	40.00	2011.6	1	pdf	★
			工程管理类					
49	建筑工程经济	978-7-301-15449-6	杨庆丰等	24.00	2011.8	7	ppt/pdf	★
50	施工企业会计	978-7-301-15614-8	辛艳红等	26.00	2011.7	3	ppt/pdf	★

序号	书名	书号	编著者	定价	出版时间	印次	配套情况	
51	建筑工程项目管理	978-7-301-12335-5	范红岩等	30.00	2011.11	7	ppt/pdf	★
52	建设工程项目管理	978-7-301-16730-4	王　辉	32.00	2011.6	2	ppt/pdf	★
53	建设工程项目管理	978-7-301-19335-8	冯松山等	38.00	2011.8	1	pdf	
54	建设工程招投标与合同管理	978-7-301-13581-5	宋春岩等	30.00	2011.6	9	ppt/pdf/答案/试题/教案	★
55	工程项目招投标与合同管理	978-7-301-15549-3	李洪军等	30.00	2011.8	4	ppt	★
56	工程项目招投标与合同管理	978-7-301-16732-8	杨庆丰	28.00	2011.7	3	ppt	★
57	工程招投标与合同管理实务	978-7-301-19035-7	杨甲奇等	48.00	2011.8	1	pdf	★
58	工程招投标与合同管理实务	978-7-301-19290-0	郑文新等	43.00	2011.8	1	pdf	★
59	建筑施工组织与管理	978-7-301-15359-8	翟丽旻等	32.00	2011.1	5	ppt/pdf	★
60	建筑工程安全管理	978-7-301-19455-3	宋　健等	36.00	2011.9	1	ppt/pdf	
61	建筑工程质量与安全管理	978-7-301-16070-1	周连起	35.00	2011.1	2	pdf	
62	工程造价控制	978-7-301-14466-4	斯　庆	26.00	2011.8	6	ppt/pdf	★
63	工程造价控制与管理	978-7-301-19366-2	胡新萍等	30.00	2011.9	1	ppt/pdf	
64	建筑工程造价管理	978-7-301-15517-2	李茂英等	24.00	2011.6	3	pdf	
65	建筑工程计量与计价	978-7-301-15406-9	肖明和等	39.00	2011.11	7	ppt/pdf	★
66	建筑工程计量与计价实训	978-7-301-15516-5	肖明和等	20.00	2011.7	4	pdf	
67	建筑工程计量与计价——透过案例学造价	978-7-301-16071-8	张　强	50.00	2011.8	2	ppt/pdf	★
68	安装工程计量与计价	978-7-301-15652-0	冯　钢等	38.00	2011.11	5	ppt/pdf	★
69	安装工程计量与计价实训	978-7-301-19336-5	景巧玲等	36.00	2011.9	1	pdf/素材	★
70	建筑与装饰装修工程工程量清单	978-7-301-17331-2	翟丽旻等	25.00	2011.5	2	pdf	
71	建筑工程清单编制	978-7-301-19387-7	叶晓容	24.00	2011.8	1	ppt/pdf	★
	建筑装饰类							
72	中外建筑史	978-7-301-15606-3	袁新华	30.00	2011.5	5	ppt/pdf	★
73	建筑室内空间历程	978-7-301-19338-9	张伟孝	53.00	2011.8	1	pdf	★
74	室内设计基础	978-7-301-15613-1	李书青	32.00	2011.1	2	pdf	
75	建筑装饰构造	978-7-301-15687-2	赵志文等	27.00	2011.9	3	ppt/pdf	★
76	建筑装饰材料	978-7-301-15136-5	高军林	25.00	2011.7	2	ppt/pdf	
77	建筑装饰施工技术	978-7-301-15439-7	王　军等	30.00	2011.7	3	ppt/pdf	★
78	装饰材料与施工	978-7-301-15677-3	宋志春等	30.00	2010.8	2	ppt/pdf	★
79	设计构成	978-7-301-15504-2	戴碧锋	30.00	2009.7	1	pdf	
80	基础色彩	978-7-301-16072-5	张　军	42.00	2011.9	2	pdf	★
81	建筑素描表现与创意	978-7-301-15541-7	于修国	25.00	2011.1	2	pdf	★
82	3ds Max 室内设计表现方法	978-7-301-17762-4	徐海军	32.00	2010.9	1	pdf	
83	3ds Max2011 室内设计案例教程(第2版)	978-7-301-15693-3	伍福军等	39.00	2011.9	1	ppt/pdf	
84	Photoshop 效果图后期制作	978-7-301-16073-2	脱忠伟等	52.00	2011.1	1	素材/pdf	★
85	建筑表现技法	978-7-301-19216-0	张　峰	32.00	2011.7	1	ppt/pdf	
	房地产与物业类							
86	房地产开发与经营	978-7-301-14467-1	张建中等	30.00	2011.11	4	ppt/pdf	★
87	房地产估价	978-7-301-15817-3	黄　晔等	30.00	2011.8	3	ppt/pdf	★
88	房地产估价理论与实务	978-7-301-19327-3	褚菁晶	35.00	2011.8	1	ppt/pdf	★
89	物业管理理论与实务	978-7-301-19354-9	裴艳慧	52.00	2011.9	1	pdf	★
	市政路桥类							
90	市政工程计量与计价	978-7-301-14915-7	王云江	38.00	2010.8	2	pdf	
91	市政桥梁工程	978-7-301-16688-8	刘　江等	42.00	2010.7	1	ppt/pdf	
92	路基路面工程	978-7-301-19299-3	偶昌宝等	34.00	2011.8	1	ppt/pdf/素材	
93	道路工程技术	978-7-301-19363-1	刘　雨等	33.00	2011.9	1	ppt/pdf	
	建筑设备类							
94	建筑设备基础知识与识图	978-7-301-16716-8	靳慧征	34.00	2011.7	5	ppt/pdf	★
95	建筑设备识图与施工工艺	978-7-301-19377-8	周业梅	38.00	2011.8	1	ppt/pdf	★
96	建筑施工机械	978-7-301-19365-5	吴志强	30.00	2011.10	1	pdf/ppt	★

请登录 www.pup6.cn 免费下载本系列教材的电子书(PDF 版)、电子课件和相关教学资源。

欢迎免费索取样书，并欢迎到北京大学出版社来出版您的大作，可在 www.pup6.cn 在线申请样书和进行选题登记，也可下载相关表格填写后发到我们的邮箱，我们将及时与您取得联系并做好全方位的服务。

联系方式：010-62750667，yangxinglu@126.com，linzhangbo@126.com，欢迎来电来信咨询。